Physik

Wichtige Werke

*

Für das Studium
Für die Praxis

19 23

WALTER DE GRUYTER & CO.

vormals G. J. Göschen'sche Verlagshandlung · J. Guttentag, Verlagsbuchhandlung · Georg Reimer · Karl J. Trübner · Veit & Comp.

Berlin W. 10, Genthiner Straße 38

SCHLÜSSEL

Zur Errechnung der Preise

Die Preise unseres Verlages werden errechnet durch Multiplikation von Grundzahlen mit einer Schlüsselzahl. Die augenblicklich gültige Schlüsselzahl findet man auf beiliegendem roten Zettel

Änderungen werden stets im Börsenblatt bekanntgegeben.

Grundzahl × Schlüsselzahl ergibt den

Preis für die broschierte Ausgabe

Auf die gleiche Weise erfolgt die Berechnung der Einbandpreise. Hinter der Einbandbezeichnung in der zweiten Spalte stehen die Einbandgrundzahlen. Einbandgrundzahl × Schlüsselzahl ergibt den Einbandpreis. Addiert man diesen zum Preis der broschierten Ausgabe, so erhält man den

Preis für die gebundene Ausgabe

Es bedeutet: P Pappband, Hl Halbleinen, Gl Ganzleinen.

Werke, deren Grundzahlen in Klammern stehen, sind nur gebunden zu haben, Werke ohne Einbandbezeichnung nur broschiert.

Vektoranalysis in ihren Grundzügen und wichtigsten physikalischen Anwendungen. Von ARTHUR HAAS, a. o. Professor der Universität Leipzig. Mit 37 Abbildungen im Text. VI, 119 Seiten. 1922. GZ 4, Hl 1.

Die Grundzüge der Vektor- und Tensoranalysis werden in dem Buche dargestellt. Die sechs Kapitel des Buches behandeln die Vektoren, die Tensoren, die Vektorfelder, die Potentiale, die Vektorwellen und die Weltvektoren.

Einführung in die Theorie der Wärme. Von Dr. HEINRICH MACHE, o. ö. Professor an der Technischen Hochschule in Wien. Mit 96 Textfiguren. Groß-Oktav. VIII, 319 Seiten. 1921. GZ 10, Hl 1,8.

»Das vorliegende Werk behandelt in sehr ausführlicher und elementarer Darstellungsweise die gewöhnliche Thermodynamik und ist durchaus für Anfänger zu empfehlen, da es viel geringere Ansprüche an den Leser stellt als die meisten anderen Lehrbücher der Wärmelehre. Zugleich bereitet es ihn auf die weit schwierigere Durcharbeitung der führenden wärmetheoretischen Werke von Planck, Nernst u. a. vor.« Zeitschr. f. Elektrochemie

Die Physik der Verbrennungserscheinungen. Von Dr. HEINRICH MACHE, o. ö. Professor an der Technischen Hochschule in Wien. Mit 43 Abbildungen im Text und auf 2 Tafeln. Groß-Oktav. V, 133 Seiten. 1918. GZ 4, P 0,9

»Das Buch ist klar und ansprechend geschrieben. Es gewinnt dadurch besonderen Wert, daß die Resultate der Theorie so weit wie möglich mit der Erfahrung verglichen werden.« Dinglers polytechn. Journal.

Einführung in die theoretische Physik. Von CLEMENS SCHAEFER, o. Prof. an der Universität Marburg. I. Band: Mechanik materieller Punkte. Mechanik starrer Körper und Mechanik der Kontinua (Elastizität und Hydrodynamik. Zweite, unveränderte Auflage. Mit 249 Figuren im Text. Groß-Oktav. XII, 926 Seiten. 1923. GZ 23, Hl 4.
II. Band, I. Teil: Theorie der Wärme, Molekular-kinetische Theorie der Materie. Mit 71 Figuren im Text. Groß-Oktav. X, 562 Seiten. 1921. GZ 15, Hl 3,5.
II. Band, II. Teil: In Vorbereitung.

»Schaefers Werk gehört zu den modernen Lehrbüchern der theoretischen Physik, die hohes Niveau mit verständlicher Darstellung vereinigen und deshalb weiteste Verbreitung finden müssen. Es wird für lange Zeit das Standardwerk für den Universitätsunterricht werden.« Physikal.-Zeitschrift.

Zur Bestimmung der Preise dient der Schlüssel auf Seite 2

Die Prinzipe der Dynamik. Von Professor Dr. CLEMENS SCHAEFER, o. Professor an der Universität Marburg. Mit 6 Figuren im Text. Groß-Oktav. IV, 76 Seiten. 1919. GZ 2,5.

»Das Buch bietet eine Fülle bedeutsamen Stoffes auf kleinem Raum, dabei ist die Darstellung auch im einzelnen stets von einer bewundernswerten Einfachheit und Verständlichkeit.«
Zeitschr. für Elektrochemie.

Die Grundgleichungen der Mechanik, dargestellt auf Grund der geschichtlichen Entwicklung. Vorlesungen zur Einführung in die theoretische Physik. Von ARTHUR HAAS, a. o. Professor an der Universität Leipzig. Mit 45 Abb. im Text. Groß-Oktav. VI, 216 Seiten. 1914. GZ 5,6, Hl 1,8.

»Man muß den Gedanken (der dem Buche zugrunde liegt) als außerordentlich glücklich bezeichnen, und er ist mit einer musterhaften Sorgfalt durchgeführt, die die Lektüre des Buches auch dem zu einem hohen Genuß macht, der es nicht als Lernender liest. Ein schönes, klares und ansprechend geschriebenes Buch, das man ganz besonders jedem Physiker ohne Einschränkung empfehlen darf. *Physikalische Zeitschrift.*

Ballistik. Von Dr. THEODOR VAHLEN, o. ö. Professor der Mathematik an der Universität Greifswald. Mit 53 Abbildungen. XII, 231 Seiten. 1922. GZ 7, Hl 1,5.

»Das Buch stellt eine wertvolle Bereicherung der ballistischen Literatur dar. Besonders erfreut die kurze und prägnante Ableitung der Gesetze, die teilweise vollkommen neue systematische Gliederung und die Fülle von mathematischen Entwicklungen«. *Technik und Wehrmacht.*

Die Grundlagen der Physik. Synthetische Prinzipien der mathematischen Naturphilosophie. Von Dr. HUGO DINGLER, a. o. Professor an der Universität München. Groß-Oktav. XII, 157 Seiten. 1919. GZ 6,6.

»Besonderes Interesse wird Dinglers Buch wohl deshalb finden, weil die Einsteinsche Relativitätstheorie schon in ihren Grundlagen für unhaltbar erklärt wird. Wer für philosophische Dinge Interesse hegt, wird dies Werk nicht unbeachtet lassen.«
Berichte der dtsch. Pharmazeut. Gesellschaft.

Physik und Hypothese. Versuch einer induktiven Wissenschaftslehre nebst einer kritischen Analyse der Fundamente der Relativitätstheorie. Von Dr. HUGO DINGLER, a. o. Professor an der Universität München. Groß-Oktav. XI, 200 Seiten. 1921. GZ 6, Hl 1,2.

»Dinglers Theorie führt zu einer kritischen Analyse der Grundlagen der Relativitätstheorie. Der philosophisch gerichtete Leser wird mit Interesse die scharfsinnigen und geistvollen Ausführungen lesen.« *Zeitschr. f. d. phys. u. chem. Unterricht*

Vorlesungen über Thermodynamik. Von MAX PLANCK, o. Professor an der Universität Berlin. Siebente Auflage. Mit 5 Figuren im Text. Groß-Oktav. VIII, 292 Seiten. 1922. GZ (5), Hl 1,5.

»Die Planckschen Vorlesungen haben sich in den 20 Jahren, die seit dem Erscheinen der ersten Auflage vergangen sind, zu dem Range eines klassischen Werkes unserer Literatur entwickelt. Ihre Lektüre gewährt durch den universalen Standpunkt des Verfassers eine ganz besondere Anregung und reichen Genuß.« *Chemiker-Zeitung.*

Über Kathoden-Strahlen. Nobel-Vortrag, gehalten in öffentlicher Sitzung der Kgl. Schwedischen Akademie der Wissenschaften zu Stockholm. Von PHILIPP LENARD, Professor an der Universität Heidelberg. Zweite, durch viele Zusätze vermehrte Auflage mit 11 Abbildungen. Groß-Oktav. 120 Seiten. 1920. GZ 6.

»Die Schrift gibt eine unvergleichliche Einführung in die Entstehungsgeschichte der elektrischen Strahlungen. Sie zeichnet sich auch mit den Zusätzen in hohem Maße durch Klarheit der Darstellung und populären Ton aus.« *Deutsche Literaturzeitung.*

Wörterbuch der Physik. Von FELIX AUERBACH, a. o. Professor an der Universität Jena. Mit 267 Figuren. Oktav. X, 466 Seiten. 1920. GZ (9, P 2.

»Die Darstellung ist bei strenger Wissenschaftlichkeit einfach und verständlich gehalten. Für die Gediegenheit des Stoffes bürgt der wohlbekannte Name des Verfassers.« *Stahl und Eisen.*

Zur Bestimmung der Preise dient der Schlüssel auf Seite 2

Aus „Sammlung Schubert".

Lehrbuch der Mechanik. I.: Kinematik. Mit einer Einleitung in die elementare Vektorrechnung. Mit 94 Figuren. XVI, 339 Seiten. 1906. Von Prof. Dr. KARL HEUN in Karlsruhe. Nr. 37. GZ. (8), Gl 1,7.

Mathematische Optik. Von Prof. Dr. J. CLASSEN in Hamburg. Mit 52 Figuren. X, 209 Seiten. 1901. Nr. 40. GZ (6), Gl 4.

Theorie der Elektrizität und des Magnetismus. I. Teil: Elektrostatik und Elektrokinetik. Von Prof. Dr. J. CLASSEN in Hamburg. Mit 21 Figuren. X, 184 Seiten. 1903. Nr. 41. GZ (5), Gl 1,4.

Theorie der Elektrizität und des Magnetismus. II. Teil: Magnetismus und Elektromagnetismus. Von Prof. Dr. J. CLASSEN in Hamburg. Mit 53 Figuren. IX, 251 Seiten. 1904. Nr. 42. GZ (7), Gl 1,5.

Aus „Sammlung Göschen"

Jeder Band GZ 1.

Geschichte der Physik. Von A. KISTNER, Professor am Gymnasium zu Karlsruhe i. B. 2 Bde. Nr. 293/94.
I. Die Physik bis Newton. Zweite, verbesserte Auflage. Mit 13 Figuren. 125 Seiten. 1919.
II. Die Physik von Newton bis zur Gegenwart. Zweite, erweiterte Auflage. Mit 3 Figuren. 148 Seiten. 1919.

Theoretische Physik. Von Dr. GUSTAV JÄGER, Professor der Physik an der Universität Wien. 4 Bde. Nr. 76 bis 78, 374.
I. Mechanik und Akustik. Fünfte, verbesserte Auflage. Mit 24 Figuren. Neudruck. 167 Seiten. 1922.
II. Licht und Wärme. Fünfte Auflage. Mit 47 Figuren. 156 Seiten. 1921.
III. Elektrizität und Magnetismus. Fünfte, verbesserte Auflage. Mit 33 Figuren. 139 Seiten. 1922.
IV. Elektromagnetische Lichttheorie und Elektronik. Dritte, verbesserte Auflage. Mit 17 Figuren. 146 Seiten. 1921.

Zur Bestimmung der Preise dient der Schlüssel auf Seite 2

Vektoranalysis. Von Dr. SIEGFRIED VALENTINER, Professor für Physik an der Bergakademie Klausthal. Mit 16 Figuren. Zweite, umgearbeitete Auflage. Neudruck. 156 Seiten. 1920. Nr. 354.

Experimentalphysik. Von ROBERT LANG, Professor am Realgymnasium in Stuttgart. Bd. 1—3. Nr. 611/13.
I. Mechanik der festen, flüssigen und gasigen Körper. Zweite Auflage. Mit 125 Figuren im Text. 148 Seiten. 1919.
II. Wellenlehre und Akustik. Zweite Auflage. Mit 69 Figuren im Text. 96 Seiten. 1920.
III. Wärmelehre. Mit 55 Figuren im Text. 98 Seiten. 1919.

Physikalische Aufgabensammlung. Von G. MAHLER, Professor der Mathematik und Physik am Gymnasium in Ulm. Mit den Resultaten. Zweite, verbesserte und vermehrte Auflage. Neudruck. 129 Seiten. 1921. Nr. 243.

Physikalische Formelsammlung. Von G. MAHLER, Professor der Mathematik und der Physik am Gymnasium in Ulm. Vierte, verbesserte Auflage. Mit 73 Figuren. Neudruck. 208 Seiten. 1922. Nr. 136.

Physikalische Messungsmethoden. Von Dr. WILHELM BAHRDT, Professor in Berlin-Lichterfelde. Zweite, verbesserte Auflage. Mit 54 Figuren. Durchgesehener Neudruck. 145 Seiten. 1921. Nr. 301.

Physikalische Tabellen. Von Dr. A. LEICK. Zweite Auflage neubearbeitet von Dr. W. LEICK, Professor in Berlin-Lichterfelde. 96 Seiten. 1920. Nr. 650.

Kinematik. Von Dr. Ing. HANS POLSTER. Mit 76 Abbildungen. Zweite Auflage. 151 Seiten. 1920. Nr. 584.

Technische Wärmelehre (Thermodynamik). Von K. WALTHER und M. RÖTTINGER, Diplom-Ingenieure. Mit 54 Figuren. Neudruck. 144 Seiten. 1922. Nr. 242.

Die thermodynamischen Grundlagen der Wärmekraft- und Kältemaschinen. Von M. RÖTTINGER, Diplom-Ingenieur. Mit 73 Figuren. Neudruck. 149 Seiten. 1916. Nr. 2.

Physikalisch - Chemische Rechenaufgaben. Von Dr. R. ABEGG, weiland Professor an der Universität Breslau und Dr. O. SACKUR, Professor an der Universität Breslau. Neudruck. 104 Seiten. 1914. Nr. 445.

Allgemeine und physikalische Chemie. Von Dr. HUGO KAUFFMANN, Professor an der Technischen Hochschule in Stuttgart. 2 Teile. Nr. 71, 698.
Erster Teil. Dritte, verbesserte Auflage. Mit 12 Figuren. 157 Seiten. 1922.
Zweiter Teil. Zweite, verbesserte Auflage. Mit 2 Figuren. 148 Seiten. 1919.

Radioaktivität. Von Dr. P. LUDEWIG, Professor für Radiumkunde an der Bergakademie Freiberg in Sachsen. Mit 37 Abbildungen. 133 Seiten. 1921. Nr. 317.

Luftelektrizität. Von Dr. KARL KÄHLER, wissenschaftlichem Hilfsarbeiter am Preuß. Meteorologisch-Magnetischen Observatorium Potsdam. Zweite Auflage. Mit 19 Abbildungen. 134 Seiten. 1921. Nr. 649.

Einführung in die geometrische Optik. Von Dr. W. HINRICHS, Berlin-Wilmersdorf. Mit 55 Figuren. 144 Seiten. 1911. Nr. 532.

Kristallographie. Von Dr. W. BRUHNS, Professor an der Bergakademie Clausthal. Mit 190 Abbildungen. Neudruck. 144 Seiten. 1920. Nr. 210.

Einführung in die Kristalloptik. Von Dr. EBERHARD BUCHWALD, Privatdozent an der Universität Breslau. Mit 124 Abbildungen. Neudruck. 122 Seiten. 1920. Nr. 619.

H. EBERT

LEHRBUCH DER PHYSIK

IN ZWEI BÄNDEN

ZWEITER BAND, ZWEITER TEIL

LEHRBUCH DER PHYSIK

NACH VORLESUNGEN AN DER TECHNISCHEN HOCHSCHULE ZU MÜNCHEN

VON

DR. H. EBERT

WEILAND PROFESSOR DER PHYSIK AN DER TECHNISCHEN HOCHSCHULE ZU MÜNCHEN ORDENTLICHEM MITGLIEDE DER KGL. BAYERISCHEN AKADEMIE DER WISSENSCHAFTEN

ZWEITER BAND, ZWEITER TEIL

DIE STRAHLENDE ENERGIE

MIT 196 ABBILDUNGEN IM TEXT

UNTER MITWIRKUNG VON

PRIV.-DOZ. DR. V. ANGERER, PROF. DR. W. KOSSEL,

PROF. DR. EMDEN UND GEHEIMRAT PROF. DR. SOMMERFELD

FERTIGGESTELLT UND HERAUSGEGEBEN

VON

DR. C. HEINKE

ORD. PROF. DER ELEKTROTECHNIK AN DER TECHNISCHEN HOCHSCHULE ZU MÜNCHEN UND GEH. REG.-RAT

BERLIN UND LEIPZIG 1923

WALTER DE GRUYTER & CO.

VORMALS G. J. GÖSCHEN'SCHE VERLAGSHANDLUNG — J. GUTTENTAG, VERLAGSBUCHHANDLUNG — GEORG REIMER — KARL J. TRÜBNER — VEIT & COMP.

Druck von Metzger & Wittig in Leipzig.

Vorwort.

Mit dem vorliegenden zweiten Teil des zweiten Bandes gelangt das Lehrbuch von H. Ebert zum Abschluß. Die Zeitverhältnisse haben sein Erscheinen etwas verzögert. Bei dem beabsichtigten Beginn der Drucklegung im Frühjahr 1921 stellte sich nämlich heraus, daß Herr Professor Dr. K. T. Fischer infolge anderweitiger Beanspruchung nicht in der Lage war, das übernommene zweite Kapitel fertig zu stellen. Es mußte daher ein anderer Bearbeiter gefunden werden. Herr Privatdozent Dr. von Angerer, der letzte Hauptassistent von H. Ebert, hat diese Arbeit dankenswerter Weise ganz in dessen Sinne geleistet. Im übrigen ist die Vollendung genau in der Weise erfolgt, wie bereits im Vorwort zu Band II, 1 ausgeführt. Auch hier hat neben Frau Ebert Herr Professor Dr. Pressel eine Korrektur aller Kapitel gelesen. Für den zur Zeit der Drucklegung in Amerika abwesenden Herrn Geheimrat Sommerfeld hat sein Assistent Herr Privatdozent Dr. Wentzel die Korrekturen für die Druckfertigmachung übernommen. Um die Fertigstellung der noch fehlenden Figurenvorlagen hat sich mein Assistent, Herr Dipl. Ing. I. Slaus verdient gemacht. Allen, die zur Vollendung des Werkes trotz der erschwerenden Zeitumstände mitgewirkt haben, sei nochmals herzlichst gedankt.

München, März 1923.

C. Heinke.

Inhaltsverzeichnis.

IV. Abschnitt.

Die strahlende Energie.

1. Kapitel. Die Wellenstrahlungen.

(* Der Herausgeber.)

2. Kapitel. **Behinderung der freien Wellenausbreitung und ihre Folgeerscheinungen (Reflexion, Brechung, Interferenz, Beugung, Polarisation).**

(*Dr. v. Angerer.)

3. Kapitel. **Die Korpuskularstrahlen, Röntgenstrahlen, Radioaktivität.**

(*Prof. Dr. W. Kossel.)

4. Kapitel. **Strahlungsgesetze, Quantenlehre, Relativitätstheorie.**

(*Prof. Dr. Emden § 871—882 und Geh. Rat. Prof. Dr. Sommerfeld § 883—895.)

Von bereits anderweitig vorhandenen Figuren, deren Klischees für den vorliegenden Band benutzt werden konnten, haben folgende Firmen die Zusammenstellung der Figuren gewünscht:

Verlag Ferd. Enke, Stuttgart:

aus: Zenneck, Lehrbuch der drahtlosen Telegraphie. Fig. 515, 528, 530, 531, 534, 546, 548—552.

aus: Drude, Physik des Äthers, Fig. 556—563.

B. G. Teubner, Leipzig:

aus: Grimsehl, Lehrbuch der Physik. 2. Aufl. Fig. 580, 583, 584.

VIERTER ABSCHNITT

DIE STRAHLENDE ENERGIE

Erstes Kapitel.

Die Wellenstrahlungen.

In diesem Kapitel wollen wir im Zusammenhange alle jene Strahlungsarten behandeln, zu deren Erklärung man die Annahme eines besonderen übertragenden Mediums heranziehen zu müssen glaubte; denn es ist hier augenscheinlich nicht die gewöhnliche Materie, wie etwa bei den elastischen und den Schallschwingungen, welche diese Übertragung übernimmt, da jene Strahlungsarten die ihnen innewohnende Energie auch durch das Vakuum hindurch fortzupflanzen vermögen. Die Materie ändert die Geschwindigkeit dieser Fortpflanzung in bemerkenswerter Weise, so daß die Übertragungsgeschwindigkeit in dem von Materie freien Raume als bestimmter Grenzwert erscheint, den wir wieder gleich der „Lichtgeschwindigkeit c“, also sehr groß finden werden.

Hierher gehören die Wellenzüge elektromagnetischer Energie (wohl auch, wenn auch recht ungenau, „Strahlen elektrischer Kraft“ genannt), die sog. „Wärmestrahlen“, die „Lichtstrahlen“ und die Strahlen von besonders starker chemischer und sonstiger auslösender Wirkung, die ultravioletten- und die Röntgenstrahlen. Wir werden sehen, daß alle diese Strahlungsarten durchaus einheitlichen Charakter besitzen, daß sie durch die Ausbreitung elektromagnetischer Schwingungen (vgl. III, 4 C) mit endlicher Geschwindigkeit zustande kommen, und daß die sie bedingenden (periodisch mit Zeit und Ort variierenden) Vektoren senkrecht zu der Fortpflanzungsrichtung stehen, wodurch die ihnen zugrunde liegende Wellenbewegung als „transversale“ gekennzeichnet ist (§ 253, S. 296, sowie für das Folgende auch § 738, S. 649, Fig. 509).

Allein durch die Länge der Wellen und die Natur des Agens, auf das wir sie wirken lassen, unterscheiden sich diese Strahlungsarten. Die elektromagnetischen besitzen die längsten Wellen; sie eignen sich daher zur Einführung in dieses Kapitel am meisten, weil bei ihnen alle strahlengebenden und strahlenempfangenden Organe so groß ausgebildet werden können, daß wir alle ihre Teile und die Art ihres Zusammenwirkens bequem übersehen können. Wir weisen sie durch einen der verschiedenen „Detektoren“ nach.

Weit kürzer (von $^1/_2$ mm an abwärts) ist die Wellenlänge der Strahlen, an denen die „Wärmewirkung“ besonders charakteristisch wird; als Rezeptor für dieselben eignet sich besonders das Bolometer oder eine Thermosäule, für die kürzeren Wellen dieser Art aber auch schon gewisse photographische Verfahren. Sinkt die Wellenlänge unter 0,00076 mm (rund), so kommt dem elektromagnetischen Wellenzuge eine neue eigentümliche Wirkung zu: er vermag alsdann gewisse Organe der Zäpfchen- und Stäbchenschicht in der Retina unseres Auges zu erregen, wodurch in uns die Empfindung des „Lichtes“ geweckt wird; der allerdings nur sehr enge Wellenlängenbereich von 0,76 bis 0,39 μ (also noch nicht ganz eine „Oktave“) umfaßt die Lichtstrahlen. Jenseits der genannten unteren (ultravioletten) Farbengrenze tritt die elektronenauslösende, also nach § 544, S. 211 die lichtelektrische und die mit solchen Auslösungsprozessen wahrscheinlich im Zusammenhange stehende „chemische“ Wirkung mehr und mehr hervor.

Die Einteilung in die verschiedenen Strahlenarten entspricht zwar dem Entwicklungsgange der Wissenschaft, nicht aber etwa einer inneren Verschiedenheit der Natur dieser Strahlen; Lichtstrahlen üben gerade so lichtelektrische und chemische Wirkung, z. B. auf geeignet präparierte photographische Platten, aus wie die ultravioletten Strahlen; in allen diesen Strahlen kann man Wärmewirkungen nachweisen, wenn nur das zur Verwendung gelangende Thermoskop empfindlich genug ist usw.

Es ist daher gerechtfertigt, daß alle diese Strahlen, so verschiedenartig auch die Transformation der in ihnen wandernden Energiebeträge ausfällt, je nach dem Rezeptor, in dem wir diese Umformung vornehmen, doch einheitlich behandelt werden. So werden wir auch alle einfachen Folgeerscheinungen ihrer endlichen Ausbreitungsgeschwindigkeit, ihre Reflexion, Brechung, Interferenz und Beugung im Zusammenhange betrachten, wodurch die völlige Analogie in dem Verhalten der verschiedenen Strahlenarten am besten hervortritt.

A) Stehende elektrische Schwingungen und Wellentelegraphie.

In III, Kapitel 4, Abschnitt C haben wir die Erzeugung und den Verlauf der elektrischen Schwingungen studiert: Elektrische Schwingungen werden erzeugt, wenn sich Potentialdifferenzen in einem Leiterkreise mit erheblicher Kapazität und Selbstinduktion, aber geringem Ohmschen Widerstande ausgleichen.

Die Dauer einer Periode dieses „oszillatorischen“ Ausgleiches (vgl. auch § 725) beträgt

$$\tau = 2\pi\sqrt{C \cdot L},$$

wo C die (elektromagnetisch gemessene) Kapazität, L die Selbstinduktion (in cm) des Leiterkreises ist.

Die zum Ausgleich zu bringende Potentialdifferenz wird in dem Schwingungskreise nach III, 4. C am einfachsten dadurch erzeugt, daß man die beiden Enden einer Funkenstrecke mittels einer beliebigen Hochspannungsquelle (Influenzmaschine, Wechselstrommaschine mit Transformator oder Induktorium) so hoch auflädt, bis das Dielektrikum in ihr niederbricht, wobei der sich bildende Funkenkanal zugleich eine Überbrückung von genügend kleinem Widerstande herstellt, so daß der Ausgleich oszillatorisch erfolgen kann.

Gelingt es nun, in irgendeiner Weise durch diese Schwingung eine entsprechende elektrische Wellenbewegung anzuregen, so ist nach § 258, S. 302 damit sofort der Beweis erbracht, daß sich der elektromagnetische Schwingungsvorgang mit endlicher Geschwindigkeit in seine Umgebung hin verbreitet.

739. Erzeugung stehender elektrischer Schwingungen; Abstimmung eines Schwingungskreises. Ehe wir das Fortschreiten von Wellenzügen elektromagnetischer Energie betrachten, wollen wir uns mit der Herstellung stehender elektrischer Wellen beschäftigen, die in der Tat ganz analog wie in der elastischen Wellenlehre (vgl. I. § 265, S. 315) den Ausgang für fortschreitende Wellen und damit für die eigentliche Wellenstrahlung bilden. Solche stehende Wellen erzeugt man ganz ähnlich wie etwa bei den Stimmgabeln unter Zuhilfenahme der Resonanz (§ 270).

Versuch 666. (Das Seibtsche Instrumentarium). Auf einem gemeinsamen Grundbrette sind angeordnet (vgl. Fig. 510 und das Schaltschema Fig. 511):

1.) Zwei einander gleiche Leidener Flaschen C_1 und C_2 von je c cm Kapazität (etwa 1200 cm): sie können entweder hintereinander geschaltet werden [Gesamtkapazität c/2 nach (353), S. 123], wie in den beiden Figuren angenommen ist, oder auch nebeneinander (Gesamtkapazität 2 c) durch dicke Kupferdrahtbügel, wie solche in Figur 510 vorn gezeichnet sind; diese Batterie wird durch ein (großes) Induktorium mit Wehneltunterbrecher (§ 715, S. 570) aufgeladen.

2.) eine regulierbare Funkenstrecke F zwischen Zinkkugeln (von 15 mm Durchmesser); damit das Licht derselben und das Funkengeknatter nicht stört, ist sie in einem Holzkästchen eingeschlossen, aus dem nur der Hartgummigriff der auf einem längeren Gewindestück montierten einen Kugel (in Fig. 510 nach vorn) bei der Vorführung abgekehrt vom Beschauer herausragt;

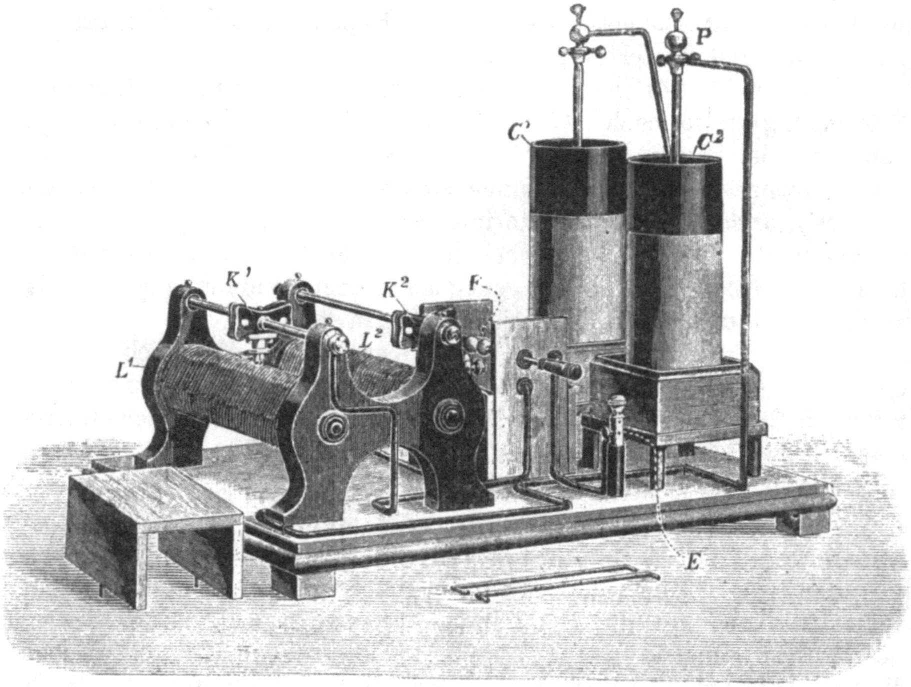

Fig. 510.

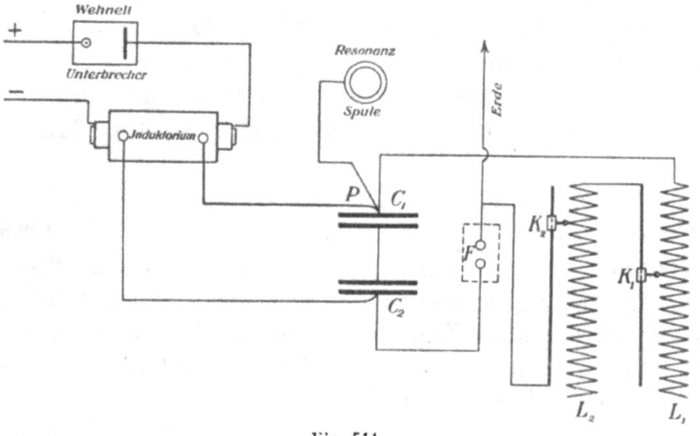

Fig. 511.

3.) zwei Selbstinduktionsspulen L_1 und L_2, die aus dickem Kupferdraht bestehen und auf isolierende Porzellanträger in einer Lage aufgewickelt sind. Damit man auch während des Betriebes die einzuschaltende Induktanz geeignet einregulieren kann, laufen über den Spiralen horizontal befestigte Gleitschienen hin, längs denen metallische Laufrollen, die auf die Spiralen drücken, vermittels zweier durch Hartgummi geschützter Kontaktstücke K_1 und K_2 hin und her geschoben werden können.

Die Verwendung von Rollen statt der sonst üblichen Schleiffedern war im vorliegenden Falle geboten, weil sonst bei dem Funkenspiel leicht ein Verschmelzen der Kontaktstellen eintreten würde. Das Schaltschema Fig. 511 läßt ersehen, daß durch Voranschieben des Kontaktes K_1 zunächst die eine Spule L_1 (falls nötig ganz) eingeschaltet wird, sodann zu der hierdurch gegebenen Selbstinduktion eine entsprechende Induktanz von Spule L_2, beim Vorwärtsschreiten von K_2, hinzu genommen werden kann.

Man erkennt sofort die wesentlichen Bestandteile eines Thomsonschen Schwingungskreises (§ 728, S. 618) wieder. Ein Punkt desselben kann an Erde gelegt werden, ohne die Schwingungen zu stören; man wählt zweckmäßig denjenigen, an dem die hohe Spannung am unbequemsten sein würde, d. i. die Regulierstelle der Funkenstrecke, also die in Fig. 511 oben gelegene Funkenkugel.

Setzt man das Induktorium in Gang, so wird jedesmal, wenn die Potentialdifferenz zwischen den Belegen der Kondensatoren so hoch angewachsen ist, daß die Luftstrecke in F durchschlagen wird, das Spiel der Schwingungen in dem Kreise ausgelöst. Unter der Wirkung derselben flutet der Strom von einem Belege der Flaschenbatterie durch die Induktionsspulen und die Funkenstrecke hindurch zum anderen Belege hinüber, von diesem auf dem genannten Wege zurück usf. Dadurch wird ein Punkt P an dem einen Belege abwechselnd auf hohe Spannungen aufgeladen, bis 0 entladen, im entgegengesetzten Sinne geladen usw. entsprechend der Schwingungsdauer und dem Abklingen der Schwingungen (vgl. in III, 4, C).

An diesem Punkt P werden nun Drahtgebilde angeschlossen, welche den (Elektronen-) Strom aufzunehmen imstande sind, am anderen Ende aber frei endigen und isoliert sind, also die Elektronen nicht entweichen lassen, sondern den Strom zurückwerfen, reflektieren (vgl. Versuch 213 in I S. 135).

Ist die Frequenz dieser Schwingung sehr groß, so kann, wenn die Drahtlänge geeignet auf den Schwingungskreis oder dieser auf die Drahtlänge abgestimmt ist, der Fall eintreten, daß der Rückstrom in P gerade in dem Momente eintrifft, wo an diesem die Umladung stattfindet; alsdann tritt eine Resonanz (§ 723, S. 601) ein. Um die Drahtgebilde für diesen Zweck bei den Experimenten nicht unbequem lang wählen zu müssen, wickelt man sie zu Spiralen auf. Die „Resonanzspulen" bestehen daher aus dünnem gut isoliertem Drahte, der auf eine Holzspindel aufgewickelt (und hier durch einen Schellacküberzug nochmals isoliert) ist, Fig. 512; sie tragen oben und unten Klemmschrauben und stehen vertikal auf isolierenden Glassäulen, die unten von einem Metallfuß getragen werden.

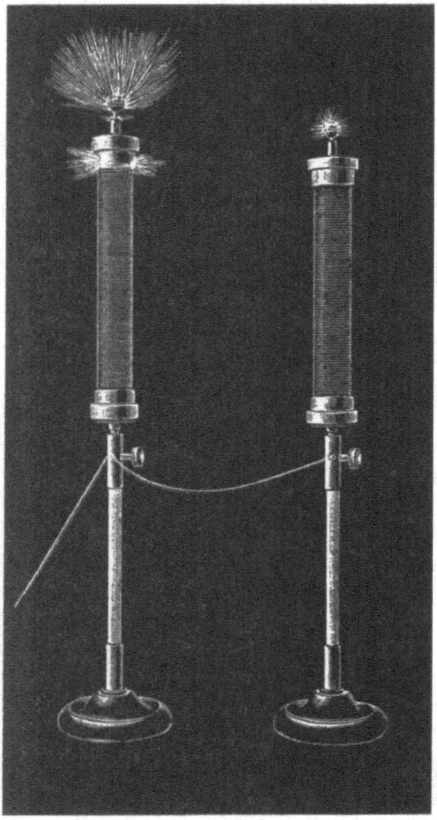

Fig. 512.

Versuch 666a (Abstimmung). Eine Resonanzspule mit gelb gefärbter Drahtumwicklung 21 cm lang und im folgenden kurz als „gelbe" Spule bezeichnet wird an P durch einen einfachen Draht (Kapazitäten C_1 und C_2 in Serie) angeschlossen (und dabei auf einem Stative hoch gestellt), sowohl L_1 wie L_2 werden ausgeschaltet, K_1 und K_2 ganz zurück gezogen (Funkenstrecke etwa 8—15 mm lang; Beobachtungsraum verdunkelt).

Beim Erregen des Induktoriums bleibt die Spule zunächst dunkel.

Nur das „Sprühen" an den Rändern der Flaschenbelege zeigt, daß die Schwingungen im Gang sind, und daß dabei sehr hohe Spannungen an ihnen und damit an P erreicht werden.

Schiebt man aber K_1 voran, so erreicht man bald (etwa bei $^1/_3$ eingeschalteter Länge von L_2) einen Punkt, bei dem aus dem oberen Ende der Resonanzspule lebhafte Büschelentladungen hervorbrechen, wie in Fig. 512 dargestellt ist: hohe Spannungen müssen hier erreicht werden, die Spule schwingt mit, sie befindet sich in „Resonanz" mit der erregenden „Primärschwingung" in dem Thomsonschen Kreise, sie „spricht auf diese Schwingungen an", beide sind aufeinander „abgestimmt".

Der Versuch stellt das vollkommene elektrische Analogon zu dem Versuche 222,c S. 325, Bd. I mit gegebenem Resonatorrohre (hier der Resonanzspule) und der verstimmbaren Stimmgabel (hier dem primären regulierbaren Schwingungskreise) dar. Den abwechselnden Luftverdichtungen und -verdünnungen bei dem akustischen Versuche entspricht hier ein Hin- und Herfluten der Leitungselektronen. Das Resonanzphänomen bleibt dort aus, wenn man die zurückwerfende Wand der mitschwingenden Luftsäule zurückklappt, hier wenn man das obere Spulenende erdet.

Die Abstimmung ist eine ziemlich scharfe: schiebt man den Kontakt K_2 über den gefundenen Punkt hinaus, so verlöscht die Büschelentladung an der Spule.

Daß sie bei der Abstimmung erscheint, zeigt, daß die Spannungen hier so hoch anwachsen, daß die dielektrische Festigkeit der Isolation und der umgebenden Luft überschritten wird.

Am oberen isolierten Ende des Leitergebildes bildet sich ein Schwingungsbauch für die elektrischen Spannungen aus. Abgesehen von der das Funkensprühen begleitenden Elektrizitätsbewegung muß der „Strom" am isolierten Ende gestaut werden, es bildet sich hier ein Knoten der Elektrizitätsbewegung aus. Umgekehrt flutet am unteren (an P angeschlossenen) Ende die Elektrizität ein und aus: Schwingungsbauch der Elektrizitätsbewegung, die Spannungen wachsen nicht über einen gewissen niedrigen Betrag an (Fehlen der Entladungserscheinungen): Spannungsknoten.

Vergleiche die analoge Verteilung von Spannungsbauch und Bewegungsknoten an der Rückwand eines Stimmgabelresonanzkastens und von Knoten der Pressungen, Bauch der Luftbewegungen an seiner Mündung § 270 u. S. 325.

Die Schwingungsdauer eines Drahtgebildes hängt von seiner Länge, Dicke und Anordnung ab, da diese Größen seine Kapazität und Induktanz bedingen.

Versuch 666b. Nach Abstimmung auf Resonanz der „gelben Spule" wird auf die obere Klemme derselben ein etwa 1 dcm langes Messingrohr aufgesteckt: Die Resonanz ist sofort gestört, die Büschelentladung erloschen, die Spule verstimmt. Erst wenn man K_2 ein Stück weiter voran schiebt (die Schwingungsdauer τ des Kreises durch Vergrößerung von L im Kreise erhöht) setzt die Entladung wieder lebhaft ein.

Fährt man mit einem in der Hand gehaltenen Metallstabe an der Spule und seiner oberen Verlängerung entlang, so kann man an der Länge der aus ihr zu ziehenden Funken erkennen, daß sich in der Tat unten ein Spannungsknoten, oben ein Spannungsbauch ausgebildet hat.

Versuch 666c. Außer der gelben wird noch eine zweite auf einem gesonderten isolierenden Fuße stehende Spule mit einer größeren Windungszahl („grüne Spule" wegen der Farbe der Umspinnung des Drahtes) gleichzeitig an P angeschlossen. Zu ihr führt der nach rechts abgehende Draht in Fig. 511 hin. Reguliert man K_2 so, daß die gelbe Spule (ohne Aufsatz) sprüht, so bleibt die grüne dunkel: schiebt man K_2 voran, so tritt diese in Resonanz, die gelbe fällt aus der Abstimmung heraus und erlischt.

Das Instrumentarium gestattet die stehenden elektrischen Wellen in Drahtspulen in objektiver Weise zur Darstellung zu bringen dank des Umstandes, daß nach Versuch b die Elektrizität an den Spannungsbäuchen leicht von der Spule nach einem genäherten zur Erde abgeleiteten Leiter in Form von Büschel- oder Glimmentladungen überschlägt.

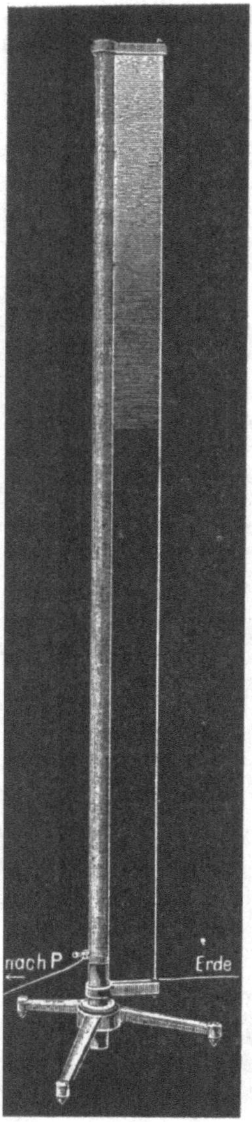

Fig. 513 a.

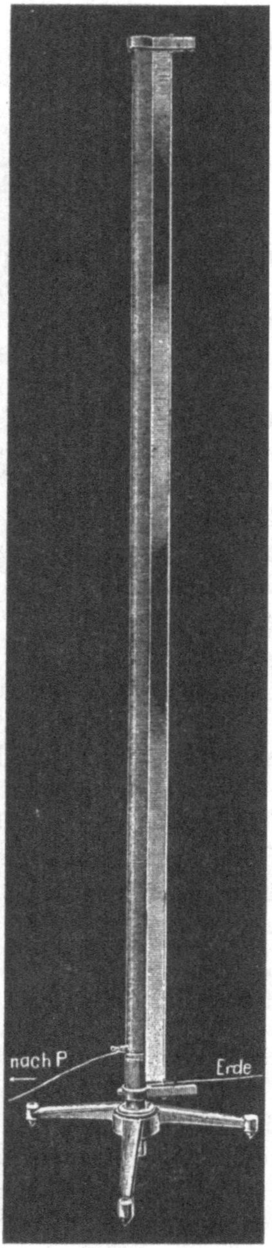

Fig. 513 b.

Versuch 666d. Eine 200 cm lange, auf Holz gewickelte und auf einem Metallfuße Fig. 513 a und b vertikal aufgestellte dünndrahtige Spule wird unten an P angeschlossen.

Das schellackierte Holz sorgt hier für genügende Isolation gegen den Metallfuß.

Neben ihr ist ein dünner, durch Holz sowohl oben wie unten von der Spule isolierter blanker Draht ausgespannt, der unten an die Erdleitung angeschlossen wird (Drahtabstand 10 cm, Flaschen parallel geschaltet, Funkenstrecke auf etwa 1,8 mm verkürzt, L_1 ganz, L_2 zu etwa $^1/_4$ eingeschaltet).

Beim Erregen der Schwingungen bildet sich oben zwischen Spule und Draht ein Band bläulicher Glimmlichtstrahlen aus (Fig. 513 a), welches am Spannungsknoten am intensivsten ist und weiter unten immer lichtschwächer wird, bis die Spannungsamplituden unter jener Grenze bleiben, die erforderlich ist, um den Luftraum zwischen Spule und Draht zu überbrücken.

Man hat hier die Grundschwingung des Leitergebildes vor sich; es ist von $^1/_4$ der elektrischen Welle erfüllt.

Man vergleiche diese stehenden Schwingungen und ziehe die erläuternden Modelle und Wellenmaschinen heran.

Es gelingt aber auch leicht, elektrische Oberschwingungen in der Spule wachzurufen.

Versuch 666e. Der Draht wird bis auf 5 cm (parallel zur Spulenachse) herangebracht (Flaschen wieder in Serie, Funkenstrecke vergrößert (etwa 20 mm), L_2 ausgeschaltet, L_1 etwa zu $^3/_4$ ihrer Länge eingeschaltet).

Bei geeigneter Abstimmung bildet sich oben ein Knoten, im unteren Drittel aber wieder ein Knoten aus; die Spule faßt jetzt drei von den Viertelwellenlängen der Schwingung in sich.

Vgl. die Analogie mit Versuch 201, S. 306.

Durch Zurückziehen von K_1 kann man noch höhere Oberschwingungen in der Spule wachrufen, z. B. $^5/_4$ Wellenlänge (Fig. 513 b) oder auch $^7/_4$, wobei freilich schließlich der Luftabstand zwischen Spule und Draht nicht mehr völlig überbrückt wird, sondern sich den aus der Spule hervorquellenden Büscheln gegenüber auf dem Drahte nur noch Lichtspindeln ausbilden.

Durch Verschieben von K_1 kann man die einzelnen Schwingungen in einander überschlagen lassen, wie die Obertöne einer verschieden stark angeblasenen (gedackten) Pfeife. Beim Erden des oberen Spulen- und Drahtendes erhält man Verteilungen der stehenden Schwingungen wie in einer offenen Pfeife.

740. Erzeugung fortschreitender elektromagnetischer Wellen. Schon das „Sprühen“ der Resonanzspulen bei den vorhergehenden Versuchen zeigte, daß die Wirkung der elektrischen Schwingungen nicht auf die Leiterbahn selbst beschränkt bleibt. In der Tat bilden sich an den Enden der abgestimmten Leitergebilde hohe elektrische Spannungen aus, unter deren Wirkung die Elemente zunächst der unmittelbar benachbarten Schichten des umgebenden Dielektrikums polarisiert werden (§ 525, S. 155). Diese wirken auf weiter abgelegene Elemente usw., kurz: von den Enden der erregten Leitungsbahnen erstrecken sich Induktionslinien in den umgebenden Raum hinein, welche die von ihnen durchsetzten Gebiete im Rhythmus der Schwingungen selbst dielektrisch polarisieren.

Versuch 667. Wir gehen auf die Anordnung des Versuches 666d mit der langen, zur Grundschwingung erregten Spule (aber ohne den Paralleldraht) zurück. Bringt man in die Nähe des oberen Endes der erregten Spule elektrodenlose, mit verdünnten Gasen gefüllte, Röhren oder die „Phosphoreszenzlampen" des Versuchs 661, S. 623 in Bd. II, 1, oder andere größere Geißlersche Röhren mit geeignetem inneren Drucke, so leuchten dieselben hell auf, ohne daß sie direkt durch Leitungen mit dem Träger der elektrischen Schwingungen verbunden wären.

Sollten die Röhren mitunter nicht sofort ansprechen, so kann man sie (nach E. Wiedemann und H. Ebert) dadurch „anregen," daß man sie kurze Zeit über die Zuleitungen vom Induktorium zum Schwingungskreise legt, (wodurch vermutlich an ihren Innenwänden Gasionen gebildet werden, deren Vorhandensein die dielektrische Festigkeit der Gasfüllung herabsetzt; der Elektrizitätsübergang findet dann unter Leuchterscheinung auch schon bei sehr geringen Spannungsschwankungen im umgebenden Felde statt). Man beachte das Auftreten von Kathodenstrahlen dort, wo die Induktionslinien des elektrischen Wechselfeldes eintreten, und die durch sie hervorgerufene lebhafte Gasfluoreszenz an der gegenüberliegenden Seite der Röhren (vgl. auch § 721, S. 594). Bewegt man eine mit verdünntem N_2 (oder mit HCl-Dämpfen oder He) gefüllte weite (am wirkungsvollsten zickzackförmig gebogene) elektrodenlose Röhre vor der Resonanzspule, so leuchtet dieselbe jedesmal hell auf, wenn im Gefolge eines neuen Funkendurchbruchs in F (Fig. 510, S. 6) eine neue Serie von Schwingungen einsetzt; die rasche Folge der Einzelerregungen läßt (infolge des Nachdauerns des Netzhautbildes) viele einzelne Bilder nebeneinander erscheinen.

Die räumliche Ausbreitung der von einem Schwingungsgebilde ausgehenden oder „ausgesendeten" Erregungen läßt sich offenbar in größere Entfernungen hin verfolgen, wenn wir sie mit einem Organ aufnehmen oder „empfangen", welches selbst schwingungsfähig ist, und zwar dann, wenn dieses selbst mit seinen Eigenschwingungen auf das sendende System abgestimmt, wenn es mit diesem in Resonanz ist (vgl. den Versuch 666a, S. 8).

Versuch 668. Wir verwenden die kurze gelbe Spule und gehen auf die Schaltung des Versuches 666a und b Seite 8 zurück, indem wir die durch ein kurzes vertikales Rohr am Ende verlängerte Spule auf das Maximum des Mitschwingens bringen. Nähert man eine gleiche (gelbe) Spule, die oben eine (mit He gefüllte) Geißlersche Röhre trägt, so erreicht man es (durch eventuelles Nachstellen am Kontakte K_2) leicht, daß die Röhre auch schon in größerer Entfernung lebhaft aufleuchtet. Dabei hat man die Spule am unteren Ende zu fassen, also zu erden, so daß ihr hier ein Bauch der elektrischen Strömung, ein Knoten der wechselnden Spannung aufgezwungen wird.

Unterläßt man die Erdung oder nimmt man sie an einer anderen Stelle vor, so fällt die Spule aus der Resonanz heraus, die Röhre erlischt (vgl. das Ausbleiben der Resonanz bei der Verstimmung der empfangenden Stimmgabel).

* Besteht somit bei dieser Versuchsanordnung die Möglichkeit, Schwingungsenergie durch den Raum zu übertragen, so zeigt sich doch andererseits, daß für die Fernmeldung von Zeichen Anordnungen nach Art der Seibtschen, bei denen das elektrische Feld in erster Linie zur Wirksamkeit gelangt, wenig geeignet sind, weil die Entfernungen, auf welche der Nachweis der elektrischen Feldwirkungen gelingt, zu gering sind (vgl. hierzu auch § 753). Wählt man die Anordnung aber so, daß das mit der Stromstärke im Sender wachsende magnetische Feld (vgl. Fig. 505 und 506 auf S. 647 von Bd. II, 1) bei der Aussendung der elektromagnetischen Wellen verstärkt und für ihre Ausbreitung auf größere Entfernungen maßgebend wird, so kann man viel größere Entfernungen überbrücken. Hiermit gelangen wir dann zur Grundlage der heutigen Wellentelegraphie. Um solche elektromagnetische Wellen mit vorwiegender Wirkung des magnetischen Feldes zu erzeugen, verwenden wir zunächst gerade Leiter mit Erhöhung der Endkapazität, da nach der Ladestromgleichung (vgl. III § 718, S. 580) der Strom in der Zuführungsleitung und damit auch die von ihr ausgehende magnetische Welle erhöht wird (vgl. hierzu in III Fig. 508, S. 648). *

Wählen wir ein möglichst einfaches schwingungsfähiges Gebilde als Strahlungsquelle, den „Radiator“, als Empfänger ein ihm völlig gleiches, den „Resonator“ oder „Rezeptor“, so kommen wir zu folgender Versuchsanordnung:

Versuch: 669. In ein um eine horizontale Achse drehbares von einem Stative getragenes Hartgummistück sind sowohl beim Radiator Fig. 514 links, wie beim Resonator rechts von beiden Seiten her (ohne sich im Inneren zu berühren) Messingrohre eingeschraubt (1,0 cm Durchmesser 30 cm lang), in denen gleich lange engere Röhren zügig verschiebbar sind. Diese tragen an den Enden quergestellte kreisförmige Messingplatten (16 cm Durchmesser). Nahe den Hartgummiträgern dienen biegsame Leitungsschnüre zur Zu- bzw. Ableitung. Wir stellen die Platten auf je 1 m gegenseitigen Abstand ein. Radiator und Rezeptor stehen in Wirklichkeit viel weiter voneinander entfernt als in der Figur.

Zur Erregung des Radiators wollen wir hier hochfrequenten Wechelstrom (etwa 1000 Wechsel pro Sek.) verwenden, der von einem rasch umlaufenden (vierpoligen) Gleichstrom-Wechselstrom-Umformer (Gl-W) der Figur geliefert wird. Unter Vorschaltung eines Regulierwiderstandes R wird er durch den (Igel) Transformator T auf hohe Spannungen übersetzt. Dieser hochgespannte Wechselstrom lädt die beiden Radiatorhälften auf; sowie die Potentialdifferenz zwischen den

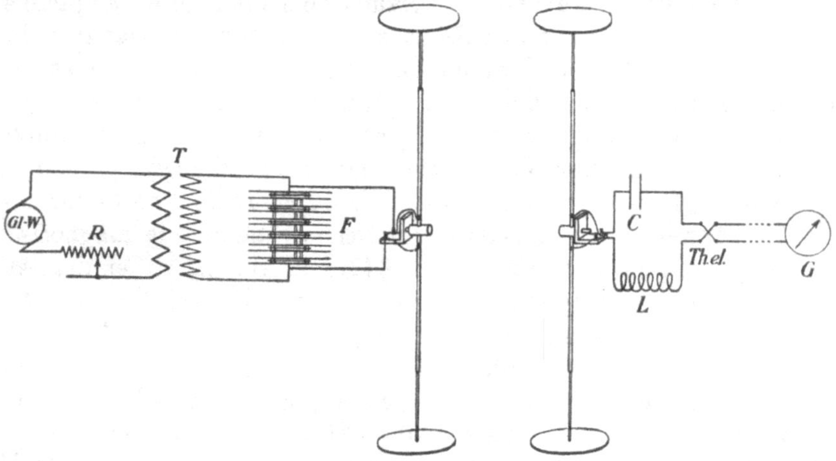

Fig. 514.

beiden Hälften einen bestimmten (hohen, daher Anfassen vermeiden!) Wert erreicht hat, durchbricht sie die Löschfunkenstrecke F (vgl. § 745, S. 24), worauf eine durch Strahlung allerdings ziemlich rasch gedämpfte Serie von Schwingungen einsetzt.

Die Empfängerleitung ist an einen Schwingungskreis mit sehr kleiner Selbstinduktion L und einer regulierbaren kleinen Kapazität C (Plattenkondensator) angeschlossen, welcher das Thermoelement Th.el. enthält (vgl. § 736, S. 645), dessen andere Leitung mit dem Projektionsgalvanometer G verbunden ist.

Man hat hier das Modell einer modernen wellentelegraphischen Geber- und Empfangsstation vor sich; als „Gegengewichte“ (§ 744, S. 21) dienen die unteren Hälften der schwingungsfähigen Gebilde. Die Platten, welche sie an ihren Enden tragen, erhöhen die Energie (vgl. III. § 533, S. 174), freilich auch die Kapazität und damit die Schwingungsdauer. Immerhin beträgt diese hier nur $9{,}3 \cdot 10^{-9}$ Sek., so daß $\nu = 173$ Millionen Vollschwingungen pro Sek. ausgestrahlt werden, mit einer Wellenlänge von $\lambda = 280$ cm.

Ist der Primärkreis erregt, so wird durch Ändern des Plattenabstandes bei C der Empfängerkreis so einreguliert, daß in G ein maximaler Ausschlag entsteht: Abstimmung. Dreht man jetzt den Rezeptor um seine horizontale Achse, so wird der Ausschlag immer geringer und geht schließlich auf seinen Anfangswert zurück. Dreht man weiter, so wächst er wieder an (und würde bei paralleler Stellung der beiden Elemente wieder zum vorigen Maximalwerte zurückgehen).

Bei Kreuzung der beiden linearen aufeinander abgestimmten Elemente bleibt also die Anregung des Emfängers durch den Radiator aus. Führt man den Empfänger in die horizontale Lage zurück, dreht jetzt aber den Radiator nach, so wächst der Ausschlag wieder: bei Parallelstellung geht die Anregung wieder zu einem Maximum über.

741. Wellentelegraphie. Wir haben hier bereits das Prinzip der zuerst von Marconi (1897) mit Glück durchgeführten Übertragung elektrischer Energie auf weite Entfernungen hin vor uns. Ein schwingendes System: „Senderanordnung" erregt ein darauf abgestimmtes „Empfangssystem" zum elektrischen Mitschwingen durch das trennende Dielektrikum hindurch unter Vermittlung der vom ersten aus- und auf das zweite übergehenden elektromagnetischen Wellen, ohne daß eine direkte Drahtverbindung zwischen beiden nötig wäre: Prinzip der „Wellentelegraphie".

Man spricht wohl auch von einer „Telegraphie ohne Draht", aber weniger zutreffend, da sowohl bei der Ausbildung des Sender- wie des Empfangssystems die Verwendung langer Drahtgebilde unvermeidlich ist; nur der Übertragungsdraht der gewöhnlichen Telegraphie fällt fort. Der feuchte und daher leitende Untergrund des Festlandes oder besser noch des Meeres übernimmt (z. T. wenigstens) die Führung der in den isolierenden Schichten (Luft) sich fortpflanzenden Wellen.

Da zur Erregung der primären Schwingung die Verwendung einer Funkenentladung früher unvermeidlich erschien, spricht man wohl auch von einer „Funkentelegraphie", von Funkstation, Funkspruch und Funkern.

Die tiefer liegenden, relativ trockeneren Gesteinsschichten sind wieder bessere Isolatoren; durch sie hindurch kann man daher auch elektrische Wellen senden, so daß man auf diesem Wege z. B. von Bergwerk zu Bergwerk „durch die Erde hindurch" telegraphieren kann (Löwy und Leimbach, Göttingen).

Das Gebergebilde sendet wirksame Wellen über um so weitere Strecken, je länger es ist; dabei „strahlen" diese Gebilde unter sonst gleichen Umständen um so besser, je gestreckter sie sind. Marconi verwendete daher zunächst nur einfache Drähte, die von einem Maste getragen, vertikal in die Höhe gezogen waren: „Antennen", hier speziell die „Linearantennen". Um mehr Energie in das Antennengebilde aufnehmen zu können, verwendet man besser mehrere von der Funkenstrecke ausgehende gestreckte Drähte: Mehrfachantennen, die man vielfach noch schirmartig auseinander gehen läßt: „Schirmantennen" oder ausgespannte Netze: „Netzantennen". Fig. 516 zeigt eine der ersten und einfachsten Sendeantennen mit einfachem gestreckten Drahte: Durch einen Taster wird eine Batterie längere oder kürzere Zeit (entsprechend den Strich- und Punktzeichen der gewöhnlichen Telegraphie) an ein Induktorium angeschlossen, welches die Batteriespannung auf so hohe Spannungen übersetzt, daß bei *F* ein lebhaftes Funkenspiel einsetzt; hier ist einerseits der lange Antennendraht angeschlossen, andererseits das große Reservoir der Erde. Vermöge der Eigenkapazität und der Selbstinduktion des Systems bilden sich beim Niederbrechen der Spannung elektrische Schwingungen in ihm aus, welche über die leitend gewordene Luftstrecke bei *F* hinwegfluten, hier einen Schwingungsbauch der Strömung ausbildend, während der Bauch der Spannungen wieder wie in den vorhergehenden Versuchen an dem oberen Ende der Antenne auftritt.

* Als Empfangsantennen haben in neuerer Zeit in Zusammenhang mit den Glühkathodenverstärkern (vgl. § 747) die „Rahmenantennen" eine besonders große Bedeutung erlangt, weil sie die Richtung der Sendestation als des Ausgangspunktes der elektromagnetischen Wellen einzupeilen erlauben. Auf einem Rahmen, meist in Form eines auf der Spitze stehenden Quadrates, ist der Draht der Empfangsantenne in mehreren parallel verlaufenden Windungen, die aber gegeneinander und gegen das Gestell gut isoliert sind, aufgebracht. Ist eine solche Rahmenantenne, die für transportable Empfangsstationen auch leicht zusammenlegbar ausgeführt werden kann, um die Vertikalachse (senkrecht stehende Diagonale) drehbar, so zeigt sie — Abstimmung mit dem Sender durch Zuschaltung von veränderlicher Selbstinduktion (Variatoren) oder Kapazität (Drehkondensatoren) vorausgesetzt — ein Maximum der Empfängerwirkung, d. i. der resultierenden Induktionswirkung auf das Empfangsinstrument, wenn die Rahmen-Ebene auf die Sendestation eingerichtet wird und ein Minimum der Empfängerwirkung bzw. Null der resultierenden Induktionswirkung durch Kompensation, wenn die Rahmen-Ebene senkrecht zur Strahlrichtung der Sendestation steht.

Wir haben hier also ein Gegenstück zu den Erscheinungen des Versuches 669 (S. 14), wo wir aus Maximum bzw. Null der Empfängerwirkung des abgestimmten, um die Horizontalachse drehbaren Rezeptors die (unbekannte) Lage des Radiators oder Senders im Raume hätten bestimmen können. Die Ermittlung der Strahlrichtung mittels um die Vertikalachse drehbarer Rahmenantenne ist aber praktisch deshalb ungleich wichtiger, weil sie einem Fahrzeug bei unsichtigem Wetter jederzeit eine genaue Ortsbestimmung ermöglicht durch Anpeilung zweier Küstenfunkstationen mit verschiedenen, dem Schiffsfunker aber genau bekannten Wellenlängen. Peilt er die beiden Strahlrichtungen nacheinander ein, meist unter Benutzung der empfindlicheren Nullwirkung und eines zur Rahmenantenne senkrechten Zeigers, so ist aus diesen beiden Richtungen und den bekannten Orten der Küstenfunkenstelle der Schiffsort ohne weiteres bestimmbar. Diese elektromagnetischen Strahltürme mit ihren langen Wellen sind also auch bei Nebel wirksam, der die Leuchttüme mit ihren kurzen Lichtwellen zum Versagen bringt. *

742. Das Fritterphänomen. Die Entwicklung der Wellentelegraphie wäre wohl lange noch auf die bescheidenen „Reichweiten“ beschränkt geblieben, welche man anfangs bei Laboratoriumsversuchen mit den elektrischen Wellen zu überbrücken vermochte, wenn dieser Entwickelung nicht eine Zufallsentdeckung Branlys (1890) zu Hilfe gekommen wäre, welche der neuen Übertragungsmethode in Marconis Händen sofort eine technische Bedeutung sicherte. Branly machte die Wahrnehmung, daß feine Metallpulver, die zunächst elektrisch sehr schlecht leiten, sofort ein erhebliches Leitvermögen annehmen, wenn sie der Wirkung elektrischer Entladungen oder elektrischer Wellen ausgesetzt werden.

Versuch 670. Eine beiderseitig durch Korke, durch die Kupferdrähte geführt sind, geschlossene Glasröhre enthält ein loses Haufwerk kleiner Eisenschräubchen, gegen das sich die inneren Drahtenden legen. Die Röhre ist in einen Stromkreis eingeschaltet, der ein Trockenelement und ein Zeigergalvanometer enthält. Der Kreis ist zunächst stromlos, der Widerstand in der Röhre sehr groß, wiewohl die Eisenteilchen dicht aneinander liegen. Läßt man aber in der Nähe der Röhre ein kleines elektrisches Fünkchen überspringen, etwa von einem elektrischen Gasanzünder, so schlägt das Galvanometer aus; der Strom dauert so lange an, bis man durch Klopfen an der Röhre die Teilchen wieder gegeneinander rüttelt.

Man kann sich die Erscheinung etwa so deuten: Die Metallteilchen sind an ihrer Oberfläche mit dünnen Oxyd-, Staub- oder Feuchtigkeitsschichten bedeckt, welche den Ausgleich kleiner Spannungsdifferenzen hindern, selbst wenn die Metallteilchen aneinander liegen. Geht aber eine elektrische Welle über sie hin, so bilden sich an der Berührungsstelle winzigste Fünkchen, die aber imstande sind, jene trennende Schicht zu durchschlagen und die Teilchen an dieser Stelle metallisch aneinander zu schweißen, miteinander zu „verfritten“, daher der Name „Frittröhre“ oder „Kohärer“.

Das Klopfen zerstört diese losen Verbindungen, bringt die Teilchen in andere Lagen und führt daher den vorigen Zustand hohen Gesamtwiderstandes wieder herbei. In dieser Weise reagieren alle „Lockerkontakte“ mit großen Widerstandsänderungen auf elektrische Erregungen, so daß sie zum Nachweise derselben überaus geeignet sind (Signalapparate für Ferngewitter usw.).

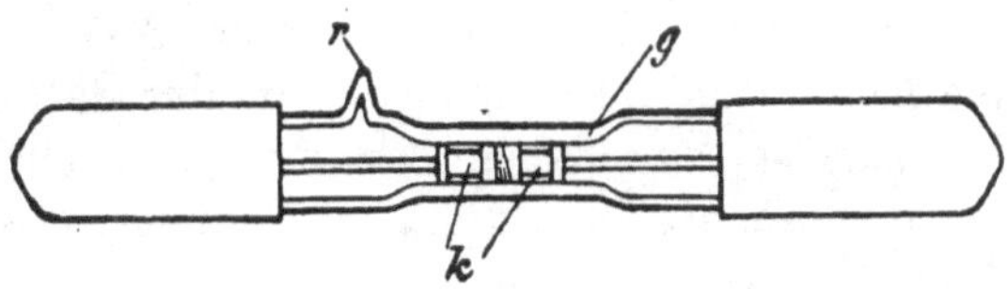

Fig. 515.

Fig. 515 zeigt eine Fritterform, wie sie lange in der wellentelegraphischen Praxis in Gebrauch war: Zwischen Metallelektroden, die durch Drähte mit den metallischen (aufgekitteten) Endkappen in leitender Verbindung stehen, befindet sich innerhalb eines evakuierten Glasröhrchens feines Pulver von Silber und Nickelspänchen. Die eine Elektrode ist vorn abgeschrägt, so daß zwischen ihr und der Endfläche der anderen ein keilförmiger Raum für das Metallpulver frei bleibt. Je nachdem ob mehr oder weniger empfindliches Ansprechen gewünscht wird, kann man durch Drehen des Röhrchens kürzere oder längere Strecken des Pulvers zwischen die Elektroden legen. Da die Empfindlichkeit eines Fritters sehr von Zufälligkeiten abhängt, wird die Röhre zum schnellen Auswechseln mit ihren Kappen (ähnlich wie bei den älteren Sicherungen) zwischen federnde Metallbügel eingepreßt, welche die Leitung vermitteln.

So wichtig das Fritterphänomen für die Entwicklung der Wellentelegraphie war, so ist doch zu beachten, daß der Fritter ein unzuverlässiges Hilfsmittel ist, so daß keine neuzeitliche Station mehr mit Fritter arbeitet.

Da bei der telegraphischen Nachrichtenübermittlung eine große Anzahl von Einzelzeichen (die Zeichen des Morsealphabetes vgl. § 681, S. 476) in rascher Folge nacheinander übermittelt werden müssen, so ist es notwendig, den Fritter nach Empfang eines jeden Zeichens „abzuklopfen", um ihn für den Empfang des nächsten Zeichens bereit zu machen. Es liegt nahe, dieses Abklopfen durch den vom Fritter selbst geschlossenen Stromkreis selbsttätig besorgen zu lassen. Da aber der Fritter nur dann mit Sicherheit funktioniert, wenn er mit geringer Spannung (höchstens bis zu 1 Volt) betrieben wird, so kann man im Fritterkreise selbst nur ein Relais (§ 680, S. 475) betätigen, welches seinerseits erst den Kreis einer größeren Batterie von Einzelelementen schließt und hierdurch die zur Betätigung eines Klopfers und anderer Empfangsapparate nötigen größeren Stromstärken automatisch zustande kommen läßt.

743. Marconistationen. Das Bild eines Paares wellentelegraphischer Stationen, wie sie zuerst von Marconi angewendet wurden, zeigt Fig. 516. Links befindet sich die Sendestation, bestehend aus der Batterie B_1, einem Taster T, einem Induktorium J als Transformator, der Funkenstrecke F und der Geberantenne A_1. Rechts ist die (in größerer Entfernung aufgestellt zu denkende) Empfangsstation gezeichnet mit der Empfangsantenne A_2, dem Fritter Fr und dem nur ein Element E und das Relais R enthaltenden, ausgezogen dargestellten „Fritterkreis". Der Anker des Relais schließt durch den Kontakt K zwei andere, von der Batterie B_2 gleichzeitig gespeiste Stromkreise, von denen der eine (gestrichelt gezeichnete) den Klopfer Kl, der andere (punktiert gezeichnete) etwa den Elektromagneten El eines Morseschreibapparates M speist. Der Klopfer ist wie ein gewöhnliches elektrisches Läutewerk (§ 680, S. 476) eingerichtet, nur daß der Klöppel desselben nicht gegen eine Glocke, sondern gegen den Fritter Fr schlägt.

Versuch 671. (Modell nach M. Dieckmann). Ein von einigen Akkumulatoren B_1 gespeistes mittelgroßes Induktorium J (mit Hammerunterbrecher), in dessen Primärkreis ein einfacher Schalthebel (T) eingeschaltet ist, wird mit seinem Sekundärkreis an ein Funkenmikrometer F (§ 519, S. 133, Fig. 223) angeschaltet; von der einen Kugel desselben führt eine Drahtverbindung zu einem (in der einen Ecke

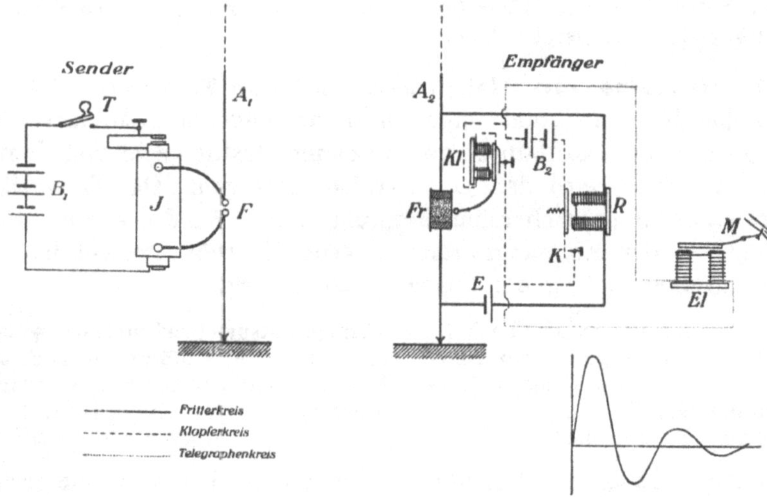

Fig. 516.

des Auditoriums aufgestellten) Drahtgebilde. Dasselbe besteht aus 4 etwa 4 m langen Drähten, die von unten aus nach einem Drahtring divergieren, der (mittels Bindfäden) an dem oberen Ende einer langen Bambusstange in horizontaler Lage befestigt ist (Geberantenne A_1); die andere Kugel von F ist mit der Erde (Gas- oder Wasserleitung) verbunden.

Eine vollkommen gleiche derartige Vielfachantenne A_2 ist in einer anderen Ecke des Raumes aufgestellt und mit den folgenden, auf gemeinsamem Grundbrette montierten Einzelapparaten nach Art des Schaltschemas Fig. 516 in Verbindung gesetzt:

1. dem Fritter, der durch eine Tangentialschraube um seine horizontale Achse gedreht werden kann (um ihn nach S. 17 unten auf verschiedene Empfindlichkeit des Ansprechens einregulieren zu können) verbunden mit dem Klopfer Kl; 2. dem (einfachen) Relais R und einem Trockenelemente E; 3. einem Umschalter mit drei Schleifkontakten, welcher an die Batterie von zwei kleinen hintereinander geschalteten Akkumulatoren B_2 entweder ein Läutewerk oder einen Schreibapparat M, wie in Fig. 516 angedeutet ist, oder endlich eine Spirale aus dünnem Eisendraht anzuschließen gestattet, über welch letztere ein Häufchen Schießpulver aufgeschüttet ist.

Schließt man *T* lang oder kurz, so gibt je nach der Stellung des Umschalters das Läutewerk ein längeres oder kürzeres Glockensignal, schreibt der Apparat Striche oder Punkte, flammt die Pulverladung auf.

Letzteres soll die Verwendung der wellentelegraphischen Energieübertragung, z. B. zur Entzündung von Minen (Flatterminen) oder zur drahtlosen Steuerung von Lufttorpedos oder dergl. erläutern.

744. Systeme von Slaby-Arco und von F. Braun. Das ursprüngliche Marconisystem leidet noch an folgendem Mangel: Die langen gestreckten Oszillatoren der Antennen strahlen sehr viel Energie nutzlos aus; diese wird dem Gebersystem entzogen. Da die vertikale Antennenanordnung nach allen Richtungen der Windrose hin strahlt, so gelangt zu der Empfangsantenne, wenn sie weit entfernt ist, nur ein sehr kleiner Betrag der ausgesandten Energie.

Wollte man die Empfindlichkeit des Fritters entsprechend steigern, so stößt man auf die Schwierigkeit, daß dieser dann auch auf alle Störungen, z. B. auch durch Änderungen des atmosphärischen Potentialgefälles (§ 552 S. 233), reagiert und dadurch die Zeichen verwirrt (der Empfänger „stammelt“, wie es in der Sprache der „Funker“ heißt).

Ferner vermag das Antennengebilde allein überhaupt nur geringe Energiemengen aufzunehmen, die Schwingungen werden daher, teils durch die unvermeidlichen Widerstände, teils (namentlich in der Funkenstrecke) durch die verausgabte Strahlungsenergie rasch gedämpft, so daß sich eine Abnahme der Schwingungsamplitude ergibt, wie sie etwa durch den Kurvenzug in Fig. 516 unten rechts angedeutet ist.

Außerdem reagiert der Fritter nur auf die ankommende elektrische Welle von einem gewissen Spannungswerte an; alle Energie, die mit geringerer Schwingungsamplitude ankommt, ist nutzlos vergeudet.

Je mehr der Erreger geschlossen ist, um so mehr bewahrt er auch bei der Schwingung seine Eigenenergie, um so weniger strahlt er. Ein Plattenkondensator z. B., dessen Belege durch einen kurzen dicken Draht miteinander verbunden sind, gibt viel weniger Energie nach außen ab wegen des fast vollkommen in seinem Innern verlaufenden Stromes seiner Induktionslinien, vgl. das Bild Fig. 186 S. 62.

Es ist daher zweckmäßig, die Antenne in einen regelrechten Thomsonschen Schwingungskreis mit einer geeigneten Kapazität *C* Fig. 517 zu schalten. Freilich muß dieser Kreis auf die Grundschwingung der Antenne abgestimmt sein, was durch Verändern der Kapazität, etwa mittels eines Drehkondensators (§ 515, S. 121, Fig. 217) oder einer eingeschalteten Selbstinduktion *L* oder durch beides geschehen kann.

Wir kommen so im Prinzip auf dieselbe Anordnung, welche bei dem Seibtschen Instrumentarium § 739, S. 7 verwendet wurde; nur werden bei der Wellentelegraphie alle Dimensionen größer gewählt, mehr Primärenergie verwendet und die Resonanzdrähte gestreckt. Die Reichweite wächst bei Gleichheit von Sende- und Empfangsanordnung mit dem Quadrat der Antennenlänge, jedoch wirken hierbei noch verschiedene andere Umstände mit, die starke Abweichungen bedingen (vgl. hierzu in § 749).

Versuch 672. (Modell einer Geberstation nach Slaby-Arco). Umbau der bei Versuch 671 verwendeten Geberanordnung nach dem Schema der Fig. 517 mit einem kleinen Plattenkondensator C und einer offenen Spule aus wenigen Windungen Bleidraht, deren Selbstinduktion durch Ausziehen oder Zusammendrücken geändert werden kann; Abstimmung auf die Antennen.

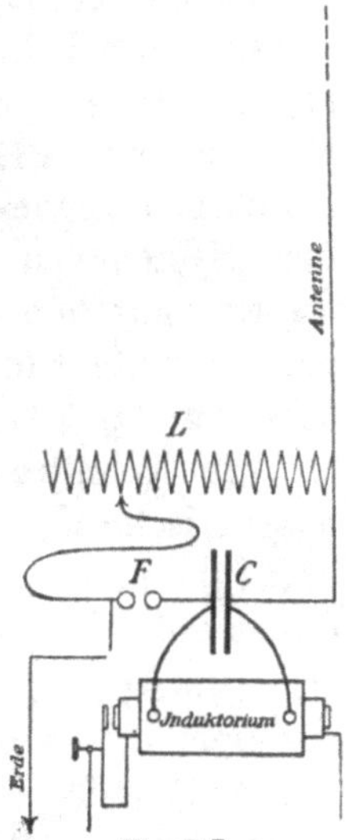

Fig. 517.

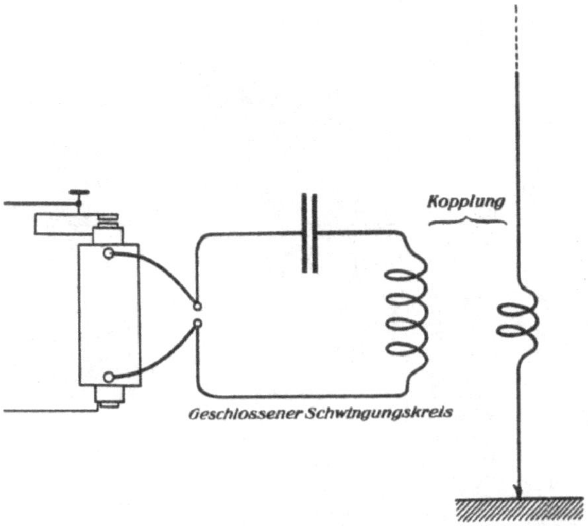

Fig. 518.

Wo eine Erdleitung nicht gut angebracht werden kann, oder nicht sicher genug funktionieren würde, z. B. bei trockenem Boden, bringt man nach F. Braun an dem Schwingungsbauche der Strömung, also an dem anderen Pole ein Leitergebilde an, von der gleichen Grundschwingung wie die Antenne, am einfachsten einen Draht von derselben Länge wie diese, der dann horizontal ausgespannt wird, oder eine äquivalente Metallplatte oder ein Metalldrahtnetz, ein sog. „Gegengewicht".

Versuch 672a. Die Erdung bei F wird fortgenommen; die Übertragung ist gestört. Wird ein (vorher seiner Dimension nach ausprobiertes auf den Holzfußboden gelegtes) Metallnetz als Gegengewicht angeschaltet, so funktioniert die Übertragung wieder gut, da sich jetzt die Schwingungen in der erforderlichen Form wieder ausbilden können.

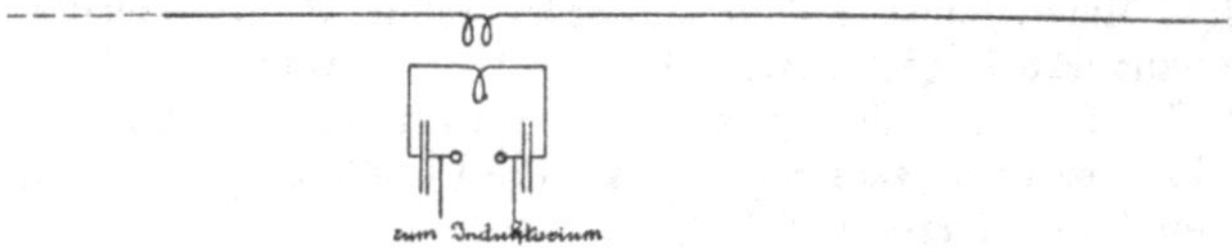

Fig. 519.

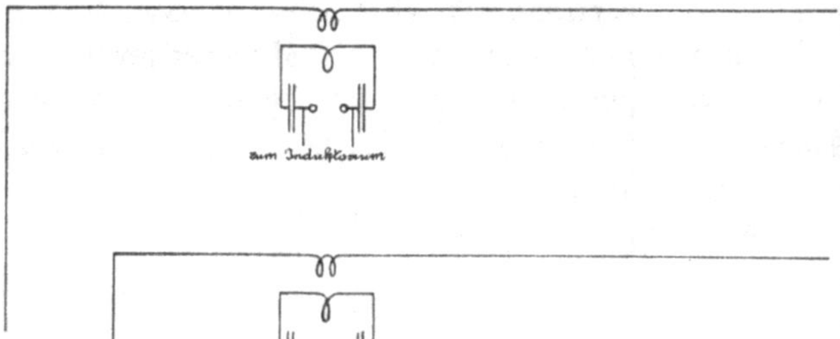

Fig. 520.

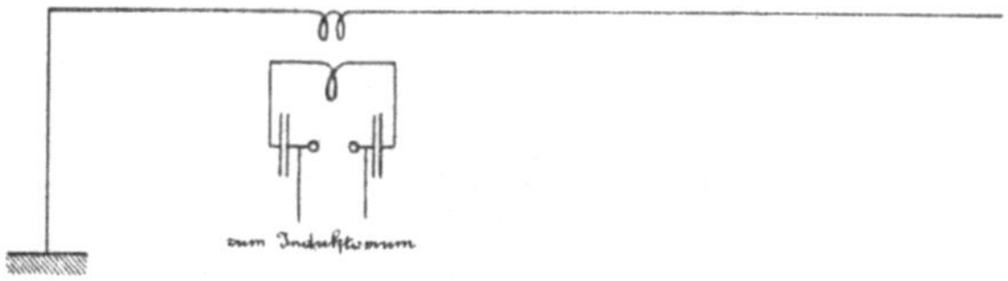

Fig. 521.

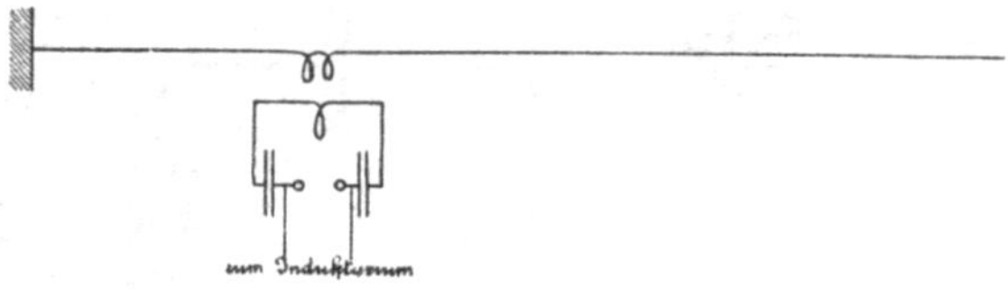

Fig. 522.

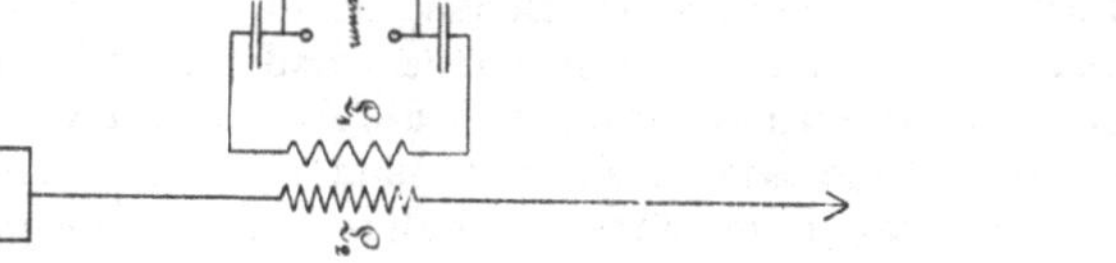

Fig. 523.

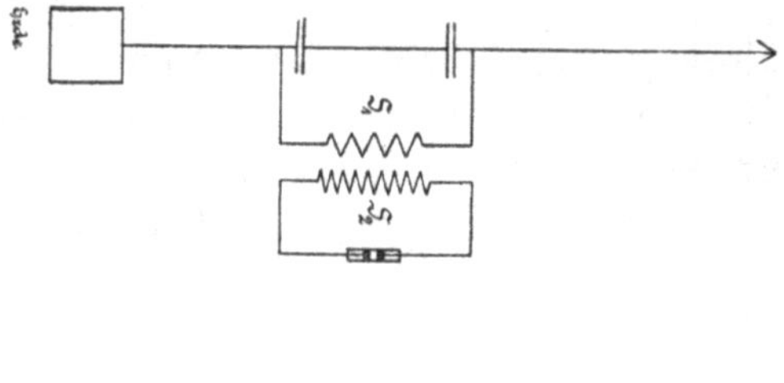

Fig. 524.

Fig. 517 stellt den Fall „direkter (oder galvanischer) Koppelung“ dar (vgl. § 734, S. 635): die Antenne ist direkt an den Schwingungskreis angeschlossen.

Einen wesentlichen Fortschritt bedeutete es, als F. Braun die beiden schwingenden Systeme induktiv miteinander koppelte Fig. 518 (vgl. § 734, S. 635) (elektromagnetische Koppelung) und so das strahlende System, die Antenne, von dem erregenden Hochfrequenzkreise vollkommen trennte; da die Schwingungen in letzterem durch Strahlung fast gar nicht gedämpft sind, so vermag dieser Kreis, einmal erregt, fortwährend den Antennen wieder neue Energie zuzuführen.

Der geschlossene Kreis vermag ferner eine viel größere Energiemenge in sich aufzunehmen als der offene der Antennen. Außerdem war es erst hierdurch möglich, die Übertragung auf bestimmte Wellenlängen abzustimmen; denn bei großer Dämpfung werden die Resonanzerscheinungen immer unvollkommener (vgl. § 736, S. 643). Endlich vermag man hierbei die Festigkeit der Koppelung in weiten Grenzen zu variieren (vgl. § 736, S. 644).

Versuch 673. Ersatz der in Versuch 672 und 672a benutzten Sendeanordnungen durch die in Fig. 518 skizzierte, bei der die Koppelung durch zwei einfache (geeignet ausgewählte) Spulen mit Holzgriffen herbeigeführt wird. Je mehr sich die beiden Windungsflächen überdecken, um so fester wird die Koppelung.

Andere Anordnungen sind in Fig. 519 bis Fig. 522 skizziert, je nachdem mit Gegengewicht oder Erde gearbeitet wird.

Auch beim Empfänger verwendet man nach Marconi eine induktive Koppelung, wie es Fig. 523 andeutet. Denn die bisherige Anordnung hat augenscheinlich den Nachteil, daß sich der Fritter im Knotenpunkte der elektrischen Spannung befindet. Da er nun eine bestimmte, wenn auch kleine Spannungsdifferenz an seinen Enden benötigt, um mit Sicherheit anzusprechen, so verdient die Schaltung nach Fig. 523 den Vorzug, weil dann die durch die induzierende Strömung bei S_1 und durch geeignete Zahl der Windungen sogar noch (auf Spannung) übersetzte induzierte Strömung in S_2 den Fritter oder Indikator in einem Spannungsbauche antrifft. Fig. 524 stellt dementsprechend das Schema des Braunschen Gebe- und Empfangssystems dar.

745. Das Wiensche System der Löschfunken. Einen Nachteil weist auch noch das Braunsche System auf: Koppelt man die beiden aufeinander abgestimmten Systeme: Schwingungskreis-Antenne lose miteinander (§ 736, S. 645), so wird zu wenig Energie von ersterem auf letztere übertragen; koppelt man fest, so entstehen statt einer einzigen Eigenschwingung in jedem Kreise deren zwei, eine mit etwas größerer und eine mit etwas kleinerer Schwingungszahl. Diese müssen nach § 735, S. 639 zu Schwebungen Veranlassung geben. Da der erregte Antennenkreis auf den erregenden Schwingungskreis zurückwirkt, die Gesamtenergie aber (bis auf die durch Strahlung und Dämpfung bedingten Verluste) bei diesem Wechsel konstant bleiben muß, so entsteht eine Amplitudenverteilung, wie sie Fig. 499 in § 736, S. 642 darstellt: in einem Kreise erreicht die Schwingungsamplitude gerade ihr Maximum, wenn diese im anderen Kreise auf den Nullwert herabgesunken ist; von da an kehrt sich das Verhältnis um.

Der Vorgang findet sein vollkommenes mechanisches Analogon in den beiden elastisch gekoppelten sympathischen (Oberbeckschen) Pendeln des Versuches 190, S. 295 in Bd. I.

Daß diese Rückwirkung auf den erregenden Kreis zustande kommen kann, hat darin seinen Grund, daß die Funkenstrecke, auch wenn der Funke schon erloschen ist, doch noch in Folge der Erhitzung der Luft (und der durch Ionenstoß gebildeten Ionen) ein erhebliches Leitvermögen beibehält, so daß der Schwingungskreis noch eine Zeitlang geschlossen bleibt.

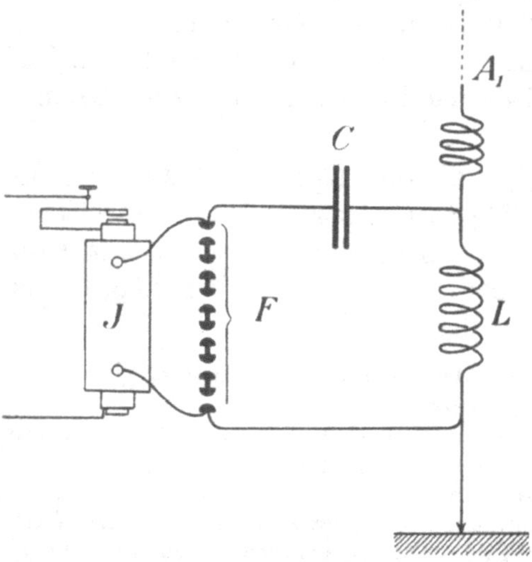

Fig. 525.

Diesem Übelstande begegnet Max Wien dadurch, daß er die Gesamtfunkenstrecke F in viele kleinere Einzelfunkenstrecken unterteilt, vgl. Fig. 525. Verbessert wurde diese Wirkung noch von anderer Seite durch eine gute Kühlung jedes der einzelnen Kanäle erhitzter Luft. Die Anordnung eines derartigen Elementes einer „Lösch- oder Abreißfunkenstrecke“ zeigt Fig. 526. Bei jedem Element werden die beiden Funkenplatten (k) aus silbersplattiertem Kupfer durch Glimmerzwischenlagen (g) getrennt gehalten, während die von Luft umspülten Kühlrippen m, durch leitende Zwischenstücke (f) auseinander gehalten, für gute Wärmeabführung sorgen, wodurch die Beseitigung des Ionisierungszustandes jeder Luftstrecke beschleunigt wird. Diesem gleichen Zweck, wie Verkürzung der Einzelwege, Wechsel der Funkenübergangsstellen und Unterstützung der Wärmeabführung dient auch ein etwaiger Ersatz der Luft durch Wasserstoffgas. Von diesen Elementen werden eine größere Anzahl hintereinander geschaltet, wie dies Fig. 525 sowie die Löschfunkenstrecke F Fig. 514 in § 740 erkennen läßt.

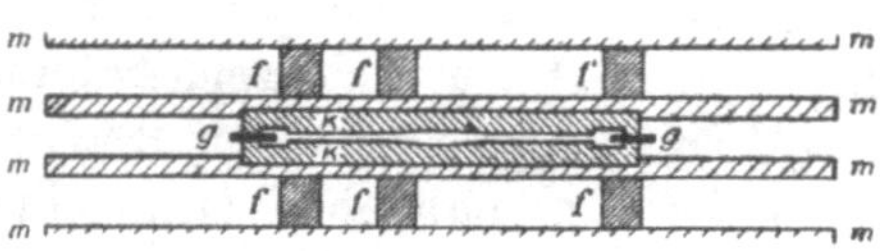
Fig. 526.

Jetzt erregt der Schwingungskreis wieder den Antennenkreis und überträgt auf diesen nahezu seine ganze Energie; sobald dies aber geschehen ist, koppelt sich der Schwingungskreis automatisch los, weil die Leitfähigkeit in seiner Funkenstrecke erloschen ist; die Rückwirkung ist abgeschnitten und der Antennenkreis, dem man leicht nur einen sehr geringen Ohm schen Widerstand verleihen kann, liefert eine lange Reihe wesentlich nur durch die Strahlung gedämpfter Einzelschwingungen (vgl. Fig. 500 in § 736, S. 643).

Man realisiert diesen Fall bei den Pendeln, indem man das zuerst erregte Pendel anhält in dem Momente, in welchem es seine ganze Energie auf das zweite Pendel abgegeben hat und selbst zum ersten Male wieder zur Ruhe gekommen ist; letzteres schwingt dann mit seiner nur noch schwach gedämpften Eigenschwingung lange Zeit weiter.

Es ist demnach so, als ob der Antennenkreis durch einen „Stoß" angeregt worden wäre; man spricht daher auch von einer „Stoßerregung". Da man die Rückwirkung abgeschnitten hat, kann man verhältnismäßig eng koppeln (k etwa 20 $^0/_0$ vgl. in § 736, S. 642) und dadurch fast die ganze Energie des Schwingungskreises zur Herstellung der stehenden Grundschwingung in der Antenne verwerten, ohne eine Zweiteilung in deren Periode und damit das Auftreten von Schwebungen befürchten zu müssen.

Versuch 674. Stoßerregung der Geberantenne mittels einer Löschfunkenstrecke (Fig. 526) nach dem Schema der Fig. 525.

746. Detektoren. Die eben erwähnten Vervollkommnungen am Sendersystem haben auch solche am Empfänger nach sich gezogen. Vor allem hat man sich hier von dem immer mehr oder weniger unzuverlässigen Fritter frei gemacht und hat andere, geeignetere Mittel zum Nachweise der ankommenden Wellenenergie ausfindig gemacht: „Indikatoren" oder „Detektoren".

a) Thermodetektoren. In der modernen Wellentelegraphie spielen die „Thermodetektoren" eine hervorragende Rolle, d. h. Vorrichtungen, bei denen die Energie der Hochfrequenzströme einen Hilfsdraht oder weiterhin eine Kontaktstelle erwärmt, wodurch an dieser eine thermoelektrische Kraft geweckt wird, die nun erst ihrerseits den zu betätigenden Signalkreis speist. Man gewinnt dabei den Vorteil, daß nicht nur wie beim Fritter, bestimmte Maximalamplituden wirken, sondern daß gewissermaßen über die ganze ankommende Energie integriert wird.

Bei einem „Thermoelemente" für Meßzwecke, dessen Schema Fig. 527 (oben im Längenschnitt, unten im Querschnitt) wiedergibt, werden von vier Platinstiftchen s_1 bis s_4 zwei über Kreuz gelegte dünne (0,02 mm) Drähtchen, eines aus Konstantan, das andere aus Eisen getragen, die sich in der Mitte, bei m, berühren. Die Stifte s_1 bis s_4 sind in Glasröhrchen r_1 bis r_4 eingeschmolzen, die z. T. mit Hg gefüllt sind, in das die Zuleitungen eintauchen. Das Ganze ist zum Schutze in eine Glaskugel eingeschmolzen, welche möglichst vollkommen evakuiert wird (um ein Oxydieren der Drähte und Wärmeverluste durch Gasleitung [§ 372, S. 470] hintanzuhalten). Das eine Zuleitungspaar, etwa von $s_1 s_2$, ist an den Schwingungskreis S angeschlossen, das andere $s_3 s_4$ an den Signalkreis, der etwa ein Galvanometer G enthält (vgl. hierzu auch Fig. 503, § 736, S. 645). Flutet

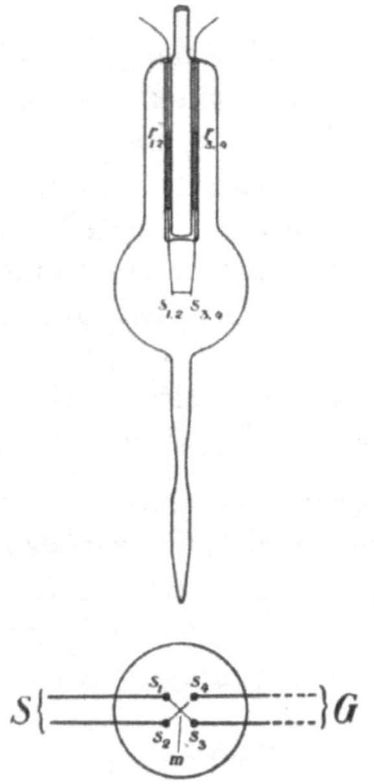

Fig. 527.

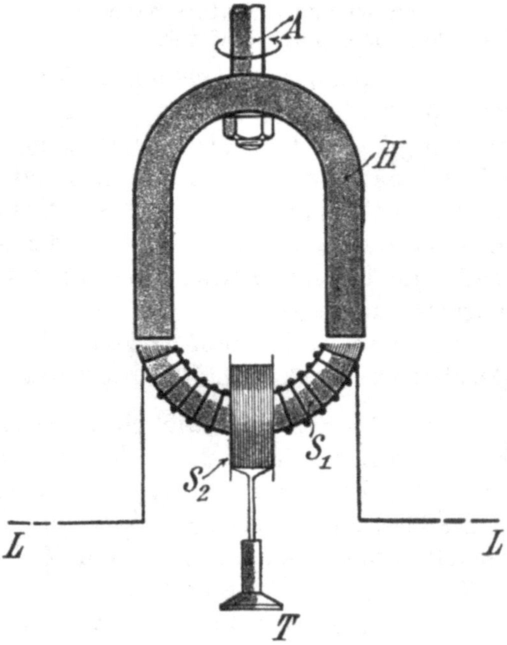

Fig. 528.

der hochfrequente Wechselstrom aus S über s_1—m—s_2 hin und her, so wird dieser Teil der dünnen Drähte und damit m erwärmt. Dadurch bildet sich zwischen s_3 und s_4 eine EMK. aus (vgl. § 594, S. 350), welche im Galvanometerkreis so lange einen Strom unterhält, als der Hochfrequenzkreis in Schwingungen erhalten wird; dadurch können lange und kurze Zeichen (Striche und Punkte) übermittelt werden.

* Bei anderen „Thermodetektoren" wie sie für den praktischen Gebrauch in der drahtlosen Telegraphie in Frage kommen, verwendet man zur Erzielung möglichst hoher Empfindlichkeit mit Vorliebe punktförmige Kontakte (Spitze gegen Platte). Die Zahl der vorgeschlagenen Kombinationen und Anordnungen ist sehr groß. Mit Erfolg sind u. a. versucht worden: Tellur-Aluminium, Tellur-Bleiglanz, Silizium-Kupfer, Stanniol-Bleiglanz. Von den verschiedensten Seiten ist eine Graphit-(Bleistift)-Spitze, welche schwach gegen eine Bleiglanz-

fläche drückt, als Detektor vorgeschlagen und verwendet worden. Ob aber die Wirkung dieses Detektors auf der Erzeugung thermoelektrischer Kräfte beruht, oder bereits einer „Ventilwirkung“ zuzuschreiben ist, gilt noch als zweifelhaft. In Anordnung und Wirkungsweise sind mit den vorstehenden die zahlreichen sog. „Kristalldetektoren“ nahe verwandt, die wohl überwiegend auf elektrischer Ventilwirkung beruhen.

b) Der „magnetische“ Detektor (Marconi, Arno, Peukert, Fessenden) beruht auf der Bildung eines Wellenfeldes (vgl. § 716, S. 571) unter Benutzung eines Dauermagneten H, der in der Anordnung nach Fig. 528 in einem Drahtbündel aus Stahl- oder hartgezogenen Eisendrähten (als Anker) ein magnetisches Feld erzeugt, dem sich das Wechselfeld des Stromes der Empfängerleitung LL überlagert. Wird außer der Primärspule S_1 noch eine Sekundärspule S_2 mit Telephon T zum Nachweis der Änderung des magnetischen Zustandes durch Induktion hinzugefügt, so kann man das Auftreffen einer Welle auf L bzw. eines Wechselstromes $\tilde{J}$ in S_1 durch Knacken in T nachweisen, falls man dafür sorgt (etwa durch Rotieren von H um A), daß der magnetische Zustand im Eisenanker fortgesetzt geändert wird, jede auftreffende Welle also einen neuen (einseitig labilen) magnetischen Zustand vorfindet.

c) Ventildetektoren. An Detektoren, welche weder auf der launenhaften Fritterwirkung noch auf der mit $\tilde{J}^2$ wachsenden Thermowirkung beruhen, sind zwar eine große Reihe von Anordnungen, mannigfaltig an Wirkungsweise und Ausgestaltung in Vorschlag gebracht worden, überwiegend beruhen sie aber auf einer elektrischen oder auch elektromagnetischen Ventilwirkung, welche den Strom in einer Richtung bevorzugt und damit eine teilweise Gleichrichtung (Umwandlung in Wellenstrom) des aufgefangenen Wechselstromes bewerkstelligt, dessen gleichgerichtete Komponente entweder in einem empfindlichen Galvanometer einen Ausschlag oder in einem eingeschalteten Telephon ein Knacken hervorruft. Einige der wichtigeren dieser auf Ventilwirkung beruhenden Detektoren mögen noch kurz besprochen sein:

α) Der „elektrolytische“ Detektor (Ferrié, Fessenden, Nernst, Schlömilch) beruht auf der Polarisationswirkung sehr verschieden großer Elektroden, wie dies Fig. 529 an der „Schlömilch-Zelle“ erkennen läßt. In einem Gefäß mit verdünnter Schwefelsäure ist die ausgedehnte (ungeschützte) Blei- oder Platinelektrode N mit dem negativen Pol eines Primärelementes verbunden, die aus dem Glasrohr in feiner Spitze herausragende kleine Platinelektrode P mit dem positiven Pol. Ist $\bar{E}_0$ des Primärelementes angenähert gleich der Gegenspannung $\bar{E}_p$ der Polarisation (vgl. § 567, S. 264), so stellt diese Anordnung ein elektrisches Ventil oder einen Gleichrichter für hindurchgehende schwache Wechselströme dar.

β) Den Glühlampen- oder Gasdetektor in der Anordnung von Fleming zeigt Fig. 530 mit einem Galvanometer *G* zwischen Elek-

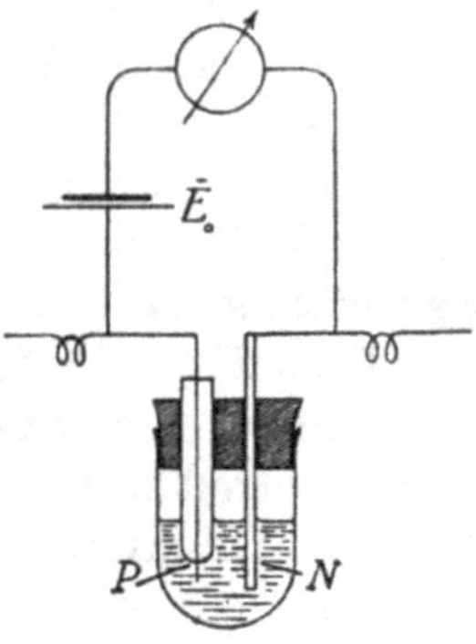

Fig. 529.

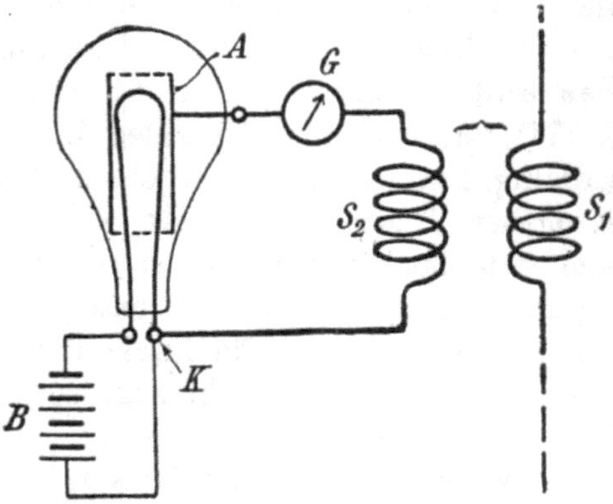

Fig. 530.

trodenzylinder *A* und Glühfadenklemme *K*; er beruht auf reiner Ventilwirkung des nur in Richtung von *K* (Glühkathode) nach *A* verlaufenden Elektronenstromes. Von den verschiedenen Ausführungen mit Glühkathode möge nur als wichtigste noch hervorgehoben sein:

γ) Das Elektronenrelais oder „Audion" von de Forest, dessen Schaltung Fig. 531 erkennen läßt. Mit der Empfangsantenne (S_1) induktiv gekoppelt ist der Schwingungskreis S_2, C, Drahtnetz *N* und (mittels E_1 glühender) Metallfaden *F*, während das Telephon *T* über E_2 mit *F* und der dritten Elektrode *P* in dem evakuierten Glasgefäß verbunden wird. Die als Audion bezeichnete Glühkathodenröhre wurde der Ausgangspunkt einer ganz neuen Entwicklungsphase drahtloser Fernmeldung seit Kriegsbeginn.*

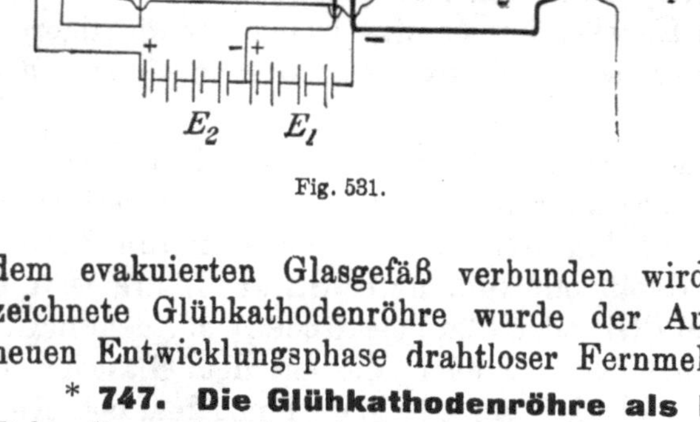

Fig. 531.

* **747. Die Glühkathodenröhre als Elektronenrelais.** Bei Behandlung der elektrischen Ausgleichsvorgänge (vgl. III, § 732, S. 631)

wurde bereits auf die Bedeutung hingewiesen, welche das Elektronenrelais oder die Glühkathodenröhre für die Wellentelegraphie erlangt hat. Deren Entwicklung während der Kriegsjahre war in so hohem Maße von der Ausbildung der Glühkathodenröhre abhängig, daß dieses wichtige Hilfsmittel einer besonderen Betrachtung bedarf.

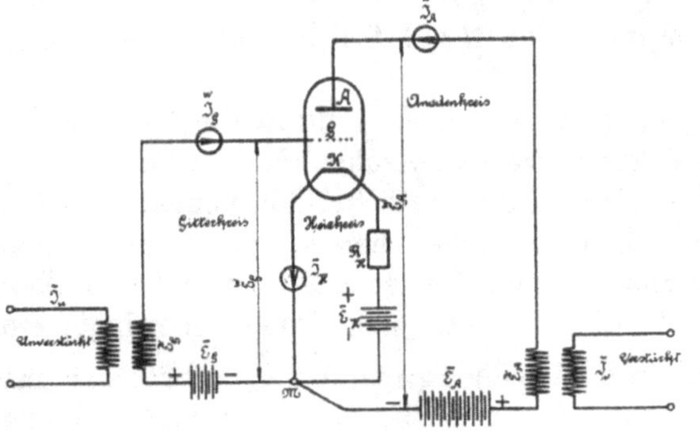

Fig. 532.

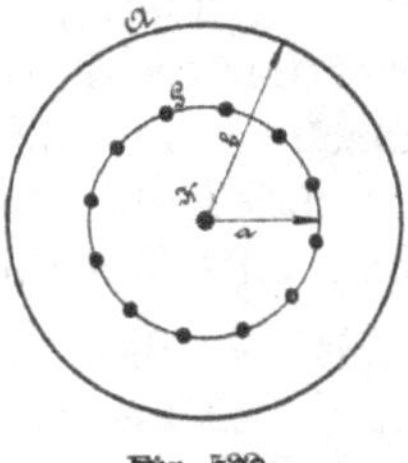

Fig. 533.

Das Elektronenrelais besteht aus einer aufs Äußerste (weniger als 0,001 m/m Hg Druck) evakuierten Glasröhre, in der 3 Metallelektroden eingeschmolzen sind, die 3 — außerhalb zum Teil zusammenhängenden — Stromkreisen angehören. Nach dem üblichen Glühkathodenschema der Fig. 532 (vgl. hierzu auch Fig. 533 für die konzentrische Ausführungsform im Querschnitt sowie die Außenansicht einer Verstärkerröhre in Fig. 534 mit Gitterdraht G auf dem isolierenden Rahmen F und innerhalb geführtem Heizdraht C sowie beiderseitigem Anodendraht A) unterscheiden wir den:

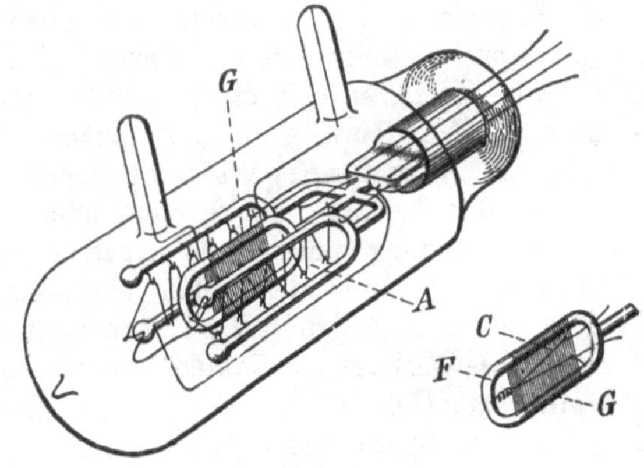

Fig. 534.

1. Heizstromkreis (Index H), gebildet aus der Glühkathode K (Wolframfaden nach Art von niedervoltigen Metallfadenlampen), der aus einer Heizbatterie $\bar{E}_H$ (z. B. 6 bis 12 Volt) über einen Regulierwiderstand R_H mit etwa 1 bis 4 Amp. beschickt und zum Weißglühen (etwa $T=2300^0$) gebracht wird. Alsdann sendet er in seine Umgebung

Elektronen aus, die als Leitungselektronen des Wolframdrahtes infolge der starken Molekularbewegung bei Weißglut den Anziehungsbereich des Metallkörpers überschreiten und in das Vakuum hinausfliegen (vgl. in III, § 549, S. 228). Diese Elektronenatmosphäre kann gesteuert oder rhythmisiert werden, wenn die elektrische Kraft 𝔈, also ein elektrisches Feld oder Spannungsgefälle, auf sie wirkt. Dies geschieht durch die beiden folgenden (im Punkt *M* mit 1 elektrisch verbundenen) Stromkreise.

2. Gitterkreis (Index *G*), gebildet aus der durch die freien Elektonen leitend gewordenen Vakuumstrecke zwischen Glühkathode *K* und dem Gitter *G* (meist Metallfadengitter mit verhältnismäßig weiten Maschen) und dem äußeren Gitterkreis zwischen *K* und *G*, der neben der umschalt- und regulierbaren Gitterbatterie $\bar{E}_G$ in vielen Fällen noch eine Wicklung enthält, die der Sitz elektrischer Schwingungen $\tilde{E}_G$ ist, so daß im Gitterkreis eine Wellenspannung $\overset{w}{E}_G$ wirkt, die aus der Übereinanderlagerung von $\bar{E}_G$ mit $\tilde{E}_G$, der Sekundärwicklung eines Transformators, entsteht (vgl. Fig. 532 sowie in III, § 716 S. 572).

3. Anodenkreis (Index *A*), gebildet aus der Vakuumstrecke zwischen Glühkathode *K* und der Anode *A* (Metallblech oder -draht) und dem äußeren Anodenkreis. Außer der Anodenbatterie $\bar{E}_A$, welche die elektrische Energie mit Hilfe ihrer größeren Spannung von einigen Hundert-, bei größeren Leistungen auch Tausend-Volt für die Elektronenströmung des Relais liefert, enthält dieser Anodenkreis noch eine Wicklung zur Abgabe der Nutzleistung N_a nach außen. Bei der Detektorschaltung besteht die Nutzleistungs-Wicklung meist aus einem Telephon zur Abnahme der Zeichen, bei Sender- oder Verstärkeranordnungen aus der Primärwicklung eines Transformators (vgl. Fig. 532) Für das Verständnis der Wirkung des Relais sind seine „Charakteristiken“ oder Kennlinien zur Aufzeigung des Zusammenhanges zwischen Elektronenströmung als Wirkung (Ordinaten) meist in mA $= 10^{-3}$ Amp. oder auch mA pro Watt Heizleistung N_H und der Heizstromstärke J_H bzw. den aufgedrückten Spannungswerten $\bar{E}_A$ oder $\bar{E}_G$ als Ursachen (Abszissen) von Wichtigkeit. Um bei der außerordentlich großen Mannigfaltigkeit, welche die Elektronenströmung als Funktion dieser unabhängigen Variabeln annehmen kann, den Einblick in die Einzelzusammenhänge sicher zu stellen, unterscheiden wir unter Benützung einer Prüfschaltung nach Fig. 535 folgende Beziehungen:

a) die Kennlinie für die Elektronenemission der Glühkathode abhängig von dem Heizstrom J_H bzw. der absoluten Temperatur *T* des Wolframdrahtes *K*. Bei einer ausreichend großen Anodenspannung $\bar{E}_A$, welche alle von *K* ausgesendeten Elektronen abzuführen gestattet, wird dieser Emissionsstrom J_e zum Sättigungsemissionsstrom J_s. Wird dieses J_s (bei offenem Gitterkreis) abhängig von J_H bestimmt, so findet man nach Richardson

$$J_s = j_s \cdot F = F \cdot a \cdot \sqrt{T} \cdot \varepsilon^{-\frac{v}{k \cdot T}} \qquad (558)$$

wenn v die Elektronenverdampfungswärme bezeichnet und, nach den

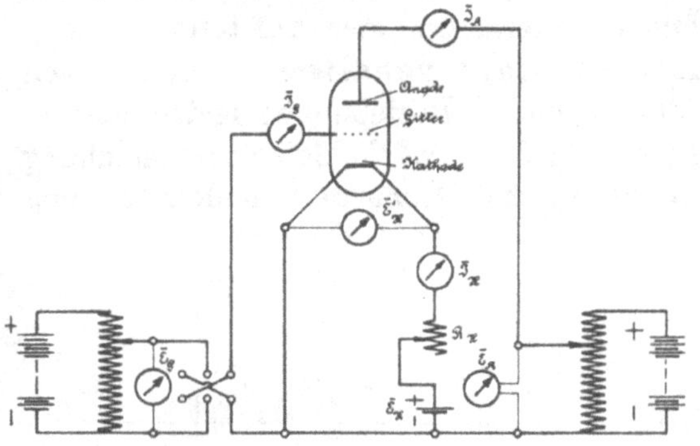

Fig. 535.

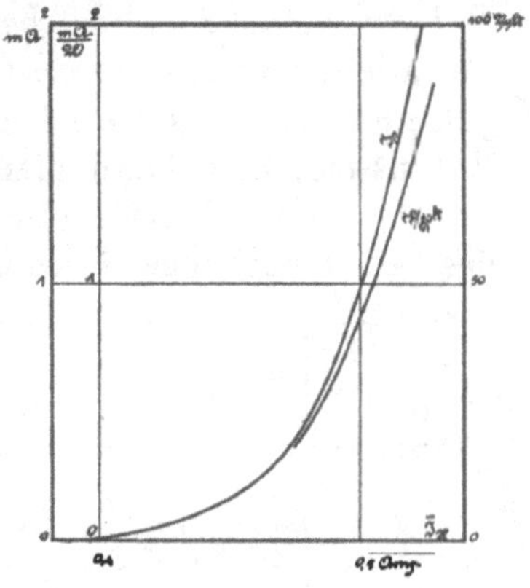

Fig. 536.

Untersuchungen von Langmuir, für Wolfram $\frac{v}{k} = 5{,}25 \cdot 10^4$ sowie $a = 2{,}36 \cdot 10^7$ ist. Für jede wirksame Oberflächeneinheit ($F = 1$ in cm^2) der Glühkathode würde hiernach folgen

$$j_s = 2{,}36 \cdot 10^7 \cdot \sqrt{T} \cdot \varepsilon^{-\frac{52500}{T}}$$

also für $T =$	2209°	2304°	2401°
als Stromdichte $j_s =$	55	148	380 mA/cm²

d. h. ein Ansteigen von J_s mit einer hohen Potenz von T und einer etwa doppelt so hohen von J_H, die in der Nähe von 15 liegt (vgl. Fig. 536), so daß die Steigerung von J_H um 1 % eine Steigerung des Sättigungsstromes um etwa 15 % verursacht. Mit Rücksicht auf die Lebensdauer der Glühkathodenröhren (Durchbrennen des Wolframfadens) muß man also beim Einschalten und Regulieren von J_H äußerst vorsichtig verfahren, wenn man nicht überhaupt als R_H einen „Variator" (Eisendrahtwiderstand in wasserstoffgefüllter Glasröhre) benutzt, der J_H selbsttätig für weite Grenzen von E_H konstant hält. Arbeitet man in der Gegend von $T = 2300°$, wie bei den Wolframlampen mit etwa 0,55 Watt pro Kerze, so beträgt die „Emission" etwa 4 mA pro Watt Heizleistung $N_H = J_H \cdot E'_H$, wenn E'_H die Nettospannung in Volt (an den Enden von K) bezeichnet. Diese für kleine Senderöhren übliche

Beanspruchung sollte für Sender mit Rücksicht auf eine Lebensdauer von etwa 500 Stunden jedenfalls nicht wesentlich über 8 mA pro Watt gesteigert werden, während für Verstärkerröhren eine Belastung von nur etwa 1 mA pro Watt angezeigt erscheint, da die zu verstärkenden Wechselströme nur etwa 1 μA besitzen. Ist durch eine Voruntersuchung die für die ausgewählte „Emission" bzw. für ein geeignetes T passende Heizstromstärke $\bar{J}_H$ oder besser noch $\bar{E}'_H$ ermittelt, so wird diese Größe für alle folgenden Untersuchungen oder Kennlinien-Aufstellungen eingestellt und aufs peinlichste konstant gehalten. Unter diesen Voraussetzungen kann man die folgenden Beziehungen feststellen:

b) die Anoden-Kennlinie (vgl. Fig. 537), welche den Zusammenhang des Anodenstromes $\bar{J}_A$ mit Richtung und Größe der Anodenspannung

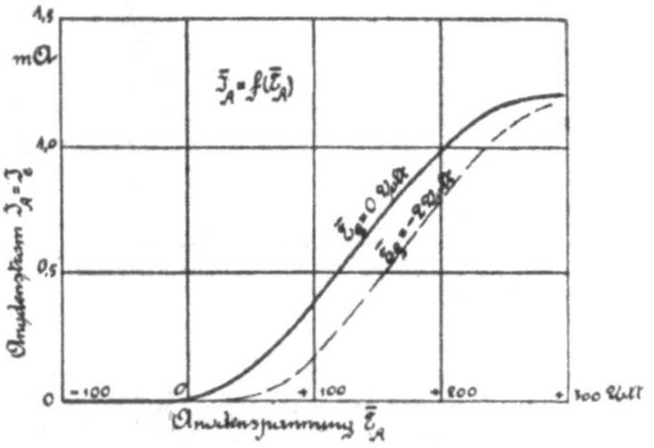

Fig. 537.

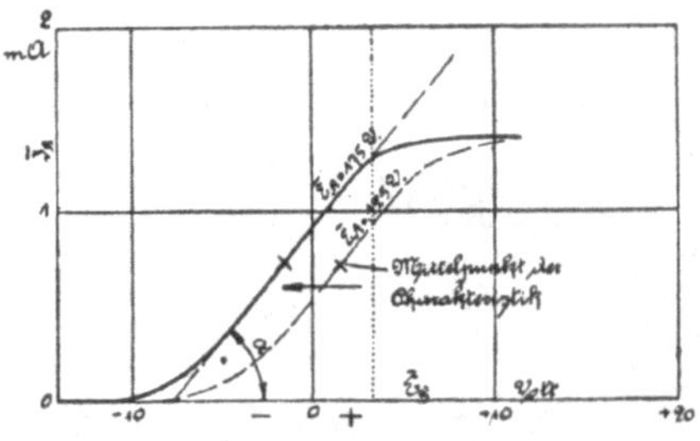

Fig. 538.

$\bar{E}_A$ darstellt bei konstant gehaltener Heizstromstärke $\bar{J}_H$ und bei $\bar{E}_G = 0$. Die Variation von $\bar{J}_H$ würde, wie wir unter a) sahen, den Glühzustand der Kathode und damit die Menge der ausgesendeten Elektronen beeinflussen, also den Maßstab für $\bar{J}_A$; die Form der Charakteristik, die nur von $\bar{E}_A$ abhängt, kann also eindeutig nur für $\bar{J}_H$ = konstant festgestellt werden. Sie läßt erkennen, daß die Röhre als reines elektrisches Ventil wirkt, d. h. Elektronen im Anodenkreis nur strömen ($\bar{J}_A > 0$), wenn die Glühelektrode die Kathode der Anodenspannung bildet. Für diesen Fall (rechte Seite von Fig. 537) ist die Abhängigkeit der bei K abgeführten und bei A abgesetzten Elektronen durch eine Kurve gegeben, die zuerst die Form einer Parabel zeigt, d. h. für relativ kleine Werte von $\bar{J}_A$ dessen Anwachsen proportional mit $\bar{E}_A^{3/2}$ erkennen läßt. Der Übergang in die Gerade zeigt für gewisse Grenzen angenäherte Proportionalität zwischen $\bar{J}_A$ und $\bar{E}_A$, das Umbiegen zur Horizontalen läßt die Annäherung an den Sättigungsstrom erkennen (vgl. hierzu bei Fig. 267, S. 218).

c) die Gitter-Kennlinie, wenn an Stelle der fortfallenden Spannung $\bar{E}_A$ die Gitterspannung $\bar{E}_G$ in ähnlicher Weise variiert wird, wie unter *b* angegeben; sie zeigt einen mit Fig. 537 übereinstimmenden Verlauf, nur daß die absoluten Werte von E_G kleiner sind, weil die gleiche Feldstärke 𝔈 früher erreicht wird entsprechend dem kürzeren Stromlinienweg zwischen *K* und *G*. Führt man für das Verhältnis E/J einen Röhrenwiderstand *R* oder für J/E einen Leitwert, genauer Ventil-Leitwert Λ ein, so wäre für denselben Wert von *J* der Ventil-Leitwert $\Lambda_{K,G} = (E_A/E_G) \cdot \Lambda_{K,A}$.

d) die Relaischarakteristik, auch kurzweg als Charakteristik bezeichnet (vgl. Fig. 538), welche die Abhängigkeit des J_A bei einem konstanten (genügend hohen) Wert von E_A von der (in Größe und Richtung) veränderlichen Gitterspannung $\pm E_G$ darstellt (vgl. Fig. 535) bei gleichfalls konstant gehaltenem Heizstrom J_H. Form und Lage dieser für den Betrieb der Röhre wichtigsten Relaischarakteristik im Verhältnis zu *b* ergibt sich ohne Weiteres, wenn man für E_A einen genügend hohen konstanten Wert, etwa oberhalb des Mittelpunktes der Charakteristik gewählt denkt. Beschickt man jetzt den Gitterkreis mit einer Gegenspannung $- E_G$, welche die Anodenströmung J_A etwas bremst und etwa in die Nähe des Mittelpunktes (Schwerpunktes) der Charakteristik verlegt, so wird die Überlagerung einer Wechselspannung $\tilde{E}_G$ von kleinerem Betrag eine verhältnismäßig große Schwankung der Anodenstromstärke d. h. eine innerhalb des geradlinigen Teils der Charakteristik „formgetreue" Verstärkung bewirken in Gestalt der Stromschwankung $\tilde{J}_A$ im Anodenkreis, die sich angenähert durch die Beziehung wiedergeben läßt

$$\tilde{J}_A = \tilde{E}_G \cdot \operatorname{tg} \alpha \qquad (559)$$

wenn α die Neigung des geradlinigen Teiles der Charakteristik gegen die Abszissenachse angibt, weshalb $\operatorname{tg}\alpha$ als die „Steilheit" *S* der Kathodenröhre bezeichnet und (als Maß eines Gitterleitwertes $\Lambda_{G,K}$) in Siemens gemessen wird. Der Leitwert $\Lambda_{K,A}$ der ganzen Röhre folgt aus dem geradlinigen Teil der Anoden-Kennlinie *b* (vgl. hierzu auch bei Fig. 267 in III, S. 218) zu $\Delta J_A / \Delta E_A$. Der reziproke Wert von $\Lambda_{K,A}$ ist als innerer Widerstand R_i für den Wirkungsgrad (Verhältnis von Nutzleistung N_a zu Gesamtleistung N_A) und die inneren Verluste der arbeitenden Röhre von Bedeutung.

Stellt man die Charakteristik einer Röhre für zwei verschiedene Werte von E_A = konstant auf, z. B. für $E_A = 125$ und $E_A = 175$ Volt, so weisen die beiden Kurven eine Parallelverschiebung auf (vgl. Fig. 538). Diese Verschiebung der Charakteristik erfolgt in dem Sinne, daß ihr Wendepunkt oder Schwerpunkt immer weiter nach links oder nach der negativen Seite von E_g verlegt wird, je höher der Wert von E_A gewählt wird. Die Lage der Charakteristik zur Null-Ordinate würde also für $E_A = 225$ Volt durch die punktierte Linie in Fig. 538 gekennzeichnet sein, d. h. in diese Lage würde die Nullordinate für die ganze Abszissenteilung rücken gegenüber der feststehend gedachten Charakteristik durch eine weitere Erhöhung von E_A um 50 Volt. Eine ähnliche Versetzung erhält man im geradlinigen Teil der Anoden-Kennlinien unter b, wenn man sie für verschiedene Werte von E_G, z. B. $E_G = 0$ und $E_G = \pm 2$ Volt aufnimmt (vgl. Fig. 537). Man kann nun diese Verschiebung gemessen in Volt des E_G — Maßstabes im Verhältnis zu der Änderung von E_A in Volt, d. h. $\Delta E_G / \Delta E_A$, benützen, um das elektrische Verhältnis zwischen K, G und A zu charakterisieren. Dieses charakteristische Verhältnis z. B. $\Delta E_G = 3{,}0$ Volt für $\Delta E_A = 50{,}0$ Volt, bezeichnet man als den „Durchgriff" D der Glühkathodenröhren und drückt D in Prozenten aus, z. B. 6% für die vorliegende empirische Ermittlung. Dieses für eine Elektronenröhre charakteristische und konstante Verhältnis des Einflusses von E_G und E_A auf den Anodenstrom J_A läßt sich mathematisch am besten durch die Beziehung $J_A = f(E_G + \gamma E_A)$ ausdrücken, wenn γ jenen Prozentzsatz bezeichnet.

Elektrodynamisch würde D auch als das Verhältnis von $A_{K,A}$ zu $A_{G,K}$ d. i. der A und K unmittelbar verbindenden Stromfäden zu den über G nach K führenden definiert werden können. Da diese Stromfäden von den freien Elektronen gebildet werden, welche den Kraftlinien $\mathfrak{E}$ des elektrischen Feldes folgen, so läßt sich der Durchgriff D ebensogut auch elektrostatisch definieren als das Verhältnis der elektrischen Kraftlinien, welche A mit K verbinden, d. h. zwischen den weiten Maschen des nach Art eines Faraday-Käfigs, aber unvollständig abschirmenden Gitters G hindurchgreifen, zu den zwischen G und K verlaufenden Kraftlinien. Da diese Kraftlinienzahlen nach § 511, S. 108 in III aber durch die Kapazitätswerte ihren Ausdruck finden, so ist D auch durch das Verhältnis der elektrostatischen Kapazität $C_{A,K}$ zwischen Anode und Kathode zu der Kapazität $C_{G,K}$ zwischen Gitter und Kathode gegeben. Aus allen Überlegungen folgt als selbstverständlich die Abhängigkeit des Durchgriffs von der Maschenweite in dem Sinne, daß D mit der Maschenweite wächst.

Für die in Fig. 533 dargestellte konzentrische Anordnung eines Zylindergitters von n gleichmäßig verteilten Drähten mit dem Radius c hat M. Abraham den Wert

$$D = \frac{C_{A,K}}{C_{G,K}} = \frac{\log \frac{a}{n \cdot c}}{n \cdot \log \frac{b}{a}} \tag{560}$$

abgeleitet, d. h. unabhängig vom Radius k des Kathodendrahtes K, wenn a den

Radius des Gitterzylinders und b den Radius des zylindrischen Anodenbleches bezeichnet. Vorausgesetzt ist hierbei, daß $n \cdot 2c$ hinreichend klein ist gegenüber $2\pi a$, was aber praktisch meist der Fall ist. Rechnerisch folgt D aus der Beziehung $D = \Delta_{A,K}/\Delta_{G,K} = \frac{1}{R_i \cdot S}$, so daß man auch

$$1 = D \cdot R_i \cdot S \tag{561}$$

schreiben kann.

Aufgabe 371. Wie groß ist die Steilheit S, Röhrenwiderstand R_i und Durchgriff D bei einer Verstärkerröhre, wenn bei Konstanz von J_H und $\bar{E}_A$ eine Änderung von $\bar{E}_G$ um 4 Volt im geradlinigen Teil der Charakteristik eine Änderung von $\bar{J}_A$ um 0,45 mA hervorruft und bei Konstanz von J_H und $\bar{E}_G$ eine Änderung von $\bar{E}_A$ um 100 Volt eine solche von $\bar{J}_A$ um 0,60 mA bewirkt? Nach der Definition ist $\operatorname{tg} \alpha = S = \Delta \bar{J}_A / \Delta \bar{E}_G = 0{,}45 \cdot 10^{-3}/4 = 1{,}13 \cdot 10^{-4}$ Siemens. Weiterhin folgt $R_i = 1/\Delta_{K,A} = \Delta \bar{E}_A / \Delta \bar{J}_A = 100/(0{,}60 \cdot 10^{-3}) = 1{,}67 \cdot 10^5\ \Omega$. Endlich ist $D = \Delta_{K,A}/\Delta_{G,K} = 1/(R_i \cdot S) = 1/(1{,}67 \cdot 10^5 \cdot 1{,}13 \cdot 10^{-4}) = 1/18{,}87 = 5{,}3\,\%$.

Zu beachten ist, daß der Gitterstrom $\bar{J}_G$ nur dann merkliche Beträge erreicht, wenn das Gitter mit $+\bar{E}_G$ positiv geladen wird. Bei negativer Ladung $-\bar{E}_G$, welches den häufigeren Fall darstellt, ist $\bar{J}_G$ praktisch Null, weil die Elektronen durch die gleichmäßige Ladung abgestoßen werden (vgl. Fig. 539).

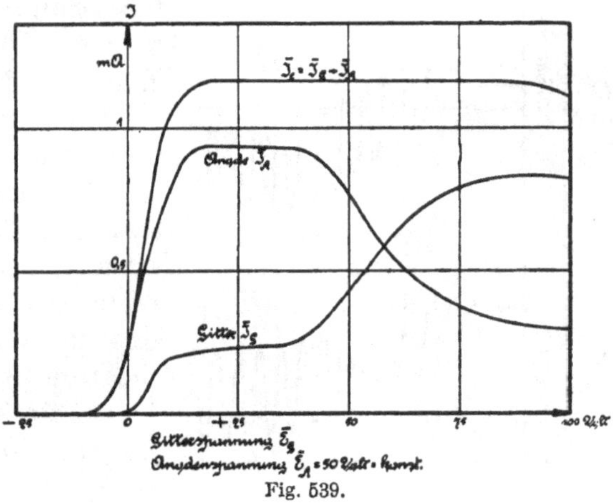

Fig. 539.

Für merkliche Werte von $\bar{J}_G$ umfaßt der resultierende Emissionsstrom $\bar{J}_e = \bar{J}_G + \bar{J}_A$ beide Teilströme, die bei stärkerer Erhöhung von $+\bar{E}_G$ ein Überspringen der Stromlinien von A nach G zeigen, wie Fig. 539 nach Barkhausen erkennen läßt.

Da der Sättigungsstrom auch bei dicken, längeren Glühkathodenfäden wegen der zulässigen Stromdichten (vgl. j_s auf S. 81) nicht über eine gewisse Grenze getrieben werden kann, die für J_s etwa bei 0,5 Amp. liegt, so ist eine Steigerung der Leistung nur durch eine Erhöhung von $\bar{E}_A$ möglich. Zurzeit ist es gelungen, Glasröhren bis zu etwa 3 kW Einzelleistung als Senderröhren herzustellen, die mit etwa 70000 Volt Anodenspannung $\bar{E}_A$ aus Gleichrichtern betrieben werden. Bei noch höheren Leistungen muß Parallelschaltung Platz greifen.

Die Verwendung der Glühkathodenröhre ist außerordentlich mannigfaltig, so daß hier nur die grundlegenden Anwendungen kurz angedeutet werden können.

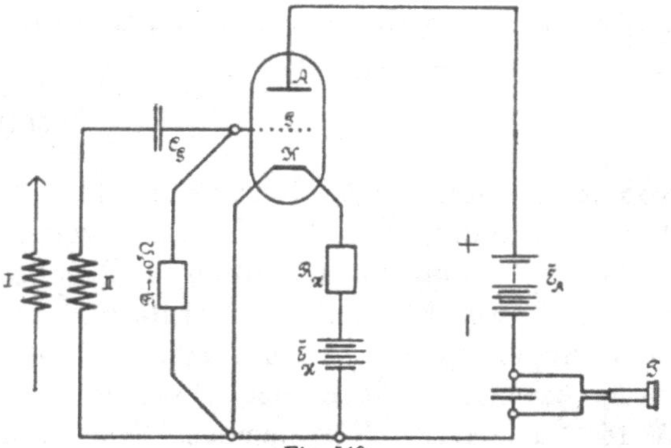

Fig. 540.

Die erste Verwendung fand das Elektronenrelais als **Detektor** (vgl. § 746, S. 28 unter Audion). Die gegenwärtig benützte Detektorschaltung zeigt Fig. 540 mit dem hierfür charakteristischen Gitterkondensator C_G in dem Gitterkreis und dem zu *K*-*G* parallelgeschalteten Gitterwiderstand von der Größenordnung $10^5\,\Omega$. Um die Wirkung der Detektor-Schaltung (Fig. 540) verstehen zu können, ist folgendes zu beachten: Eine auf dem Empfängerkreis I auftretende schwache Hochfrequenzschwingung wird, durch Koppelung mit II dem Gitterkreis des Detektors zugeführt, durch die Ventilwirkung der Elektronenröhre in einen Wellenstrom umgewandelt, dessen einseitig von *K* nach *G* gerichteter Elektronenstrom den Kondensator an der Gitterklemme negativ aufladet bis zum Höchstwert der Spannungswelle. Dieser Zustand, welcher einen Empfang aufeinander folgender Zeichen unmöglich machen würde, läßt sich nur beseitigen durch eine Entladung des Kondensators in der Zwischenzeit mit Hilfe des Widerstandes *R*. **Dieser** begrenzt auch die negative Aufladung von *G* bzw. C_G durch Erlangung eines Gleichgewichtszustandes zwischen Aufladung (durch Ventilwirkung von *K*, *G*)

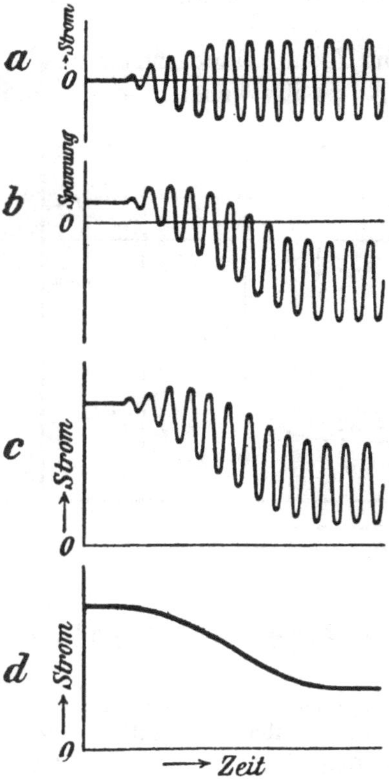

Fig. 541.

und Abführung durch R. Graphisch dargestellt würde nach dem Einsetzen einer dauernden Hochfrequenzschwingung (Fig. 541 a) die Spannung an Gitter G und C_G durch die Kurve der Fig. 541 b dargestellt sein, der Strom von K nach G durch Fig. 541 c, während 541 d den Verlauf des das Telephon T durchfließenden Stromes ergäbe, der gegebenenfalls durch $\bar{E}_A$ entsprechend verstärkt doch von den

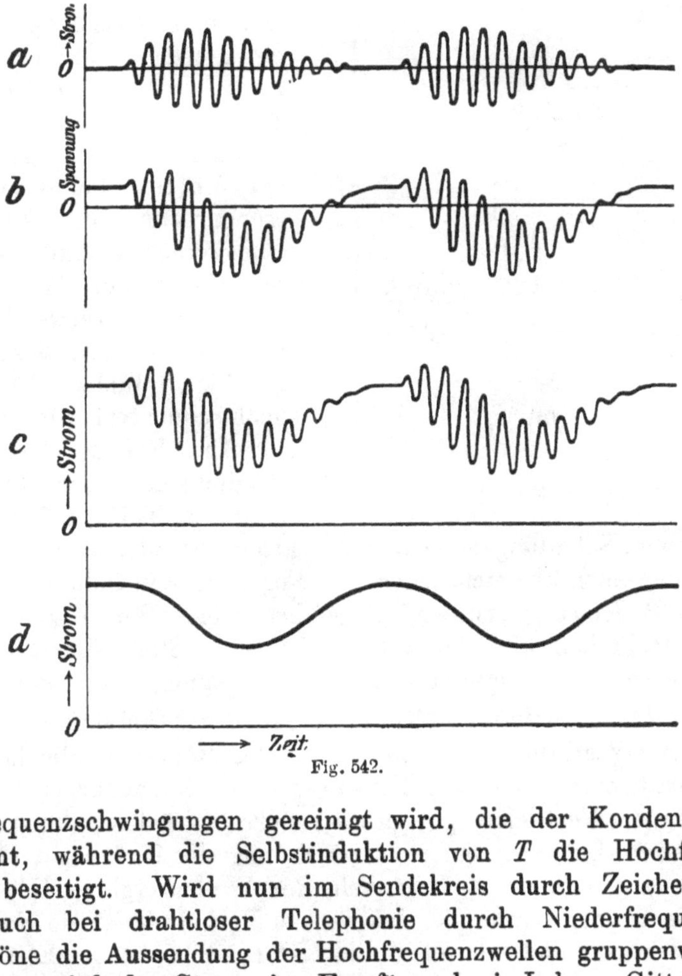

Fig. 542.

Hochfrequenzschwingungen gereinigt wird, die der Kondensator C_T aufnimmt, während die Selbstinduktion von T die Hochfrequenzwellen beseitigt. Wird nun im Sendekreis durch Zeichengebung, oder auch bei drahtloser Telephonie durch Niederfrequenz der Sprechtöne die Aussendung der Hochfrequenzwellen gruppenweise gestaltet, so wird der Strom im Empfängerkreis I bzw. Gitterkreis II (vgl. Fig. 540) etwa den Verlauf wie in Fig. 542 a zeigen. Die Gitter- bzw. Kondensatorspannung bei C_G zeigt hingegen den Verlauf der Fig. 542 b, weil beim Abklingen der Gruppenschwingung (542 a) die Kondensatorspannung C_G Zeit hat, sich durch R auszugleichen und auf den ursprünglichen Wert zurückzukehren. Der Strom in der Elektronenröhre zwischen *K* und *G* zeigt demnach den Verlauf von 542 c und die mittleren Depressionen der 542c-Kurve werden, durch $\bar{E}_A$ entsprechend verstärkt, im Telephon die Niederschwingungen 542d ausführen und so zur Zeichen- bzw. Ton-Übertragung geeignet. Ähnlich ist auch die Wirkung der niederfrequenten Schwebungsschwingungen, wie sie bei Interferenzempfang aus dem Zusammenwirken zweier Hochfrequenzen ν_1 und ν_2 sich zu $\nu_s = \nu_1 - \nu_2$ ergeben (vgl. § 735, S. 641).

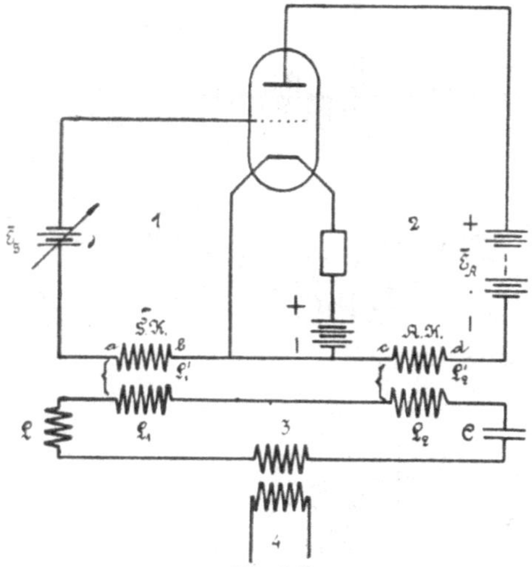

Fig. 543.

Als **Sender ungedämpfter Wellen** findet das Elektronenrelais mit Hilfe der Rückkopplung und des Aufschaukelns der Wellen eine mannigfaltige Verwendung sowohl in der drahtlosen Telegraphie als auch zur Erzeugung hochfrequenter Ströme für Meßzwecke. Von den zahlreichen Möglichkeiten der Rückkopplung (vgl. in III, § 734, S. 635) möge in dem Schaltungsschema der Fig. 543 eine der wichtigeren und der Wirkung nach übersichtlicheren in Form der rein induktiven Kopplung der 3 Schwingungskreise angeführt sein. Der Thomsonsche Schwingungskreis 3 wird durch den elektrischen Stoß beim Einschalten der Röhre seine Leitungselektronen in Schwingungen von der Periode $\nu = 1/(2\pi\sqrt{L \cdot C})$ versetzen. Diese werden durch induktive Kopplung (G. K.) mit Gitterkreis 1 die Elektronen der Röhre im gleichen Takt steuern und eine verstärkte Schwingung im Anodenkreis 2 hervorrufen, dessen Wechselkomponente $\tilde{J}_A$ durch „Rückkopplung“ (A. K.) mit 3 die Schwingungen bei richtiger Polung der Enden *a* und *b* in 3 verstärkt, wodurch ein Aufschaukeln der Wellen (vgl. in III, § 733, S. 634) bis zu der durch die elektrischen Verhältnisse, wie Kopplung, Leistungsverluste und vor allem Charakteristik (Knie) des Elektronenrelais, bedingten Grenze erfolgt. Die Energie dieser „ungedämpften Wellen“ kann dann gegebenenfalls durch hinreichend lose (induktive) Kopplung auf einen Antennenkreis oder einen anderen Verbrauchskreis, etwa wie in Fig. 543 von Kreis 3 auf Kreis 4 übertragen werden.

Will man bei „Tonfrequenzröhrengeneratoren“ die Frequenz ν nach der Schwingungsformel soweit herabdrücken, daß ν für Telephon-Meßbrücken oder andere akustische Zwecke geeignet wird, so muß einer der beiden Faktoren L oder C entsprechend groß gewählt werden. Vielfach geschieht dies durch Anwendung eines Ringtransformators, etwa nach der Schaltung von Fig. 544, dessen beide mit dem Drehkondensator C_v (mit etwa 4000 cm Maximalkapazität) in Reihe geschaltete Spulen eine wirksame Induktivität L von etwa 15 bis 20 Henry besitzen, so daß ν Werte um 1000/sec annimmt.

Die Schaltung bei Fig. 544 läßt sich auf das in Fig. 543 angegebene Schaltungsschema, das hinsichtlich der Kopplungsmöglichkeiten vielfache Variationen

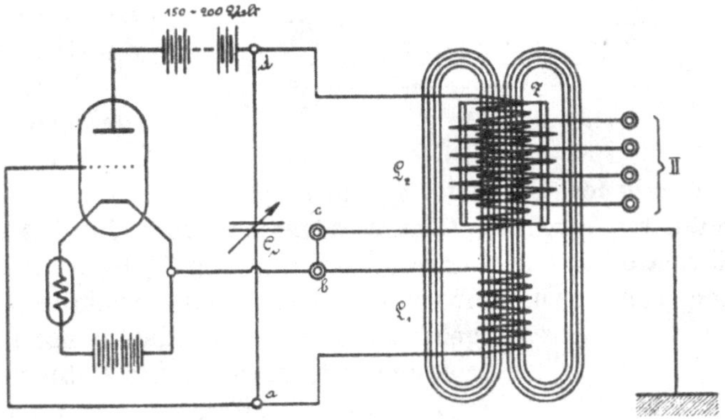

Fig. 544.

zuläßt, zurückführen, wenn man in Fig. 543 die rein induktive Kopplung (Volltransformation) von 3 mit 2 und 1 durch die galvanisch-induktive (Halbtransformation) ersetzt, d. h. L_2 mit L'_2 ebenso wie L_1 mit L'_1 vereinigt, ferner ein gesondertes L ebenso wie die Wicklung 3 als Primärwicklnng sich fortfallend denkt und die zu 3 sekundäre Wicklung 4 sogleich induktiv als Sekundärwicklung II mit L_2 zwischen den Punkten c und d koppelt. Alsdann entspricht das C von Fig. 543 dem C_v der Fig. 544.

Aufgabe 372. Wieviel Oktaven umfaßt die Tonänderung, wenn der Drehkondensator zwischen 4000 und 0 cm veränderlich ist, die (unveränderliche) „Spulenkapazität“ des Ringtransformators $C_{Tr} = 500$ cm beträgt und die mittlere wirksame Selbstinduktivität L_w der beiden primären Teilwicklungen in Reihe als konstant angenommen wird? Nach der Schwingungsformel würde die Veränderung von C zwischen 4500 und 500 d. h. im Verhältnis von 9 zu 1 einer Tonänderung von $\sqrt{9} = 3$ d. h. 3 Oktaven entsprechen, also ν etwa zwischen 500 und 1500/sec veränderlich sein.

Die mit dem Telephon oder bei Messungen mit der Meßanordnung verbundene dreistufige Sekundärwicklung II des Ringtransformators (Tonfrequenzröhrengenerators) wird zur Vermeidung von Störungen durch Ladeströme am besten auf einen geschlitzten, geerdeten Metallzylinder Z (vgl. Fig. 544) aufgewickelt; die Schlitzung ist notwendig zur Vermeidung einer Wirbelstrombildung, die Verluste verursachen und die Wirkung nahezu aufheben würde.

Die praktisch größte Bedeutung kommt der Glühkathodenröhre in ihrer Verwendung als Verstärker schwacher Schwingungen oder Wechselströme zu. Fig. 545 zeigt das Schema für zwei oder mehr in Reihe geschaltete Verstärker, welche aber dieselbe Anodenspannung E_A = 200 Volt, sowie die nämliche Niederspannungsbatterie von 2 × 6 = 12 Volt für den Heizkreis (E_H) und die Gitterspannung E_G benutzen. Da die Verstärkung von $\tilde{J}_G = \tilde{E}_G \cdot \operatorname{tg} \alpha$ (vgl. S. 33) bei gegebener Steilheit $S = \operatorname{tg} \alpha$ proportial mit $\tilde{E}_G$ der dem Gitter zugeführten Wechselspannung wächst, so wird durch Anwendung von Transformatoren, auch Vorverstärker genannt (T_1 bis T_3 in Fig. 545), die Wirkung sehr gesteigert und gestattet eine praktisch so weitgehende Verstärkung, daß es mit ihrer Hilfe gelungen ist, durch kleine Rahmenantennen (vgl. § 741 S. 16 über Richtungsempfang) innerhalb geschlossener Räume die Wellen nahezu aller Großstationen abhören zu können. Zur Vermeidung kapazitiver Störungen wird man auch hier am besten zwischen unverstärktem und verstärktem Kreis eine zusammenhängende leitende Verbindung herstellen (vgl. l_1 und l_2 in Fig. 545), diese an Erde legen und alle Metallteile, wie Blechkasten, Telephonkapsel, Transformatorgehäuse u. dgl. daran anschließen.

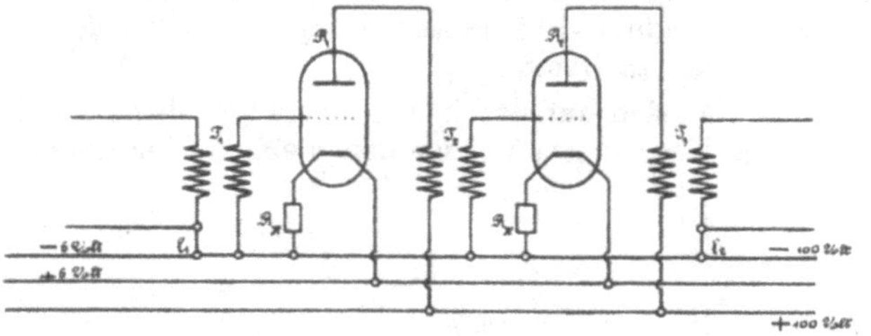

Fig. 545.

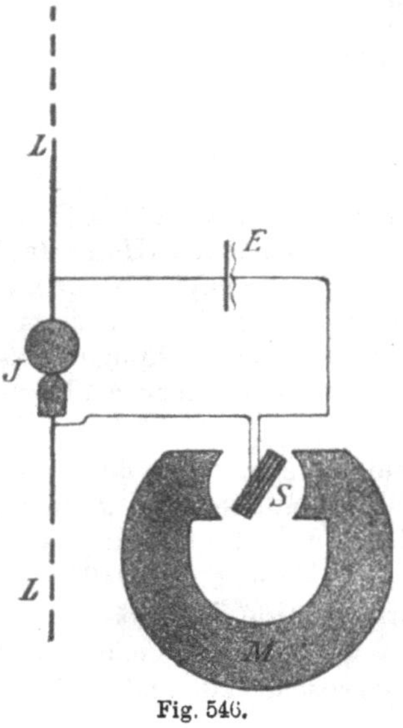

Fig. 546.

* **748. Aufnahme der Telegramme. Hörempfang.** Wie aus dem Vorstehenden bereits folgt, kann die Aufnahme einmal durch ein Galvanometer mittels Beobachtung der Ausschlagsfolge und -dauer stattfinden, oder auch durch photographische Registrierung derselben („Lichtschreiber"). In einigen Fällen hat man auch mittels eines gutgedämpften Galvanometers von kurzer Schwingungsdauer (Drehspuleninstrument MS. in Fig. 546) einer Lokalbatterie E und eines Quecksilberkohärers (oder auch eines

Thermodetektors) J einen „Schreibempfang“ (Registrierung der Wellenzeichen auf Streifen) ausgebildet. Viel häufiger ist jedoch der „Hörempfang“, d. h. die Aufnahme der Zeichen nach dem Gehör mit Hilfe des Telephons etwa nach der Anordnung von Fig. 547 (vgl. hierzu auch Fig. 528, S. 26 und Fig. 540, S. 36)[1]).

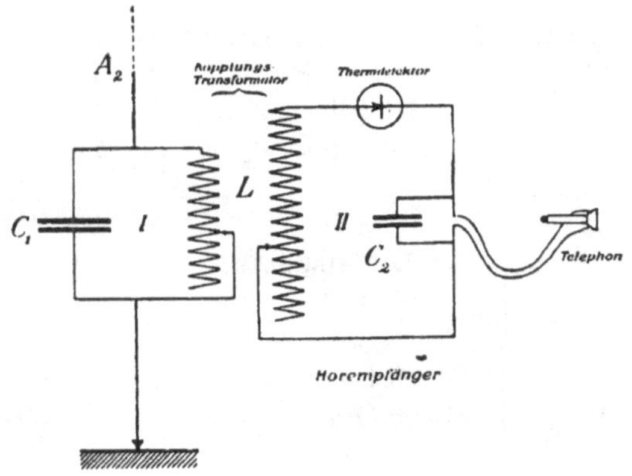

Fig. 547.

***749. Reichweiten und gerichtete Telegraphie.** Die Frage der Reichweiten ist etwas verwickelt. Nicht nur von der Länge der Antennen und der aufgewendeten Energie, sondern auch in hervorragendem Maße von dem Untergrund oder besser der Erdoberflächenbeschaffenheit ist die Reichweite abhängig. So ist sie über Seewasser weit größer als über Land oder gar Süßwasser. Ferner ist sie stark von der Wellenlänge abhängig und es ergibt sich für jede Entfernung eine günstigste Wellenlänge. Auch die Ionisierung des Luftraumes, zum mindesten seine Durchstrahlung mit Lichtwellen, ist von Einfluß, da die Reichweite bei Dunkelheit angenähert doppelt so groß ist als bei Helligkeit.

Sieht man von den zahlreichen beobachteten Anomalien, insbesondere im Sinne außergewöhnlich großer Reichweiten zwischen bestimmten Stationen ab, so wären als normale garantierte Reichweiten, d. h. bei zuverlässiger Verständigung mit einem Sicherheitskoeffizienten von 2 bis 3 (nach M. Wien 1915) etwa folgende anzusetzen, die gleichzeitig die aufgewendeten, dem Sender zugeführten Leistungen in Kilowatt bei den üblichen Stationsgrößen erkennen lassen:

---

[1]) Auch hier sei wegen aller weiter ins Technische gehenden Schaltungen wie Zwischenschaltung von Relais, Drosselspulen, Sperrkondensatoren usf. auf die Werke der Fachliteratur verwiesen, für weitergehende Spezialstudien vor allem auf das ausgezeichnete „Lehrbuch der drahtlosen Telegraphie“ von J. Zenneck (Stuttgart, F. Enke), dem auch eine größere Reihe von Figuren für diesen Abschnitt entnommen sind. Ferner finden sich wertvolle zusammenfassende Aufsätze über die Entwicklung der hier einschlägigen Gebiete, sowie auch aller übrigen für die Physik bedeutungsvoll gewordenen Erscheinungsgebiete (bis zum Kriegsbeginn) in dem Bande „Physik“ der „Kultur der Gegenwart“ (B. G. Teubner 1915), die dem Weiterstudierenden manche Anregung bieten dürften. Von neuerer Literatur ist auf das „Radiotelegraphische Praktikum“ von Rein und Wirtz (Verlag J. Springer, Berlin 1921) hinzuweisen.

Primär-leistung	Verwendung	freie See Hellig-keit	freie See Dunkel-heit	Flachland Hellig-keit	Flachland Dunkel-heit
0,5 kW	Personen- und Handelsdampfer	150 km	250 km	—	—
2,5 „		600 „	1200 „	—	—
5 „	Schnelldampfer	1000 „	2000 „	—	—
10 „	größte Schiffstype	1500 „	3000 „	—	—
0,5 kW	Landstationen	60 km	80 km	30 km	50 km
2,5 „		350 „	700 „	200 „	300 „
5 „		600 „	1200 „	450 „	600 „
10 „		900 „	1800 „	650 „	1000 „
20 „		1500 „	3000 „	1200 „	1800 „
60 „	Küsten- und Land-Großstationen	4000 km		2500 km	
250 „		7500 „		5500 „	

Im Jahre 1918 hat die Großstation Nauen mit etwa 400 kW Antennenleistung aus 15000 Periodenmaschinen und Frequenztransformatoren (vgl. § 716 S. 573) eine Reichweite von etwa 20000 km und damit die Antipoden erreicht.

Sowohl im Interesse einer besseren Ausnützung der Energie sowie auch mit Rücksicht auf die Bevorzugung gewisser Stationen und Richtungen oder möglichster Ausschließung anderer ist die Frage einer

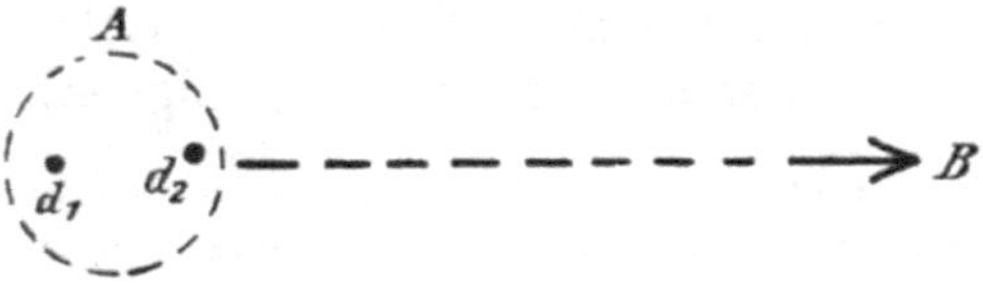

Fig. 548.

Fig. 449.

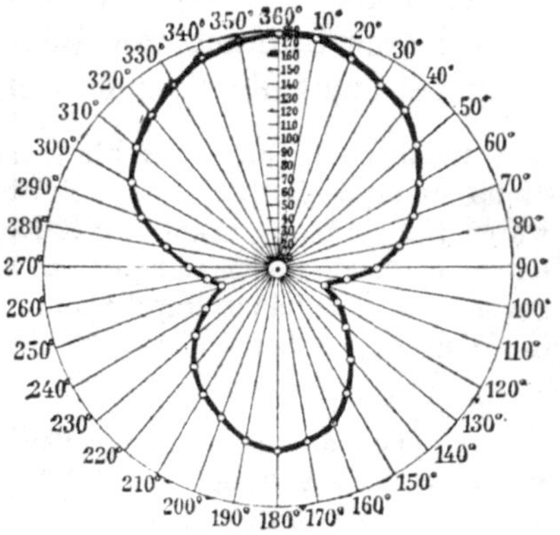

Fig. 550.

„gerichteten" Wellentelegraphie, d. h. die Beschränkung der Ausstrahlung auf einen begrenzten Winkelraum, von Bedeutung und Gegenstand zahlreicher Versuche geworden. Die ersten Versuche mit Spiegeln in Anlehnung an die Versuche von Hertz (vgl. § 760 und 789) wurden beim Übergang zu immer längeren Wellen gegenstandslos.

Abschirmungsversuche wurden zuerst von Zenneck gemacht:

Von den parallelen Drähten d_1 und d_2 (Fig. 548) von 30 m Länge und einem Abstand von 6 m voneinander, wurde d_2 geerdet und d_1 als Sender benutzt. Die Wirkung auf die 9 km entfernte Empfangsstation B wurde vernichtet, während die Telegramme in B vollkommen deutlich waren, wenn d_2 nicht geerdet war oder d_2 als Sender benutzt wurde und d_1 geerdet war (vgl. hierzu Versuch 675c in § 752).

Marconi fand, daß bei Anwendung einer geknickten Antenne nach dem Schema der Fig. 549 die Richtung nach C im Sinne des Pfeiles bevorzugt war, und die Verteilung der Strahlungsintensität im Abstand einer Wellenlänge etwa durch die Punkte und die Kurve der Fig. 550 dargestellt wurde, wenn Richtung AC mit 360^0 zusammenfiel. Über die Fortschritte im Richtungsempfang mit Hilfe der drehbaren Rahmenantenne und des Glühkathodenverstärkers vgl. § 741 S. 16 und § 747 S. 40.

* **750. Drahtlose Telephonie.** Die ersten, schon zu Beginn der Wellentelegraphie angestellten Versuche, den Laut der menschlichen

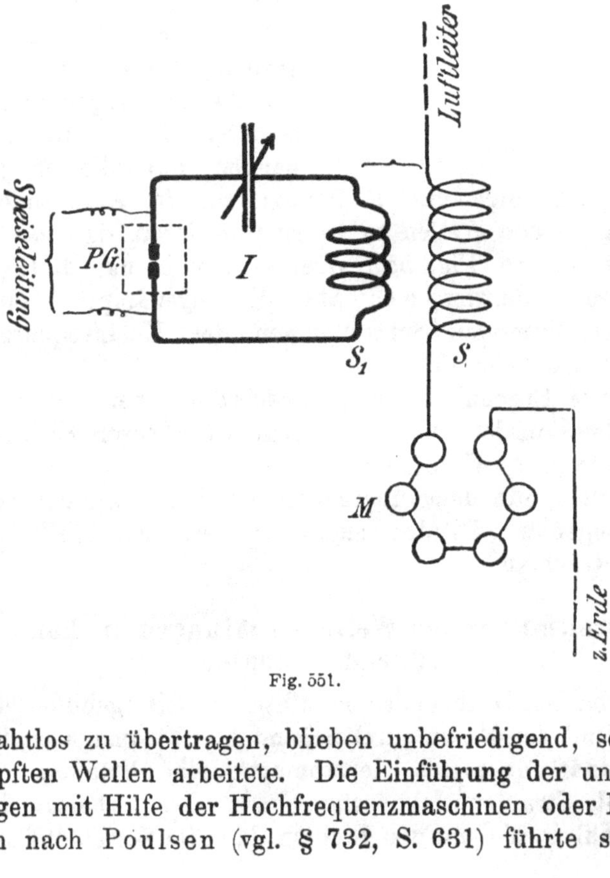

Fig. 551.

Stimme drahtlos zu übertragen, blieben unbefriedigend, solange man mit gedämpften Wellen arbeitete. Die Einführung der ungedämpften Schwingungen mit Hilfe der Hochfrequenzmaschinen oder Lichtbogengeneratoren nach Poulsen (vgl. § 732, S. 631) führte sogleich zur

Wiederaufnahme der Versuche einer drahtlosen Telephonie mit dem Erfolge, daß die neuen Poulsenstationen (in Kalifornien) bei einer Antennenhöhe von 94 m bei Verwendung gewöhnlicher Mikrophone und befriedigender Klarheit der Lautwiedergabe 550 km Reichweite ergaben (neuerdings soll die Reichweite schon mehr als verzehnfacht sein).

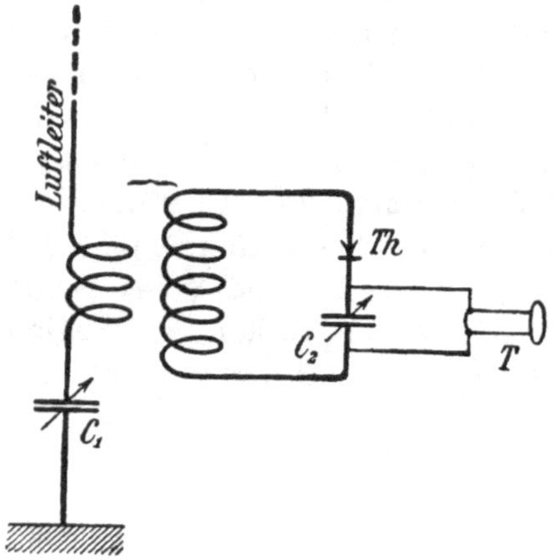

Fig. 552.

Die Senderschaltung zeigt Fig. 551, eine Empfängerschaltung Fig. 552, in der *Th* den Detektor angibt, während bei Fig. 551 P.G. den Poulsengenerator und *M* die 6 in Reihe eingeschalteten Mikrophone andeutet, welche aber einen gemeinsamen Schalltrichter haben. Hierdurch wird eine Erhöhung der Widerstandsschwankung und eine Verstärkung des den ungedämpften Schwingungen überlagerten Sprechstromes erzielt, (vgl. hierzu die sprechende Bogenlampe § 717, S. 578). Durch die Lautschwingungen und die entsprechenden Widerstandsänderungen in *M* gelingt es, die Amplitude der vom Sender ausgehenden Wellen so zu rhythmisieren, daß das Telephon *T* des Empfängers in Fig. 552 diesen Rhythmus, d. h. die Lautschwingungen wiedergibt, nicht aber die ungedämpften, oberhalb der Gehörsgrenze liegenden Schwingungen des Hochfrequenzgenerators (etwa 80000 pro Sekunde).

Sehr gute Ergebnisse wurden neuerdings bei Ersatz des in der Frequenz etwas unsicheren Poulsengenerators durch Elektronenrelais-Generatoren (vgl. § 747) erzielt.

Wir wollen nun dazu übergehen das Verhalten der vom Sender zum Empfänger wandernden elektromagnetischen Wellenzüge etwas näher zu betrachten.

B. Ausbreitung freier Wellenstrahlungen in homogenen, ruhenden Medien.

* Die von den Draht- oder metallischen Leitergebilden des Senders losgelösten und den Raum durchziehenden elektromagnetischen Wellen bezeichnet man auch als elektromagnetische Strahlen oder (nach H. Hertz) als Strahlen elektrischer Kraft. Das Verhalten dieser langwelligen Strahlen, die mit den Lichtstrahlen im Wesen auf das Nächste

verwandt sind und sich nur durch die Wellenlänge λ oder Periodenzahl ν ($\nu = c/\lambda$ vgl. bei Fig. 509, S. 649 in III) von ihnen unterscheiden, wollen wir nun etwas näher kennen lernen. Wir knüpfen hierzu am besten an unseren Versuch 669 (vgl § 740, Fig. 514, S. 14) an. *

751. Freie Wellenstrahlung. Der Wellenzug, der von dem Strahler auf den Empfänger übergeht, erhält nach dem auf S. 14 beschriebenen Verhalten bei Kreuzung der beiden linearen aufeinander abgestimmten Elemente eine gewisse Seitlichkeit, die sich in einem verschiedenen Verhalten in verschiedenen Richtungen innerhalb der Ebenen äußert, welche zur Fortpflanzungsrichtung der Wellenbewegung, der „Strahlrichtung", senkrecht stehen. Man bezeichnet die Erscheinung als „Polarisation" und hat es im vorliegenden Falle speziell mit einer geradlinigen, „linearen Polarisation" zu tun.

Wegen des Folgenden ist es wichtig, sich den Verlauf des elektrischen Feldvektors 𝔈 und des magnetischen Feldvektors 𝔐 bei diesem einfachen und anschaulichen Beispiele klar zu machen. Wir haben hier den Fall vor uns, daß Radiator und Rezeptor nahe beieinander stehen, so daß ersterer direkt influenzierend und induzierend auf letzteren zu wirken imstande ist. Fassen wir je einen Moment unmittelbar vor dem Einsetzen des Funkenspieles in F ins Auge, wo die Radiatorplatten einen Höchstwert ihrer Spannungen erreicht haben, die oberen etwa +-, die untere —-Ladung. Die gesamte Energie hat die Form dielektrischer Spannungsenergie des umgebenden Mediums angenommen, es existiert nur elektrostatische Feldenergie, die Induktionslinien gehen von der oberen Platte aus, überbrücken in immer weiteren Bögen die stabförmige Partie des Feldträgers und münden in der unteren Platte wieder ein. (Das in dieses Feld eingebettete Rezeptorelement würde bei unveränderlichem Felde eine Influenzwirkung erfahren, welche +-e nach unten treibt, —-e nach oben zieht). Sowie dieser Moment überschritten ist, setzt sich die Elektrizität in Bewegung; am Radiator fließt +-e nach unten; es findet Strömung statt; mit dieser ist aber das Auftreten eines Magnetfeldes verknüpft. Wenden wir die Uhrzeigerregel § 649 S. 427) an, so finden wir, daß der Vektor der magnetischen Kraft 𝔐 vor dem Radiator, d. h. an der dem Rezeptor zugekehrten Seite in Fig. 514 (bei der vorausgesetzten vorherigen Ladungsverteilung) nach vorn weisen würde. Dieser Vektor erreicht seinen Höchstwert, wenn die Strömung i am stärksten ist, d. h. wenn der elektrische Vektor durch den Nullwert hindurchgeht; 𝔐 nimmt wieder ab, wenn 𝔈 sein Zeichen wechselt usw. vgl. § 737, S. 647. Man sieht, daß zwischen dem zeitlichen Verlaufe der beiden Vektoren 𝔈 und 𝔐 eine Phasendifferenz von einer viertel Periode ($\pi/2$) besteht. Dies gilt aber nur in der Nähe des Radiators selbst (vgl. w. u. § 754).

Was hier von dem Zusammenwirken der beiden Vektoren auf und unmittelbar an dem Radiator gesagt wurde, wiederholt sich für jede Schicht, welche die Wellenfront durchschreitet, da wir das Medium sowohl dielektrisch wie magnetisch polarisierbar voraussetzen (nur treten dann an die Stelle der Leitungsströme auf dem Metalle des Oszillators die Verschiebungsströme § 525, S. 157). Auch im Vakuum behaupten sowohl elektrische wie magnetische Kräfte ihre selbständige Bedeutung; nur die Konstanten ε und μ nehmen die Spezialwerte 1 an (vgl. § 514, S. 115 und § 633, S. 409).

Breitet sich nun die Wirkung beider Vektoren mit endlicher Geschwindigkeit von Stelle zu Stelle aus, so unterstützen sich ihre Wirkungen, wenn sie das empfangende Element treffen. Fassen wir z. B. den Moment ins Auge, daß gerade der Maximalwert $\mathfrak{M}_0$ von $\mathfrak{M}$ an diesem anlangt, dann, wenn dieser Vektor nach vorn gekehrt ist, was ja dem eben Ausgeführten zufolge einem Momente entspricht, bei dem die Strömung auf dem Radiator im Maximum und in Fig. 514 von oben nach unten gerichtet ist. Beim Auftreffen von $\mathfrak{M}_0$ auf den Rezeptor hat aber die Strömung im Radiator bereits wieder abgenommen, die Welle der magnetischen Feldwirkung sinkt. Es ist so, als ob sich der Rezeptor dem Wellenzuge entgegen bewegen und die Kraftlinie schneiden würde. Wenden wir die R.H.R. (§ 694, S. 502) an, so erkennen wir, daß die +-Elektrizitätsteilchen nach oben geschoben werden, geradeso wie es der Bewegung der statischen Ladung infolge des Aufhörens der elektrostatischen Feldspannung und der Induktionswirkung der primären Strömung entspricht.

Unter dieser Wirkung kommt also auch auf dem abgestimmten Rezeptor eine Resonanzschwingung zustande.

Werden die beiden Elemente gekreuzt, so trifft der magnetische Vektor $\mathfrak{M}$ das Magazin von Leitungselektronen in einer Lage, bei der weder beim Schnitt mit den magnetischen Kraftlinien noch durch die Influenzwirkung durch die elektrische Kraft $\mathfrak{E}$ eine Verschiebung derselben in der Längsrichtung stattfinden kann; ein Ansprechen des Resonators ist also ausgeschlossen.

Als wesentlich sei noch die Tatsache hervorgehoben, daß in dem elektromagnetischen Wellenzuge immer zwei Vektoren periodisch mit Ort und Zeit variieren und zwar in Ebenen, welche senkrecht zueinander stehen; eine Welle elektrischer Kraft ist immer mit einer Welle magnetischer Kraft von gleicher Periode gepaart. Dabei verlaufen (in größerer Entfernung jedenfalls) die beiden Vektorrichtungen in Ebenen, welche senkrecht zur Fortpflanzungsgeschwindigkeit liegen; wir haben den Fall „transversaler Schwingungsübertragung“, „transversaler Wellen“ vor uns, wie gerade dieses Modell von Strahler und Empfänger mit seiner „Polarisation“ am deutlichsten zu erkennen gibt.

Auch bei elastischer Schwingungsübertragung, wie man sie früher für die Lichtbewegung annahm, hatte man immer zweierlei vektorielle Zustände nebeneinander: eine wellenartige Verteilung der Bewegungszustände und daneben eine solche von Spannungszuständen.

Wie bei den elastischen Übertragungen die beiden Konstanten E und δ maßgebend sind, so legen schon die eben angestellten Betrachtungen die Vermutung nahe, daß für die Fortpflanzungsgeschwindigkeit der periodisch wechselnden elektrischen und magnetischen Feldzustände in den verschiedenen Medien die DK. ε und die Permeabilität μ maßgebend sein müssen, vgl. in der Tat w. u. in § 755.

752. Strahlen elektromagnetischer Energie. Wir wollen jetzt noch kürzere Wellen erzeugen, d. h. noch kleinere Radiatoren verwenden und den ausgehenden Wellenzug seitlich geeignet begrenzen. Wir erhalten alsdann das, was man einen „Strahl“ nennt. Um die

„Strahlenbegrenzung" durchzuführen, verwenden wir die Erscheinung der „Absorption". Wir erläutern beides mittels einer Anordnung, welche wir auch später zur Veranschaulichung anderer Strahlerscheinungen öfter wieder heranziehen werden.

Versuch 675. (Kugeloszillator). Werden die Leitungselektronen auf einer metallischen Kugel durch ein darüber gelegtes Spannungsfeld aus ihrer Gleichgewichtslage herausgebracht, so führen sie, nach Aufhören des Zwanges (allerdings sehr rasch gedämpfte) Schwingungen infolge der Eigenkapazität und Selbstinduktion ihres Trägers aus, für welche (bei der D. K. $\varepsilon = 1$)

$$\tau = \frac{4\pi}{3 \cdot 10^{10}\sqrt{3}}\, r \tag{562}$$

ist, wenn r den Radius (in cm) bedeutet.

Aufgabe 373. Wie groß ist die entsprechende Wellenlänge in Luft?

Da $\lambda = c\tau$ und $c_{\text{Luft}} = 3 \cdot 10^{10}$ cm/sek. ist, so wird $\lambda = \frac{4\pi}{\sqrt{3}} \cdot r = 7{,}25 \cdot r$ cm, also etwas größer als der Umfang der Kugel ($6{,}28 \cdot r$ cm).

Aufgabe 374. Wie groß ist hiernach die Periode der elektromagnetischen Eigenschwingung der Erdkugel?

Da für diese $r = 6{,}4 \cdot 10^8$ cm (I, § 5, S. 9) ist, so wird $\tau = \frac{4\pi \cdot 6{,}4}{3 \cdot 1{,}73} 10^{-2} = 0{,}155$ sek, rund 1/7 sek.

Statt einer Kugel wendete schon H. Hertz ein Kugelpaar an, das auf einem geradlinigen, in der Mitte durch einen Funken überbrückten Stab verschiebbar war. Noch kürzere Wellen erhält man, wenn man die Stäbe wegläßt und die Kugeln so nahe aneinander bringt, daß zwischen ihnen selbst nur noch eine kurze Strecke übrig bleibt, die man durch den „aktiven" Funken überbrückt, der in einem flüssigen Dielektrikum (Petroleum vgl. auch S. 48 oben) überschlägt. Um die Eigenschwingungen der Kugeln nicht zu stören, verbindet man sie nicht selbst mit der Spannungsquelle (Induktorium), sondern lädt sie durch zwei Hilfsfunken, die man dann in Luft überschlagen lassen kann: Righi-Oszillator Fig. 553. Zwei größere (Messinghohl-) Kugeln K_1 und K_2 (z. B. von 6 cm Durchmesser zur Erzeugung etwa 43,5 cm langer Wellen, von viel kleinerem Durchmesser, wenn kürzere Wellen erregt werden sollen,) sind in einem zylindrischen Gefäße *GG* aus Hartgummi eingesetzt, K_1 im Boden *BB*, K_2 in dem einschraubbaren Deckel *DD* desselben (mittels Siegellack eingekittet); durch Drehen an den Hartgummistiften s_1 und s_2 kann der Deckel tiefer oder weniger tief eingeschraubt und dadurch zugleich die Länge der aktiven Funkenstrecken F einreguliert werden (etwa 1 mm). Das Gefäß wird [durch Öffnungen (wie o) im Deckel DD hindurch] mit Petroleum gefüllt. Dasselbe Holzgestell, welches GG trägt, hält auch die in ihrem Abstande regulierbaren kleineren (3 cm Durchm.) Hilfskugeln k_1 und k_2 mit den Luftfunkenstrecken f_1 und f_2 (etwa 8 mm lang). An k_1 und k_2 wird der Sekundärkreis eines Induktoriums (mittlerer Größe mit Wehneltunterbrecher im Primärkreise) angelegt. Beide Apparate (Induktorium mit seinem Unterbrecher und der Radiator) stehen auf einem großen Metallblech mit aufstehendem Rande, über das ein Metallblechkasten gestülpt werden kann, der nur vorn, vor der Mitte des Oszillators, eine größere kreisförmige Öffnung hat, wie dies Fig. 554 andeutet.

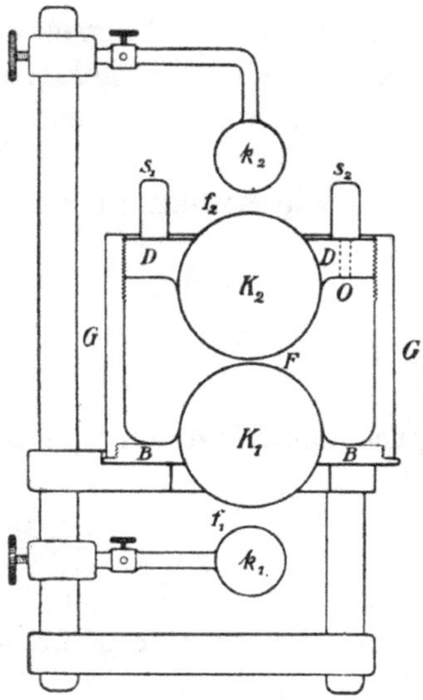

Fig. 553.

Zwischen diese und den Oszillator kann man noch (an der Innenseite des Kastens) eine mit Petroleum gefüllte große Glaskugel (Vorlage auf Strohkranz) als Sammellinse für die Strahlen (vgl. später § 785) setzen.

Als Empfänger dient ein kleiner Schwingungskreis, wie er bei Versuch 671, S. 19 verwendet wurde (vgl. auch Fig. 514, S. 14 rechte Hälfte) mit Thermoelement und kurzen, auf die ankommenden Schwingungen abgestimmten Stäben ohne Endplatten von je einer Länge gleich $^1/_4\,\lambda$, hier also von je etwa 11 cm Länge; oder aber man arbeitet — wenn auch weit weniger sicher — mit einem Fritter, der unter Vermittlung eines Relais ein elektrisches Läutewerk betätigt.

Läßt man den Erreger spielen, so zeigt der Empfänger, wo er auch aufgestellt ist (innerhalb einer gewissen Entfernung) von ihm aufgenommene Energie an.

Stellt man zwischen beide ein größeres (auf einem Holzrahmen aufgezogenes) Metallblech, so wird der Energiestrom abgeschirmt: „elektromagnetischer Schatten", doch nur zum Teil, ein Teil der Wellenbewegung, geht um die Ränder des Metallschirmes herum.

Wir werden später sehen, daß hierauf die Wellenbeugung beruht, die hier bei den relativ noch immer langen Wellen weit augenfälliger in Erscheinung tritt, als etwa bei den viel kürzeren Lichtwellen.

Der Versuch lehrt aber, daß durch Metalle die Wellenenergie abgefangen werden kann: Setzt man daher den Metallkasten über den Strahler (mit der Öffnung vor diesem), so kann die Wellenstrahlung nur hier heraustreten. Um sie noch besser zusammenzuhalten, setzt man vor die Öffnung eine längere horizontale Blechröhre, deren Achse gegen die Hauptfunkenstrecke *F* (durch die Mitte der Petroleumkugel hindurch) gerichtet ist. Auch den ganzen, auf einem fahrbaren Tischchen montierten Empfängerkreis baut man, um ihn vor Störungen zu schützen, zweckmäßig metallisch ein, vorn nur eine gleichfalls mit horizontalem Rohre armierte Öffnung lassend.

Stellt man Geber- und Empfängerrohr so auf, daß ihre Achsen zusammenfallen (Fig. 554), so ist es ein relativ eng begrenzter Strahl

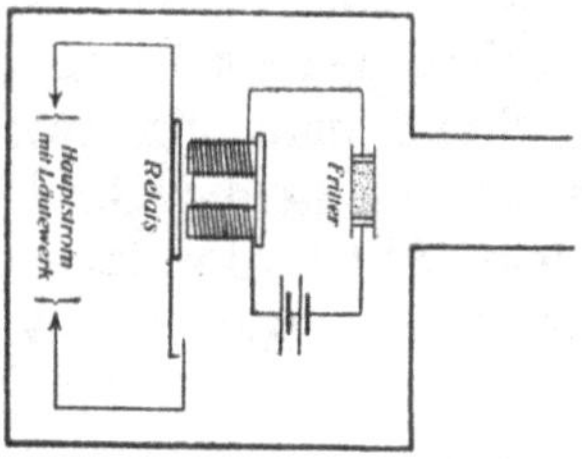

Fig. 554 a.

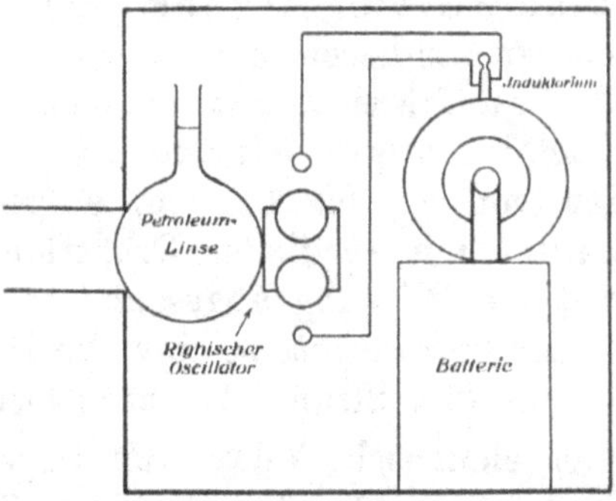

Fig. 554 b.

elektromagnetischer Energie, der zwischen beiden übergeht. Mit diesem Strahle elektromagnetischer Energie werden die folgenden Einzelversuche angestellt.

Versuch 675a. Geradlinige Ausbreitung. Wird der den Empfänger umschließende Schutzkasten herumgedreht oder zur Seite gefahren, so daß der Strahl seine Öffnung nicht mehr erreicht, so hört das Ansprechen auf: der Strahl pflanzt sich geradlinig im Raume von Stelle zu Stelle fort.

Freilich greift auch hier infolge von Beugung die Wirkung etwas über den Bereich des eigentlichen geometrischen Schattens hinaus.

675b. Absorption. Stellt man beide Rohre wieder in gegenseitige Achsenrichtung ein, zwischen dieselben aber eine ausgedehnte Metallwand, so ist der Strahl vollkommen abgeschnitten; selbst ein dünner Stanniolvorhang ist für diese Strahlenart völlig undurchlässig: die Strahlenenergie wird von Metallen reflektiert oder absorbiert; daher war andererseits die Strahlbegrenzung durch Metallumhüllungen möglich.

Bei schmalen Schirmen geht wieder ein Teil der Schwingungsenergie infolge von Beugung um die Ränder herum in den geometrischen Schatten hinein.

Bringt man in den Strahlengang (dicht vor der Austrittsöffnung) aber eine Glasplatte, dicke Pappschirme, Hartgummiplatten oder endlich (trockene) Holzbretter (einzeln oder zusammen), so erlischt die Strahlwirkung nicht, die Dielektrika sind durchstrahlbar.

Auch wenn man einen mit Petroleum gefüllten Hartgummi- oder Glaskasten (Akkumulatorengefäß) vor die Öffnung stellt, geht der Strahl (fast vollkommen) ungeschwächt hindurch; man konnte daher die Kugeln des Oszillators in Petroleum und ein Hartgummigefäß einbauen, die Strahlen durch eine kugelförmige Masse dieses flüssigen Dielektrikums innerhalb einer Glasumhüllung hindurchleiten.

675c. Gitterwirkung. Um das Wesen der Absorption noch genauer zu studieren, stellen wir noch folgende Versuche an:

Auf quadratische oder achteckige Holzrahmen sind viele kupferne, also metallisch gut leitende Drähte (in gleichen gegenseitigen Abständen von $^1/_2$ bis $1^1/_2$ cm) aufgespannt. Stellt man ein solches Drahtgitter mit vertikaler Drahtrichtung in den Gang der Strahlen, so wird die Wirkung abgeschnitten, dreht man das Gitter in seiner Ebene um 90° herum, so daß die Drähte horizontal liegen, so erweist es sich für den Strahl als durchlässig.

Der elektrische Vektor des verwendeten Oszillators Fig. 553, S. 48 schwingt augenscheinlich in der Vertikalrichtung. Nach den Betrachtungen des § 751, S. 45 behält er diese Richtung bei, wenn die Erregung wellenartig weiterschreitet. Der magnetische Vektor unseres Strahlgebildes liegt horizontal. Treffen die Wellen die vertikal stehenden Drähte, so verschieben die über sie hinweggehenden magnetischen Kräfte bei ihrem Überschneiden der Drähte in diesen die Leitungselektronen; diese können ausweichen, da sie die ganze Länge der Drähte als Weg zur Verfügung haben, es entstehen in den Drähten lebhafte elektrische Schwingungen vom Rhythmus der erregenden Wellen, die z. T. zur Ausstrahlung ihrer Eigenenergie Veranlassung geben, z. T. aber auch in dem Drahtmateriale gebremst werden, so daß ihre Energie in Joulesche Wärme übergeht. Jedenfalls wird durch dieses Ansprechen der angetroffenen Leiter und durch das lebhafte Mitschwingen ihrer Elektronen dem ankommenden Wellenzuge so viel Energie entzogen, daß er hinter dem Gitter völlig ausgelöscht erscheint.

Liegen die Drähte aber horizontal, also parallel dem ankommenden magnetischen Vektor, so werden durch Schneiden der Kraftlinien die Elektronen zwar auch verschoben, zu regelmäßigen Schwingungen in dem Drahtmateriale kommt es aber nicht, „die Welle läuft sich nicht tot“, sie passiert das Gitter ohne merklichen Verlust an Energie: Absorption tritt ein, wenn schwingungsfähige Gebilde angetroffen und zum Mitschwingen angeregt werden; sie entspricht einem Übergange von Energie des ankommenden Wellenzuges in Eigenenergie des absorbierenden Körpers.

Dies gilt hier für alle Strahlungsarten. In den Dielektricis werden zwar auch die Elektronen durch die einfallenden Strahlen erregt, hier sind sie aber an die Moleküle selbst gebunden.

Auffallend muß es erscheinen, daß schon so wenig dichte Gitter so vollkommen schirmen. Dort, wo Strahlungsenergie unter Vermittlung der Absorption in Wärme übergeht, bildet sich eine Senke für den Energiestrom, der weitere Energie von der Seite her zu sich heranzieht.

753. Strahlung eines Dipoles. Durch fortgesetzte Verkleinerung der Dimensionen des Oszillators kommt man zu Wellen von immer geringerer Wellenlänge λ und damit immer kürzerer Schwingungsdauer τ. Benutzt man z. B. als Erreger nur ein Paar kurzer Drahtstifte (Fig. 555) in Petroleum, so erhält man Wellen von einem λ gleich nahe der doppelten Länge des verwendeten Paares; oder man benutzt kleine Kügelchen, von denen das untere in einen Glastrichter eingekittet ist, dessen Rohr am Äquator der Kugel bündig abschneidet (Righi). Auf ähnliche Weise erhielt P. Lebedew Wellen bis herunter zu 6 mm Länge (vgl. Fig. 509, S. 649 in § 738).

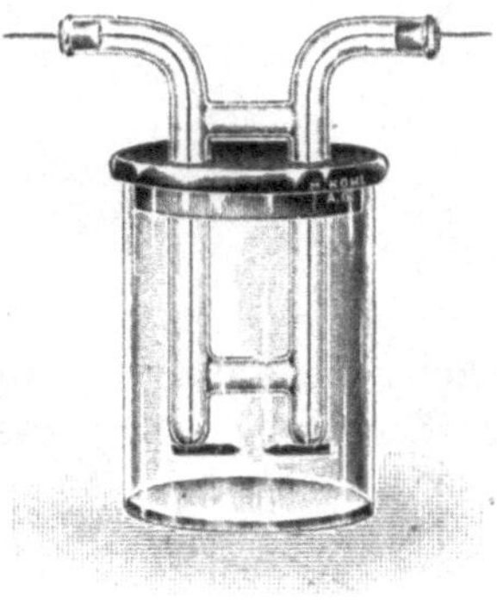

Fig. 555.

Die auf so kleinen Erregern anzusammelnden Elektrizitätsmengen sind natürlich sehr klein, so daß die bei der Schwingung erregten Kräfte, sowohl die elektrischen wie die magnetischen, äußerst schwach sind. Es bedarf daher eines besonders empfindlichen Empfängers, um sie im Raume nachzuweisen.

Einen solchen kleinen Oszillator kann man, wenn seine Enden auf entgegengesetzt gleiches Potential aufgeladen sind, als „Dipol" (§ 525, S. 156) (vgl. die Fig. 556 im innersten Kreis) ansehen, dessen Moment gleich dem Produkte der an seinen Enden aufgehäuften Ladungsmenge e und dem gegenseitigen Abstande a dieser Ladungen, also seiner Länge zu setzen ist.

In Entfernungen, welche groß gegen seine eigenen Dimensionen sind, und in der Äquatorrichtung kann man die elektrische Kraft eines solchen Dipoles nach den Entwicklungen des § 627, S. 400 gleich $2\frac{ea}{r^3}$ setzen; die elektrische Kraft nimmt also umgekehrt proportional der dritten Potenz der Entfernung ab. Die Feldenergie ist in diesem Momente in der Umgebung des Radiators rein elektrostatischer Natur.

Bricht das Dielektrikum zwischen den Ladungen zusammen, und setzt das Funkenspiel zwischen ihnen ein, so verschwindet der elek-

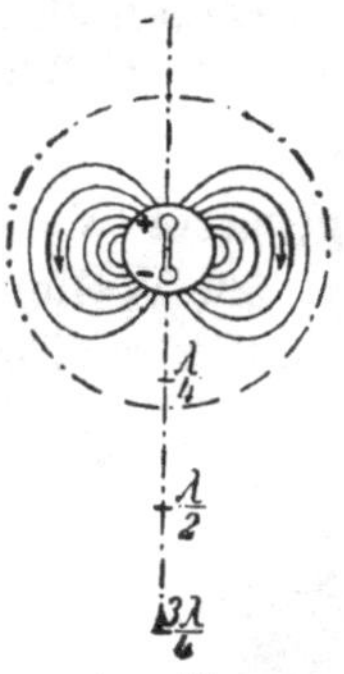

$t = {}^1/_8\,\tau$
Fig. 556.

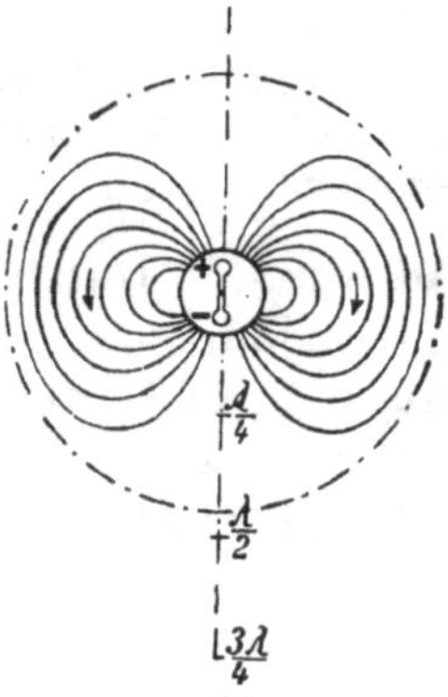

$t = {}^1/_4\,\tau$
Fig. 557.

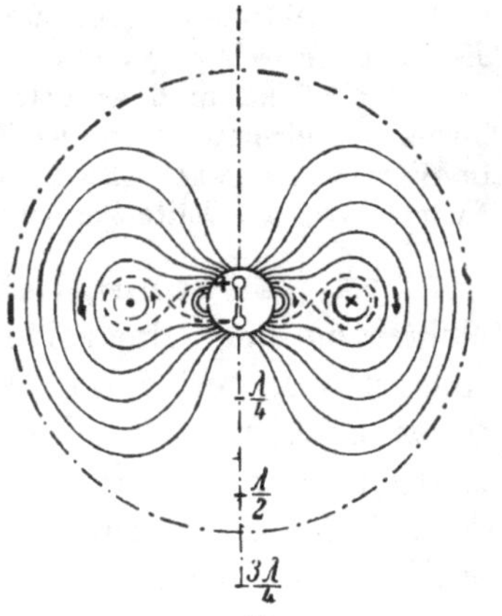

$t = {}^3/_8\,\tau$
Fig. 558.

trische Spannungszustand, die Ladungen befinden sich im Zustande der Strömung, magnetische Kräfte bilden sich aus. Deren Wirkung nimmt nach dem Gesetze von Laplace (§ 653, S. 433 für ein Leiterelement) umgekehrt proportional mit der zweiten Potenz ab. Die magnetischen Kraftlinien umziehen die Strömung in Form von Kreislinien (in Ebenen senkrecht zur Achse des Strahlers); ihre maximale Entwicklung besitzen sie zur Zeit $t = {}^1/_4\,\tau$. Sodann findet die Umladung statt, die bei $t = \frac{3}{4}\,\tau$ ihren Extremwert erreicht; bei $t = {}^1/_2\,\tau$ und bei $t = \tau$ findet nur Strömung statt, elektrische Kraftlinien fehlen am Oszillator; diesen Moment stellt Fig. 559 dar. H. Hertz hat (1888) die Schwingungen eines solchen Dipoles theoretisch behandelt und die im folgenden gegebenen Kraftlinienverläufe in der Umgebung einer solchen geradlinigen Schwingung konstruiert. Beginnen

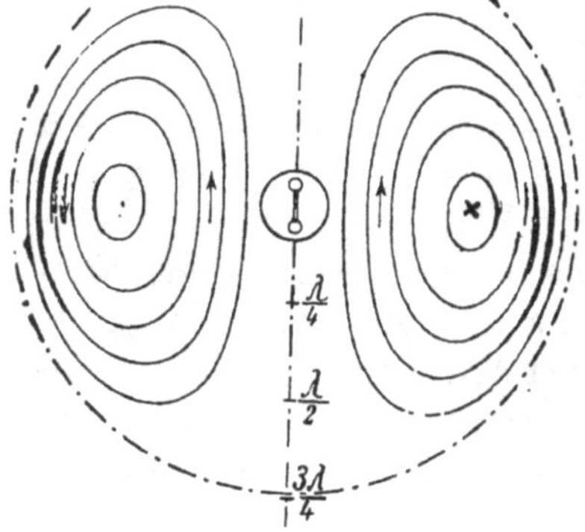

$t = {}^1/_2\,\tau$
Fig. 559.

wir mit dem Momente, in welchem die Wieder-Aufladung im vorigen Sinne beginnt: Elektrische Kraftlinien schießen alsdann aus den Enden des Oszillators hervor Fig. 556 (vgl. auch Fig. 184, S. 61). Da alles ringsum symmetrisch ist, können wir uns die Figur um die (vertikale)

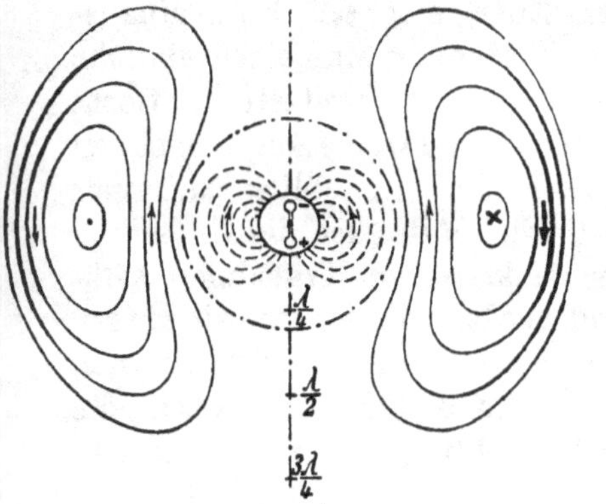

$t = {}^5/_8\,\tau$
Fig. 560.

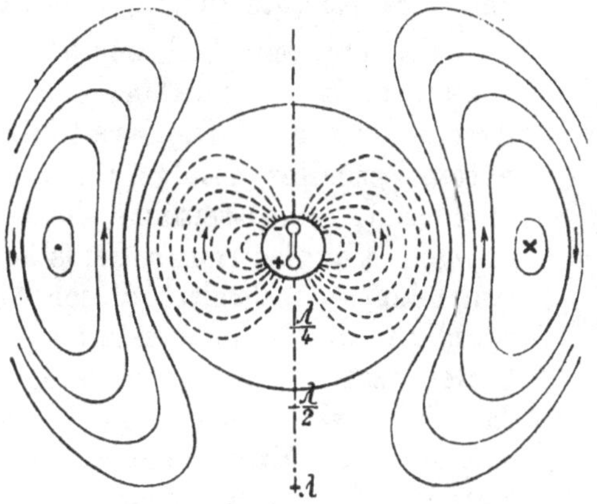

$t = {}^3/_4\,\tau$
Fig. 561.

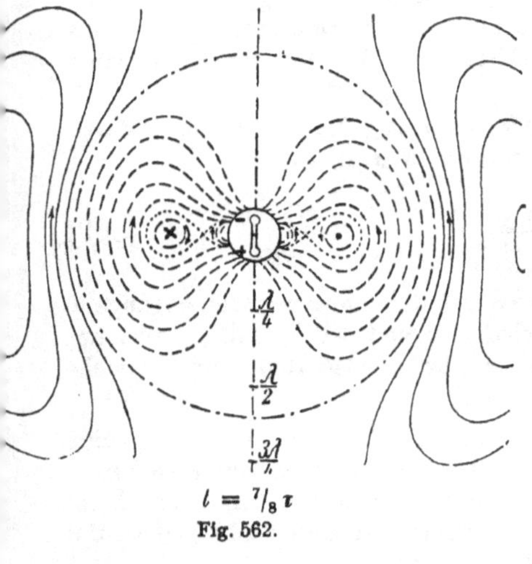

$t = {}^7/_8\,\tau$
Fig. 562.

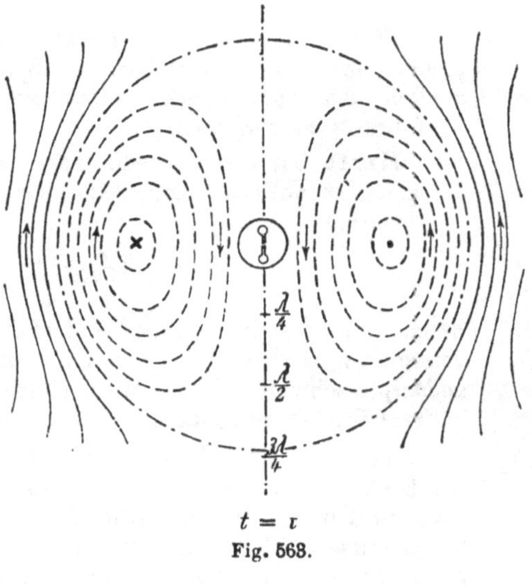

$t = \tau$
Fig. 563.

Radiatorachse gedreht denken, um ein Bild der räumlichen Verteilung der Kraftwirkungen zu erhalten. Infolge der endlichen Ausbreitungsgeschwindigkeit c erweitern sich diese elektrischen Kraftlinien etwa so, wie es Fig. 557 zur Zeit $t = \frac{1}{4}\,\tau$ zeigt; magnetische Kraftlinien treten hinzu, welche senkrecht zu den elektrischen Kraftlinien verlaufen.

Von diesem Momente der Höchstladung an treten keine weiteren elektrischen Kraftlinien aus dem Dipole mehr hervor, vielmehr beginnen die zunächst liegenden sich wieder in den schwingenden Leiter zurückzuziehen, um dort als elektrische Kraftlinien zu verschwinden und ihre Energie in magnetische zu verwandeln.

Da aber ein Teil der elektrischen Energie in das Feld hinausgewandert ist, so tritt bei der folgenden Umladung eine eigentümliche Erscheinung auf: Die Kraftlinien, welche sich am weitesten entfernt hatten, erhalten infolge ihres Bestrebens sich ihrer Länge nach zu verkürzen, eine seitliche Einbiegung, welche schließlich zu einer völligen Abschnürung derselben führt (Fig. 558). Ist die Umladung vollendet, so schreitet dieser Teil der elektrischen Kraftlinien selbständig in den Raum hinein fort, während der Rest in dem schwingenden Leiter verschwindet (Fig. 559). Bei der Umladung wiederholt sich das Spiel von neuem, nur haben jetzt die elektrischen (sowie die magnetischen) Kraftlinien die umgekehrte Richtung wie vorher: zweite Halbperiode der Schwingung.

Den weiteren Verlauf der Wellenentwicklung erläutern die Fig. 560 bis 563.

Werden diese Bilder auf einen Filmstreifen umkopiert, so gewährt es einen überaus instruktiven Anblick, das Spiel eines solchen Oszillators, das Hervorquellen, Abschnüren und Abwandern der Kraftlinien bei kinematographischer Vorführung zu verfolgen.

Hertz hat die während jeder halben Schwingung im ganzen (d. h. durch die ganze umhüllende Kugel) austretende Energiemenge A_a zu

$$A_a = \frac{\pi^4}{3} \cdot \frac{(e\,a)^2}{\lambda^3} \tag{563}$$

berechnet; dabei ist vorausgesetzt, daß diese durch Strahlung verloren gegangene Energiemenge dem Oszillator andauernd wieder ersetzt wird, daß er also ungedämpft schwingt; beim selben Momente $e \cdot a$ würden also Radiatoren, welche kürzere Wellen aussenden, relativ intensiver strahlen.

Aufgabe 375. An einem Oszillator, bei dem zwei Kugeln von 15 cm Radius durch einen in der Mitte durch die Funkenstrecke (etwa 1 cm lang) unterbrochenen Stab verbunden waren (Mittelpunktsabstand der Kugeln 100 cm) beobachtete H. Hertz eine Wellenlänge von 480 cm; das erreichte maximale Ladungspotential wurde zu $\pm$ 60 el. stat. Spannungseinheiten geschätzt.

Welche Energiemenge besaß der Oszillator im Momente der Funkenentladung, welche Menge strahlte er während der ersten halben Periode aus?

Am Beginne besaß jede der Kugeln die Ladungsmenge $15 \times 60 = 900$ el. stat. Einh. und die Energiemenge von $^1/_2$ $900 \cdot 60 = 27\,000$ erg; auf beiden Kugeln zusammen, also auf dem gesamten Oszillator war zunächst die Energiemenge von 54000 erg aufgespeichert.

Das Moment des Oszillators $(e\,a)$ beträgt $900 \cdot 100 = 90000$ Einh., es wurden also schon während der ersten Halbperiode

$$\frac{\pi^4}{3} \cdot \frac{(9 \cdot 10^4)^2}{(480)^3} = 2400\,\text{erg}$$

d. h. etwa 1/22,5tel der ganzen vorhandenen Energie ausgestrahlt.

Aufgabe 376. Welcher Strahlungseffekt berechnet sich hieraus?

Da einer Wellenlänge $\lambda = 480$ cm eine Schwingungsdauer $\tau = 480/3 \cdot 10^{10}$ sek $= 1{,}6 \cdot 10^{-8}$ sek entspricht, so entfällt die ausgestrahlte Erg-menge auf $0{,}8 \cdot 10^{-8}$ sek. Könnte die Strahlung dauernd auf diesem Höchstwerte erhalten werden, so würde sie einem Arbeitseffekte von $2400/0{,}8 \cdot 10^{-8} = 3000 \cdot 10^8$ erg pro sek $= 30000$ Watt $= 30$ kW $= 40{,}8$ PS entsprechen.

Mindestens in dieser Fülle müßte dem Oszillator Energie zugeführt werden, wollte man die Dämpfung durch Strahlung dauernd kompensieren.

754. Verknüpfung der Vektoren bei der fortschreitenden elektromagnetischen Welle. In § 752, S. 47 wurden die Verhältnisse in unmittelbarer Nähe des Oszillators studiert. In größeren Entfernungen, zu denen wir jetzt übergehen wollen, hat sich die elektrische Wirkung nach § 753 umgekehrt der dritten, die magnetische nur umgekehrt der zweiten Potenz vermindert. Die letztere überwiegt daher. Die Wirkungen werden wesentlich nur durch die magnetischen Kraftänderungen bestimmt, direkte elektrostatische oder induktive Wirkungen der auf dem Oszillator befindlichen oder strömenden elektrischen Ladungen (wie sie S. 45 betrachtet wurden) treten hier ganz zurück.

Wir wollen den Zusammenhang zwischen dem elektrischen und dem magnetischen Kraftvektor in einer fortschreitenden Welle näher betrachten, welche ein Dielektrikum von der D. K. ε und der Permeabilität μ durchschreitet; dabei können wir uns auf die Betrachtung der Verhältnisse in der Äquatorebene des Radiators beschränken. Hier finden wir eine magnetische Kraft $\mathfrak{M}$ in der Richtung dieser Ebene selbst und senkrecht zur Fortpflanzungsrichtung, welche periodisch mit Ort und Zeit (mit der Periode τ) variiert. Beschränken wir uns weiter auf Gebiete in der Nähe der Strahlachse, so können wir den Verlauf dieses „magnetischen Stromes" (§ 657, S. 437) als geradlinig, die Vektoren der magnetischen Kraft als untereinander parallel, die Welle als „eben" ansehen.

Die magnetische Kraft $\mathfrak{M}$ erzeugt an jeder Stelle eine magnetische Polarisation $\mu\,\mathfrak{M}$. Da diese aber zeitliche Änderungen erfährt, so erzeugt diese „magnetische Schwellung" (vgl. § 710, S. 549) in ihrer Umgebung dielektrische Verschiebungsströme, deren Richtung mit derjenigen der erzeugenden magnetischen Polarisationen durch die Regel § 704, S. 527 verknüpft ist.

Stellt also in Fig. 564 die ausgezogene Wellenlinie für irgendeinen Zeitmoment t die Verteilung der elektrischen Kraft 𝔈 in der Zeichenebene dar, so kann die dielektrische Verschiebung durch eine Wellenlinie wie die gestrichelte gekennzeichnet werden, da sie ebenfalls in der Zeichenebene liegt, aber gegen die erste um eine Viertelperiode verschoben ist; (das Maximum der Strömung findet sich an allen Punkten, in denen 𝔈 gerade durch seinen Nullwert hindurchgeht, während diese Strömung überall dort augenblicklich verschwindet, wo 𝔈 einen Extremwert besitzt).

Diese dielektrischen Verschiebungsströme haben wir uns aber jetzt durch die Induktionswirkung der pulsierenden magnetischen

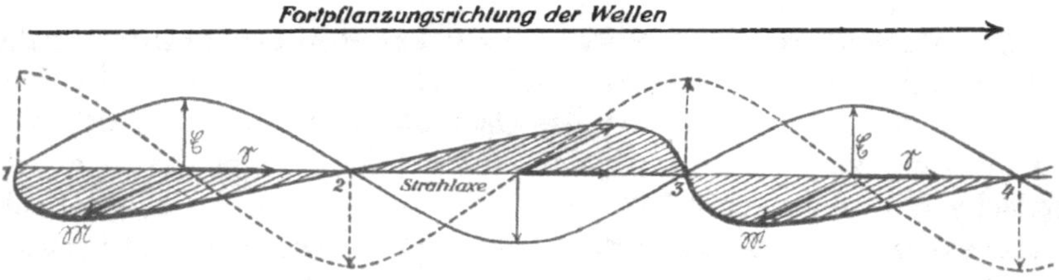

Fig. 564.

Kräfte hervorgerufen zu denken. Nach dem in § 751, S. 45 Auseinandergesetzten besteht kein Zweifel darüber, daß diese magnetischen Kräfte in einer Ebene zu suchen sind, welche senkrecht zu derjenigen steht, in der die Verschiebungsströme (und damit auch 𝔈) verlaufen, also hier in einer zur Zeichenebene senkrecht stehenden Ebene. Es frägt sich nur noch, wie diese Kräfte in dieser Ebene verteilt sind. Gebiete wie 1 bis 2 oder 3 bis 4 werden von Strömungen begrenzt, welche zur Kreisströmung ergänzt, zeigermäßig das Gebiet umlaufen würden; dort muß also nach der Induktionsregel der induzierende anschwellende magnetische Vektor gegen uns gekehrt sein; Gebiete dagegen wie 2 bis 3, welche gegenzeigermäßig von den Verschiebungsströmungen umflossen werden, müssen den der zunehmenden magnetischen Polarisation entsprechenden Vektor so enthalten, daß wir ihm entlang blicken, also von der Zeichenebene nach rückwärts zeigend. So gelangen wir zu einer Verteilung der magnetischen Kraft, wie sie durch die schraffierte, von einer Sinuslinie begrenzten Fläche in Fig. 564 dargestellt wird, die wir (in perspektivischer Verkürzung) senkrecht zur Zeichenebene verlaufend uns denken müssen.

Wir kommen so zu dem folgenden Bilde:

In dem **fortschreitenden** elektromagetischen Wellenzuge entspricht (in größerer Entfernung vom Radiator) einem Orte maximaler Entwicklung der elektrischen Kraft auch ein Maximum der magnetischen Kraft.

Die Verknüpfung der Feldvektoren ist hier also anders als bei der stehenden elektrischen Welle, bei der einem Schwingungsbauche der elektrischen Kraft ein Knoten der magnetischen Kraft entsprach (vgl. § 737, S. 647).

Beide Vektoren stehen senkrecht zueinander; beide wiederum senkrecht zur Fortpflanzungsrichtung der Wellenbewegung. Stellen wir diese Richtung durch den Vektor $\mathfrak{S}$, den „Strahlungsvektor" dar, so entnehmen wir der Figur unmittelbar die Regel:

Der Strahl schreitet in einer Richtung fort, in der sich ein Korkzieher bewegt, dessen Griff man aus der Richtung des elektrischen Vektors auf dem kürzesten Wege in die Richtung des magnetischen Vektors herumdreht.

Dies gibt für die Verknüpfung der drei Vektoren $\mathfrak{E}, \mathfrak{M}, \mathfrak{S}$ ein Rechtssystem (vgl. § 49, S. 58). Die Größe (Maßzahl) des Vektors $\mathfrak{S}$ werden wir in § 756 bestimmen.

Modell. In eine längere, an einem Ende mit Pfeil versehene runde Holzstange, welche die Strahlachse darstellen soll, sind in zwei senkrecht zu einander verlaufenden Längsebenen äquidistant gerade Drahtstifte eingesteckt, deren Längen nach Art zweier Sinuslinien (mit zusammenfallender Phase) variieren; ihre Enden sind durch aufgesteckte Perlen von bestimmter Farbe für jede Reihe hervorgehoben (vgl. die Wellenmaschine I Versuch 169 a. S. 301). Die beiden Reihen stellen den Verlauf der in der fortschreitenden Welle vorhandenen periodischen Zustandsänderung nach Art der Fig. 564 dar; eine dazwischen geschobene (geeignet ausgeschnittene) Pappscheibe, die senkrecht zum Stab orientiert wird, veranschaulicht die Wellenoberfläche zu einer bestimmten Zeit an einem bestimmten Orte. (Die einander paarweise entsprechenden Vektoren sind im allgemeinen nicht gleich lang).

755. Fortpflanzungsgeschwindigkeit durch die D. K. ε und die Permeabilität μ des Mediums bestimmt. Wir wollen das eben Erläuterte in Rechnungszeichen ausdrücken und die erworbene Anschauung über den Schwingungsvorgang in der fortschreitenden Welle auf die allgemeinen Feldgleichungen (507 A) und (507 D) S. 550 anwenden. Diese vereinfachen sich unter den gemachten Voraussetzungen sehr wesentlich: Lassen wir die x-Richtung unseres (Rechts-) Koordinatensystems mit der elektrischen Kraft $\mathfrak{E}$ zusammenfallen, so kommt von den drei in (507 A) S. 550 aufgeführten Komponenten nur X in Betracht. In die dazu senkrechte Richtung der y fällt dann die magnetische Kraftkomponente M des Systems (507 D) S. 550.

Da wir uns ferner auf die Betrachtung eines kleinen Stückes der Wellenoberfläche in der Umgebung der Strahlachse beschränken, so verschwinden Verschiedenheiten der Vektoren, wenn wir uns in der x- oder y-Richtung von der Strahlachse etwas entfernen, d. h. die Vektoren sind sowohl von x wie von y unabhängig, es fallen alle Glieder weg, in denen Differentiationen nach diesen Größen vorkommen und nur Gradienten nach z bleiben übrig. Dadurch reduzieren sich die sechs Gleichungen auf folgende zwei:

$$\varepsilon \frac{dX}{dt} = -\frac{\partial M}{\partial z} \quad \text{und} \quad \mu \frac{dM}{dt} = -\frac{\partial X}{\partial z} \,. \tag{564}$$

Differenzieren wir beide nach der Zeit t und beachten wir, daß man die Reihenfolge der Differentiationen (im vorliegendem Falle unbedenklich) umkehren darf, so erhält man:

$$\varepsilon \frac{d^2X}{dt} = -\frac{d}{dt}\left(\frac{\partial M}{\partial z}\right) = -\frac{\partial}{\partial z}\left(\frac{dM}{dt}\right)$$

$$\mu \frac{d^2M}{dt^2} = -\frac{d}{dt}\left(\frac{\partial X}{\partial z}\right) = -\frac{\partial}{\partial z}\left(\frac{dX}{dt}\right).$$

Hier kann man nun das dM/dt der ersten Gleichung und das $\frac{dX}{dt}$ der zweiten aus (564) einsetzen

$$\frac{dM}{dt} = -\frac{1}{\mu}\frac{\partial X}{\partial z} \quad \text{und} \quad \frac{dX}{dt} = -\frac{1}{\varepsilon}\frac{\partial M}{\partial z} \,,$$

wodurch man erhält:

$$\varepsilon \mu \frac{d^2X}{dt^2} = \frac{\partial^2 X}{\partial z^2} \quad \text{und} \quad \varepsilon \mu \frac{d^2M}{dt^2} = \frac{\partial^2 M}{\partial z^2} \,. \tag{565}$$

Dies sind die berühmten Differentialgleichungen einer wellenartig d. h. periodisch mit Ort und Zeit fortschreitenden Zustandsänderung, die sog. „optischen Gleichungen“ [vgl. auch I. (138a.) S. 335], die wir hier ganz allgemein behandeln wollen.

Die beiden Differentialgleichungen II. Ordnung (565) werden durch zwei ganz beliebige Funktionen von φ und ψ von z und t befriedigt, wenn diese die beiden unabhängigen Variablen z und t nur in der Verbindung ($z \pm$ ct) als Argument enthalten, wobei

$$\varepsilon \mu \cdot c^2 = 1 \,, \text{ also } c = \frac{1}{\sqrt{\varepsilon \mu}} \tag{566}$$

sein muß.

Aufgabe 377. Man beweise dieses.

Führt man die in (565) vorkommenden Differentiationen an

$$X = \varphi\ (z \pm \mathrm{ct}) \text{ und } M = \psi\ (z \pm \mathrm{ct})$$

durch, so erhält man

$$\frac{d^2 X}{d t^2} = c^2 \cdot \varphi''(z \pm \mathrm{ct}) \text{ bzw. } \frac{d^2 M}{d t^2} = c^2 \cdot \psi''(z \pm \mathrm{ct})$$

$$\frac{\delta^2 X}{\delta z^2} = \quad \varphi''(z \pm \mathrm{ct}) \text{ bzw. } \frac{\delta^2 M}{\delta z^2} = \quad \psi''(z \pm \mathrm{ct})$$

Setzt man dieses in die Gleichungen ein, so hebt sich $\varphi''(z \pm \mathrm{ct})$ bzw. $\psi''(z \pm \mathrm{ct})$ beiderseits heraus und es bleibt nur $\varepsilon \mu \cdot c^2 = 1$ oder

$$c = \frac{1}{\sqrt{\varepsilon \mu}} \tag{566 a}$$

als einzige Bedingung übrig, welche die Größe c zu erfüllen hat.

Man erkennt leicht, daß der durch diese Gleichungen gegebene Zusammenhang in der Tat einer Bewegung entspricht, die sich periodisch mit dem Orte und der Zeit reproduziert, also einer Wellenbewegung. Denn verlegen wir einmal den Anfangspunkt, von dem aus die z gezählt werden sollen, und über den wir seither noch keine Bestimmung getroffen hatten, in einen Punkt, in welchem die Funktionen φ und ψ die speziellen Werte $\varphi_0 = \varphi(o)$ und $\psi_0 = \psi(o)$ annehmen, so begegnen wir demselben Zustande zu einer späteren bzw. früheren Zeit t_1 an einem $\pm z_1$ wieder, für den wieder

$$z_1 \pm \mathrm{ct}_1 = 0$$

wird; denn dann nehmen ja die Funktionen φ und ψ wieder die speziellen Werte φ_0 und ψ_0 an. Wir begegnen diesen selben Werten wieder, wenn

$$z_2 \pm \mathrm{ct}_2 = 0$$
$$z_3 \pm \mathrm{ct}_3 = 0$$

usf. wird. Die einzelnen Werte von X und M reproduzieren sich immer in der gleichen Weise wieder, so oft jene Bedingung erfüllt ist, d. h. wir haben es mit einer sich periodisch mit Ort und Zeit wiederholenden Zustandsänderung zu tun, die sich mit einer Geschwindigkeit

$$c = \mp \frac{z_1}{t_1} = \mp \frac{z_2}{t_2} = \mp \frac{z_3}{t_3} \text{ usw.}$$

fortpflanzt, wobei das eine Zeichen für die vor, d. h. in der Fortpflanzungsrichtung gelegenen, das andere für die hinter der gewählten Ausgangsstelle gelegenen Feldzustände gilt. Die Entfernung, in der zur selben Zeit t immer wieder gleiche Zustände angetroffen werden, nannten wir (vgl. I § 258, S. 302) die Wellenlänge λ, die Zeit, nach der am selben Orte Z sich die Zustände in gleicher Weise reproduzieren, die Schwingungsdauer τ, so daß wir erhalten

$$c = \frac{\lambda}{\tau} \tag{132}$$

wobei nach (556) hier $c = \frac{1}{\sqrt{\varepsilon \mu}}$ ist. Da keine der beiden Konstanten ε und μ des Übertragungsmediums für irgendeine der uns bekannten Substanzen den Wert 0 annimmt, ist die Fortpflanzungsgeschwindigkeit c der elektromagnetischen Wellen niemals unendlich groß. Da im magnetischen System, in dem wir hinfort messen wollen, μ nach § 633, S. 408 dimensionslos ist, ε aber nach § 655, S. 434 die dim. eines reziproken Geschwindigkeitsquadrates hat, so ist (566) auch richtig dimensioniert und wir erhalten den wichtigen Satz:

Die Fortpflanzungsgeschwindigkeit elektromagnetischer Wellenzüge ist gleich der reziproken Wurzel aus dem Produkte von D. K. und Permeabilität des übertragenden Mediums.

Aufgabe 378. Man berechne hiernach die Fortpflanzungsgeschwindigkeit elektromagnetischer Wellen im Vakuum.

In diesem hat μ den Wert 1, die DK. ε den Wert: $1/(3 \cdot 10^{10})^2$ (cm/sek)^2 dies gibt nach (566) S. 58:

$$c_{\text{Vakuum}} = 3 \cdot 10^{10} \text{ cm/sek} = 300000 \text{ km/sek}.$$

Aufgabe 397. Man führe die Rechnung für Luft durch. Hier ist μ wieder gleich 1 (§ 633, S. 409), ε (elektrostatisch) 1,0006 (§ 514, S. 115), also in unserem magnetischen System $1{,}0006/(3 \cdot 10^{10})^2$ (cm/sek)^2. Dann wird

$$c_{\text{Luft}} = \frac{3 \cdot 10^{10}}{1{,}0003} \text{ cm/sek} = 299\,900 \text{ km/sek}$$

also etwas kleiner, aber nur sehr wenig (0,3‰), so daß man (für praktische Zwecke hinreichend genau) auch für Luft die abgerundete Zahl 300000 km/sek annehmen kann, wie wir es tatsächlich in mehreren Fällen schon getan haben.

756. Die Strahlenenergie. Energiefluß im elektromagnetischem Felde, Satz von Poynting. An einer Stelle (z), an welcher zur Zeit (t) der elektrische Vektor den Betrag $\mathfrak{E} = \mathfrak{E}(z, t)$ besitzt, ist zu dieser Zeit nach (376), S. 175 in der Volumeneinheit die Menge

$$\frac{\varepsilon}{8\pi} \mathfrak{E}^2$$

elektrischer Feldenergie enthalten; gleichzeitig ist nach (462) S. 411 die Menge

$$\frac{\mu}{8\pi} \cdot \mathfrak{M}^2$$

magnetischer Energie in demselben Raume enthalten, wenn für das gegebene z und t die magnetische Feldkraft den Wert $\mathfrak{M} = \mathfrak{M}(z, t)$ besitzt. In einem kleinen flachen Stücke des durchstrahlten Mediums von der Dicke dz (in der Fortschreitungsrichtung der Welle gemessen) beträgt daher bei 1 · 1 cm² Querschnitt (an der Wellenfront) der Energieinhalt:

$$\frac{\varepsilon}{8\pi}\mathfrak{E}^2 \cdot dz + \frac{\mu}{8\pi} \cdot \mathfrak{M}^2 \cdot dz \cdot \tag{567}$$

Wir wollen die zeitliche Änderungsgeschwindigkeit berechnen, welche dieser Energieinhalt beim Fortschreiten der Welle über das betrachtete Raumelement hinweg erfährt. Dazu gehen wir auf die Strahlgleichungen (564) S. 58 zurück. Multiplizieren wir die erste mit $\mathfrak{E}$ mal dem betrachteten Volumenelement, also mit $\mathfrak{E}$ (1. 1 dz), die zweite mit $\mathfrak{M}$ (1. 1 dz), dann erhält man beim Addieren der beiden so erweiterten Gleichungen:

$$\varepsilon\,\mathfrak{E}\frac{d\mathfrak{E}}{dt} \cdot dz + \mu\mathfrak{M}\frac{d\mathfrak{M}}{dt} \cdot dz = -\left(\mathfrak{E}\frac{\partial\mathfrak{M}}{\partial z}dz + \mathfrak{M}\frac{\partial\mathfrak{E}}{\partial z} \cdot dz\right)$$

Den Ausdruck links kann man schreiben:

$$\frac{8\pi}{2} \cdot \frac{d}{dt}\left[\frac{\varepsilon}{8\pi}\mathfrak{E}^2 \cdot dz + \frac{\mu}{8\pi} \cdot \mathfrak{M}^2 \cdot dz\right],$$

so daß die Gleichung gibt:

$$\frac{d}{dt}\left[\frac{\varepsilon}{8\pi}\mathfrak{E}^2 \cdot dz + \frac{\mu}{8\pi} \cdot \mathfrak{M}^2 \cdot dz\right] = -\frac{1}{4\pi}\left(\mathfrak{E}\frac{\partial\mathfrak{M}}{\partial z} \cdot dz + \mathfrak{M}\frac{\partial\mathfrak{E}}{\partial z} \cdot dz\right). \tag{568}$$

Links steht jetzt nichts anderes als die gesuchte Änderungsgeschwindigkeit des Energieinhaltes.

Der Ausdruck rechts kann geschrieben werden:

$$-\frac{1}{4\pi}\frac{\partial}{\partial z}(\mathfrak{E}\mathfrak{M}) \cdot dz$$

Um seine Bedeutung zu untersuchen, setzen wir:

$$\mathfrak{S} = \frac{1}{4\pi}\mathrm{V}\,\mathfrak{E}\mathfrak{M}, \tag{569}$$

d. h. fassen nach I, § 66, S. 78 $\mathfrak{S}$ als das mit $\frac{1}{4\pi}$ multiplizierte Vektorprodukt von $\mathfrak{E}$ und $\mathfrak{M}$ auf; $\mathfrak{S}$ ist dann ein Vektor, der zufolge der für das Zeichen von V aufgestellten Regel (I, S. 77 unten) gerade die **Richtung** des Strahlvektors (§ 744, S. 57) besitzt. Ebenso wie $\mathfrak{E}$ und $\mathfrak{M}$ selbst muß dann auch $\mathfrak{S}$ eine Funktion von z (und t) sein.

In dem oben ins Auge gefaßten Punkte (z) hat $\mathfrak{S}$ zur Zeit (t) den durch (569) bestimmten Wert. In einem um dz weiter vorn (in der Fortpflanzungsrichtung) gelegenen Punkte ($z + dz$) ist dem Vektor $\mathfrak{S}$ der Wert

$$\mathfrak{S} + \frac{\partial\mathfrak{S}}{\partial z} \cdot dz$$

zuzuschreiben. Denken wir uns $\mathfrak{S}$ mit der zur Wellenfront parallelen Flächeneinheit $1 \times 1\ cm^2$ multipliziert, so erhalten wir eine Größe, welche wir in vollkommener Analogie mit (304) und (306) S. 68 einen Vektorfluß nennen können.

In das Volumenelement 1. 1. dz würde an der Stelle (z) der Vektorfluß $\mathfrak{S}$ 1. 1 eintreten, an der Stelle ($z + dz$) aber der Vektorfluß $\left(\mathfrak{S} + \frac{\partial \mathfrak{S}}{\partial x} \cdot dz\right)$ 1. 1 wieder austreten; dadurch würde aber eine Verminderung innerhalb des Volumenelementes 1. 1. dz um

$$- \frac{\partial \mathfrak{S}}{\partial x} \cdot dz = - \frac{1}{4\pi} \frac{\partial}{\partial x} (\mathfrak{E}\mathfrak{M}) \cdot dz$$

eintreten. Dies ist aber nach (567) und (568) genau die Verminderung, welche der Energieinhalt in diesem Volumen erfahren hat. Man kann den Vorgang also so auffassen, als befinde sich die Energie im Strahlungsfelde in kontinuierlichem Flusse (wie eine inkompressible Flüssigkeit), wenn man die Größe

$$\mathfrak{S} = \frac{1}{4\pi} \mathrm{V}\, \mathfrak{E}\mathfrak{M} \tag{569}$$

als das Maß der in jedem Augenblick durch die Querschnittseinheit des Strahles hindurchfließenden Energiemenge auffaßt. In der Zeiteinheit schreitet der eben an der Stelle (z) betrachtete Zustand um den Weg c fort, der Energiefluß pro sek ist also

$$\mathfrak{S} = \frac{c}{4\pi} \mathrm{V}\, \mathfrak{E}\mathfrak{M},$$

wo c nach (566) durch $1/\sqrt{\varepsilon \mu}$ bestimmt ist (im Vakuum ist also z. B. nach Aufgabe 378 $c = 3 \cdot 10^{10}$ cm/sek zu setzen).

Man findet so den zuerst von Poynting bewiesenen Satz:

Im (homogenen) Strahlungsfelde strömt die Energie in kontinuierlichem Flusse mit dem Strahle dahin und zwar ist die pro Zeiteinheit durch die (zur Fortpflanzungsrichtung senkrecht stehende) Flächeneinheit sich ergießende Energiemenge d. i. der „Energiefluß" nach Richtung und Größe durch den Vektor

$$\mathfrak{S} = \frac{c}{4\pi} \mathrm{V}\, \mathfrak{E}\mathfrak{M} \tag{570}$$

bestimmt: „Strahlungsvektor" oder „Poyntingscher Vektor".

Poynting hat gezeigt, daß ganz allgemein der Energiestrom in einem beliebigen elektromagnetischen Felde, also auch unabhängig vom Strahlungsvorgange, durch die Formel (570) dargestellt wird, u. a. auch dann, wenn $\mathfrak{E}$ und $\mathfrak{M}$ nicht mehr senkrecht zueinanderstehen, sondern z. B. den Winkel φ miteinander bilden; dann ist in Übereinstimmung mit I, § 66, S. 77 der „Energiefluß“

$$f = \frac{c}{4\pi}\,\mathfrak{E}\mathfrak{M}\sin\varphi\,. \tag{571}$$

757. Geordnete und ungeordnete Aggregate von Einzelstrahlern. Würden wir eine größere Anzahl identischer Radiatoren mit gleicher Periodendauer und derselben Phase gleichgerichtet nebeneinander stellen, so würden sich die von ihnen ausgehenden Energieströme nach jeder Richtung hin addieren, die Gesamtenergie wäre gleich der Summe der von ihnen ausgesendeten Einzelenergien. Wie die Energie einer einzelnen Schwingung durch das Quadrat der maximalen Amplitude bestimmt ist (I, § 240, S. 286), so würde auch in diesem Wellenzuge die Energie dem Quadrate der (Maximalwerte der) in ihm pulsierenden Vektoren proportional sein (vgl. I, § 260, S. 304); dadurch ist das bestimmt, was man die „Intensität der Strahlung“ an einer Stelle des durchstrahlten Raumes nennt: Die Strahlungsintensität ist proportional dem Quadrate des Maximalwertes desjenigen mit Ort und Zeit periodisch wechselnden Vektors, welcher die ins Auge gefaßte Strahlungswirkung bestimmt.

Nun ist aber bei keiner der in der Natur vorkommenden Strahlungsquellen die Anordnung der Einzelstrahler so einfach zu denken, wie eben angenommen wurde. Selbst bei einer so einfachen Strahlungsquelle wie beim in der Bunsenflamme leuchtenden Natriumdampfe, bei dem die Einzelstrahler nahezu die gleiche Schwingungsperiode besitzen, müssen wir uns vorstellen, daß die einzelnen kleinen Radiatoren in jedem Augenblicke sehr verschieden gegeneinander orientiert sind, wie es etwa Fig. 565 andeutet, bei der in einem kugelförmig umgrenzten Raume Q Dipole in den verschiedensten Lagen gezeichnet sind. Außerdem müssen wir uns vorstellen, daß in dieser Strahlungsquelle Q, speziell etwa in einer „Lichtquelle“, die einzelnen

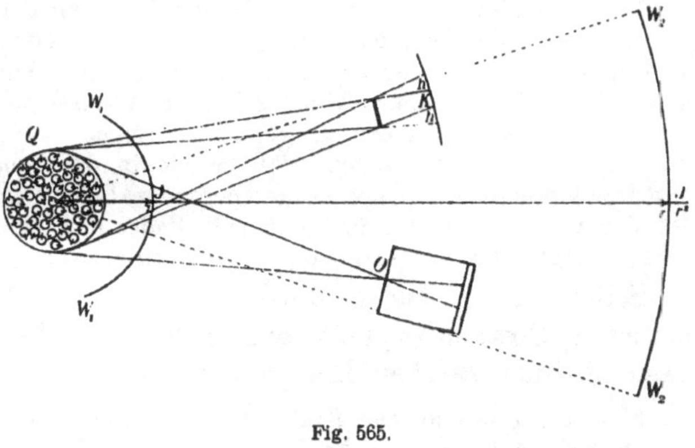

Fig. 565.

elementaren Strahler sich in jedem Zeitmomente in sehr verschiedenen Phasen ihrer Schwingung befinden. Endlich verharren ja die einzelnen Dipole nicht in ihrer Lage, sondern führen Drehungen und (namentlich bei strahlenden Dämpfen und Gasen) auch translatorische Bewegungen aus.

Noch komplizierter muß der Vorgang in einer Quelle sein, von der Strahlungen verschiedener Wellenlänge ausgehen, wie es z. B. bei den mit weißem Lichte leuchtenden festen Kohlenstoffpartikelchen einer gewöhnlichen Flamme, der Fäden von Glühlampen (auch der Sonne) der Fall ist. Hier sind Einzelstrahler der verschiedensten Perioden beteiligt, welch letztere zwar nach einem gewissen Gesetze der Wahrscheinlichkeit verteilt sein werden, indem sowohl extrem langsame wie extrem rasche Schwingungen relativ seltener vorkommen als solche von einer gewissen etwa durch die Natur der Strahlungsquelle bedingten mittleren Dauer. Aber man erkennt, daß auch in den von einer solchen Quelle Q ausgehenden Wellen, wie etwa W_1 oder W_2 Fig. 565, der Schwingungsvorgang ein äußerst komplizierter sein muß. Es muß demnach wunderbar erscheinen, daß doch in vielen Fällen, in denen wir Rezeptoren dem Wellenzuge entgegen stellen, welche über die Energie desselben gleichsam integrieren wie etwa eine Thermosäule, ein Bolometerstreifen, das Auge oder die photographische Platte tatsächlich ein scheinbar einheitlicher Eindruck entsteht.

Wir gehen hier an einem der diffizilsten Probleme der ganzen Strahlungslehre vorüber, nämlich an der Frage nach der wahren „Natur des gewöhnlichen weißen Lichtes". Es würde hier viel zu weit führen, und namentlich einen über den hier gesteckten Rahmen hinausgehenden Apparat an analytischem Rüstzeug erfordern, wollten wir dieser Frage näher treten. Auf dieselbe möge nur hingewiesen sein, um anzudeuten, daß gerade in den scheinbar einfachsten und selbstverständlichen Dingen, wie so oft, besondere Schwierigkeiten verborgen liegen. Wer sich weiter darüber orientieren will, findet u. a. in dem vorzüglichen Lehrbuche der Optik von A. Schuster, deutsch von Konen, entsprechende Anleitung.

Selten werden zudem die Verhältnisse so einfach liegen, daß die von einer Strahlungsquelle ausgehenden Wellenflächen nach allen Seiten hin den gleichen Energiefluß befördern.

Man denke nur an den Krater der positiven Kohle eines Lichtbogens vgl. § 589, S. 333. Nicht einmal die Sonne scheint nach allen Richtungen hin gleich stark zu strahlen. Jedenfalls findet sich in der gegen die Erde entsendeten Strahlungsintensität eine Periode von derselben Dauer, mit der die einzelnen Sonnenmeridiane die Verbindungslinie: Sonne-Erde infolge der Sonnenrotation und der Erdbewegung um die Sonne (im Mittel etwa 29 Tage) schneiden.

Immerhin wird innerhalb eines gewissen Winkelraumes, etwa des in Fig. 565 nach W_2 hin gelegenen, durch das gezeichnete Stück von

W_2 begrenzten Raumes der Fall vorliegen, daß die Erregung von Stelle zu Stelle ungeschwächt weiter gegeben wird, so daß sich die Erregung über Kugelflächen verbreitet, welche das Strahlungszentrum konzentrisch umgeben. Für diesen Fall der Ausbreitung ziehen wir einen wichtigen Schluß: Wenn in einer gewissen, gegen die Dimensionen der Strahlungsquelle bereits großen Entfernung $r = 1$ irgendein Empfänger eine gewisse Strahlungsintensität I anzeigt, so muß bei ungehinderter weiterer Ausbreitung der Wellenenergie durch das übertragende Medium, falls dieses die Strahlungsenergie selbst nicht in andere Energieformen, etwa Wärme, transformiert, also nach § 752, S. 50 absorbiert, derselbe Empfänger in einer größeren Entfernung r eine kleinere Intensität i anzeigen. Und zwar muß sich diese Intensität i zu I umgekehrt verhalten wie die Ausbreitung, welche die Wellenenergie in dem betrachteten Winkelraume erfahren hat, als sie von der Entfernung 1 in die Entfernung r überging. Diese Ausbreitung wächst aber proportional mit r^2, also muß sein

$$i:I = 1:r^2 \quad \text{oder} \quad i = \frac{I}{r^2} \tag{572}$$

Die in irgendeinem geeigneten Empfänger gemessene Intensität einer beliebigen Strahlungsquelle nimmt innerhalb eines bestimmten Winkelraumes, innerhalb dessen sie in derselben Entfernung von der Quelle für alle Nachbarstellen als gleich groß angesehen werden kann, umgekehrt proportional mit dem Quadrate der Entfernung ab, falls das übertragende Medium selbst die Strahlungsenergie nicht absorbiert.

Dieser Satz gilt für alle Arten der Strahlungsenergie, selbst der komplexen „weißen“, da er ja nur eine geometrische Folge der von Stelle zu Stelle vermittelten Wellenenergie darstellt. Er gilt auch unabhängig davon, wie wir die Strahlungsenergie nachweisen und an den verschiedenen Stellen des Raumes messen. Auch können wir uns denken, daß die gemessene Intensität proportional sei mit einem gewissen Mittelwerte der Quadrate von Einzelamplituden, welche bei dem Ansprechen des Rezeptors maßgebend sind. Speziell für die Lichtstrahlung enthält die obige Formulierung den Grundsatz der Photometrie; seine Anwendung zur Vergleichung von Lichtstärken besprechen wir später (vgl. IV, 2).

758. Wellenfläche, Wellennormale, Strahl, Strahlbegrenzung, geradlinige Ausbreitung und ihre unmittelbaren Folgen. Nach § 754, S. 57 steht der Strahlvektor senkrecht zur Wellenoberfläche. In der Richtung dieses Strahlvektors erfolgte aber das Fortschreiten der Wellenenergie. Betrachten wir daher irgendein kleines Stück einer Wellenoberfläche und ziehen wir zu diesem die Normalen, so schreitet die Welle in der Richtung dieser Normalen fort. Die Gesamtheit dieser Normalen zu einem Stücke der Wellenoberfläche nennt man einen „Strahl", den man in den einfachsten Fällen sogar durch einen einzelnen mittleren Vektor darstellen kann. Statt das Weiterschreiten der Wellenoberfläche selbst ins Auge zu fassen, kann man die Richtung dieses Strahles verfolgen, was für viele Zwecke ausreichend und bequemer ist.

Ändert sich die Beschaffenheit des übertragenden Mediums nicht, so ist kein Grund vorhanden, warum der Strahl seine Richtung ändern sollte, er schreitet „geradlinig" fort: „geradlinige Ausbreitung" des durch ihn dargestellten Wellenvorganges.

In § 752, S. 49 wurde gezeigt, wie wir durch Wände absorbierender, also die Strahlungsenergie als solche vernichtender Materialien eine wirkliche Strahlenbegrenzung durchführen können. Infolge der geradlinigen Ausbreitung werden dadurch einerseits die „Schattenphänomene" Fig. 565 oben (Kern- und Halbschatten), andererseits bereits die einfachste Form der Abbildung Fig. 565 unten (Camera obscura, Lochkamera) bedingt.

Beide Phänomene gelten auch hier für korpuskulare Strahlungen (Kap. 3), da sie ja mit den Wellenstrahlungen das Gesetz geradliniger Ausbreitung gemeinsam haben. So kann man ein Blech, auf das ein β-Strahlen aussendendes radioaktives Präparat niedergeschlagen ist, sehr wohl mit Hilfe einer Lochkamera auf einer photographischen Platte abbilden.

Auf der geradlinigen Ausbreitung der Strahlen beruhen ferner alle Gesetzmäßigkeiten der geometrischen Perspektive und der Schattenkonstruktionen.

Der Ähnlichkeit der an der Abbildungsöffnung o zusammenstoßenden Dreiecke entnimmt man unmittelbar den auch für andere Arten der einfachen Abbildung gültigen Satz:

Bildgröße verhält sich zur Gegenstandsgröße wie der Abstand des Bildes zu dem des Gegenstandes von der abbildenden Vorrichtung (wie Bildweite zu Gegenstandsweite).

Unabhängigkeit der allgemeinen Bildgestalt von der Form der abbildenden Öffnung o, aber Abhängigkeit der Bildhelligkeit von dieser Öffnung.

Versuch 676. Innerhalb einer weiten längeren, beiderseitig geschlossenen Pappröhre befindet sich eine Glühlampe (alte Kohlenfadenlampe mit möglichst in einer Ebene — senkrecht zur Rohrachse — gelegenem Faden). Durch Schnurlauf kann sie hin und her geschoben werden, ohne daß Licht nach außen dringt. Dieses kann nur durch eine weitere zentrale Öffnung an dem einen Ende der Pappröhre heraus, vor welche die einzelnen Öffnungen einer Revolverblende gelegt werden können (viereckige, dreieckige, kreisrunde, elliptische, sichelförmige, große und kleine). Die durch diese gehenden Strahlen werden auf einer Mattscheibe in verschiedenen Entfernungen aufgefangen.

Elliptische Sonnenbildchen am Boden (Lücken im Laubdache; sichelförmige Gestalt derselben bei partiellen Verfinsterungen der Sonnenscheibe durch den dunklen Mond usw.).

759. Energetik des schwingenden Elektrons. Wir wollen die Schwingungen eines einzelnen Elektrons noch etwas genauer verfolgen und namentlich den Energieinhalt eines solchen elementaren Oszillators berechnen. Dabei stellen wir uns wieder vor, daß das Elektron „quasielastisch" an seinen Träger, ein Atom oder einen Atomkomplex, ein Molekül, gefesselt sei, d. h. durch eine Kraft, welche proportional mit der Entfernung von der Gleichgewichtslage wächst. Wir erhalten damit zugleich das Bild eines „elementaren Resonators", wie er in der Strahlungstheorie eine große Rolle spielt.

Um eine ganz konkrete Vorstellung zu haben, denken wir uns das Elektron etwa durch eine Feder an das Atom gebunden; alsdann entspricht der Entfernung aus der Gleichgewichtslage eine gewisse Federdehnung, der rücktreibenden Kraft die Federspannung; die potentielle Energie des aus seiner Gleichgewichtslage entfernten Elektrons entspricht einer Formänderungsarbeit; wir stellen das schwingende Elektron also durch das Modell eines „elastischen Pendels" dar, vgl. I, § 422, S. 287.

Bezeichnen wir mit x die Entfernung des Elektrons aus seiner Gleichgewichtslage, so ist $-f \cdot x$ die in diese zurückziehende Kraft, wenn f die Kraft bedeutet, welche der Deformation 1 entspricht. Nach I, § 164, S. 130 ist dann die Arbeit, welche einer Exkursion x entspricht, gleich $\frac{1}{2} f x^2$.

An Stelle von k ist hier nur f, an Stelle von D jetzt x geschrieben.

Jedesmal, wenn die Entfernung aus der Gleichgewichtslage den Maximalwert, den Wert der „Amplitude" a erreicht, ist diese ganze Energie in Form potentieller Energie vorhanden. Ist ν die Schwingungszahl der erzeugten Schwingung, so ist diese Arbeit nach I, § 240, S. 286:

$$A = \tfrac{1}{2} f a^2 = \tfrac{1}{2} m \cdot (2 \pi a \nu)^2 ;$$

d. h. es ist

$$f = m \cdot (2 \pi \nu)^2 , \tag{573}$$

so daß die potentielle Energie auch

$$\tfrac{1}{2} m x^2 \cdot (2 \pi \nu)^2$$

geschrieben werden kann.

Außer in den Grenzlagen, wo $x = a$ geworden ist, besteht die Gesamtenergie ε des Resonators teils aus potentieller, teils aus kinetischer Energie, wobei letztere den Wert $\frac{1}{2} m \dot{x}^2$ hat, so daß

$$\varepsilon = \tfrac{1}{2} m \dot{x}^2 + \tfrac{1}{2} m x^2 \cdot (2 \pi \nu)^2 \tag{574}$$

ist; dieser Wert bleibt konstant, so lange sich die Schwingungen des Elektrons in gleicher Weise reproduzieren, wobei die Energie ε abwechselnd bald in kinetische, bald in potentielle Form übergeht.

Wir wollen zwei neue, den Zustand des Systems bestimmende Größen „Parameter" oder „allgemeine Koordinaten" einführen, die Koordinate $q = x$ und den Impuls oder die Bewegungsgröße $p = m \cdot \dot{x}$; dann wird:

$$\varepsilon = \frac{p^2}{2m} + \frac{(2\pi\nu)^2}{2} \cdot m \cdot q^2 = \text{konst.}$$

oder

$$\frac{p^2}{2m\varepsilon} + \frac{q^2}{2\varepsilon/(2\pi\nu)^2 \cdot m} = 1$$

Der durch die Koordinaten p und q umschriebene Wirkungsbereich stellt eine Ellipse mit den Halbachsen:

$$a = \sqrt{2m\varepsilon} \quad \text{und} \quad b = \sqrt{\frac{2\varepsilon}{m}} \cdot \frac{1}{2\pi\nu}$$

also mit dem Flächeninhalte:

$$\pi \cdot a \cdot b = \frac{2\varepsilon}{2\nu} = \frac{\varepsilon}{\nu}$$

dar. Auf die Bedeutung der letzten Betrachtung für die Lehre von den Energiequanten werden wir später zurückkommen.

760. Ausbreitungsgeschwindigkeit elektromagnetischer Strahlung. Durch die bisherigen Versuche wurde nur gezeigt, daß sich periodische Änderungen des elektromagnetischen Feldzustandes mit endlicher Geschwindigkeit ausbreiten und daher zur Bildung elektromagnetischer Wellen Veranlassung geben müssen. Für Wellenbewegungen aller Art gilt nach I, § 258, S. 302 die Beziehung (132 b)

$$c = \nu \cdot \lambda \qquad (132,c)$$

wenn c die Fortpflanzungsgeschwindigkeit der betreffenden periodisch mit Ort und Zeit fortschreitenden Zustandsänderungen, ν die Zahl der pro sek. produzierten Erregungen und λ die Länge der ihnen entsprechenden Wellen ist.

Schon aus der Tatsache, daß zu den bei der Wellentelegraphie verwendeten außerordentlich geringen Schwingungsdauern τ und den entsprechend großen Schwingungszahlen ν ($\nu = 1/\tau$) verhältnismäßig große Wellenlängen λ (Antennenlänge = $^1/_4\,\lambda$) gehören, läßt sich schließen, daß c im vorliegenden Falle sehr groß sein muß.

Um c innerhalb eines eng begrenzten Raumes (Zimmer) messen zu können, wird man einen elektrischen Schwingungskreis von sehr großem ν (kleinem τ) mit einem abgestimmten und dann resonierenden Leitungskreise koppeln, in welchem stehende Schwingungen von gut meßbarer Wellenlänge λ geweckt werden. Dies kann auf sehr verschiedene Weise geschehen. Die meisten Laboratoriumsanordnungen entsprechen ziemlich genau der Anordnung des Dichords in I Versuch 216, S. 318, indem sie die Verhältnisse bei Saitenschwingungen, welche durch Stege oder Brücken abgegrenzt werden, in das Elektrische übersetzen.

Versuch 677. Hertzscher Drahtwellenversuch in der Lecherschen Anordnung. Dieser Versuch möge etwas ausführlicher behandelt werden, weil seine Anordnung besonders klar, einfach und übersichtlich ist und das bei ihm zu Erläuternde auch für alle anderen Versuche mit stehenden elektrischen Wellen gilt; zudem ist er von höchster historischer Bedeutung, weil es mit seiner Hilfe (wenn auch in etwas anderer Form) H. Hertz (1888) zum ersten Male gelang, die Ausbreitungsgeschwindigkeit elektrischer Kraftwirkungen zu bestimmen.

Zwei Luftkondensatoren Fig. 566, gebildet aus je einem Paare ebener, vertikal gestellter Blechplatten (1 mm dickes Zinkblech, 40 × 40 cm² Fläche mit abgerundeten Ecken, in Sägeschnitten von

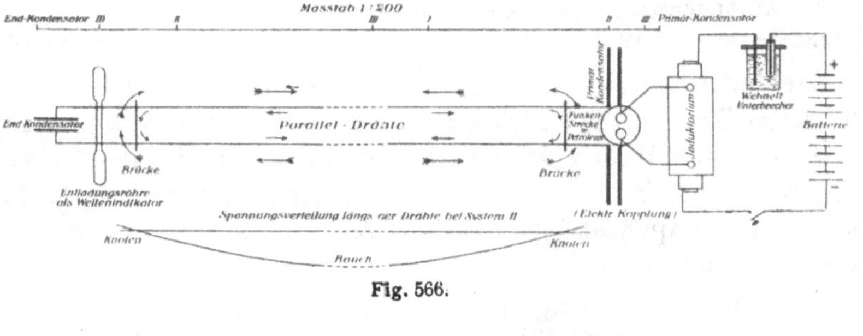

Fig. 566.

je vier [in geschmolzenem Paraffin ausgekochten] Holzklötzchen befestigt), sind in 2,5 cm gegenseitigem Abstande auf demselben Grundbrette montiert. In der Mitte der Vorderflächen sind zwei horizontale Stangen (in Hülsen) beweglich, die an den gegeneinanderlaufenden Enden etwas nach unten gebogen sind und hier je eine Zinkkugel (2,5 cm Durchmesser), d. i. Funkenstrecke *F*, tragen. Unmittelbar an den Kugeln enden die Zuleitungen von einem Induktorium, das durch Akkumulatoren gespeist und mittels Wehnelt-Unterbrechers betrieben wird. Damit die Funken scharf abreißen, läßt man sie nicht in Luft, sondern in einem flüssigen Dielektrikum, Petroleum, überspringen.

Eine damit gefüllte flache Glasschale wird von unten her mittels Stelltischchen gegen die Funkenstrecke herangehoben. Das eine Plattenpaar ist auf einem gesonderten schmalen Grundbrette befestigt; dieses ist am inneren Ende mittels Scharnieres gegen das Hauptgrundbrett beweglich; ein längerer Arm mit Stellschraube stützt das andere Ende, so daß durch Drehen an der Schraube die Länge der Funkenstrecke fein (auf 1 bis 2 mm) eingestellt werden kann, auch während des Versuches selbst.

In der Mitte der inneren Vertikalkante der beiden hinteren Platten (vom Induktorium aus gerechnet), sind zwei (1 mm dicke) Kupferdrähte angelötet, welche nach oben geführt und dann (in 30 cm gegenseitigem Abstande) parallel nebeneinander über den ganzen zur Verfügung stehenden Raum hingeführt sind und an einem Plattenkondensator endigen.

Gehalten werden sie durch (paraffinierte) Bindfäden, welche um kleine Telegraphenisolatoren, die in der Wand befestigt sind, festgeschlungen werden. Um den Verlauf der Drähte sichtbar zu machen, werden über sie zunächst Bögen aus verschieden gefärbtem Seidenpapier gehängt, (die dann beim eigentlichen Versuche abgenommen werden). Vor diesen „Paralleldrähten" ist eine Schnur ausgespannt, in die an bestimmten Stellen (vgl. w. u.) Papierfahnen von verschiedener Farbe eingeknotet sind.

Die hier gegebenen Maße beziehen sich auf eine bestimmte, wohl ausprobierte Anordnung; der Versuch gelingt aber auch bei anderen Ausmaßen, doch wird er um so deutlicher, in je größerem Maße er (bei genügender Primärenergie) ausgeführt werden kann. Im vorliegenden Falle betrug die Entfernung vom Primärkondensator zum „Endkondensator" 16,60 m; letzterer war ein Luftkondensator mit runden Platten von 8 cm Radius bei 8 cm Innenabstand.

Verbindet man die Paralleldrähte an irgendeiner Stelle durch metallische Brücken, gebildet aus einfachen Bügeln aus dickem Kupferdrahte, die mit Haken an den Enden über die Paralleldrähte hinweggreifen und in der Mitte mit Holzgriffen versehen sind, von denen lange Papierfahnen herabhängen, so hat man zwei Luftkreise vor sich:

1. einen primären, der (von der Funkenstrecke F ausgehend) aus einer Platte, der von ihr influenzierten gegenüberstehenden, einer zweimal rechtwinklig umgebogenen Drahtbahn, der hintern Platte des andern Luftkondensators, deren Vorderplatte und der mit ihr verbundenen zweiten Funkenkugel besteht.

2. einen sekundären Kreis, der aus der Brücke, den beiden Drahtenden und dem Endkondensator besteht.

Wenden wir uns zunächst dem Primärkreis zu.

Ist durch das Induktorium etwa die in der Fig. 566 oben erscheinende Kugel und ihre Platte + geladen, so ist die andere Kugel und die mit ihr verbundene Platte − geladen; an der oberen hinteren Platte ist $-E$ gebunden, an der unteren Platte $+E$. Sowie der dielektrische Widerstand in der Funkenstrecke zusammenbricht, fluten die Elektronen von oben durch die Drahtbahn nach unten, stauen sich am Dielektrikum der Platten, strömen zurück usw.; es bilden sich Schwingungen aus, welche an den Platten Bäuche der Spannung, an der Überbrückung aber einen Knoten derselben, dagegen einen Bauch der Strömung aufweisen. Das Induktorium dient nur zur Aufladung der Kondensatoren auf hohe Spannungen; es könnte ebensogut durch eine vielplattige Influenzmaschine (oder durch eine Gleichstromhochspannungsdynamo, oder durch eine Wechselstrommaschine (mit Transformator) ersetzt werden; die Funkenstrecke löst die Schwingungen aus; es ist eine stehende Schwingung, die den genannten Kreis erfüllt. Man wählt hier Luftkondensatoren und nicht Leydener Flaschen, um von der dielektrischen Hysterese frei zu sein (§ 526, S. 159); die Plattengröße darf nicht zu klein sein, um größere Elektrizitätsmengen zunächst binden und dann in Bewegung setzen zu können. Um aber kleine Kapazität und damit kurze Eigenperiode τ und hohe Schwingungszahl ν zu erzielen, wählt man den Plattenabstand groß (vgl. § 513, S. 112).

Auch die Selbstinduktion L der Ausgleichsbahn ist klein, weil Eisenmassen in der Umgebung vermieden sind, die Bahn vielmehr nur aus drei geradlinig gestreckten Stücken eines dünnen Drahtes gebildet ist; man kann sie bei der überaus regelmäßigen Gestalt der Strombahn berechnen und danach τ und ν ermitteln.

Die Brücke (Fig. 566 rechts) liegt bei dieser Schwingung 137 cm von der Hinterplatte des Hauptkondensators entfernt.

Aufgabe 380. Wie groß ergibt sich die Selbstinduktion L, wenn man (in erster Annäherung) die gegenseitige Beeinflußung der beiden Parallelleitungen aufeinander vernachlässigt und die Induktanz der Drahtbahn so berechnet, als ob man es mit einem geradlinig gestreckten Drahtstücke zu tun hätte?

Die Drahtlänge ist $l = 2 \times 137 + 30 = 304$, die Drahtdicke $d = 0{,}1$ cm. Dies in (518) S. 558, eingesetzt gibt:

$$L = 608 \left(\frac{4{,}0849}{0{,}4343} - 0{,}75\right) = 608 \cdot 8{,}66 = 5265 \text{ cm}.$$

Um einen genaueren Wert zu erhalten, müßte man den Wert des Integrales

$$L = \iint \frac{\cos(ds, ds')}{r}\, ds . ds'$$

für die einzelnen aufeinander wirkenden Elemente ds und ds' der Drahtbahn und ihre gegenseitigen Entfernungen r berechnen; namentlich die Wirkung der auf den Paralleldrähten liegenden Elemente [$\cos(ds, ds') = 1$] erhöht den Wert von L; eine genaue Rechnung ergibt für den vorliegenden Fall $L = 5800$ cm.

Aufgabe 381. Wie groß ist die Schwingungsdauer τ und die Schwingungszahl ν des durch die Brücke abgegrenzten Schwingungskreises?

Die Kapazität eines jeden der beiden (Haupt-) Plattenkondensatoren ist nach (347), S. 112:

$$\frac{40 \times 40}{4\pi \times 2{,}5} = 51 \text{ cm};$$

da beide hintereinander in den Schwingungskreis eingeschaltet sind, so beträgt dessen Gesamtkapazität: $C = {}^1/_2\,51 = 25{,}5$ cm. Vernachlässigt man die (relativ kleine) Selbstinduktion der Kugelhalter und der Funkenstrecke, so ist die Selbstinduktion des ganzen Kreises im wesentlichen durch diejenige des angeschlossenen Drahtkreises gebildet, es ist also nach der vorigen Aufgabe $L = 5800$ cm.

Nach (536a), S. 609 berechnet sich dann

$$\tau = \frac{2\pi}{3 \cdot 10^{10}} \sqrt{25{,}5 \cdot 5800} = 2{,}09 \sqrt{148000} \cdot 10^{-10} = 2{,}09 \cdot 385 \cdot 10^{-10} \doteq 8 \cdot 10^{-8} \text{ sek}$$

und

$$\nu = \frac{1}{8} \cdot 10^8 = 12{,}5 \cdot 10^6/\text{sek},$$

der Kreis führt in jeder sek 12,5 Millionen volle Schwingungen aus.

Wenn die geradlinige Überbrückung in 1,37 m Entfernung von der Hinterfläche des Primärplattenkondensators erfolgt, so hat man im vorliegenden Falle

$$\nu = 12{,}5 \text{ Millionen,}$$

also 25 Millionen Umladungen pro sek in diesem primären Schwingungskreise.

Die so oft durchflutete Überbrückung gehört gleichzeitig aber auch dem sekundären Kreis an, dem wir uns jetzt zuwenden wollen. Pflanzt sich eine elektrische Erregung mit endlicher Geschwindigkeit durch den umgebenden Raum hin fort, so muß auch in diesem Kreise eine stehende elektrische Schwingungsbewegung zustande kommen, jedesmal, wenn dieser Kreis auf den ersten resoniert. Dabei muß auch für diese der Strömungsbauch also Spannungsknoten an der Überbrückung, der Strömungsknoten und damit der Spannungsbauch am Endkondensator liegen (vgl. auch I, S. 306). Um die Spannungsschwankungen daselbst weithin bemerkbar zu machen, legt man vor die Platten dieses Kondensators (durch Gummibänder gegen die Ränder desselben gepreßt) eine mit Heliumgas gefüllte Entladungsröhre als Wellenindikator, deren Elektroden mit den Drahtenden (Plattenmitten) verbunden werden.

Die Gasfüllung leuchtet so hell, daß der Raum nur an dieser Seite verdunkelt zu werden braucht.

Im Beispiele des Dichords ist der erste Kreis der durch den Bogen (hier das Induktorium) erregte Abschnitt der Saite, der durch eine „Brücke“ davon getrennte zweite das durch einen „Steg“ abgeteilte mitschwingende Saitenende.

Die Drähte halten dabei nur die Energie gewissermaßen zusammen; das auf (dielektrische) Spannung, Entspannung und Umpolarisation in Anspruch genommene Medium ist die Luft zwischen den Kondensatorplatten; auf diese bezieht sich daher auch die ermittelte Fortpflanzungsgeschwindigkeit.

Nach diesen Überlegungen schreiten wir zum eigentlichen Experimente: Setzt das Funkenspiel ein, so übermittelt das zunächst nicht-überbrückte System von Paralleldrähten eine kräftige elektrische Erregung dem Endkondensator, die Röhre leuchtet sehr hell auf. Setzt man eine Brücke (1 bis 3 m vom Primärkondensator entfernt) auf, so erlischt die Röhre vollständig. Schiebt man sie aber so, daß sie auf den Paralleldrähten gleitet, also nur der gute Kontakt stets bewahrt wird, voran, so kommt man an eine Stelle, bei der die Röhre trotz bestehenden metallischen Kurzschlusses der Drähte hell aufleuchtet.

Daß dieses überhaupt möglich ist und eine freie Spannung von erheblicher Höhe an dem Endkondensator sich kund gibt, wiewohl die beiden Platten desselben durch eine metallene Leitung miteinander verbunden sind, zeigt, daß eine Wellenbewegung der Elektrizität im Spiel sein muß, deren Vorhandensein allein schon auf ihre endliche Fortpflanzungsgeschwindigkeit schließen läßt.

Man kann die Brücke durch einen geerdeten Draht sogar völlig ableiten ohne das Leuchten der Röhre, das Spiel der Schwingungen, merklich zu stören. Nähert man eine längere Entladungsröhre (mit oder ohne Elektroden), welche in der Nähe des Beginnes der Paralleldrähte hell aufleuchtet, der überbrückten Stelle, so wird ihr Licht immer schwächer, am (geerdeten) Spannungsknoten erlischt sie vollkommen. Geht man aber über diesen hinweg, und entfernt sich noch weiter vom Primärerreger, so leuchtet die Röhre wieder auf, immer heller, je mehr man sich dem Endkondensator nähert. Dies bringt besonders deutlich die Verteilung der Amplituden der Wechselspannung in dem Drahtsystem zum Ausdruck.

Wie bei einer Saite verschiedene Unterteilungen möglich sind, bei denen die einzelnen Abschnitte aufeinander zu resonieren vermögen, so auch hier bei dem elektrischen Analogon: Schiebt man die Brücke weiter (gegen den Endkondensator hin), so merkt man, daß die Röhre noch an einer Reihe von Überbrückungsstellen aufleuchtet, die sich namentlich gegen den Endkondensator hin immer dichter häufen.

So findet sich ein Hauptknoten, bei dessen Überbrückung die Röhre besonders hell aufleuchtet, 5,95 m vom Primärkondensator entfernt, ein anderer bei 7,40, beide also nahe der Mitte. Ein sehr deutlich ausgesprochener Knoten folgt dann freilich erst wieder bei 14,80 m, d. h. 1,80 m vom Ende, ein weiterer bei 15,40 m, nur noch 1,20 m vom Endkondensator entfernt. Schiebt man die Brücke noch näher heran, so leuchtet dennoch die Röhre noch einige Male auf während dazwischen ihr Licht merklich schwächer wird.

Würde man die Platten des Endkondensators näher zusammenschieben, so würde das gesamte Knotensystem eine Verschiebung zu ihm hin erfahren. Die strenge Theorie aller der hier angedeuteten Einzelschwingungen wurde von Cohn und Heerwagen entwickelt, von E. Wiedemann und H. Ebert eingehender experimentell geprüft.

Wir finden also, daß sich das vorliegende System in sehr verschiedener Weise so unterteilen läßt, daß zwei resonanzfähige Teilsysteme entstehen. Naturgemäß liegt die Frage nahe, ob unter diesen Systemen solche vorkommen, die sich wie Grund- und Oberschwingungen verhalten. Letztere werden nach Versuch 216 in I, S. 319 daran erkannt, daß das System gleichzeitige Überbrückung an mehreren Stellen gestattet, ohne aus der Resonanz zu fallen. Der Knoten bei 5,95 m läßt keine weitere Überbrückung zu; wo wir auch eine zweite Brücke aufsetzen, immer bleibt die Röhre dunkel: System I.

Wir belassen jetzt eine Brücke auf dem Knoten bei 1,37 m und verschieben eine zweite auf den entfernteren Drahtstücken entlang.

Die Röhre bleibt zunächt auch wieder längere Zeit dunkel, endlich nach 11,70 m Verschiebung (also etwa 3,53 m vom Ende entfernt) leuchtet sie wieder hell auf. Jetzt haben wir ein System II von Schwingungen vor uns, dessen Spannungsamplituden durch die darunter gezeichnete Wellenlinie in Fig. 566 angedeutet und durch die oben (S. 72) erwähnte Entladungsröhre erläutert werden kann: Die den Strom bildenden Leitungselektronen fluten während der einen Halbperiode von der Mitte des einen der beiden abgegrenzten Drahtstücke gleichzeitig durch beide Brücken in dem einen Sinne hindurch nach der gegenüberliegenden Mitte des anderen Drahtstückes hin, während der darauffolgenden Halbperiode aber wieder zurück, wie es die Pfeile in der Fig. 566 andeuten. Die Länge von der Mitte der einen bis zur Mitte der anderen Brücke umfaßt also gerade die halbe Länge der stehenden Welle, in deren Rhythmus jetzt die drei Teile des ganzen Systems (Primärkondensator mit erstem Drahtstück, Drahtrechteck zwischen den beiden Brücken, letzter Drahtabschnitt mit Endkondensator) unisono schwingen; die Länge des ganzen von den Brücken seiner Länge nach begrenzten Drahtrechtecks ist also gleich dem entsprechenden λ.

Man hat sich die Verhältnisse ähnlich wie bei einer Luftsäule zu denken, die in longitudinalen stehenden Schwingungen begriffen ist (vgl. z. B. I, § 296 S. 322), wobei auch die Luft von beiden Seiten her gleichzeitig gegen den Spannungsbauch (den Knoten der Bewegung) heranströmt, dann wieder nach beiden Seiten hin wegströmt; die überbrückten Stellen liegen also mitten zwischen zwei Knoten, dort, wo die Strömung am stärksten ist; Erläuterung auch an der Wellenmaschine des Versuches 218, I, S. 320.

Setzt man eine Brücke bei 7,40 m auf, so verträgt das System eine zweite Überbrückung bei 14,80 m. Geht man aber mit einer dritten Brücke näher an den Primärkondensator heran, so findet man, daß nur 0,40 m von diesem entfernt noch ein dritter zu den andern gehöriger Knoten liegt; man hat die dreiknotige oder trinodale Oberschwingung vor sich, das System III schwingt in vier einzelnen Teilen, die alle aufeinander abgestimmt sind und sich der Reihe nach durch Resonanz erregen. In dieser Weise könnte man fortfahren.

Man bemerkt, daß Fahnen aus verschieden farbigen Papieren (I: rot, II: weiß, III: blau) gerade an den Stellen der vor den Paralleldrähten ausgespannten Schnur festgeknüpft sind, an denen die Knoten der betreffenden Systeme (bei den hier verwendeten Dimensionen) zu liegen kommen vgl. auch die Skizze oben in Fig. 566.

761. Berechnung der Fortpflanzungsgeschwindigkeit. Wir sind nun imstande c zu berechnen, wenn wir für irgendeine der stehenden Wellen, deren λ man aus der Länge des begrenzenden Drahtrechteckes in einfachster Weise direkt messen kann, die zugehörige Schwingungszahl ν aus Kapazität C und der Selbstinduktion L des erregenden Kreises nach (536), S. 604 ermitteln. So wurde oben S. 72 angegeben, daß ν für die Überbrückung des Systems II zu 12,5 Millionen berechnet wurde. Für den damit in Resonanz stehenden Drahtkreis wurde eine Brückenentfernung (S. 74) von 11,70 m gefunden. Die Länge jeder Brücke ist 0,30 m; zweimal die Hälfte jeder Brückenlänge zu obigem Werte addiert (vgl. S. 71) gibt 12,00 m, die Wellenlänge also: $\lambda = 24{,}00$ m.

Daher ist (vgl. auch I Aufgabe 143, S. 316)

$$\begin{aligned} c = 12{,}5 \cdot 10^6 \cdot 24 &= 300 \cdot 10^6 \text{ m/sek} = 300\,000 \text{ km/sek} \\ &= 3 \cdot 10^{10} \text{ cm/sek} \end{aligned} \qquad (575)$$

in Luft(!), die Strahlung legt also in 1 sek einen Weg zurück, in dem der Erdumfang (300000/40000 =) $7^1/_2$ mal enthalten ist.

Nachdem so die „Fortpflanzungsgeschwindigkeit elektromagnetischer Wellen in Luft" bestimmt worden ist, kann man aus der Wellenlänge λ bei jedem elektrisch schwingenden System die zugehörige Periode (ν oder τ) bestimmen.

Aufgabe 382. Eine wellentelegraphische Sendestation (vgl. § 749, S. 42) gibt mit 800 m Wellenlänge; welche Periodenzahl besitzt der erregende Hochfrequenzstrom, welche Länge müßte eine geerdete Linearantenne besitzen, wenn mit einer solchen gegeben werden sollte? Aus der Beziehung $c = \nu \cdot \lambda$ folgt $\nu = c : \lambda = 3 \cdot 10^8 : 800 = 375\,000$. Da weiterhin die geerdete Linearantenne mit ein Viertelwellenlänge schwingt (vgl. § 737, S. 647), so müßte ihre Länge $800 : 4 = 200$ m betragen.

Aufgabe 383. Die Station „Norddeich" gibt (ebenso wie die Station „Eiffelturm" bei Paris) mit der Wellenlänge 2000 m. Wie groß ist bei ihnen Schwingungsdauer und Schwingungszahl ihrer Senderkreise?

Da $c = \frac{\lambda}{\tau} = 3 \cdot 10^8$ m/sek ist, so findet man für die Senderkreise dieser Station $\tau = \frac{2000}{3} \cdot 10^{-8}$ sek (6,6 millionstel sek) und $\nu = 150\,000$ Schwingungen pro sek.

Aufgabe 384. Die kürzesten elektrischen Wellen erhielt P. Lebedew mit einem winzigen Oszillator aus kleinen Kügelchen. In dem entsprechenden Schwingungskreise wurden 10^5 Millionen Umladungen per sek erzielt. Welche Wellenlänge sendet dieser Strahler aus? Aus $c = \nu \cdot \lambda$ folgt

$$\lambda = \frac{c}{\nu} = \frac{3 \cdot 10^{10}}{5 \cdot 10^{10}} = 0{,}6 \text{ cm.}$$

762. Blondlots Oszillator und Resonator. Die möglichst genaue Bestimmung der Fortpflanzungsgeschwindigkeit elektrischer Wellen ist auch von hoher theoretischer Bedeutung. Die im vorigen Paragraphen geschilderte Anordnung ist zu einer genauen Bestimmung von *c* weniger geeignet als die folgende.

Versuch 678. Blondlotsche Anordnung. Der primäre Schwingungskreis wird durch einen Luftkondensator *C* Fig. 567 gebildet, an dessen Platten zwei einem Halbkreise entsprechend gebogene Drahtbügel abgesetzt sind, die an einer Funkenstrecke *F* endigen, (welche wieder zweckmäßig in Petroleum eingebettet wird vgl. S. 69 oben); die Speisung des Kreises mit elektrischer Energie findet unmittelbar hinter den Kugeln statt. Um das ladende System (Induktorium) automatisch abzukoppeln, sowie die Funkenentladung in *F* einsetzt, wird eine kleinere Unterbrechung in die eine der beiden Zuleitungen (*z* oben) eingeschaltet, die während der Ladung von einem kürzeren Funken überbrückt wird; durch diesen Kunstgriff läßt sich die Homogenität der Wellen wesentlich fördern. Bricht das Dielektrium bei *F* zusammen, so fluten die Elektrizitätsteilchen in dem Kreise hin und her (wie es die Pfeile in der Figur andeuten), bei *C* einen Spannungs- bei *F* einen Strömungsbauch erzeugend. Im Rhythmus dieser elektrischen Schwingungen pulsieren alsdann Magnetkraftlinien durch den einfachen Leiterkreis hindurch. Dicht um diesen Primärkreis ist (in seiner Ebene) ein davon isolierter Drahtring gelegt, der in zwei Paralleldrähte (nach rechts hin) ausläuft. Durch das Schneiden der Magnetkraftlinien werden in diesem Sekundärkreise elektromotorische Kräfte geweckt, welche die Elektrizitätsteilchen hin und herströmen lassen im gleichen Rhythmus wie im primären Kreise.

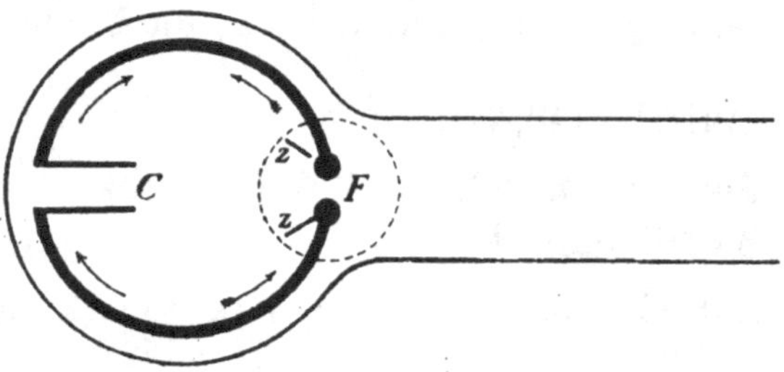

Fig. 567.

Wir haben es hier also mit einer induktiven (magnetischen) Koppelung zu tun, während die Drahtkreise bei der Lecherschen Anordnung direkt (elektrisch) mit dem erregenden System gekoppelt sind.

Entsprechend der endlichen Ausbreitungsgeschwindigkeit dieser Erregungen längs der Drähte, also im Luftmedium, bilden sich auf denselben stehende elektrische Schwingungen aus. Wird diesem System irgendwo durch Auflegen einer Drahtbrücke ein Strömungsbauch aufgezwungen, so bilden sich vor diesem stehende Wellen aus. Hier wird nun ein möglichst einfach gestalteter elektrischer „Resonator“ aufgestellt Fig. 568. Zwei ebene dicke (am Rande abgerundete) kreisförmige Platten A und B (z. B. 6 cm Radius) sind (unter Zwischenlage von vier gleich dicken Stückchen eines vor der Gebläselampe ausgezogenen Glasfadens) an diesen vier Stellen durch Kolophonium aneinander gekittet, so daß ein Luftkondensator mit engem Zwischenraum (Bruchteile eines mm) entsteht, dessen Kapazität C mit großer Genauigkeit berechnet werden kann. An den Außenseiten dieses von einem Holzstative vertikal gehaltenen Kondensators ist nahe am Rande der Platten ein Drahtrechteck RR von 10 cm Breite und 20 cm Seitenlänge von bestimmter Drahtdicke (0,184 mm) angesetzt, welches zwischen

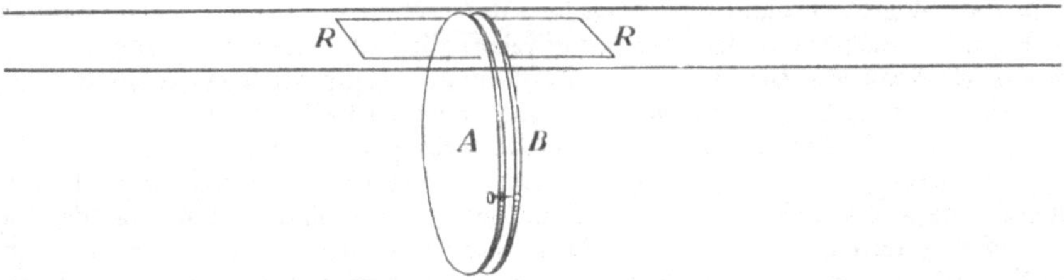

Fig. 568

den nur 11 cm voneinander abstehenden Paralleldrähten so aufgestellt wird, daß ihre Ebenen zusammenfallen und die Langseiten des Rechteckes den Drähten parallel verlaufen. Die überaus einfache Gestalt der Drahtbahn läßt auch eine sehr genaue Ausrechnung ihres Selbstinduktionskoeffizienten L und damit nach der Thomsonschen Formel von τ und ν zu.

Legt man dicht hinter der Stelle, wo dieser „Resonator“ aufgestellt ist, eine Brücke auf, so daß das Rechteck einem Bauche der Strömung nahe ist, so wird durch Induktionswirkung auch in dem Drahtrechtecke eine Schwingung erregt, welche die Platten abwechselnd im einen und im anderen Sinne zu hohen Potentialdifferenzen auflädt. Bringt man also am Rande von A eine Schraube mit Spitze, gegenüber am Rande von B eine kleine Kugel an, so wird in diesem kleinen „Funkenmikrometer“ ein lebhafter Funkenstrom einsetzen.

Entfernt man die Brücke weiter und weiter, so kommt der Resonator immer mehr in den Bereich eines Strömungsknoten, das Funkenspiel erlischt. Gerade die diesem Erlöschen entsprechenden Brückenstellungen lassen sich aber (im Dunkeln) sehr genau ermitteln, wenn man (nach einer ersten Orientierung) die Funkenstrecke genügend fein einstellt.

Dabei ist es wesentlich, daß die Funkenstrecke von unten her beobachtet werden kann, so daß der Beobachter den Schwingungsvorgang durch Heranbringen seines Kopfes nicht stört.

Für die so ermittelte Brückenstellung ist aber die gesamte von der Mitte des Drahtrechteckes über die Brücke bis wieder zu dieser Mitte reichende Länge der Paralleldrähte genau $^1/_2 \lambda$ derjenigen Schwingung, auf welche der Resonator anspricht. Zu der aus C und L berechneten Schwingungszahl ν findet man mittels der gemessenen λ auch c.

Blondlot arbeitete mit Wellen von etwa 9 bis 35 m und vier verschiedenen Resonatoren. Da die Länge des ganzen Drahtrechteckes nur $2 \times 10 + 20 + 19 = 59$ cm beträgt (1 cm kommt auf den Kondensator mit seinen Platten und seinem Zwischenraume), so ist (ebenso wie in allen anderen von Blondlot der Messung zugrunde gelegten Fällen) gewährleistet, daß bei der erregten Schwingung die durch jeden Querschnitt des Resonatorkreises fließende Elektrizitätsmenge längs des ganzen Kreises dieselbe ist, eine Forderung, welche die Theorie stellt, wenn die Formel (132c) in aller Strenge anwendbar sein soll.

Es mag Wunder nehmen, daß bei demselben Erreger so verschiedene Resonatoren zum Ansprechen zu bringen sind und jeder aus dem Drahtsystem die seinem eigenen τ zukommende Wellenlänge λ herausholen läßt, die dem zu messenden, durch das Medium und seine Natur eindeutig bestimmten c entspricht. Der Vorgang ist analog dem Herausgreifen verschiedener Eigentöne durch entsprechende Resonatoren aus einem Geräusche; jeder Resonator spricht nur auf die Schwingungen an, auf die er abgestimmt ist und unterdrückt die anderen Schwingungen. Man spricht daher auch hier bei den elektrischen Schwingungen von einer „multiplen Resonanz“ (Sarasin und De la Rive).

Blondlot fand, daß die Fortpflanzungsgeschwindigkeit in Luft von der Wellenlänge (innerhalb des genannten Bereiches von Schwingungen, deren Zahl im Verhältnis von 4 zu 1 steht) unabhängig ist und als Mittel aus 11 einzelnen Versuchsreihen sich zu

$$c = 297\,600 \text{ km/sek}$$

ergibt.

Zu ähnlichen Ergebnissen gelangten spätere Forscher. J. Trowbridge und W. Duane bestimmten (1895) ν direkt, indem sie den Entladungsfunken eines kleinen Kondensators in einem sehr schnell rotierenden Spiegel (ähnlich wie zuerst Feddersen § 728, S. 618) auflösten; das zugehörige λ wurde durch den Abstand zweier Knoten der entsprechenden stehenden Schwingung ermittelt.

763. Fortpflanzungsgeschwindigkeit in verschiedenen Medien; Drudesche Anordnung. Weit kürzere stehende Wellen, mit denen man bequem experimentieren kann, erhält man, wenn man den Plattenkondensator eines Blondloterregers (Fig. 567, S. 76) ganz wegläßt, den Primärerreger nur aus zwei Bügeln dicken Drahtes mit den Funkenkugeln an einer Seite bestehen läßt, und alle Dimensionen entsprechend klein wählt.

Versuch 679. (Anordnung nach P. Drude) Fig. 569. Die beiden halbkreisförmigen Kupferdrahtbügel B_1 und B_2 (Drahtdicke 2 mm, Durchmesser des aus B_1 und B_2 gebildeten Kreises 45 mm) werden von zwei Hartgummiarmen an Federn gehalten, welche durch eine Schraube mehr oder weniger weit voneinander entfernt werden können, so daß die „Hauptfunkenstrecke" F (während des Funkenspieles selbst) größer oder kleiner gemacht werden kann (gewöhnlich 1,2 mm lang). Zwischen der Zuleitung Z_1 und der entsprechenden Kugel ist

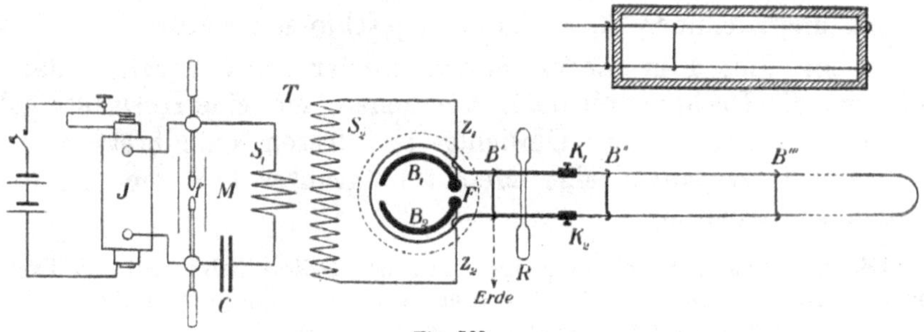

Fig. 569.

die „Hilfsfunkenstrecke" eingeschaltet (vgl. S. 48 oben), die ebenfalls durch eine besondere Schraube (unabhängig von F) einreguliert werden kann (etwa auf 0,2 mm Länge); die Zuleitung Z_2 ist direkt angeschlossen.

Von einem besonderen kleinen Holzstative gehalten wird der mit den Klemmschrauben K_1 und K_2 versehene Drahtbügel, der am linken Ende zu der (tiefer gelegenen) Horizontalebene, in der sich B_1 B_2 befinden, herabgebogen ist und den Primärkreis B_1 B_2 konzentrisch umfaßt. Von unten her wird (nach Einregulierung der beiden Funkenstrecken) eine Schale mit Petroleum angehoben und durch Untersetzen eines Holzklotzes in solcher Höhe erhalten, daß F, B_1 und B_2 vollkommen (1 cm tief) eintauchen.

Als Kapazität dient hier die Eigenkapazität der Bügel gegeneinander.

Zur Speisung des Primärerregers B_1 B_2 wird zweckmäßig nicht das Induktorium J direkt verwendet; vielmehr erregt man durch dieses erst einen Schwingungskreis mit der Funkenstrecke f (zwischen Zinkspitzen, durch Manschette M aus Papier abgedeckt), der Leidener Flasche C und einer weiten Spirale S_1 aus wenigen Windungen blanken Kupferdrahtes; diese Schwingungen transformiert man in einem eisenfreien (Tesla-)Transformator T noch auf höhere Spannungen, indem man in S_1 eine auf ein Glasrohr gewundene einfache Spule S_2 von einer etwas größeren Windungszahl einschiebt; erst diese transformierten Hochfrequenzströme benutzt man zur Erregung der Schwingungen. Den Sekundärkreis stimmt man mittels der Brücke B' genau auf die Primärschwingungen ab und erdet hier das Drahtsystem (um die lästige hohe direkte Spannung des Teslatransformators [beim eventuellen Überschlagen von Funken zwischen Primär- und Sekundärkreis] hintan zu halten; außerdem wird das Schwingungsbild dadurch klarer).

An die Klemmen K_1 K_2 kann angeschlossen werden:

1. ein über 1 m langes System zweier Paralleldrähte, das am Ende, wo die Drähte ineinander übergehen, um eine Holzsäule gelegt ist; durch Auflegen eines Gewichtes auf dessen Grundbrett wird das Drahtsystem gespannt; eine Meßlatte darunter läßt die Stellungen der Brücken ablesen.

Die metallische Verbindung am Ende der Drähte wirkt wie ein Endkondensator vgl. S. 69 von unendlich großer Kapazität; durch dieselbe wird dem System am Ende ein Spannungsknoten aufgezwungen.

2. ein kürzeres System von Paralleldrähten, welches durch einen Glastrog (30 cm lang, 6 hoch, 5 breit) gezogen ist; die auf ihm zu verschiebenden Brücken werden mittels eines Halters bewegt, welcher von einem kleinen Wägelchen herabreicht, der auf Schienen (mit Skala) beweglich ist, die auf den Trog gelegt werden.

Das System 1 gestattet c für Luft, 2 für eine in den Trog gefüllte (hinreichend gut isolierende) Flüssigkeit zu bestimmen.

Als Wellenindikator dient eine kleine mit Helium gefüllte Röhre R, welche ungefähr an der Stelle des ersten Spannungsbauches über die Paralleldrähte gelegt wird.

Man reguliert die Abstände der Bügel B_1 B_2, sowie die Lage der Brücken B' und B'' so, daß die gesamte Drahtlänge von B'' an bis zum Ende der Drähte des Systems 1 weitere Überbrückungen an äquidistanten Stellen verträgt, d. h. daß dabei die Röhre R hell aufleuchtet, wobei man darauf achtet, daß B'' an jene Stelle zu liegen kommt, an welche nachher beim Übergange zum System 2 die Vorderwand des Glastroges zu liegen kommt.

Die Entfernung B' B'' ist kürzer als B'' B''' und die folgenden (im Dunklen zunächst etwa durch Holzkeile markierten) Brückenabstände, weil der dickere Draht und die Metallstücke der Klemmen diesem Teile eine größere Kapazität verleihen. Alle Teile schwingen unisono.

Mißt man die Brückenabstände von B'' an, bildet aus ihnen das Mittel, so erhält man (bei Zuzählung des Drahtabstandes, vgl. S. 75 oben) die halbe Wellenlänge in Luft für die vom Erreger ausgehenden Schwingungen, nach der man die andern Teile abgestimmt hat; bei den angegebenen Dimensionen wurde $\lambda_{\text{Luft}} = 32{,}0$ cm erhalten.

Aufgabe 385. Wie viele Schwingungen pro sek führte das System also aus?

Da $c_{\text{Luft}} = \nu \cdot \lambda_{\text{Luft}} = 3 \cdot 10^{10}$ cm/sek

ist, so berechnet sich ν zu $10^8 \cdot 300/32 = 937$ Millionen pro sek.

Ohne irgend etwas an Primär- und Sekundärerreger (insbesondere an der Stellung der Brücke B') zu ändern, ersetzt man das System 1, durch 2 und legt die Brücke B'' wieder an der ihr entsprechenden Stelle auf. Solange der Glastrog mit Luft erfüllt ist, erhält man dieselben λ, die Glaswände stören also nicht.

Wird aber der Glastrog mit Benzol gefüllt, so rücken die Knoten enger aufeinander, man findet in dieser Flüssigkeit nur noch eine Wellenlänge von 21,6 cm. Da es die gleiche Schwingung mit dem gleichen ν ist, welche die stehenden Wellen auch jetzt erregt, so muß wegen $c = \nu \cdot \lambda$ sein:

$$\frac{c_{\text{Luft}}}{c_{\text{Benzol}}} = \frac{32{,}0}{21{,}6} = 1{,}48\,.$$

Noch kürzer fallen die Wellen aus, wenn man den Trog mit Äthylalkohol füllt; man findet $\lambda = 6{,}7$ cm und

$$\frac{c_{\text{Luft}}}{c_{\text{Alkohol}}} = \frac{32{,}0}{6{,}7} = 4{,}8\,.$$

Wird endlich der Trog mit Wasser gefüllt, so lassen sich zwar nur wenige aufeinanderfolgende Knoten beobachten (wegen der Dämpfung der Schwingungen infolge des nie ganz zu vermeidenden Leitvermögens dieser Flüssigkeit (vgl. § 464, S. 11), doch zeigt der Versuch ein außerordentlich nahes Zusammenrücken der Knoten; es ergibt sich nur 3,6 cm, so daß für diese Schwingungen

$$\frac{c_{\text{Luft}}}{c_{\text{Wasser}}} = \frac{32{,}0}{3{,}6} = 8{,}9$$

ist.

Aufgabe 386. Welche Fortpflanzungsgeschwindigkeiten ergeben sich hieraus bei den genannten Medien für die hier benutzten Schwingungen (von rund) $\nu = 10^9$/sek)?

Da c_{Luft} rund = 300 000 km/sek ist, so ist
c_{Benzol} „ = 203 000 km/sek
c_{Alkohol} „ = 62 500 „
c_{Wasser} „ = 33 700 „

Wir werden später sehen, daß in den oben erhaltenen Verhältnissen die „Brechungsexponenten" bei dem Übergange der Wellen von Luft gegen die betreffende Flüssigkeit für die (langen) elektrischen Wellen gegeben sind, und werden auch bald eine eigentümliche Beziehung dieser Zahlen zu den Dielektrizitätskonstanten der flüssigen Nichtleiter kennen lernen.

764. Lichtgeschwindigkeit; astronomische Bestimmungsmethoden.[1] Auf so ungeheure Geschwindigkeiten, wie wir sie bei den Messungen der Ausbreitungsgeschwindigkeit elektromagnetischer Wellen erhielten, war man schon gestoßen, lange, bevor man jene Wellen erregen und mit ihnen umzugehen gelernt hatte, nämlich bei der Messung der Ausbreitungsgeschwindigkeit des Lichtes. Diese gelang zuerst auf astronomischem Gebiete.

Versuch 680. Modell der Bewegungen der Jupitertrabanten. Etwas außerhalb des Brennpunktes eines größeren Hohlspiegels ist der Lichtbogen einer Kohlenbogenlampe (ohne Linsen) aufgestellt. Der reflektierte Lichtkegel läuft gegen eine an gedrilltem Faden von der Decke herabhängende Kugel zusammen, hinter derselben einen längeren Schlagschatten bildend. An dem Faden sind in verschiedenen Abständen (von oben) dünne, zweimal rechtwinklig umgebogene Drähtchen befestigt, an deren unteren, in der Äquatorebene der großen Kugel (Planet Jupiter) gelegenen Enden kleinere Kügelchen, die Trabanten, befestigt sind, die sich demnach in dieser Ebene in demselben Sinne (von oben [Norden] gesehen gegenzeigermäßig) bewegen, wie sich die große Kugel um ihre Achse dreht; und zwar bewegen sich die dem Hauptkörper näher gelegenen Trabanten schneller als die entfernteren. Treten sie in den durch die Beleuchtung durch die viel größere Sonne *S* bedingten (Kern-) Schatten ein oder aus diesem aus, so geben sie damit überall hin, z. B. auch für einen Beobachter auf der Erde *E*, sichtbare Lichtzeichen.

Der Jupiter stellt somit durch die Verfinsterung seiner Monde (4 schon für kleinere Instrumente beobachtbar, 3 durch die Riesenrefraktoren der amerikanischen Sternwarten hinzuentdeckt) gewissermaßen eine Uhr am Himmel dar, bei welcher der in die Richtung Sonne-Jupiter *SJ* fallende Schatten Fig. 570 den Zeiger, die Trabanten bewegliche Zifferblätter darstellen. Namentlich der Ein-

---

[1] Als Beweis für die Wesensgleichheit der elektromagnetischen Wellen mit den Schwingungen des Lichtes, die sich nur in der Frequenz ν unterscheiden (vgl. III, § 738, S. 649) ist es von der größten Bedeutung, daß die oben für Luft gefundene Fortpflanzungsgeschwindigkeit sehr nahe mit der im Weltraum (Vakuum) gefundenen Lichtgeschwindigkeit übereinstimmt. Deshalb möge als Überleitung zu den optischen Erscheinungen die astronomische Bestimmung der Lichtgeschwindigkeit nach dem Plan von Ebert hier ihren Platz behalten, obwohl sie eigentlich in den nächsten Abschnitt gehört.

und Austritt des innersten Mondes (der schon in etwa $42^1/_2$ Erdenstunden seinen Planeten einmal umkreist), ist sehr scharf zu beobachten (schon von Gallilei zu Längenbestimmungen vorgeschlagen). Der Astronom Dominique Cassini hatte die Verfinsterungen eingehend studiert und für sie Ephemeriden berechnet (1668), wobei er sich aber vorwiegend auf Beobachtungen stützte, die in der Nähe der „Opposition" angestellt waren, also zu Zeiten, in denen der Jupiter hoch am Nachthimmel, die Erde E zwischen Sonne S und Jupiter J also in der Nähe von O stand. Nach Paris an die neuerrichtete und durch die Munifizenz Ludwig XIV. für die damalige Zeit glänzend ausgestattete Sternwarte berufen, wurde er in den Stand gesetzt, die Beobachtungen mehr und

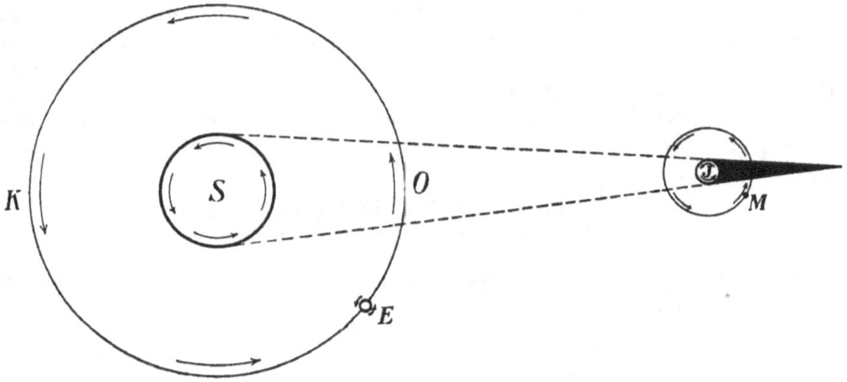

Fig. 570.

mehr auch auf die Zeiten der „Konjunktion" auszudehnen, in denen der Jupiter J nahe der Sonne S erschien, die Erde in der Nähe von K stand. Dem von ihm zur Mitarbeit herangezogenen Dänen Olaf Roemer fiel auf, daß nun die Ephemeriden nicht mehr stimmten, die „Jupiteruhr" vielmehr nachzugehen schien. Er kam auf die Vermutung, daß die Unstimmigkeit zwischen Rechnung und Beobachtung darin begründet sei, daß im ersten Falle die Erde (in der Nähe von O) dem Jupitersystem näher steht, im letzteren (E bei K) aber um rund den ganzen Durchmesser der Erdbahn von diesem entfernter.

Brauchte das Licht merkliche Zeit, um diese Entfernung zu durchmessen, so war hier zum ersten Male der Einfluß der Eigenbewegung unseres Standortes im Weltenraume nachgewiesen. Dieser Schluß erschien seinerzeit ungeheuer kühn, da man allgemein geglaubt und gelehrt (Descartes) hatte, Lichtzeichen pflanzen sich mit unendlicher Geschwindigkeit fort; vor allem widersprach ihm Cassini selbst, der geltend machte, alsdann müßte sich auch in anderen astronomischen Messungen die Erdbewegung durch Verfrühungen und Verspätungen der am Himmel beobachteten Ereignisse wiederspiegeln. (Er übersah dabei, daß außer den Verfinsterungen der Jupitertrabanten damals kein anderes außerirdisches Ereignis mit gleicher Genauigkeit in seinem zeitlichen Ablaufe bekannt war.)

Die Ein- und Austritte des innersten Jupitermondes in bzw. aus dem Schatten des Planeten verspäteten sich bei den Beobachtungen in der Nähe der Konjunktion (Erde bei K) um rund 1000 sek im

Vergleiche mit dem zeitlichen Ablaufe dieser Ereignisse, wenn sie zur Zeit der Opposition (Erde bei O) beobachtet wurden; da die Erdbahn (Entfernung KO) rund 300 Millionen km beträgt, so schloß er, daß das Licht sich mit endlicher Geschwindigkeit und zwar mit der Geschwindigkeit

$$c = \frac{300000000}{1000} = 300\,000 \text{ km/sek}$$

durch den Weltraum fortpflanze (22. November 1675).

In die Rechnung geht, wie man sieht, der mittlere Radius R der Erdbahn ein. Dieser wird erschlossen aus dem Erdradius r und der Sonnenparallaxe π, d. h. dem kleinen Winkel unter dem der Erdradius r vom Mittelpunkte der Sonne aus (bei mittlerer Entfernung der Erde) erscheint. Letztere ist eine der wichtigsten Fundamentalgrößen der messenden Astronomie, auf deren möglichst genaue Bestimmung enorme Mühe verwendet worden ist. Die neusten Werte (1911) sind:

$$\pi = 8'',8067 \pm 0'',0025 \text{ (C. D. Perrine 1909)}$$
$$= 8'',806 \pm 0'',004 \text{ (B. Hinks 1910)}$$

wegen der Zusätze $\pm$ vgl. I, § 7 Schluß S. 11). Diese Größe bezieht sich auf den Äquatorialhalbmesser der Erde:

$$r = 6\,378{,}250 \text{ km (Clarke 1880)}.$$

Die auf diese Wegdifferenz entfallende Zeitdifferenz ist

$$\Delta t = 500{,}8 \pm 1{,}0 \text{ sek (Glasenapp)}.$$

Aufgabe 387. Man führe die Olaf Roemersche Rechnung mit diesen neuesten Daten durch.

Es ist $\frac{r}{R} = \operatorname{tg}\pi$ und $c = \frac{r}{\Delta t \cdot \operatorname{tg}\pi}$

Mit $\pi = 8{,}807$ ergibt sich (fünfstellig logarithmisch gerechnet, wobei Log tg $\pi = 5{,}63040$ ist):

$$c = 298\ 299 \text{ km/sek}.$$

Aufgabe 388. Welche Translationsgeschwindigkeit besitzt ein Punkt an der Erdoberfläche für einen Beobachter, der im Sonnensystem ruht?

Diese Geschwindigkeit setzt sich aus zwei Teilen zusammen, von denen der erste v_1 von der Umlaufsbewegung der Erde um die Sonne, der zweite v_2 bei weitem kleinere mit dem Erdorte wechselnde, von der Erdrotation herrührt. In den erstgenannten Betrag geht wieder die Sonnenparallaxe π (vgl. oben) ein, außerdem aber die Zeit, nach der die Erde von der Sonne aus gesehen jeweils wieder in der Richtung desselben Fixsternes steht, die Dauer des „siderischen Jahres“ $T = 31\,588\,149$ sek (vgl. die etwas kürzere Länge des „tropischen Jahres“ I § 167, Aufgabe 85, S. 193). Danach ist

$$v_1 = \frac{2\pi R}{T} = \frac{2\pi r}{T \cdot \mathrm{tg}\,\pi} = \frac{2\pi \cdot 6378{,}25}{31{,}558 \cdot 10^6 \cdot \mathrm{tg}\, 8'', 807} = 29{,}742 \text{ km/sek}$$

also rund 30 km/sek oder $^1/_{10000}$ der Lichtgeschwindigkeit selbst.

Am Äquator ist $v_2 = 2\pi r/\tau$, wo τ die Dauer eines „Sterntages“ = 86 400 — 236 = 86 164 mittlere Zeitsekunden beträgt (vgl. I, § 167, S. 193); man erhält

$$v_2 = 0{,}47 \text{ km/sek}$$

also einen wesentlich kleineren Betrag. In der geographischen Breite φ beträgt dieser Teil der Translationsgeschwindigkeit nur noch $0{,}47 \cdot \cos\varphi$ km/sek.

(Zur Zeit der Solstitien kann sich während eines Tages der volle Betrag von v_2 einmal zu v_1 addieren, einmal von v_1 abziehen; zur Zeit der Äquinoktien kommt (wegen der Schiefe der Ekliptik $\varepsilon = 23^\circ 27'$) nur noch der Betrag $0{,}47 \cdot \cos\varepsilon = 0{,}43$ km/sek hinzu bzw. hinweg, usw.)

Nun bewegt sich aber das ganze Sonnensystem relativ zu dem System der Fixsterne, so viel wir bis jetzt wissen, mit einer Geschwindigkeit von etwa 60 km/sek gegen einen Punkt im Sternbilde des Herkules (den „Sonnenapex“). Zu den genannten Geschwindigkeiten kommt also noch diejenige des Sonnensystems. Ob noch andere wissen wir nicht.

Zweites Kapitel.

Behinderung der freien Wellenausbreitung und ihre Folgeerscheinungen (Reflexion, Brechung, Interferenz, Beugung, Polarisation).

Einleitende Bemerkungen.

Behinderung der freien Wellenausbreitung und ihre Folgeerscheinungen (Reflexion, Brechung, Interferenz, Beugung, Polarisation). Wir hatten schon bei den Betrachtungen des vorigen Kapitels in B (§ 752, S. 48ff.) den sich frei in den Raum hinaus verbreitenden elektromagnetischen Wellen Hindernisse in den Weg gestellt, die uns die Erscheinung der Energieabsorption kennen lehrten. Wir hatten diese Möglichkeit, die weitere Ausbreitung der Wellen an gewissen Stellen zu verhindern, dazu benutzt, um bestimmte „Strahlen" dieser Energieform auszublenden und mit diesen gesondert zu operieren. Jetzt wollen wir untersuchen, was aus der scheinbar verschwundenen Energie wird, und welche besonderen Vorgänge sich an den Flächen abspielen, welche der freien Wellenausbreitung hindernd in den Weg treten. Dabei wollen wir diese Flächen zunächst als Ebenen ansehen.

Wir werden dabei auf Erscheinungen geführt, welche in erster Linie den Inhalt der Optik, der „geometrischen", wie der „physikalischen" ausmachen. Doch wollen wir von vornherein die Betrachtungen so allgemein halten, daß alle Wellenstrahlungen von ihnen umfaßt werden, die gewöhnliche Optik also nur als ein spezieller Fall erscheint; in der Tat gelten außer den zuletzt zu behandelnden Polarisationserscheinungen alle hier abgeleiteten Gesetzmäßigkeiten ebenso für transversal wie für longitudinal verlaufende, wellenartig sich verbreitende Zustände, also z. B. auch für Schallwellen, und zwar nicht nur für Wellen-„Bewegungen" im eigentlichen Sinne, sondern für alle Zustände, die durch eine raumzeitliche Periodizität ausgezeichnet sind. Dabei wollen wir anfangs die Vorgänge mit Hilfe der elektromagnetischen Strahlen erläutern, weil bei ihnen die Wellen so lang sind, daß das Maßgebende besonders augenfällig in die Erscheinung tritt; hieran erst schließen wir sodann die entsprechenden Versuche mit Wärme- und mit Lichstrahlen.

Es wird sich zeigen, daß die im folgenden beschriebenen Gesetzmäßigkeiten durch die Annahme gewonnen werden, daß in den getroffenen Flächen Teilchen (Elektronen) vorhanden sind, welche fähig sind mitzuschwingen, also zu resonieren und dadurch in den Stand gesetzt werden, ihrerseits wieder Wellen auszusenden. Dieses Prinzip des Mitschwingens dient seit Huyghens zur Ableitung der Gesetze der geometrischen Optik und bildet als „Huyghenssches Prinzip" das Fundament der gesamten Wellenlehre des Lichtes. Da wir aber Elektronen, sowohl Polaritions- wie Leitungselektronen als überall vorhanden ansehen dürfen, haben wir die Möglichkeit, dieses Prinzip der Resonanz auf die ganze Skala elektromagnetischer Schwingungen auszudehnen, von denen die Lichtschwingungen nur einen sehr kleinen Teil ausmachen; so wollen wir uns die aus der Optik z. T. schon bekannten Erscheinungen gewissermaßen von einem höheren Standpunkte aus ansehen, dabei aber den Gültigkeitsbereich der aus diesem Gebiete geläufigen Beziehungen erheblich über dieses Gebiet hinaus erweitern.

A. Reflexion.

Wir beginnen mit dem einfachsten Falle, der schon aus der täglichen Erfahrung geläufigen Tatsache, daß strahlende Energie von einer Wand mehr oder weniger vollkommen zurückgeworfen, reflektiert werden kann (Echo beim Schall, Spiegelung beim Lichte).

Um tiefer in den Mechanismus dieser allbekannten Erscheinung einzudringen, knüpfen wir an das Gitterexperiment des Versuches 675a, S. 50 an. Wo ist die Energie hingeraten, wenn wir sie (bei vertikalen Gitterdrähten) nicht mehr hinter dem Gitter nachweisen können? Ist sie ganz durch die in Bewegung gesetzten Leitungselektronen aufgezehrt, vollkommen in Wärme verwandelt worden?

765. Reflexion von Strahlen elektromagnetischer Energie. Wir werden sehen, daß gerade das Mitschwingen der Elektronen dazu führt, daß ein Teil der Energie als Wellenenergie der gleichen Periode zurückgeworfen wird.

Versuch 681. Dem Oszillator des Versuchs 675, S. 49, gegenüber wird der Empfänger S. 48, in bestimmter (großer) Entfernung aufgestellt, beide in ihren Metallschutzkästen. Bei Erregung der Schwingungen möge der Rezeptor regelmäßig ansprechen.

Nun wird derselbe aus der „Strahlrichtung" entfernt und seitlich neben dem Oszillator aufgestellt: er spricht nicht mehr an.

a) Bringt man aber eine größere Metallplatte in den Gang der Strahlen, so findet man bei Drehung derselben um eine vertikale, durch die Strahlmitte gehende Achse ein Gebiet von Stellungswinkeln gegen den ankommenden Strahl, bei welchem das Ansprechen wieder regelmäßig eintritt. Man stellt leicht fest, daß es symmetrisch um diejenige Stellung der Metallplatte liegt, bei der die Normale derselben den Winkel zwischen der Achse der einfallenden Strahlen und der Richtung gegen den Rezeptor hin gerade halbiert: es findet eine regelmäßige Reflexion der ankommenden Energie statt.

Dabei macht sich freilich (ähnlich wie bei Versuch 675, S. 47) eine nicht unerhebliche „Streuung" geltend: das von dem reflektierten Energiebetrage erfüllte Gebiet erstreckt sich seitlich weiter hinaus, als einer vollkommen regelmäßigen Spiegelung entsprechen würde.

Die Reflexion kommt dadurch zustande, daß in der Metallplatte Elektronen zum Mitschwingen erregt werden und nun ihrerseits wieder Wellen in dem vorliegenden Medium erregen.

b) Wird an Stelle der Metallplatte das Drahtgitter des Versuches 675c, S. 50, verwendet, so findet Reflexion nur statt, wenn die Metalldrähte dem elektrischen Vektor parallel stehen (also gerade dann, wenn die Energie nach rückwärts abgeschirmt wird); die Reflexion hört auf, wenn man das Gitter in seiner Ebene um 90° dreht, ein Mitschwingen in ihm ausgeschlossen ist (wenn also die Energie durchgelassen wird).

c) Besonders deutlich tritt dieser Effekt ein, wenn man (nach Garbasso) auf eine große ebene Papptafel [die an sich (nach S. 50) für die Strahlen durchlässig wäre] untereinander parallele Stanniolstreifen von einer Länge gleich der halben Wellenlänge der verwendeten Strahlen aufklebt; diese Elemente befinden sich dann in Resonanz und können daher ein Maximum der ankommenden Energie aufnehmen; sie schwingen lebhaft mit und erregen daher auch einen reflektierten Strahl besonders hoher Intensität.

766. Ableitung des Reflexionsgesetzes aus dem Resonanzprinzipe (Huygenssches Prinzip). Die Achse des einfallenden Strahles und das „Einfallslot" (die Normale der die resonierenden Elemente enthaltenden ebenen Fläche, errichtet im Auftreffpunkte der Strahlachse) bestimmen zusammen die Ebene: die „Einfallsebene" (beim vorigen Versuche horizontal gelegen). Das Maximum an reflektierter Energie wird nach Versuch 675c, erhalten, wenn die Längsachsen der mitschwingenden Elemente dem elektrischen Vektor im Strahle parallel stehen, wenn also im genannten Falle diese Achsen ebenso wie der Vektor selbst senkrecht zur Einfallsebene (vertikal) stehen. Fällt also die Zeichenebene der Fig. 571 mit der Einfallsebene des vorigen Versuches zusammen, so wird die die resonierenden Elemente enthaltende reflektierende (vertikale) Ebene durch ihre geradlinige Spur *r r* dargestellt; in ihr sind einige äquidistante Elemente e_1 bis e_7 dargestellt.

Dieselben sind also als zur Zeichenebene senkrecht stehend aufzufassen.

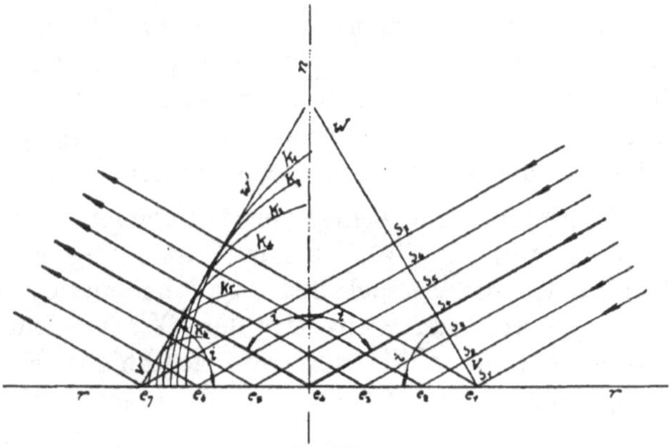

Fig. 571.

Von rechts her treffe eine Wellenstrahlung irgendeiner Art auf; der Erregungsort sei so weit entfernt, daß die einfallenden Wellen als eben, die zu ihnen senkrechten Strahlen also als untereinander parallel angesehen werden können.

Von den unendlich vielen einfallenden Einzelstrahlen mögen gerade diejenigen (s_1 bis s_7) hervorgehoben werden, welche die sieben in *r r* angedeuteten Elemente (e_1 bis e_7) treffen und erregen. Alle diese Strahlen bilden dieselben Winkel i mit den entsprechenden Einfallsloten zu *r r*, wie der Mittelstrahl s_4 mit $n\,e_4$; es ist dies auch derselbe Winkel, den die einfallende ebene Welle *W V* mit der Reflexionsebene *r r* bildet.

Von dem Zeitmomente an, in welchem die wellenartig fortschreitende Zustandsänderung das erste Element e_1 erreicht, erregt es dieses, falls es überhaupt erregungsfähig ist; von diesem Momente an ist hier aber auch ein neues, zwar nur elementares Erregungszentrum geschaffen, das aber doch seinerseits wieder wellenartig fortschreitende Erregungen in seiner Umgebung auszulösen vermag. Sofern diese sich in dem Medium *1* verbreiten, aus dem auch die ankommenden Wellen stammen, weisen sie dieselbe Fortpflanzungsgeschwindigkeit c_1 auf wie diese.

Zu einem späteren Zeitmomente, in welchem die Wellenbewegung gerade das Element e_7 ergreift, finden wir also die von e_1 ausgegangenen Erregungen auf einer Halbkugelfläche wieder, die wir von e_1 als Mittelpunkt aus mit einem Radius $e_7\,s_7$ zu zeichnen haben.

Das Teilchen e_2 wird später erregt; in dem betrachteten zweiten Zeitmomente, in welchem eben e_7 erregt wird, hat sich die von ihm ausgehende Elementarerregung weniger weit ausgebreitet; wir finden sie auf einer Kugelfläche, deren Radius um das Stück $s_2 e_2$ kürzer als $s_7 e_7$ oder offenbar gleich $s_6 e_6$ ist. Auf Halbkugeln, welche um e_2, e_3 usw. mit den Radien $s_6 e_6$, $s_5 e_5$ usw. geschlagen sind, treffen wir die Einzelerregungen in dem Augenblicke, in welchem e_7 erregt wird, dem ein Radius = 0 entspricht; links sind die Spuren dieser Elementarwellen in der Zeichenebene angedeutet.

Wir hatten nur wenige von den elementaren Mitschwingern herausgegriffen und in Fig. 571 zur Darstellung gebracht. Im Falle der Metallplatte bei Versuch 681a und bei analogen Fällen der Reflexion anderer Arten von Wellenstrahlen (Wärme- und Lichtstrahlen) ist es eine unendliche Fülle von resonanzfähigen Einzelelementen, welche in der spiegelnden Fläche als vorhanden anzusehen sind. Zwischen die gezeichneten Flächen K_1 bis K_6 müssen wir uns also noch viele andere eingeschaltet denken, welche Elementen entsprechen, die zwischen den auf rr angedeuteten gelegen sind.

Diese Elementarwellen durchkreuzen sich mannigfach und breiten sich auch weithin seitlich aus. Aber man bemerkt, daß sich die Wirkungen aller dieser Einzelwellen an einer Stelle verstärken müssen, dort nämlich, wo sie, sich gleichsinnig übereinander lagernd, in derselben Richtung gemeinsam weiterschreiten, in der alle Einzelflächen „umhüllenden Fläche“.

Da die Mittelpunkte aller Einzelkugeln auf rr liegen, so ist diese Umhüllende im vorliegenden Falle eine Ebene, welche senkrecht auf der Zeichenebene steht und sich in dieser als Gerade $w'v'$ abbildet.

Von den unendlich vielen Einzelstrahlen, welche jedes der Elemente e nach allen Seiten hin entsendet, kommt (durch die notwendige Unterstützung von seiten der anderen Elemente) doch nur jeweilig derjenige wesentlich für die Weitergabe der Energie in Betracht, welcher auf der Umhüllenden senkrecht steht. Nach Erregung der Einzelstrahlen in der reflektierenden Fläche schreitet also ein wesentlicher Teil der Energie in dieser Umhüllenden fort; $w'v'$ ist die Spur der „reflektierten Welle“, die zu ihr senkrecht stehenden, von e_1, e_2 usw. gezogenen Radien sind „reflektierte Strahlen“.

Aus der Konstruktion lesen wir unmittelbar die beiden Hauptsätze der Reflexion ab, die für alle Arten der Wellenstrahlungen Gültigkeit besitzen:

1. Die reflektierten Strahlen verbleiben in der Ebene, welche durch die entsprechenden einfallenden Strahlen und die ihnen zugehörigen Einfallslote bestimmt sind.

Da der Radius der Kugel k_4 gleich $s_4 e_4$ gewählt wurde, derselbe aber senkrecht auf $w' v'$ steht, ebenso wie $s_4 e_4$ auf $w v$ senkrecht steht, so folgt aus der Kongruenz der entsprechenden Dreiecke, daß die reflektierte Welle $w' v'$ die Reflexionsebene $r r$ unter demselben Winkel verläßt, unter dem die einfallende Welle $w v$ auf $r r$ aufgefallen war, oder daß der dazu senkrecht stehende, von e_4 ausgehende reflektierte Strahl mit dem Einfallslote $n e_4$ denselben Winkel i, den „Reflexionswinkel" bildet, welchen der einfallende Strahl mit ihm gebildet hatte; gleiches gilt auch für die anderen Strahlen:

2. Die Reflexionswinkel sind stets den zugehörigen Einfallswinkeln gleich.

Ist in dem einfallenden Strahlbündel nicht wie hier eine bestimmte Schwingungsrichtung ausgezeichnet, so müssen die resonanzfähigen Gebilde in allen möglichen gegenseitigen Lagen vorhanden gedacht werden, was z. B. bei einer kontinuierlichen leitenden Fläche ohne weiteres verständlich ist. Immerhin kann man auf Grund der hier auseinandergesetzten Anschauung nicht erwarten, daß diese elementaren Resonanzen in allen Lagen und für alle Einfallswinkel gleich leicht ansprechen. Vielmehr wird es uns nicht wundernehmen zu sehen, daß sie z. B. auf die senkrecht zur Einfallsebene gelegene Komponente des elektrischen Vektors besser ansprechen als auf die parallel dazu gelegene, daß der Spiegelungsprozeß dem reflektierten Strahl eine Seitlichkeit in bezug auf seine Fortpflanzungsrichtung (Polarisation vgl. § 803,) einprägt, selbst wenn eine solche im einfallenden Strahle nicht vorhanden war.

767. Reflexion von Wärmestrahlen. Mit Hilfe der Linearthermosäule nach Rubens und des Projektionsgalvanometers (II, § 669, S. 458, Fig. 394) läßt sich das Reflexionsgesetz für Wärmestrahlen in folgender Weise demonstrieren.

Versuch 682. Um die Mitte einer größeren, kreisrunden, am Rande in Grade geteilten, von drei Füßen getragenen Scheibe sind zwei längere Schienen drehbar angeordnet. Die eine trägt an ihrem Ende eine kleine Bogenlampe mit Handregulierung, deren Strahlen durch eine Quarzlinse (zweckmäßiger eine Zylinderlinse aus Steinsalz) parallel gemacht werden. Die Strahlen fallen durch eine über der Mitte der Schiene, ihr gleichlaufend angeordnete Metallröhre, die an verschiedenen Stellen in ihrem Inneren Querwände trägt, aus denen spaltförmige Vertikalschlitze ausgeschnitten sind. Man erhält so ein schmales Strahlenbündel ausgeblendet. Um aber die Lichtstrahlen fernzuhalten, wird die Röhre an ihrem Ende durch eine sehr dünne Hartgummischeibe lichtdicht abgeschlossen. Durch dieses Material gehen die Wärmestrahlen nur wenig geschwächt hindurch.

Am Ende der anderen Schiene ist die Thermosäule mit einem nach vorn sich erweiternden Metallschutzrohre von rechteckigem Querschnitt aufgestellt.

In der Mitte der Scheibe ist ein Tischchen angeordnet, das an einem über die Gradteilung spielenden Zeiger um einen Zapfen gedreht und mittels dreier Fußschrauben um geringe Beträge geneigt werden kann.

Die Anordnung stellt ein „Spektrometermodell“ dar, wie es auch zur Bestimmung von Prismenwinkeln und Brechungswinkeln verwendbar ist.

Auf dem Tischchen wird eine auf einer Seite eben geschliffene und polierte Metallplatte so aufgestellt, daß ihre Normale in die Richtung des Zeigers weist und ihre polierte Fläche der Drehungsachse parallel verläuft.

Dreht man das Tischchen mit der Platte, so findet man bei jeder beliebigen Stellung der beiden Schienen gegeneinander eine Stelle, bei der der Galvanometerausschlag ein Maximum aufweist und überzeugt sich beim Ablesen der Winkel am Teilkreise, daß sie der Gleichheit von Einfalls- und Reflexionswinkel der unsichtbaren Strahlung entspricht.

Daß auch hierbei ein Resonanzphänomen wie bei dem Versuche 675c, S. 50, mit der elektromagnetischen Strahlung und dem Metallgitter im Spiele ist, konnten H. Rubens und E. F. Nichols 1896 in folgender Weise erhärten:

Durch vierfache Reflexion an eben geschliffenen Flußspatplatten wurden Wärmestrahlen einer bestimmten Wellenlänge (23,7 μ) ausgesondert („Reststrahlen“) und diese auf Metallgitter gelenkt, welche dadurch hergestellt waren, daß auf versilberten Glasplatten auf der Teilmaschine mit Hilfe eines mit Diamantspitze versehenen Stichels 100 Striche pro Millimeter gezogen wurden; die übrig bleibenden Silberstreifchen bildeten Resonatoren von je 5 μ Breite, die entweder in ihrer ursprünglichen Länge belassen oder aber in kürzere Stücke unterteilt wurden.

Diese Gitter zeigten ein größeres Reflexionsvermögen für die benutzten Wärmestrahlen, wenn sie dem in diesen enthaltenen elektrischen Vektor parallel gestellt, als wenn sie gekreuzt wurden. Außerdem zeigten sie eine bessere Resonanz, wenn die Länge ihrer Elemente einem ganzzahligen Vielfachen einer halben Wellenlänge der ankommenden Strahlen angenähert gleich war, als sonst.

768. Reflexion von Lichtstrahlen. Die wichtigste Rolle spielen die Gesetze der Reflexion und Spiegelung bei den für das Auge direkt warnehmbaren, sehr kurzwelligen elektromagnetischen Strahlgebilden, die wir Lichtstrahlen nennen.

Daß es auch hier resonanzfähige Teilchen in der spiegelnden Oberfläche sind, welche nach dem in § 766 auseinandergesetzten Prinzipe die Reflexionserscheinung ermitteln, wurde bereits am Ende des vorigen Paragraphen angedeutet.

Entsprechend der außerordentlichen Kleinheit der Lichtwellen und damit der hohen Frequenz ihrer Schwingungen sind die ihnen entsprechenden Resonatoren von submikroskopischer Kleinheit zu denken.

Eine optisch sicher wahrnehmbare Änderung der Oberfläche tritt (nach Joh. Koenigsberger und W. J. Müller 1911) bereits ein bei einer Schicht von maximal zwei Moleküldicken (z. B. von 0,83 $\mu\mu$ bei PbO_2).

* Es möge übrigens darauf hingewiesen werden, daß von jedem Spiegel nur ein Teil der auftreffenden Strahlen reflektiert, der Rest absorbiert (in Wärme verwandelt) wird. Der Bruchteil der reflektierten Strahlen hängt sowohl von dem Stoff, aus welchem der Spiegel besteht, als auch von der Farbe des Lichtes, also seiner Wellenlänge ab. In der folgenden Tabelle nach Kohlrausch, Lehrb. d. prakt. Phys., ist angegeben, wieviel Prozent des einfallenden Lichtes Spiegel aus verschiedenen Metallen bei der Wellenlänge λ (in Å.-E. vgl. § 798) reflektieren.

Farbe	λ	Ag	Ni	Au	Cu
ultraviolett	2510	34,1	37,8	38,8	25,9
	3260	14,6	45,2	28,6	24,9
violett	4200	86,6	56,6	29,3	32,7
grün	5000	91,3	60,8	47,0	43,7
rot	6500	95,9	66,6	88,9	80,0
infrarot	20000	97,8	83,5	96,9	95,5

*

Versuch 683. Gegen einen nach allen Seiten hin drehbaren ebenen Spiegel, auf dessen Mitte ein das Einfallslot markierender Stab senkrecht aufgesetzt ist, wird das parallel gemachte Licht der Projektionslampe gerichtet; bezüglich des reflektierten Strahles werden folgende Gesetzmäßigkeiten erläutert:

a) Dreht sich der Spiegel gegen den ankommenden Strahl um den Winkel α, so dreht sich der reflektierte Strahl um den Winkel 2α gegen den Einfallsstrahl.

b) Welche Stellung der Spiegel gegen den ankommenden Strahl auch einnehmen möge, immer verläuft der reflektierte Strahl in der Ebene, welche durch den einfallenden Strahl und das Einfallslot eindeutig bestimmt ist; seine Richtung in dieser „Einfallsebene" ist dadurch bestimmt, daß der „Reflexionswinkel" stets gleich dem „Einfallswinkel" ist.

Dieser Satz gilt auch noch für die als eben zu betrachtenden Elemente stetig gekrümmter reflektierender Flächen, wodurch der Strahlengang an diesen durch Konstruktion oder Rechnung gefunden werden kann (vgl. das nächste Kapitel).

Versuch 684. Das parallel gemachte Licht der Projektionslampe wird durch eine Blende mit Spalt in ein schmales Bündel verwandelt. Läßt man es auf einen ebenen Spiegel fallen, so verändert es nur seine Richtung: ein Strahl weißen Lichtes bleibt auch nach der Reflexion ein Strahl weißen Lichtes. Einen analogen Gitterversuch, wie er oben S. 92 für Wärmestrahlen geschildert wurde, mit Lichtstrahlen anzustellen, begegnet der großen experimentellen Schwierigkeit, daß die Gitterstruktur in diesem Falle submikroskopische Feinheit besitzen müßte. Indessen werden wir bei den Polarisationserscheinungen Versuche zu erwähnen haben, welche zeigen, daß sich auch die sehr kurzen Lichtwellen analog verhalten wie die langen elektromagnetischen Wellen.

Die Anwendungen der Reflexion an ebenen Spiegeln sind so zahlreich, daß nur an wenige Beispiele erinnert werden kann: Winkelspiegel, Kaleidoskop, Spiegel an drehbaren Teilen von Instrumenten, Spiegelablesung (vgl. z. B. I, § 331, S. 418); Spiegelskala zur Vermeidung der Parallaxe (vgl. I, § 25, S. 32), Spiegelsextanten.

Drehspiegel zum Auflösen zeitlich dicht aufeinander folgender Ereignisse in räumlich nebeneinander liegende Bilder (vgl. z. B. I, 271, S. 329, Versuch 229).

Heliostaten, bei denen durch Uhrwerk ein ebener (Metall-)Spiegel so gedreht wird, daß er die einfallenden Sonnenstrahlen immer in derselben Richtung etwa in ein verdunkeltes Zimmer wirft; Siderostaten werfen, der scheinbaren Bewegung des Himmelsgewölbes geeignet nachgedreht, das Licht von Gestirnen in das fest aufgestellte Beobachtungsfernrohr (namentlich bei großen Fernrohrtypen der Neuzeit angewendet, z. B. bei dem 70 m langen „Turmfernrohr“ von Hale auf dem Mount Wilson in Kalifornien.

Der (nicht „das“) Heliotrop (erfunden von Gauss 1820) benutzt die Tatsache, daß das von einem ebenen Spiegel reflektierte Sonnenlicht sehr weithin gesehen werden kann, dazu, um einer fernen Station Lichtsignale zu geben (bei geodätischen Vermessungen oder militärischen Operationen); Ausführung nach Repsold und Bertram: Ein ebener, in der Mitte mit einer unbelegten Stelle versehener, um eine vertikale wie horizontale Achse (mittels Triebschrauben) drehbarer ebener Spiegel wirft das Sonnenlicht gegen ein Diopter, das durch Anvisieren der Gegenstation durch die Spiegelmitte und das Diopter hindurch in die Richtung gebracht wurde (eventuell unter Benutzung eines daneben angebrachten Fernrohres), in die das Licht geworfen werden soll; dies geschieht so lange, als der der unbelegten Spiegelstelle entsprechende Schattenfleck auf dem Diopterkreuze erhalten wird (da der Sonnendurchmesser rund $^1/_2$ Grad beträgt, genügt diese ungefähre Einstellung).

Goniometer zum Bestimmen von Neigungswinkeln der Flächen von Prismen und Kristallen gegeneinander (Reflexionsgoniometer, Spektrometer) (Modell desselben vgl. S. 91).

B. Brechung.

Die Gesetzmäßigkeiten der Brechung sind deshalb von besonderer Wichtigkeit, weil sie uns in dem „Brechungsverhältnis“ eine Materialkonstante an die Hand geben, die mit dem innersten Bau der Moleküle, der Art der Bindung der in ihnen vereinigten Atome aufs innigste zusammenhängt.

In den Grundzügen der Physik wird dieses Gesetz gewöhnlich nur für Lichtstrahlen erläutert, abgeleitet und verifiziert. Hier soll seine Gültigkeit wiederum für alle Arten von wellenartig sich verbreitenden Zuständen dargetan werden. Dabei wird sich zeigen, daß es auf das Verhältnis der Strahlgeschwindigkeiten in den beiden Medien, an deren Trennungsfläche die „Strahlenbrechung" statthat, ankommt. Wir vermeiden daher von vornherein Ausdrücke wie „optisch dichteres" und „optisch dünneres" Medium, weil diese Ausdrücke leicht zu Mißverständnissen zu führen pflegen.

Ebenso wollen wir die Bezeichnung Brechungsexponent vermeiden, da es sich, wie wir sehen werden, um einen „Quotienten", nicht um einen „Exponenten" handelt; die Bezeichnung „Brechungsindex" ist zu indifferent, so daß unter allen Umständen die Bezeichnung „Brechungsverhältnis" oder „Brechungsquotient" den Vorzug verdient.

769. Frontänderung einer Welle, beim Übergange in ein Gebiet geänderter Fortpflanzungsgeschwindigkeit. Bei allen Brechungserscheinungen muß man sich gegenwärtig halten, daß es sich zunächst um eine Richtungsänderung der gegen eine Fläche schräg anlaufenden Wellenbewegung handelt, wenn diese Fläche zwei Gebiete voneinander scheidet, in denen die Welle sich mit verschiedener Geschwindigkeit fortbewegt. Erst deshalb, weil die Strahlrichtung senkrecht gegen die Front der Welle orientiert ist (vgl. 766, S. 90), geht damit auch eine Ablenkung der Strahlen selbst Hand in Hand. Am besten läßt sich diese Frontänderung bei Wasserwellen verfolgen, deren Fortpflanzungsgeschwindigkeit c um so kleiner ausfällt, je weniger tief das Wasserbecken ist; hier nimmt c ab wie die Wurzel aus der Wassertiefe.

Versuch 685. Auf die zur Schattenrißprojektion horizontaler Gegenstände (bei Durchleuchtung von unten her vgl. I, S. 28) verwendeten horizontalen Glasplatte wird ein flacher Trog gesetzt, der unten durch eine Spiegelglasplatte, an den Seiten durch einen Holzrahmen geschlossen ist.

Damit die Wellen möglichst wenig an den Rändern reflektiert werden, sich vielmehr hier tot laufen, sind die Ränder des Troges nach innen zu abgeflacht und aufgerauht (eventuell mit Filzstreifen beklebt).

Die eine Diagonalhälfte des Troges nimmt eine dicke, in ihn horizontal hineingelegte Spiegelglasplatte (mit der Kontur eines rechteckigen Dreieckes) ein. Das Ganze ist mit Wasser bedeckt.

Zur Erregung der Wellen dient ein schmales Holzbrettchen mit Griff oben in dem von der eingelegten Platte freien Teil (im Tiefenwasser). Klappt man dieses Brettchen rhythmisch auf und nieder, so entstehen Wellen, die schräg gegen die Kante der eingelegten Platte anlaufen. Im Schattenrisse (oben an dem schräg nach vornüber geneigten Projektionsschirme) sieht man deutlich, wie die Wellenfront abschwenkt, sowie sie in das Flachwasser übergeht und zwar so, daß sie mit flacherem Winkel gegen die Kante, an der die Wassertiefe die sprungweise Änderung erfährt, weitergeht.

770. Strahlenbrechung an einer ebenen Grenze zweier homogener isotroper Stoffe. Bei den Betrachtungen des § 766, S. 88, hatten wir zunächst ausschließlich diejenigen Anteile der von den erregten Elementarteilchen ausgehenden neuen Erregungen ins Auge gefaßt, die in das erste Medium I zurückgehen, das die ankommenden Wellen vermittelt hatte. Sofern nun das zweite Medium II, auf dessen Trennungsfläche *b b*, Fig. 572, die Elementarstrahler e_1 bis e_7 liegen mögen, die von diesen ausgehenden Wellen nicht sofort auslöscht, sofern also auch dieses II. Medium für die betrachtete Erregung durchstrahlbar ist, dringen von e_1 bis e_7 ausgehende Kugelwellen auch in dieses ein. Im allgemeinen werden sie hier aber entsprechend dem anderen Aufbau dieses Mediums mit anderer Fortpflanzungsgeschwindigkeit c_{II} vordringen. Wiederum möge von rechts her von einem weit entfernten Strahlungszentrum aus eine als eben anzusehende Welle *w w* unter dem Winkel *i* gegen die „brechende Fläche“ *b b* anlaufen, so daß die zu ihr senkrecht stehenden Strahlen s_1 bis s_7 gegen das „Einfallslot“ *n* dieselben Winkel, die „Einfallswinkel“ *i* bilden.

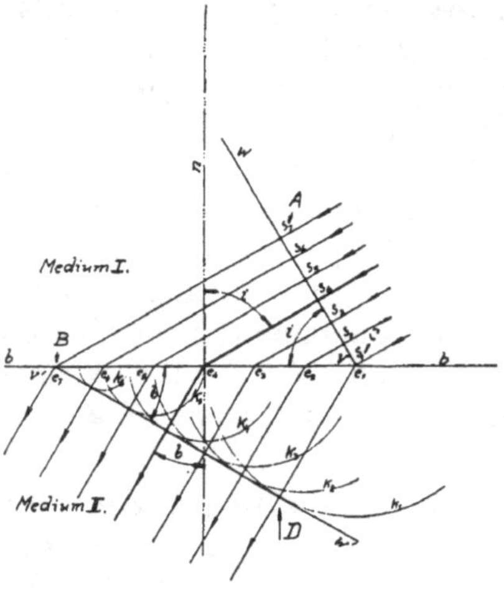

Fig. 572.

Von dem Momente an, in welchem jedes einzelne der auf *b b* gelegenen schwingungsfähigen Teilchen von der ankommenden Welle getroffen wird, sendet es selbst Wellen sowohl in das Medium I wie in das Medium II aus. Die ersteren haben wir in § 766, S. 88, bereits betrachtet; sie liefern den reflektierten Wellenanteil. Fassen wir daher jetzt allein die in das Medium II übermittelten Erregungen ins Auge: In der Zeit, in der die ankommende Welle den Weg $s_7\, e_7$, von Punkt *A* bis *B* zurücklegt, hat das Teilchen e_1 eine Halbkugelwelle k_1 ausgesandt, die von *C* bis *D* gelangt ist, wenn das Wegeverhältnis

$$\frac{AB}{CD} = \frac{c_I}{c_{II}} \tag{576}$$

ist. Auf AB sei t_7 der Teilpunkt, welcher die Strecke AB in diesem Verhältnis teilt. Wir haben dann nur die Strecke Bt_7 in den Zirkel zu nehmen und mit ihr von e_1 aus eine Halbkugel zu zeichnen, um die Lage der entsprechenden Elementarwelle in Medium II zu erhalten; ihre Spur in der Zeichenebene ist eben k_1.

Das Teilchen e_2 wird um diejenige Zeit später erregt, welche die Strahlung in Medium I benötigt, um den Weg $s_2 e_2$ zurückzulegen. Der Weg der von e_2 ausgehenden Halbkugelwelle steht aber wieder in demselben Verhältnisse c_{II}/c_I zu dem Wege, der in der gleichen Zeit von der erregenden Welle in Medium I zurückgelegt wird. Dieser Weg ist durch die Strecke $s_6 e_6$ gegeben.

Denn dieser Weg ist augenscheinlich eben um das Stück $s_2 e_2$ kürzer als $s_7 e_7$.

Teilen wir also jetzt das Wegstück $s_6 e_6$ in dem gleichen Verhältnisse, so ist jetzt das Stück $t_6 e_6$ in den Zirkel zu nehmen und von e_2 aus als Radius der Halbkugel k_2 zu zeichnen. So schließen wir für die nächstgetroffenen Elementarteilchen e_3, e_4, usw. weiter.

Da die Strahlen s_1 bis s_7 untereinander parallel sind, so werden nach einem bekannten Satze in dem Dreiecke mit der Basis AB, und der Spitze C die Abschnitte $s_7 e_7$, $s_6 e_6$ usw. durch dieselbe Transversale Ct_7 in dem gleichen Verhältnisse $AB : Bt_7 = c_I : c_{II}$ geteilt. Die der Reihe nach zu verwendenden Halbmesser werden also durch die Einzelabschnitte $e_7 t_7$, $e_6 t_6$ usw. geliefert.

Schließlich wird e_7 getroffen, die in das Medium II eintretende Elementarerregung beginnt eben sich zu verbreiten, ihr Radius ist zunächst noch $= 0$.

Würden wir noch die zwischen den zur Betrachtung herausgegriffenen Teilchen liegenden Elementarstrahler in Rechnung ziehen, so würden wir eine kontinuierliche Schar von Elementarwellen in Medium II in dem ins Auge gefaßten Momente vorfinden, deren Radien vom Werte 0 bei e_7 bis zum Werte CD bei e_1 stetig und gleichmäßig zunehmen.

Die Wellenbewegung schreitet in Medium II auf der Umhüllenden aller dieser Einzelkugeln fort; dies ist eine Tangentialebene $w'v'$, die senkrecht zur Zeichenebene steht, deren Spur in dieser die Gerade BD ist. Sie bildet mit der brechenden Ebene bb den Winkel b; den gleichen Winkel mit der Normalen n bilden die zu $w'v'$ senkrecht stehenden Strahlen, welche sämtlich in der Zeichenebene selbst, also auch in der durch die einfallenden Strahlen und die Einfallslote bestimmten „Einfallsebene" verlaufen.

Wir entnehmen ferner der Konstruktion unmittelbar die Beziehung:

$$\sin i = \frac{AB}{BC} \quad \text{und} \quad \sin b = \frac{CD}{BC}.$$

Dividieren wir den ersten Ausdruck durch den zweiten, so fällt die Strecke BC heraus:

$$\frac{\sin i}{\sin b} = \frac{AB}{CD}.$$

Dieses Verhältnis ist aber nach (576) nichts anderes als das Verhältnis der Fortpflanzungsgeschwindigkeiten c_I/c_{II} derselben Schwingungserregung in den beiden Medien:

$$\frac{\sin i}{\sin b} = \frac{c_I}{c_{II}} \tag{577}$$

Würden die ankommenden Strahlen senkrecht auf die ebene Fläche $b\,b$ auftreffen ($i = 0$ und damit $\sin = 0$), so würden sie (wie die Konstruktion unmittelbar ergibt, wenn man sich das Strahlbündel s_1 bis s_7 mehr und mehr an die Lotrichtung n angenähert denkt) in derselben Richtung weiter gehen ($b = 0$) und damit $\sin b = 0$). [Der an sich unbestimmte Ausdruck $\frac{0}{0}$ hat also hier den Grenzwert c_I/c_{II}].

Wenn die erregende Welle von unten her, d. h. aus dem Medium II mit geringerer Strahlgeschwindigkeit käme, so würde beim Übertreten in das Medium I mit größerer Geschwindigkeit eine analoge Konstruktion offenbar eine Ablenkung im gleichen Sinne ergeben, der größeren Strahlgeschwindigkeit würde wieder der größere sinus und damit der größere Winkel gegen das Lot entsprechen. Der Strahlengang ist also vollkommen umkehrbar.

771. Brechungsgesetz, Brechungsverhältnis. Die im vorigen Paragraphen durchgeführte Konstruktion läßt unmittelbar erkennen:

Trifft ein Bündel unter sich paralleler Strahlen auf eine ebene Fläche, welche zwei durchstrahlbare Medien I und II voneinander trennt, in denen die betrachtete Wellenstrahlung verschiedene Fortpflanzungsgeschwindigkeiten c_I und c_{II} besitzt, so behält das Strahlensystem (abgesehen von dem Falle senkrechter Inzidenz) nicht dieselbe Richtung bei, sondern wird abgelenkt. Dabei bleibt zwar jeder Strahl in der Ebene, welche durch den einfallenden Strahl und sein Einfallslot bestimmt ist. In dieser Ebene bildet aber der einfallende Strahl einen anderen Winkel i mit dem Lote, dem „Inzidenzwinkel", als seine Fortsetzung im anderen Medium, es findet eine Brechung statt; den zweitgenannten Winkel b nennt man den „Brechungswinkel" b. Welcher von beiden Winkeln der größere ist, hängt von dem Verhältnisse der Strahlgeschwindigkeiten in den beiden nacheinander durchlaufenen Medien ab.

Brechungsverhältnis $n_{I,II}$ beim Übergange irgendeiner Strahlung von einem ersten Medium I in ein zweites II ist das Verhältnis der Strahlungsgeschwindigkeiten in den beiden

Medien: $n_{I,II} = \frac{c_I}{c_{II}}$. Dieses Verhältnis ist gleich dem Verhältnisse der Sinus der Winkel des einfallenden (i) und des gebrochenen Strahles (b) gegen das gemeinsame Einfallslot

$$n_{I,II} = \frac{c_I}{c_{II}} = \frac{\sin i}{\sin b}. \tag{578}$$

Diese „Brechungsgesetz" genannte trigonometrische Beziehung wurde für Lichtstrahlen zuerst erkannt von W. Snellius (1591—1626), und zuerst veröffentlicht von R. Descartes (1637).

Begibt sich also der Strahl aus dem Medium I mit größerer in das mit kleinerer Strahlgeschwindigkeit II, so wird er dem Lote zu gebrochen, geht er umgekehrt vom Medium mit kleinerer in das durch größere Strahlgeschwindigkeit ausgezeichnete Medium über, so entfernt er sich vom Lote, immer aber so, daß das Verhältnis der sin der Winkel gegen das gemeinsame Lot dem der Geschwindigkeiten gleich ist.

Da nach I, § 258, S. 302, für alle Arten von Wellenstrahlungen gilt:

$$c = \frac{\lambda}{\tau},$$

so ist das genannte Verhältnis für dieselbe Periodendauer τ der Strahlung auch gleich dem Verhältnisse der diesem τ in den beiden Medien entsprechenden Wellenlängen:

$$n_{I,II} = \frac{\lambda_I}{\lambda_{II}} \text{ (für die Schwingungsdauer } \tau\text{, die Schwingungszahl } \varkappa = \frac{1}{\tau}\text{)}.$$

Erinnert sei endlich, daß nach (566), § 755, S. 58):

$$n_{I,II} = \frac{c}{\sqrt{\mu_I \varepsilon_I}} : \frac{c}{\sqrt{\mu_{II} \cdot \varepsilon_{II}}} = \sqrt{\frac{\mu_{II} \varepsilon_{II}}{\mu_I \varepsilon_I}} \tag{579}$$

ist.

Die durch das Brechungsgesetz bedingten Beziehungen zwischen einfallenden und gebrochenen Strahlen werden am unmittelbarsten bei den Lichtstrahlen überblickt. Wir wollen die Brechung an der Trennungsfläche von Luft und Wasser ins Auge fassen. Nach § 763, S. 81, ist die Fortpflanzungsgeschwindigkeit elektromagnetischer Wellen in Wasser erheblich kleiner als in Luft. Für die kurzen Lichtwellen ist der Unterschied freilich nicht so groß wie für die viel längeren, bei Versuch 679, S. 79, benutzten Wellen gefunden wurde; das Verhältnis $c_e : c_w$ ist hier etwa nur wie 4:3, das Brechungsverhältnis also 1,33.

Versuch 686. Ein großer, flacher, mit verdünnter Fluorescëinlösung gefüllter, an den Seiten und der Vorderwand durch starke Spiegelglasscheiben geschlossener Kasten steht gesondert auf einem kleinen festen Tische.

Verwendet wird z. B. ein Kasten von 1 m^2 großer Vorderwand aus 20 mm starkem Glase, das in einem Rahmen aus Winkeleisen von 5 cm Breite gehalten wird; die Rückwand besteht aus Eisenblech; das Ganze wird von einem starken Holzboden getragen; lichte Weite 21 cm. (Die Glaswand muß so dick gewählt werden, weil sie einen erheblichen hydrostatischen Druck auszuhalten hat).

Hinter der Mitte der Rückwand des Kastens, gegen diese gerichtet, ist auf besonderem Stative die Projektionslampe mit nur einer Kondensorlinse aufgestellt, welch letztere ein Bündel parallelen Lichtes von großem Querschnitt liefert. Auf der Fassung des Kondensors ist ein Holzrahmen drehbar angeordnet, der ein leichtes Lattengestell trägt, in welchem unten und oben je ein um eine Querachse drehbarer Spiegel derart angeordnet ist, daß das Licht der Bogenlampe von dem unteren Spiegel nach dem oberen und von diesem in den Wassertrog geworfen wird.

Um einzelne Strahlgebiete abzusondern, empfiehlt es sich, auf den oberen Spiegel Streifen aus schwarzem Isolierband aufzukleben, welche zwischen sich gleich breite Streifen der Spiegelfläche freilassen.

Beim Drehen des Gestelles kann man das Bündel paralleler Strahlen unter den verschiedenen Winkeln einfallen lassen, und den Gang sowohl der einfallenden, reflektierten (unter Zuhilfenahme von Rauch oder Salmiaknebeln), sowie der gebrochenen Strahlen verfolgen. Besonders beachtenswert ist der Strahlengang, wenn die Strahlen von unten her an den Seitenwänden eindringen, hier gebrochen und dann an der Trennungsfläche aus dem Wasser z. T. wieder gegen die Luft austreten, z. T. nach unten reflektiert werden.

Der Strahlengang beim Brechungsgesetze läßt sich durch folgende Stangenverbindung erläutern Fig. 573: Der um den Einfallspunkt M drehbare, den Einfallsstrahl darstellende Stab EM besitzt bei D eine Achse, an dem die Parallelführung DF, FN angeschlossen ist ($NM = FD$, $DM = FN$). In einem Schlitze der Stange DF gleitet das Ende des Stabes MB, der die Richtung des gebrochenen Strahles zeigt, wenn man die Längen MB und MD im Verhältnisse der Lichtgeschwindigkeiten im Medium I und II gewählt hat, in der Zeichnung z. B. im Verhältnisse 4:3, dem Übergange des Lichtes von Luft in Wasser entsprechend.

Aufgabe 389. Man beweise dieses.

Weil DF immer parallel MN bleibt, so finden sich die Winkel i und b in den Dreiecken MDP und MBP wieder, woraus unmittelbar folgt:

$$\sin i = \frac{MP}{MD}, \qquad \sin b = \frac{MP}{MB};$$

war nun

$$\frac{MB}{MD} = \frac{c_{\mathrm{I}}}{c_{\mathrm{II}}}$$

gemacht, so ergibt sich durch Division unmittelbar:

$$\frac{\sin i}{\sin b} = \frac{MB}{MP} = \frac{c_{\mathrm{I}}}{c_{\mathrm{II}}} = n_{\mathrm{I,II}}.$$

Das auf einer Blechtafel montierte Stangenmodell wird in den Wassertrog des vorigen Versuches so hineingestellt, das sich M in der Wasseroberfläche befindet und MN in die Lotrichtung derselben fällt; alsdann gibt der Arm MB für alle Stellungen des parallel zu den einfallenden Strahlen orientierten Armes EM die Richtung des in das Wasser eindringenden Strahles (des „gebrochenen" Strahles).

Die folgende Anordnung läßt die Gesamtheit vieler unter den verschiedenen Winkeln gegen die Trennungsfläche verlaufenden Strahlen mit einem Blicke übersehen.

Versuch 687. In einem flachen, sowohl an der Vorder- wie der Rückseite durch Spiegelglas geschlossenen Wasserkasten wird ein nach vorn etwas rund gebogener vorne weiß gestrichener Blech-

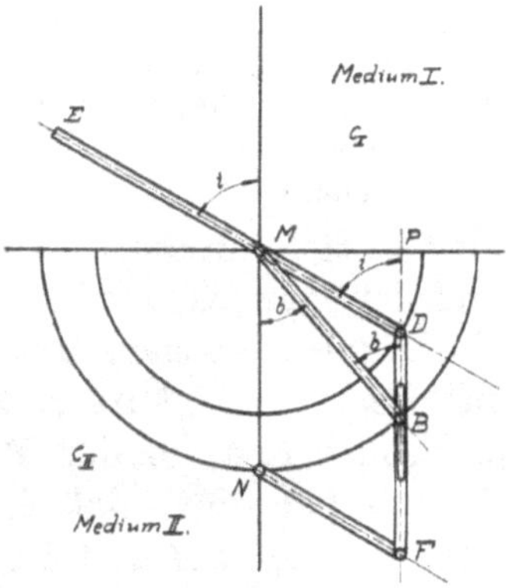

Fig. 573.

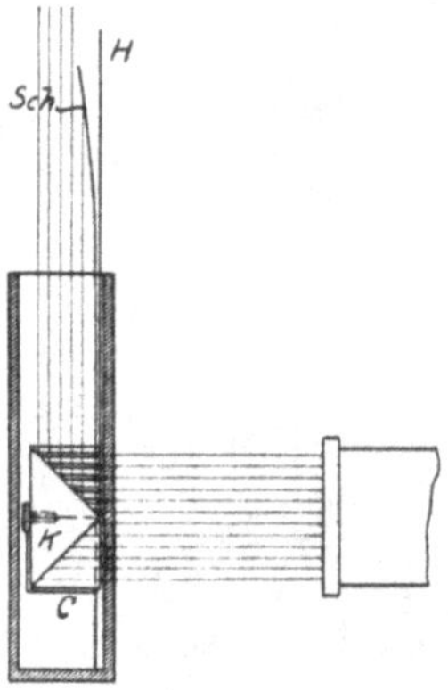

Fig. 574.

schirm *Sch*, Fig. 574, eingesetzt, welcher unten eine größere Öffnung besitzt. An den unteren Rand dieser Öffnung ist ein Halbzylinder C angelötet, dessen Länge fast gleich der Trogbreite ist.

Auf dem Halbzylinder C ruht eine mittels des Hebels H drehbare Büchse, an deren Boden ein vernickelter und hochglanzpolierter Messingkegel (Kegelwinkel 90°) K befestigt ist. Wird das parallel gemachte Licht der Bogenlampe in horizontaler Richtung von rückwärts her gegen den Konus K gerichtet, so werden von den von seiner Oberfläche reflektierten Strahlen durch die Schlitze der Büchse einzelne Bündel ausgeblendet, die sich sonnenartig um K herum verbreiten.

772. Direkte Bestimmung des Brechungsverhältnisses für weißes Licht. Die Konstanz des Sinusverhältnisses von Einfalls- und Brechungswinkel erläutert man mittels einer Anordnung, welche beide Winkel an einer Kreisteilung direkt abzulesen gestattet. Derartiger Anordnungen ist eine große Reihe angegeben worden.

Versuch 688. Hartlsche Scheibe. In der vertikalen Säule eines Statives *StSt*, Fig. 575, ist oben eine Nernstlampe *N* mit Schutzhülse *HH* befestigt; eine Zylinderlinse *L* macht die Strahlen parallel, *Bl Bl* blendet aus dem Bündel einen mittleren Teil aus, welcher sich auf der um die feste Achse *A* drehbaren, weiß emaillierten, am Rande mit einer Kreiseinteilung (in Grade) versehenen Scheibe als heller, dem vertikalen Durchmesser folgender, überall gleich breiter Strich abzeichnet.

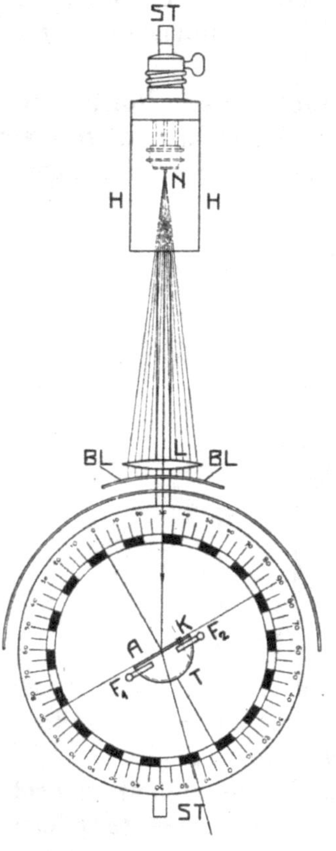

Fig. 575.

Der Faden der Nernstlampe *N* muß senkrecht zur Scheibenebene stehen und in der Brennlinie der Linse *L* liegen. Daß das ausgeblendete Strahlenbündel genau durch *A* geht, erreicht man durch Drehen an der Befestigung von *N* auf *St*. Ein an *St St* befestigter halbkreisförmig gebogener Schirm (mit Spalt oben) schützt vor Nebenlicht.

Handelt es sich um die Untersuchung fester durchsichtiger Körper, so werden diese in Form oben ebener, unten halbkreisförmig begrenzter kurzer Zylinder durch die Federn $F_1 F_2$ in der Mitte der Drehscheibe so befestigt, daß die ebene Fläche durch die Achse *A* und den Durchmesser mit den Teilstrichen 90° geht (das Einfallslot ist dann nach 0° gerichtet).

Bei Flüssigkeiten verwendet man ähnlich gestaltete und in gleicher Weise mit der Drehscheibe verbundene halbkreisförmige Glaströge *T*, wie Fig. 575 einen solchen zeigt.

Die Flüssigkeit wird durch eine Öffnung in der ebenen Fläche eingegossen, die nachher durch einen Kork *K* verschlossen wird. Das Zwischentreten der Trogwände stört nicht, wenn diese nur überall gleich dick sind.

Man dreht die Scheibe so, daß oben Einfallswinkel von 10, 20, 30 usw. Graden entstehen und liest die zugehörigen Brechungswinkel unten ab.

Da der gebrochene Strahl überall senkrecht auf die untere Begrenzung des festen oder flüssigen brechenden Körpers auffällt, so kommt hier keine neue Ablenkung hinzu. Um eventuelle Excentrizitätsfehler zu eliminieren, stellt man eine

Messungsreihe bei Links- und bei Rechtsdrehung der Scheibe an, wobei man die für gleiche Einfallswinkel erhaltenen Werte der Brechungswinkel mittelt.

Dreht man die Scheibe um, so daß die gekrümmte Seite von T nach oben kommt, so kann man die Brechung beim Übergange aus dem festen bzw. flüssigen Materiale in Luft verfolgen und deutlich sehen, wie in diesem Falle der Strahl vom Einfallslote weggebrochen wird.

Aufgabe 390. Als der Trog T mit (α-) Mono-Bromnaphthalin $C_{10}H_7Br$ von 18,2° Temperatur gefüllt war, ergaben sich die Winkel:

i =	10°	20°	30°	40°	50°	60°	70°	80°
b =	6°	11,75°	17,7°	22,75°	27,5°	31,25°	34,25°	36,25°

denen die sin:

$\sin i$	0,17365	0,34202	0,50000	0,64279	0,76604	0,86603	0,93969	0,98481
$\sin b$	0,10453	0,20360	0,30403	0,38671	0,46175	0,51878	0,56280	0,59131

und die sinus-Verhältnisse

n	1,661	1,679	1,645	1,662	1,659	1,669	1,670	1,665

entsprechen; das Mittel hieraus:

1,664 ist das Brechungsverhältnis für die genannte Temperatur für weißes Licht (vgl. dazu Seite 114/115). Die Brechungsverhältnisse aller Körper sind von der Temperatur abhängig; bei dem hier verwendeten Materiale nehmen sie um je 0,00045 ab, so oft die Temperatur von 18° um je 1° steigt.

Aufgabe 391. Wie groß ist hiernach die Lichtgeschwindigkeit in diesem Materiale?

Da das (in Luft) gemessene $n = c_{\text{Luft}}/c_{\text{Substanz}}$ ist, so ist $c_{\text{Substanz}} = 300000/1{,}664 = 180\,300$ km/sec.

Mit zunehmendem Einfallswinkel i wächst der zugehörige Brechungswinkel b bis zu einem „Grenzwinkel" γ, der einem Einfallswinkel $i = 90^0$ entsprechen würde. Für ihn ist also

$$\frac{1}{\sin\gamma} = n_{\text{I, II}}$$

oder

$$\sin\gamma = \frac{1}{n_{\text{I, II}}}.$$

Bei dem mit α-Mono-Bromnaphthalin gefüllten, auf der Hartlschen Scheibe befestigten halbzylindrischen Troge T wurde der streifende Austritt bei einem inneren Einfallswinkel von 37,0° erhalten. Nach Aufgabe 390, ist n (Luft gegen Substanz) = 1,664; $1/n$ = 0,6010; dies ist in der Tat der Wert des sin 36° 57′, also des durch Beobachtung gefundenen Winkels.

Die „Ablenkung" δ, die der Strahl in Folge der Brechung gegen die ursprüngliche Richtung erfährt, ist $\delta = i - b$; sie wächst mit zunehmendem Einfallswinkel i immerfort.

Aufgabe 392. Man beweise dieses.

Aus $\sin i = n.\ \sin b$ folgt $\sin i - \sin b = (n-1) \sin b$

$$2\cos\frac{i+b}{2}\cdot\sin\frac{i-b}{2} = (n-1)\cdot\sin b$$

oder

$$\sin\frac{\delta}{2} = \frac{n-1}{2} \cdot \frac{\sin b}{\cos\frac{i+b}{2}};$$

mit zunehmendem i wächst nach S. 100 auch b, somit der Zähler rechts, während der Nenner gleichzeitig abnimmt, also wird $\sin\frac{\delta}{2}$ und damit δ immer größer.

Trifft ein schmales Strahlenbündel, ein „Strahl“ (§ 752, S. 46) irgend eine Stelle einer **stetig gekrümmten Oberfläche**, so kann das von ihm getroffene Oberflächenstück (-element) als eben angesehen werden; die Richtung des Elementes fällt mit derjenigen der Tangentialebene zur Oberfläche an dieser Stelle zusammen. Errichtet man also die Normale zu dem getroffenen Oberflächenelemente, so ist für den Verlauf sowohl des reflektierten wie des gebrochenen Strahles nach den Gesetzen § 766, S. 88, und § 771, S. 98, nur die Richtung des einfallenden Strahles, der „Einfalls- oder „**Eintrittsgeraden**“, und dieser Flächennormale maßgebend.

Bei der Kugel fällt die Normale mit dem durch das Oberflächenelement gezogenen Radius zusammen.

Legt man also durch die Eintrittsgerade und die Flächennormale der getroffenen Stelle eine Ebene, so muß diese sowohl den reflektierten wie den gebrochenen Strahl, die „**Austrittsgerade**“, enthalten.

773. Totalreflexion, Totalrefraktometer. Schon bei den letzten Versuchen fällt auf, daß, wenn Strahlen aus dem Medium mit kleinerer in das mit größerer Geschwindigkeit übergehen, von einem bestimmten Winkel γ an, dem Grenzwinkel, vgl. S. 103, keine Strahlenenergie mehr in das zweite Medium übertritt.

In der Tat, da der sin eines Winkels nicht größer als 1 werden kann, sein größter Betrag einem Austrittswinkel von 90° entspricht, so kann von diesem Grenzwinkel γ an, für den

$$\sin\gamma = \frac{1}{n}$$

ist, kein Wellenteil mehr aus dem Medium der ankommenden Wellen in das andere Medium eintreten.

Für Wasser gegen Luft ($n = \frac{4}{3}$) beträgt d. Grenzwinkel d. tot. Reflexion $\gamma = 48°\,35'$
„ Kronglas „ „ ($n = \frac{3}{2}$) „ „ „ „ „ „ $\gamma = 41°\,50'$
„ Flintglas „ „ ($n = 1{,}70$) „ „ „ „ „ „ $\gamma = 36°\;\,0'$.

Da aber an der Trennungsfläche im allgmeinen immer eine Scheidung der Energie in die des reflektierten und des gebrochenen Anteiles eintritt, so muß von diesem Winkel an alle Energie, welche überhaupt von der Trennungsfläche nach dem Resonanz- (**Huygens**schen)

Prinzipe wieder ausgeht, sich in dem reflektierten Strahlensysteme allein wiederfinden; man spricht daher von einer „Totalreflexion“. In Fig. 576 ist dieser Fall für den Übergang von Licht aus Glas II in Luft I (Verhältnis der Geschwindigkeiten $c_{II} : c_I = 2 : 3$) wiedergegeben.

Totale Reflexion kann nur eintreten, wenn eine Strahlung von einem Medium mit geringerer in ein solches mit größerer Strahlgeschwindigkeit übergeht; sie tritt für

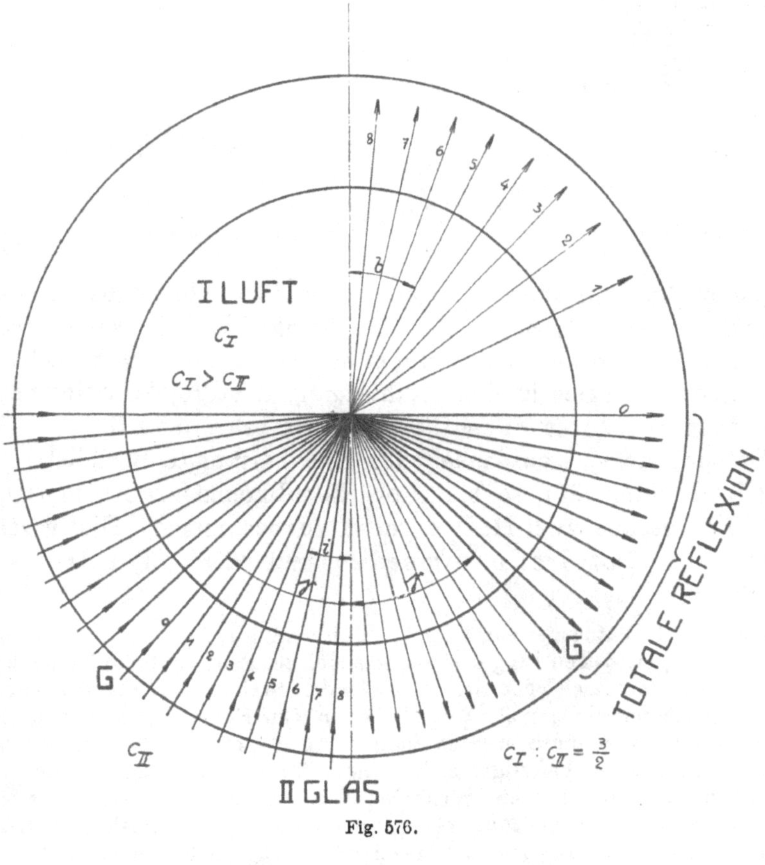

Fig. 576.

Winkel ein, welche gleich oder größer sind als der Grenzwinkel γ, dessen Sinus gleich dem Verhältnisse der Strahlgeschwindigkeit im erstgenannten zu der im zweitangetroffenen Medium ist.

Anwendung der Totalreflexion. Das totalreflektierende Prisma. Dringen Lichtstrahlen 1, 2, 3 annähernd normal zur einen Kathetenfläche eines gleichschenkligen Rechtwinkelprismas aus

Glas Fig. 577a in dasselbe ein, so werden sie an der Hypotenusefläche vollständig reflektiert; letztere erscheint daher in „silberähnlichem" hellen Glanz.

Wird dasselbe Prisma nach Fig. 577b von Lichtstrahlen getroffen, welche parallel zur horizontal gedachten Hypotenuse auf die eine

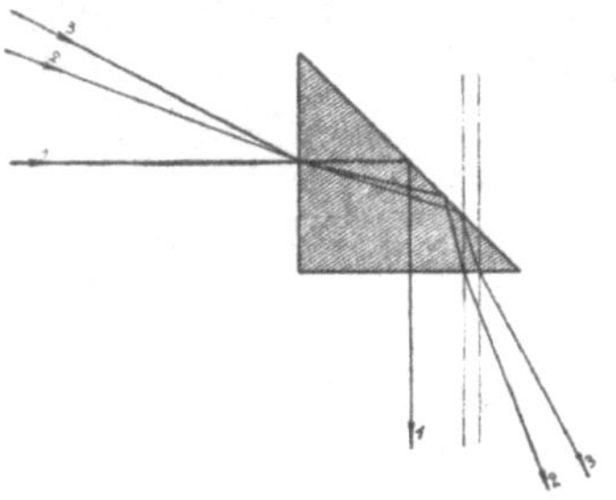

Fig. 577 a.

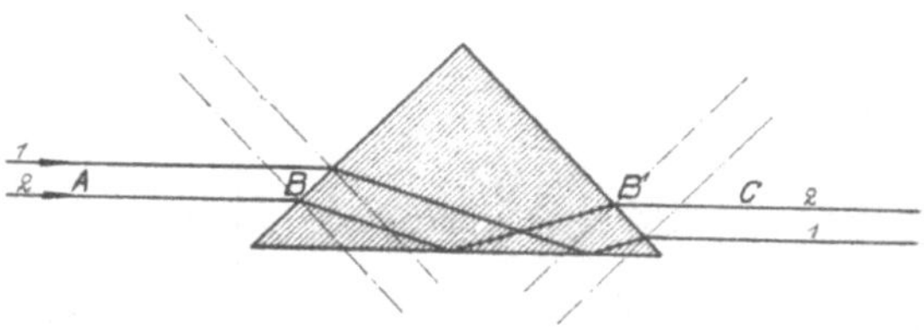

Fig. 577 b.

Kathetenfläche auftreffen, so geben dieselben gleichfalls zu totaler Reflexion an der Hypotenusenfläche Anlaß. Dabei treten Strahlen welche „oben" eintraten, weiter unten aus, so daß die Zwischenschaltung eines solchen Prismas in den Strahlengang der Projektionslampe eine Aufrichtung verkehrter Bilder bewirkt, „Umkehrprisma".

Da sich der „Grenzwinkel" für eine bestimmte Strahlenart sehr scharf beobachten läßt, so bietet er ein willkommenes Hilfsmittel, um das B. V. zwischen zwei Medien genau zu bestimmen. Dies geschieht mittels der „Totalreflektometer" und der „Totalrefraktometer".

Bei dem Reflektometer von Friedr. Kohlrausch, Fig. 578, trägt die in den vom Stative *a* getragenen Ring *b* einzusetzende, am Rande geteilte Kreisscheibe *c* in ihrer Mitte den hoch oder tief zu stellenden Stab *d*, der mit dem mit zwei Armen und Läuferteilungen (I, § 8, S. 13) an den Enden versehenen mittleren Drehstücke fest verbunden werden kann. An *d* werden unten die zu untersuchenden Substanzen befestigt, z. B. Glas- oder Kristallplatten, hinter einem Fensterchen, über welches ein vertikaler Faden ausgespannt ist; dieser soll in der Drehachse von *d* liegen („Zentrierung" ermöglicht bei Anvisieren mittels des mit liegendem (×) Fadenkreuze versehenen, auf ∞ eingestellten, aber hierfür durch eine Vorstecklinse auf die Fadenentfernung akkommodierten Fernröhrchens *e* und kleiner Stellschräubchen an *d* und dem Halter von *e*). Die Platte (die also nur eine, in der Drehachse liegende ebene Fläche zu haben braucht), wird mit einer stärker brechenden Flüssigkeit (Schwefelkohlenstoff oder besser der geringeren Feuersgefahr und des weniger störenden Geruches willen mit (α-) Mono-Bromnaphthalin [B. V. vgl. S. 103]) umgeben. Die Flüssigkeit wird in das vorn durch Spiegelglasplatte geschlossene Gefäß *k* gefüllt, das mittels Bajonettverschlusses von unten her in *b* befestigt werden kann. (Thermometer!). Das Gefäß *k* ist mit Ölpapier umkleidet, und wird von der einen, dann von der anderen Seite her mit dem gelben Lichte der Na Flamme beleuchtet. Die unter verschiedenen Winkeln auf die ebene Trennungsfläche: Flüssigkeit gegen Platte auffallenden Strahlen des zerstreuten einfallenden Lichtes erfahren vom Grenzwinkel γ an eine totale Reflexion. Das Fernrohr *e* (ohne Vorstecklinse) vereinigt auf dem Kreuzungspunkte seiner Fäden nur die achsenparallel einfallenden Strahlen; sind dies beim Drehen von *d* gerade die dem Winkel γ entsprechenden geworden, so scheidet eine scharfe, vertikale Trennungslinse eine hellere von einer dunkleren Gesichtsfeldhälfte; geht man von der einen zur anderen Seite über und liest man an den (beiden) Läufern die diesen Stellungen entsprechenden Winkel ab, so erhält man die Winkeldifferenz 2 γ und kann daraus, nach (578), S. 99, das Brechungsverhältnis

$$n_{\text{Luft, Substanz}} = n_{\text{Luft, Flüssigkeit}} \cdot \sin \gamma$$

zu berechnen.

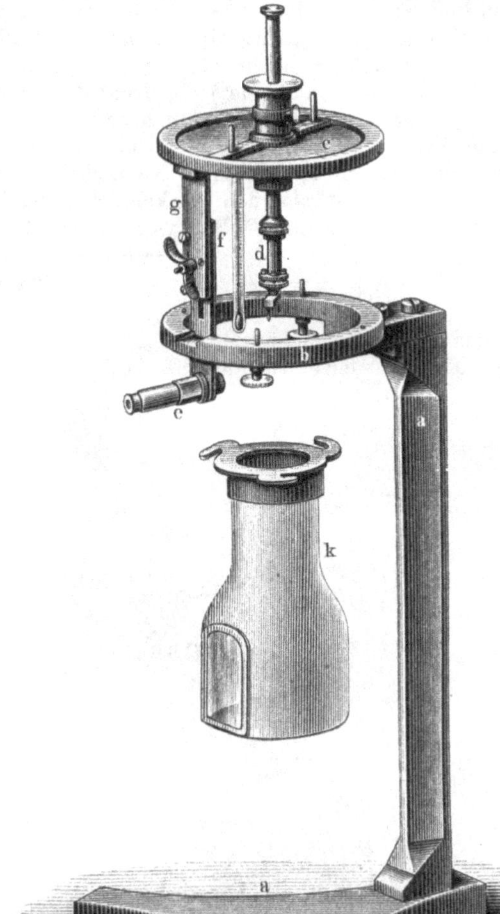

Fig. 578.

Das von L. Sohncke und C. Pulfrich konstruierte Universalrefraktometer (Z. f. Instrumentenkunde 18, S. 115, 1898), gestattet alle die bei den neueren Totalrefraktometern in einer Tabelle verarbeiteten Einzeldaten gesondert zu bestimmen, so daß auch der Gang der Eichung eines derartigen Instrumentes bei Herstellung einer solchen Tabelle deutlich zutage tritt. Das mit Fadenkreuz in seiner Brennebene versehene Fernrohr ist an dem Teilkreise so befestigt, daß seine Achse der Ebene des Kreises parallel liegt. Unmittelbar über dem Fadenkreuze ist ein totalreflektierendes Beleuchtungsprisma (vgl. den folgenden Paragraphen) befestigt, dessen eine Kathetenfläche ein seitlich am Fernrohre angebrachtes Fensterchen schließt. Wird dieses gegen eine Fläche (z. B.

ein Zimmerfenster) gerichtet, so bietet das Prisma für einen Teil des Fadenkreuzes einen hellen Hintergrund. Wird also das mit dem Dreharme fest verbundene Prisma so gedreht, daß die Fernrohrachse senkrecht zu einer seiner beiden ebenen Flächen steht, so sieht das durch das Fernrohr blickende Auge neben dem Fadenkreuze selbst dessen helles von der betreffenden Fläche zurückgeworfenes Spiegelbild: „Autokollimation" (zugleich ein Zeichen, daß das Fernrohr auf parallele Strahlen eingestellt ist). Man liest die entsprechende Stelle des Zeigers (der „Alhidade") ab, dreht die andere Fläche unter das Fernrohr, führt wieder die Autokollimation herbei und liest ab: die Winkeldifferenz ergänzt den Prismenwinkel zu 180°. Um auch das B. V. n_0 der Prismensubstanz selbst zu bestimmen, läßt man Na Licht streifend an der Hypotenusenfläche eintreten und bestimmt den Winkel i, den das Lot auf der Kathetenfläche mit dem Grenzstrahl der totalen Reflexion bildet; dann ist

$$N = n_0 = \frac{1}{\sin p}\sqrt{1 + \sin^2 i + 2\cos p \sin i}.$$

Um das B. V. n_1 irgendeiner Flüssigkeit, z. B. Wasser, zu bestimmen, bringt man einen Tropfen derselben auf die horizontal gestellte Hypotenusenfläche,

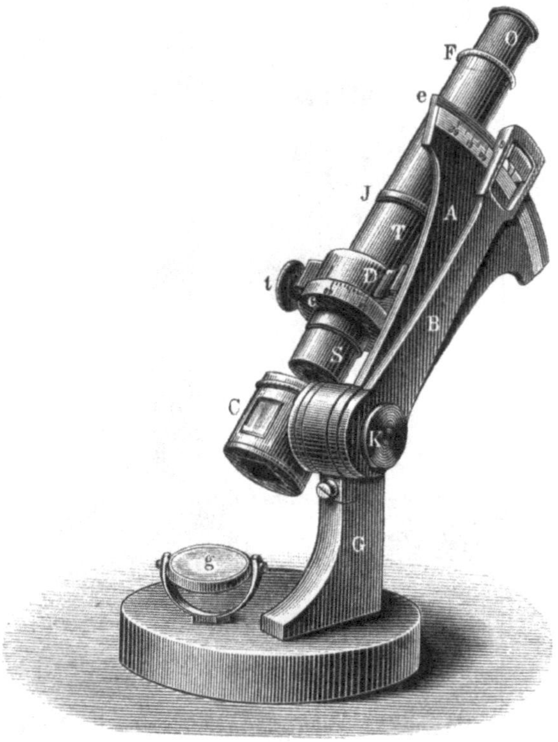

Fig. 579a.

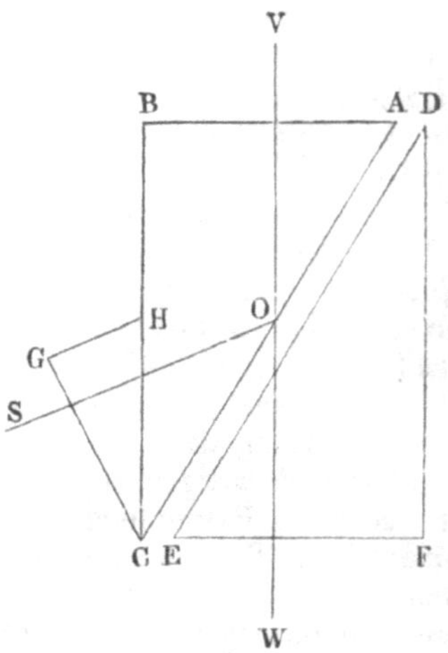

Fig. 579b.

setzt ein zweites ganz gleiches Prisma auf, befestigt beide mit der Flüssigkeitsschicht dazwischen aneinander, und dreht diesen Prismenkörper so lange, bis wieder totale Reflexion eintritt, Winkel α' (wie oben i gemessen); dann ist

$$n_1 = \sin p \sqrt{n_0^2 - \sin^2 \alpha'} \mp \cos p \sin \alpha,$$

je nachdem α' nach links (−) oder nach rechts (+) liegt. Eine einfache Umrechnung macht die Formeln für logarithmische Berechnung bequemer.

Das Refraktometer von Abbe, Fig. 579 a u. b, gestattet mittels der Alhidade am Teilkreise A das B. V. einer zwischen die beiden in C vereinigten Prismen gebrachten dünnen Flüssigkeitsschicht unmittelbar abzulesen, wenn man durch den Spiegel g Na Licht in das Fernrohr SO gelangen läßt und B und damit C so lange dreht, bis die Grenzlinie der totalen Reflexion gerade durch den Kreuzungspunkt der bei F eingesetzten Fäden geht.

Beleuchtet man mit weißem Lichte, so erhält man an der Grenzlinie im allgemeinen farbige Säume. Dieselben kann man durch Drehen an der Schraube t zum Verschwinden bringen; die dabei an der Teilung e abgelesene Stellung gibt dann nach einer dem Instrumente beigegebenen Tabelle die Farbenzerstreuung, „Dispersion", zwischen Rot und Grünblau (Linie C und F des Sonnenspektrums), vgl. w. u. in § 801. [Durch Drehen an t werden zwei in D eingebaute Prismensätze mit gerader Durchsicht (vgl. w. u. in § 780, S. 119) so gegeneinander gedreht, daß sie die Dispersion der zwischen C befindlichen Substanz kompensieren.]

774. Brechung an zwei ebenen Flächen (Planparallelplatte, Prisma). Bisher hatten wir die Brechungserscheinungen nur an einer brechenden Fläche beobachtet. Wir wollen jetzt den Strahlengang verfolgen, wenn nach einander Brechungen an zwei ebenen Flächen stattfinden, wobei diese ein Medium von kleinerer Fortpflanzungsgeschwindigkeit in der Strahlrichtung begrenzen sollen, während sowohl das (in der Strahlrichtung) davor, wie das dahinterliegende Medium durch größere Strahlgeschwindigkeit ausgezeichnet sei.

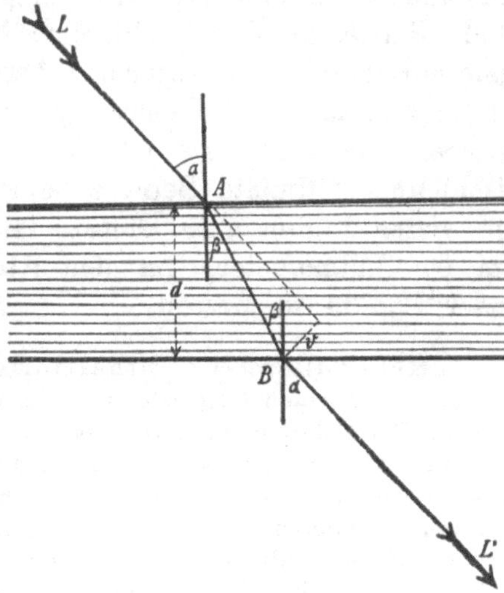

Fig. 580.

Dabei betrachten wir sogleich den in der Praxis fast ausschließlich in Betracht kommenden Fall, daß die beiden begrenzenden Medien von gleicher Beschaffenheit sind, der Strahl z. B. von Luft durch einen Glaskörper hindurch wieder in Luft übergeht.

a) Die beiden begrenzenden Ebenen verlaufen einander parallel: Planparallelplatte (Fig. 580). Ein Strahl AL, der unter einem Einfallswinkel α auf die Platte fällt, mit einem Brechungswinkel β in diese eindringt, trifft an der zweiten Grenzfläche bei B, unter dem gleichen (inneren) Winkel β auf die zweite Grenzfläche. Da die Ebenen einander parallel sind, so sind es auch ihre Lote, der Strahl tritt wieder unter dem Winkel α gegen das Lot aus, er läuft seiner ursprünglichen Richtung parallel weiter und hat nur eine Verschiebung v parallel mit sich selber erfahren.

Aufgabe 393. Wie groß ist die Verschiebung v?

Der Weg AB, den der Strahl im Inneren der Platte zurücklegt, ist $d/\cos\beta$; diese Strecke ist Hypotenuse in dem rechtwinkligen Dreiecke, in dem v dem Winkel $(\alpha - \beta)$ gegenüber liegt, also ist:

$$v = \frac{d}{\cos\beta} \cdot \sin(\alpha - \beta).$$

Die Verschiebung ist $= 0$ bei senkrechter Inzidenz, sie wird um so größer, je dicker die Platte und je größer der Einfallswinkel α ist.

Fällt statt eines einzelnen Strahles ein ganzes Bündel auf, so wird weder die Konvergenz noch die Divergenz eines solchen bei dem Durchgang durch eine Planparallelplatte geändert, weil kein Strahl desselben eine Richtungsänderung erfährt.

Montiert man also vor dem Objektive eines auf irgendeinen Gegenstand, etwa eine Meßlatte, eingestellten Fernrohres eine planparallele Platte aus durchsichtigem Materiale so, daß sich die Platte um eine horizontale, die Fernrohrachse kreuzende Achse drehen kann, so braucht man die Fokusierung des Fernrohres nicht zu ändern, kann aber das gesamte eindringende Strahlenbündel (etwa mikrometrisch) um bestimmte Beträge heben oder senken. Dieses Prinzip, das in vielen Fällen gute Dienste leistet, verwendet Helmholtz in seinem Ophthalmometer, um den Abstand zweier nahe beieinander liegender Punkte zu messen.

Beim Helmholtzschen Ophthalmometer werden vor dem Objektive eines auf den anzuvisierenden Gegenstand eingestellten Fernrohres die beiden Hälften einer in der Mitte durchschnittenen Spiegelglasplatte so montiert, das sie mittels Triebes und zweier Zahnräder nach entgegengesetzten Richtungen um eine quer zur Fernrohrachse stehende und durch diese hindurchgehende Achse gedreht werden können, wobei sie immer gleiche, an einer geteilten Trommel abzulesende Winkel mit der Fernrohrachse bilden. Auf diese Weise können die beiden Bilder des Gegenstandes um meßbare Beträge hin und her geschoben werden.

Man eicht die Meßtrommel, indem man zunächst auf eine Millimeterskala einstellt, und die beiden Bilder derselben so gegeneinander verschiebt, daß der Reihe nach die einzelnen Striche zur Koinzidenz gelangen. Der den Plattenapparat tragende Kasten vor dem Fernrohrobjektive ist um die Fernrohrachse drehbar, um die Messungen in den verschiedenen Ebenen vornehmen zu können.

b) Die beiden begrenzenden Ebenen bilden einen Winkel miteinander: Prisma (Fig. 581). Die beiden für den Durchgang der Strahlen allein maßgebenden Grenzebenen sind die „brechenden Flächen" des Prismas, der Winkel, den sie miteinander bilden, heißt der „brechende Winkel" oder „Prismenwinkel *p*", die Gerade *P*, in der sie bei ihrer Verlängerung zusammenstoßen würden, die „brechende Kante"; eine zu dieser senkrecht stehende Ebene stellt einen „Hauptschnitt" des Prismas dar.

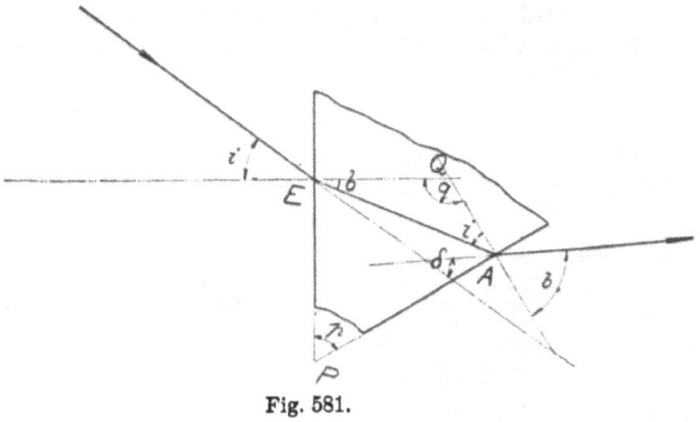

Fig. 581.

Dabei braucht weder die brechende Kante selbst ausgebildet, noch braucht die das Prisma nach rückwärts begrenzende Fläche eine Ebene zu sein; um störende Reflexion an ihr zu vermeiden, ist sie gewöhnlich gerauht.

Läßt man ein Büschel paralleler Strahlen parallel einem Hauptschnitte auf die eine brechende Fläche des Prismas auffallen, so erfährt der Büschel durch die Brechung an der Eintritts- und dann an der Austrittsfläche eine Gesamtablenkung δ. Diese ist groß, sowohl wenn die Strahlen sehr steil (Fig 582a), als auch wenn sie sehr flach auf die vordere Prismenfläche auffallen (Fig. 582c).

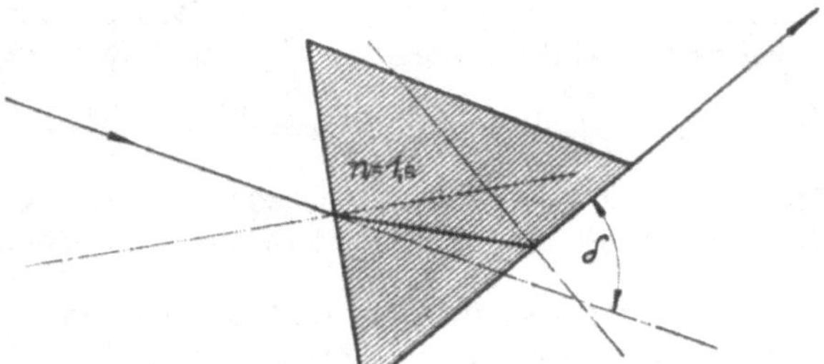
Erster Grenzfall
Fig. 582 a.

Dazwischen gibt es eine ausgezeichnete Stellung, bei der die Gesamtablenkung δ gerade ein Minimum wird. Diese Stellung ist, wie die Rechnung lehrt und der Versuch beweist, jene, bei der der Eintrittswinkel gegen die vordere Fläche ebenso groß wird wie der Austrittswinkel aus der zweiten Fläche, bei der also ein völlig symmetrischer Strahlengang durch das Prisma vorliegt, vgl. Fig. 582b; der (experimentelle) Beweis dafür wird w. u. (Versuch 689c) gegeben. In diesem speziellen Falle kann das Brechungsverhältnis *n* der Prismensubstanz [gegen das umgebende beiderseitig gleiche Medium (Luft)] durch Messung von nur zwei Winkeln, nämlich des Prismenwinkels p und des Ablenkungswinkels δ nach der einfachen Beziehung:

$$n = \frac{\sin \frac{1}{2}(p + \delta)}{\sin \frac{1}{2} p}$$

erhalten werden.

Aufgabe 394. Man leite diese Formel ab.

Als Außenwinkel, Fig. 581 ist $\delta = 2(i - b)$, daher $i = \frac{1}{2}\delta + b$; $2b$ ergänzt den Winkel q zu 180^0, das gleiche tut der Winkel p (die Winkelsumme im

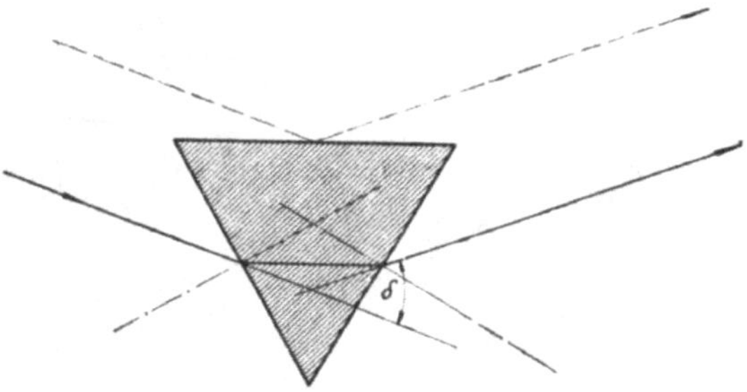

Minimumstellung
Fig. 582 b.

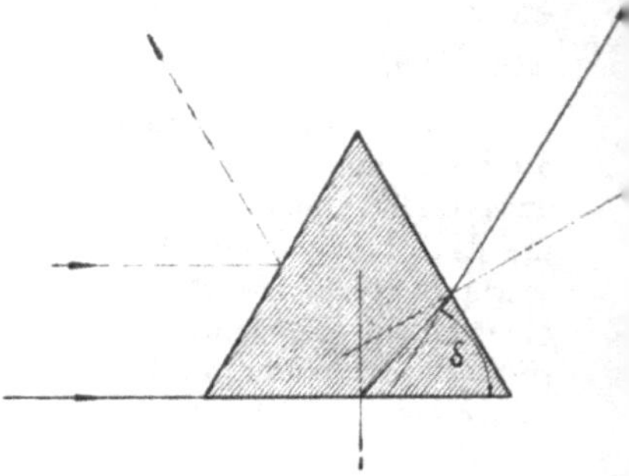

Zweiter Grenzfall
Fig. 582 c.

Viereck $EPAQ$ beträgt $4 \cdot 90^0$, zwei Winkel, nämlich die bei E und A sind dabei rechte Winkel), also ist $b = \frac{1}{2}p$ und da $n = \sin i / \sin b$, so ist

$$n = \frac{\sin \frac{1}{2}(\delta + p)}{\sin \frac{1}{2} p}.$$

Meist ist $p = 60^0$, $\sin \frac{1}{2}p = \sin\ 30^0 = \frac{1}{2}$; man braucht alsdann den sin des Zählers nur mit 2 zu multiplizieren, um n zu erhalten.

775. Prismatische Ablenkung von elektrischen, thermischen und optischen Strahlen. Zum Nachweise der Brechung und zur Messung des jeweiligen Brechungsverhältnisses n kann man die prismatische Ablenkung benutzen, aus der sich nach dem eben gesagten bei bekanntem brechenden Winkel p das Brechungsverhältnis der Prismensubstanz gegen das umgebende Medium (Luft) berechnen läßt.

Versuch 689 a. (Brechung elektrischer Strahlen). Dem Radiator mit dem Kugeloszillator § 752, S. 48 Fig. 553, (in seinem Metallschutzkasten mit der Schutzröhre vorn) gegenüber wird der (gleichfalls geschützte) Empfänger § 752, S. 49, Fig. 554a, aufgestellt und so einreguliert daß er regelmäßig anspricht. Schiebt man (dicht vor dem Ende der genannten Schutzröhre) ein großes (den ganzen Querschnitt des Schutzrohres nach allen Seiten hin überragendes) Prisma aus einer (elektrisch) isolierenden Substanz, z. B. Asphalt, in den Gang des Strahles elektromagnetischer Energie, so gelangt von dieser kein nennenswerter Betrag in den Rezeptor, dieser spricht nicht mehr an, der Strahl ist abgelenkt.

Dabei kann der Asphaltkörper in der prismatisch begrenzten Holzkiste belassen werden, in der er gegossen wurde, da die planparallelen Holzwände nach § 774, S. 109, keine Strahlablenkung bedingen.

Fährt man den Rezeptor zur Seite (von der brechenden Kante des Prismas weg), so gelangt man bald wieder in den Strahlbereich, wo der Rezeptor wieder anspricht, der Energiestrom ist nach dem Durchgange durch das Prisma nicht erloschen, sondern wurde durch dieses nur abgelenkt.

Aufgabe 395. Als vor die Mündung des Schutzrohres am Schutzkasten des Kugeloszillators ein großes Asphaltprisma von 60° brechendem Winkel aufgestellt wurde, ergab das Aufsuchen desjenigen Bereiches, innerhalb dessen ein möglichst deutliches Ansprechen des Rezeptors festgestellt werden konnte, nach Einregulieren der Prismenstellung auf das Minimum der Ablenkung eine solche von etwa 45°. Wie groß ist das elektrische Brechungsverhältnis: Luft gegen Asphalt bei der zur Verwendung kommenden Wellenlänge?

Nach § 774 S. 112 ist

$$n = \frac{\sin \frac{1}{2} \cdot 105}{\sin \frac{1}{2} \cdot 60} = 2 \cdot \sin 52^1/_2{}^0 = 2 \cdot 0{,}7933 = 1{,}59.$$

Das Quadrat hiervon ist 2,5, was sehr nahe mit der DK. für die Wellenlänge $\lambda = 24$ cm für Asphalt übereinstimmt.

Versuch 689b. (Brechung thermischer Strahlen.) Statt der Metallplatte des Versuches 681a, S. 88, wird auf das Tischchen des Spektrometermodells ein Prisma aus Steinsalz mit der brechenden Kante parallel zur (vertikalen) Drehachse aufgestellt.

Da die blanke Oberfläche des Steinsalzes bei der Berührung mit feuchter Luft leidet, wird das Prisma in einem zylindrischen Glasgefäße luftdicht eingeschlossen aufbewahrt.

Beim Drehen des Prismas und des die Thermosäule tragenden Armes findet man leicht diejenige Stellung, die der Brechung der Wärmestrahlen beim Minimum der Ablenkung entspricht.

Versuch 689c. (Brechung von Lichtstrahlen). In den Gang des schmalen Lichtbündels des Versuches 682, S. 91, wird ein (an einem Stative um seine Achse drehbares) in seinem Hauptschnitte ein gleichseitiges Dreieck bildendes Prisma so gebracht, daß seine brechende Kante dem Spalte in der Blende parallel verbleibt; auch seine dritte Fläche ist ausnahmsweise (vgl. oben S. 111) poliert und so gestellt, daß ein kleiner Betrag des benutzten Lichtes von dieser Fläche reflektiert wird (dünn gezeichnete Linie der Fig. 582b).

Das durch das Prisma gegangene Licht erscheint (auf dem Projektionsschirme) in ein farbiges Band auseinandergezogen: ein Strahl weißen Lichtes bleibt nach der Brechung nicht mehr ein Strahl des weißen Lichtes, sondern wird in die „sieben Regenbogenfarben“: rot, orange, gelb, grün, blau, indigo, violett aufgelöst, wobei hier bei der Brechung durch ein Prisma das rote Ende des Farbenbandes der ursprünglichen Strahlrichtung am nächsten liegt, also am wenigsten abgelenkt erscheint, während das violette Ende am stärksten abgelenkt wird. Man nennt diese Auflösung: Farbenzerstreuung oder „Dispersion“.

Dagegen bleibt das von der Rückseite des Prismas reflektierte Licht rein weiß.

Dreht man das Prisma um seine Achse, so wandern beide Anteile, der gebrochene wie der reflektierte. Dabei gibt es aber eine Stellung, bei der das Farbenband regelmäßig umkehrt. Die Gesamtablenkung (δ) kann nicht unter einen gewissen Betrag gebracht werden: Minimum der Ablenkung.

Man bemerkt nun, daß jedesmal, wenn diese Minimalstelle von dem Farbenbande beim Drehen des Prismas passiert wird, der reflektierte weiße Anteil gerade über seine Mitte hinweggeht, also in gleicher Richtung wie der durch das Prisma gegangene mittlere Strahl weitergeht (Fig. 582b). Da nun der reflektierte Teil immer die gleichen Winkel mit der spiegelnden Fläche wie der einfallende Strahl bildet, infolge der Prismengestaltung von beiden Strahlen aber auch mit den beiden brechenden Flächen immer gleiche Winkel gebildet werden, so ist eben die Minimumstellung dadurch ausgezeichnet, daß der mittlere von den gebrochenen Strahlen mit der zweiten brechenden Fläche denselben Winkel wie der einfallende Strahl bildet, daß also das Prisma symmetrisch von den Strahlen passiert wird. Hierdurch ist der zur Ableitung der Formel S. 112, benutzte Satz bewiesen.

778. Spektrum. Bei dem letzten Versuche sind wir auf eine höchst bedeutsame Tatsache gestoßen, deren tiefere Bedeutung freilich erst im Kapitel E dieses Buches ausführlicher gewürdigt werden soll, die wir aber schon hier des Folgenden wegen noch eingehender betrachten müssen:

Durch die Brechung wird weißes Licht in farbige Bestandteile aufgelöst.

Daß diese Tatsache erst hier bei der prismatischen Ablenkung und nicht schon bei den früheren Versuchen (bei denen sie sich freilich schon andeutete, z. B. Aufg. 390) zutage tritt, liegt vornehmlich daran, daß wir beim Prisma die Wirkung einer Brechung durch die gleichsinnige einer zweiten verstärken.

Das dem Auge einfach erscheinende weiße Licht erweist sich als aus den oben genannten farbigen Bestandteilen zusammengesetzt.

Daß es sich bei der prismatischen Ablenkung um eine wirkliche Auflösung, um eine Analyse handelt, zeigt man am einfachsten dadurch, daß man durch Zusammenfügen der farbigen Bestandteile wieder weiß erzeugt, der Analyse also die Synthese folgen läßt:

Versuch 690. Zwei an je einem Stative um eine horizontale Achse drehbare Prismen aus demselben Glase mit spitzen Winkeln etwa 30° brechendem Winkel) werden abwechselnd in den Gang der durch einen horizontalen Spalt ausgeblendeten weißen Strahlen der Projektionslampe gebracht, wobei die brechende Kante des einen Prismas nach oben, die des anderen nach unten gerichtet ist.

Wenn jedes der beiden Prismen für sich auf das Minimum der Ablenkung eingestellt wird, so ist bei beiden sowohl die Gesamtablenkung wie die Länge des Farbenbandes (in der gleichen Auffangentfernung) gleich groß, aber die Farbenfolge entgegengesetzt gerichtet.

Stellt man nun beide Prismen hintereinander, so hebt das zweite die Farbenzerstreuung des ersten auf, es erscheint wieder ein farbenreines weißes Spaltbild, beide Prismen zusammen wirken wie eine einzige planparallele Platte. (§ 774, S. 109, unter a).

Zur Addition der Farbeneindrücke kann man die Tatsache benutzen, daß jeder auf die Netzhaut des Auges ausgeübte Lichtreiz in seiner Wirkung eine gewisse Zeit lang nachdauert.

Versuch 691. (Schaukelprisma). Ein 60° Glasprisma ist um eine horizontale Achse drehbar an einem Gestelle angeordnet, das unten eine kleine Antriebsscheibe mit Kurbel trägt; von einem exzentrisch auf der Scheibe gelegenen Drehzapfen geht eine Stange nach einem kurzen auf der Drehachse des Prismas befestigten Hebel, so daß beim Drehen der Kurbel das Prisma in eine schaukelnde Bewegung versetzt wird, wobei das von ihm (etwa oben an der Zimmerdecke) entworfene Farbenband eine bestimmte Fläche überstreicht. Erfolgt die hin- und hergehende Bewegung der Farbenfolge genügend rasch, so lagern sich in der Mitte der überstrichenen Fläche die einzelnen Farbeneindrücke übereinander, das Auge empfindet hier reines Weiß; nur an den Enden des Weges, wo die Umkehr erfolgt, bleibt einerseits ein roter, andererseits ein violetter Farbensaum übrig.

Die Analyse des weißen Lichtes bei der prismatischen Auflösung ist eine vollkommene, die einzelnen farbigen Bestandteile lassen sich (für das Auge) nicht weiter zerlegen.

Versuch 692. Auf einem Schirme mit Spalt wird ein prismatisches Farbenband entworfen. Bewegt man den Schirm in seiner Ebene, so kann man mittels des Spaltes bald das Rot, bald das Orange usw. ausblenden. Läßt man solche Strahlen einfarbigen „homogenen“ Lichtes auf ein zweites Prisma fallen, so liefert dieses jetzt immer nur Rot, Orange usw.

Die sieben Regenbogenfarben stellen also die Grundelemente der Farbenwahrnehmung des Auges dar.

Daß aber mit diesen sichtbaren Strahlungen die Skala der etwa von der Bogenlampe ausgegangenen und durch das Prisma abgelenkten Strahlungen noch durchaus nicht zu Ende ist, wird sofort ersichtlich, wenn wir statt der Retina unseres Auges irgendeine andere, die Strahlungsenergie aufnehmende und umwandelnde Einrichtung verwenden.

Versuch 693a). (Nachweis der infraroten Strahlung). Vor dem Schirme des vorigen Versuches wird die an das Projektionsgalvanometer angeschlossene lineare Thermosäule Bd. II, 1 § 600 mit ihrer Längsrichtung parallel zur Richtung des Spaltes und der Prismenkante in dem Farbenbande hin und her geschoben (wobei der Wasserkasten aus der Projektionslampe entfernt ist). Schon im sichtbaren Teile des Farbenbandes, besonders gegen das rote Ende hin, zeigt das Galvanometer einen Ausschlag, der sich erheblich steigert, wenn man über rot hinausgeht und erst in größerer Entfernung wieder bis zu 0 abnimmt. Die Wärmestrahlen, mit denen wir schon früher operierten (vgl. Seite 91) liegen also jenseits des Rot: „Infrarote“ oder „ultrarote Strahlen“.

Versuch 693b). (Nachweis der ultravioletten Strahlungen.) Fängt man das Farbenband mit einem der schon zum Nachweise der an sich unsichtbaren korpuskularen Strahlungen verwendeten, mit einem fluoreszenzfähigen Präparate bestrichenen Schirme z. B. einem Platinbariumcyanürschirme auf, so bringt ein lebhaftes Aufleuchten des (grünlichen) Fluoreszenzlichtes schon im Indigo und Violett zum Ausdruck, daß das Präparat auf dem Schirme durch diese Strahlungen erregt wird. Wenn also der Schirm noch lebhafter aufleuchtet, wenn man über das Violett hinausgeht, in Gebiete, in denen das Auge keine Farbenempfindung mehr besitzt, so ist das nur ein Zeichen, daß auch hier noch Strahlungen tatsächlich vorkommen.

Ganz am Ende des Violett und etwas über dieses hinaus leuchtet der Schirm an zwei Stellen ganz besonders hell auf, weil von den glühenden Bogenlampenkohlen Strahlungen entwickelt werden, die, ihrer Brechbarkeit entsprechend, gerade hier ihren Platz finden. Ersetzt man das Glasprisma, was diese Strahlen schon stark absorbiert, durch ein Quarzprisma, so treten diese Helligkeitsmaxima noch viel glänzender hervor.

Man nennt diese jenseits des Violett vorhandenen Strahlungen: „ultraviolette Strahlen“. Da von allen Strahlen Energie übertragen wird, erhalten wir bei genügender Empfindlichkeit der Versuchsanordnung natürlich auch im sichtbaren und im ultravioletten Gebiet nachweisbare Erwärmung der Thermosäule.

Erinnern wir uns jetzt an den Vorgang bei der Brechung (vgl. § 770, S. 96), so kann es nicht zweifelhaft sein, daß die verschiedene Ablenkung der Strahlen, also die „Dispersion“, auf das engste verknüpft sein muß mit der Art von Resonatoren, denen die einzelnen Bestandteile der ankommenden Wellen in dem brechenden Medium begegnen, und der Größe der Fortpflanzungsgeschwindigkeit, die sie in ihm erfahren. Die Brechung, speziell die auf ihr beruhende prismatische Ablenkung, bietet sich uns also als ein erstes Hilfsmittel dar, die einzelnen Komponenten eines Strahlenkomplexes räumlich nebeneinander auszubreiten. Dies ist sehr wichtig. Während das Ohr in einem Klange die einzelnen Tonkomponenten (etwa im Durdreiklange die Tonica, Terz- und Dominante) ohne einen Hilfsapparat gesondert wahrzunehmen vermag, kann das Auge die in einem Zusammenwirken einzelner Strahlungen, z. B. im Weiß, enthaltenen Komponenten nicht unterscheiden; dazu verhilft erst die räumliche Ausbreitung der Einzelstrahlungen nebeneinander.

Wir nennen „Spektrum“ jede räumliche Trennung verschieden gearteter Strahlungen und „Spektralanalyse“ die dadurch ermöglichte Sonderung eines zusammengesetzten Strahlenkomplexes in seine Komponenten.

Wir haben zunächst das prismatische, auf Brechung beruhende Spektrum vor uns.

Ein anderes zur Charakterisierung der einzelnen Arten von Wellenstrahlungen noch wichtigeres Hilfsmittel der spektralen Analyse werden wir in den Beugungserscheinungen kennen lernen.

779. Komplementäre Mischfarben. Während die Gesamtheit des prismatischen Farbenkomplexes zusammengenommen wieder Weiß als Resultante ergibt, geben einzelne Spektralfarben miteinander gemischt Farbennuancen, die an sich nicht im reinen Spektrum vorkommen, sondern als Mischfarben zu bezeichnen sind, während sie im Auge wiederum als einheitliche Färbung aufgefaßt werden.

Dieses Organ ist eben nicht imstande, die Einzelkomponenten einer in seinen Bereich fallenden Empfindung direkt zu analysieren.

Von den unendlich vielen möglichen Mischungsarten (Farbendreieck, Farbenkreisel) spielen diejenigen eine besondere Rolle, bei denen alle Farben des Spektrums bis auf eine miteinander gemischt werden; die entstehende Mischfarbe hat dann die Eigenschaft, die ausgesonderte Farbe zu Weiß zu ergänzen; man nennt solche Farben zueinander komplementär.

Versuch 694. Ein Spektrum wird auf einem Schirme entworfen. Davor stellt man eine Reihe von Spiegeln auf, deren jeder sowohl um eine vertikale wie um eine horizontale Achse drehbar ist. Die Breite der Spiegel ist angenähert der Breite der im prismatischen Spektrum aufeinander folgenden einzelnen Farbennuancen angepaßt. Durch jeden Spiegel kann also je eine Farbe herausgehoben und gegen einen Projektionsschirm geworfen werden.

Legt man hier der Reihe nach die einzelnen Spektralfarben aufeinander, so enstehen die verschiedensten Mischfarben, zuletzt reines Weiß. Dreht man einen Spiegel etwas nach oben, so erscheint darunter die zu der herausgehobenen Spektralfarbe komplementäre Mischfarbe.

So ist zu

	rot,	orange,	gelb,	grün,	blau,	violett
komplementär:	|	|	|	|		|
	grün,	violett,	blau,	rot,	gelb,	orange.

Legt man über Rot das Violett, so entsteht beim Übereinanderlagern dieser beiden Enden des sichtbaren Spektrums ein eigentümlicher Purpurton, der im Spektrum selbst fehlt, aber beim Auslöschen seiner Mittelpartien hervortritt: „Übergangsfarbe".

780. Achromasie und spektrale Auflösung ohne Ablenkung eines bestimmten (mittleren) farbigen Strahles. Nach dem Vorhergehenden könnte es so scheinen, als ob Dispersion immer mit Strahlenablenkung durch Brechung verbunden sein müßte, und als ob bei spektraler Zerlegung vermittels der Brechung auch immer eine Strahlablenkung mit in Kauf zu nehmen wäre.

Nun geht aber Dispersions- und Brechungsvermögen nicht genau miteinander parallel. Stellt man z. B. Prismen aus sog. leichtem „Kronglas" ein andermal aus schwerem (bleihaltigem) „Flintglas" her, und wählt ihre brechenden Winkel so, daß beide etwa die gleiche mittlere Ablenkung der mittleren Strahlen des sichtbaren Spektrums ergeben, dann zieht das Flintglasprisma das Farbband der sichtbaren Strahlen auf eine größere Länge aus als das Kronglasprisma. Durch Kombination eines Prismas aus letzterem Materiale mit einem Flintglasprisma mit nach der entgegengesetzten Seite gekehrten brechenden Winkel kann man also die Farbenzerstreuung des ersteren aufheben, man kann es „achromatisieren" und behält doch noch etwas von seiner ablenkenden Wirkung übrig.

Versuch 695. An einer vertikalen Säule sind zwei Hülsen dreh- und verschiebbar, welche horizontale Teller tragen; an das eine ist von unten her ein Kronglasprisma *K*, auf das andere oben ein Flintglasprisma *F* aufgekittet; beide werden übereinander vor dem vertikalen Lichtspalt so aufgestellt, daß von ihm noch etwas direktes ungebrochenes Licht auf den Projektionsschirm fällt. Man sieht die größere Ablenkung der Gesamtstrahlen durch *K* wegen des größeren Winkels, sieht aber, daß das durch *F* nach der entgegengesetzten Richtung geworfene Farbenband zwar kleinere Gesamtablenkung, aber wegen der größeren Dispersion die gleiche Länge besitzt.

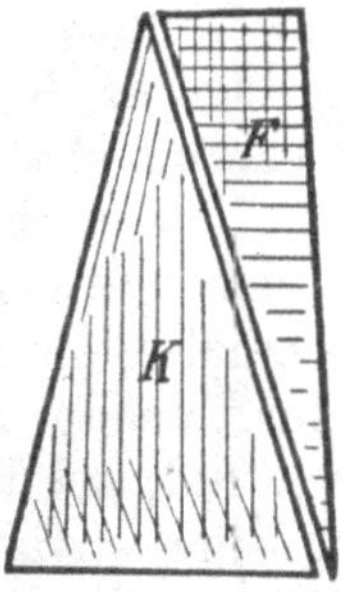

Fig. 583.

Schiebt man also beide Prismen nebeneinander, so daß sie wie in Fig. 583 zueinander liegen, so bleibt ein ungefärbtes, aber nach der Seite des *K* abgelenktes Spaltbild übrig: „achromatisches Prisma".

Die Bezeichnungen „Kron-" und „Flint-"glas sind veraltet. Die moderne, namentlich in Jena (Schott und Genossen) überaus weit fortgeschrittene Kunst des Glasschmelzens stellt „Optische Gläser" in jeder von der Theorie geforderten brechenden Kraft und Dispersion her, so daß die Achromasie nicht nur für zwei Strahlenarten des Spektrums, wie es früher allein möglich war, erzielt werden kann, wobei dann noch ein „sekundäres Spektrum" übrig blieb, sondern selbst noch das „tertiäre Spektrum" fast vollkommen zum Verschwinden gebracht werden kann.

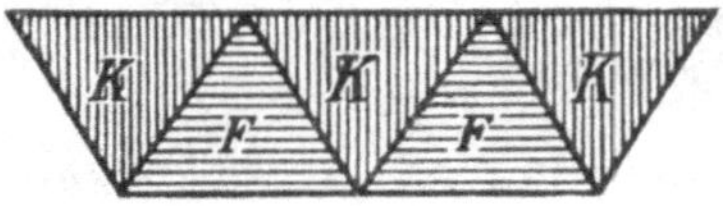

Fig. 584.

Kittet man mittels Kanadabalsam Prismen mit geeigneten Winkeln und aus entsprechenden Glassorten, z. B. *K* und *F*, so aneinander wie es Fig. 584 zeigt, so kann man erreichen, daß eine bestimmte Strahlenart, z. B. die grüne, in derselben Richtung wie das einfallende Strahlenbündel, also ohne Ablenkung weiter geht, während das ganze Strahlenbündel dispergiert wird: Prismensätze mit gerader Durchsicht, oder geradsichtige Prismen (Prismen à vision directe, auch Amicische Prismen genannt); sie finden bei Hand- und Stern-Spektroskopen Verwendung.

781. Gekrümmte Strahlen. Bisher waren die Übergänge an der Grenze von einem Medium zum andern „unstetig" d. h. sehr rasch erfolgend gedacht. Ändert sich die Beschaffenheit des eine wellenartig fortschreitende Zustandsänderung übermittelnden Mediums von Schicht zu Schicht stetig, so wird auch die Ablenkung, welche die

Strahlen von Schicht zu Schicht erfahren eine stetig geänderte, es entsteht ein kontinuierlich gekrümmtes Strahlgebilde.

Versuch 696. Die untere Hälfte eines an den Seiten und vorn durch Spiegelglasplatten geschlossenen Troges (etwa des bei Versuch S. 100 verwendeten) wird mit konzentrierter Kochsalzlösung gefüllt. Darüber schichtet man vorsichtig (sowie es bei Versuch 248 I, S. 359, angegeben wurde) reines Wasser, so daß eine Mischung der beiden Flüssigkeiten möglichst hintangehalten wird. Nach I, § 291 S. 359 erfolgt trotzdem infolge von Diffusion alsbald ein Übertreten von Salzteilchen aus den unteren Gebieten größerer in die oberen von geringerer Konzentration, so daß sich nach geraumer Zeit eine Übereinanderlagerung von Schichten mit stetig abnehmender Konzentration ausgebildet. Für Licht ist das Brechungsverhältnis um so größer, je konzentrierter die Lösung ist. Läßt man also von der Seite her ein schmales Bündel weißen Lichtes flach schräg nach oben eintreten (Spaltblende mit davorgestelltem, um eine horizontale Achse drehbarem Spiegel), so daß der Strahl erst etwas nach oben geht, so beschreibt er eine stetig gekrümmte Bahn mit der konkaven Seite gegen das dichtere Medium.

Diese Erscheinung spielt bei der Strahlenablenkung durch die Erdatmosphäre (Refraktion) und gewissen Luftspiegelungen (Fata morgana) eine Rolle. Auch wenn man den Strahl horizontal, also parallel den Schichtflächen schickt, findet eine Ablenkung im genannten Sinne statt; hierbei kommt die Änderung des Brechungsverhältnisses dn/dh, sein „Gefälle" in betracht. Da dieses durch die Diffusionsgeschwindigkeit bedingt ist, kann man die krummen Lichtstrahlen zur Bestimmung des Diffusionskoeffizienten d [I, § 291, S. 359, (150)] benutzen (O. Wiener).

782. Absolutes Brechungsverhältnis. Will man einem bestimmten Medium ein Brechungsverhältnis zuweisen, so muß man ein Vergleichsmedium wählen; dazu verwendet man das Vakuum mit der Wellengeschwindigkeit c (ohne Index). Unter dem Brechungsverhältnisse eines Mediums an sich, seinem „absoluten" Brechungsvermögen versteht man das Verhältnis der Strahlengeschwindigkeit im Vakuum c zu der in dem betreffenden Medium c_1:

$$n_1 = \frac{c}{c_1}$$

Da die Fortpflanzungsgeschwindigkeit der einzelnen Phasen einer elektromagnetischen Wellenerregung, die „Phasengeschwindigkeit", im Vakuum durchweg größer als in irgendeinem körperlichen Medium ist (nach 566a, S. 59, da für alle Körper $\varepsilon > 1$, für das Vakuum $= 1$, für kein Material aber < 1 bei von 1 nur wenig verschiedenem μ ist), so ist n immer eine Zahl größer als 1.

Grenzen zwei Medien von den (absoluten) Brechungsverhältnissen $n_1 = \frac{c}{c_1}$ und $n_2 = \frac{c}{c_2}$ aneinander, so gilt für den Übergang der betreffenden Strahlung:

$$\frac{\sin i_1}{\sin i_2} = \frac{c_1}{c_2} = 1 : \frac{c_2}{c_1} = \frac{c/c_2}{c/c_1} = \frac{n_2}{n_1}$$

oder:

$$n_1 \cdot \sin i_1 = n_2 \cdot \sin i_2 \,. \tag{580}$$

Der Wert des Produktes aus dem (absoluten d. h. auf das Vakuum bezogenen) Brechungsverhältnisse und dem sin des Winkels zwischen Strahl und Lot in dem betreffenden Medium bleibt bei der Brechung erhalten.

Dieser Satz gilt auch dann noch, wenn die Brechungsverhältnisse stetig ineinander übergehen, z. B. infolge von stetiger Dichteänderung, wie beim vorigen Versuche und in den Schichten der Erdatmosphäre oder den Gashüllen der Sonne oder der Planeten.

783. Brechungsvermögen, spezifisches und molekulares Brechungsvermögen. Das absolute, d. h. auf das Vakuum bezogene Brechungsverhältnis $\bar{n}$, welches nach vorstehendem der Fortpflanzungsgeschwindigkeit der betreffenden Strahlenart in dem betrachteten Medium umgekehrt proportional ist, muß eine Größe sein, die nach § 755, S. 57, mit der Konstitution des durchstrahlten Mediums aufs innigste zusammenhängt. Betrachten wir die das Medium aufbauenden Moleküle als die Ursache der gegenüber dem Vakuum veränderten Fortpflanzungsgeschwindigkeit, so können wir zunächst vermuten, daß ein Zusammenhang bestehen müsse zwischen der geänderten Geschwindigkeit und damit von $\bar{n}$ und der Dichte, mit der die Moleküle zusammengehäuft sind, also der Masse in der Volumeneinheit oder der Dichte δ der Substanz selbst. In der Tat leitete H. A. Lorentz aus der elektromagnetischen Lichttheorie ab, daß für sichtbare Strahlungen der Ausdruck

$$\frac{\bar{n}^2 - 1}{\bar{n}^2 + 2}$$

dieser Dichte δ proportional sein müsse. Man nennt daher diesen die brechende Wirkung bedingenden Ausdruck das „Brechungsvermögen" der Substanz. Das auf die Masseneinheit pro Volumeneinheit bezogene Brechungsvermögen, d. h. der Ausdruck

$$\frac{\bar{n}^2 - 1}{\bar{n}^2 + 2} \cdot \frac{1}{\delta}$$

das „spezifische Brechungsvermögen" muß dem erwähnten Satze von Lorentz zufolge eine Konstante sein. Tatsächlich stimmt diese

Größe bei vielen darauf hin (gewöhnlich für die gelbe Natrium- oder die grüne Linie des elektrisch zum Leuchten gebrachten Quecksilberdampfes) untersuchten Substanzen für die flüssige und dampfförmige Phase überein, namentlich auch für verflüssigte Gase H_2, O_2 und N_2.

In vielen Fällen zeigen sich freilich auch die früher schon zum Vergleiche herangezogenen und als spezifisches Brechungsvermögen bezeichneten Ausdrücke:

$$\frac{\bar{n}}{\delta} \text{ und } \frac{\bar{n}^2 - 1}{\delta}$$

als von der Dichte unabhängig, namentlich bei Gasen.

Multipliziert man das so definierte Brechungsvermögen mit dem Molekulargewichte M, so erhält man das „molekulare Brechungsvermögen“ oder „die Molekularrefraktion“:

$$n_{\text{Mol}} = \frac{\bar{n}^2 - 1}{\bar{n}^2 + 2} \cdot \frac{M}{\delta}.$$

Bemerkenswerterweise kann diese Größe additiv zusammengesetzt werden aus Beträgen, die man den einzelnen, das Molekül zusammensetzenden Atomen zuschreiben kann, den „Atomrefraktionen“: Die Molekularrefraktion einer chemischen Verbindung ist (in vielen Fällen) gleich der Summe der Atomrefraktion der einzelnen in ihren Molekülen zusammentretenden Elemente.

Das so definierte molekulare Brechungsvermögen erscheint also als „additive Eigenschaft“ (vgl. I, § 32, S. 43). Dabei ist freilich zu beachten, daß die Atome mit verschiedenen Refraktionswerten einzuführen sind, je nachdem ihre Valenzen einfach, doppelt oder mehrfach gebunden sind.

Dadurch gewährt aber auch umgekehrt wieder die Bestimmung der Refraktionsgrößen einen wichtigen Anhalt für die chemische Konstitution selbst.

Aufgabe 396. Man berechne das spezif. und molekulare Brechungsvermögen für die in Aufgabe 390, S. 103 verwendete Substanz (α-Mono-Bromnaphtalin):

Der Vergleich mit der Höhe einer gleichzeitig im Hydrometer (Band I, § 90, S. 102) mit emporgezogenen Wassersäule ergibt $\delta = 1{,}512$ daher $\varrho = \frac{n^2 - 1}{n^2 + 2} \cdot \frac{1}{\delta} = 0{,}246$ und da das Molekulargewicht von $C_{10}H_7Br$ $M = 120{,}0 + 7{,}056 + 79{,}92 = 206{,}98$ beträgt, so ist das „molekulare Brechungsvermögen“ d. i. $= M \cdot \frac{n^2 - 1}{n^2 + 2} \cdot \frac{1}{\delta} = \varrho \cdot M = n_{\text{Mol}} = 50{,}9$.

784. Strahlungszentrum vor einer ebenen, spiegelnden und brechenden Fläche, Abbildung, Nullstrahlen. Wir wollen jetzt ein ganzes Büschel von Strahlen betrachten, welches von einem Zentrum C, Fig. 585, ausgehe und die ebene Trennungsfläche FF

zweier Medien (1) und (2) mit den (absoluten, vgl. § 782, S. 120) Brechungsexponenten n_1 und n_2 ($n_2 > n_1$) treffe.

Liegen die durch ein Zentrum C gehenden Strahlen in einer Ebene, so wollen wir von einem „Strahlenbüschel" reden; C heißt dann der Mittelpunkt des Büschels.

Wird dagegen Wert darauf gelegt zu betonen, daß die durch C gehenden Strahlen nicht in einer Ebene zu liegen brauchen, sondern die betreffende Betrachtung auch gilt, wenn die Strahlen beliebig im Raume angeordnet sind, so wollen wir von einem „Strahlenbündel" reden; C heißt dann der Mittelpunkt des Bündels (in Übereinstimmung mit der Bezeichnungsweise der „projektiven Geometrie": Grundgebilde erster Stufe [Büschel] und Grundgebilde zweiter Stufe [Bündel].)

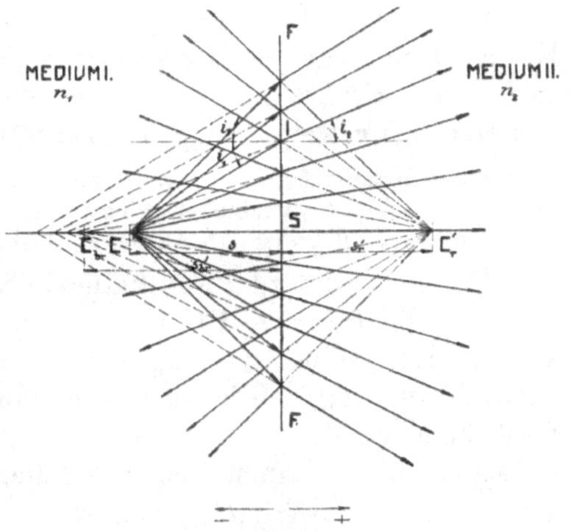

Fig. 585.

Versuch 698. Ein größerer, an allen vier Seiten mit Glasplatten geschlossener Kasten (Zimmeraquarium) ist bis zum Rande mit Wasser gefüllt.

Bei allen im folgenden beschriebenen Versuchen, bei denen der Strahlengang durch Wasser verfolgt werden soll, ist dieses mit einigen Tropfen einer alkoholischen Fluoreszeinlösung versetzt.

Vor der Mitte der einen Schmalseite (Fläche FF, Fig. 585) ist die Bogenlampe in ihrem Gehäuse, aber ohne Linsen aufgestellt. Zwischen dem Lichtbogen, dem Strahlungszentrum C und dem Wasserkörper läßt sich eine vertikal gestellte größere Blechscheibe hin und herschieben, in die in der Mitte in konzentrischen Kreisen gleichweite Löcher gebohrt sind, welche aus dem von C ausgehenden Strahlenbündel divergierende einzelne Bündel („Elementarbündel") ausblenden: „Blende B"; diese Einzelbündel fallen auf die ebene Trennungsfläche FF zwischen Luft ($n_1 = 1$) und Wasser ($n_2 = \frac{4}{3}$) auf und werden hier teils reflektiert, teils gebrochen.

Der Beobachtungsraum ist völlig verdunkelt. Im Wasser leuchten die vom Licht getroffenen Fluoreszeinteilchen hellgrün auf. Um auch in Luft den Verlauf der gespiegelten Strahlen verfolgen zu können, wird der Raum zwischen der Blende B und dem Wasserkasten mit Tabaksrauch oder auch besser noch mit Salmiaknebeln erfüllt.

[Von einer Gummidruckbirne führt ein Schlauch zu einem <förmig sich verzweigenden Glasrohr, von dem Schlauchverbindungen zu zwei rechtwinklig um-

gebogenen Glasröhren gehen, die bis zum Boden zweier Pulvergläser führen, von denen das eine mit Salzsäure, das andere mit Ammoniakflüssigkeit gefüllt ist; bläst man Luft hindurch, so werden Dämpfe dieser Flüssigkeiten mitgenommen, die sich in einer dritten Flasche sammeln und hier mischen; dabei fallen Salmiakpartikelchen (NH_4Cl) in Form eines feinen Nebels aus, die aus der Mischflasche heraus in den Luftraum hineingetrieben werden (von wo sie durch einen Ventilator in den Abzug gesaugt werden können)].

Der Verlauf der reflektierten und gebrochenen Strahlbündel tritt besonders deutlich hervor, wenn man die Löcherscheibe *B* (in ihrer Ebene) dreht, oder sie parallel mit sich selbst verschiebt, so daß sie näher an *FF* heran (Verringerung der Divergenz der einzelnen Strahlen) oder weiter abrückt (Vergrößerung des Divergenzgrades).

Sind einzelne Öffnungen in *B* mit verschiedenfarbigen Gläsern bedeckt, so sieht man, daß die verschiedenfarbigen Strahlen genau in gleicher Weise reflektiert, und auch in erster Annäherung in gleicher Weise gebrochen werden.

Der senkrecht zu *FF* auffallende Strahl *CS* [vgl. die Konstruktion, Fig. 585, die für $n_1 = 1$ (Luft) und $n_2 = \frac{4}{3}$ (Wasser) durchgeführt ist], wird in sich selbst zurückgeworfen, und durchsetzt die Fläche *FF* ohne Ablenkung. Wir benutzen ihn als „Achse" des gesamten Strahlbündels; der Punkt *S* ist der „Scheitel" desselben. Um die Achse ist alles symmetrisch, die Zeichenebene der Fig. 585 ist durch die Achse hindurch gelegt gedacht, sie stellt den Verlauf in einer „Achsenebene" dar; durch Rotation um *CS* erhält man ein Bild des räumlichen Verlaufes der Strahlen. Die unter kleineren Winkeln (gegen die Fläche, unter größeren gegen die zu *CS* parallelen Lote) einfallenden Strahlen wie *CJ*, werden durch die Reflexion zerstreut; bei den in das zweite Medium hineingebrochenen Anteilen wird der Divergenzgrad vermindert. Wir wollen die Eigenschaften beider Bündel näher ins Auge fassen.

a) Reflektiertes Strahlenbündel. Wegen der Gleichheit unter den in Betracht kommenden Winkelpaaren an den Inzidenzpunkten *J* werden alle Strahlen von der ebenen Fläche so reflektiert, als ob sie von einem Punkte C_r' ausgingen, der ebenso weit hinter dem Spiegel liegt, wie das Zentrum *C* vor demselben ($CS = SC_r'$). Die Strahlendivergenz ändert sich also bei der Spiegelung nicht, der Divergenzgrad bleibt erhalten.

Wir wollen alle, auf die beiden Medien sich beziehenden Größen durch die Indizes 1 und 2 voneinander unterscheiden; alle sich auf das Strahlenzentrum, also das selbstleuchtende Objekt, den „Gegenstand" (der Abbildung) beziehenden Größen unakzentuiert lassen, alle entsprechenden Größen für das Bild, wo dasselbe auch liegt, ob im Medium (1) oder (2), durch Akzente auszeichnen.

Man sieht leicht, daß die oben hervorgehobene Beziehung zwischen Objekt und Spiegelbild auch noch gilt, wenn *C* nicht mehr so vor dem ebenen Spiegel liegt, daß das Lot CS die spiegelnde Fläche FF selbst trifft: in diesem Falle ist die Verlängerung von FF die in Betracht kommende Bezugsebene. Vgl. die Fig. 586b.

Strahlen, die vor der Reflexion an einer ebenen Fläche von einem Punkt (C) ausgingen, verlaufen so, daß sie auch nach der Spiegelung von einem einzigen Punkte (C_r') auszugehen scheinen.

Definition des homozentrischen Strahlenbündels: Man nennt jedes Strahlenbündel, welches entweder wirklich von einem Punkte (C) ausgeht, oder bei der Verlängerung jedes einzelnen seiner Strahlen nach der einen oder anderen Seite hin zu einem Schnitte in einem Punkte führt (C_r'), ein homozentrisches Strahlenbündel.

Bei der ebenen Spiegelung geht also aus einem einfallenden homozentrischen Bündel auch ein homozentrisches reflektiertes Bündel hervor. Während aber C als ein wirklicher „reeller" Schnitt der Strahlen angesehen werden kann, schneiden sich die Strahlen in C_r' nicht wirklich, C_r' ist also nur ein „virtuelles" Zentrum.

Schneiden sich die Strahlen eines Bündels wirklich oder in der Richtung der Fortpflanzung der betreffenden Wellenbewegung in einem Punkte, so nennt man diesen Punkt einen „reellen" Punkt, das ihn bildende Strahlenbündel ist „konvergent"; schneiden sich die Strahlen aber erst, wenn sie rückwärts, d. h. gegen die Fortpflanzungsrichtung der entsprechenden Wellenbewegung verlängert werden, so heißt der Schnittpunkt ein „virtueller" (oder potentieller), das Strahlbündel selbst ein „divergentes".

Der letztere Fall liegt hier (Fig. 585) vor.

Man nennt ferner C_r' das „Bild" des „Objektes C", den Raum in dem sich C befindet, den „Objektraum", den Raum, in welchem sich die Bilder dieses Objektes bei den verschiedensten Lagen von C in bezug auf die spiegelnde Fläche FF vorfinden, den „Bildraum".

Das Bild C_r' des reellen Objektes C ist also ein virtuelles; ebene Spiegel liefern virtuelle Bilder. In den Figg. 586a und 586b sind die Bilder $C_1' C_2'$, welche von den Objekten $C_1 C_2$ durch Reflexion an dem ebenen Spiegel FF erhalten werden, dargestellt. In Fig. 586b liegen die Scheitel $S_1 S_2$ usf. außerhalb der materiellen spiegelnden Fläche.

Definition der Abbildung: Die Überführung eines homozentrischen Bündels in ein anderes, wiederum homozentrisches Bündel bezeichnet man als Abbildung.

Wir haben als Mittel der „Abbildung“ hier zunächst die Reflexion an einer ebenen Fläche kennen gelernt: bei derselben entspricht jedem Punkte des Objektraumes ein virtuelles Bild im Bildraume (und zwar nach der Bemerkung S. 124/125) unabhängig von der Größe der spiegelnden Fläche also auch der Öffnung der abbildenden Strahlenbündel.

Würde sich das Objekt bei C_r' befinden, so würde offenbar C das (virtu-

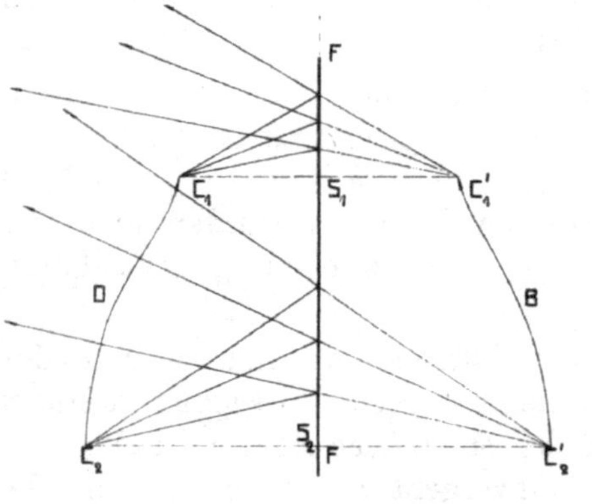

Fig. 586 a.

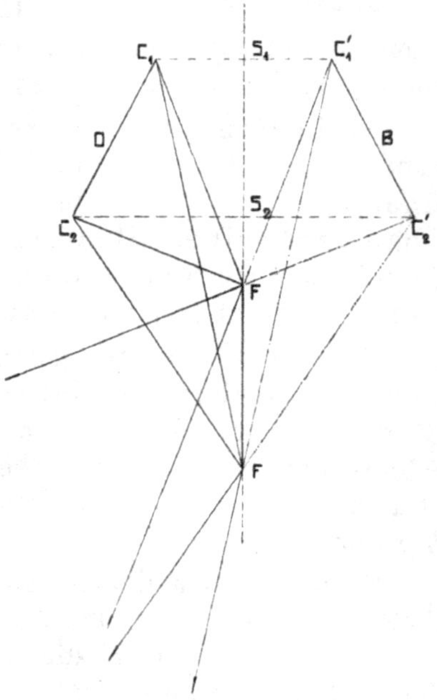

Fig. 586 b.

elle) Bild von C_r' in bezug auf die Ebene FF werden; beide durch diese Ebene getrennten Räume werden also durch die Spiegelung an ihr Punkt für Punkt aufeinander abgebildet. Man sieht ferner leicht, daß Punkte, die im Objektraum einer Geraden angehören, im Bildraum wieder auf einer geraden Linie liegen, daß eine Ebene durch eine Ebene abgebildet wird. Aber Vertauschung von rechts und links, Umkehrung des Drehsinnes beim Spiegelungsprozesse sind charakteristisch für die „Spiegelsymmetrie“.

Um den hier vorliegenden ersten und einfachsten Fall einer Abbildung mit späteren Fällen in einfache Beziehung setzen zu können, wollen wir die Scheiteldistanzen CS und SC_r' mit bestimmten Vorzeichen einführen; dazu treffen wir die folgenden **Festsetzungen**: Wir wollen uns die Strahlen immer von links nach rechts (also im Bewegungssinne der schreibenden rechten Hand) verlaufend denken und diese Richtung als die **positive** ansehen.

Ferner wollen wir alle Strecken vom Scheitel S an zählen, so daß CS als nach links (gegen die Strahlbewegung gelegen) negativ in Rechnung zu setzen ist, die Strecke SC_r' dagegen positiv, so daß

$$CS = -s, \quad SC_r' = +s_r'$$

zu schreiben ist. Nun sind aber nach dem Spiegelgesetze beide Strecken im vorliegenden Falle gleich lang, die homozentrischen Bündel, die durch ebene Spiegelung ineinander übergeführt werden, sind also durch die folgende Beziehung der Scheitelabstände ihrer Zentren charakterisiert:

$$\frac{CS}{SC_r'} = -1. \tag{581}$$

Rückt C weiter von der spiegelnden Fläche weg, so geschieht gleiches mit C_r' und umgekehrt; Objekt und Bild bewegen sich also auf der Achse im entgegengesetzten Sinne: „rückläufige Abbildung“.

b) Gebrochene Strahlenbündel. Führt man für die einzelnen von C ausgehenden Strahlen, z. B. CJ die Konstruktion § 770, S. 97 aus, so ist nach (580), S. 121 zu jedem gegebenen Einfallswinkel i_1 ein entsprechender i_2 zu konstruieren, so daß

$$n_1 \cdot \sin i_1 = n_2 \cdot \sin i_2 \quad \text{oder} \quad \frac{\sin i_2}{\sin i_1} = \frac{n_1}{n_2}$$

wird.

Man sieht dann, daß die Strahlen (mit verminderter Divergenz so weiter gehen, als kämen sie von Punkten links von FF; verlängert man sie nach rückwärts, so scheinen die achsennahen Strahlen von einem Punkte $C_{b\,r}'$ zu kommen, der links von C in der Entfernung $s_{b\,r}'$ liegt. Hier ist also

$$CS = -s, \quad SC_{b\,r}' = -s_{b\,r}'$$

der Quotient der Scheiteldistanzen eine positive Zahl. Man erhält wieder eine virtuelle Abbildung, der virtuelle Bildpunkt liegt jetzt aber im Objektraume selbst.

Ein exaktes Schneiden und damit eine virtuelle „Abbildung“ findet aber nur für Strahlen statt, die in der Nähe der Achse von C ausgehen. Denn führt man die „Einfallshöhe“ SJ ein, so ist diese offenbar (wegen der Winkelgleichheit):

$$SJ = CS \cdot \operatorname{tg} i_1 = SC_{b\,r}' \cdot \operatorname{tg} i_2,$$

also

$$\frac{CS}{SC_{b\,r}'} = \frac{\operatorname{tg} i_2}{\operatorname{tg} i_1} = \frac{\sin i_2}{\sin i_1} \cdot \frac{\cos i_1}{\cos i_2} = \frac{n_1}{n_2} \cdot \frac{\cos i_1}{\cos i_2}. \tag{582}$$

Bei der Brechung ist nun das Sinusverhältnis der einander entsprechenden Winkel eine Konstante; gerade darum kann aber das Verhältnis der Cosinus derselben Winkel nicht konstant sein. Das Verhältnis der Scheiteldistanzen, damit auch $s_{b\,r}'$ bei gegebenem s und deshalb die Entfernung von $C_{b\,r}'$ bei gegebener Lage von C ist also keine Konstante für die verschieden von C unter verschiedenen Winkeln gegen die Achse ausgehenden Strahlen, sondern von diesen Winkeln selbst abhängig.

Beliebige Strahlen, die von C ausgehen, schneiden sich also nach der Brechung an der ebenen Fläche auch rückwärts verlängert nicht in einem Punkte; dem homozentrischen einfallenden Bündel entspricht im allgemeinen hier kein gebrochenes homozentrisches Strahlenbündel.

Die Konstruktion zeigt schon unmittelbar, daß die achsennäheren Strahlen sich früher, bei $C_b{}'_r$ schneiden, die weiter divergierenden weiter vom Scheitel entfernt, bei $C_{b\,r}{}''$ usw.

Erinnert man sich an die bekannte Reihenentwicklung von cos für irgendeinen Bogen x

$$\cos x = 1 - \frac{x^2}{1\cdot 2} + \frac{x^4}{1\cdot 2\cdot 3\cdot 4} \dots,$$

so sieht man, daß $\cos x = 1$ wird, wenn man sich auf so kleine Bögen beschränkt, daß man Glieder zweiter und höherer Ordnung vernachlässigen kann.

Gleichzeitig wird dann $\sin x = x$ und $\operatorname{tg} x = x$.

Zieht man also nur Strahlen in Betracht, welche mit der Achse CS so kleine Winkel i_1 bzw. i_2 bilden, daß man die Glieder höherer Ordnung obiger Entwicklung, von der zweiten an, vernachlässigen kann, so geht (582) in

$$\frac{CS}{SC_b{}'_r} = \frac{n_1}{n_2} \tag{583}$$

über. Dann ist das Verhältnis der Scheiteldistanzen von der Öffnung des Strahlbündels, damit $s_b{}'_r$ von s nicht mehr abhängig; dem Zentrum C entspricht ein bestimmtes Zentrum $C_b{}'_r$, alle von C ausgehenden Strahlen werden so gebrochen als kämen sie von einem Punkte, nämlich $C_b{}'_r$, das homozentrische Bündel geht wieder in ein homozentrisches Bündel über, es findet eine „Abbildung“ statt.

Man nennt eine derartige Strahlvereinigung eine solche „zweiter Ordnung“, weil sie durch Vernachlässigung der angularen Größen zweiter Ordnung herbeigeführt wird. In der Praxis wird sie z. B. durch Diaphragmen erreicht, welche die „Randstrahlen“ abblenden und nur die „Achsen- oder Zentralstrahlen“ durchlassen.

Definition der Nullstrahlen: Man nennt Strahlen, die so kleine Winkel mit der Achse bilden, daß man ihre cos gleich 1 (ihre sin gleich den Bogen) setzen kann: „Nullstrahlen“.

Das Ergebnis obiger Betrachtungen kann man daher auch so ausdrücken:

Homozentrische Nullstrahlen bleiben auch nach der Brechung an einer ebenen Fläche homozentrisch.

Für den Scheitelabstand des Zentrums des gebrochenen Nullstrahlenbündels gibt (582) S. 127:

$$SC'_{br} = \frac{n_2}{n_1} \cdot CS$$

wie in (Fig. 585) tatsächlich für den Fall Wasser/Luft (4/3) zu ersehen ist.

Rückt C weiter von der brechenden Fläche weg, so geschieht gleiches mit C'_{br} und umgekehrt; Objekt und Bild bewegen sich hier auf der Achse im gleichen Sinne: „rechtläufige Abbildung“.

Vergleicht man die für die Reflexion erhaltene Beziehung (581), S. 127, mit der für Nullstrahlen bei der Brechung geltende (582), so sieht man, daß die Gesetze der Spiegelung aus denen der Brechung hervorgehen, wenn man in letzteren den relativen Brechungsexponenten $n_1/n_2 = -1$ setzt.

Wir werden sehen, daß dies ganz allgemein gilt, so daß wir hinfort die Nullstrahlengesetze nur für die gebrochenen Strahlen abzuleiten brauchen; aus ihnen folgen die analogen Beziehungen für die reflektierten, wenn man den Spezialwert $n_1/n_2 = -1$ (oder $n_2/n_1 = -1$) einführt.

785. Strahlungszentrum vor einer kugelförmig gekrümmten, spiegelnden und brechenden Fläche. Nächst den ebenen Flächen spielen in allen praktischen Anwendungen die sphärisch gekrümmten, spiegelnden und brechenden Flächen die Hauptrolle, weil sie sich verhältnismäßig leicht und sicher aus den verschiedenen Materialien herstellen lassen. Wir wollen auch hier die Betrachtung sogleich in völliger Allgemeinheit durchführen.

Zwei beliebige, für die betrachtete Strahlenart in hohem Grade durchlässige und isotrope (§ 770, S. 96) Medien (1) und (2) mit den Brechungsexponenten n_1 und n_2 mögen durch eine kugelförmige Fläche vom Radius r und dem Mittelpunkte M gegeneinander begrenzt sein. In dem einen Medium (1) befinde sich bei C ein gegen die Kugelfläche gleichartig strahlendes Strahlungszentrum.

Es sollen die an der Kugelfläche gebrochenen und reflektierten Strahlen näher verfolgt werden. Wir verbinden C mit M; alles ist um diese Zentrale symmetrisch; also werden auch die Strahlbündel um diese Linie herum symmetrisch verlaufen, sie stellt sich als „Achse“ unseres Strahlensystems dar; der Punkt S, wo sie die Kugelfläche trifft, ist der „Scheitel“ des Systems, $s = \overline{CS}$ die Scheitelentfernung des Strahlenzentrums. Wir legen durch die Achse eine Ebene: „Achsenebene“; wegen der allseitigen Symmetrie ist der Strahlengang in in allen Achsenebenen der gleiche; die folgenden Figuren stellen ihn in einer dieser Achsenebenen dar.

Dann sind im vorliegenden Falle vier Einzelfälle möglich, je nachdem die Kugelfläche den ankommenden Strahlen ihre konvexe oder konkave Seite entgegen stellt, und je nachdem die Strahlen von dem einen schwächer brechenden (1) Medium in ein stärker brechendes (2), übergehen oder umgekehrt.

Wir untersuchen zuerst die Wirkung der Kugelflächen auf parallele, dann auf divergente Strahlen.

Versuch 699. Zwei lange, sehr weite Glasröhren (etwa 25 cm weit, wie sie von den Glashütten geliefert werden), sind an der einen Seite durch ebene Glasplatten, an der anderen durch kugelförmig gekrümmte Glasschalen (wie sie ebenfalls von den Hütten in ziemlicher Regelmäßigkeit [zum Schutze der Zifferblätter von großen Uhren] geliefert werden,) geschlossen und liegen in Holzgestellen horizontal.

Die Platten, bzw. Schalen sind mittels Siegellack auf die Ränder der Röhren gekittet, die eine mit der konvexen, die andere mit der konkaven Seite der Schale nach außen; die Röhren sind oben angebohrt und mit verdünnter wässeriger Fluoreszeinlösung gefüllt.

Richtet man das parallel gemachte Strahlenbündel der Projektionslampe gegen den einen oder anderen Zylinder, so erfahren die Strahlen keine Richtungsänderung, wenn die eben begrenzte Seite des Wasserkörpers gegen die ankommenden Strahlen gerichtet ist, dagegen sehr starke Ablenkungen, wenn das Strahlenbündel auf eine der gekrümmten Flächen fällt.

Um den Strahlengang deutlich sichtbar zu machen, stellt man vor die Projektionslampe eine Glasplatte, auf die konzentrische Ringe aus Pappe aufgeklebt sind. Der Strahlenverlauf in der Luft (Brechungsexponent n_1) vor und nach Passieren der Wassersäulen wird durch Salmiaknebel (vgl. Versuch 698, S. 123) sichtbar gemacht; im Wasser (Brennungsexponent $n_2 = 4/3$) hebt das Licht der zur Fluoreszenz erregten Teilchen, den Verlauf der konaxialen Lichtmäntel sehr deutlich hervor.

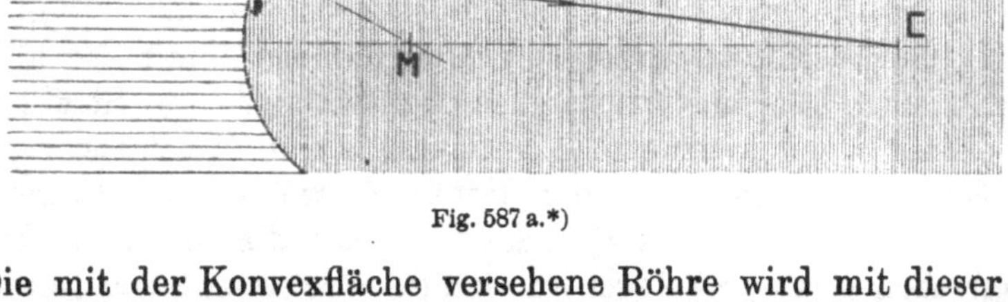

Fig. 587 a.*)

Die mit der Konvexfläche versehene Röhre wird mit dieser gegen das aus Luft ankommende parallele Strahlenbündel gestellt (Fig. 587 a);

dann wird diese Röhre mit ihrem Lager umgedreht, so daß das Strahlenbündel das Wasser als paralleles Bündel durchschreitet, und dann erst die jetzt gegen die Flüssigkeit konkave (gegen die Luft

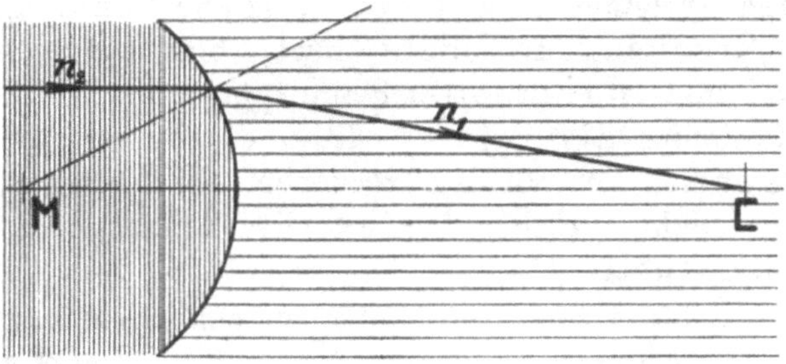

Fig. 587 b.*)

nach wie vor konvexe) Kugelfläche trifft (Fig. 587b). Ebenso wird mit der anderen Röhre verfahren (Fig. 588a und b).

Fig. 588 a.*)

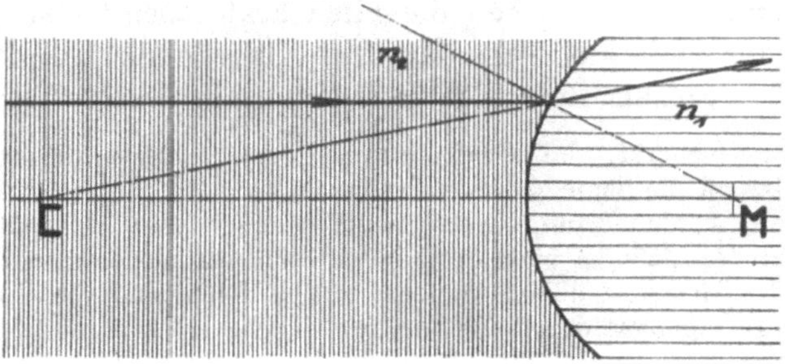

Fig. 588 b.*)

Man sieht, daß das an der gekrümmten Fläche zusammenstoßende System der beiden Medien auf die parallel ankommenden Strahlen verschieden wirkt, je nachdem der Übergang vom Medium mit kleinerem oder größerem Brechungsexponenten oder umgekehrt erfolgt oder im ersteren Falle, ob eine konvexe oder konkave Fläche getroffen wird. Man nennt das System ein **kollektives**, wenn es die Strahlen sammelt

*) In den Figg. 587a, b und 588a, b ist statt C C' zu lesen.

Fig. 587a und b) ein dispansives, wenn es dieselben zerstreut (Fig. 588a und b).

Man bemerkt weiter, daß die Strahlen nach der Brechung bei den kollektiven Systemen nach einem Punkte konvergieren, der hinter der brechenden Fläche liegt; hier schneiden sie sich wirklich, der Punkt ist ein reeller Schnittpunkt der Strahlen; bei den dispansiven Systemen divergieren sie, und zwar so, als ob sie von einem Punkte kämen, der vor der brechenden Fläche liegt; die Strahlen schneiden sich nicht wirklich daselbst, der Schnittpunkt ist ein gedachter, ein „virtueller".

Indessen findet dieses reelle oder virtuelle Schneiden nicht für alle Strahlen an derselben Stelle der Achse statt. Deckt man mit geeignet ausgeschnittenen ringförmigen Blenden der Reihe nach (und schnell hintereinander) die einzelnen durchlässigen Partien des Diaphragmas ab, so sieht man: Nur die nahe der Achse einfallenden Strahlen treffen sich (reell und virtuell) wieder in einem Achsenpunkte; auch hier sind es nur die Nullstrahlen, welche homozentrische Bündel liefern.

Versuch 700. Vor den Glasröhren wird der Lichtbogenkrater mit der Lochscheibe (vgl. Versuch 698, S. 123) aufgestellt und die Wirkung der reflektierenden und brechenden kugelförmigen Trennungsfläche zwischen Luft und Wasser (oder umgekehrt) auf die verschieden stark divergierenden Strahlenbündel verfolgt.

Die Brennkugel. Schon die alten arabischen Gelehrten haben sich eingehend mit dem Studium des Strahlenganges durch eine Kugel aus homogenem durchsichtigen Materiale beschäftigt.

Man hatte bemerkt, daß eine Glaskugel, oder eine mit Wasser gefüllte gläserne Hohlkugel die Sonnenstrahlen so verdichtet, daß hinter ihr eine Brennwirkung erzielt werden kann. Noch heute wendet man gelegentlich solche Kugeln an, um das Licht an einer bestimmten Stelle zu konzentrieren („Schusterkugel"). Ist die Glaswand überall gleich dünn, so kann man von ihr beim Verfolgen des Strahlenganges durch die Kugel absehen.

Versuch 701. In den Gang der vom Bogenlampenkrater divergent ausgehenden Strahlen wird eine größere Hohlkugel aus Glas, die mit Wasser gefüllt ist, aufgestellt, und der Verlauf sowohl der gespiegelten wie der gebrochenen in die Kugel eintretenden Strahlen verfolgt.

So kann man beim Righi — Oszillator (§ 752, S. 49, Fig. 554) auch die elektromagnetischen Strahlen etwa durch eine davorgestellte, mit Petroleum gefüllte große Glaskugel (Vorlage auf Strohkranz) konzentrieren und dadurch wirksamer machen.

Konstruktion. Wir wollen für den Fall Medium (I): Luft $n_1 = 1$ und Wasser (II): $n_2 = {}^4/_3$ den Strahlenverlauf für eine Wasserkugel vom Radius r zeichnen (Fig. 589). Der gegen den Mittelpunkt M gerichtete von C ausgehende Strahl wird am Scheitel S zum kleineren Teil in sich selbst zurückreflektiert, zum größeren geht er ohne Ablenkung weiter. Wir benutzen die Eintrittsgrade CS als Achse und

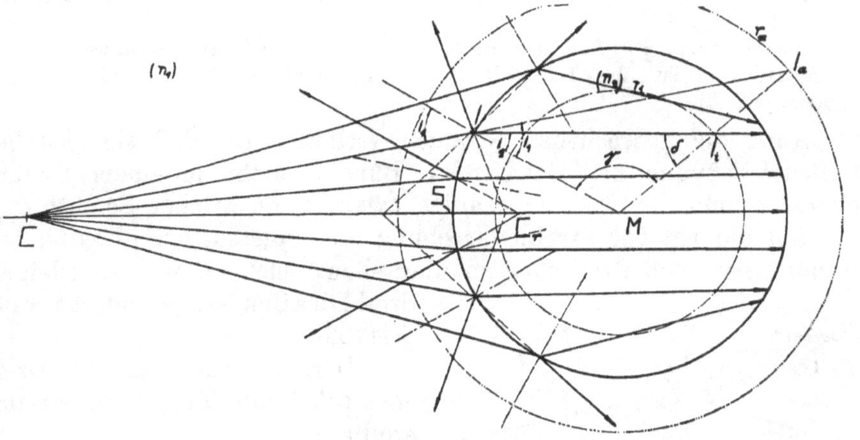

Fig. 589.

legen durch sie eine Ebene. Um CS herum ist der Verlauf aller Strahlen symmetrisch, es genügt daher, denselben in einer Achsenebene, der Zeichenebene darzustellen. Die Rotation der Zeichnung um die Achse liefert den gesamten Strahlengang.

Trägt man jeden Einfallswinkel an der andern Seite des über die getroffene Stelle hinaus verlängerten Radius noch einmal an, so erhält man die reflektierten Strahlen. Für die Nullstrahlen schneiden sie sich, rückwärts verlängert, in einem Punkte C_r.

Um die gebrochenen Strahlen zu konstruieren, zieht man, (nach Weierstraß) von M aus zwei Hilfskreise mit den Radien $r_a = n_2/n_1 \cdot r$ und $r_i = n_1/n_2 \cdot r$ (wenn $n_2 > n_1$ ist), so daß also: $r_a : r = n_2 : n_1$ und $r : r_i = n_2 : n_1$ ist.

Verlängert man irgendeine Eintrittsgerade CJ bis zum Schnitte mit dem äußeren Kreise J_a und verbindet man J_a mit M, so braucht man nur durch den auf dem inneren Kreise gewonnenen Schnittpunkt J_i von J aus eine Gerade zu ziehen, um die zu CJ gehörige Austrittsgerade zu erhalten.

Aufgabe 397. Man beweise die Richtigkeit dieser Konstruktion. Zunächst ist $\sphericalangle J_a J M = i_1$ (als Scheitelwinkel). Ferner ist $\triangle J_a M J_i \sim J M J_i$, denn beide

Dreiecke haben den Zentriwinkel γ gemeinsam, und die diesem Winkel anliegenden beiden Seiten stehen in gleichem Längenverhältnisse zueinander; denn nach der Konstruktion ist:

$$J_a M : MJ = r_a : r = n_2 : n_1$$

und ebenso

$$JM : MJ_i = r : r_i = n_2 : n_1 .$$

Daher sind auch die spitzen Winkel in den beiden Dreiecken einander gleich, d. h. $\delta = i_1$. Dann ergibt aber der Sinussatz auf das kleine Dreieck angewendet:

$$\sin\delta : \sin i_2 = JM : J_i M = r : r_i = n_2 : n_1 \text{ d. h. } \sin i_1 : \sin i = n_2 : n_1 ;$$

der Strahl JJi ist also tatsächlich der zum Einfallstrahle CJ gehörige gebrochene Strahl.

Auch die gebrochenen Strahlen verlaufen so, daß sie sich bei endlicher Öffnung des einfallenden Bündels nicht in einem Punkte schneiden; nur für die Nullstrahlen existiert ein solcher Schnitt C'_{br}.

Um die bei der Strahlenbrechung an Kugelflächen obwaltenden Verhältnisse noch deutlicher zu übersehen, zeichnen wir irgendeinen Strahl des Bündels gesondert heraus (Fig. 590).

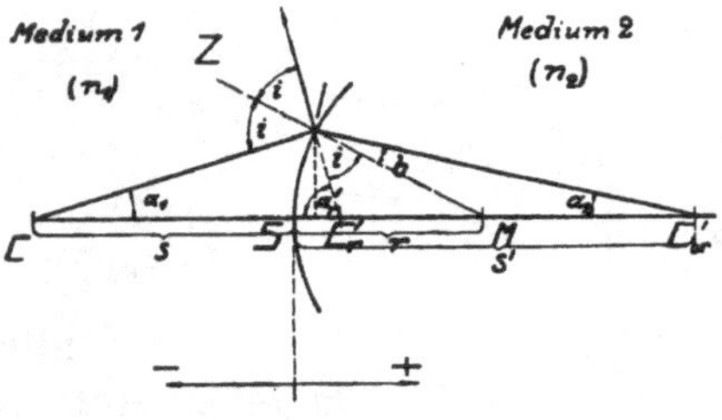

Fig. 590.

Der Sinussatz auf die Dreiecke CMJ und $MC'_{br}J$ angewendet ergibt:

$$\frac{CM}{MJ} = \frac{\sin(180 - i)}{\sin a_1} = \frac{\sin b}{\sin a_1}$$

$$\text{bzw. } \frac{MC'_{br}}{MJ} = \frac{\sin b}{\sin a_2} .$$

Eine Division des ersten durch den zweiten Ausdruck gibt mit Rücksicht auf das Brechungsgesetz (577), S. 98:

$$\frac{CM}{MC_b'{}_r} = \frac{n_2}{n_1} \cdot \frac{\sin a_2}{\sin a_1} .$$

Der letzte Faktor gibt nach dem auf das Dreieck $CC'_{br}J$ angewandten Sinussatz: $\sin a_2 / \sin a_1 = CJ / JC'_{br}$, also:

$$\frac{CM}{MC_b'{}_r} = \frac{n_2}{n_1} \cdot \frac{CJ}{JC_b'{}_r} .$$

Gehen wir auch hier von den Strahllängen auf die Scheiteldistanzen CS und SC'_{br} über, so wird:

$$\frac{CM}{MC_b'{}_r} = \frac{n_2}{n_1} \cdot \frac{(CS + SN)/\cos a_1}{(SC_b'{}_r - SN)/\cos a_2} .$$

Nennen wir den Fußpunkt des Lotes von J auf CM N, so ist $SN = r - r \cdot \cos\gamma$, wo γ der dem betrachteten Strahle entsprechende Zentriwinkel ist; danach wird:

$$\frac{CM}{MC'_{b\,r}} = \frac{n_2}{n_1} \cdot \frac{CS + r(1 - \cos\gamma)}{SC'_{b\,r} - r(1 - \cos\gamma)} \cdot \frac{\cos a_2}{\cos a_1}. \tag{584}$$

Diese Gleichung gilt ganz allgemein für alle Strahlen; man sieht aus ihr unmittelbar, daß bei gegebenem CM und damit gegebenem CS des Objektes die entsprechenden Größen $MC'_{b\,r}$ und $SC'_{b\,r}$ für den Bildpunkt $C'_{b\,r}$ von den Winkeln a_1, a_2 und γ abhängig sind, daß also Strahlen, die unter verschiedenen Winkeln gegen die Achse von C ausgehen, sich im allgemeinen nicht wieder an derselben Stelle der Achse treffen; dem homozentrischen Bündel entspricht also auch hier kein homozentrisches Bündel (vgl. § 784, S. 125).

Beschränkt man sich aber auf Nullstrahlen (§ 784, S. 128), so geht (584) in

$$\frac{CM}{MC'_{br}} = \frac{n_2}{n_1} \cdot \frac{CS}{SC'_{br}} \quad \text{oder} \quad \frac{CS}{SC'_{br}} = \frac{n_1}{n_2} \cdot \frac{CM}{MC'_{br}} \tag{585}$$

über (vgl. (583), S. 128).

Homozentrische Nullstrahlen bleiben also auch hier nach der Brechung homozentrisch.

Wir dehnen die Festsetzungen, S. 126 unten, jetzt auch auf r aus; dann liegt bei positivem r der Mittelpunkt M rechts (d. h. im Sinne des Strahlenganges) von S: die Strahlen fallen auf die konvexe Seite auf; liegt M links von S, so ist r negativ in Rechnung zu setzen: die Strahlen treffen eine konkave Fläche.

Dann ist in dem durch die Fig. 590 dargestellten Falle:

$$CS = -s,$$

$$SC'_{b\,r} = +s',$$

$$CM = CS + SM = -s + r,$$

$$MC'_{b\,r} = SC'_{b\,r} - SM = +s' - r$$

und nach (585):

$$\frac{-s}{+s'} = \frac{n_1}{n_2} \cdot \frac{-s+r}{+s'-r}$$

oder:

$$\frac{s'-r}{s-r} = \frac{n_1}{n_2} \cdot \frac{s'}{s}; \tag{586}$$

ausmultipliziert gibt dies:

$$n_2 \cdot s s' - n_2 \cdot s r = n_1 \cdot s s' - n_1 \cdot s' r$$

und durch $(s s' r)$ dividiert:

$$\frac{n_2}{s'} - \frac{n_1}{s} = \frac{n_2 - n_1}{r}. \tag{587}$$

Aufgabe 398. Man zeige, daß diese wichtige Formel für alle möglichen Lagen des Punktes C gilt (von denen die Fig. 587a, S. 130, speziell diejenigen zur Anschauung bringt, bei denen die Strahlen unter sich parallel auf die Kugelfläche auffallen).

Anleitung. Für Fig. 587a erhält man:

$$CS = -s, \quad SC' = +s', \quad r \text{ positiv};$$
$$CM = CS + SM = -s + r,$$
$$MC' = SC' - SM = +s' - r;$$

für Fig. 588a ganz dasselbe.

Für Fig. 587b ist:

$$CS = -s, \quad SC' = +s', \quad r \text{ negativ};$$
$$CM = CS - SM = -s + r,$$
$$MC' = SC' + SM = +s' + r.$$

Beim Einsetzen in (585), Ausmultiplizieren, Dividieren durch $(s\,s'\,r)$ und Ordnen erhält man immer wieder (587).

Auch sieht man leicht ein, daß in allen Fällen die Abbildung eine rechtläufige ist.

Für die reflektierten Strahlen würde man nach der Bemerkung am Schlusse des § 784, (S. 129) aus (587) erhalten:

$$\frac{1}{s'} - \frac{(n_1/n_2)}{s} = \frac{1-(n_1/n_2)}{r}$$

und wenn man $(n_1/n_2) = -1$ setzt:

$$\frac{1}{s'} + \frac{1}{s} = \frac{2}{r}. \tag{588}$$

Aufgabe 399. Man leite dies direkt ab.

Ganz analog wie oben erhält man (Fig. 590) aus $\triangle\, CMJ$ und $\triangle\, MC_r'J$ nach dem Sinussatz:

$$\frac{CM}{MJ} = \frac{\sin i}{\sin a_1} \quad \text{und} \quad \frac{MC_r'}{MJ} = \frac{\sin i}{\sin a_2'}$$

durch Division

$$\frac{CM}{MC_r'} = \frac{\sin a_2'}{\sin a_1} = \frac{CJ}{JC_r'}.$$

(Letzteres, wenn man den Sinussatz auf $\triangle\, CC_r'J$ anwendet.)

Führt man die Scheitelabstände ein, so wird:

$$\frac{CM}{MC_r'} = \frac{(CS+SN)/\cos a_1}{(SC_r'-SN)/\cos a_2'} = \frac{CS + r(1-\cos\gamma)}{SC_r' - r(1-\cos\gamma)} \cdot \frac{\cos a_2'}{\cos a_1}.$$

Geht man zu Nullstrahlen über, so wird

$$\frac{CM}{MC_r'} = \frac{CS}{SC_r'}$$

[vgl. (585), S. 135].

Führt man die Abkürzungen ein:

$$C\,S = -\,s\,, \qquad S\,C_r' = +\,s', \qquad r \text{ positiv};$$
$$C\,M = C\,S + S\,M = -\,s + r\,,$$
$$M\,C_r' = M\,S - S\,Cr' = +\,r - s',$$

so gibt die eben gefundene Beziehung

$$\frac{-\,s + r}{-\,s' + r} = \frac{-\,s}{+\,s'} \quad \text{oder} \quad = -\,s\,s' + r\,s' = +\,s\,s' - r\,s$$

und bei der Division durch $(s\,s'\,r)$:

$$\frac{1}{s'} + \frac{1}{s} = \frac{2}{r}$$

wie oben.

In der Formel (587) sind also auch alle Einzelfälle für die reflektierten Strahlen mit enthalten; man ersieht aus ihr auch unmittelbar, daß die Abbildung bei der Spiegelung in jedem einzelnen Falle rückläufig sein muß, während sie nach (583) für alle gebrochenen Bündel rechtläufig ausfällt.

786. Laterale und angulare Vergrößerung. Wir haben seither nur Achsenpunkte durch Nullstrahlen abgebildet. Jetzt wollen wir zu Punkten übergehen, welche der Achse benachbart sind, und ihre Abbildung durch die brechende (oder spiegelnde) Kugelfläche näher verfolgen.

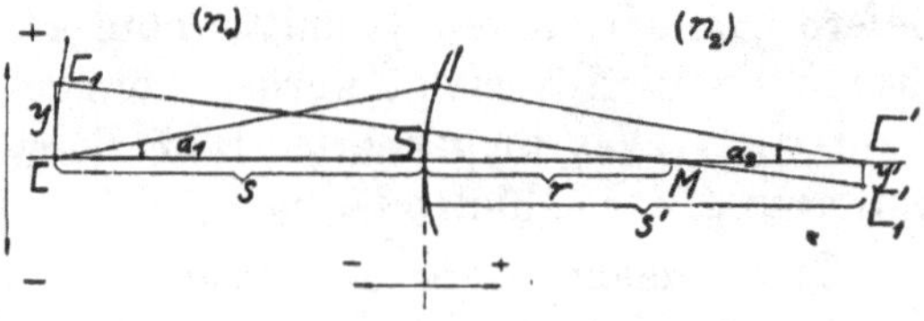

Fig. 591.

Beschreiben wir von M aus (Fig. 591) einen kurzen Kreisbogen mit dem Radius $M\,C$, so liegt der Punkt C_1 in bezug auf die brechende Fläche genau so, wie C selbst zu ihr. Auch für diesen Punkt muß daher eine Abbildung durch Nullstrahlen stattfinden, der Bildpunkt von C_1 muß auf dem Strahle $C_1\,M$ dort liegen, wo dieser bei seiner Verlängerung über M hinaus von dem Bogen mit dem Radius $M\,C'$ getroffen wird, bei C_1'. Die Endpunkte der beiden Bogenstücke sind einander als Objekt und Bild zugeordnet; man nennt solche Punkte: „konjugierte Punkte".

Was hier von den Endpunkten der beiden kurzen Kreisbögen gesagt wurde, gilt für alle Zwischenpunkte: Jedem Punkte auf $C\,C_1$ ist ein Punkt auf $C'\,C_1'$ konjugiert und umgekehrt, und zwar liegen die einander zugeordneten Punkte immer auf dem durch M gehenden Strahl.

Sind die Bogenstücke kurz, wie hier angenommen ist, so kann man sie als Stücke von geraden Linien ansehen, welche auf der Achse senkrecht stehen. Wir wollen die Richtung senkrecht zur Achse als y-Richtung wählen, positiv nach oben gerechnet, negativ nach unten. Dann sind die einzelnen Punkte der Strecke $+y$ den Punkten der Strecke $-y'$ konjugiert und umgekehrt, $-y'$ ist also das Bild von y.

Denkt man sich die ganze Figur um die Achse CSM rotierend, so beschreiben die eben genannten Strecken Stücke von Ebenen, welche zur Achse senkrecht stehen. Auch diese Ebenen sind einander konjugiert, insofern in ihnen sich die einzelnen Punkte wie Bild und Objekt einander entsprechen: Senkrecht zur Achse liegende Ebenen werden (in der Nähe der Achse) in Ebenen abgebildet, die wieder senkrecht zur Achse liegen; konjugierte Punkte zweier konjugierter Ebenen liegen auf einer durch den Kugelmittelpunkt gehenden Geraden.

Versuch 702. Abbildung ausgedehnter Objekte. In der Achse des Wasserkörpers (Fig. 587a, S. 130), vor seiner konvexen Fläche, wird eine Glühlampe mit einem möglichst in einer Ebene (senkrecht zur genannten Achse) verlaufenden Glühfaden aufgestellt. Die von den einzelnen leuchtenden Punkten ausgehenden Strahlen liefern Bündel, deren Schnittpunkte in der verdünnten Fluoreszeinlösung deutlich verfolgt werden können. In dem Wasserkörper entsteht ein reelles umgekehrtes Bild, dessen Größe je nach der Scheitelentfernung der Glühlampe variiert.

Man nennt Seiten- oder laterale Vergrößerung (auch Linear- oder kurz überhaupt Vergrößerung) das Verhältnis von Bild- zu Objektgröße:

$$V = \frac{y'}{y}. \tag{589}$$

Aufgabe 400. Man berechne V für den vorliegenden Fall.
Wegen der Ähnlichkeit der Dreiecke ist:

$$\frac{C' C_1'}{C C_1} = \frac{C' M}{C M}.$$

Mit Rücksicht auf die oben (S. 126 und S. 135) getroffenen Festsetzungen über die Vorzeichen der in Betracht kommenden Größen ist:

$$C' C_1' = -y', \qquad C C_1 = +y,$$

$$C'M = SC' - SM = +s' - r,$$

$$CM = CS + SM = -s + r,$$

oder:

$$\frac{-y'}{+y} = \frac{+s'-r}{-s+r},$$

oder:

$$\frac{y'}{y} = \frac{s'-r}{s-r}.$$

Nun ist aber nach (586), S. 135

$$\frac{s'-r}{s-r} = \frac{n_1}{n_2} \cdot \frac{s'}{s},$$

also:

$$V = \frac{n_1}{n_2} \cdot \frac{s'}{s}. \tag{590}$$

Ebenso wie (587), S. 135, gilt auch diese Gleichung für alle Lagen von Bild und Gegenstand und sowohl für konvexe wie für konkave Flächen.

Die Linear- oder Lateralvergrößerung in konjugierten Ebenenpaaren ist für alle Paare einander konjugierter Punkte, die sie enthalten, eine konstante Größe; diese Größe variiert aber von Ebenenpaar zu Ebenenpaar (weil jedes Paar durch ein anderes Verhältnis der Scheitelabstände s'/s ausgezeichnet ist).

Werden bei der Abbildung nur Inzidenzpunkte J verwendet, welche dem Scheitel S nahe liegen, wird die Kugelfläche also geeignet abgeblendet, so kann man die Bögen SJ als zur Achse senkrecht stehende Gerade auffassen und schreiben:

$$\operatorname{tg} a_1 = \frac{SJ}{CS}, \qquad \operatorname{tg} a_2 = \frac{SJ}{SC'}$$

oder:

$$\frac{\operatorname{tg} a_2}{\operatorname{tg} a_1} = \frac{CS}{CS'},$$

oder wenn man sich auf die Betrachtungen von Strahlvereinigungen II. Ordnung (vgl. § 784, S. 128) beschränkt, wobei man dann für die tg die Bögen a_1 und a_2 selbst einführen darf,

$$\frac{a_2}{a_1} = \frac{CS}{SC'}.$$

Auch den Bögen a_1 und a_2 müssen wir, um den im folgenden abzuleitenden Gesetzmäßigkeiten völlige Allgemeingültigkeit zu sichern, bestimmte Vorzeichen geben: Wir rechnen alle Winkel positiv, bei denen die Austrittsgerade durch eine Zeigerdrehung (auf kürzestem Wege) in die Achsenrichtung übergeführt wird; daher ist a_1 positiv, a_2 negativ in Rechnung zu setzen.

Man nennt Winkel- oder angulare Vergrößerung das Verhältnis der Winkel von Austrittsgeraden (am Bilde) und Einfallsgeraden (am Objekte) zur Achse:

$$A = \frac{a_2}{a_1}. \tag{591}$$

(Genauer müßte man das Verhältnis $\operatorname{tg} a_2 / \operatorname{tg} a_1$ in Betracht ziehen und nennt daher A auch das Tangentenverhältnis oder die Tangentenvergrößerung.)

Aufgabe 401. Man berechne A.

Da $CS = -s$, $SC' = +s'$, so ist mit Rücksicht auf die Vorzeichen der Bögen:

$$\frac{-a_2}{+a_1} = \frac{-s}{+s'}$$

und

$$A = \frac{s}{s'}.$$

Da aber nach (590), S. 139:

$$\frac{s}{s'} = \frac{y}{y'} \cdot \frac{n_1}{n_2}$$

ist, so wird

$$A = \frac{a_2}{a_1} = \frac{y}{y'} \cdot \frac{n_1}{n_2}. \tag{592}$$

Aus (592) leitet man die folgenden beachtenswerten Sätze ab:

$$\left(\frac{y'}{y}\right) \cdot \left(\frac{a_2}{a_1}\right) = \frac{n_1}{n_2}$$

oder

$$V \cdot A = \frac{n_1}{n_2}. \tag{593}$$

Das Produkt aus lateraler und angularer Vergrößerung ist für die Kugelfläche konstant und gleich dem Verhältnisse der Brechungsexponenten der von ihr getrennten Medien.

Ferner kann man (592) schreiben:

$$y' \cdot a_2 \cdot n_2 = y \cdot a_1 \cdot n_1. \tag{594}$$

Bei der Strahlenbrechung an einer Kugelfläche bleibt das Produkt aus Bildgröße, Achsenwinkel und Brechungsexponenten konstant (Gesetze von Lagrange).

787. Brennebenen, Brennweiten, Brennpunkte. Von den unendlich (∞) vielen Ebenenpaaren, welche bei der Brechung an der Kugelfläche einander entsprechen, „einander konjugiert“ sind, spielen zwei eine besondere Rolle: Der unendlich fernen Ebene im Objektraume muß eine ganz bestimmte Ebene im Bildraume entsprechen, deren Scheiteldistanz man offenbar findet, wenn man in der alle Einzelfälle umfassenden Formel (587), S. 135, $s = \infty$ setzt. Wir wollen den speziellen Wert von s', der sich dann ergibt, mit σ' bezeichnen, so daß erhalten wird:

$$\sigma' = \frac{n_2 \cdot r}{n_2 - n_1}. \tag{595}$$

Man nennt die durch den Endpunkt von σ' senkrecht zur optischen Achse gelegte Ebene die **Brennebene** im Bildraume (im „zweiten“ Raume), ihren Scheitelabstand σ' selbst die (2.) **Brennweite** und ihren Schnittpunkt B' mit der Achse den (2.) **Brennpunkt**. Alle, von Punkten der unendlich fernen Ebene kommenden, d. h. unter sich parallel auf die brechende Fläche fallende Strahlen, müssen in der (2.) Brennebene zum Durchschnitt kommen, die achsenparallelen speziell im Brennpunkte.

Der unendlich fernen Ebene im Bildraume entspricht im Objektraume (dem „ersten“ Raume), eine Ebene, deren Scheiteldistanz σ aus der Gleichung (587), S. 135, erhalten wird, wenn man $s' = \infty$ setzt:

$$\sigma = -\frac{n_1 \cdot r}{n_2 - n_1}. \tag{596}$$

σ ist die (1.) Brennweite, der um die Strecke σ vom Scheitel S entfernte Punkt B der 1. Brennpunkt, die durch ihn senkrecht zur Achse gelegte Ebene, die 1. Brennebene. Strahlen, welche von ihr ausgehen, verlaufen nach der Brechung im 2. Raume untereinander parallel.

Der Fig. 589 ist ein $n_1 = 1$, $n_2 = \frac{3}{2}$ zugrunde gelegt, wie es etwa dem Übergange von Licht aus Luft in Glas entspricht; danach ist $\sigma = -2r$, $\sigma' = 3r$ und $\sigma'/\sigma = \frac{3}{2}$, wie man beim Nachmessen sofort erkennt.

Für σ und σ' gelten natürlich dieselben Vorzeichenregeln wie für s und s' selbst, so daß für den in Fig. 589 angenommenen Fall σ als negative, σ' als positive Größe zu gelten hat.

Aus (595) und (596) folgt durch Division unmittelbar:

$$\sigma' : \sigma = -n_2 : n_1. \tag{597}$$

Die Brennweiten verhalten sich wie die Brechungsexponenten der zugehörigen Medien.

Da n_2 und n_1 immer positive Größen sind, so zeigt das — Zeichen (mit Rücksicht auf die Vorzeichenregel) an, daß **die beiden Brennpunkte** für alle Einzelfälle **immer auf entgegengesetzten Seiten von der Kugelfläche** liegen.

Aufgabe 402. Man konstruiere die Brennpunkte und einige Paare konjugierter Strahlen für zwei Medien mit einem Verhältnisse der Brechungsexponenten $n_2/n_1 = \frac{3}{2}$ (etwa dem von Glas gegen Luft) für die vier Fälle, daß das stärker brechende Medium n_2

a) rechts, b) links liegt und die Kugelfläche den von links kommenden Strahlen α) ihre konvexe, β) ihre konkave Seite zuwendet.

Man findet, daß eine Kugelfläche immer dann **kollektiv** (vgl. S. 131) wirkt, wenn ihr Mittelpunkt im stärker brechenden Medium liegt, gleichgültig, ob sie ihre konvexe oder ihre konkave Seite den ankommenden Strahlen zukehrt [auch direkt aus den Gleichungen (595) u. (596) zu ersehen: σ' kann nur positiv werden, wenn gleichzeitig $(n_2 - n_1)$ und r positiv und negativ sind].

Zweckmäßig führt man in die Strahlengleichungen die Brennweiten ein; multipliziert man (587), S. 135, mit $r/(n_2 - n_1)$, so erhält man:

$$\frac{n_2 \cdot r}{s'(n_2 - n_1)} - \frac{n_1 \cdot r}{s(n_2 - n_1)} = 1,$$

was mit Rücksicht auf (595) und (596), S. 140 u. 141, ergibt:

$$\frac{\sigma'}{s'} + \frac{\sigma}{s} = 1. \tag{598}$$

Dies gibt weiter:

$$\frac{\sigma'}{s'} = 1 - \frac{\sigma}{s} = \frac{s - \sigma}{s} \quad \text{und} \quad \frac{\sigma}{s} = 1 - \frac{\sigma'}{s'} = \frac{s' - \sigma'}{s'}$$

und bei Multiplikation:

$$(s - \sigma)(s' - \sigma') = \sigma \sigma'. \tag{599}$$

Ferner ist:

$$\sigma s' = s(s' - \sigma') \quad \text{und} \quad \sigma' s = s'(s - \sigma).$$

788. Die Abbildungsgleichungen. Wir wollen jetzt die Entfernungen aller Objektpunkte wie C von dem 1. Brennpunkte B, aller ihnen konjugierter Bildpunkte, wie C' von dem zweiten Brennpunkte B' rechnen, diese Entfernungen mit x bzw. x' bezeichnen und sie negativ rechnen, wenn sie von ihrem Brennpunkte aus nach links, positiv, wenn sie nach rechts hin abzutragen sind, um die ihnen entsprechenden Punkte zu erreichen. Dann wäre also für den durch Fig. 592 dargestellten Einzelfall x negativ, x' positiv in Rechnung zu setzen.

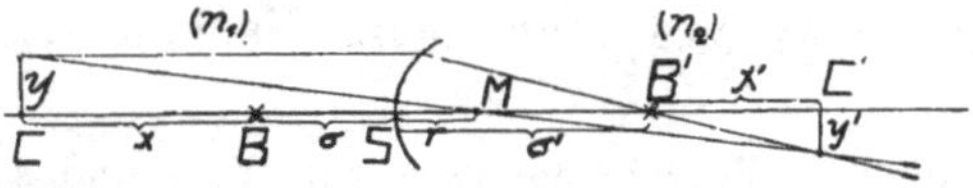

Fig. 592.

Da nun immer:

$$CS = CB + BS \quad \text{und} \quad C'S = C'B' + B'S$$

ist, so erhält man mit Rücksicht auf die Vorzeichen:

$$-s = -x + (-\sigma) \quad \text{und} \quad +s' = +x' + (+\sigma'),$$

d. h. ganz allgemein:

$$s = x + \sigma, \quad \text{daher:} \quad s - \sigma = x,$$
$$s' = x' + \sigma', \quad \text{daher:} \quad s' - \sigma' = x';$$

sonach zufolge (599):

$$\boxed{x x' = \sigma \sigma'}. \tag{600}$$

und nach S. 142

$$\sigma s' = s x' \quad \text{und} \quad \sigma' s = s' x$$

oder

$$\frac{s'}{s} = \frac{x'}{\sigma} = \frac{\sigma'}{x}. \tag{601}$$

Für die Lateralvergrößerung erhält man nach (590), S. 139, und (597), S. 141:

$$V = \frac{y'}{y} = \frac{n_1}{n_2} \cdot \frac{s'}{s} = -\frac{\sigma}{\sigma'} \cdot \frac{s'}{s};$$

dies gibt aber mit Rücksicht auf (601)

$$\boxed{V = -\frac{x'}{\sigma'} = -\frac{\sigma}{x}}. \tag{602}$$

Die beiden Hauptgleichungen (600) und (602) gelten ganz allgemein für alle möglichen Lagen der Brennpunkte und alle Lagen der Objekte und ihrer Bilder; man muß nur in jedem einzelnen Falle die Vorzeichen der hier vorkommenden Strecken genau beachten. Sind also die beiden Brennweiten σ und σ' gegeben, so kann man nach den Gleichungen (600) und (602) für jeden Punkt (x, y) im Strahlungsraum die Lage seines konjugierten Punktes (x', y') im Bildraume berechnen.

Aufgabe 403. Man leite aus den allgemeinen Abbildungsgleichungen für die Kugelfläche die Gesetze des Strahlenganges für die Ebene ab.

Setzt man $r = \infty$, so muß man aus den Gleichungen dieses Paragraphen diejenigen erhalten, welche die Abbildung an einer ebenen Fläche vermittels enger, senkrecht auf dieselbe fallender Strahlenbündel geben.

Also erhält man aus den Gleichungen (587), (590), (592), (595) und (596):

$$\frac{n_2}{s'} - \frac{n_1}{s} = 0 \quad \text{oder} \quad \frac{s'}{s} = \frac{n_2}{n_1}.$$

$$V = \frac{y'}{y} = 1, \quad A = \frac{n_1}{n_2}, \quad \sigma = -\infty, \quad \sigma' = +\infty.$$

Eine ebene brechende Fläche hat unendlich große Brennweiten; einem von der einen oder anderen Seite her parallel einfallenden Bündel entspricht immer ein parallel austretendes (Systeme, bei denen dies der Fall ist, nennt man „teleskopische Systeme“).

Trotz dieser unendlich großen Brennweiten findet aber doch eine punktweise Abbildung der beiden durch die ebene Fläche getrennten Räume statt Da n_1 und n_2 immer positiv sind, so liegen nach der ersten Gleichung Bild und Objekt immer auf derselben Seite der brechenden Ebene, die Scheiteldistanzen beider verhalten sich wie die Brechungsexponenten der beiden aneinandergrenzenden Medien [vgl. (583), S. 128].

Da der Quotient s'/s konstant ist, müssen beide Abstände gleichzeitig wachsen oder abnehmen: die Abbildung ist also rechtläufig. Ferner zeigen die obigen Gleichungen: Bild und Objekt sind gleich groß und gleichgerichtet, die Winkelvergrößerung ist konstant.

789. Spiegelung an Kugelflächen. Während die Strahlenbrechung an einer einzelnen Kugelfläche in der Praxis nur gelegentlich eine Rolle spielt, kommt den Reflexionserscheinungen an einer solchen eine weit größere Bedeutung zu, weil auf ihnen die Wirkung der sphärischen Konkav- (Hohl- oder Sammel-)spiegel, sowie der Konvex- (Zerstreuungs-)spiegel beruht.

Nach § 784, S. 129, gehen die Abbildungsgleichungen für die Reflexion aus denen für die Brechung hervor, wenn man $n_2/n_1 = -1$ setzt. Tut man dies in den Gleichungen (587), S. 135, und (590), S. 139, so erhält man für die Spiegelung an kugelförmig gekrümmten Flächen:

$$\frac{1}{s'} + \frac{1}{s} = \frac{2}{r}$$

und

$$V = \frac{y'}{y} = -\frac{s'}{s}. \tag{603}$$

Die Gleichungen (595) u. (596), S. 140 u. 141, ergeben für die Brennweiten:

$$\sigma = \sigma' = \frac{r}{2}. \tag{604}$$

Die Brennweite sphärischer Spiegel ist gleich dem halben Krümmungsradius. Dabei ist nach der S. 126 getroffenen Festsetzung über die Vorzeichen s immer negativ gedacht; r ist für den Konkavspiegel negativ (S. 135), für den Konvexspiegel aber positiv; s' ist für ersteren (für $s > \frac{1}{2}r$ vgl. w. u.) negativ, vgl. Fig. 588a, für letzteren immer positiv (Fig. 589). Trägt man diesen Vorzeichen Rechnung, so erhält man ganz allgemein für den

$$\left.\begin{aligned} &\text{Konkavspiegel:} \quad -\frac{1}{s'} - \frac{1}{s} = -\frac{2}{r} \quad \text{oder:} \quad \frac{1}{s'} + \frac{1}{s} = \frac{2}{r} = \frac{1}{\sigma}, \\ &\text{Konvexspiegel:} \quad +\frac{1}{s'} - \frac{1}{s} = +\frac{2}{r} \quad \text{oder:} \quad \frac{1}{s'} - \frac{1}{s} = \frac{2}{r} = \frac{1}{\sigma}. \end{aligned}\right\} \tag{605}$$

Beim Konkavspiegel ist die Summe, beim Konvexspiegel die Differenz der reziproken Werte der Scheitelabstände von Bild (Bildweite) und Objekt (Gegenstandsweite) eine Konstante, und zwar gleich der reziproken Brennweite.

Der Wert für die Linearvergrößerung V (589) läßt (mit Rücksicht auf die Vorzeichen von y' und y, vgl. S. 138) erkennen, daß der Konvexspiegel (s' und s entgegengesetztes Vorzeichen) immer nur aufrechtstehende (virtuelle) Bilder liefert: der Konkavspiegel (für alle $s > \sigma$) umgekehrte (reelle) Bilder; außerdem sagt die Gleichung aus: Die Größe von Bild und Gegenstand verhält sich wie deren Abstände vom Scheitel der sphärischen Spiegel.

Für die Bildgröße findet man aus (605) und (603):

$$\frac{1}{s'} = \frac{2}{r} \mp \frac{1}{s}, \qquad s' = \frac{r\,s}{2s \mp r}; \qquad y' = \pm\, y \cdot \frac{s'}{s},$$

also:

$$y' = -\,y \cdot \frac{r}{2s \mp r}. \tag{606}$$

Diese Gleichung kann man benutzen, um aus Bild- und Gegenstandsgröße (durchleuchtete Glasskala, welche auf einem weißen Papierschirm abgebildet wird) den Krümmungsradius r eines Hohlspiegels (bei Messung von s) zu ermitteln (dabei gelten die oberen Zeichen).

Für die angulare Vergrößerung ergibt (591), S. 140:

$$A = \alpha_2 : \alpha_1 = s : s'. \tag{607}$$

hier ist also:

$$V \cdot A = -1.$$

Die Abbildungsgleichungen [(600 u. 602), S. 142] ergeben:

$$\left(s - \frac{r}{2}\right)\left(s' - \frac{r}{2}\right) = \frac{r^2}{4},$$

$$x \cdot x' = \frac{r^2}{4},$$

$$V = \frac{y'}{y} = -\frac{2x'}{r} = -\frac{r}{2x}.$$

Alle diese Gleichungen gelten, ebenso wie die, aus denen sie hergeleitet sind, streng nur für „Nullstrahlen" (§ 784, S. 128).

Konstruktion der Spiegelbilder vgl. Fig. 593a und b. Ein durch das Kugelzentrum geführter Strahl wird in sich selbst zurückgeworfen, ein achsenparalleler geht durch den Brennpunkt (in der Entfernung $r/2$ vom Scheitel auf der Achse gelegen) weiter. g: Gegenstandsgröße, b: Bildgröße, G: Gegenstandsweite (s) H: Bildweite (s').

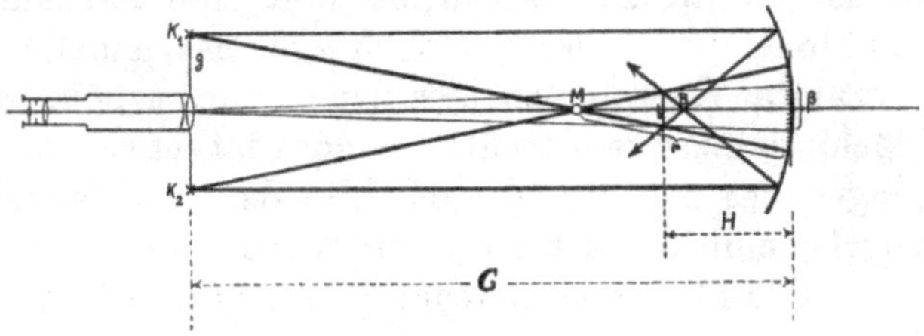

Fig. 593a.

Versuch 703. In der Achse eines vertikal stehenden, größeren sphärischen Hohlspiegels wird eine Glühlampe verschoben, deren Faden möglichst in einer Ebene (senkrecht zur Spiegelachse) liegt; das Bild des Glühfadens wird auf einer Mattglasscheibe aufgefangen. Nachprüfung der erhaltenen Gleichungen.

Führt man das Objekt aus größerer Ferne heran, so wandert das umgekehrte, verkleinerte, reelle Bild ihm entgegen („rückläufige" Abbildung).

Im Krümmungsmittelpunkte des Spiegels sind Bild und Gegenstand gleich groß (aber noch immer entgegengesetzt gerichtet.). Durch Ermittlung dieser Stellung, bei der die Bildweite gleich der Objektweite geworden ist, kann man (annähernd wenigstens) den Krümmungsradius r und damit seine Brennweite $\sigma = r/2$ ermitteln (so für Augen-, Kehlkopf- und Beleuchtungsspiegel aller Art).

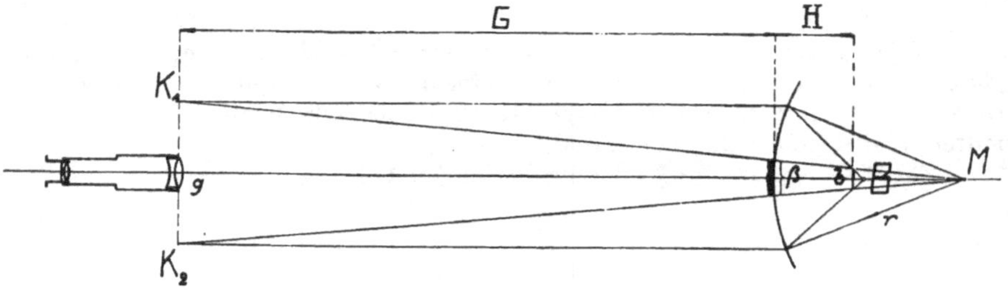

Fig. 593 b.

Wandert das Objekt über den Mittelpunkt hinweg gegen den Brennpunkt hin, so liefert der Hohlspiegel ein umgekehrtes, reelles, jetzt aber vergrößertes Bild in dem Raume jenseits des Mittelpunktes; die Bildweite wird ∞, wenn das Objekt in die Brennebene rückt. Liegt das Objekt zwischen Brennpunkt und Spiegel, so verlassen die von den einzelnen, leuchtenden Punkten ausgehenden Strahlen die Spiegeloberfläche divergent: virtuelles, aufrecht stehendes Bild, welches z. B. von einem die Strahlenbündel zusammenfassenden, gegen die Spiegelfläche blickenden Auge scheinbar frei im Raume schwebend gesehen wird „Vergrößerungsspiegel". Optische Täuschungen; Trugbilder infolge von Verzerrungen des Raumbildes usw.

Soll ein fernes Flächenstück von einer Lichtquelle möglichst intensiv bestrahlt werden, so fügt man zweckmäßig zu der direkten Strahlung die in einem Hohlspiegel gesammelte und von ihm zurückgestrahlte Energiemenge hinzu; man erhöht dadurch die auf der Fläche indizierte Strahlungsintensität etwa im Verhältnisse der Öffnungen des auf den Spiegel fallenden Strahlenkegels und des direkten Kegels, multipliziert noch mit dem Reflexionskoeffizienten des Spiegelmateriales für die betreffende Strahlenart (§ 768, S. 93): Scheinwerfer, Brennspiegel.

Versuch 704. Eine über einer kräftigen Bunsenflamme bis zur Rotglut erhitzte Eisenkugel wird in einen Metallkorb im Brennpunkte eines größeren Metallhohlspiegels eingelegt. Nähert man einen an einem Drahte befestigten Bausch von Schießbaumwolle einem gegenüber gestellten Hohlspiegel, in der Achse desselben herankommend, so flammt der Bausch auf, wenn man sich dem (durch eine Spitze markierten) Brennpunkte des zweiten Spiegels nähert.

Eine Zigarre oder Zigarette kann hier entzündet werden noch lange, nachdem die Rotglut der Kugel bereits geschwunden ist, was ohne Spiegelwirkung selbst in großer Nähe direkt unter der Wirkung der von der Kugel ausgehenden

Wärmestrahlung nicht gelingt. In neuerer Zeit verwendet man die durch größere Hohlspiegel gesammelte Energie der Sonnenstrahlung um lokale intensive Hitzewirkungen (auch im Vakuum und ohne Dazwischentreten irgendwelcher chemischer Prozesse) zu erzielen (F. Straubel).

Bestimmung der Krümmungsradien von sphärischen Spiegeln durch Messung der Bildgröße. Mißt man (unter Zuhilfenahme eines Fernrohres) an einer vor der spiegelnden Fläche aufgestellten Skala die Größe des Bildes eines in größerer Entfernung befindlichen Objektes, so kann man auf Grund der Beziehung (605) S. 144 den Krümmungsradius der Fläche ermitteln.

Versuch 705. Zwei Kerzen K_1 K_2 (Gasflammen oder Glühlampen mit geradem, vertikal gestellten Faden) (Fig. 593a u. b) sind so vor der spiegelnden Fläche aufgestellt, daß ihre Verbindungslinie senkrecht zu deren Achse steht; sie bestimmen durch ihren gegenseitigen Abstand die Gegenstandsgröße g; die Gegenstandsweite G wird groß gewählt (etwa 3 m). Mitten zwischen den Flammen stellt man in der Achse ein Fernrohr auf, welches auf das reelle oder virtuelle Bild von g eingestellt wird; dessen Länge b wird an einer unmittelbar vor der spiegelnden Fläche parallel mit K_1 K_2 befestigten, auf Glas geteilten Skala (Teilung gegen die Spiegelfläche gerichtet) gemessen.

Ist b die Bildgröße, H die vom Scheitel S gemessene Bildweite, so geben die optischen Hauptgleichungen (605) und (603) für den vorliegenden Fall für den

$$\left.\begin{aligned}\text{Konkavspiegel: } & \frac{1}{H} + \frac{1}{G} = \frac{2}{r} \\ \text{Konvexspiegel: } & \frac{1}{H} - \frac{1}{G} = \frac{2}{r}\end{aligned}\right\} \tag{608}$$

und

$$b : g = H : G, \tag{609}$$

wenn wir jetzt von der Bildrichtung absehen und nur die Bildgröße in Betracht ziehen. Die an der Skala gemessene, scheinbare Bildgröße β verhält sich zur geometrischen Größe b, wie die entsprechenden Abstände vom Beobachter (genauer vom Fernrohrobjektive); stellt man die Mitte des letzteren in die Entfernung G (also genau zwischen die Kerzen K_1 und K_2), so ist nach Fig. 593a und Fig. 593b beim

$$\left.\begin{aligned}\text{Konkavspiegel: } & \beta = b\,\frac{G}{G-H} \\ \text{Konvexspiegel: } & \beta = b\,\frac{G}{G+H}\end{aligned}\right\} \tag{610}$$

Hierbei wird freilich im zweiten Falle eine kleine Vernachlässigung begangen, weil die β begrenzenden Strahlen nicht senkrecht zur Spiegelfläche stehen; wird G genügend groß gewählt, so ist der Fehler zu vernachlässigen (alsdann kann man das Fernrohr auch so einstellen, daß man sowohl β wie die Skala gleichzeitig deutlich sieht; in den Figuren ist G im Verhältnisse zu g und r viel zu klein gezeichnet um den Gang der Strahlen am Spiegel deutlicher hervortreten zu lassen).

Die Hauptgleichungen (605) und (603) ergeben (ähnlich wie bei der Ableitung S. 145 oben).

$$H = \frac{r.G}{2G \mp r}, \quad b = g\frac{H}{G}, \quad b = g\frac{r}{2G \mp r};$$

die Messung liefert

$$b : \beta = (G \mp H) : G$$

oder:

$$b = \beta\frac{G \mp H}{G},$$

also

$$\beta\frac{G \mp H}{G} = g\frac{r}{2G \mp r}$$

und wenn man hier die unbekannte Bildweite H noch durch den ersten Ausdruck ersetzt:

$$\frac{\beta}{G}\left(G \mp \frac{r.G}{2G \mp r}\right) = \frac{\beta}{G} \cdot \frac{2G^2 \mp Gr \mp Gr}{2G \mp r} = g\frac{r}{2G \mp r},$$

d. h.

$$2\beta \cdot (G \mp r) = gr,$$

oder

$$r = \frac{2G.\beta}{g \pm 2\beta}, \tag{611}$$

wo das obere Zeichen für **konkave**, das untere für **konvexe** Flächen gilt; man braucht also nur die Entfernung $K_1 K_2 = g$, den Abstand G ihrer Verbindungslinie vom Scheitel und die scheinbare Bildgröße β zu messen, um r zu erhalten.

Aufgabe 404. Bestimmung von Krümmungsradien spiegelnder sphärischer Flächen auf Grund vorgenannten Versuchs.

Je zwei Versuchsreihen mit einem Konvexspiegel und einem Konkavspiegel ergaben bei Änderung der Entfernung (g) der Flammen voneinander folgende Bildgröße (β).

Konvexspiegel: a) $G = 300$ cm

g	40	60	80 cm
β	5,66	8,51	11,3 cm

b) $G = 800$ cm

g	80	100	120 cm
β	5,18	6,48	7,75 cm

Das liefert die Einzelwerte für r

aus a) 118,4; 118,8 u. 118,1 u. den Mittelwert 118,4 cm für den Konvexspiegel
„ b) 119,0; 119,2 u. 118,7 „ „ „ 118,9 cm

Konkavspiegel: a) $G = 300$ cm

g	32	34	36 cm
β	23,55	24,95	26,5 cm

b) $G = 800$ cm

g	80	100	120 cm
β	11,4	14,1	17,08 cm

Hieraus folgten die Einzelwerte für r

aus a) 178,6; 178,5; 178,5 u. der Mittelwert 178,6 cm
„ b) 177,4; 176,1; 177,3 „ „ „ 176,9 cm.

Hat man es mit den Krümmungen von Linsenflächen zu tun, so muß man sich daran erinnern, daß die konvexe Fläche aufrecht stehende Bilder liefert; eine konkave Fläche, z. B. die hohle Rückfläche einer bikonvexen Linse, liefert im vorliegenden Falle (große Gegenstandsweite) umgekehrte Bilder; ist aber das Beobachtungsfernrohr ein astronomisches, so kehrt dieses die Bilder seinerseits um; durch Auf- und Abheben oder zeitweiliges Verdecken je einer der Kerzen sucht man unter den vier im letzteren Falle erscheinenden Bildern das zu wählende Paar aus.

Um die Krümmungsradien kleiner Linsen u. a. der Hornhaut des Auges und zwar in den einzelnen, um verschiedene Winkel gegen die Vertikale geneigten Ebenen zu bestimmen, mißt man β mittels des Helmholtzschen Ophthalmometers vgl. § 774, S. 110. Man kann dabei die Krümmungsradien ermitteln, ohne daß man eine Skala dicht an das Objekt heranzubringen nötig hätte (auch die bei Messungen am Auge nur schwierig auszuschaltenden Bewegungen der spiegelnden Flächen stören nicht!).

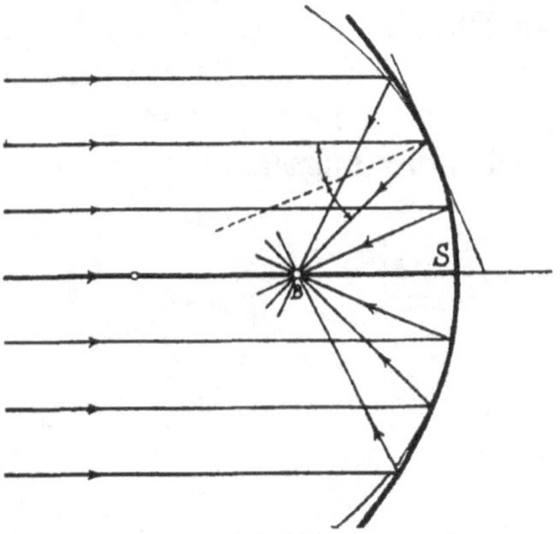

Fig. 594.

Wie oben wiederholt hervorgehoben wurde, vermögen kugelförmig gekrümmte Spiegel nur die der Achse nahe einfallenden, von einem Punkte ausgegangenen Strahlen so zurückzuwerfen, daß sie sich wieder in einem Punkte vereinigen. Dagegen hat bekanntlich der Parabelbogen Fig. 594 die Eigenschaft, daß die vom Brennpunkte B nach den verschiedenen Punkten z. B. J gezogenen Strahlen mit der Tangente an die Kurve dieselben Winkel bilden, wie die der Achse parallelen Strahlen. Denkt man sich also die Parabel um die Achse rotierend, so beschreibt sie eine Fläche, welche von B ausgehende Strahlen nach der Spiegelung genau in der Achsenrichtung entsendet, und daher auch umgekehrt Strahlen, die von einem unendlich fernen Punkte kommen, wieder genau in einem Punkte vereinigt. In die Fig. 594 ist dünn diejenige Kreislinie eingezeichnet, welche einem sphärischen Hohlspiegel entsprechen würde mit demselben Scheitel S und dem gleichen Brennpunkt B wie beim „parabolischen" Hohlspiegel. Die Technik ist imstande, genaue derartige Spiegel zu schleifen; indessen liefern sie nur in der Achse selbst die genannte Strahlenvereinigung; bei Strahlen, die nur geringe Winkel mit der Achse bilden, treten schon sehr erhebliche Bildverzerrungen auf. Vgl. auch S. 166.

Nach I § 221, Versuch 148, Fig. 63, S. 253 gibt eine unter der Wirkung der Schwere stehende Flüssigkeit bei einer gleichförmigen Achsenrotation ihrer freien Oberfläche die Form eines Rotationsparaboloides: eine Hg-Masse würde also einen sehr vollkommenen solchen Hohlspiegel bilden, wenn man sie in einer eiserner Schale, die von einer vertikal gestellten und möglichst erschütterungsfrei rotierenden (elektromagnetisch angetriebenen) Achse getragen wird, zentrifugiert.

Wird dann durch einen vermittels Uhrwerkes der scheinbaren täglichen Drehung des Himmelsgewölbes nachgeführten Planspiegel („Siderostaten") das von einem Sterne kommende Licht auf den in einem tiefen Schachte rotierenden

Hg-Spiegel geworfen, so kann man (nach Wood) bei dieser Anordnung ein Spiegelteleskop von großer freier Öffnung (also Lichtstärke) und enormer Brennweite (welche die anwendbare Vergrößerung bedingt) erhalten.

790. Strahlengang durch zentrierte sphärische Systeme. An dieser Stelle kann nur ein kurzer Überblick über die Hauptergebnisse der rechnerischen Weiterverfolgung der Ansätze für die Abbildung an kugelig begrenzten Medien mit Beschränkung auf Nullstrahlen S. 128 gegeben werden. Bezüglich der Ableitung der Formeln und Gesetze, sowie bezüglich der Einzelkonstruktion der optischen Instrumente muß auf ausführliche Darstellung verwiesen werden, wie z. B. jene von O. Lummer im großen Müller-Pouilletschen Lehrbuch der Physik und Meteorologie, 10. Aufl., II. Band, Vieweg in Braunschweig 1909, an die wir uns anschließen.

Unter einem zentrierten optischen System versteht man eine Reihe brechender Kugelflächen, deren Mittelpunkte alle auf einer Geraden, der

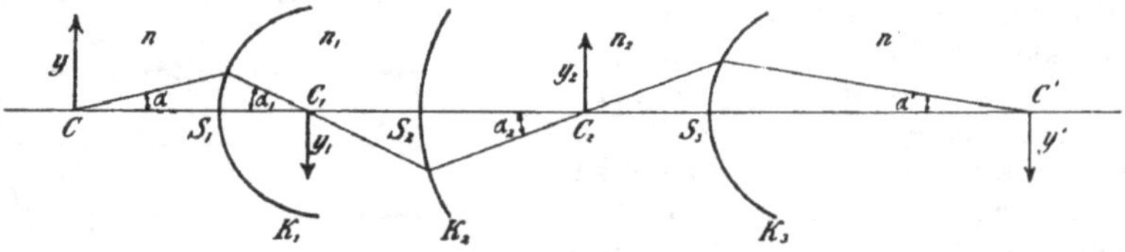

Fig. 595.

„Achse" — liegen. Jede Kugelfläche stellt die Grenze zweier Medien dar (Fig. 595). Die Schnittpunkte mit der Achse (S_1 S_2 . .) heißen „Scheitel".

Für die Brechung an jeder der Kugelflächen gelten für Nullstrahlen unsere Beziehungen, 585, S. 135, insbesondere erhalten wir zu einem Objektpunkte C einen Bildpunkt C_1 durch Brechung an der ersten Kugelfläche K_1; dieser Bildpunkt C_1 stellt für die zweite Kugel K_2 mit dem Brechungsquotienten n_2 einen Objektpunkt dar und wird nach C_2 abgebildet; an der dritten Kugelfläche K_3 werden die von C_2, der jetzt als Objektpunkt für K_3 aufzufassen ist, ausgehenden Strahlen in C' als Bildpunkt vereinigt. Es entstehen also auch hier aus homozentrischen Strahlenbündeln C im Medium n, „dem Objektraum", homozentrische Strahlenbündel in C' im letzten Medium (n') „dem Bildraum", so daß auch die Punkte C' den Punkten C zugeordnet sind. Die Anwendung der Lagrangeschen Beziehung (594) auf die Brechungen an den einzelnen Kugelflächen liefert die Gleichungen:

$$y \cdot \widehat{a} \cdot n = y_1 \widehat{a}_1 n_1$$
$$y_1 \widehat{a}_1 n_1 = y_2 \widehat{a}_2 n_2$$

Durch Multiplikation folgt hieraus

$y \cdot \widehat{a} \cdot n = y' \widehat{a}' n'$ [Lagrange-Helmholtzsche Beziehungen,]

also ein ebenso einfacher Zusammenhang zwischen Objektgröße y, Brechungsvermögen (n) und Winkel $\widehat{a}$ im Objektraum und den entsprechenden Größen ($y', n', \widehat{a}'$) im Bildraum, wie wir ihn bei Brechung an einer Kugelfläche erhalten haben.

Es werden also auch durch ein zentriertes sphärisches System die beiden durch das System voneinander getrennten Räume-Objektraum und Bildraum-punktweise aufeinander abgebildet.

„Brennpunkte“ heißen die Bilder der unendlich fernen Achsenpunkte; sie können reell oder virtuell sein und stellen diejenigen Punkte dar, in welchen sich parallel zur Achse einfallende Strahlen, nachdem sie das System durchsetzt haben, wirklich oder virtuell vereinigen. Den im Objektraume liegenden Brennpunkt heißt man den „vorderen“ jenen im Bildraume den „hinteren“.

Wie Gauss zuerst zeigte, ist es zweckmäßig, unter „Brennweite“ bei Systemen den Abstand der Brennpunkte von zwei geometrisch mit dem System fest verknüpften Ebenen, den sogenannten „Hauptebenen“ zu verstehen, die in Fig. 596 schematisch eingezeichnet sind und deren ein beliebiges System zwei besitzt.

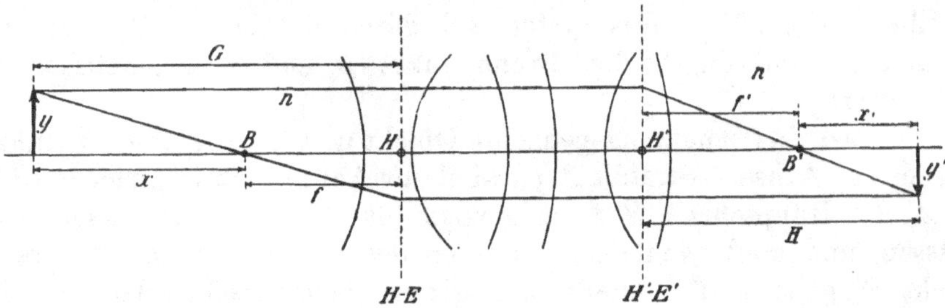

Fig. 596.

Die Hauptebenen HE und $H'E'$ eines Systems sind definiert als jene einander zugeordneten Ebenen des Objekt- und Bildraumes, in denen Objekt und Bild gleich groß und gleich gerichtet sind. Ihre Schnittpunkte mit der Achse heißen Hauptpunkte (H und H').

Bedeuten in Fig. 597 B und B' die beiden Brennpunkte, so stellen

$$BH = f \text{ und } B'H' = f'$$

die Brennweiten dar. Sie sind verschieden groß, wenn die Brechungsquotienten im Objekt- (n) und Bildraum (n') verschieden sind.

Bei den früher betrachteten Fällen der Brechung (Fig 591, 592) an einer Kugelfläche stellen die Scheitel (*S*) die Hauptpunkte vor Zwei weitere „Kardinalpunkte“ auf der Achse eines zentrierten Systems sind die beiden „Knotenpunkte“. Die Knotenpunkte *K*

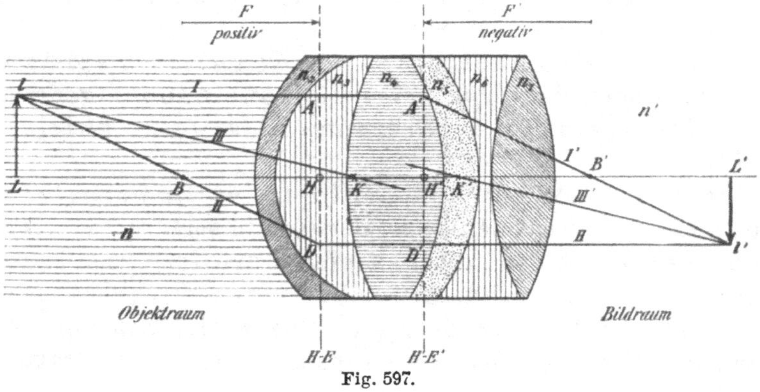

Fig. 597.

und *K'* der (Fig. 597) sind dadurch bestimmt, daß jeder Strahl (III) im Objektraum, der nach dem einen Knotenpunkte zu gerichtet erscheint, das System parallel zum genannten und so verläßt (III'), als käme er vom zweiten Knotenpunkt.

Konstruktion der durch zentrierte Systeme entworfenen Bilder. (Fig. 597.) Das System sei durch die beiden Hauptpunkte *H* und *H'* und die beiden Brennpunkte *B* und *B'* geometrisch repräsentiert.

L l sei das leuchtend gedachte Objekt und liege in einer Vertikalebene zur Achse. Strahl *l A* parallel zur Achse muß in gleicher Höhe in *A'* die Hauptebene *H' E'* schneiden (da *A* und *A'* konjugiert sein müssen) und muß nach dem Verlassen des Systems durch den Brennpunkt *B'* gehen; *A' B'* stellt also einen geometrischen Ort für das Bild *l'* des Objektpunktes *l* vor; ein durch *B* zielender Strahl *l B*, der in *D* die Hauptebene *HE* trifft, muß durch *D'* (*D D'* parallel zur Achse) hindurchgehen nnd bestimmt durch die Parallele *DD'* zur Achse den Schnittpunkt *l'* und damit den Bildpunkt *l'* zu *l*. Da der Weg für Licht in einer Richtung auch der Weg für Licht in der entgegengesetzten Richtung ist, so ergibt sich die Richtigkeit des Strahlenganges für II, wenn man *l'* als Lichtpunkt denkt, so daß die Konstruktion von II' im Grunde eine Wiederholung der Konstruktion für I' bedeutet.

Sind *K* und *K'* richtig angenommen, so muß *l K* (III) parallel zu *K' l'* (III') verlaufen.

Für die rechnerische Ermittelung der Lage und Größe des Bildes liefern die Ansätze S. 142, § 788, die hier nicht abgeleiteten Beziehungen:

$$x \cdot x' = f \cdot f' = k$$

$$\frac{f'}{f} = -\frac{n'}{n}$$

die laterale Vergrößerung wird $V = \frac{y'}{y} = \frac{f}{x}\,\frac{x'}{f'}$ (612)

und die anguläre Vergrößerung wird $A = \frac{\operatorname{tg} \alpha'}{\operatorname{tg} \alpha} \approx \frac{\hat{\alpha}'}{\alpha} = -\frac{f}{x'} = \frac{-x}{f'}$

Aus den Gleichungen (594), S. (140), und der Fig. 597 folgt ferner:

$$y \cdot \operatorname{tg} \alpha \cdot n = y' \operatorname{tg} \alpha' \cdot n' \qquad f = \frac{y'}{\operatorname{tg} \alpha}; \qquad f' = \frac{y}{\operatorname{tg} \alpha'}.$$

„Ist das Eintrittsmedium von gleicher Beschaffenheit wie das Austrittsmedium (also $n = n'$), so werden die beiden Brennweiten- vor und hinter dem System- einander gleich und es müssen dann, wie die Figur leicht erkennen läßt die Knotenpunkte mit den Hauptpunkten entsprechend zusammenfallen".

Dieser Fall ist der weitaus häufigst vorkommende, indem das Eintritts- und Austrittsmedium von Luft gebildet wird, die zentrierten kugelförmig begrenzten, durchsichtigen Körper werden hier „Linsen" oder „Linsensysteme" genannt.

In „zentrierten Linsensystemen" müssen die einzelnen Linsen sorgfältig so in der „Fassung" befestigt oder miteinander verkittet

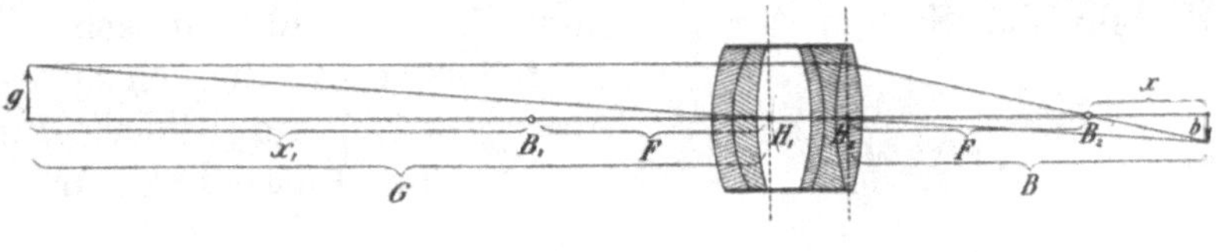

Fig. 598.

sein, daß die Krümmungsmittelpunkte aller begrenzenden Kugelflächen auf derselben Geraden, der „Achse" des Systems liegen.

Die dioptrischen Hauptgleichungen (600), (602) vereinfachen sich hier (Fig. 598) zu folgenden Beziehungen, wenn G „Gegenstandsweite" den Abstand des Gegenstands y von der ersten, B die „Bildweite" d. i. den Abstand des Bildes (y') von der 2. Hauptebene bezeichnen $x\,x'$ wie vorher die Abstände des Objekts und Bildes von den zugehörigen Brennpunkten bedeuten:

$$x \cdot x' = f^2,$$

da nach Fig. 598 $x = G - f \quad x' = B - f,$

gilt also:

$$(G - f)(B - f) = f^2 .$$
$$GB - f(B + G) + f^2 = f^2$$
$$f(B + G) = G \cdot B$$

und

$$\frac{1}{f} = \frac{1}{G} + \frac{1}{B} \tag{613a}$$

Die (algebraische) Summe von reziproker Gegenstands- und reziproker Bildweite ist gleich der reziproken Brennweite des zentrierten Linsensystems.

Bezeichnen wir die Gegenstandsgröße mit g, die Bildgröße mit b, und beachten wir, daß wegen des Parallelismus des vom Objekte nach dem 1. Hauptpunkte H_1 gehenden und des ihm konjugierten, vom 2. Hauptpunkte nach dem Bilde verlaufenden und dieses begrenzenden Strahles (§ 790 S. 152), die von den genannten Geraden und der Achse begrenzten Dreiecke einander ähnlich sind, so folgt:

$$\frac{b}{g} = \frac{B}{G} \tag{613b}$$

Bildgröße verhält sich zur Gegenstandsgröße wie Bildweite zur Gegenstandsweite.

Der Bruch b/g stellt nach § 786, S. 138 die „Lateralvergrößerung" dar.

Die beiden Gleichungen (613a und b) nennt man die „optischen Hauptgleichungen".

Besteht das System nur aus einer einzigen, aber dicken Linse, so teilen (genau bei einem B. V. $n = 3/2 = 1{,}5$) die beiden Hauptpunkte die Linsendicke in drei gleiche Teile (Fig. 599).

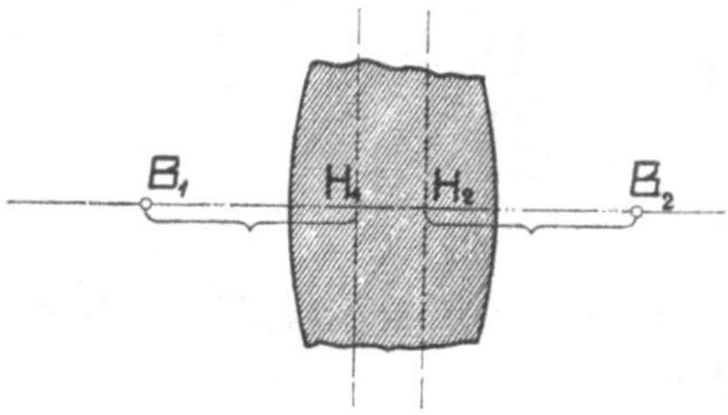

Fig. 599.

Kann die Linse als unendlich dünn („ideelle" Linse) angesehen werden, so fallen die beiden Hauptpunkte und die beiden Knotenpunkte mit der Linsenmitte, welche darum „optischer Mittelpunkt" heißt, zusammen, ein gegen die Linsenmitte gerichteter Strahl geht unabgelenkt durch die Linse hindurch; alsdann stellen die Beziehungen (613a und b) die Linsengesetze in der Form dar, wie sie in der elementaren Optik abgeleitet und diskutiert zu werden pflegen. In diesem Falle läßt sich die Brennweite aus den Krümmungsradien r_1 und r_2 der begrenzenden Kugelflächen und dem Brechungsquotienten der Linsensubstanz aus der Beziehung $\frac{1}{f} = (n-1)\left(\frac{1}{r_1} + \frac{1}{r_2}\right)$ erhalten.

Versuch 706. Abbildung eines Glühlampenfadens auf einer Mattglasscheibe mit einer einfachen (Sammel-)Linse auf der „optischen Bank"; Demonstration der einzelnen Fälle der Abbildungen. Vergrößerung.

Aufgabe 405. Man bestimme mittels Spiegelung (Aufg. 404, S. 148) die Radien einer dünnen Linse aus Glas oder Flüssigkeit und ihre Brennweiten und rechne aus f, r_1 und r_2 den Brechungsquotienten des Linsenmateriales.

Die Wirkungsweise einer Linse hängt nicht nur von dem Brechungsexponenten des eigenen Materiales, sondern auch von demjenigen der umgebenden Medien ab.

Versuch 707. Eine stark gekrümmte Plankonvexlinse ist an den unteren Rand eines Glaszylinders festgekittet, welcher auf den Spiegelkasten S der Projektionslampe I. Fig. 7, S. 28 aufgestellt wird, nachdem das aus der Lampe austretende und vertikal nach oben gerichtete Strahlenbündel parallel gemacht worden ist. Bläst man Zigarettenrauch oder Salmiaknebel (vgl. S. 128 unten) ein, so erhält man einen stark konvergierenden Strahlenkegel, an dem man den Verlauf der „kaustischen Fläche" (vgl. S. 158) sehr deutlich erkennt.

Füllt man Fluoreszeinlösung ein, so rückt der Vereinigungspunkt der Strahlen viel weiter nach oben, der geringeren Lichtgeschwindigkeit in diesem Medium entsprechend.

Versuch 708. Ein Plan- und ein Uhrglas sind auf den Rand einer mit Stiel versehenen zylindrischen Fassung so aufgekittet, daß eine konkave Luftlinse entsteht. Taucht man diese in einen mit Fluoreszeinlösung gefüllten Glastrog, in den von der Seite her parallel gemachtes Bogenlicht einfällt, so sieht man, daß die Linse nicht dispansiv, sondern kollektiv, d. h. als Sammellinse auf das Strahlenbündel wirkt.

Wäre das Wasser innen, die Luft außen, so würde sie natürlich als Zerstreuungslinse wirken.

Einteilung und Benennung der Linsen. Besteht der Linsenkörper, wie gewöhnlich, aus einem optisch stärker brechenden Stoff als die Umgebung z. B. aus Glas in Luft, so unterscheidet man zweierlei Gruppen: Die Linsen der Fig. 600 1, 2 und 3, welche in der Mitte dicker sind als am Rand, heißen „Sammellinsen", da sie ein achsenparalleles Strahlenbündel in einem reellen Brennpunkt auf der anderen

Seite der Linse vereinigen, die Linsen 4, 5 und 6, welche in der Mitte dünner sind als am Rande, liefern einen virtuellen Brennpunkt

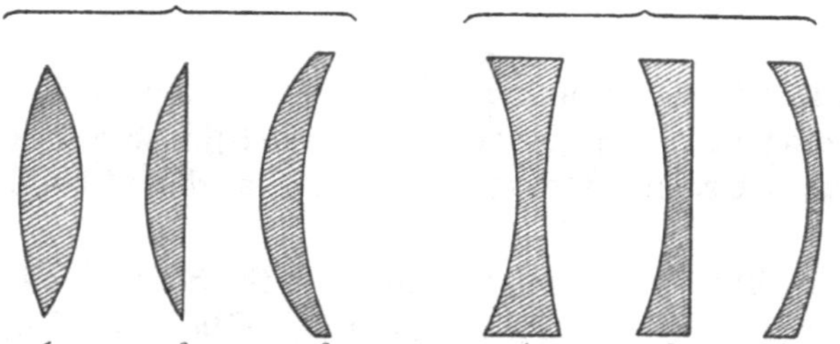

Fig. 600.

auf der gleichen Seite wie der unendlich ferne Lichtpunkt, vermindern also die Konvergenz und heißen daher „Zerstreuungslinsen".

Nr. 1 heißt bikonvex, Nr. 2 plankonvex, Nr. 3 konkavkonvex, Nr. 4 heißt bikonkav, Nr. 5 plankonkav, Nr. 6 konvexkonkav.

* **791. Mangelhafte Abbildung ausgedehnter Objekte durch weit geöffnete Bündel; Linsenfehler.** Bei unseren bisherigen Untersuchungen über die Abbildung optischer Systeme hatten wir „Nullstrahlen" vorausgesetzt, d. h. lediglich schmale, in der Nachbarschaft der optischen Achse verlaufende Bündel angenommen. Wenn wir nun aber praktisch brauchbare optische Instrumente konstruieren wollen, ist diese Voraussetzung nicht mehr zulässig, da die schmalen Strahlenbündel zu wenig Energie mit sich führen, unsere Abbildung also zu lichtschwach werden würde.

Im extremen Fall der Nullstrahlen können wir sogar völlig auf die Linse verzichten und Objekt- und Bildraum durch eine undurchlässige Wand mit einer feinen Öffnung trennen. Parallel zu derselben sei im Abstand d der Bildraum durch eine der ersten parallele Wand (etwa eine photographische Platte) begrenzt. Irgendein leuchtender Punkt im Objektraum sendet „einen Lichtstrahl" durch die Öffnung hindurch, der sich auf der Platte als kleines Scheibchen markiert, und es ist leicht einzusehen, daß ebenso die Gesamtheit aller lichtaussendenden Punkte im Objektraum ein (etwas verschwommenes) Bild auf der Platte erzeugt. Diese Vorrichtung, die man Lochkamera nennt, wird hie und da von Photographen wegen der künstlerischen Wirkung der Bilder verwandt; die Abbildung ist aber außerordentlich lichtschwach.

Nehmen wir aber weiter geöffnete Lichtbündel, indem wir etwa eine vor der Linse angebrachte runde Blende entfernen, so geht mit der Aufhellung des Bildes eine Verringerung seiner Schärfe Hand in Hand, selbst wenn sich das leuchtende Objekt in unmittelbarer Nachbarschaft der optischen Achse befindet. Noch wesentlich schlechter wird die Abbildung von Objekten in einigem Abstand von der Achse des Systems. Es ist die wesentlichste Aufgabe der praktischen Optik, durch richtige Auswahl von Krümmung, Brechungsverhältnis und Dispersion der Linsen sowie durch Zusammenbau mehrerer Einzellinsen nach Möglichkeit von ausgedehnten Objekten mittels weitgeöffneter Bündel scharfe Bilder zu erzeugen. In idealer Weise ist dies nicht möglich. Man schließt vielmehr bei jedem Instrumententyp Kompromisse, indem man bald das größte Gewicht auf die Abbildung mit weit geöffneten Bündeln legt und sich mit einem kleinen Flächenelement begnügt (Mikroskop-Objektiv), bald möglichst exakte Vereinigung der Strahlen verlangt unter Verzicht auf große Raumwinkel (Fernrohrobjektiv), oder bei ausgedehntem Gesichtsfeld und großer Öffnung keine allzu hohen Ansprüche an die Schärfe der Abbildung stellt (Photographisches Objektiv).

Auch an dieser Stelle möge auf das Lehrbuch von Müller-Pouillet verwiesen werden („Erweiterung des Abbildungsgebietes bei zentrierten optischen Systemen"); wir wollen hier nur die charakteristischen Eigenschaften von brechenden (oder spiegelnden) Systemen besprechen, die eine ideale Abbildung verhindern. Wir unterscheiden dabei Fehler, die durch die Zusammensetzung des weißen Lichtes aus verschiedenen Farben entstehen und solche, die schon bei einfarbigem Lichte auftreten.

Zu den letzteren gehört:

a) die „sphärische Aberration", die wir schon oben Seite 128 kennen gelernt hatten. Sie besteht darin, daß die von einem leuchtenden Punkt auf der Achse ausgehenden Nullstrahlen von der Linse oder dem Hohlspiegel in größerer Entfernung vereinigt werden, als die Randstrahlen. Wir konstruieren die reflektierten bzw. gebrochenen Strahlen (Fig. 601) und wollen, um den „Brennpunkt" zu finden ein kleines Schirmchen senkrecht zur Zeichenebene längs der Achse $S\,Q$ verschieben. Wir erkennen, daß das Licht stets auf einer Kreisfläche mit der Achse als Zentrum verteilt ist; während aber bei

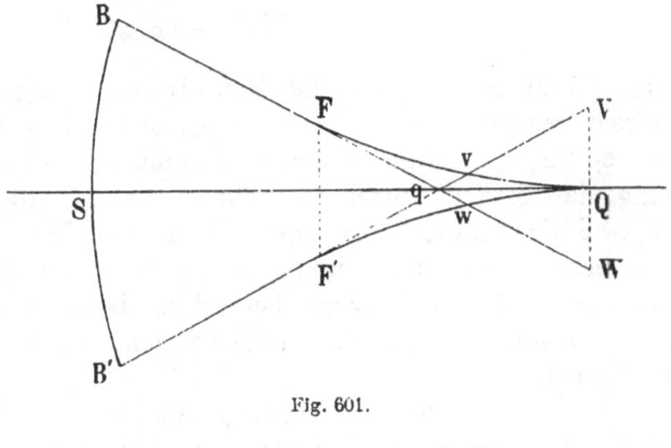

Fig. 601.

Q der „Brennpunkt" von einem starken diffusen Hof umgeben ist, finden wir bei FF' einen kleinen hellen Ring mit scharfem Rand. Bei $v\,w$ ist eine Stelle, wo die helle Fläche etwas kleiner und gleichmäßiger beleuchtet ist. Die Fläche, welche die Gesamtheit der gebrochenen Strahlen umhüllt, deren Schnitt mit der Zeichenebene hier stark ausgezogen ist, nennt man „Kaustik", kaustische Fläche. Vgl. Seite 155. — Da bei dispansiven Linsen die Nullstrahlen sich näher bei der Linse schneiden als die Randstrahlen, erhält man eine Verringerung der Aberration durch Kombination einer Sammel- mit einer Zerstreuungslinse. Außerdem kann man die Aberration erheblich verringern, wenn man statt einer starken mehrere schwache Linsen verwendet. Dieser Weg wird z. B. bei Mikroskopobjektiven eingeschlagen.

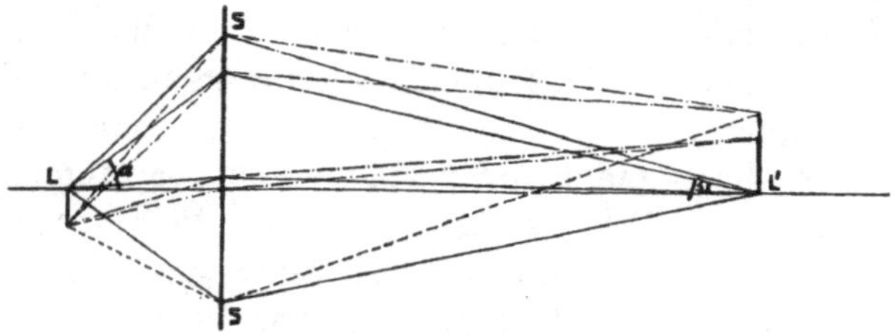

Fig. 602.

b) Verschiedene Zonen des sphärisch korrigierten Systemes SS entwerfen im allgemeinen von einem kleinen auf der Achse senkrechten Flächenelement Bilder von verschiedener Größe, wie das in Fig. 602 angegeben ist. Wenn dieser Fehler nicht auftreten soll, so muß für alle vom Achsenpunkte L ausgehenden und im Achsenpunkte L' vereinigten Strahlen

$$\frac{\sin \alpha}{\sin \beta} = \text{konst.}$$

sein. Man nennt dies die Sinusbedingung und ein optisches System, welches sie erfüllt, ein aplanatisches System.

c) Unter „Astigmatismus" versteht man die eigenartige Erscheinung, daß sich die Strahlen nicht in einem Punkt schneiden, sondern zu zwei Brennlinien vereinigen, die zueinander und zum Hauptstrahl senkrecht stehen und durch einen endlichen Abstand voneinander getrennt sind. Jede nicht besonders darauf korrigierte Linse zeigt diesen Fehler, wenn sie schräg von einem Lichtbündel durchsetzt wird.

d) Unsere oben (S. 138) gemachte Annahme, daß sich die reflektierten oder gebrochenen Strahlen in einer zur Achse senkrechten Ebene schneiden, trifft nicht zu, das Bild ist vielmehr gewölbt. Besonders bei photographischen Objektiven, wenn man das Bild auf einer ebenen Platte auffängt, hat dieser Fehler unangenehme

Folgen. Würde man dagegen einen geeigneten gekrümmten Schirm anwenden können, so wäre das Bild überall scharf. Die Bildwölbung zu beseitigen ist besonders schwer, und erst durch die neuen Glassorten von Schott in Jena befriedigend gelungen.

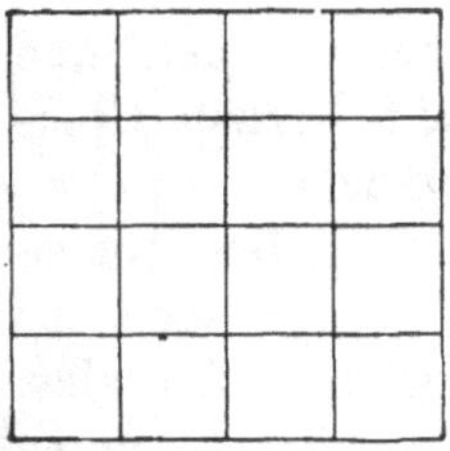

Fig. 603 a.

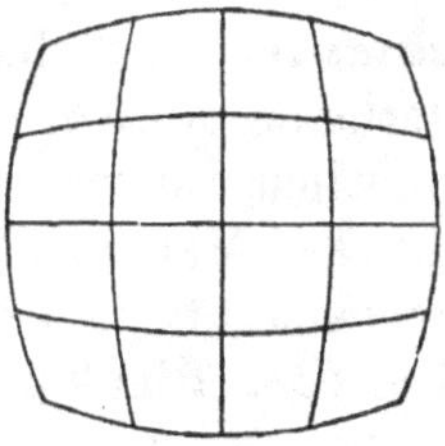

Fig. 603 b.

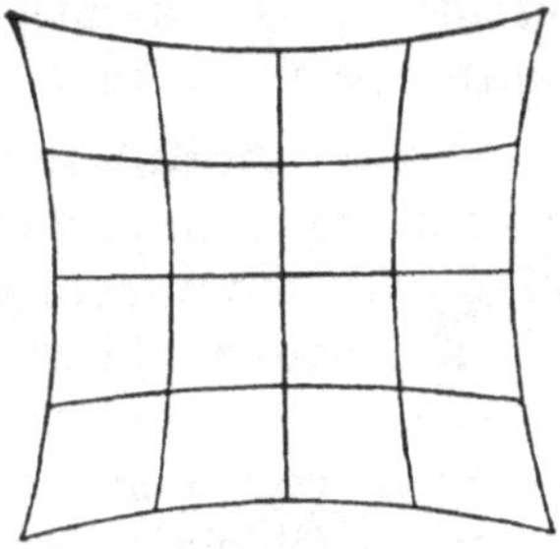

Fig. 603 c.

e) „Verzerrung" nennt man den Abbildungsfehler, der durch die Fig. 603 b und 603 c charakterisiert wird: Die geraden Linien der Fig. 603 a sind in krumme Linien degeneriert.

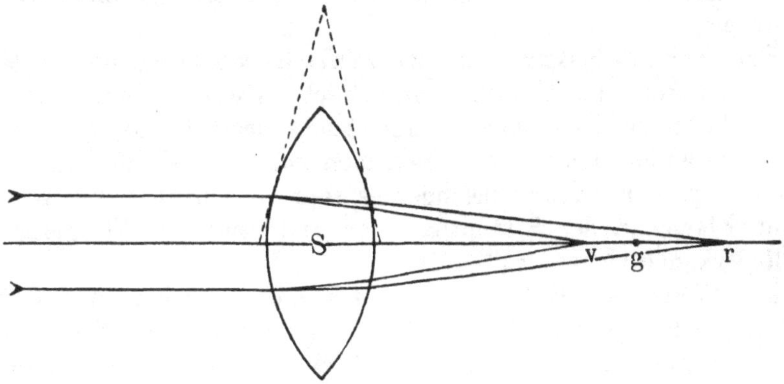

Fig. 604.

Weitere Abbildungsfehler treten bei weißem Licht infolge der Farbenzerstreuung auf. Wir können uns ein Stück einer Linse als Prisma denken (Fig. 604), das die blauen Strahlen stärker ablenkt als die roten. Eine Sammellinse hat folglich für violettes Licht eine kürzere Brennweite *v* wie für rotes Licht *r*, und umgekehrt ist es bei einer Zerstreuungslinse. Wir haben schon § 780, S. 118 gesehen, wie wir durch Kombination von zwei Prismen aus verschiedenen Glassorten diese Farbenzerstreuung aufheben können; dies ist auch bei Linsen die beste Methode, eine achromatische Abbildung zu erzielen. (Eine andere Methode: vgl. S. 162.) Dabei können wir zunächst nur zwei Farben des Spektrums wählen, die gleiche Brennweite erhalten sollen. Seit man aber Schottsche Gläser kombinieren kann, bei denen dem Glas mit dem höheren Brechungsvermögen eine geringere Dispersion zukommt wie dem Glas von niedrigem Brechungsvermögen, ist es möglich, drei Farben (und damit praktisch das ganze Spektrum) in einem Punkte zu vereinigen. *

* **792. Optische Instrumente.** Mit diesen theoretischen und technischen Hilfsmitteln ausgerüstet wollen wir einen kurzen Überblick über die wichtigsten optischen Instrumente versuchen.

a) Photographische Objektive. Man unterscheidet: „den Achromaten", auch Landschaftslinse genannt, aus einer Bikonvexlinse aus Kronglas und einer Bikonkav- oder Plankonkavlinse aus Flintglas. Derartige Objektive entwerfen von einem weißen Objektpunkt einen farblosen Bildpunkt, sie geben unter Benützung einer Blende (vor dem Objektiv) scharfe Bilder von ziemlicher Ausdehnung (besonders wenn man den Linsen eine meniskenförmige Gestalt gibt) und erfreuen sich daher heute noch großer Beliebtheit wegen ihres geringen Preises und weil die störenden Reflexionen usw. geringer als bei komplizierten Objektiven sind.

Das Porträtobjektiv vom Petzvaltyp wurde schon 1840 berechnet, ist aber heute noch gebräuchlich. Dieses Objektiv, das sich durch sehr große Lichtstärke auszeichnet, besteht aus zwei relativ weit voneinander abstehenden Systemen von je zwei dünnen Linsen. Trotz der großen Öffnung zeichnet es sehr scharf, aber nur auf einer kleinen Fläche in der Bildmitte. Verwandt sind die „Triplets", die in Fliegerkameras benützt wurden.

Die Weitwinkelobjektive haben den Zweck, bei kleiner Öffnung einen möglichst großen Raumwinkel scharf abzubilden. Sie bestehen meist aus zwei dünnen, stark gewölbten Linsensystemen, zwischen denen die kleine Blende sitzt. Bekannt sind die Konstruktionen von Steinheil, die bis 104° scharf abbilden.

Kompliziert gebaute, chromatisch, sphärisch und astigmatisch korrigierte Objektive nennt man Anastigmate. Durch hervorragende Korrektur ausgezeichnet ist das aus vier Linsen bestehende Tessar von Zeiß. Vielfach baut man die Anastigmate „symmetrisch", d. h. man setzt sie aus zwei gleichen Systemen zusammen, zwischen denen die Blende angeordnet ist und von denen man eines (besser die „Hinterlinse") als Achromaten von der doppelten Brennweite des Gesamtobjektives verwenden kann.

Um ferne Gegenstände auch bei kleinem Kameraauszug möglichst groß abzubilden, benützt man das Teleobjektiv. Hier wird in den

Strahlengang hinter dem eigentlichen Objektiv, das wir uns durch eine einfache Konvexlinse ersetzt denken können, eine Zerstreuungslinse eingeschaltet, welche die Konvergenz der Bündel verringert und dadurch gewissermaßen eine größere Brennweite vortäuscht.

Eine wichtige Konstante eines jeden Objektives ist seine Lichtstärke. Es läßt sich leicht zeigen, daß die Helligkeit einer auf der Platte abgebildeten Fläche proportional dem Quadrat des wirksamen Blendendurchmessers 0 ist und umgekehrt proportional dem Quadrate der Brennweite *F*. Den Ausdruck 0/*F*, dessen Quadrat also die Lichtstärke charakterisiert, nennt man das Öffnungsverhältnis. Das oben erwähnte Tessar wird z. B. in drei Ausführungen geliefert mit den „Öffnungsverhältnissen *F*: 6,3, *F*: 4,5 und *F*: 3,5". D. h., die Brennweite ist z. B. 3,5 mal so groß, wie der wirksame Blendendurchmesser. Die lichtstärksten Kinoobjektive haben etwa *F*: 1,8, ein Weitwinkel *F*: 15—*F*: 25, ein Teleobjektiv bestenfalls *F*: 10; verlangt man große Schärfe, so muß man es auf etwa *F*: 45 abblenden.

Bei der Abbildung punktförmiger Objekte (Sterne) spielen die Beugungserscheinungen eine wesentliche Rolle (vgl. S. 164). Dadurch ergibt sich, daß die Lichtstärke proportional der vierten Potenz des Objektivdurchmessers und umgekehrt proportional dem Quadrat der Brennweite ist.

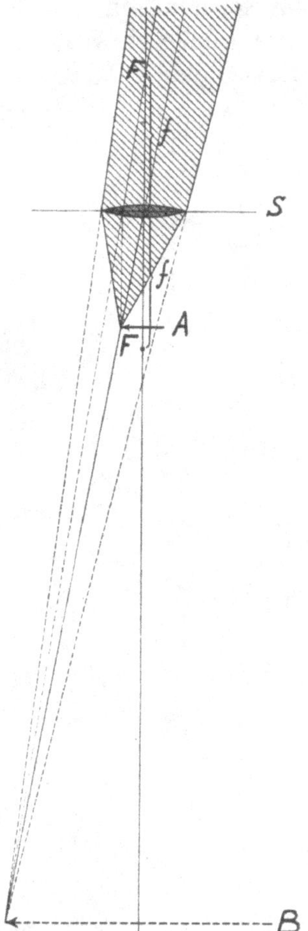

Fig. 605.

b) Die Lupe, Fig. 605. Sie besteht im einfachsten Fall aus einer Sammellinse *S*, die, dicht vor das Auge gebracht, von einem innerhalb der Brennweite *F* gelegenen Objekt *A* ein virtuelles, vergrößertes Bild *B* erzeugt. Um ein großes, ebenes Gesichtsfeld zu erzeugen, stattet man die Lupe mit zwei Fraunhofer), drei (Steinheil) und sogar vier (Zeiß) Linsen aus.

c) Das (zusammengesetzte) Mikroskop. Will man zu stärkeren Vergrößerungen übergehen, so müßte man Lupen von sehr kurzer Brennweite (Größenordnung eines Millimeter) anwenden. Das ist konstruktiv kaum möglich: die Linsen werden zu klein und die Strahlenvereinigung immer weniger punktweise. Man wendet daher im Mikroskop zwei brechende Systeme an, das Objektiv und das Okular, die zusammen eine beliebig kleine Brennweite repräsentieren. In Fig. 606 ist schematisch der Strahlengang durch ein Mikroskop dargestellt. Der Pfeil bei *A* stellt das Objekt vor, das vergrößert werden soll. Das Objektiv *B*, das hier als Einzellinse gezeichnet ist, entwirft von *A* ein reelles, vergrößertes Bild *E'*. Im Gegensatz aben wir also hier an einer vom Objekt äßig weit entfernten Stelle ein reelles wir nun bequem ausmessen und (durch) betrachten können. Ein weiterer Vorzug vor der Lupe ist, daß hier die weit geöffneten, abbildenden Lichtbündel nur eine geringe Neigung gegen die optische Achse besitzen, wodurch leichter eine scharfe Abbildung erreicht wird; das Okular dagegen besorgt die Abbildung des ausgedehnten Objektbildes mit stark geneigten, aber engen Büscheln. Es findet also eine Arbeitsteilung zwischen den Leistungen der beiden Linsensysteme statt. Das Okular ist nichts anderes als eine Lupe und könnte auch aus einer Einzellinse bestehen. In Fig. 606 ist ein zweilinsiges Huygensokular gezeichnet, das man gerne wegen seiner guten chromatischen Korrektion verwendet. Seine Vorderlinse *D* wird so gestellt, daß sie die vom Objekt kommenden Strahlen bereits auffängt, ehe sie sich zu dem Bilde *E'* vereinigt haben.

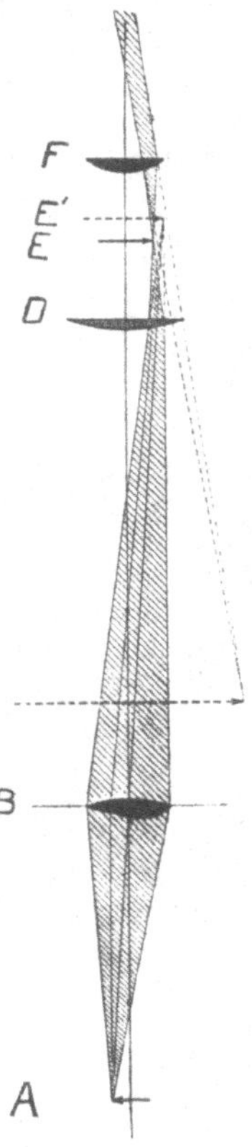

Fig. 606.

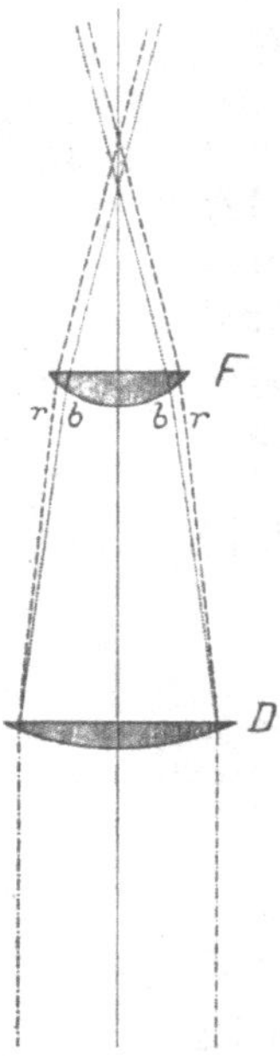

Fig. 607.

Wodurch die chromatische Korrektion zustande kommt, auch wenn beide Linsen aus derselben Glassorte bestehen, zeigt Fig. 607: Der ankommende weiße Strahl wird in der Linse *D* in die Spektralfarben gespalten. *r* bedeutet die rote, *b* die blau-violette Begrenzung. Da aber die Linse *F* die Randstrahlen stärker bricht, so macht sie *b* und *r* parallel; das Auge sieht demnach in der gleichen Richtung alle Spektralfarben, folglich weißes Licht.

Viel wichtiger als die Konstruktion des Okulares ist die des Objektives, das, wie wir sehen werden, die auflösende Kraft eines

Mikroskopes bedingt und ihr eine Grenze setzt. Nach den bisherigen Überlegungen der „geometrischen Optik“ werden wir zu der Annahme geführt, daß die Vergrößerung eines Mikroskopes fast unendlich weit getrieben werden kann. Man könnte das Okular durch ein zweites Mikroskop ersetzen und so fort, bis das viel tausendfach vergrößerte Bild zu lichtschwach geworden ist. Professor Abbe hat jedoch gezeigt, daß die Wellenstruktur des Lichtes keine Abbildung von Objekten zuläßt, die wesentlich kleiner als eine Wellenlänge sind. Wir werden im nächsten Abschnitt lernen, daß kleine Objekte z. B. eine feine Gitterstruktur in der Schuppe eines Schmetterlings, den ankommenden Lichtstrahl abbeugen, um einen um so größeren Winkel, je größer die Wellenlänge des benützten Lichtes und je feiner die Struktur ist. Zur Erzeugung eines dem Objekt vollständig ähnlichen Bildes ist nach Abbe die Mitwirkung sämtlicher Beugungsspektren (vgl. S. 181) nötig; um wenigstens getrennte Objektpunkte in getrennte Helligkeitsmaxima aufzulösen, muß mindestens das erste Beugungsspektrum noch von dem Objekt aufgenommen werden. Aus diesem Grunde ist es wünschenswert, einen möglichst weit geöffneten Strahlenkegel in das Objektiv zu senden. Man verwendet daher als Frontlinsen (bei stärkeren Vergrößerungen) halbkugelig geschliffene Linsen, die ganz dicht über das Objekt gebracht werden. Um die Strahlen, die, schräg durch das Deckglas tretend, nach außen gebrochen oder totalreflektiert würden, noch einzufangen, bringt man zwischen Deckglas und Frontlinse eine Flüssigkeit (Wasser; am besten Zedernholzöl, $n = 1,54$): „Immersionssysteme“. (Dadurch erhält man außerdem noch bessere Strahlenvereinigung und die n^2 fache Lichtmenge.)

Theorie und Versuch zeigen, daß man unter diesen günstigsten Umständen bei Tageslicht (dessen wirksame Wellenlänge zu 0,55 μ angenommen werden darf) noch Objekte trennen kann, deren gegenseitiger Abstand 0,4 μ beträgt. Photographiert man mit ultraviolettem Licht von der halben Wellenlänge 0,27 μ (was sehr kostspielige optische Systeme aus Quarz und Flußspat bedingt), so kommt man bis zu dem halben Abstand 0,2 μ. Feinere Strukturen aufzulösen ist nicht möglich. (In diesem Zusammenhange möge erwähnt werden, daß die menschlichen Blutkörperchen einen Durchmesser von etwa 75 μ besitzen.)

Wesentlich günstiger liegen die Verhältnisse, wenn man auf eine exakte optische Abbildung verzichtet und sich damit begnügt, zu erkennen, ob z. B. in einer Flüssigkeit kleine Teilchen suspendiert sind oder nicht. Um die folgende Überlegung klarer zu machen, wollen wir ein Beispiel aus einem anderen Gebiete anführen: Die Fixsterne haben bekanntlich so außerordentlich kleine Winkeldurchmesser, daß unsere größten Fernrohre nicht hinreichen würden, sie zu erkennen, wenn sie etwa schwarze Scheibchen vor einem hellen Hintergrunde wären. Unser hellster Fixstern, der Sirius, blendet in einem großen Fernrohr das Auge durch seinen Glanz, und trotzden ist sein Durchmesser bei weitem zu klein als daß man etwa erkennen könnte, ob er rund oder viereckig ist (was aus kosmologischen Gründen natürlich ernstlich nicht in Betracht kommt). Das Fernrohr ist nicht mehr imstande, das kleine Objekt abzubilden, dasselbe verrät sich aber durch das ausgesandte Licht: wir sehen „das Beugungsscheibchen“ des Sternes. Ebensowenig kann man mit freiem Auge einen Spinnwebfaden auf 20 oder 30 m Entfernung erkennen. Trotzdem sehen wir im Spätherbst diese Fäden auf große Entfernungen, wenn sie vor einem dunklen Hintergrund glänzen. Wir werden also submikroskopische Teilchen noch sehen können, wenn wir den Hintergrund verdunkeln und sie seitlich möglichst intensiv beleuchten.

Diese Überlegungen von Siedentopf führten zur Konstruktion des „Ultramikroskopes“, das also zufolge der Theorie von Abbe die Grenzen, die der Abbildung gesetzt sind auch nicht überschreiten kann, das uns aber im günstigsten Fall noch das Vorhandensein von Teilchen von nur 0,01 μ verrät. Wir glauben diese Teilchen zu sehen, wie wir die Sterne sehen — in Wirklichkeit sind es nur die „Beugungsscheibchen“ derselben.

Bei der ersten Anordnung dieses Instrumentes wurde das Licht einer Bogenlampe durch verschiedene Linsen kondensiert, durchsetzte als horizontales Bündel einen Spalt und wurde endlich von einem Mikroskopobjektiv in dem Objekt zu einem feinen, außerordentlich hellen Brennpunkt vereinigt. Dieser wurde mit einem vertikal stehenden (gewöhnlichen) Mikroskop anvisiert. Durch den Spalt wurde das Bündel so flach gemacht, daß die vor und hinter der Einstellebene befindlichen Teilchen das Bild nicht trübten.

Neuerdings verwendet man meist einen unterhalb des Objekttisches in der Verlängerung der Mikroskopachse befindlichen „Kondensor“, der das vom Beleuchtungsspiegel kommende Lichtbündel im Objekt vereinigt, wobei eine zentrale Blende verhindert, daß direktes Licht in das Mikroskop dringt. Leichte Handhabung und große Helligkeit vereinigt der „Paraboloidkondensor“ (Zeiß) und der „Ultrakondensor“ (Leitz), die intensivste Beleuchtung zum Studium der feinsten „Submikronen“ liefert der „Kardioidkondensor“ (Zeiß). Um dessen Vorzüge auszunützen braucht man jedoch eine Objektkammer aus Quarzglas, die jedesmal durch Ausglühen gereinigt wird, und ein dafür korrigiertes Spezialobjektiv.

Auf die verschiedenen anderen Bestandteile des Mikroskopes — Stativ, gewöhnlicher (Abbescher) Kondensor, Okularmikrometer usf. — kann hier nicht eingegangen werden.

Um die Vergrößerung eines Mikroskopes zu bestimmen verwendet man als Objekt einen feinen auf Glas geteilten Maßstab (1 mm = 10 oder = 20 Teile). Mit dem einen Auge betrachtet man dieses Objekt durch das Mikroskop hindurch, mit dem anderen gleichzeitig einen in deutlicher Sehweite (25 cm) aufgestellten Maßstab. Erscheint z. B. 0,1 mm im Mikroskop gerade so groß, wie 1 cm mit freiem Auge, so ist die Vergrößerung 100fach. Statt mit beiden Augen zu beobachten kann man auch zwischen Auge und Objektiv ein Glasplättchen bringen, das, unter 45° eingestellt, das Licht der seitlich aufgestellten Skala in das beobachtende Auge reflektiert.

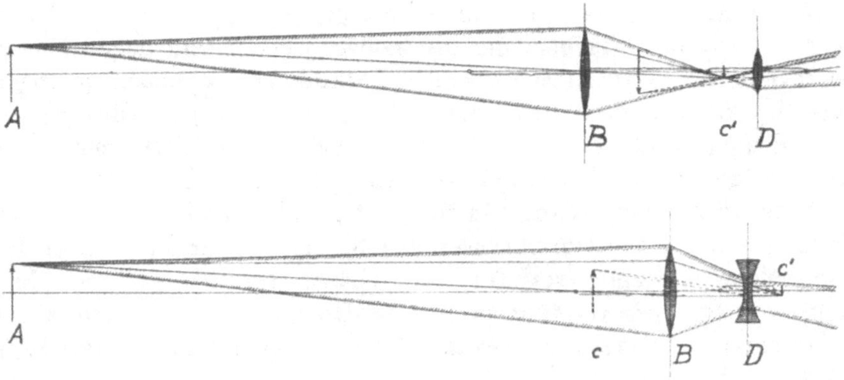

Fig. 609.

d) Fernrohre. Das Fernrohr besteht wie das Mikroskop aus zwei getrennten Teilen, dem Objektiv *B* (Fig. 608 und 609) und dem Okular *D*. Das Objektiv entwirft von dem weit entfernten Objekt *A* ein umgekehrtes, reelles Bildchen *C'*, das durch das Okular *D* unter vergrößertem Sehwinkel betrachtet wird. Wir unterscheiden zwei Klassen von Fernrohren: Bei der einen besteht das Okular aus einem Kollektivsystem (im einfachsten Fall also aus einer Konvexlinse) Figur 608 — „Astronomische Fernrohre". Diese geben umgekehrte Bilder, wie aus der Konstruktion des Strahlenganges Figur 608 ersichtlich. Die zweite Klasse verwendet als Okular ein dispansives System, meist eine einfache Zerstreuungslinse Figur 609

Solche Instrumente nennt man Galileische Fernrohre oder Operngläser, sie geben aufrechte Bilder, werden nur in kleineren Typen gebaut und haben weniger physikalisches Interesse. Um bei der ersten Klasse aufrechte Bilder zu erhalten, was bei der Beobachtung irdischer Objekte natürlich eine dringende Forderung ist, benützte man früher allgemein „terrestrische Okulare“, die durch eine dritte Linsengruppe das Bild noch einmal umkehrten. In neuerer Zeit ist man jedoch mehr und mehr dazu übergegangen, das Bild durch totalreflektierende Prismen aufzurichten. Die „Prismenfeldstecher“ haben den Vorzug eines größeren Gesichtsfeldes, hellerer und schärferer Bilder.

Um starke Vergrößerungen zu erzielen, wie sie vor allem in der Astronomie erforderlich sind, ist es nötig, möglichst langbrennweitige Objektive von möglichst großer Öffnung herzustellen. Während also den Bedingungen, die das Okular eines großen Fernrohres erfüllen muß, verhältnismäßig leicht entsprochen werden kann, stellt das Objektiv die äußersten Anforderungen an die Homogenität des Glases, die Exaktheit der Flächen, die mechanische Sicherung gegen Durchbiegungen usw. Der fortschreitenden Technik ist es jedoch gelungen, Riesenobjektive herzustellen, die trotz ihrer gewaltigen Dimensionen einer idealen, mathematischen Linse nur sehr wenig nachstehen. Erwähnt seien die beiden Objektive des Potsdamer „Refraktors“: Sie haben je 12 m Brennweite; das für photographisch wirksame Strahlen korrigierte hat einen Durchmesser von 80 cm, das zu subjektiven Beobachtungen dienende von 50 cm. (Gläser von Schott und Gen., Schliff von Steinheil-München.) Das Objektiv des Refraktors der Licksternwarte in Amerika besitzt 91,4 cm, das der Yerkessternwarte 101,6 cm Durchmesser bei 20 m Brennweite.

An Lichtstärke werden diese Instrumente noch von den großen Spiegelteleskopen übertroffen, bei denen ein parabolisch geschliffener, auf der Vorderseite versilberter Glasspiegel das Objektiv vertritt. Man kann diesen Spiegeln einen noch größeren Durchmesser und eine kleinere Brennweite geben, als den Objektiven und verwendet sie besonders zur Photographie lichtschwacher Nebel und Sternhaufen. Der neue Spiegel des „Reflektors“ der Licksternwarte auf dem Mount Wilson hat einen Durchmesser von 2,52 m (und eine Brennweite von 15,25 m). Ein Hauptvorteil eines Spiegels ist, daß eine chromatische Aberration überhaupt nicht auftritt, da Strahlen aller Wellenlängen in gleicher Richtung reflektiert werden. *

* **793. Physiologisches.** Auch das Auge darf als optischer Apparat angesehen werden. Bei der Analyse unserer Gesichtswahr-

nehmungen müssen wir jedoch die physikalischen, die physiologischen und die psychologischen Fragen voneinander unterscheiden. Eine erschöpfende Darstellung dieser Materie hat bekanntlich H. von Helmholtz gegeben (Handbuch der physiologischen Optik). Außerdem sei auf die „Physiologische Optik" der Brüder W. E. und R. Pauli hingewiesen (Jena 1918).

Das Auge besteht aus der „Linse", die auf der den Augenhintergrund auskleidenden „Netzhaut" kleine, reelle, umgekehrte Bilder der Objekte entwirft. Das Licht tritt durch die durchsichtige (3,8 mm dicke) „Hornhaut" in das Auge ein; hinter dieser befindet sich die mit einer wäßrigen Flüssigkeit gefüllte „vordere Augenkammer", die auf ihrer Rückseite durch die Linse abgeschlossen ist. Dicht vor der Linse liegt die (braun, blau oder grau gefärbte) „Regenbogenhaut" („Iris"), welche eine zentrale, runde Öffnung besitzt. Diese Öffnung, die von vorn gesehen vollkommen schwarz erscheint, nennt man die Pupille; sie kann durch besondere Muskeln bis auf 1 mm verengert und bis auf 5 mm erweitert werden und wirkt so als Blende, welche die in das Auge eintretende Lichtmenge automatisch reguliert.

Die Linse, die übrigens aus mehreren konzentrischen Schichten besteht, hat ein Brechungsvermögen von 1,39—1,41. Der Raum zwischen ihr und der Netzhaut wird von dem aus einer gallertartigen Substanz bestehenden „Glaskörper" ausgefüllt (Brechungsvermögen 1,336).

Es ist bekannt, daß man nahe und ferne Gegenstände nicht gleichzeitig scharf sehen kann. Das Auge akkommodiert vielmehr auf den beobachteten Gegenstand dadurch, daß die Linse durch Spannung oder Erschlaffung eines ringsum an ihrem Rande angreifenden Muskels abgeflacht, bzw. stärker gewölbt wird.

Ist aber die Augenachse zu lang bzw. zu kurz, so daß diese Veränderung in der Brennweite der Linse nicht hinreicht, um die Strahlen auf der Netzhaut zu vereinigen, so spricht man von kurzsichtigen bzw. von weitsichtigen Augen. Diese Anomalien können bekanntlich durch Anwendung von Brillengläsern beseitigt werden; und zwar muß man bei einem kurzsichtigen Auge, da hier die Strahlen zu früh, schon vor der Netzhaut vereinigt werden, eine Konkavlinse vorschalten, die den Vereinigungspunkt weiter nach der Netzhaut zu wegrückt. Die Stärke eines Brillenglases mißt man in „Dioptrien" = reziproke Brennweite in Metern. Ein Brillenglas von 4 Dioptrien hat also 25 cm Brennweite. Von den oben besprochenen Abbildungsfehlern stört bei der Brille am meisten ihr Astigmatismus: Wenn man, infolge der ständigen Drehbewegungen des Auges, nicht zentral, sondern schräg durch die Brille blickt, erscheinen die Objekte verschwommen. In jüngster Zeit hat M. v. Rohr berechnet, welche Krümmungsradien man den Brillengläsern geben muß, um den Astigmatismus (nahezu) zum Verschwinden zu bringen. Derartige Brillen („Punktalgläser“, Zeiss) stellen einen bedeutsamen Fortschritt dar. Am wichtigsten sind anastigmatische Brillengläser für Staroperierte, bei denen die herausgenommene Linse durch die Konstruktion des Brillenglases ersetzt werden muß. Bei diesen stark brechenden Linsen (etwa 13 Dioptrien) muß man hierzu eine asphärische Fläche anwenden, erzielt aber dann auch bei Neigungen der Sehstrahlen gegen die Brillenglasachse von 30° noch sehr scharfe Bilder („Katralgläser“).

Die Netzhaut besitzt eine unter dem Mikroskop erkennbare mosaikartige Struktur aus vielen Millionen von feinen zylindrischen Stäbchen und etwas dickeren, flaschenförmigen Zapfen. Jedes dieser Elemente ist durch eine gesonderte Nervenleitung mit dem Gehirn verbunden. Mittels der Zapfen können wir die Farben der Objekte erkennen; sie fehlen im total farbenblinden Auge. Die Stäbchen dagegen vermitteln uns die Empfindung der schwächsten Lichtspuren, z. B. in mondlosen Nächten. Ihr Schwellenreiz ist mehrere tausendmal größer als der der Zapfen. Die maximale Empfindlichkeit liegt für die Zapfen im Gelbgrün, etwa bei der Wellenlänge 5600 A.E.[1], für die Stäbchen im Blaugrün bei 5300 A.E. Dunkles Rot wirkt mehr als 30000 mal, Violett mehr als 60 mal schwächer.

Die Frage, wodurch wir imstande sind, die große Mannigfaltigkeit der Farben wahrzunehmen, ist noch nicht völlig geklärt. Wir nehmen mit Young und Helmholtz an, daß drei verschiedene nervöse Elemente vorhanden sind, von denen das eine vorzugsweise durch rotes (aber schwächer auch durch grünes und blaues) Licht erregt wird, das zweite vorzugsweise durch grünes, das dritte durch blaues. In Fig. 610 sind als Abszissen die Wellenlängen aufgetragen, als Ordinaten die Intensität der Erregung des roten, grünen, blauen Elementes. Wir lesen aus der Figur z. B. ab, daß wir den Eindruck der Farbe des Lichtes von der Wellenlänge 6400 A.E.[1] haben, wenn die Erregung des roten Elementes viermal so groß ist wie die des grünen, der Farbe von 5750 A.E., wenn das rote und das grüne Element gleich stark erregt werden, des satten Grün von 4900 A.E. wenn sich die Erregungen rot : grün : blau verhalten wie 3,0 : 6,4 : 1,4 usf.

Weiter kann hier auf dieses Gebiet, das in jüngster Zeit beson-

[1] „Angström-Einheiten“, vgl. Seite 192!

ders durch die Ostwaldschen Farbentheorien ausgebaut wurde, nicht eingegangen werden.

Daß wir bei Benützung beider Augen in hervorragendem Maße perspektivisch zu sehen vermögen, beruht darauf, daß z. B. das rechte Auge ein etwas anderes Netzhautbild des betrachteten nahen Gegenstandes liefert als das linke, weil es sich an einer anderen Stelle des

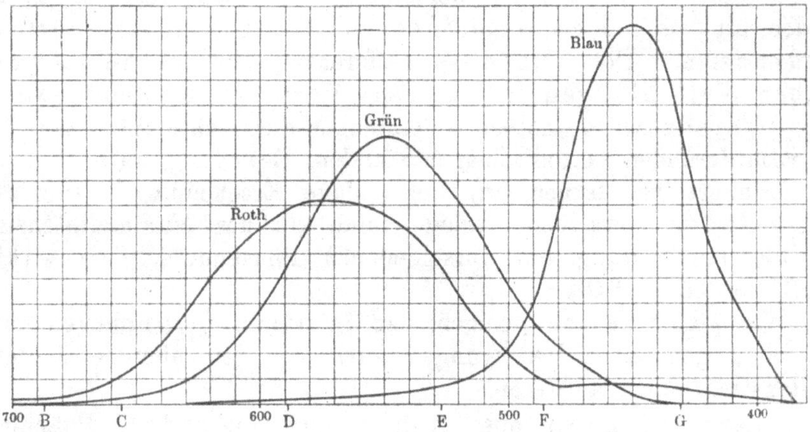

Fig. 610.

Raumes befindet. Ist die Entfernung des Objektes sehr groß, so sind beide Netzhautbilder praktisch identisch, der stereoskopische Effekt verschwindet, wird aber dann meist durch die Intelligenz vorgetäuscht. (Ein ferner Kirchturm vor noch weiter entfernten Bergen.) Wir können jedoch den stereoskopischen Eindruck außerordentlich verstärken, wenn wir durch optische Instrumente unseren Augenabstand scheinbar vergrößern — Scherenfernrohr, Entfernungsmesser mit Basislängen bis zu 3 m — oder wenn wir von dem fernen Objekt, z. B. einem Berg, eine photographische Aufnahme machen, den Apparat um einige hundert Meter seitlich verschieben, die zweite Aufnahme anfertigen und die beiden Bilder stereoskopisch betrachten. (Günstig ist eine Parallelverschiebung von $^1/_{20}$—$^1/_{10}$ der Entfernung.) Auf diese Weise stellte Professor Wolff prachtvolle Aufnahmen des Saturn mit dem Fixsternhimmel als Hintergrund her, indem er ihn in aufeinanderfolgenden Nächten photographierte. Infolge der Bewegung der Erde um die Sonne betrug die Basis in diesem Falle fast 2,5 Millionen km. — Mittels des Stereokomparators oder des (neueren) Stereoautographen kann man aus stereoskopischen Geländeaufnahmen exakte Karten des (vielleicht unwegsamen) Geländes zeichnen. *

D. Interferenz und Beugung.

Interferenzen hatten wir in I, § 272, S. 330, Versuch 230, schon bei den longitudinalen Wellen der Schallbewegung kennen gelernt; sie kamen dadurch zustande, daß zwei Wellenzüge gleichen Ursprungs: „kohärente Wellen", an derselben Stelle des Raumes immer wieder mit bestimmten Wegdifferenzen: „Gangunterschieden" zusammentrafen. Dort, wo diese Differenzen eine gerade Anzahl halber Wellenlängen betrug, fand Verstärkung, dort, wo sie eine ungerade Anzahl halber Wellenlängen ausmachte, Auslöschung der resultierenden periodischen (stehenden) Bewegung statt.

Erinnert sei ferner an die analoge Erscheinung, wenn zwei Wechselströme derselben Periode (und gleicher Maximalintensität) auf dieselbe Leitung mit verschiedenen Phasendifferenzen wirkten (vgl. II, § 935, S. 640).

Wir wollen zunächst zeigen, daß Interferenzerscheinungen unter den oben genannten Bedingungen auch bei den hier betrachteten Wellenstrahlungen auftreten.

Sodann wollen wir aber sogleich noch ein anderes Phänomen betrachten, welches im höchsten Grade charakteristisch für alle wellenartig sich verbreitenden Zustandsänderungen ist und dem die Interferenzerscheinungen ihr eigentliches Gepräge verleihen: die Beugungs-(Diffraktions-)Phänomene. Blenden wir aus einer fortschreitenden, von einem bestimmten Zentrum ausgehenden Welle einzelne Teile aus, so kann nach dem Huygensschen Prinzipe (vgl. § 766, S. 89) jedes in ihnen erregte Elementarteilchen wiederum als Erregungszentrum neuer Wellen angesehen werden. Dadurch kommt zunächst das auffallende Phänomen zustande, daß die Wellenbewegung aus dem Gebiete des geometrischen Schattens heraustritt, daß sie gewissermaßen um die Ränder des schattenwerfenden Körpers herumgreift, daß sie um diese Ränder herum-„gebeugt" wird. Andererseits kann durch Interferenz der von den kohärenten Einzelteilen der Welle ausgehenden neuen Erregungen ein eigentümliches Verstärken und Schwächen der an den einzelnen Stellen zusammentreffenden Anteile herbeigeführt werden, wodurch abwechselnd Maxima und Minima der Intensität entstehen.

794. Interferenz bei elektromagnetischer Strahlung. Wegen der erheblichen Größe der in Betracht kommenden Wellenlängen wird die Erscheinung der Interferenz am anschaulichsten bei Strahlen elektromagnetischer Energie erläutert.

Versuch 709. In den Brennlinien zweier größerer, nebeneinander gestellter parabolischer Metallzylinderhohlspiegel H_1 und H_2 ist einerseits der in § 752, S. 47 beschriebene und in Fig. 553 S. 48 abgebildete Linearradiator als Strahlungsgeber G, andererseits der auf ihn abgestimmte Rezeptor Fig. 514, S. 14 mit dem Thermoelemente im Schwingungskreise als Empfänger E angeordnet.

Die Brennweite der Spiegel soll möglichst genau gleich der Viertelwellenlänge der erzeugten Strahlung sein; denn dann verstärken die von den Spiegelflächen reflektierten die vom Geber direkt ausgehenden Wellen. Von H_1 geht dann eine nahezu ebene Welle aus, deren Front senkrecht zur Spiegelachse A_1 steht. Am anderen Spiegel H_2 wird die Energie einer ebenen Welle, die so einfällt, daß ihre Front senkrecht zur Achse A_2 steht, alsdann möglichst vollkommen auf den Empfänger E übertragen.

Die Spiegel brauchen nicht aus Metallblech zu bestehen; es genügt vielmehr eine Reihe von Metallstäben, je von der Länge einer halben Wellenlänge, längs eines Parabelbogens von der oben genannten Brennweite anzuordnen; diese Konstruktion hat den Vorteil, von allen Seiten her das sendende und empfangende schwingende System sichtbar zu lassen.

Den Spiegeln gegenüber wird eine ebene Metallwand (großes Blech auf Holzrahmen) vertikal aufgestellt. Dieselbe besteht aus zwei Teilen; der eine, W_2, bleibt fest stehen; der andere, W_1, kann (auf Rollen) parallel mit sich selbst um Strecken verschoben werden, deren Länge an einer am Fußboden liegenden Skala abgelesen wird.

Die beiden Spiegel und die Wand sind so gegeneinander orientiert, daß der aus H_1 hervorgehende Strahl nach der Reflexion an W_1 W_2 gerade in H_2 hineinfällt.

Erregt man den Geber G, so zeigt das an das Thermoelement angeschlossene Projektionsgalvanometer einen großen Ausschlag. Schiebt man aber die Wandhälfte W_1 gegen die Spiegel heran, so vermindert sich der Ausschlag allmählich, bis schließlich bei einer Stellung 1 ein Minimum eintritt; bei weiterer Verschiebung im gleichen Sinne vergrößert sich der Ausschlag wieder, erreicht bei der Stellung 2 von W_1 ein Maximum, wird dann wieder kleiner, wird ein Minimum bei 3 usw. Man findet, daß die einzelnen Stellungen 0, 1, 2, 3 usw. um je $\frac{1}{4}\lambda$ voneinander entfernt liegen. Bei 1 beträgt also der Gangunterschied zwischen den von den beiden Spiegelhälften zurückgeworfenen Wellen gerade $\frac{1}{2}\lambda$, die von W_1 und W_2 kommenden Anteile interferieren miteinander und löschen sich (fast vollkommen) aus; bei Stellung 2 verstärken sie sich wieder dem Gangunterschiede von $2 \cdot \frac{\lambda}{4} \cdot 2$ entsprechend usf.

Das gleiche beobachtet man, wenn man den Spiegel W_1 hinter W_2 zurückzieht.

795. Farben dünner Lamellen. Bei einem Interferenzversuch mit weißem Lichte wird man erwarten müssen, daß je nachdem der Gangunterschied von $\frac{1}{2}\lambda$ auf die eine oder andere Farbe trifft, gerade diese Farbe durch Interferenz ausgelöscht wird: es bleibt an der betreffenden Stelle nur die komplementäre Mischfarbe (vgl. § 779, S. 117) übrig. Den sehr viel kleineren Längen der Lichtwellen entsprechend, ist die dazu nötige Verschiebung ebenfalls nur sehr klein; man erreicht sie am einfachsten dadurch, daß man das von der einen und der anderen Seite eines sehr dünnen durchsichtigen Blättchens oder einer dünnen Lamelle reflektierte Licht zur Interferenz bringt.

a) Interferenzen im durchfallenden Lichte.

Versuch 710. Über einen quadratisch gebogenen ebenen Drahtrahmen (mit einem von einer Ecke ausgehenden Drahtstücke als Griff) wird eine dünne Lamelle aus Seifenlösung ausgespannt. Hält man den Rahmen vertikal bei horizontaler Lage eines Seitenpaares in die V.P.L., so erscheint auf dem Projektionsschirme ein System matter, aber deutlich farbiger horizontaler Streifen: Die Lamelle wird oben immer dünner, unten dicker, da die Seifenlösung, der Schwere folgend, nach unten fließt; die dickste Partie ist vollkommen durchsichtig und weiß, dann beginnen die Farben.

Versuch 711. Zwei vollkommen ebene, schmale, lange Streifen aus dickem Spiegelglas werden an dem einen Ende durch übergeschobene Metallklammern fest gegeneinander gepreßt, während an dem anderen Ende ein zwischengelegtes Streifchen aus Aluminiumfolie für Wahrung eines bestimmten, wenn auch sehr kleinen gegenseitigen Abstandes der gegeneinander gepreßten Glasflächen sorgt. So entsteht zwischen diesen ein schwach keilförmiger Luftraum. Bei der Projektion zeigen sich wieder die Interferenzfarben dünner Lamellen, am deutlichsten in der Nähe des Keilwinkels.

b) Interferenzen im auffallenden Lichte.

Versuch 712. Über eine schwach geneigte Platte aus schwarzem Glase läßt man Wasser langsam herabfließen. Bringt man auf dasselbe einen Tropfen Öl oder Petroleum, so wird dieses zu einem äußerst dünnen Häutchen auseinandergezogen. Beleuchtet man dasselbe mittels des Umkehrprismas der V.P.L. von oben her intensiv und bildet man die Plattenoberfläche mittels des neben dem Prisma befestigten Projektionskopfes auf dem schräg darüber gestellten Projektionsschirme ab, so entsteht hier ein wundervolles Farbenspiel, das mit der Dicke des Ölhäutchens mannigfach wechselt und alle lamellaren Bewegungen zum Ausdruck bringt.

Es sind dies dieselben Farben, die man oft auf Pfützen, am Erdboden u. dgl. zu beobachten Gelegenheit hat, wenn auf diesen eine ölige Flüssigkeit ausgebreitet ist.

Versuch 713. (Newtonsches Farbenglas.) Auf ein ebenes, dickes rundes Glas in einer Metallfassung wird eine Plankonvexlinse mit der konvexen Seite (von großem Krümmungsradius r) mittels einer zweiten Fassung und dreier Zugschrauben fest aufgepreßt. Dadurch entsteht eine dünne Luftlamelle zwischen beiden Gläsern mit der Dicke Null in der Mitte und stetig wachsender Dicke nach außen hin.

Aufgabe 406. Man berechne die Dicke d der Luftlamelle im Abstand a von der Mitte.

Es ist:

$$a^2 = d\,(2\,r - d);$$

oder, da d so klein ist, daß man das Quadrat dieser Größe vernachlässigen kann:

$$d = \frac{a^2}{2r}. \qquad (614a)$$

Dieses Glas wird vertikal aufgestellt, von vorn her intensiv von der Projektionslampe (paralleles Licht) beleuchtet und auf dem Projektionsschirme mittels einer Linse abgebildet: Um die dunkle Mitte zeigen sich farbige Ringe, die Newtonschen Farbenringe. Zieht man eine der Zugschrauben fester an, so deformiert man das Deckglas und damit das Ringsystem; dieses erweist sich als äußerst empfindliches Kriterium auf die kleinsten Dickenänderungen der zwischen den Gläsern liegenden Luftschicht.

Darum benutzt man auch diese Newtonschen Farbenringe in der optischen Praxis, um zu schleifende Linsenflächen möglichst vollkommen den nach den Berechnungen hergestellten „Lehren" anzupassen.

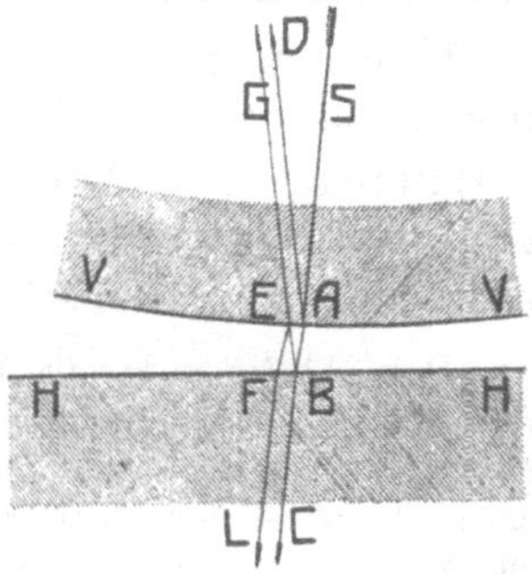

Fig. 611.

Beleuchtet man statt mit weißem Licht mit dem gelben Lichte, wie es glühender Natriumdampf aussendet, so erscheinen abwechselnd hellgelbe und schwarze Ringe.

Die Erklärung aller soeben vorgeführter Erscheinungen ist leicht auf Grund des Interferenzprinzipes durchzuführen. Ist VV und HH, Fig. 611, ein Stück der Lamelle (Seifen- bzw. Öllamelle, oder der Luftlamelle zwischen Glasflächen) und ist SA einer der einfallenden Strahlen, so wird dieser zum Teil nach AD hin reflektiert, zum Teil wird er nach AB gebrochen, an der hinteren Fläche HH wieder teils reflektiert nach BE hin, teils durchgelassen in der Richtung BC;

der erstgenannte Anteil wird teils bei E wieder gebrochen und geht in der Richtung EG, parallel mit AD weiter, teils wird er in die Lamelle zurückreflektiert und geht über F in der Richtung FL, parallel mit BC durch usw.

Sowohl die durchfallenden Anteile BC, FL usw. wie die im auffallenden Lichte erscheinenden AD, EG usw. sind untereinander interferenzfähig, weil sie kohärent sind; ihre Gangunterschiede sind bei senkrecht auffallendem Licht durch die Wegdifferenzen BEF bzw. ABE gegeben. Je nach der Dicke der Lamelle an der betrachteten Stelle und der Wellenlänge des Lichtes führen diese Gangunterschiede dann zu Auslöschung oder Verstärkung der betreffenden Lichtart.

So einfach, wie diese gewöhnliche, aber mehr populäre Erklärungsweise annimmt, liegen die Verhältnisse übrigens nicht, namentlich was die Lage der Interferenzstreifen im Raume bei schiefem Einfalle der Strahlen betrifft, die erst durch L. Sohncke und H. Wangerin völlig aufgeklärt wurde.

Auch bei Fig. 611 wurde, um sie anschaulicher zu machen, auf Exaktheit der Konstruktion verzichtet.

Daß die Mitte des Ringsystems beim Newtonschen Farbenglase nicht hell, sondern dunkel erscheint, überrascht zunächst, denn man sollte dem hier herrschenden Gangunterschiede 0 entsprechend ersteres erwarten. Doch ist in Rücksicht zu ziehen, daß an der Luftplatte Wellen zur Interferenz gelangen, von denen die einen an der Grenzfläche von Glas gegen Luft, die anderen an der von Luft gegen Glas reflektiert werden; dies bringt eine Gangdifferenz von einer halben Wellenlänge hinein.

Kennt man also die Lamellendicke für irgendeinen dunklen Streifen bestimmter Gangdifferenz (beim Newtonschen Glase und Natriumlicht nach Aufgabe 406 S. 173 aus a und r berechenbar), so kann man (bei senkrechter Inzidenz) die Wellenlänge λ des interferierenden Lichtes bestimmen.

Dem Abstande zweier aufeinanderfolgender dunkler Streifen am Newtonschen Glase entspricht eine Zunahme der Luftplattendicke um je $\frac{1}{2}\lambda$ des angewendeten Lichtes. Hat man also (durch Messungen der Durchmesser, da der dunkle Fleck in der Mitte und die innersten Ringe schlecht begrenzt sind) für den m^{ten} und für den n^{ten} Ring die Ringradien a_m und a_n ermittelt, so entspricht dies nach 614a einer Dickenzunahme

$$\varDelta d = \frac{a_n^2}{2r} - \frac{a_m^2}{2r} = \frac{1}{2r}(a_n + a_m)(a_n - a_m)$$

und einer Gangdifferenz

$$\varDelta d = (n - m)\frac{\lambda}{2},$$

woraus

$$\lambda = (a_n + a_m)(a_n - a_m)/r(n - m) \tag{614 b}$$

erhalten wird. r bestimmt man mittels des Sphärometers (I, § 68, S. 81) oder nach der Spiegelungsmethode S. 418; gewöhnlich werden zwei gekrümmte

Flächen aufeinandergepreßt, eine konvexe und eine konkave mit einem nur wenig größeren Krümmungsradius, um einen großen Ringabstand zu erzielen.

Aufgabe 407. Ein Plankonvexglas von $r = 2650$ mm Krümmungsradius war auf ein Planglas mittels Fassung fest aufgedrückt. Darüber war unter 45° Neigung eine Spiegelglasplatte befestigt, die das von einer seitlich aufgestellten breiten Natriumflamme kommende Licht senkrecht auf das Farbenglas warf, über das quer eine schmale mm-Teilung (auf Papier) gelegt war. Von oben her wurde das Ganze (durch die geneigte Glasplatte hindurch) mittels einer Lupe betrachtet, wobei sich der Halbmesser des 6. dunklen Ringes $a_6 = 10{,}2$, der des 15. dunklen Ringes $a_{15} = 15{,}6$ mm ergab. Die zwischen beiden liegende Gangdifferenz war also $(15 - 6)\frac{\lambda}{2}$, was nach (614b) gleich der Dickenzunahme

$$\frac{a_{15}^2 - a_6^2}{2r} = \frac{(a_{15} + a_6)(a_{15} - a_6)}{2r}$$

sein muß. Durch Gleichsetzen ergibt sich

$$\lambda_{Na} = \frac{25{,}8 . 5{,}4}{9 . 2659} = 584 . 10^{-6} \text{ mm}.$$

* Interferenzen mit hohen Gangunterschieden. Beim Newtonschen Farbenglas hatten wir dieselbe Interferenzerscheinung an allen den Stellen, an denen die beiden Linsen den gleichen Abstand hatten: Wir beobachteten die „Kurven gleicher Dicke" und mußten, um sie deutlich zu sehen, auf die Schicht zwischen den Platten akkomodieren. Eine andere Interferenzerscheinung erhalten wir, wenn wir mit dem auf unendlich eingestellten Fernrohr oder Auge die parallelen Strahlenbündel beobachten, die zwei Planplatten verlassen. Wir sehen auch hier Ringe und jeder Ring entspricht einem bestimmten Gangunterschied, doch sind diese Ringe nun die „Kurven gleicher Neigung". Die Arbeiten von Michelson, Perot und Fabry, von Lummer, Benoit, Pfund, Eversheim und anderen haben gezeigt, daß man aus dem Studium dieser Interferenzen gleicher Dicke die wichtigsten Folgerungen ziehen kann.

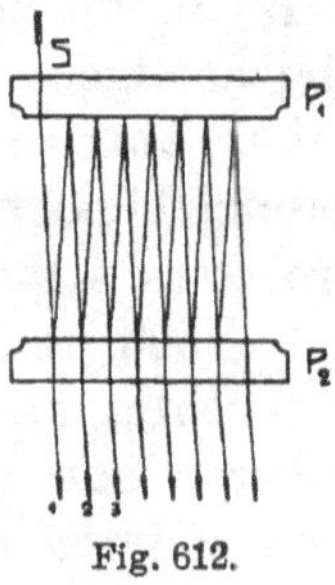

Fig. 612.

Das Prinzip des „Interferometers" nach Fabry und Perot wird durch die folgende Fig. 612 illustriert: P_1 P_2 sind zwei plane Glasplatten, die an den Seiten, die sie einander zukehren, halbdurchlässig versilbert sind, um das Reflexionsvermögen zu erhöhen. Vor P_1 befinde sich eine Lichtquelle, die Licht von nur einer bestimmten Wellenlänge durch das Interferometer hindurchsende. Wenn wir einen der Strahlen S verfolgen, so erkennen wir, daß er sich in verschiedene Teile 1, 2, 3, .. spaltet, die miteinander interferieren und in der Brennebene des Fernrohrobjektives einem bestimmten Punkt entsprechen. Nun fallen die Strahlen S unter allen möglichen Winkeln auf: Jedem Winkel entspricht ein Punkt in der Brennebene und ein bestimmter Gangunterschied, und zwar ist der Gangunterschied der senkrecht einfallenden Strahlen der größte (nicht der kleinste, wie man a priori meinen könnte!). Die Interferenzerscheinung ist symmetrisch zur Achse, sie besteht also aus konzentrischen Ringen.

Die Platte P_1 befindet sich nun auf einem Schlitten, mit dem sie, genau zu sich selbst parallel, durch eine Mikrometerschraube von P_2 entfernt werden kann, so daß die „planparallele Luftplatte" immer dicker wird. Dann quillt jedesmal, wenn die Entfernung um eine halbe Wellenlänge größer wird, ein neuer Ring aus dem Mittelpunkt heraus. * Bemerkenswert ist dabei einmal, daß die Interferenzfähigkeit mancher Spektrallinien, vor allem der von Quecksilber, Cadmium, Neon u. a. innerhalb weiter Grenzen nicht beeinträchtigt wird, daß man also noch immer deutliche Interferenzringe erhält, wenn man auch durch Voneinanderentfernen der beiden Gläser Gangunterschiede von vielen Tausenden, ja Hunderttausenden einzelner Wellen der betreffenden Lichtart dazwischenschaltet. Da Lichtwellen nur miteinander interferieren können, wenn sie von demselben Teilchen ausgehen und auch nur dann, wenn die beiden Wellen von den Teilchen ausgesendet werden, so lange es sich in demselben ungestörten Schwingungszustande befunden hat, so geht daraus hervor, daß das leuchtende Gas- oder Dampfteilchen eine lange Reihe von Einzelschwingungen produzieren muß, ehe es z. B. durch den Zusammenstoß mit anderen gleichartigen oder ungleichartigen Teilchen darin gestört wird. Umgekehrt gestattet daher aber auch die Aufsuchung der oberen Grenze der Interferenzfähigkeit einen gewissen Einblick in den Ablauf des Leuchtprozesses selbst.

Noch anderes lehrt das Studium der „hohen Interferenzen": Beleuchtet man mit Natriumlicht und geht man von null an zu immer höheren und höheren Gangunterschieden über, wobei ein Ring nach dem anderen aus der Mitte herausquillt, so beobachtet man ein sehr eigentümliches Phänomen: Die Streifen werden allmählich matter, werden nahezu unsichtbar, wenn etwa 500 Streifen vorüber gezogen sind, werden dann aber wieder deutlicher, sowie etwa 1000 vorbei gewandert sind; bei 1500 Wellenlängen Gangunterschied verschwinden sie wieder, bei 2000 erscheinen sie wieder usf. Dies erinnert vollkommen an die Erscheinung der Schwebungen und erklärt sich in der Tat ganz ähnlich: Das gelbe Natriumlicht besteht aus zwei Lichtarten von nur wenig voneinander verschiedener Schwingungszahl und damit Wellenlänge, nämlich

$$\lambda_1 = 5896 \text{ und } \lambda_2 = 5890 \text{ Å.E.}$$

Wenn nun eine Gangdifferenz erreicht ist, für welche n aufeinanderfolgende Wellen der größeren Wellenlänge λ_1 gerade so groß sind wie $(n+1)$ Wellen der kleineren λ_2 (n eine beliebige ganze Zahl), so werden gerade wieder Wellenberge der einen Strahlungsart mit Wellenbergen der anderen zusammenfallen, bei einer Wegdifferenz von $n/2$ dagegen werden sie sich auslöschen.

Aufgabe 408. Man berechne hiernach n für Natriumlicht.

Es soll:

$$n\lambda_1 = (n+1)\lambda_2$$

sein, oder

$$n(\lambda_1 - \lambda_2) = \lambda_2,$$

daher

$$n = \lambda_2/(\lambda_1 - \lambda_2).$$

Für die beiden Natriumlinien ergibt sich eine Wellenlängendifferenz von

$$\lambda_1 - \lambda_2 = 6 \text{ Å.E.},$$

so daß

$$n = 5890/6 = 982$$

oder rund 1000, $n/2$ rund 500 wird.

In ähnlicher Weise konnte H. Ebert (1891) die Dupplizität der roten Wasserstofflinie ($H_\alpha = C$) erweisen, welche aus zwei Linien von nur 0,124 Å.E. Wellenlängendifferenz besteht (vgl. S. 194).

* Aufgabe 409. Ein Perot-Fabry-Interferometer, dessen Schraube eine Ganghöhe von 1 mm hatte, wurde mit dem Licht der grünen Quecksilberlinie beleuchtet und die Platten so eingestellt, daß sich im Zentrum gerade ein neuer Ring bildete. Die an der Schraube abgelesene Einstellung war dabei 1,11095 mm.

Hierauf wurden die Platten mittels der Mikrometerschraube langsam auseinandergezogen und dabei die herausquellenden Ringe gezählt. Nach 1000 Ringen (bei derselben Einstellung des sich im Zentrum gerade bildenden Ringes) wurde die Schraube wieder abgelesen. Die Einstellung war nun 1,38435 mm.

Wie groß ist die Wellenlänge der grünen Quecksilberlinie?

Da 1000 halbe Wellenlängen = 0,27340 mm sind, folgt

$$\lambda = 0{,}0005468 \text{ mm} = 5468 \text{ Å.E.}$$

Der Unterschied gegen den „internationalen" Wert $\lambda = 5460{,}724$ kommt sehr wahrscheinlich daher, daß die Schraube bei der Versuchstemperatur nicht die Ganghöhe von 1,000 mm hatte, sondern von 0,9987 mm.

Interferenzringe würden wir auch beobachten, wenn nur Strahl 1 und 2 in merklicher Intensität vorhanden wären. Die genauere Betrachtung zeigt aber, daß die hellen Ringe in diesem Falle breit und verwaschen sind, daß sie dagegen um so schmäler und schärfer werden, je mehr Strahlen (3, 4, 5 . . bei sehr guter Versilberung 20 und mehr) miteinander interferieren. In diesem letzteren Fall sieht man in der Dissonanzstellung direkt die beiden Streifen des Wasserstoffdubletts; man erkennt aber weiter auch, daß es fast die Regel ist, daß helle Spektrallinien von „Trabanten“ (auch „Satelliten“ genannt) begleitet werden. Die grüne Quecksilberlinie z. B. von mindestens 6.

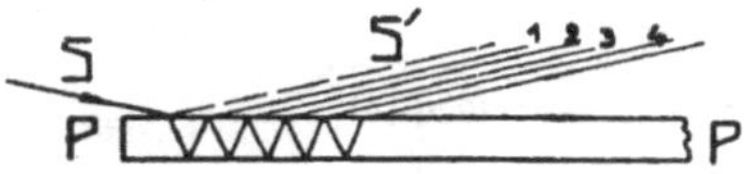

Fig. 613 a.

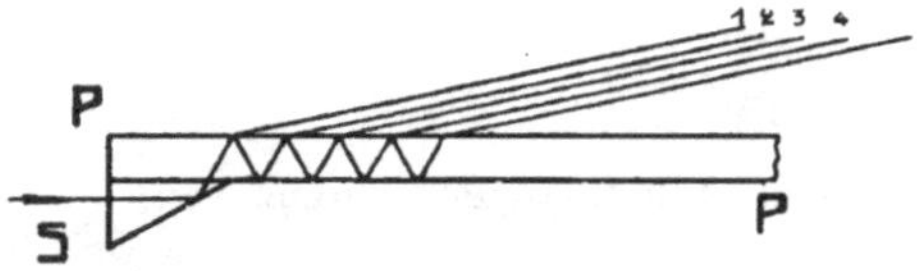

Fig. 613 b.

Eine vorzügliche Anordnung zu Untersuchungen mit hohen Gangunterschieden hat O. Lummer angegeben. In Fig. 613 a bedeutet *PP* eine planparallele Glasplatte. Ein Bündel homogenen Lichtes, aus dem der Strahl *S* gezeichnet ist, fällt ein, wird gebrochen, an der Unterseite nach oben reflektiert, spaltet dort den Strahl 1 ab, wird wieder reflektiert usf. Die Strahlen 1, 2, 3 . . . haben große Gangunterschiede und interferieren miteinander. Ebensogut kann man die nicht gezeichneten, an der Unterseite der Platte abgespaltenen Strahlen verwenden. Da ein großer Teil der Energie von *S* durch Reflexion nach *S'* verloren ginge, schleift man den Rand der Platte schräg an, oder setzt nach dem Vorgang von Gehrcke ein kleines Prisma auf: Fig. 613 b. — Die benützten Platten sind 10—30 cm lang und 3—10 mm dick. Sie müssen bis auf mindestens $^1/_{10}$ Wellenlänge überall gleich dick sein und sind daher sehr kostspielig. Im Fernrohr sieht man helle Streifen auf dunklem Grund und erkennt z. B. bei der grünen Quecksilberlinie sofort neben jedem der Streifen einige der Satelliten.

Die ersten Interferometer konstruierte der Amerikaner A. A. Michelson, der sich auf diesem Gebiete unvergängliche Verdienste erworben hat. (Sein mit warmer Begeisterung geschriebenes populäres Buch „Lichtwellen und ihre Anwendungen“,[1] kann dem Leser, der sich für diese Materie näher interessiert, sehr empfohlen werden.)

[1] Deutsch von Max Iklé, Verlag von Joh. Ambr. Barth, Leipzig 1911.

Allen seinen Konstruktionen ist eine planparallele Platte P, Fig. 614, charakteristisch, an der sich die parallel einfallenden Strahlen S in zwei Anteile S_1 und S_2 spalten. Diese beiden Teile durchlaufen annähernd gleich lange, aber örtlich oft weit getrennte Wege und werden dann durch eine ähnliche Platte wieder vereinigt. (Dazu können wir uns in Fig. 614 die Strahlrichtung einfach umgekehrt denken.)

Das bekannteste dieser Instrmente ist in Fig. 615 in der Aufsicht gezeichnet. Von der Lichtquelle L fällt paralleles Licht auf die Platte P, die auf der Rückseite schwach versilbert ist. Die beiden Teile S_1 und S_2 des Strahles (Fig. 614) treffen je den Spiegel A bzw. B, werden in sich selbst zurückreflektiert, von P wieder vereinigt und treten in der Richtung F in das Beobachtungsfernrohr. Der Spiegel B steht fest, A kann auf dem Schlitten U mittels der Schraube R verschoben werden, so daß der Strahl S_1 einen kleineren, den gleichen oder einen größeren Weg zurücklegt als der Strahl S_2. Bei gleichen Spiegelabständen von dem Trennungspunkt der Strahlen an der halbdurchlässig versilberten Rückfläche von P hat der nach A laufende Strahl doch einen längeren Weg, da er noch die Platte P durchsetzen muß. Um nun die Lichtwege bei gleichen Spiegelabständen gleich zu machen, ist die Kompensationsplatte P' von genau gleicher Dicke wie P in den Gang der nach B laufenden Strahlen eingeschaltet. — Das Instrument in der Ausführung der Firma Adam Hilger, London, zeigt eine Reihe interessanter Konstruktionsdetails: Die bei konstanter Temperatur geschliffene, zwischen optisch planen Quarzplatten gelagerte Schraube R hat nahe 1 mm Ganghöhe; an der Teilung M können die zehntel und hundertstel, nach Einrücken der Teilung N die tausendstel und zehntausendstel Millimeter abgelesen werden. Das Spiegelbild von B muß bis auf mindestens eine Bogensekunde parallel zu A sein. Zur groben Justierung dienen die Stellschrauben, von denen eine mit V bezeichnet ist. Die Feinjustierung aber geschieht dadurch, daß der Spiegel B auf einem Messingbarren von etwa 6×6 mm sitzt, der durch zwei zueinander senkrechte schwache Spiralfedern mit Stell-

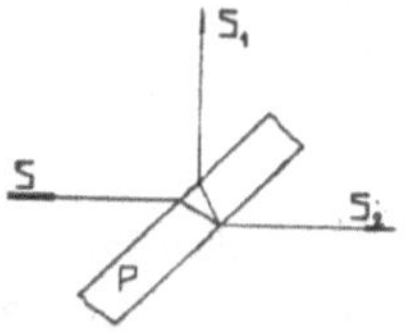

Fig. 614.

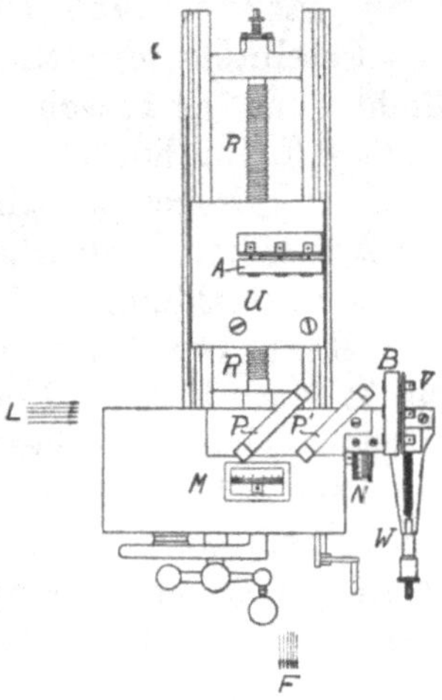

Fig. 615.

schrauben etwas durchgebogen werden kann. Die eine dieser Federn ist bei *W* gezeichnet.

Da bei dem Michelson-Interferometer nur zwei Strahlen interferieren, konnte Michelson nur durch komplizierte (und manchmal nicht ganz einwandfreie) Fouriersche Analyse Existenz und Lage von Satelliten feststellen. Wichtig ist sein Resultat, daß das rote Licht, das elektrisch leuchtender Cadmiumdampf aussendet, $\lambda =$ 6438 Å.E., in höchstem Grade monochromatisch und frei von Satelliten ist. Noch bei einem Gangunterschied von $^1/_2$ Million Schwingungen erhielt er deutliche Interferenzen. Auch die grüne und blaue Cadmiumstrahlung erwies sich als recht homogen.

Michelson faßte nun den Plan, mit Hilfe des Interferometers direkt das Pariser Normalmeter (vgl. Bd. 1, S. 9) in Wellenlängen auszumessen, und diese Untersuchung wurde in jahrelanger, sorgfältigster Arbeit von ihm und seinen Mitarbeitern durchgeführt (1895). Im Prinzip würde man dazu lediglich an dem Schlitten *U* (Fig. 615) einen Zeiger anzubringen haben, den man auf den Nullstrich des Maßstabes einstellt. Dann verschiebt man *U* (und *A*) wobei man die herausquellenden Ringe zählt, bis der Zeiger auf dem Endstrich des Maßstabes einsteht. Tatsächlich ist dieser Weg nicht gangbar, erstens weil auch das Licht der roten Cadmiumlinie nicht über 2×1 m interferenzfähig ist, zweitens weil ein direktes Abzählen der $1^1/_2$ Millionen Wellenlängen selbst bei einer Zählgeschwindigkeit von 2 Ringen pro Sekunde etwa 150 Stunden dauern würde. Hier können nur die Resultate dieser Untersuchungen (um 1895) angegeben werden:

Michelson fand:	1. Arbeit: 1 m	= 1553162,7 Wellenlängen,
	2. Arbeit	= 1553164,3 „ „
Benoit:		= 1553163,6 „ „

also eine ganz hervorragende Übereinstimmung.[1]) Die große Bedeutung dieser Messungen liegt darin, daß das Meterprototyp, unser Urnormalmaßstab, sowohl durch irgendwelche Ereignisse vernichtet werden, als auch im Lauf der Jahrzehnte langsamen Veränderungen unterworfen sein könnte, während die Wellenlänge des Cadmiumdampfes unveränderlich und stets reproduzierbar ist.

Für die Wellenlänge der roten Cd-Linie ergibt sich hieraus

$$\lambda = 0{,}64384696\,\mu = 6438{,}4696\,\text{Å.E. bei } 15^0 \text{ und } 760\,\text{mm Barometerstand.}$$

Aus der großen Zahl der Instrumente, bei denen die Interferenz als Mittel zur Erreichung eines anderen Zweckes benützt wird, möge

[1]) Mit verbesserter Methode fanden Benoit, Fabry & Perot (1913) 1 m = 1553164,13 Wellenlängen.

hier noch das bei physikalisch-technischen Messungen viel gebrauchte Fizeau-Abbesche Dilatometer erwähnt werden. Es dient zur Bestimmung von Wärmeausdehnungskoeffizienten. Sein wesentlicher Bestandteil ist das „Fizeausche Tischchen“ Fig. 616. Das Licht fällt von oben ein und wird teils an der Unterseite von P, teils an der Oberseite von O in sich zurückreflektiert, so daß die von P und die von O ausgehenden Strahlen interferieren. Das Tischchen wird in einem Gehäuse erwärmt oder abgekühlt und dadurch ändert sich der Abstand zwischen O und P. Durch Abzählung der vorbeiwandernden Streifen erhält man die Abstandsänderung. O wird aus dem zu untersuchenden Material gefertigt; die Ausdehnungskoeffizienten der Schrauben müssen bekannt sein. Neuerdings ersetzt man die Schrauben meist durch einen Ring aus Quarzglas, dessen Ausdehnungskoeffizient genau bekannt und sehr klein ist. *

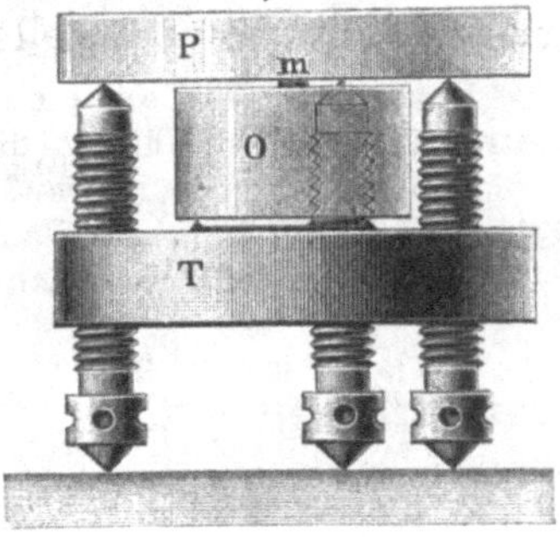

Fig. 616.

796. Beugung durch einen einfachen Spalt. Fällt eine Welle irgendeiner Wellenstrahlung auf einen Spalt in einem für diese nicht durchlässigen Schirme, so blendet dieser Spalt aus der Welle ein schmales Stück aus. Jedes Element dieses Stückes wird nach dem Huygensschen Prinzipe (vgl. § 766, S. 88) Ausgangspunkt neuer Wellenerregungen. Von diesen löschen sich aber alle diejenigen Teile gegenseitig aus, welche mit Gangunterschieden gleich einer ungeraden Anzahl halber Wellenlängen an irgendeinem Orte wieder zusammentreffen; dagegen verstärken sich Anteile mit einer geraden Anzahl halber Wellenlängen Wegdifferenz. Durch die Interferenz kohärenter Wellenanteile werden also nach dem Passieren der spaltförmigen Öffnung Minima und Maxima in der resultierenden Wellenintensität an räumlich nebeneinander liegenden Stellen hervorgerufen.

Fig. 617.

Versuch 714. Das Licht einer Natriumflamme wird mittels einer Zylinderlinse auf einen Spalt konzentriert, dessen einzelne Punkte als Strahlenzentren C (Fig. 617) wirken. Das von ihnen ausgehende Licht wird durch die Linse L parallel gemacht, durch die Blende B nochmals begrenzt und gelangt auf den eigentlichen beugenden Spalt *Sp*, dessen mit scharfen Schneiden versehene Backen sehr nahe aneinander gerückt sind. Alsdann entsteht auf der in der Entfernung *e* aufgestellten Mattglasscheibe *M* in der Mitte ein dem direkten Strahlengange entsprechendes helles Spaltbild *s*. Zu beiden Seiten desselben folgen aber zunächst schmale dunkle, dann breitere helle Streifen usf.

Das Ganze wird auf einer langen Schiene montiert, mit deren Hilfe die Mattscheibe *M* überallhin so dirigiert werden kann, daß die einzelnen Teile des Auditoriums senkrecht darauf blicken. Auf diese Weise wird es möglich (bei völliger Verdunkelung des Raumes und allseitiger Abblendung von Nebenlicht), die Beugungserscheinung auch einem größeren Zuhörerkreise vorzuführen.

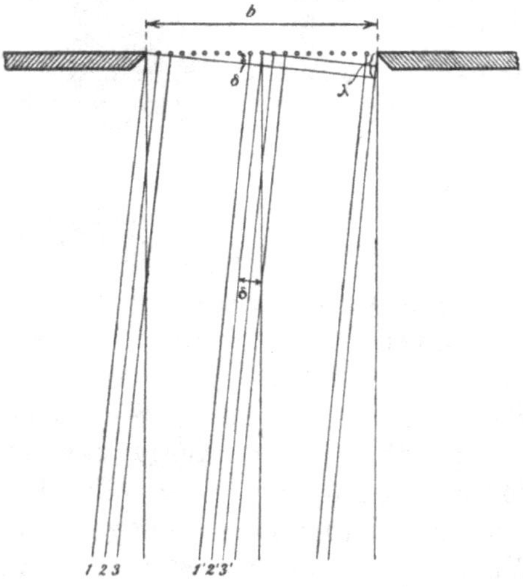

Fig. 618.

Den Vorgang im beugenden Spalte selbst möge für die nach links abgebeugten Strahlen Fig. 618 erläutern, in der die Punkte einzelne voneinander gleich weit abstehende Elementarzentren darstellen mögen. Fassen wir den Strahl 1 mit demjenigen Mittelstrahle zusammen, der um den gleichen Winkel δ von der ursprünglichen Richtung abweicht, also mit 1′, so herrscht unter den in dieser Richtung von den beiden Erregungszentren ausgehenden Strahlen eine Gangdifferenz von der Länge der kleinen Kathete in dem entsprechenden rechtwinkligen Dreiecke. Die gleiche Gangdifferenz besteht aber zwischen den beiden in derselben Richtung weitergehenden Strahlen 2 und 2′, ferner zwischen 3 und 3′ usf. Auch zwischen dem von der Mitte ausgehenden Strahle 1′ und dem rechten Randstrahle des Bündels herrscht diese Wegdifferenz (ebenso wie unter den entsprechenden zwischenliegenden, hier nicht gezeichneten Elementarstrahlen). Beträgt die Gangdifferenz zwischen Strahl 1 (links) und dem rechten Randstrahle gerade eine ganze Wellenlänge der benutzten Strahlung, so beträgt sie für die einzelnen der genannten Strahlenpaare $\frac{1}{2}\lambda$; jedes Paar löscht sich also gegenseitig aus, es entsteht an der betrachteten Stelle der Mattscheibe ein Minimum. Trifft dieses z. B. in der Entfernung l von der Mitte ein, so ist

$$\operatorname{tg}\delta = \frac{l}{e}.$$

Andererseits ist

$$\sin \delta = \frac{\lambda}{b},$$

wenn b die Spaltbreite bezeichnet. Da es sich hierbei nur immer um sehr kleine Ablenkungen δ handelt, so kann man setzen

$$\frac{l}{e} = \frac{\lambda}{b}, \quad l = e \cdot \frac{\lambda}{b}, \quad \lambda = b \cdot \frac{l}{e}.$$

Das erste Maximum wird erreicht für

$$l = \tfrac{3}{2} e \cdot \frac{\lambda}{b} \quad \text{usw.},$$

das zweite Maximum für

$$l = 2 e \cdot \frac{\lambda}{b} \quad \text{usw.}$$

(wie man bei Unterteilung der Spaltbreiten in 3, 4 usw. gleiche Teile leicht erkennt).

Die Abweichung der hellen Nebenlinien von der ursprünglichen Richtung ist also um so größer, je größer die Wellenlänge λ und je kleiner die Spaltbreite b ist.

Bei direkter Betrachtung genügt es, an die Stelle von C den Faden einer am Ende einer langen Blechschutzröhre montierten Nernstlampe zu setzen. Man erhält dann auf einer in mm geteilten (für diesen Zweck besser nicht mattierten) Spiegelglasscheibe M farbige Streifen, deren Lage mittels einer Einstellupe bestimmt wird, nachdem durch farbige Gläser bestimmte Wellenlängengruppen aus dem weißen Lichte ausgeblendet worden sind.

Aufgabe 410. Bei $e = 247$ mm und einer (mittels eines Mikroskopes mit feiner Okularteilung bestimmten) Spaltbreite von $b = 0{,}140$ mm war der gegenseitige Abstand der beiden ersten Minima bei rotem Lichte 2,4, der beiden zweiten 4,8 mm, bei gelbem Lichte 2,0 bzw. 4,0, bei blauem 1,4 bzw. 2,8 mm. Wie groß ist die (mittlere) Wellenlänge für den ausgeblendeten Spektralbezirk?

Es ist für

rotes Licht:	$l = 1{,}2,$	$\lambda = 0{,}140 \cdot \frac{1{,}2}{247}$	$= 0{,}000682$ mm,
gelbes „	$l = 1{,}0,$	λ	$= 0{,}000567$ „
blaues „	$l = 0{,}7,$	λ	$= 0{,}000397$ „

Da die bei Anwendung farbiger Gläser erhaltenen Streifen nicht scharf begrenzt sind, so verfährt man besser in der Weise, daß man die Lage der komplementären Farbe (vgl. § 779, S. 117) von derjenigen bestimmt, von der man die Auslöschungsstelle und damit l, n, λ bestimmen will.

Um die Energieverteilung im gebeugten Bündel zu verfolgen, muß man eine strengere Analyse des Vorganges durchführen, als es hier geschehen ist; auch kann man dann nicht mehr von der Abstraktion einzelner Strahlen Gebrauch machen, sondern muß auf die Wellen selbst zurückgehen.

797. Beugung durch Gitter. Viel intensivere Beugungserscheinungen erhält man, wenn man viele gleichartige äquidistante beugende

Spalte in gleicher Weise zum Zustandebringen des Phänomens heranzieht, ein „Gitter" benutzt. Ein solches Beugungsgitter erhält man z. B., wenn man in eine Spiegelglasplatte mittels eines spitzen Diamantsplitterchens auf der Teilmaschine (I, § 68, S. 80) feinste, gleichweit voneinander abstehende Furchen zieht, und dieselben durch Überreiben der Platte mit Ruß undurchsichtig macht; nach Abwischen der Platte ist dieselbe an den stehengebliebenen Flächen nach wie vor durchsichtig. (Vgl. S. 189!)

Unter Gitterkonstante k versteht man den Abstand einander entsprechender Stellen der beugenden Spalte, also z. B. ihrer linken

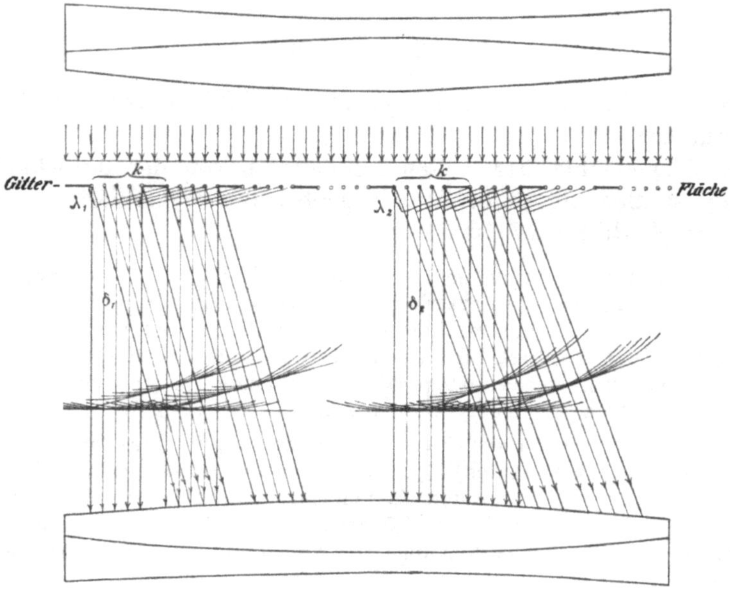

Fig. 619.

oder ihrer rechten Ränder, oder ihrer Mitten voneinander. k ist also eine kleine Längengröße, welche unter einem Mikroskope mit geeichter Okularteilung ausgemessen wird.

Die durchsichtigen und undurchsichtigen Streifen des Gitters brauchen also nicht dieselbe Breite zu haben, nur muß die Gitterkonstante k über das ganze Gitter hin denselben Wert besitzen.

Die Konstruktion der abgebeugten Strahlen ist in Fig. 119 durchgeführt und wohl ohne weitere Erklärung verständlich.

Versuch 715. Der vertikale, in seiner Breite regulierbare Spalt einer vor der V.P.L. aufgestellten Blende wird mittels des Projektionskopfes auf dem Projektionsschirme scharf abgebildet. Durch

Vorschalten eines Kobaltüberfangglases werden die blauen Strahlen aus dem weißen Lichte ausgesondert. An die Stelle, wo das Lichtbündel durch den engsten Querschnitt geht, wird das Gitter mit vertikalen, also zum Spalte parallelen Strichen aufgestellt. Neben dem hellen blauen Mittelstreifen erscheinen beiderseits in gleichen Abständen weitere blaue Streifen, die durch dunkle Zwischenpartien voneinander getrennt sind, und deren Helligkeit allmählich immer mehr, bis zum Verschwinden, abnimmt.

Nach dem vorigen vermuten wir, daß die dunklen Zonen Auslöschungen durch Interferenz entsprechen, die hellen Verstärkungen bei Gangunterschieden von 1, 2, 3 usw. ganzen Wellenlängen der veränderten Strahlenart.

* Ist der Winkel zwischen dem geradlinig durchgehenden Licht und der ersten hellen Zone $= \gamma_1$, zwischen der Mittelrichtung und der zweiten, dritten, vierten hellen Zone $= \gamma_2$ bzw. γ_3, γ_4 so sind Wellenlänge λ, Gitterkonstante k und diese Winkel (ähnlich wie oben) durch die Beziehung verknüpft:

$$\lambda = k \sin \gamma_1 = \tfrac{1}{2} k \sin \gamma_2 = \tfrac{1}{3} k \sin \gamma_3 .$$

Wird eine Spalthälfte mit blauem, die andere mit rotem Glase bedeckt, so erscheinen beide Streifensysteme übereinander, die Abstände der roten Streifen sind aber größer, die Wellenlänge des roten Lichtes ist folglich größer wie die des blauen.

Läßt man endlich weißes Licht durch das Gitter fallen, so erscheinen zwischen dem ersten blauen und dem ersten rote Bilde eine kontinuierliche Reihe von farbigen Spaltbildern, die zusammen ein Spektrum bilden, ebenso zwischen dem zweiten blauen und dem zweiten roten Spaltbild usf. Wir sprechen in diesem Falle von „Beugungsspektren“. In diesen ist also im Gegensatz zu den durch Prismen erzeugten Spektren der violette Teil am wenigsten, der rote am meisten abgelenkt. Jede Farbe ist hier genau proportional ihrer Wellenlänge abgelenkt. Daher bezeichnet man die Gitterspektren (im Gegensatz zu den Prismenspektren) als „Normalspektren“. In den dem weißen Mittelstreifen beiderseitig zunächst stehenden Spektren beträgt der Gangunterschied für jede Farbe gerade 1λ: Spektren erster Ordnung, in den beiden nächsten (rechts und links) 2λ: Spektren zweiter Ordnung usf. Bei den Spektren höherer Ordnung greifen die einzelnen Farben mehr und mehr übereinander. *

* **798. Wellenmessung.** Aus der Gitterkonstante k und der Ablenkung läßt sich für die (für die einzelnen Ordnungen der Gitterspektren bekannte) Gangdifferenz die Wellenlänge des ge-

beugten Lichtes berechnen. Ehe die interferometrischen Methoden zu so großer Genauigkeit ausgebildet worden waren, war dies die einzige Methode zur absoluten Wellenlängenmessung. Ångström, Rowland und andere haben tausende von Linien der verschiedensten Elemente auf diese Weise auf das sorgfältigste ausgewertet. Die Genauigkeit dieser Methode ist begrenzt durch die Fehler, die bei der Bestimmung der Gitterkonstanten unvermeidlich sind. Die Genauigkeit der modernen Interferometermessungen ist etwa hundertmal größer. *

Versuch 716. Auf das Tischchen eines Spektrometers (vgl. Versuch 682, S. 91) wird ein durchlässiges Plangitter parallel zur Drehachse des Spektrometers und senkrecht zu dem aus dem Kollimator austretenden parallelen Strahlenbündel weißen Lichtes so aufgestellt, daß die Gitterfurchen dem Kollimatorspalte gleichlaufend sind.

Letztere Bedingung ist dann erfüllt, wenn ein die Spaltmitte überquerender Faden in allen Beugungsbildern gleich hoch, d. h. auf dem Horizontalfaden des Beobachtungsfernrohres scheint; die Senkrechtstellung der Platte zum auffallenden Strahlenbündel wird daran erkannt, daß bei dieser Stellung die zusammengehörigen beiderseitigen Beugungsbilder ein Minimum gegenseitigen Abstandes voneinander haben; bezüglich der übrigen Justierung vgl. § 800, S. 188.

*** 799. Das Stufengitter von Michelson.** Zum Studium der von den chemischen Elementen ausgesandten Strahlungen ist es natürlich sehr wünschenswert, Gitter zu besitzen, welche zwei sehr nahe benachbarte Wellenlängen λ und $\lambda + d\lambda$ noch zu trennen vermögen. Nach dem vorangehenden wird man erwarten, daß man zu diesem Zweck Gitter möglichst eng teilen wird (k möglichst klein), damit das Spektrum möglichst weit auseinandergezogen werde. Dagegen könnte man meinen, wenn die exakte Teilung sehr vieler Gitterfurchen auf zu große technische Schwierigkeiten stoßen würde, dürfte man sich mit verhältnismäßig wenigen Furchen begnügen. Das ist jedoch nicht richtig: die Schärfe der Interferenzfigur, der abgebeugten Spektrallinie nimmt proportional der Anzahl der Gitterstriche zu. Rayleigh berechnete, daß das „Auflösungsvermögen“ eines Gitters, nämlich die Größe

$$\frac{\lambda}{d\lambda} = \text{Ordnung des Spektrums mal Furchenzahl ist.}$$

Sie hängt also nicht von der Gitterkonstante k ab!

Während man bei den bisher besprochenen Gittern sehr viele (100 000) Gitterstriche zieht, aber meist in der ersten bis dritten, nur sehr selten (wegen Lichtschwäche) in der vierten oder fünften Ordnung beobachtet, wandte Michelson nur wenig beugende Öffnungen (10—30) aber sehr hohe Ordnungen an und kam dadurch zu größerem Auflösungsvermögen, als sie die größten Gitter besitzen.

Das Michelsonsche Stufengitter besteht aus treppenförmig aufeinander geschichteten (zusammengepreßten) Glasplatten, die bis auf kleine Bruchteile einer Wellenlänge gleich dick sein müssen (Fig. 620). Das Licht tritt in der Richtung der Pfeile in die Glasplattenstaffel ein; als beugende Öffnungen wirken die Teile *S* jeder Platte, die über ihre kürzere Nachbarplatte vorstehen. Betrachten wir (Fig. 621) zwei benachbarte Strahlen 1 und 2, von denen der erste beim Verlassen

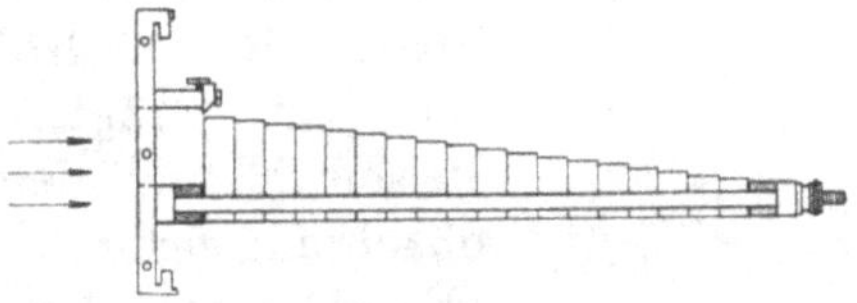

Fig. 620.

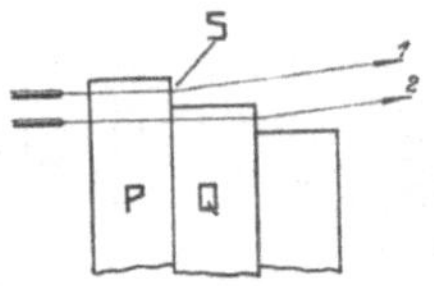

Fig. 621.

der Platte *P* in der gezeichneten Richtung abgebeugt wird, der zweite beim Verlassen der Platte *Q*, in derselben Richtung. Die beiden Strahlen werden miteinander interferieren, genau wie die Strahlen 1 und 1′ der Figur 618. Während diese aber nur einen Gangunterschied von einer Wellenlänge haben, ist der Gangunterschied jener mehrere tausend Wellenlängen, die Ordnungszahl des beobachteten Spektrums also sehr groß. Dadurch kommt trotz der kleinen Zahl der beugenden Spalte das hohe Auflösungsvermögen zustande.

Die Interferenzfigur, die man im Beobachtungsfernrohr erblickt, ist sehr ähnlich der bei Verwendung einer Lummerplatte. Die Auflösungsvermögen beider Interferenzapparate sind auch von der gleichen Größenordnung.

Nachteile des Stufengitters sind die schwierige Herstellung und das Übereinandergreifen der Spektren, welches eine spektrale Vorzerlegung des Lichtes erfordert. *

* E. Spektroskopie.

Die Spektroskopie befaßt sich mit der Beschreibung und der Wellenlängenmessung der von den glühenden Dämpfen der chemischen Elemente ausgesandten Strahlungen sowie mit der Erforschung der Gesetzmäßigkeiten, die zwischen diesen Wellenlängen bestehen und die neuerdings zu den interessantesten Einblicken in den Mechanismus der Lichtemission und den Bau der leuchtenden Atome geführt haben. Außerdem untersucht sie die Absorption des Lichtes in verschiedenen Körpern.

300. Apparate. Wir unterscheiden je nach dem dispergierenden System Prismen- und Gitter-Spektroskope, wenn wir von den für spezielle Untersuchungen gebrauchten „Interferenzspektroskopen" (Perot-Fabry-Interferometer, Lummerplatte, Stufengitter) hier absehen.

Das einfachste Prismenspektroskop etwa in der Form, die es von Bunsen und Kirchhoff erhalten hat (Fig. 622), haben wir schon auf Seite 91 kennen gelernt. Es besteht aus dem Kollimatorrohr *BA*, das den fein verstellbaren Spalt und das Kollimatorobjekt trägt, dem Prisma *N* und dem Beobachtungsfernrohr *CD*. Dieses letztere gleitet entweder auf einer Kreisteilung, so daß man den Winkel messen kann, um den das Licht durch das Prisma abgelenkt wird (Spektrometer), oder es befindet sich ein dritter Tubus *GF* an dem Instrument, mittels dessen eine Skala in das Gesichtsfeld des Fernrohres gespiegelt wird.

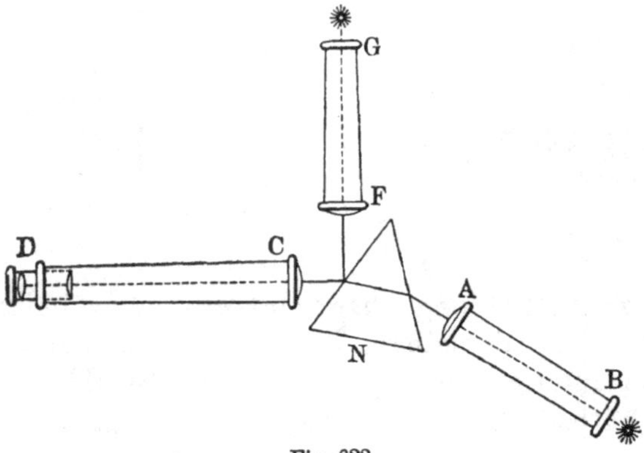

Fig. 622.

Um scharfe Spaltbilder (Spektrallinien) zu erzielen, ist es wesentlich, daß der Spalt der Prismenkante parallel steht, das Prisma sich im „Minimum der Ablenkung" befindet und von parallelem Licht durchsetzt wird. Dies kann man u. a. auf folgende Weise erreichen: *

Justierung eines Spektrometers: Das Beobachtungsfernrohr wird aus seinem Träger herausgeschraubt, gegen eine helle Fläche (Himmel oder Wand) gerichtet, das Fadenkreuz so eingestellt, daß es im Okulare scharf erscheint, das Fernrohr in einem Stative festgeklemmt und gegen einen fernen Gegenstand (Turm, Hausecke) scharf eingestellt (durch das offene Fenster, oder durch eine gute Spiegelglasscheibe hindurch); die Einstellung soll „parallaxenfrei" sein, d. h. die vom Objektive zur Vereinigung gebrachten parallelen Strahlen sollen in der Ebene zum Schnitt kommen, in der sich das Fadenkreuz befindet (diese „parallaxenfreie Einstellung eines Fernrohres" wird daran erkannt, daß beim Hin- und Herbewegen des Auges Fadenkreuz und anvisierter Gegenstand sich nicht mehr gegeneinander verschieben).

Das auf ∞ und parallaxenfrei eingestellte Fernrohr wird wieder eingeschraubt, dem „Spalt"-Beleuchtungs- oder „Kollimator"-Fernrohre gegenüber gestellt und dieses soweit ausgezogen, daß der beleuchtete vertikal gestellte Spalt desselben scharf (und parallaxenfrei gegenüber dem Fadenkreuze) erscheint; ein seine Mitte überquerender freier Draht soll in der Mitte des Gesichtsfeldes auf dem Kreuzungspunkte der Okularfäden stehen, deren einer dem Spalte parallel, deren anderer senkrecht dazu, also horizontal stehen soll.

Eine spiegelnde ebene Fläche steht senkrecht zu der durch die beiden Fernrohrachsen gelegten Ebene und damit bei richtiger Justierung dieser Achsen parallel zur Drehachse des ganzen Instrumentes, wenn das Bild der Spaltmitte bei jeder Stellung des Fernrohres auf den Kreuzungspunkt seiner Fäden fällt. Zur Messung von Prismenwinkeln stellt man dem vom Kollimator kommenden parallelen Strahlenbündel erst die eine, dann die andere spiegelnde Fläche so gegenüber, daß der Strahl beide Male in dieselbe Richtung (des Beobachtungsfernrohres) reflektiert wird (nachdem man beide Flächen der Drehachse parallel gestellt hat); dann ergänzt der Winkel, um den man das Prismentischchen (mit seinem Zeiger) drehen mußte, den gesuchten Winkel zu 180°; oder man spaltet das von dem Kollimatorrohre kommende Bündel paralleler Strahlen in zwei durch gleichzeitige Reflexionen an den beiden den ankommenden Strahlen entgegengestellten Flächen; dreht man das Beobachtungsfernrohr von der einen Seite aus der Stellung, bei der das Spaltbild durch den Kreuzungspunkt der Okularfäden geht, in die entsprechende Stellung auf der anderen Seite, so hat man um das Doppelte des Winkels zu drehen, den die beiden spiegelnden Flächen miteinander bilden.

* Um möglichst lange Spektren und dadurch große Genauigkeit zu erreichen, ließ man früher das Licht eine ganze Reihe von Prismen (bis zu 9) nacheinander passieren, die oft einzeln auf das Minimum der Ablenkung eingestellt werden mußten. Heutzutage erreicht man denselben Zweck besser mit Gitterspektroskopen. — Sehr angenehm in der Handhabung sind die modernen Apparate, die mit einem (vierkantigen) Abbe-Wadsworth-Prisma ausgerüstet sind: dieses ist so gebaut, daß eintretender und austretender Strahl gerade einen rechten Winkel bilden, wenn das Prisma im Minimum der Ablenkung steht. Kollimator und Fernrohr sind daher bei diesen Instrumenten fest, das Prisma wird mit einer Schraube mit geteiltem Kopf so gedreht, daß die zu messende Linie auf dem Fadenkreuz steht und die Wellenlänge direkt an dem Schraubenkopf abgelesen (Fabrikant: z. B. Leiß, Berlin-Steglitz). Noch bequemer sind die geradsichtigen „Taschenspektroskope", mit denen man die Lichtquelle direkt anvisiert, doch gestatten sie naturgemäß keine Präzisionsmessungen.

Für genaue wissenschaftliche Untersuchungen ist man mehr und mehr dazu übergegangen, die Spektren zu photographieren — mit (Hilfe von „Spektrographen", die heutzutage von verschiedenen Firmen Steinheil-München) in großer Vollendung hergestellt werden. Man kann dann die erhaltenen Photogramme als unveränderliche Dokumente aufbewahren, kann auch sehr schwache Linien durch Verlängerung der Expositionszeit kräftig erhalten und die Ausmessung der Platten unter günstigen Umständen vornehmen. Bei geeigneter Präparation werden die Platten nicht nur von sichtbarem, sondern auch von ultrarotem (bis 8500 Å.E.) und ultraviolettem Licht bis zu den kürzesten gegenwärtig (1922) gemessenen Wellenlängen (260 Å.E.) geschwärzt.

Fig. 623.

Allerdings ist das Glas für ultraviolettes Licht nicht durchlässig. Seine Absorption beginnt etwa bei 3800 Å.E. Mit Quarzoptik kommt man bis etwa 1900 Å.E. Dann beginnt sowohl der Quarz als die Luft als auch die Gelatine der Platte zu absorbieren. Vikt. Schumann kam mit Flußspatoptik und gelatinearmen Platten im Vakuum bis 1200 Å.E., die jüngsten Fortschritte von Lyman und Millikan (260 Å.E.) wurden mit einem Vakuumgitterspektrographen erzielt.

Die Beugungsgitter wurden vor allem durch die grundlegenden Arbeiten von Rowland zu ganz hervorragenden Instrumenten ausgebildet. Rowland stellte eine Teilmaschine her, die den sehr hohen Anforderungen an Exaktheit genügte, teilte die Gitter nicht auf Glas, sondern auf dem viel besser geeigneten „Spiegelmetall" und zwar nicht auf ebenen Flächen, sondern auf Hohlspiegeln. Derartige „Konkavgitter" entwerfen ohne alle Linsen das direkte und die Beugungsbilder des Spaltes, und zwar läßt sich zeigen: wenn der Spalt irgendwo auf einem Kreise liegt, dessen Durchmesser gleich dem Krümmungsradius des Gitterhohlspiegels ist, so sind alle Beugungsspektren auf diesem Kreise scharf.

Die größten Gitter haben eine geteilte Fläche von 165 mm Breite (von Michelson hergestellt) und Krümmungsradien bis zu 6,5 m. Es sind dies also ganz mächtige Spektralapparate. Fig. 623 stellt eine Gitteraufstellung im Bonner Institut dar. Das Gitter ist rechts hinten, die photographische Kasette links vorn. Auf dem „Rowlandschen Kreis" verschiebbar der Spalt. Man kann mit den größten Gittern im gelbgrünen Gebiet (5500 Å.E.) zwei Linien trennen, die sich nur um 0,016 Å.E. unterscheiden. Ein Prismenapparat, der dasselbe Auflösungsvermögen $\frac{\lambda}{d\lambda}$ (s. S. 186) haben sollte, müßte Prismen haben, deren Basen zusammen etwa 1 m dick wären! Da aber die Dispersion des Prismas nach dem violett zu wächst (im Gegensatz zu der des Gitters), wird dasselbe Auflösungsvermögen bei 2000 Å.E. schon bei 4 cm Prismenbasis erreicht, bei 1000 Å.E. schon bei 0,6 cm.

Für kurze Wellenlängen sind die Prismenapparate also an auflösender Kraft den besten Gittern überlegen, für gelbe und rote Strahlen die Gitter den besten Prismenapparaten.

Erwähnt möge werden, daß man von ebenen Gittern Abdrücke aus Gelatine- oder Zelluloidfolie machen kann, die recht brauchbar und sehr wohlfeil sind. *

* **801. Messungen.** Während man sich in der ersten Zeit der Spektroskopie häufig begnügte, die Ablenkung der verschiedenen Linien in Graden und Minuten anzugeben, bezogen sich Bunsen und Kirchhoff auf eine willkürliche, in das Beobachtungsfernrohr gespiegelte Skala; die gelbe Natriumlinie wurde auf den Skalenteil 50 eingestellt. In älteren Lehrbüchern findet man häufig noch die Linien nach der Bunsenschen Skala angegeben, die natürlich

für jedes andere Prisma umgerechnet werden mußte. Nach dem Vorgang von Fraunhofer wurden später mit dem Gitter die Wellenlängen der Spektrallinien gemessen und es ist vor allem das Verdienst von A. J. Ångström, viele Tausende von Linien zahlreicher chemischer Elemente in dieser Weise ausgewertet zu haben. Als Maßeinheit nahm Ångström 10^{-8} cm = 0,1 $\mu\mu$.

Diese Einheit hat sich seither mehr und mehr in der Spektroskopie eingebürgert. Es ist also z. B. die Wellenlänge der roten Cadmiumlinie

0,0006438 ... mm = 0,6438 μ = 643,8 $\mu\mu$ = 6438 Angström-Einheiten (abgekürzt: A.E. oder Å.).

Wie oben (S. 186) erwähnt, hat sich später herausgestellt, daß die genauesten Messungen mit dem Gitter (von Müller und Kempf, Kurlbaum und anderen, besonders aber von Rowland) merklich voneinander abwichen und daß für absolute Messungen nur das Interferometer verwendbar ist. Es wurden dann auf Veranlassung der internationalen Union an die Michelsonschen Werte für die Cadmiumlinien (S. 180) als „Normalen erster Ordnung" eine größere Anzahl von Linien aus dem Spektrum des zwischen Eisenstäben brennenden Lichtbogens interferometrisch als „Normalen zweiter Ordnung" angeschlossen („Internationale Ångstr.-Einheiten: I.Å.E."). Die diesbezüglichen Messungen von Fabry und Buisson in Frankreich, Eversheim-Bonn und Kelvin Burns (Amerika) stimmen hervorragend überein: Abweichungen von 0,001 Å.E. kommen nur selten vor. Das entspricht einer Definition der Wellenlänge wie 10 Millionen: 1!

Will man daher ein unbekanntes, mit einem Spektrographen aufzunehmendes Spektrum auswerten, so wird man vor oder nach der Exposition desselben, ohne an dem Apparat etwas zu verstellen, auf die gleiche Platte ein Eisenspektrum photographieren und nach der Entwicklung auf einem Komparator die Lage der (bekannten) Eisenlinien und der dazwischenliegenden unbekannten Linien ausmessen. Bei einem Gitterspektrum darf man dann (wenigstens wenn das Gitter parallel zu der Platte stand) linear zwischen den einzelnen Eisenlinien interpolieren, bei einem prismatischen Spektrum stellt man die aus dem Eisenspektrum ermittelte Beziehung zwischen Ort auf der Platte und Wellenlänge dar oder man wendet eine von Hartmann angegebene Interpolationsformel an. *

* **802. Die in der Spektroskopie gebräuchlichen Lichtquellen.** Weißglühende feste oder flüssige Körper senden ein kontinuierliches Spektrum aus, in welchem in stetiger Aufeinander-

folge alle Wellenlängen vorhanden sind. Verschiedene Elemente, die im festen oder flüssigen Zustande glühen, geben daher Spektren mit nur geringfügigen (Intensitäts-) Unterschieden. Die charakteristischen Linienspektren treten dagegen bei leuchtenden Dämpfen auf. Wenn wir etwa den zu untersuchenden Körper, z. B. ein Stückchen Natriummetall, Thallium, Eisen in ein Quarzrohr einschließen und dieses im elektrischen Ofen erhitzen bis das Metall einen erheblichen Dampfdruck hat, so erhalten wir das Linienspektrum des Metalles unter den reinsten Bedingungen. Dazu sind allerdings große experimentelle Hilfsmittel nötig. Glücklicherweise sind wir nicht auf diese Methode beschränkt. Wir können vielmehr die Substanzen in einer Flamme verdampfen und erhalten in vielen Fällen glänzende Linienspektren, oder wir können sie in einen elektrischen Lichtbogen einführen, als Elektroden einer Funkenstrecke verwenden oder in einem Geißlerrohr untersuchen. Das Spektrum ein und desselben Stoffes ist häufig in Flamme, Bogen und Funken verschieden (man spricht von Flammen-, Bogen- und Funkenspektren), da die Temperaturen der glühenden Dämpfe verschieden sind: Die Flammentemperatur darf man je nach der benützten Flamme zu 1000—3000° annehmen, die Temperatur des Lichtbogens zu 3000—4000°; die des Funkens kann unter Umständen (wenig Selbstinduktion und viel Kapazität) noch viel höher sein, vielleicht 8000—10000°.

Als Flamme verwendet man nach dem Vorgang von Bunsen in der Regel die entleuchtete Leuchtgasflamme („Bunsenbrenner", „Teklubrenner"), in welche die Substanz an einem Platindraht oder einem Stäbchen aus Magnesia eingeführt wird. Besonders eignen sich die Chloride und Carbonate der Alkalien und der alkalischen Erden. Das Chlorspektrum tritt hierbei nicht auf! Benötigt man die gefärbte Flamme stundenlang, so empfiehlt es sich, nach Ebert die Salzlösung zu zerstäuben und den Nebel dem verbrennenden Leuchtgas beizumengen. Die heißeste Flamme liefert das Knallgasgebläse. Da ein Platindraht in dieser schmelzen würde, tränkt man Holzkohle mit der zu untersuchenden Substanz, oder man rollt dieselbe in Filter ein, die man langsam in die Flamme nachschiebt. — Die Spektren der Flammen selbst sind sehr schwach, dürfen aber bei genauen Beobachtungen nicht vernachlässigt werden.

Der elektrische Lichtbogen ist eines der mächtigsten Hilfsmittel zur Erzeugung intensiver Spektra. Am besten verwendet man als Elektroden Stäbe aus der zu untersuchenden Substanz (Eisen, Kupfer) und brennt den Bogen mit hoher Netzspannung (220 Volt) und geringer Stromstärke (4—6 Amp.). Wenn das nicht angängig, bringt man etwas von der Substanz in die ausgehöhlte untere Kohle. Die Kohlen selbst zeigen fast immer die Linien von Verunreinigungen, besonders durch Si, Ca, Mn, Mg, Al, Fe — sogar durch Hg.

Sehr reine und intensive Spektren von Quecksilber, auch von Cadmium und Zink erhält man mittels der Vakuumbogenlampe aus Quarzglas von der Firma Heraeus.

Zur Erzeugung der Funkenspektren pflegt man die Elektroden aus der zu untersuchenden Substanz mit den Polen eines Induktionsapparates zu verbinden. Wie oben erwähnt, ändert sich das Spektrum manchmal, wenn man Selbstinduktion oder wenn man Kapazität zuschaltet (im ersteren Fall wird es dem Bogenspektrum ähnlicher). Man kann Funken sowohl nach einer leitenden Flüssigkeit als Gegenelektrode überschlagen lassen als auch kräftige Funkenentladungen unter Wasser oder Petroleum oder in hohem Vakuum erzwingen.

Gase und leicht verdampfende Substanzen untersucht man am besten in Geißlerschen Röhren (vgl. § 821, S. 220). Es ist oft nicht ganz einfach, dabei alle Verunreinigungen zu beseitigen. Am besten erhitzt man die ausgepumpten Rohre stundenlang auf 300 bis 400° und spült lange unter Stromdurchgang mit dem Füllgas. *

* **803. Beschreibung einiger „Emissionsspektren“.** Eine umfassende Darstellung des gesamten Beobachtungsmaterials über die Spektren der chemischen Elemente befindet sich im 5. und 6. Band von Kaysers Handbuch der Spektroskopie, gute Photogramme der Spektren der meisten Elemente (in kleinem Maßstabe) in dem „Atlas typischer Spektra“ von Eder und Valenta, Wien 1911. Hier können nur einige Beispiele besprochen werden. Die Elemente sind dabei nach ihrer Nummer im periodischen System geordnet.

1. Wasserstoff, H. Bei kräftiger Erregung besteht das Spektrum im sichtbaren Gebiet nur aus 4 Linien, deren Wellenlänge nach den besten Messungen (Paschen 1916) ist: H_α (rot) 6562,797; H_β (blaugrün) 4861,328; H_γ (violett) 4340,465; H_δ (violett) 4101,735. Die Linien sind enge Dubletts, sie bestehen je aus zwei Einzellinien, deren Abstände 0,12 bzw. 0,06 und 0,05 Å.E. betragen. Im Ultraviolett findet man noch eine Reihe weiterer Linien von den Wellenlängen 3970,33, 3889,15, 3835,51, 3798,00, 3770,73, 3750,27, 3734,53, 3721,98, 3712,13 . . .

Fig. 624 stellt eine Zeichnung dieses Spektrums dar. Offenbar bestehen Gesetzmäßigkeiten zwischen diesen Linien, die unten S. 197 besprochen werden sollen.

Bei schwacher Anregung zeigt H ein aus vielen feinen, unregelmäßig verteilten Linien bestehendes Spektrum, das man das „Viellinienspektrum" nennt. Nach neueren Vorstellungen ist es ein Bandenspektrum (s. unten Nr. 6) und kommt dem H_2-Molekül zu.

2. Helium, He, gibt in Geißlerröhren ein glänzendes Spektrum, dessen intensivste Linien bei 7065,48, 6678,37, 5875,87, 5015,73, 4922,10, 4471,64, 4120,97, 4026,34, 3888,79 Å.E. liegen. Bei stärkster Anregung erhält man ein Spektrum, das dem ersten Wasserstoffspektrum ähnlich ist.

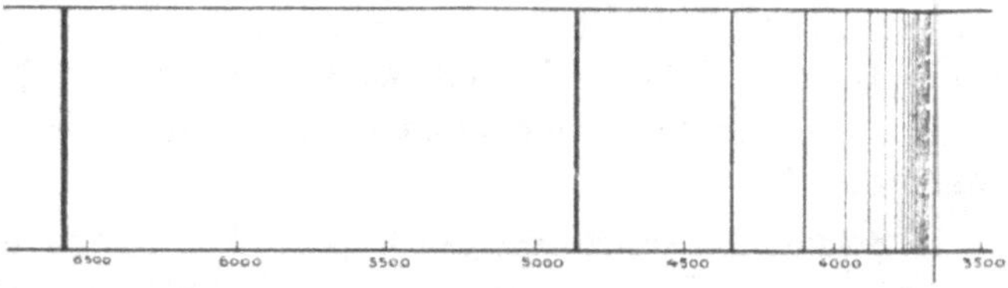

Fig. 624.

3. Lithium, Li. Ausgezeichnet durch die prachtvoll rote Flammenfärbung, die von der intensiven Linie bei 6008,2 Å.E. herrührt. Weitere Linien sind (besonders im Bogen auftretend) 6103,77, 4972,11, 4602,37, 4132,44, 3915,2, 3232,77, 2741,39.

Das Funkenspektrum unterscheidet sich nicht von dem Bogenspektrum.

6. Kohlenstoff, C. Funken zwischen Kohleelektroden geben ein kompliziertes Linienspektrum. Gasförmige Kohlenstoffverbindungen, wie CO_2, CO, CH_4 bei starker Erregung gleichfalls das Linienspektrum, bei normaler Erregung dagegen ein eigentümlich abschattiertes Spektrum, das man früher (bei Beobachtungen mit weitem Spalt und geringer Dispersion) mit dem Anblick einer schräg beleuchteten kannelierten Säule verglichen hat: kanneliertes oder Bandenspektrum. Bei stärkerer Dispersion läßt sich jede Bande in eine Unzahl feiner Linien auflösen, deren Abstände am „Kopf" der Bande so klein sind, daß sie zusammenfließen, von da aus in regelmäßiger Weise immer mehr zunehmen.

7. Stickstoff, N. Mit Stickstoff gefüllte Geißlerröhren zeigen bei normaler Erregung ein schönes Bandenspektrum (das auch bei Füllung mit Luft überwiegt). Bei sehr starker Erregung tritt ein Linienspektrum auf. Allgemein schreibt man das Bandenspektrum dem Molekül, das Linienspektrum dem Atom zu.

11. Natrium, Na. Ausgezeichnet vor allem durch das intensive Linienpaar im Gelb-orange: 5895,932 und 5889,965 Å.E., das sich schon beobachten läßt, wenn ein 14 millionstel Milligramm Natrium

verdampft und deshalb durch seine Allgegenwart die alten Spektroskopiker verwirrte.

26. Eisen, Fe. Wie oben dargelegt, spielt das Eisenspektrum als Normalspektrum eine besondere Rolle. Trotzdem verzichten wir hier auf Angabe der Wellenlängen, da das Spektrum aus mehreren tausend Linien besteht, andererseits aber keine Linien enthält, die durch Intensität die übrigen weit überragen. In dem Handbuch von Kayser befindet sich auch eine ausführliche Tabelle des Eisenspektrums. *

* **804. Absorptionsspektren.** Wir bilden den weißglühenden Krater der Projektionslampe auf dem Spalt eines Spektralapparates ab und erhalten nach dem oben gesagten ein kontinuierliches Spektrum. Nun bringen wir vor den Spalt ein Stück blaues Kobaltglas. Dasselbe erscheint offenbar blau gefärbt, weil es einige der in weißem Licht enthaltenen Farben verschluckt, absorbiert, so daß das durchgehende Licht blau erscheint. In der Tat erkennen wir, daß die Intensität des Spektrums im Blau nahezu unverändert geblieben ist, während im Grün und Gelb dunkle Streifen entstanden sind. Gegen unsere Erwartung bemerken wir aber auch, daß das blaue Kobaltglas dunkelrotes Licht recht gut durchläßt. Das so entstandene Restspektrum nennt man „Absorptionsspektrum". In der Regel erhält man bei festen und flüssigen absorbierenden Medien breite, an den Rändern verwaschene Streifen. Von Wichtigkeit ist der Nachweis einer Vergiftung des Blutes durch Kohlenoxyd geworden: Zwei im gelbgrünen Teil gelegene Banden von normalem Hämoglobin, die bei normalem Blut durch Zusatz von Ammoniak und Eisentartrat verschwinden, bleiben bei vergiftetem Blute bestehen. — Gase, z. B. Brom, Jod, NO_2 zeigen eine große Anzahl feinster Absorptionslinien. Chlor hat ein wohlentwickeltes Bandenspektrum im Ultrarot.

Von fundamentaler Bedeutung ist nun die Kirchhoffsche Theorie der Absorptionsspektren glühender Gase und Dämpfe. Wie in § 874 näher auseinandergesetzt werden wird, fand Kirchhoff, daß ein Körper vorzugsweise diejenigen Wellen absorbiert, die er bei gleicher Temperatur emittiert. Natriumdampf, der z. B. wesentlich das gelbe Licht derbei den Na-Linien emittiert, ist für alle Wellenlängen, nur nicht für die der Natriumlinien durchsichtig.

Wir bringen an Stelle des Kobaltglases ein horizontal gehaltenes Platinblech vor der Mitte des Spektroskopspaltes an und befeuchten die Kohlen der Lampe mit etwas Kochsalzlösung. Unter dem Platinblech wird die Flamme eines Bunsenbrenners entzündet. Zunächst sehen wir dann im Spektroskop die von den Lampenkohlen kommenden Natriumlinien glänzend hell auf etwas dunklerem Grunde. Blenden wir das Spektrum der Lampenkohlen unterhalb des Platinbleches ab und bringen in die Bunsenbrennerflamme etwas Natriumsalz, so erscheinen an derselben Stelle die von der Flamme herrührenden, schwächeren, Natriumlinien, hell auf schwarzem Grunde. Schicken wir aber das Licht der Lampe durch die Flamme, so wird die Intensität dieser Linien nicht oder nur ganz unwesentlich vermehrt und sie erscheinen daher dunkel, fast schwarz auf dem sehr hellen Grunde, während unmittelbar darunter (wegen der Umkehr des Fernrohres) die hellen Linien der Lampe stehen. Der leuchtende Natriumdampf absorbiert also Licht von eben der Farbe, in welcher er selbst leuchtet.

Nun kennt man bekanntlich seit Fraunhofer eine große Anzahl solcher schwarzer Linien (Fraunhofersche Linien) im Spektrum der Sonne und der meisten Sterne, die exakt mit den Emissionslinien irdischer Elemente (Na, Fe, Mg, Ca und viele andere) koinzidieren. Wir müssen daher annehmen, daß das kontinuierliche Spektrum des Sonnenkernes beim Durchgang durch die glühende Sonnenatmosphäre jener Wellenlängen beraubt wird, und daß diese Schicht alle diese irdischen Elemente enthält! Die enorme Bedeutung dieser Schlüsse für astrophysikalische Fragen liegt auf der Hand.

Fraunhofer bezeichnet die intensivsten dunklen Linien des Sonnenspektrums vom roten Ende beginnend mit den Buchstaben A, B, C (Wasserstoff 6563) D_1 (Na 5896) D_2 (Na 5890) usw. Diese Benennung der Fraunhoferschen Linien findet sich vielfach bei Spektren als Angabe der Lage einer Linie, statt der Bezeichnung der Wellenlänge. *

* **805. Gesetzmäßigkeiten in Linienspektren.** In der ersten Zeit der Spektroskopie versuchte man vielfach, ob man nicht die Frequenz einer Linie (etwa im Violett) als Oberschwingung (Bd. 1, S. 317) einer anderen Linie (etwa im Rot) berechnen könne. All diese Versuche waren resultatlos. Dagegen ist es Balmer (1885) geglückt, die Lage der Wasserstofflinien durch eine Formel auszudrücken, die sich später als außerordentlich fruchtbar für unsere Forschungen über die Theorie der Spektrallinien erwiesen hat. Balmer fand nämlich, daß sich die Wellenlängen der Wasserstofflinien berechnen lassen durch folgende Formeln:

$$H_\alpha = {}^9/_5 \cdot 3647{,}20 = 6562{,}08$$
$$H_\beta = {}^4/_3 \cdot 3647{,}20 = 4860{,}8$$
$$H_\gamma = {}^{25}/_{21} \cdot 3647{,}20 = 4340{,}0$$
$$H_\delta = {}^9/_8 \cdot 3647{,}20 = 4101{,}3.$$

Er erweiterte nun noch die Brüche so, daß die Ausdrücke folgende Form annahmen:

$$H_\alpha = \frac{3^2}{3^2 - 4} \cdot 3647{,}20$$
$$H_\beta = \frac{4^2}{4^2 - 4} \cdot 3647{,}20$$
$$H_\gamma = \frac{5^2}{5^2 - 4} \cdot 3647{,}20$$
$$H_\delta = \frac{6^2}{6^2 - 4} \cdot 3647{,}20 .$$

Linien, die noch höheren „Laufzahlen" als 6 entsprechen, wurden im Ultraviolett photographiert, in Geißlerröhren bis 20, in Sternspektren sogar bis 37 (vgl. Fig. 624).

Man erkennt, daß diese „Serie" für unendlich große Laufzahlen die Grenze 3647,20 erreicht. Heutzutage schreibt man die Balmersche Formel (λ in cm, ν in cm^{-1})

$$\frac{1}{\lambda} = \nu = N\left(\frac{1}{2^2} - \frac{1}{m^2}\right) \qquad \begin{cases} N = 109\,677{,}69 \\ m = 3, 4, 5, \ldots \end{cases}$$

Die Wellenlängen der beobachteten Linien werden durch diese Formel bis auf wenige hundertstel A.E., also etwa $^1/_{300}$ Prozent dargestellt! Aber unsere Erkenntnis geht noch weiter: Nach neueren Vorstellungen über den Bau der Atome, die wir dem Dänen Bohr verdanken, läßt sich die Zahl N in einfacher Weise aus anderen physikalischen Konstanten (Ladung und Masse des Elektrons, Plancksches Wirkungsquantum) mit großer Genauigkeit berechnen und beherrscht außerdem nicht nur die Balmerserie, sondern ebenso die verschiedenen, bei vielen anderen Elementen entdeckten Serien. Zum weiteren Studium dieses äußerst interessanten Gebietes sei auf Sommerfeld „Atombau und Spektrallinien" verwiesen. *

F. Polarisation des Lichtes.

*** 806. Erzeugung von polarisiertem Licht.** Bei Versuch 675c (S. 50) hatten wir beobachtet, daß das Drahtgitter die elektrische Wellenstrahlung nur dann gut reflektiert, wenn die Drahtrichtung der Achse des Hertzschen Oszillators parallel ist. Es gibt offenbar in einer Ebene, die den Strahl senkrecht schneidet, einer „Wellenfläche", zwei ausgezeichnete, zueinander senkrechte Richtungen: Die Richtung der elektrischen Kraft und die der magnetischen Kraft. Andererseits können wir in dem betrachteten Fall eine Ebene durch den Strahl und durch die Richtung etwa des magnetischen Vektors legen. Wenn das möglich ist, nennt man die Strahlung „linear polarisiert“ und die Ebene durch Strahl und magnetischen Vektor „die Polarisationsebene“. Die von einem Hertzschen Oszillator ausgehenden elektrischen Wellen sind also linear polarisiert.

Einen analogen Versuch mit Licht auszuführen, das direkt von einer irdischen Strahlungsquelle oder von der Sonne kommt, gelingt nicht: die beiden Vektoren haben hier alle möglichen Richtungen, der Strahl besitzt nach allen Seiten hin die gleichen Eigenschaften. Wohl aber können wir das Licht polarisieren — am einfachsten z. B. durch die von Malus (1811) angegebene Versuchsanordnung:

Ein Lichtstrahl *ab* (Fig. 625) fällt unter einem Winkel von etwa 56⁰ auf eine ebene, polierte Tafel *fgih* aus schwarzem Glas, wird auf die der ersten ähnliche und parallele Glastafel *c* reflektiert und geht in der Richtung *d* weiter. Die zweite Glastafel *c* kann man, wie in Fig. 626 gezeichnet, um den Strahl *bc* als Achse drehen und dabei die Helligkeit des reflektierten Lichtes auf dem Schirm *S* beobachten.

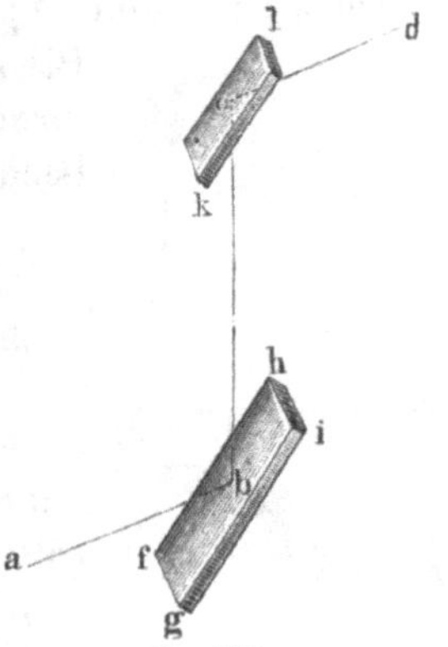

Fig. 625.

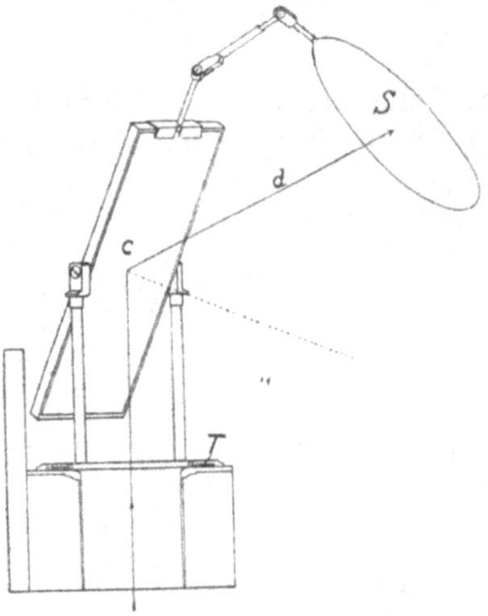

Fig. 626.

Hierbei zeigt sich folgendes: Stehen beide Spiegel parallel, fällt also die Reflexionsebene des oberen mit der des unteren zusammen, so wird der Strahl ganz normal reflektiert und zeichnet sich auf *S* als heller Kreis ab. Dreht man aber den Teilkreis *T* um 90⁰, so ist der helle Fleck auf *S* verschwunden, der mit unveränderter Intensität auf *c* fallende Strahl wird nicht mehr reflektiert. Dreht man den Teilkreis noch weiter, so nimmt die Helligkeit des Fleckes wieder zu und erreicht, wenn die gesamte Drehung 180⁰ beträgt, wieder das Maximum wie zuerst. — Wir deuten den Versuch so, daß das Licht durch Reflexion an dem ersten Spiegel linear polarisiert wurde. Übrigens ist die Polarisation nur bei einem ganz bestimmten Einfallswinkel vollständig, nämlich, wie Brewster zeigte, für den Einfallswinkel, bei welchem der reflektierte Strahl auf dem gebrochenen senkrecht steht. Geometrisch läßt sich leicht zeigen, daß die trigonometrische Tangente dieses Winkels gleich dem Brechungsvermögen der Spiegelsubstanz ist.

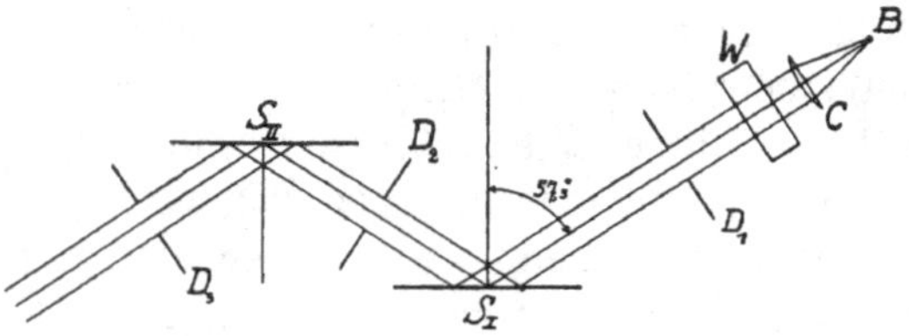

Fig. 627.

Eine bequeme Anordnung zur Erzeugung polarisierten Lichtes zeigt Fig. 627. Die Strahlen der Bogenlampe B werden durch den Kondensor C parallel gemacht, durchsetzen den Wassertrog W und die Blende D_1. Hierauf werden sie durch zweimalige Reflexion an S_1 und S_2 polarisiert und verlassen den Apparat durch die Blende D_3 parallel zu ihrer ursprünglichen Richtung.

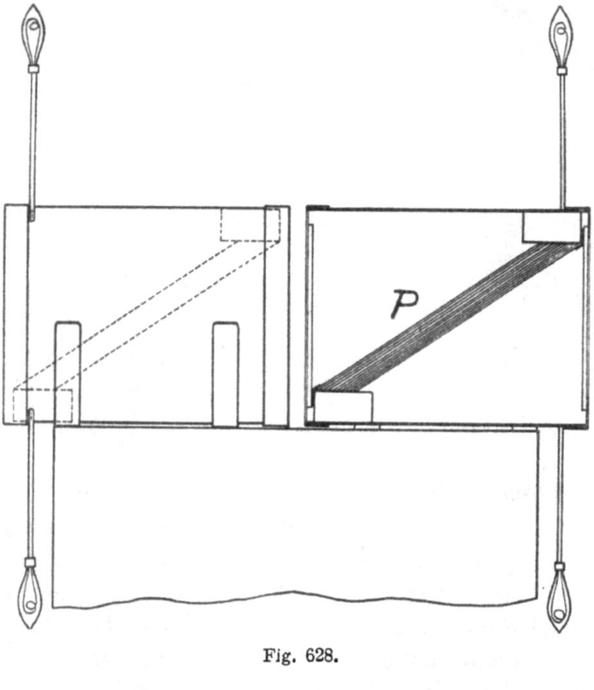

Fig. 628.

Nicht nur das reflektierte, sondern auch das in die Glasplatten eindringende Licht ist polarisiert, allerdings nur unvollständig. Wenn man jedoch (Fig. 628) viele Glasplatten P hintereinanderschaltet erhält man eine Anordnung, die gleichfalls nahezu vollständig polarisiertes Licht liefert. In der Figur sind zwei derartige Systeme gezeichnet, die gegeneinander gedreht werden können, während die angebrachten Glühlampen die Stellung auch in einem großen Auditorium zu erkennen gestatten.

Viel häufiger als diese künstlichen Polarisatoren werden Kristalle angewandt, welche die Fähigkeit haben, das Licht in zwei senkrecht zueinander schwingende Komponenten zu zerlegen. Turmalin z. B. schwächt die eine der Komponenten nur wenig, absorbiert dagegen die andere vollständig.

Zwei kleine Turmalinplatten, jede in einer Fassung in ihrer Ebene drehbar, sind durch einen federnden Drahtbügel so miteinander verbunden, daß sie übereinander liegen. Blickt man durch die beiden Platten nach einem hellen Gegenstand und dreht die eine in ihrer Fassung, so erscheint das Gesichtsfeld hell (0 und 180°) bzw. dunkel (90 und 270°). Das Instrument, die „Turmalinzange" wird von Kristallographen gebraucht. *

* **807. Das Nicolsche Prisma.** Die wichtigste Rolle auf diesem Gebiete spielt der Kalkspat, den man besonders auf Island in klaren Kristallen findet. Zeichnet man auf ein weißes Blatt einen schwarzen Strich, legt einen Kalkspatkristall darauf und dreht ihn langsam um eine zur Zeichenachse senkrechte Achse, so findet man eine Stellung, bei welcher der Strich doppelt erscheint, eine dazu senkrechte, in der er einfach gesehen wird. Man sagt: „Der Kalkspat ist doppelbrechend." Die Verdoppelung tritt auch auf, wenn man genau senkrecht zu den beiden, eine planparallele Platte bildenden Flächen des Kristalles blickt. Jene Lichtstrahlen, welche den verschobenen Strich sichtbar machen, gehorchen also dem Snelliusschen Gesetz nicht. Man nennt sie die „außerordentlichen" oder „extraordinären" Strahlen im Gegensatz zu den „ordentlichen", für die sich der Kristall nicht anders verhält, wie eine Glasplatte. Die hier auftretenden interessanten und verwickelten Erscheinungen zu studieren ist die Aufgabe der Kristalloptik, die nicht in den Rahmen dieses Buches gelegen ist. Wir begnügen uns hier damit, festzustellen, daß die beiden Strahlen polarisiert sind, und zwar ist die Polarisationsebene des einen senkrecht zu der des anderen. Wenn es also gelingt, die Strahlen voneinander zu trennen, haben wir in diesen Kristallen ein hervorragendes Mittel sowohl zur Herstellung als auch zur Untersuchung polarisierten Lichtes. Diese Aufgabe hat der englische Physiker Nicol (1828) gelöst, indem er ein längliches Kalkspatrhomboeder schräg durchschnitt und die beiden Hälften durch eine Schicht von Kanadabalsam wieder aufeinander kittete. (Außerdem wurden die Winkel, welche die Stirnflächen mit den Kanten bilden, durch ungleichmäßiges Abschleifen von 71° auf 68° reduziert.) Ein auf die Stirnfläche fallendes Lichtbündel wird in zwei senkrecht zueinander polarisierte Strahlenbündel zerlegt und diese verschieden stark gebrochen. Während nun der außerordentliche Strahl das „Prisma" durchsetzt und an der Endfläche fast ungeschwächt wieder ausdringt, wird der schräger verlaufende ordentliche Strahl an der Kanadabalsamschicht total reflektiert und an der geschwärzten Längsseite

des Prismas absorbiert. Durch Kombination zweier Nicolscher Prismen, ähnlich wie die in Fig. 628 gezeichneten Glasplattensätze, erhält man die am häufigsten gebrauchten Polarisationsapparate. *

* **808. Anwendung des Polarisationsapparates.**

1. Die beiden „Nicols“ seien (hintereinander gestellt) auf eine Lichtquelle gerichtet. Den der Lichtquelle zugewandten bezeichnet man als den Polarisator, den dem Auge zugewandten als Analysator. Steht die Polarisationsebene des Analysators senkrecht auf der des Polarisators, so spricht man von „gekreuzten Nicols“. In diesem Falle geht kein Licht durch die Kombination hindurch. Dreht man nun den Analysator, so hellt sich das Gesichtsfeld auf, und zwar ist die durchgelassene Lichtmenge dem Quadrat des sinus des Drehwinkels proportional. Dies ist eine häufig angewandte, sehr exakte Methode, meßbar abgestufte Lichtstärken zu erzeugen.

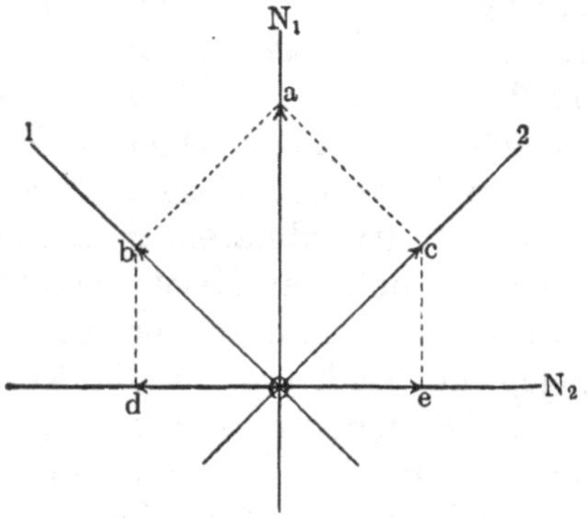

Fig. 629.

2. Dieselbe Anordnung wird zur Untersuchung von Körpern auf Doppelbrechung verwandt. Wir können uns den Vorgang durch Fig. 629 veranschaulichen:

Die Schwingungsebene des Polarisators sei N_1, die Amplitude des durchgehenden Lichtes 0—*a*. Die doppelbrechende Platte zerlegt das Licht in zwei senkrecht zueinander polarisierte Bündel 1 und 2 mit den Amplituden 0—*b* und 0—*c*, die zugleich einen von der Dicke der Platte und von ihren beiden Brechungsexponenten (für den ordentlichen und den außerordentlichen Strahl) abhängigen Gangunterschied erhalten. Von diesen beiden Strahlen läßt der Analysator nur die Amplituden 0—*d* und 0—*e* hindurch, die nun nach den bekannten Regeln interferieren. Die doppelbrechende Platte zwischen gekreuzten Nicols wird also im allgemeinen das Gesichtsfeld aufhellen, und zwar werden, wenn weißes Licht zur Beleuchtung angewandt wurde, Farben auftreten, da Brechungsexponent und Gangunterschied von der Wellenlänge abhängen.

Wesentlich ist nun, daß viele isotrope Körper durch mechanische Beanspruchung doppelbrechend werden, z. B. Glas.

Versuch 717. Eine quadratische Glasplatte von 5 mm Dicke und 25 mm Seitenlänge ist in einem Messingrahmen montiert und kann durch eine an der Mitte einer Kante aufliegende Schraube einseitig gepreßt werden. Der Polarisationsapparat wird vor die Projektionslampe gebracht, die Glasplatte zwischen die Nicols gehalten und (bei parallelen Nicols) auf dem Projektionsschirm scharf eingestellt. Dann wird durch Kreuzen der Nicols das Gesichtsfeld vollkommen verdunkelt. Zieht man nun die Schraube an, so wird die Platte schwach sichtbar, besonders aber die die Druckstelle umgebenden farbigen Streifen heben sich hell von dem dunklen Grunde ab. — Ebenso erweist sich schlecht (zu schnell oder ungleichmäßig) gekühltes Glas als doppelbrechend. Auch feuchte, gequetschte Gelatine hat diese Eigenschaft. *

* **809. Drehung der Polarisationsebene.** Schaltet man eine Quarzplatte (die aus einem Kristall senkrecht zu seiner Längsachse herausgeschnitten ist) zwischen die gekreuzten Nicols, so wird das Gesichtsfeld aufgehellt. Wir verwenden zu diesem Versuch (aus später zu erörternden Gründen) monochromatisches Licht, z. B. eine Natriumflamme. Drehen wir nun einen der Nicols, so können wir die Helligkeit wieder auslöschen. Daraus folgt, daß das aus der Quarzplatte austretende Licht nach wie vor geradlinig polarisiert ist, daß aber seine Polarisationsebene gedreht wurde. Die Größe der Drehung ist der Dicke der Platte proportional, außerdem aber auch von der Farbe des Lichtes abhängig. Der Drehwinkel für violett ist etwa dreimal so groß wie für rot. Daher kann man bei Verwendung von weißem Licht nicht auf vollständige Dunkelheit einstellen, in der Gegend der Dunkelstellung treten vielmehr die Komplementärfarben der jeweils ausgelöschten Farbe auf. Manche Quarze drehen nach rechts, andere nach links.

Die eigentümliche Fähigkeit, die Polarisationsebene zu drehen, ist nun nicht auf den Quarz beschränkt, auch andere feste Körper und Flüssigkeiten besitzen sie, z. B. Terpentinöl und Zuckerlösungen. Rohrzucker ist rechtsdrehend, d. h. der Beobachter muß, um wieder auf Dunkelheit einzustellen, den Analysatornicol im Sinne des Uhrzeigers drehen. *

* **810. Saccharimetrie.** Es ist naheliegend, den Prozentgehalt einer Lösung an Zucker aus der Größe dieser Drehung zu ermitteln. Da eine derartige Analyse den Vorzug der Einfachheit mit dem großer Genauigkeit verbindet, hat dieses Verfahren („Saccharimetrie“) besonders in der Technik und Medizin große Bedeutung gewonnen. Den verschiedenen Saccharimetern gemeinsam sind die beiden Nicolschen Prismen, zwischen die ein mit parallelen Endplatten verschließbares Rohr gebracht werden kann, das die zu unter-

suchende Lösung aufnimmt. Die wichtigsten ausgeführten Apparate sind die folgenden:

1. Polarimeter von Biot-Mitscherlich. Es besteht einfach aus dem Polarisator, einem Halter für die Zuckerröhre und dem auf einem in Grade geteilten Kreis drehbaren Analysatornicol. Man beleuchtet mit Na-Licht. Eine s dcm (!) lange Schicht einer Lösung, die in 100 ccm z g Zucker enthält, dreht bei Natriumlicht um den Winkel

$$\alpha = 0{,}665 \cdot z \cdot s \text{ Bogengrade.}$$

Daraus kann der Zuckergehalt z berechnet werden, wenn s und α gemessen wurden. Die Einstellung auf maximale Dunkelheit ist natürlich nicht sehr scharf möglich, deshalb hat man später noch Einrichtungen angebracht, die durch eine Kontrastwirkung den Nullpunkt schärfer erkennen lassen.

2. Bei dem Halbschattenapparat nach Laurent ist die Hälfte des Gesichtsfeldes durch eine Kristallplatte bedeckt, wodurch erreicht wird, daß die Polarisationsebene in der rechten Hälfte des Gesichtsfeldes einen kleinen Winkel mit der der linken bildet. Man könnte also durch Drehung des Analysators z. B. auf Dunkelheit der linken Hälfte einstellen, beim Weiterdrehen wird die linke Hälfte wieder heller und die rechte Hälfte dunkel. Dazwischen ist eine Stellung gleicher Helligkeit beider Hälften, die sehr genau reproduzierbar ist.

3. Wild verwendet in seinem „Polaristrobometer“ als empfindliches Organ eine (aus zwei Quarzplatten bestehende) Savartsche Platte, deren Theorie hier nicht erörtert werden kann. Diese erzeugt dunkle Interferenzstreifen im Gesichtsfelde, welche in vier um je 90^0 verschobenen Stellungen des Analysators verschwinden. Da die Streifen bei der geringsten Drehung aus diesen Nullstellungen wieder auftreten, ist dieses Instrument gleichfalls sehr empfindlich. Dementsprechend trägt die Kreisteilung der Polarimeter von Laurent und von Wild einen Nonius, mit dem Minuten abgelesen werden können.

4. Ein abweichendes Prinzip zur Messung der Drehung hat Soleil angegeben: Er kompensiert die von der Zuckerlösung bewirkte Drehung durch eine entgegengesetzt drehende Quarzplatte. Diese besteht aus zwei linksdrehenden Quarzkeilen, deren Schneiden einander entgegengesetzt liegen und die aneinandergleitend verschoben werden können. Dadurch wird die notwendige stetig veränderliche Dicke verwirklicht. Eine weitere Platte aus rechtsdrehendem Quarz von der Dicke der Keile in einer mittleren Stellung hebt die Wir-

kung für diese Stellung, die dem Nullpunkt einer mit den Keilen verbundenen Skala entspricht, gerade auf. Dieses Instrument besitzt also keine Kreisteilung.

Zur scharfen Erkennung der Nullstellung dient eine Kontrasteinrichtung ähnlich wie bei dem Instrument von Laurent. Sie besteht aus zwei nebeneinander stehenden, gleich dicken (3,75 mm) Quarzplatten, von denen die eine rechts, die andere links dreht. Bei Beleuchtung mit Natriumlicht zeigt das Gesichtsfeld ganz ähnliche Schattierungen beim Drehen des einen Nicols, wie sie oben unter 2. beschrieben wurden. Soleil beleuchtet aber mit weißem Licht (Glühlampe). Dadurch treten, wie wir sahen, Farben auf, und zwar bei der gewählten Dicke bei parallelen Nicols ein rötliches Violett. Schon eine geringfügige Drehung läßt die Farben der einen Hälfte in Rot, die der anderen in Blau umschlagen und dadurch kann aus der gleichen Färbung beider Hälften die Nullstellung auch bei diesem Instrument mit großer Genauigkeit beobachtet werden. *

* **311. Elektromagnetische Drehung der Polarisationsebene.** Faraday entdeckte 1845, daß verschiedene isotrope Körper die Polarisationsebene drehen, wenn sie in ein starkes Magnetfeld gebracht werden. Eine Versuchsanordnung zum Nachweis dieses „Faraday-Effektes" ist in Fig. 630 gezeichnet. N_1 und N_2 sind die beiden Nicolschen Prismen (in gekreuzter Stellung), S bedeutet die stromdurchflossene Spule, in deren Hohlraum das starke Magnetfeld herrscht. In der Spule steckt der Glaszylinder G (aus „schwerem Silikatflint"), an dem der Faradayeffekt gezeigt werden soll. Der Drehwinkel ist, wie zu erwarten, der Feldstärke und der Länge der Substanz proportional; er wächst von Rot bis Violett auf das 3- bis 4fache und ist für Schwefelkohlenstoff etwa dreimal, für schweres Glas etwa fünfmal so groß wie für Wasser oder Quarzglas. Bei dem gezeichneten Apparat betrug er bei Bogenlicht und bei einer Magnetisierungsstromstärke von 18 Amp. etwa $4^1/_2{}^0$. — Der Effekt kann auch zur Messung sehr starker Ströme benützt werden.

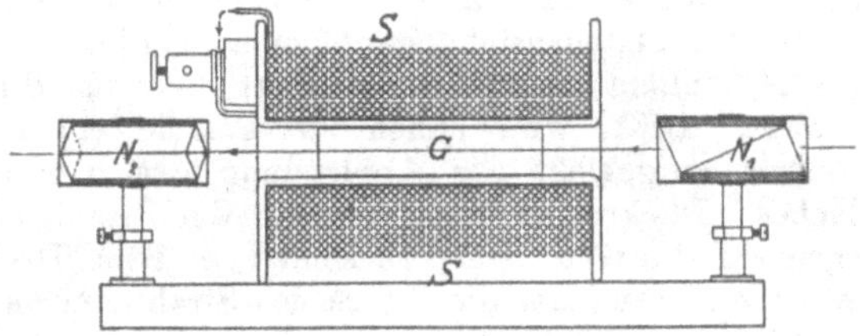

Fig. 630.

Endlich möge hier erwähnt werden, daß manche Körper in einem elektrostatischen Felde (zwischen Kondensatorplatten) doppelbrechend werden. Besonders geeignet ist auch hier Schwefelkohlenstoff. Die Erscheinung heißt nach ihrem Entdecker der „Kerr-Effekt“. *

812. Polarisation durch trübe Medien.

Versuch 718. Ein großer Glasrundkolben (auf Strohkranz) ist mit Wasser, dem etwas Fluoreszein zugesetzt ist, gefüllt. Etwas Mastix ist in Alkohol gelöst; von dieser Lösung werden einige Tropfen dem Wasser zugesetzt: Der Alkohol wird gelöst oder verdampft, das im Wasser nicht lösliche Harz bildet eine Emulsion aus zahllosen feinsten kugelförmigen Tröpfchen, die in dem Wasser suspendiert bleiben. Ihre Größe ist von der Ordnung der Lichtwellenlängen. Sie „zerstreuen“, „diffundieren“ das Licht; im reinsten Wasser würde man gar nichts von dem Strahlbündel wahrnehmen. Ein durch kreisförmige Blenden begrenztes Bündel parallelen weißen Lichtes einer Bogenlampe wird durch die Mitte der Kugel gesendet, nachdem es ein Nicolsches Prisma passiert hat. Dreht man das Nicol um seine Achse, so wird das in dem „trüben Medium“ verlaufende Lichtbündel für einen seitlich darauf blickenden Beobachter abwechselnd hell und dunkel.

Das Ganze ist auf einem Brette montiert, so daß durch Drehen desselben das Lichtbündel den verschiedenen Teilen des Auditoriums nacheinander in der günstigsten Seitenansicht dargeboten werden kann (die Lampe ist zugedeckt, alles Nebenlicht abgeschirmt). Dort, wo das Bündel von innen her auf die Glaswand trifft, wird außen zweckmäßig ein kreisförmiges Stück schwarzen Papieres aufgeklebt zur Abblendung des hier entstehenden besonders hellen Fleckes. Blickt man angenähert in der Strahlrichtung oder dieser gerade entgegen auf die Glaskugel, so sieht man beim Drehen des Nicols ein dunkles Schattenkreuz um die Achse des Strahlbündels herumwandern.

Das zerstreute diffuse Licht erscheint dann am hellsten, wenn sich das Auge in der Ebene befindet, welche senkrecht zur Richtung des elektrischen Vektors, senkrecht zur kürzeren Diagonale des Nicolquerschnittes steht: Die schwingungsfähigen Elektronen auf den diffundierenden Teilchen werden im Rhythmus der auffallenden Lichtwellen erregt, vornehmlich natürlich in der Richtung, in welcher der elektrische Vektor des ankommenden Wellenzuges selbst gerichtet ist. Nach § 752, S. 46, wird aber in der Eigenrichtung der so angeregten Schwingungen nur ein Minimum an Energie ausgestrahlt, das Maximum dagegen in der dazu senkrechten Richtung. Geht man also bei ruhendem Nicol mit dem Auge um die Kugel herum (am besten in der zur Richtung des erregenden Bündels senkrechten Äquatorebene oder legt man hier auf die Kugel einen Streifen durchscheinenden

Seidenpapieres auf), so findet man den entsprechenden Wechsel in der Helligkeitsverteilung: Maxima senkrecht zur Richtung, in der die Elektronen ihre Beschleunigungen bzw. Verzögerungen erfahren; Minima in der Polrichtung dieser Schwingungen.

Daß diese Richtungen in der diffundierten Strahlung in der Tat ausgezeichnet sind, kann man ferner dadurch erweisen, daß man das Strahlenbündel, welches durch Diffussion in dem trüben Medium sichtbar wird, mit einem zweiten Nicol betrachtet: Steht die kürzere Diagonale des ersten Nicols vertikal und betrachtet man das horizontale Bündel von der Seite her in der Horizontalebene, so erscheint es hell, wenn die kürzere Diagonale auch des zweiten Nicols vertikal steht; dreht man aber letzteres um 90° um seine Achse, so findet Auslöschung statt usw. Auch in den dazu geneigten Richtungen ist das Licht polarisiert, aber nur teilweise.

Auch das diffundierte Licht ist also polarisiert. Läßt man das erste Nicol weg, so verhält sich der diffundierende Strahl nach allen Seiten hin vollkommen gleich. Man würde also auch umgekehrt aus dem eben geschilderten Verhalten des diffundierten Lichtes folgern können, daß die erregende Strahlung (linear) polarisiert ist, und wie die Schwingungsrichtung in ihr liegt.

G. Photometrie.

*** 813. Einleitung.** Die Photometrie behandelt die Aufgabe, das Verhältnis der Helligkeiten zweier Objekte zahlenmäßig festzustellen. Die „Helligkeit" ist aber letzten Endes ein physiologischer Begriff, sie ist durch die variable Empfindlichkeit des Auges für verschiedene Wellenlängen gegeben. (Vgl. S. 168.) Zur Vergleichung von Helligkeiten sind wir daher in der Mehrzahl der Fälle auf das Auge des Beobachters angewiesen; und während wir auf den übrigen Gebieten der Physik durch mechanische Hilfsmittel die Genauigkeit von Messungen außerordentlich steigern können, vermögen wir bei der visuellen Photometrie Lichtstärken im günstigsten Falle nur auf etwa 1 $^0/_0$ genau zu schätzen. Um diese Genauigkeit zu erreichen, ist es nötig, daß die zu vergleichenden Helligkeiten weder zu klein noch zu groß sind (so daß Blendung eintritt), vor allem aber, daß sie von gleicher Intensität sind, unmittelbar aneinander grenzen und gleiche Farbe haben. *

*** 814. Lambertsches Gesetz.** Schon im Jahre 1604 war von Kepler der aus geometrischen Gründen naheliegende Satz (s. § 757, S. 65) bewiesen worden, daß die von einem leuchtenden Punkte auf ein Flächenelement fallende Lichtmenge dem Quadrat des Abstandes zwischen Punkt und Flächenelement umgekehrt proportional ist. Lambert bestätigte (1760) diesen Satz und ermittelte experimentell eine weitere

Formel, die zusammen mit dem Keplerschen Satze die Grundlage der photometrischen Meßkunde geworden ist.

Sie besagt: 1. daß die Beleuchtung eines Elementes einer matten Oberfläche dem cos des Winkels zwischen Richtung der einfallenden Strahlen und Flächennormale proportional ist, 2. daß dieses Element nach einer bestimmten Richtung hin eine Lichtmenge ausstrahlt, die dem cos des Winkels zwischen dieser Richtung und der Flächennormale proportional ist.

Wir wollen dieses Gesetz an einigen Beispielen näher erläutern:

a) Gegeben sei eine ausgedehnte, diffus strahlende Fläche, etwa eine mattierte Milchglasplatte, die die Vorderwand eines Kastens bildet, in welchem sich einige Glühlampen befinden. Wir betrachten die Fläche durch eine Röhre mit einigen Blenden, die so aufgestellt ist, daß wir nur ein kleines Stück in ihrer Mitte sehen können. Drehen wir nun die leuchtende Fläche gegen das Rohr, so behält nach dem Lambertschen Gesetz der durch die Blenden tretende Lichtstrom stets die gleiche Intensität (sofern nicht durch die Drehung die Ränder der Platte durch die Blenden hindurch sichtbar werden). — Auf einem diffus beleuchteten Schneegelände ist es nicht möglich, die Neigung eines Hanges zu erkennen.

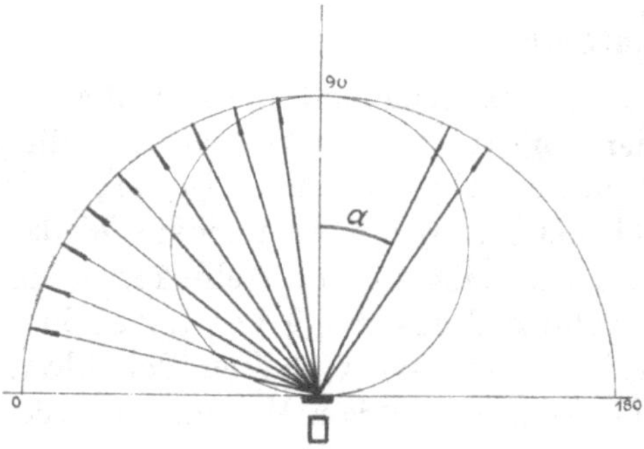

Fig. 631.

b) Ein kleines Stück einer ähnlichen leuchtenden Fläche wird bei 0 (Fig. 631) aufgestellt und seine Lichtstärke in großer Entfernung in den Richtungen 0, 45, 90° usw. gemessen. Die Lichtstärken tragen wir in relativem Maße als Vektoren auf: Da sie nach dem Lambertschen Gesetze proportional cos α sind, so liegen die Endpunkte der Vektoren auf einem Kreise durch 0 (bzw., wenn wir aus der Zeichenebene herausgehen, auf einer Kugelfläche).

c) Da eine glühende Fläche gleichfalls nach dem Lambertschen Gesetze strahlt, erscheint uns eine glühende Kugel als gleichmäßig leuchtende Scheibe; denn einzelne Segmente derselben, deren Projektionen uns gleich groß erscheinen, senden uns gleiche Lichtmengen zu. Würden wir dagegen eine Kugel (die z. B. aus schwarzem Glas bestehen könnte) mit einem phosphoreszierenden Pulver bestäuben, so erschiene diese nach den Rändern hin immer heller, da sich die leuchtenden Teilchen dort in der Projektion zusammendrängen. *

* **815. Lichteinheiten.** Während in anderen Gebieten der Physik die Normalien mit außerordentlicher Genauigkeit festgelegt und außerdem meist an das C.G.S.-System angeschlossen sind, müssen wir uns hier vorläufig damit begnügen, als Einheit die Lichtstärke einer Flamme von möglichst guter Reproduzierbarkeit willkürlich festzusetzen. Versuche, die Strahlung einer weißglühenden Platinoberfläche bei der Temperatur, bei welcher das Platin eben erstarrt Violle 1879, Liebenthal 1888) oder die Strahlung des „schwarzen Körpers“ (s. d.) als Einheit zu nehmen, konnten bisher noch keine praktische Bedeutung erlangen. Wir übergehen die in anderen Ländern üblichen Normalkerzen und -lampen und die früher in Deutschland gebräuchlichen Einheiten (z. B. die „Deutsche Vereinskerze“ und die „Münchener Kerze“); die größte Verbreitung besitzt gegenwärtig die von v. Hefner-Alteneck angegebene Normallampe („Hefnerlampe“). Sie ist in Fig. 632 im Querschnitt abgebildet.

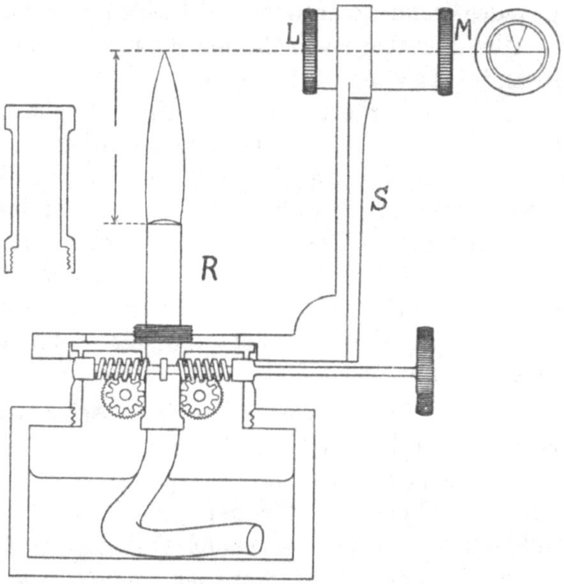

Fig. 632.

Die Lampe wird mit dem chemisch gut definierten Amylacetat gespeist, und der Docht dient nur zur Zuführung des Brennstoffes, ohne selbst zu verbrennen oder zu verkohlen. Er wird in einem kreisförmigen Neusilberröhrchen R von 8 mm innerem und 8,3 mm äußerem Durchmesser und von 25 mm freistehender Länge geführt. Die Flammenhöhe muß genau 40 mm betragen. Um die richtige Höhe dauernd kontrollieren zu können, sind verschiedene Vorrichtungen angegeben worden. In der Figur z. B. sitzt auf der Säule S eine kleine Camera obscura mit einer Linse bei L und einer Mattscheibe bei M, die in ihrer Mitte einen horizontalen Strich trägt. Man reguliert nun die Dochthöhe so, daß das Bild der Flammenspitze diesen Strich gerade berührt. — Diese Lampe wurde wiederholt in der Physikalisch-Technischen

Reichsanstalt eingehend geprüft und z. B. der Einfluß des Barometerstandes, der Luftfeuchtigkeit und des Kohlensäuregehaltes der Zimmerluft untersucht. Die Reichsanstalt übernimmt auch Prüfungen eingesandter Hefnerlampen (bis auf 1 % genau). Erwähnt möge werden, daß K. Ångström die gesamte, von einer Hefnerlampe ausgestrahlte Energie gemessen hat. Er fand, daß in einer Entfernung von 1 m auf jedes Quadratzentimeter 8,1 Erg pro Sekunde treffen. Weiter, daß die als (sichtbares) Licht ausgestrahlte Energie weniger als 1 % der Gesamtenergie beträgt.

Die Hefnerkerze ist die Einheit der „Lichtstärke" (1 H.K.). Wir unterscheiden weiter den „Lichtstrom", d. i. die Erfüllung eines von der Lichtquelle ausgehenden räumlichen Winkels mit Licht; endlich die „Beleuchtung", deren Einheit das Lux ist. Steht einer ebenen Fläche eine Lichtquelle von 1 H.K. in 1 m Abstand gegenüber, so erhält der Teil der Fläche, auf welchen die Strahlen senkrecht auffallen, 1 Lux. Unter „Flächenhelligkeit" versteht man die von einer beleuchteten oder selbstleuchtenden Fläche (z. B. einer Flamme) pro Quadratzentimeter ausgesandte Lichtstärke. *

* **316. Die photometrischen Apparate.** Aus der sehr großen Zahl der im Lauf der Zeit beschriebenen und angewandten Photometer können hier nur einige typische Instrumente beschrieben werden. Abgesehen von den „Auslösch-Photometern", bei denen die Lichtstärke des zu messenden Objektes so lange verringert wird, bis es verschwindet, und von dem neuen stereoskopischen Photometer von Zeiß (siehe Seite 212, d) beruhen sämtliche photometrischen Apparate auf dem Grundprinzip, von den beiden zu vergleichenden Lichtquellen die intensivere in meßbarer Weise so weit abzuschwächen, bis sie der schwächeren gleich geworden ist. Vornehmlich durch die Art, wie diese Abschwächung bewirkt wird, unterscheiden sich die einzelnen Instrumente.

a) Abschwächung durch Abstandsänderung. Das Photometer von Lambert (1760) besteht aus einem vertikal gestellten weißen Kartonblatt, vor dem sich (in einer Entfernung von 10—20 cm) ein Stab befindet. Jede der beiden Lichtquellen wirft einen Schatten des Stabes auf den Schirm. Die beiden Schatten erscheinen nur dann gleich hell, wenn ihre Beleuchtung durch die beiden Lichtquellen gleich stark ist, und dieses wird durch Änderung der Entfernung der einen Lichtquelle erreicht.

Photometer von Ritchie (spätere Form): Ein aus Gips hergestellter Keil hat die Grundfläche eines gleichschenklig-rechtwinkligen Dreieckes. Der Beobachter blickt auf die von den beiden Kathetenflächen gebildete Kante, während sich die beiden Lichtquellen in der Verlängerung der Hypotenuse befinden. Zunächst wird die eine Kathetenfläche heller beleuchtet sein als die andere, nach geeigneter Verschiebung aber erscheint der Keil dem Beobachter als gleichmäßig leuchtende Fläche, die durch die Vorderkante in zwei Hälften geteilt ist.

Das Photometer nach Bunsen hat in der Technik die weiteste Verbreitung erfahren. Es beruht auf der Erscheinung, daß ein auf einem weißen Papierblatt angebrachter Fettfleck nahezu verschwindet, wenn das Papier auf beiden Seiten gleich stark beleuchtet ist. Man stellt auf Verschwinden des Fleckes bei Beobachtung der rechten Papierseite ein; der Fleck ist dann auf der linken Papierseite noch zu sehen und wird durch kleine Verschiebung der einen Lichtquelle hier zum Verschwinden gebracht. Aus beiden Einstellungen (für rechts und links) nimmt man das Mittel. Das Photometer leidet an dem Mangel, daß der Fleck auch bei gleicher Färbung der beiden Lichtquellen stets gelblicher gefärbt ist, als der Schirm.

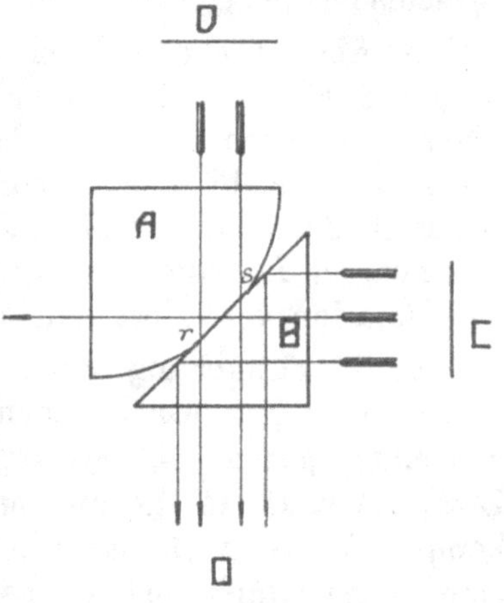

Fig. 633.

Eine grundlegende Verbesserung wurde diesem Photometer durch Lummer und Brodhun zuteil, mit deren Instrument sich vielleicht die höchste Meßgenauigkeit erreichen läßt. Der wesentliche Teil des Photometers besteht aus zwei rechtwinkligen Prismen *A* und *B* (Fig. 633), die sich — bei der einfachsten Ausführung des Instrumentes — auf einer Kreisfläche mit dem Durchmesser *r s* berühren. *C* und *D* seien die beiden Flächen, deren Beleuchtung miteinander verglichen werden sollen, *O* das Auge des Beobachters. Die von *D* kommenden Strahlen gehen ungehindert durch die Fläche *r s* nach *O*, die von *C* kommenden treten, wenn sie innerhalb *r s* verlaufen, seitlich aus und werden absorbiert; wenn sie aber außerhalb *r s* laufen, werden sie total reflektiert und gelangen gleichfalls nach *O*. Man erblickt also einen scharf begrenzten, gleichmäßig hellen Fleck (Strahlen von *D*) in einer ebenso gleichmäßigen Umgebung (Strahlen von *C*), und bei Lichtgleichheit verschwindet der Fleck vollkommen. Lummer und Brodhun nannten daher diese Prismenkombination den „idealen Fettfleck“. Allerdings muß man dabei voraussetzen, daß die beiden zu vergleichenden Lichtquellen gleiche Farbe haben: Wenn wir etwa eine Bogenlampe mit einer Hefnerlampe vergleichen, so erscheinen die Felder blaugrau bzw. rötlich gefärbt, und von einer exakten Kompensation kann leider nicht mehr die Rede sein. In diesem Sinne arbeiten günstiger die

Flimmerphotometer — obwohl die Frage offen bleibt, welchen physikalischen Sinn die Nulleinstellung bei verschiedenen Farben hat. Bei diesen Instrumenten wird eine Fläche eines Gipsprismas in schneller Abwechslung (vielleicht 5 mal pro Sekunde) bald von der einen, bald von der anderen Lichtquelle beleuchtet. Sind die Beleuchtungen ungleich, so „flimmert" die beobachtete Fläche, bei gleicher Beleuchtung hört das Flimmern auf. Sind die Lichtquellen verschieden gefärbt, so sieht der Beobachter eine Mischfarbe.

b) Abschwächung durch rotierende Sektoren. Läßt man zwischen Lichtquelle und beleuchteter Fläche eine Scheibe mit einer Sektoröffnung so rasch rotieren, daß das Auge die einzelnen Lichtunterbrechungen nicht mehr wahrnimmt, so ist nach Talbot der Lichteindruck durch das Verhältnis von Öffnungswinkel: 360^0 gegeben. — Bei neueren Instrumenten dieser Art kann der Öffnungswinkel während der Rotation verändert und abgelesen werden.

c) Abschwächung durch Polarisation. Wie oben (S. 202) beschrieben, haben wir in einem Paar Nicolscher Prismen, deren eines mit einem guten Teilkreis versehen ist, ein hervorragendes Mittel, die Lichtintensität in genau meßbarer Weise abzuschwächen. Sehr kompendiös ist z. B. das Photometer von Martens gebaut, bei dem eine kleine Glühlampe im Instrumente als Vergleichslichtquelle dient. Die von den Nicolschen Prismen durchgelassene Lichtintensität ist proportional dem Quadrat des Cosinus des Winkels, den sie miteinander bilden.

d) Es möge hier ein Photometer erwähnt werden, das auf einem ganz neuartigen Prinzip beruht: Ein Beobachter blicke mit beiden Augen auf ein Stäbchen, das sich vor einem hellen Hintergrund an einer zur Blickrichtung senkrechten Parallelführung hin und her bewegt. Wird das eine Auge des Beobachters durch ein vorgehaltenes absorbierendes Glas geschwächt, so braucht dieses zur Fortleitung des Lichtreizes etwas längere Zeit, der Beobachter sieht mit dem geschwächten Auge das Stäbchen an einer Stelle, an der es schon vor einigen zwanzigstel Sekunden war. Eine geometrische Konstruktion des Strahlenganges läßt leicht erkennen, daß der Beobachter in diesem Falle den stereoskopischen Eindruck erhält, als bewege sich das Stäbchen auf einer Kreisbahn. Hält man das absorbierende Glas vor das andere Auge, so kehrt sich der Sinn der Drehung um. Wenn man also in einem Stereoskop in beiden Gesichtsfeldern je eine in dieser Weise bewegte Marke anbringt, die beim stereoskopischen Sehen in eine räumliche Marke zusammenfließen, so wird diese Marke scheinbar nur dann in einer Ebene hin und her laufen, wenn die beiden Felder gleich stark beleuchtet sind. — Die Ausbildung dieser Anordnung als Photometer liegt auf der Hand. Auch hier soll die Schärfe der Einstellung durch verschiedene Färbung der Lichtquellen nicht wesentlich beeinflußt werden. *

* **817. Ulbrichtsche Kugel.** In der Technik hat man es häufig mit Lichtquellen zu tun, die nach verschiedenen Richtungen hin verschieden stark strahlen. Entweder ist nun die räumliche Verteilung der Beleuchtung gesucht; man pflegt dann (ähnlich wie in Fig. 631) die in den einzelnen Richtungen gemessenen Lichtstärken als Polardiagramm aufzutragen. Oder es ist die mittlere räumliche Lichtstärke gesucht. Um diese zu finden, kann man von dem theoretisch und experimentell mit genügender Annäherung bewiesenen Satze Gebrauch machen, daß eine Hohlkugel von überall gleichem, diffusem Reflexionsvermögen durch eine irgendwo im Innern gelegene Lichtquelle gleichmäßig und zwar proportional der mittleren räumlichen Stärke der Lichtquelle beleuchtet wird. Man verwendet (nach Ulbricht, 1900) Hohlkugeln aus Zinkblech von 1—2 m Durchmesser, die innen mit matter, weißer Farbe gestrichen sind und ein Milchglasfenster besitzen, hinter dem die Photometerbank steht. Eine Blende hält die direkten Strahlen der Lichtquelle von dem Fenster ab. Man eicht die Kugel mit einer Glühlampe von bekannter räumlicher Lichtstärke. *

* **818. Lichtelektrische Photometrie.** a) Durch die Untersuchungen von Lenard, Hallwachs, Elster und Geitel und anderen ist bekannt, daß die meisten Körper, vornehmlich aber die Metalle, die Fähigkeit besitzen, bei Belichtung Elektronen auszusenden. In dem Wellenlängengebiete des sichtbaren Lichtes sind besonders wirksam die Alkalimetalle Kalium, Rubidium und Cäsium. Eine „lichtelektrische Zelle“ von Elster und Geitel besteht aus einer Glaskugel von Eigröße (meist aus ultraviolett durchlässigem Glas) deren eine Hälfte innen versilbert und mit hineindestilliertem Kalium (Rubidium) bedeckt ist. Mit diesem Belag ist ein eingeschmolzener Platindraht verbunden, während die zweite Elektrode einen über dem Belag freistehenden Ring bildet. Verbindet man die Elektroden über einen großen Sicherheitswiderstand und einen geeigneten Strommesser (Elektrometer bei den schwächsten Strömen) mit einer Batterie von 100—200 Volt, so beobachtet man eine Stromstärke, die der Lichtintensität proportional ist — vom direkten Sonnenlicht bis zu so kleinen Intensitäten, daß sie das ausgeruhte Auge kaum wahrnehmen kann. Die Stromstärken variieren von etwa 10^{-6}—10^{-14} Ampere.

aber, daß man eine Genauigkeit von 0,1 % erreichen kann. Zur technischen Photometrie sind diese Zellen nicht ohne weiteres geeignet, da ihre Empfindlichkeitskurve eine andere Funktion der Wellenlänge ist, als die des Auges; wohl aber bürgern sie sich immer mehr ein, wo es sich um exakte Messung der Änderungen von Lichtstärken handelt.

b) Schwefel und Tellur, in weit stärkerem Maße aber das Selen zeigen die merkwürdige Eigenschaft, ihren elektrischen Widerstand durch Belichtung zu verringern. Indem man z. B. zwei blanke Kupferdrähte nebeneinander auf einen Porzellankern wickelt, so daß zwischen ihnen ein kleiner Zwischenraum bleibt, der mit Selen gefüllt wird, lassen sich Selenzellen herstellen, die, in einen Zweig einer Wheatstoneschen Brücke (II, 1, S. 293f.) geschaltet, gleichfalls eine außerordentliche Lichtempfindlichkeit aufweisen. Man hat z. B. mit Erfolg die Strahlen einer „sprechenden Bogenlampe“ (II, 1, S. 578) durch einen Parabolspiegel parallel gerichtet, auf einen in großer Entfernung aufgestellten zweiten, mit einer Selenzelle ausgerüsteten Spiegel auftreffen lassen und die übermittelte Sprache mit dem Telephon abgehört. Ein Nachteil der Selenzellen ist ihre Trägheit: Bei plötzlicher Belichtung oder Verdunklung stellt sich der Endwert des Widerstandes nur ganz allmählich ein. *

* **819. Photographische Photometrie.** Viele physikalische Erscheinungen werden heutzutage photographisch festgehalten und es ist häufig erwünscht, aus der Schwärzung der einzelnen Stellen der photographischen Platte Schlüsse auf die Beleuchtung, welche diese Schwärzung hervorbrachte, zu ziehen. Unter „Schwärzung“ versteht man den Logarithmus des Verhältnisses $\frac{\text{auf die Platte auffallendes Licht}}{\text{durch die Pl. hindurchtret. Licht}}$. Am einfachsten wäre es, wenn man die Schwärzung der Beleuchtung proportional setzen dürfte. Das ist aber nicht der Fall: Wenn wir die Platte, von sehr kleinen Intensitäten angefangen, immer stärker und stärker belichten, bleibt die Schwärzung zunächst = 0 (Schleierschwärzung), bis zu einem „Schwellenwert“, steigt dann sehr rasch („Unterbelichtung“), wird auf dem Gebiete der „Normalbelichtung“ der Beleuchtung einigermaßen proportional und nähert sich für „Überbelichtung“ einem Maximum. Bei noch stärkerer Beleuchtung der Platte wird die Schwärzung wieder kleiner (Solarisation). Wenn man aber auf die Platte „Intensitätsmarken druckt“, indem man sie an verschiedenen Stellen mit bekannter, wachsender Intensität belichtet, kann

führen. Hartmann hat dazu ein „Mikrophotometer" angegeben, das die Schwärzung eines Gebietes auf der Platte von nur 0,01 × 0,53 mm durch Vergleich mit einem „photographischen Keil", d. i. einer zweiten Platte mit gesetzmäßig kontinuierlich zunehmender Schwärzung zu messen gestattet, und das sich besonders bei der Erforschung der Struktur von Spektrallinien bewährt hat. Das Mikrophotometer von P. P. Koch besitzt als lichtempfindliches Organ zwei Kaliumzellen (S. 213) und registriert automatisch die Schwärzungen an den verschiedenen Stellen der langsam durchgezogenen Platte.

In diesem Zusammenhange möge eine Erscheinung erwähnt werden, die beim Druck von Intensitätsmarken zu beachten ist: A priori wird man annehmen, daß man dieselbe Schwärzung erhält, ob man mit der Intensität $i_1 = 100$ die Zeit $t_1 = 1$ Sekunde belichtet oder mit $i_2 = 1$, $t_2 = 100$ Sekunden. Das ist aber nicht der Fall: $i \cdot t$ ist zwar annähernd konstant (Bunsen-Roscoesches Gesetz), genauer ist aber $i_1 t_1^{\vartheta} = i_2 t_2^{\vartheta}$ (Schwarzschildsches Gesetz): Wenn große Energie kurze Zeit einströmt, schwärzt sie mehr, als wenn kleine Energie entsprechend länger wirkt. *

Drittes Kapitel.

Korpuskularstrahlen, Röntgenstrahlen, Radioaktivität.

A) Kathodenstrahlen.

820. (Vgl. hierzu Einleitung zu III 2A) **Gasentladungen** nennt man die Ausgleichserscheinungen genügend hoher elektrischer Spannungen durch verdünnte Gase und Dämpfe hindurch. So unendlich mannigfaltig die Erscheinungsformen derselben auch sind, so lassen sie sich doch alle auf einen gewissen Grundtypus zurückführen, der in seiner einfachsten Gestalt erhalten wird, wenn man die Entladungen von Elektrodenplatten aus in eine zylindrische Gassäule übertreten läßt.

Um einen Überblick zu gewinnen, wollen wir zunächst verfolgen, wie sich die einzelnen Erscheinungen bei allmählich abnehmenden Drucke, aber demselben Entladungsrohre und derselben Gasfüllung (atmosphärischer Luft) auseinander entwickeln.

Versuch 719. Auf eine weite, sehr lange Glasröhre R (aus „Natron"- oder sog. „Thüringer Glas", wie sie die Glashütten liefern, von etwa 7,5 cm lichtem Durchmesser, 160 cm Länge, also 7 l Inhalt) sind an den Enden aus Hartgummischeiben gedrehte Verschlußstücke V_1 und V_2 Fig. 634 mit den aus Aluminium bestehenden Elektrodenplatten E_1 und E_2 mittels Picein gasdicht aufgekittet.

Dieses Kittmittel hat eine überaus geringe Dampfspannung, so daß es das Vakuum nicht verschlechtert; mit demselben wurden in die Verschlußstücke eingedrehte Riefen gefüllt, in die die Enden der Röhre, so lange der Kitt noch heiß und plastisch war, eingepreßt wurden. Die Aluminiumplatten E_1 und E_2 sitzen an (außen mit Durchbohrungen versehenen) Kupferstäben, welche in Glasröhren eingekittet sind. Die Zuleitungen werden bei diesen und allen folgenden „Entladungsröhren" durch biegsame, gut isolierte Leitungsschnüre hergestellt, die mittels kleiner Karabinerhaken in die Durchbohrungen (bzw. die Drahtösen der im folgenden benutzten Röhren) eingehängt werden.

Durch die eine Verschlußscheibe V_1 der auf Holzgabeln gelagerten Röhre R ist eine Leitung aus Glasbiegerohr geführt, welche (unter Zwischenschaltung einer weiten Röhre mit Phosphorpentoxyd [als Trockenmittel] und Nebenschaltung eines weitschenkligen „verkürzten Barometers“ § 97, S. 113, sowie eines Mc Leod-Manometers § 134, S. 155; Kuppenbeleuchtung wie S. 104 unten angegeben) an eine Kapselpumpe mit Motorbetrieb (§ 96, S. 107, Fig. 32 und 33) angeschlossen ist. Dazwischen Hahn zum Absperren und dadurch Festhalten der einzelnen Entladungsformen.

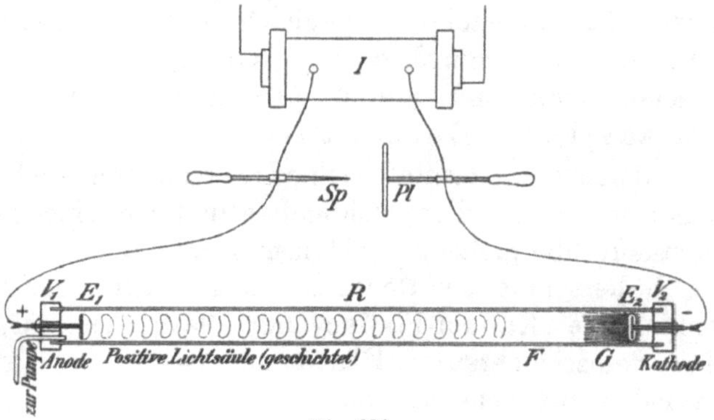

Fig. 634.

Die Hochspannungsleitung eines größeren (mit Wehnelt-Unterbrecher § 715, S. 570 betriebenen) Induktoriums *I* ist unter Zwischenschaltung eines Entladers mit Spitze *Sp* und Platte *Pl* so mit der Entladungsröhre *R* verbunden, daß der Öffnungsinduktionsschlag bei *Sp* und links bei E_1 eintritt.

Setzt man das Induktorium in Gang, so schlagen die Funken zunächst nur zwischen *Sp* und *Pl* über und vermeiden den viel längeren Weg durch die in *R* enthaltene Luftsäule von Atmosphärendruck. Evakuiert man aber, so hört bei einem bestimmten niederen Gasdrucke (je nach der Rohrlänge und der Dichte des Induktionsstromes bei 30 bis 20 cm Hg-druck) das Funkengeprassel auf, die Entladung zieht den längeren Weg durch die Röhre vor (auf dem ihr jetzt pro Längeneinheit entsprechend weniger Gasmoleküle entgegenstehen) und windet sich in Form eines unstet auf- und abflutenden zunächst schmalen, bläulich-rötlichen Lichtfadens durch die Gasstrecke hindurch. Bei weiterer Evakuation wird die Entladung immer stetiger, der Lichtfaden breiter und rötlicher, schließlich spannt er sich völlig geradlinig in der Rohrachse aus, die Mitten der beiden Elektrodenplatten auf dem kürzesten Wege verbindend. Auf diesen bemerkt man beiderseitig bläuliche Flecke, die Entladung ist noch völlig symmetrisch, sowohl der Schließungs- wie der Öffnungsschlag geht hindurch (Druck etwa 1 mm).

Pumpt man weiter aus (Verfolgen der Drucke mittels des Mc Leod-Manometers), so verschwindet der bläuliche Fleck bei E_1, der entsprechende auf E_2 breitet sich weiter aus; die Entladung wird einseitig, die Gasstrecke läßt nur den höher gespannten Öffnungsstrom hindurch (§ 715, S. 569 sowie Fig. 431, S. 555) und schirmt den Schließungsstrom ab, sie wirkt also als „Ventil", E_1 wird von nun an ausschließlich „Anode", E_2: Kathode. Der an E_1 angeheftete rote Lichtfaden breitet sich mehr und mehr aus und erfüllt bald den ganzen Rohrquerschnitt, zugleich immer blasser werdend. Dabei zieht er sich merklich von der „Kathodenerscheinung" zurück, zwischen sich und dieser eine nicht leuchtende Partie lassend: „Faradayscher Dunkelraum" *F*.

Gleichzeitig breitet sich das bläuliche Licht auf der Kathode immer mehr aus, diese schließlich in Form einer zusammenhängenden Lichthaut überziehend. „Glimmlicht" *G*.

Nähert man der Röhre *R* einen Schirm, der mit dem grünlichen Doppelsalze Kalium-Platincyanür bestrichen ist, so kommt dieser zum Selbstleuchten: „Fluoreszieren", namentlich an den dem Kathodenende benachbarten Partien.

Dieses Fluoreszenzphänomen ist ein Spezialfall einer großen Gruppe von Leuchterscheinungen, welche dadurch ausgezeichnet sind, daß Licht ohne entsprechend hohe Temperatur in reichlichem Maße ausgesendet wird (vgl. dann später unter Strahlungsgesetz). Man faßt sie unter der Bezeichnung: „Lumineszenzerscheinungen" zusammen (nach E. Wiedemann). Daß es nicht einfach reflektiertes Licht ist, das von dem „Leuchtschirme" ausgeht, wird daran erkannt, daß ein neben denselben gehaltenes grünlich-gelbliches Papier, das bei der Bestrahlung mit weißem Tages- oder Glühlampenlicht die gleiche Farbennuance liefert, bei der Beleuchtung durch das Röhrenlicht dunkelbraun bzw. erdig farblos erscheint. Daß das Erregende im vorliegenden Falle gewöhnliche (blaue und violette) Lichtstrahlen sind, erkennt man u. a. daran, daß die Erregung durch den Papphintergrund, auf dem das Salz aufgetragen ist, abgeschnitten wird, daß der Schirm also dunkel erscheint, wenn er von rückwärts her von der Röhre beleuchtet wird. W. u. werden wir Strahlen kennen lernen, die sich in dieser Hinsicht wesentlich anders verhalten.

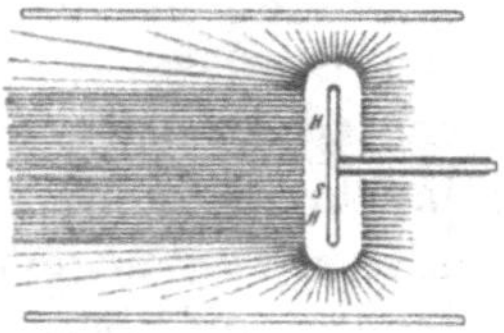

Fig. 635.

Treibt man die Evakuation weiter (unter 0,1 mm Hg-Druck), so wird die Glimmlichtschicht immer dicker, gleichzeitig aber immer weniger dicht, d. h. diffuser; sie nimmt eine strahlige Struktur an und hebt sich von der Kathodenfläche ab, zwischen sich und dieser einen neuen dunklen Zwischenraum lassend: „Hittorfscher Kathodendunkelraum" *H*, vgl. Fig. 635, welche die Kathodenpartie von Fig. 634 in vergrößertem Maßstabe darstellt. Bei genauerem Zusehen findet man, daß sich die Kathodenoberfläche selbst mit einer eng anliegenden gelblich rötlichen Schicht bedeckt hat, der „ersten Kathodenschicht" *S*.

Der Faradaysche Dunkelraum *F*, Fig. 634 hat sich unterdessen weiter verbreitert, die Anodensäule sich noch mehr zurückgezogen; sie ist noch diffuser und lichtloser geworden und strahlt nur noch in blaß rosafarbenem Lichte. In diesem Stadium zerfällt die „positive Lichtsäule“ häufig in einzelne Lichtballen, die „Schichten“, die durch weniger leuchtende bis dunkle Partien voneinander getrennt sind; sie sind meist gegen die Kathode konvex, scharfbegrenzt und helleuchtend, gegen die Anode konkav gekrümmt, diffus und matt. Leitet man die Röhre durch Anlegen der Hand oder sonstwie zur Erde ab, so verschieben sich die Schichten; sie sind (in weiten Röhren) ziemlich unstabile Gebilde.

Evakuiert man noch weiter (unter 0,01 mm), so verkürzt sich die positive Lichtsäule immer mehr, eine Schicht nach der anderen verschwindet in der Anode; gleichzeitig breitet sich das Glimmlicht immer mehr aus, mit diffusem Lichte zunächst den Faradayschen Dunkelraum, schließlich die ganze Röhre immer mehr durchstrahlend. An dieser bemerkt man jetzt immer deutlicher eine Erscheinung, die sich an der Kathodenseite schon bei höheren Drucken vorbereitet hatte: Die Röhre beginnt mit grünlichem Lichte zu leuchten, ohne wesentlich heißer als vorher zu werden, sie fluoresziert. Sie muß also von einer Strahlungsart getroffen werden, welche besonders befähigt ist, solche Fluoreszenz wachzurufen. Da die Glasfluoreszenz immer lebhafter wird, je weiter man auspumpt, da aber gleichzeitig die Leuchterscheinung in der Röhre immer lichtschwächer wird, so kann es jetzt nicht mehr, wie oben, gewöhnliches Licht sein, welche die Fluoreszenz der Glaswand hervorruft. Daß man in der Tat eine neue eigenartige Strahlung vor sich hat, die ihre Herrschaft über immer weitere Partien des Rohrinneren erstreckt, erkennt man, wenn man der Röhre einen Hufeisenmagneten nähert, die Röhre zwischen die Schenkel desselben nehmend: Dadurch kann man die Glasfluoreszenz auf einen helleuchtenden Fleck konzentrieren, dessen Lage augenscheinlich gesetzmäßig an den Verlauf der Magnetkraftlinien gebunden ist. Es sieht so aus, als ob der Fleck einem biegsamen Leitergebilde seine Entstehung verdankte, welches an der Kathode festgebunden ist, im übrigen aber wie ein biegsamer Leiter im Magnetfelde bewegt wird (vgl. Versuch 656, S. 594). Wendet man auf den vorliegenden Fall L.H.R. (§ 558, S. 439) an, so findet man, daß sich das Leitergebilde so verhält, als ob es von positiven Elektrizitätsteilchen gebildet würde, die zur Kathode hinwandern, oder von negativen, die von der Kathode fortwandern. Da das Gebilde an der Kathode festzuhaften scheint, und die Lage der Anode für dasselbe nicht in Betracht kommt (vgl. auch Versuch 724, S. 224), so ist es am nächstliegenden, an ein Strahlgebilde zu denken, das aus negativ geladenen von der Kathode aus in den Gasraum hineingeschleuderten Teilchen besteht, den „Kathodenstrahlen" (von Hittorf 1869 entdeckt) und die Fluoreszenz als eine Wirkung ihres Auftreffens auf die Glaswand anzusehen: „Kathodolumineszenz".

821. Geißlersche Röhren. Dieselben Grundelemente, die wir im vorigen Paragraphen kennen gelernt haben, finden wir bei allen Gasentladungen wieder. Letztere sind aber einer ungeheuren Vielgestaltigkeit fähig, je nach der Form der Röhren, der Natur der Gasfüllung und dem Drucke. Der Bonner Glasbläser Geißler stellte zuerst (1851) solche Entladungsröhren in größerer Mannigfaltigkeit her, die er mittels der von ihm konstruierten Quecksilberpumpe (§ 96, S. 108) evakuierte. Dem eingeschlossenen Gase wird hierbei die Elektrizität durch Platindrähte zugeführt, welche in die Glaswand (mittels „Bleiglases") eingeschmolzen sind (vgl. § 336, S. 420).

Platin zerstäubt, wie die meisten andern Metalle, wenn sie als Kathode verwendet werden; ein dunkler „Platinspiegel" bedeckt alsdann binnen kurzem die innere Rohrwand in der Umgebung der benutzten Platinelektrode. Verhältnismäßig am wenigsten wird Aluminium (in trockenen Gasen) zerstäubt. Man schmilzt daher an den durch die Glaswand zu führenden Pt-draht einen dickeren Al-draht der vorn die Al-Elektrode trägt, wie es z. B. Fig. 641 zeigt; der Al-draht wird von einem konaxial in das Entladungsrohr eingeschmolzenen Glasröhrchen getragen. Außen sind Messingkappen mit Ösen aufgekittet, in die die Zuleitungsdrähte eingehängt (bei feineren Messungen eingelötet) werden; die Kappen bewahren die feinen Platindrähte vor dem Abbrechen. Aluminium hat den Nachteil, daß es oft Gase (namentlich auch Wasserstoff) in größeren Mengen okkludiert enthält, die erst nach langem Pumpen unter Stromdurchgang ausgetrieben werden. Andererseits absorbieren manche Metalle, besonders Platin den Gasinhalt (namentlich die Edelgase), so daß eine weitere „Selbstevakuierung", der abgeschmolzenen Entladungsröhre bei längerem Betriebe eintritt; man kann in dieser Weise sogar Geißlersche Röhren weiter evakuieren.

Die kathodische Zerstäubung benutzt man, um Silber und Platinspiegel herzustellen oder um feine Quarzfäden (für Elektrometersuspensionen oder für Saiten-Elektrometer und -Galvanometer § 475, S. 31 u. § 669, S. 455) mit einer kohärenten Metallschicht zu umkleiden, und sie dadurch leitend zu machen; der äußerst dünne Metallbelag beeinträchtigt die guten elastischen Eigenschaften des Quarzes nur wenig.

Versuch 720. Vorführung einer Reihe von Geißlerscher Röhren verschiedenster Formen: Röhren, die verschiedene Gase enthalten und jeweils auf den Druck ausgepumpt sind, bei dem die positive Säule besonders hell ist, zeigen das positive Licht in verschiedener Farbe: Helium goldgelb, Luft bläulich rot, Wasserstoff rot usw. Dort, wo die Entladungsbahn verengt ist, nimmt die Helligkeit außerordentlich zu, die Farbennuance des leuchtenden Gases ist eine andere, als in den weiten Teilen. Von den Stellen, an denen weite und enge Rohrteile aneinander gesetzt sind, gehen Schichtenreihen aus. Sind Teile (Röhren oder Kugeln) aus Uranglas dazwischen gesetzt, so fluoreszieren diese grünlich; ebenso werden fluorescenztähige Lösungen (von Fluoreszein oder Äskulin (wässeriger Abguß von Rindenstücken der Roßkastanie) usw. zum lebhaften Mitleuchten angeregt.

Röhren, welche mit verdünntem N_2 mit Spuren von O_2 gefüllt sind, zeigen lebhaftes Nachleuchten: (infolge chemischer Umsetzungen, welche sich unter Leuchterscheinungen rückbilden?)

Das Verfahren, Gase in Geißlerschen Röhren unter der Wirkung elektrischer Entladungen zum Selbstleuchten zu bringen, spielt in der Spektralanalyse eine große Rolle.

822. Wechselstromentladungen durch gasverdünnte Räume. Moore-Licht. Ungleich höhere Energiemengen als mit dem Induktorium kann man mittels hochgespannter Wechselströme durch Räume mit verdünnten Gasen und Dämpfen senden und dadurch zugleich wesentlich intensivere Leuchteffekte erzielen.

Versuch 721. Eine längere Röhre mit weiten Elektrodenräumen ist zickzackförmig vor einem mit einem Spiegel bedeckten Brette aufmontiert; ist die Röhre mit Heliumgas von geeignetem Drucke gefüllt, so liefert sie ein intensives goldgelbes Licht, das an helles Sonnenlicht erinnert.

Wegen ihres angenehmen gelblich-rötlichen oder weißen Lichtes das in seiner Zusammensetzung dem Tageslicht sehr nahe kommt, ist eine Lichtquelle, die das positive Licht einer Entladung in verdünntem Stickstoff benutzt, neuerdings von praktischer Bedeutung geworden.

Bei dem „Moore-Licht“ wird eine, (bis zu 70 m) lange, an der Decke des zu beleuchtenden Raumes befestigte, mit einem verdünnten Gase (z. B. Luft, der durch Phosphor der Sauerstoff entzogen ist) gefüllte Röhre durch hochgespannten Wechselstrom zum Leuchten gebracht.

Das Moore-Licht liefert (nach W. Wedding, ETZ 1910) pro 1 cm Länge 0,57 (Mittelwert, 0,61 günstigster Wert) Normalkerzen, wobei es 1,53 Watt pro Kerzenstärke verbraucht (gemessen senkrecht zur Röhre). Es hat vor anderen Beleuchtungsarten den Vorteil gleichmäßigerer Lichtverteilung, die es zu Blendungserscheinungen (infolge allzugroßer spezifischer Helligkeit der lichtemittierenden Flächen) nicht kommen läßt.

* In den letzten Jahren hat man ferner durch Anwendung von Edelgasen technisch brauchbare Lampenarten erreicht, die das Glimmlicht stromdurchflossener Gase benutzen. In Lampen, die das positive Glimmlicht benutzen,

hat man die Ökonomie dadurch wesentlich zu steigern verstanden, daß man die Kathode aus Alkalimetall- Schwermetall- Legierungen herstellt. In der relativ hohen Stromdichte der Lampe (Betriebsstrom etwa 1 Amp.) erhitzt sich die Kathode soweit, daß sie wie die negative Kohle eines Lichtbogens als Glühelektronenquelle wirkt, so daß der für diesen Zweck nutzlose Kathodenfall, der bei kalter Kathode von der Größenordnung 100 Volt ist, auf 2—10 Volt zusammenbricht. Solche Lampen können an einer gewöhnlichen 220 Volt Gleichstromleitung gebrannt werden und geben etwa das feuerrote Licht der positiven Säule des Neons mit einem Verbrauch von $^1/_2$ Watt für die Hefnerkerze. Andere „Glimmlampen", die ebenfalls mit der Spannung städtischer Netze auskommen, benutzen das negative Glimmlicht in Edelgas, das an einer ausgedehnten, etwa pilzförmigen, spiegelnden kalten Kathode erzeugt wird (Fig. 636), — sie zeichnen sich durch ihren geringen absoluten Stromverbrauch aus und sind etwa als Signallampen brauchbar. *

Fig. 636.

Versuch 722. Wird eine Entladungsröhre von der einfachen Form der Figur 634 mit hochfrequentem (etwa 1000 Polwechsel pro Sek.) Wechselstrom unter fortschreitender Evakuation betrieben, so ist auffallend, daß an beiden Elektroden nur die Kathodenerscheinung sichtbar wird; die Anodenerscheinung ist an den Elektroden vollkommen unterdrückt. Die einzelnen Lichtgebilde vgl. Fig. 634 u. 635 (erste Glimmlichthaut, Hittorfscher Dunkelraum, Glimmlichtregion, Faradayscher Dunkelraum und die [meist geschichtete] Säule des sog. positiven Lichtes in der Mitte) sind nicht nur sehr intensiv, sondern vor allem auch außerordentlich scharf gegeneinander abgegrenzt.

Dies hat darin seinen Grund (wie man bei Auflösung der Erscheinung in einem rotierenden Spiegel, der auf die Achse des Wechselstromgenerators selbst aufgesetzt ist, erkennt), daß die Entladung erst beim Erreichen einer gewissen Spannung einsetzt, dann aber sogleich mit voller Stromstärke durchbricht. Das Überwiegen der Glimmlichtphänomene hat in einem Nachdauern der dieselben bedingenden Dissoziationsvorgänge im Gase seinen Grund (H. Ebert). Hierbei ergeben sich auch einfache Beziehungen zwischen Erstreckung des Hittorfschen Dunkelraumes und dem Gasdrucke, so daß man letzteren aus ersterer bestimmen kann (H. Ebert).

823. Kathodenstrahlen als Resterscheinung bei fortschreitender Evakuation. Die vorigen Versuche zeigten, daß die Erscheinungen der Gasentladungen überaus kompliziert sind, daß insbesondere die Leuchteffekte, die sie darbieten, wesentlich von der Natur des Gases, welches als Träger dient, abhängen. Um so bemerkenswerter ist es, daß sie alle in ein und dieselbe Resterscheinung ausmünden, wenn man nur den Gasdruck genügend weit vermindert.

Versuch 723. Mehrere Entladungsröhren von der Form der Fig. 637 mit verschiedenen Gasfüllungen (z. B. Wasserstoff, Stickstoff und Kohlendioxyd) sind durch vertikal gestellte Schliffstücke (damit sie um diese gedreht und dadurch nach allen Seiten hin in Längsansicht gezeigt werden können, unter Zwischenschaltung je eines Hahnes) an ein gemeinsames, aufrecht stehendes Evakuationsrohr angeschlossen, welches mit der Kapselpumpe verbunden ist (Druckmesser wie bei Versuch 719, S. 216). Pumpt man sie der Reihe nach aus, so zeigen sich bei den höheren Drucken die schon bekannten Farbenspiele, Unterteilungen, Schichtungen und Veränderungen derselben. Evakuiert man weiter, so gewinnen die Kathodenstrahlen immer mehr die Oberhand, die (grünliche) Glasfluoreszenz breitet sich mehr und mehr über die ganze Rohrlänge aus, während alle übrigen Leuchtphänomene verschwinden; schließlich bei sehr tiefen Drucken, zu deren Herstellung man am besten die Gaedepumpe (§ 96, Fig. 34 und 35, S. 109) anschaltet, gleichen die Erscheinungen in allen drei Röhren einander vollkommen.

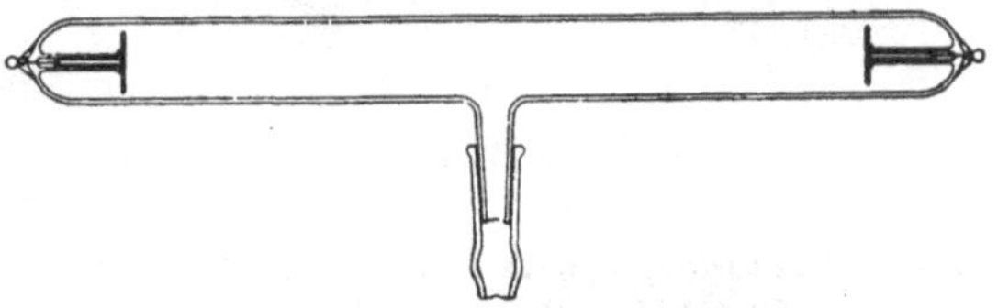

Fig. 637.

Man hat in den Kathodenstrahlen also jedenfalls ein Element des ganzen Erscheinungskomplexes vor sich.

Crookes, der 1874 in einem berühmt gewordenen Experimentalvortrage die zwar zum größten Teile schon vorher von Hittorf entdeckten und beschriebenen Phänomene der Kathodenstrahlen durch glänzende Experimente erläuterte (im folgenden verwenden wir einige der von Crookes eingeführten Anordnungen), glaubte in ihnen die Materie in einem eigentümlichen vierten Aggregatzustande vor sich zu haben, in dem der „Strahlenden Materie". Er glaubte, daß die Moleküle des Gasrestes sich an der Kathode negativ lüden und sodann von dieser mit großer Gewalt abgestoßen würden, bei der großen Verdünnung des Gases träfen sie mit nur wenigen Molekülen zusammen, so daß ihrer strahlenartigen geradlinigen Ausbreitung durch die Zusammenstöße mit anderen Molekülen nur geringe Widerstände entgegen gestellt würden. Bezüglich der Träger, der Erscheinung erwies sich diese Auffassung als nicht zutreffend (vgl. w. u. in § 828), vielmehr legen die neueren Untersuchungen eine andere, von Crookes am Ende seines Vortrags geäußerte, zunächst sehr kühn erscheinende Vermutung nahe, daß wir in den Kathodenstrahlenteilchen: „die kleinen, unteilbaren Teilchen, die Uratome, in den Händen haben, von denen man mit gutem Grunde voraussetzt, daß sie die physikalische Grundlage des Weltalls bilden".

824. Geradlinige Ausbreitung der Kathodenstrahlen. Das die Kathodenstrahlen ein selbständiges, insbesondere auch von der

Entladungsbahn unabhängiger Strahlgebilde darstellen, wird durch die Tatsache erwiesen, daß sie sich, einmal gebildet, vollkommen geradlinig in dem hinreichend evakuierten Gasraume ausbreiten, wobei sie unter nahezu rechtem Winkel die Mitte der Kathodenfläche verlassen.

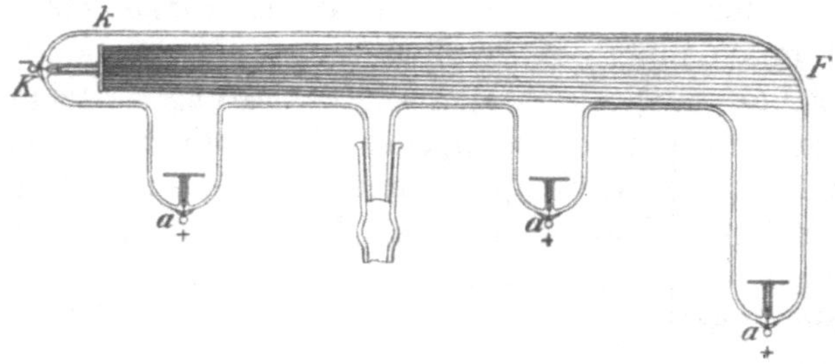

Fig. 638.

Versuch 724. Ein am Ende rechtwinklig umgebogenes Entladungsrohr Fig. 638 hat an verschiedenen Stellen Ansatzröhren mit Elektroden, in denen der Anodendraht (vgl. ob. Versuch 719, S. 216 eingehängt wird. Ist das Kathodenvakuum einmal erreicht, so geht das Strahlbündel geradlinig von *K* aus und erzeugt bei *F* einen intensiven Fluoreszenzfleck, unbeirrt davon, wo die Anode sich befindet. Nähert man einen Magneten, so kann man das Bündel hin und her biegen und dadurch die Auffallstelle *F* verlegen, ohne daß der Entladungsvorgang selbst dadurch wesentlich beeinflußt würde.

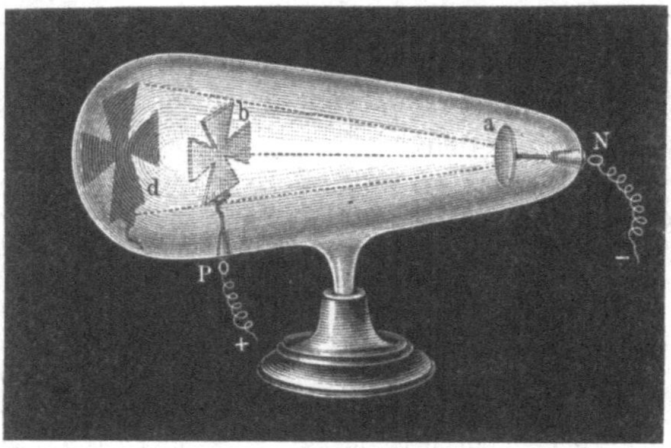

Fig. 639.

Versuch 725 (nach Crookes). Das hochevakuierte birnenförmige Gefäß Fig. 639 enthält gegenüber dem Kathodenscheibchen *a* ein um ein Scharnier unten drehbares Metallblech *d* in Form eines Malteserkreuzes, das zugleich als Anode (*P*) benutzt werden kann. Auf der Glaswand zeigt sich *a* gegenüber bei *d* der ziemlich scharf begrenzte dunkle Schatten des Kreuzes, indem die umgebende Glaswand lebhaft fluoresziert, die Kathodenstrahlen selbst aber von *d* ferngehalten werden.

Der Versuch zeigt, daß auch außerhalb des Kegels *ad* Kathodenstrahlen von *a*, also unter größeren Winkeln gegen die Normale zu *a* ausgehen, daß ein Blech von der Dicke des hier verwendeten für die Strahlen undurchdringlich ist, und daß die von der Mitte von *a* ausgegangenen Strahlen in der Tat geradlinig weitergehen. Noch eine andere interessante Tatsache läßt der Versuch erläutern, wenn man während desselben (durch Neigen der Glasbirne) den abschattenden Gegenstand umwirft: alsdann erscheint die vorher dunkle Partie *d* jetzt heller als die umgebende Glaswand, es entsteht ein Nachbild, ähnlich wie auf der Retina des Auges, wenn wir nach längerem Anblicken eines hellen Gegenstandes das Auge gegen einen dunkleren Hintergrund richten: die geschonten Netzhautpartien lassen die anvisierte Fläche dann heller erscheinen als die ermüdeten. Auch hier mag eine Art Ermüdung der dem Bombardement der Kathodenstrahlteilchen ausgesetzt gewesenen Glasfläche mitspielen, jedenfalls aber auch die Tatsache, daß die getroffene Glasfläche erwärmt wird, und bei Erwärmung das Fluoreszenzvermögen zurückgeht.

825. Wärmewirkungen der Kathodenstrahlen. Da, wie schon Versuch 725 zeigte, dickere Metallschichten die Kathodenstrahlen vollkommen absorbieren, so lehrt der folgende Versuch, daß erhebliche Energiemengen mit diesen Strahlen wandern.

Versuch 726 (nach Crookes). Das kugelförmige Vakuumgefäß Fig. 640 enthält unten die hohlspiegelartig geformte Kathode *a*; durch die Krümmung wird erreicht, daß die Kathodenstrahlen konvergent gemacht, etwa gegen ein dünnes, von dem Stäbchen *b* getragenes Platinblech konzentriert werden. Das Blech wird bis zur Weißglut erhitzt.

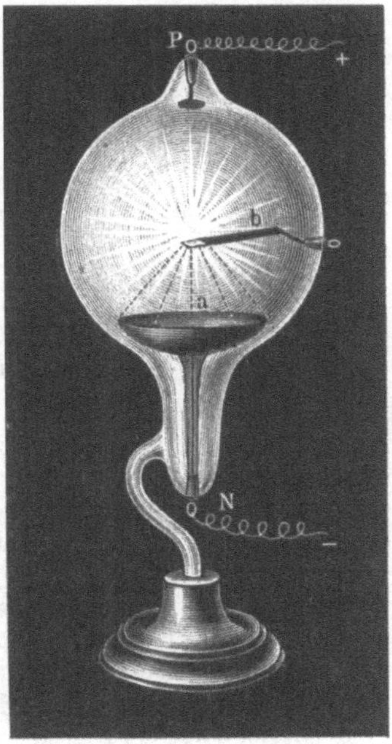

Fig. 640.

Wären die Träger der Strahlung materielle Teilchen von der Masse m die mit der Geschwindigkeit q aufträfen, so würde jedes die Bewegungsgröße $u = mq$ oder die kinetische Energie $k = \frac{1}{2} mq^2$ übertragen. Würde sich letztere vollkommen in Wärmeenergie umwandeln, und denkt man sich pro Sek. n Teilchen aufschlagend, so wäre der Wärmeeffekt

$$W = \frac{1}{2} n m q^2 \qquad (618)$$

Man kann ihn durch ein kleines Metallkalorimeter bestimmen, welches in das Vakuumgefäß selbst mit eingebaut, oder das an ein solches angekittet oder angelötet ist (E. Wiedemann); im ersteren Falle wird die Temperaturerhöhung durch ein Thermoelement bestimmt, dessen Zuleitungen, in der Glaswand eingeschmolzen, durch diese hindurchführen.

826. Lumineszenzwirkungen der Kathodenstrahlen. Kathodenstrahlen sind hervorragend geeignet, Lumineszenz (vgl. § 820, S. 218) hervorzurufen, d. h. jene eigentümlichen Leuchtphänomene, bei denen die emittierte Lichtmenge weit größer ist, als der vom Leuchtkörper erreichten Temperatur entsprechen kann: Kathodolumineszenz.

Versuch 727. In dem mit zwei Elektroden versehenen Vakuumgefäße Fig. 641 befinden sich Proben verschiedener Mineralien, welche in prächtigen Farben lumineszieren, wenn sie von Kathodenstrahlen getroffen werden und zum Teil nachleuchten (phosphoreszieren), nachdem die erregende Bestrahlung abgestellt ist.

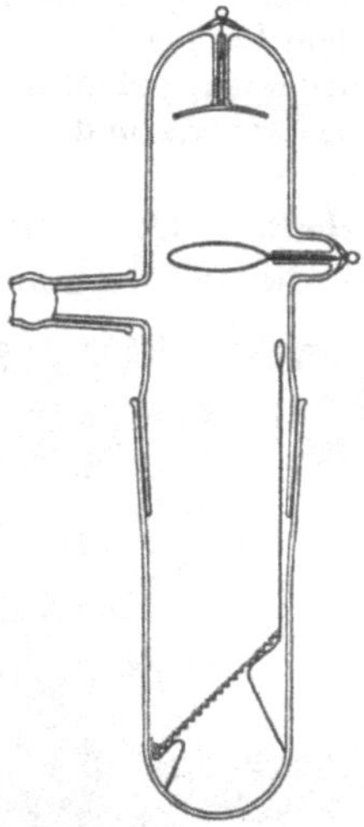

Fig. 641.

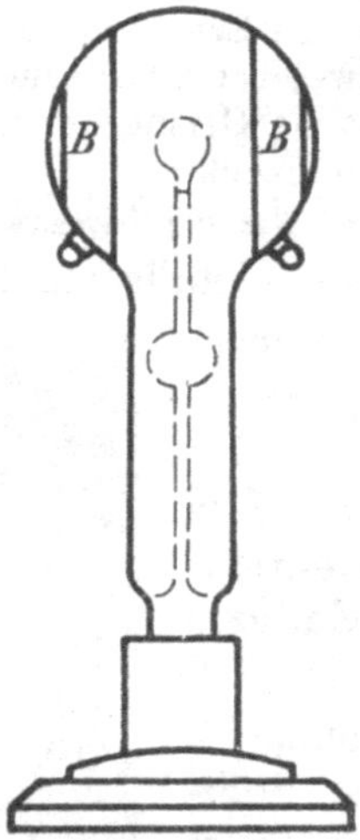

Fig. 642.

Röhren aus sog. böhmischem Glase zeigen eine bläuliche Fluoreszenz (die gelblich-grünliche, die man gewöhnlich bei Glas beobachtet, rührt möglicherweise von Gasschichten her).

Rubine leuchten unter der Wirkung von Kathodenstrahlen prachtvoll rot, ebenso die weiße Schreibkreide, Balmainsche Leuchtfarbe intensiv grün; Phenakit (Beryllerde-Silikat) intensiv blau, Smaragd karmoisinrot, Spodumen (Tonerde-Lithion-Silikat) goldgelb, Galmei kirschrot usw.

Daß die Wirkung in der Tat von der Kathode ausgeht, zeigt sich, wenn man das erregende Bündel mit dem Magneten ablenkt; dabei ist das Kathodenbündel selbst in der Röhre nicht zu sehen (nur bei unvollkommenem Vakuum zeigt es sich durch einen blassen Schimmer an); erst beim Auftreffen wird diese Strahlung in die der Lichtstrahlung von den erregten Molekülen des Leuchtträgers (Phosphores) transformiert. Je nach den gewählten Präparaten erhält man derartige „Lumineszenzlampen" von den verschiedensten Farben, die von den Glasbläsern zu den wunderbarsten Effekten verwendet werden.

Bei der Untersuchung der „seltenen Erden" spielen diese Lumineszenzerscheinungen eine große Rolle, da die erregten Präparate höchst charakteristische Spektra mit hellen Linien liefern, an denen einzelne dieser Elemente z. B. das Lanthan) erkannt werden können, selbst wenn sie nur in Spuren in dem untersuchten Präparate enthalten sind.

Daß wirklich bei diesen Leuchtprozessen die Erwärmung nur eine ganz untergeordnete Rolle spielt, läßt sich mit der folgenden Anordnung leicht zeigen.

Versuch 728. Lumineszenzlampe nach H. Ebert. In der weit evakuierten größeren Kugel Fig. 642 befindet sich konzentrisch eine kleinere, deren Oberfläche mit irgendeinem kathodolumineszierenden Präparate, z. B. Balmainscher Leuchtfarbe, bedeckt ist; die große Kugel trägt außen ringförmige Belege *B*, welche an einen kleinen Thomsonschen Schwingungskreis (§ 728, S. 618) oder eine Tesla-Anordnung (§ 730, S. 619) angeschlossen werden. Unter der

Wirkung der elektrischen Schwingungen bilden sich innnerhalb der Ringe intensive Kathodenstrahlen aus, welche senkrecht von der Wand der Glaskugel ausgehen und auf das Präparat treffend, dieses zum hellen Leuchten bringen. Füllt man die innere Kugel mit Wasser, in das man ein kleines Thermometer einsenkt, so überzeugt man sich, daß die Temperaturerhöhung in gar keinem Verhältnisse zu der erhaltenen Lichtmenge steht (vgl. später unter „Strahlung des schwarzen Körpers").

Lichterzeugung ohne merkliche Wärmeproduktion wäre das Ideal einer rationellen Beleuchtungsart. Denn die Erwärmung fester Körper (Kohlenstoffpartikelchen in den gewöhnlichen Flammen, Metalldrähte oder Kohlen in den elektrischen Lampen) zum Zwecke der Lichtgewinnung bedeutet einen Umweg und eine Energievergeudung, da nur ein sehr kleiner Teil der zugeführten Energie sich in der Energie der sichtbaren Strahlung wiederfindet (vgl. später unter Ökonomie der verschiedenen Beleuchtungsarten). Insofern sind die „Lumineszenzlampen" außerordentlich ökonomisch, ihrer Einführung hat sich indessen seither die Schwierigkeit in den Weg gestellt, daß sich die zu ihrem Betriebe geeignetsten hochfrequenten und hochgespannten Wechselströme nicht gut fern leiten lassen (vgl. § 731, S. 624); jedenfalls müßte man auf die hohe Spannung erst an der Lampe selbst (etwa in einem kleinen im Fuße der Lampe untergebrachten Tesla-Transformator) übergehen. Stellt man die zum Betriebe aufzuwendende primäre Energie der erhaltenen Lichtenergie gegenüber, so kann eine gute Ökonomie natürlich nicht erhalten werden, wenn man damit das Ergebnis einer einzelnen Lampe vergleicht, sondern man muß die Gesamtzahl aller Lampen in Rechnung setzen, welche angeschlossen werden können; diese Zahl ist sehr groß, da die einzelne Lampe zu ihrem Betriebe nur geringe Bruchteile von Watt verlangt. In praxi muß man ein Leuchtpräparat wählen, das möglichst wenig ermüdet und dessen Leuchtkraft mit der immerhin nicht ganz zu vermeidenden (aber bei geeignetem Vakuum klein zu haltenden) Erwärmung sich nur um geringe Beträge vermindert (vgl. § 824, S. 225).

827. Elektrische Ladung der Kathodenstrahlteilchen. Schon die magnetische Ablenkbarkeit der Kathodenstrahlen (Vers. 724, S. 224) deutete daraufhin, daß diese elektrisch geladene Teilchen enthalten müssen; die Beeinflussung durch den Magneten erklärt sich, wenn wir sie als einen Schwarm negativ geladener Partikelchen ansehen dürfen, der von der Kathode fortfliegt.

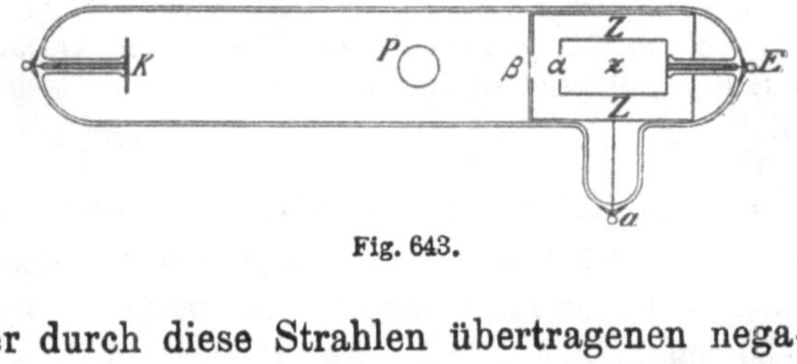

Fig. 643.

Der direkte Nachweis einer durch diese Strahlen übertragenen negativen Ladung ist daher von großer Wichtigkeit; er gelang (in einwandfreier Weise) zuerst J. Perrin (1895).

Versuch 729. Perrinsche Röhre, Fig. 643. Der Kathode K gegenüber ist im Inneren der Röhre ein allseitig geschlossener Metallzylinder z angebracht, der nur vorn bei α eine kleine Öffnung besitzt; der Zylinder ist durch die Leitung E mit dem Projektions-(Quadranten-)-Elektrometer (vgl. § 475, S. 34) verbunden und mit diesem zunächst (mittels eines Schlüssels geerdet. Der Zylinder z ist von einem weiteren, von ihm völlig isolierten Zylinder Z umhüllt, der vorn eine mit einem Netze bedeckte Öffnung β besitzt; er dient als Schutzzylinder, und kann gleichzeitig als (geerdete) Anode verwendet werden. Seine Vorderfläche ist mit einer Kreideschicht bedeckt. Setzt man das Induktorium in Gang und hebt man den Erdschlüssel auf, so setzt sich der Lichtzeiger des Elektrometers in Gang, eine in z sich ansammelnde negative Ladung anzeigend. Lenkt man das Kathodenstrahlenbündel mit einem Magneten von den Öffnungen β und α ab (Roter Fluoreszenzfleck neben β auf der Vorderfläche von Z), so hört das Wandern des Elektrometerzeigers auf, derselbe kehrt um, die Ladung in α zerstreut sich.

Letzteres erläutert die Schwierigkeit, an der frühere Versuche, diese Ladung nachzuweisen, gescheitert sind. Die Kathodenstrahlen ionisieren den Gasrest und machen ihn leitend (vgl. unten § 835); daher zerstreuen sich die auf die Auffangelektrode übertragenen Ladungen sofort wieder, wenn diese nicht wie hier geschützt ist. (Bezüglich der Verwendung eines Hohlgefäßes zum Auffangen vgl. § 479, S. 39 Faradays Eiseimerversuche). Man kann die Öffnung auch durch eine dünne Metallfolie abschließen (nach § 835, S. 244 gehen die Kathodenstrahlen durch eine solche Folie hindurch). Der Versuch zeigt, daß auch dann noch negative Ladung in den Hohlraum übertritt (natürlich in dem der Absorption entsprechenden geringen Masse); die negative Ladung ist also untrennbar mit den Kathodenstrahlteilchen verknüpft.

Auf diese Weise gelingt es also, in einen vollkommen metallisch geschlossenen Raum durch die Metallwand hindurch elektrische Ladung hineinzubringen.

Bei intensiven Entladungen (und dichter Entladungsfolge) gelingt es leicht, die von z aus (etwa zur Erde) abfliesende negative Ladung auch galvanometrisch (durch ein in die Erdleitung selbst eingeschaltetes empfindliches Galvanometer) zu messen. Ist e die Ladung, die jedes einzelne Korpuskel mit sich führt, und dringen pro Sek. n Teilchen durch α in den Auffangzylinder ein, so ist die Intensität des elektrischen Stromes

$$i = n e \qquad (619)$$

828. Elektrische Ablenkbarkeit der Kathodenstrahlen. Bestehen die Kathodenstrahlen aus elektrisch geladenen Teilchen, so müssen sie auch in einem elektrostatischen Kraftfelde eine Ablenkung erfahren.

Lange Zeit wollte es sekundärer Einflüsse wegen nicht gelingen, diese oft gesuchte „elektrostatische Ablenkung“ der Kathodenstrahlen nachzuweisen und zu messen. Man glaubte deshalb zunächst nicht an die elektrostatische Ablenkbarkeit und damit die korpuskulare und elektrische Natur der Kathodenstrahlen (die zuerst von Jaumann 1896 mit Sicherheit nachgewiesen wurde). Der folgende (in dieser Form zuerst von J. J. Thomson 1897) angestellte Versuch hatte daher die Bedeutung eines „experimentum crucis".

Versuch 730. Eine hochevakuierte Röhre wie Fig. 644 mit der Kathode k, der Anode a, dem Diaphragma d, dem Plattenkondensator (p_1 p_2) und dem mit horizontaler Teilung versehenen Leuchtschirme s ist unter Nebenschaltung einiger Leydener Flaschen mit einer großen Influenzmaschine verbunden. Eine Zweigleitung gestattet, bald p_1, bald p_2 mit dem inneren Flaschenpole zu verbinden (während der Außenbeleg zur Erde abgeleitet ist). Sowie man diese Verbindung herstellt, wird der Fluoreszenzfleck im entsprechenden Sinne abgelenkt (Fig.). Aus der Größe der Ablenkung A und Distanz D des Schirmes s von (p_1 p_2) kann man die totale Ablenkung Y berechnen, welche das Strahlenbündel auf seinem Wege X durch den Kondensator erfahren hat.

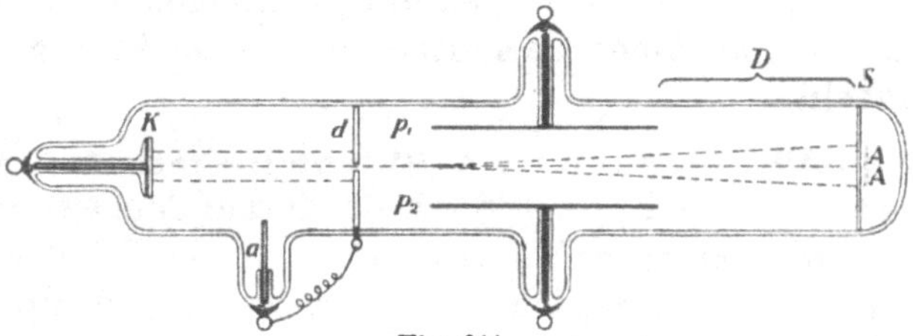

Fig. 644.

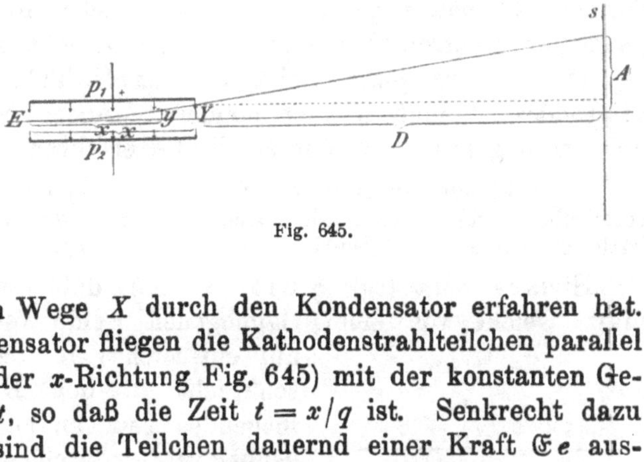

Fig. 645.

Durch den Kondensator fliegen die Kathodenstrahlteilchen parallel zu seiner Achse (in der x-Richtung Fig. 645) mit der konstanten Geschwindigkeit $q = x/t$, so daß die Zeit $t = x/q$ ist. Senkrecht dazu (in der y-Richtung) sind die Teilchen dauernd einer Kraft $\mathfrak{E} e$ ausgesetzt (§ 486, S. 53), wenn wir das Feld zwischen p_1 und p_2 als vollkommen homogen voraussetzen. Unter dessen Einfluß führen sie eine gleichförmige beschleunigte Bewegung (nach der y-Richtung hin aus, für die die Beschleunigung (nach [91] S. 210) den Wert $b = \mathfrak{E}e/m$ haben muß, so daß (nach [83] S. 198):

$$y = {}^1/_2 \left(\frac{\mathfrak{E} e}{m}\right) t^2 = {}^1/_2 \left(\frac{\mathfrak{E} e}{m}\right) \frac{x^2}{q^2} \qquad (620)$$

ist.

Beide Bewegungen setzen sich zu einer parabolischen zusammen, wie bei der Wurfbewegung (§ 210, S. 231); nachdem die Teilchen den

Kondensator von der Länge X mit der Gesamtablenkung Y passiert haben, gehen sie in der Richtung des letzten Bahnelementes weiter und legen die Distanz D nach s hin auf geradliniger Bahn zurück.

Für die Totalablenkung im Kondensator ergibt sich:

$$Y = {}^1/_2 \left(\frac{\mathfrak{E}\, e}{m}\right) \frac{x^2}{q^2}$$

und hieraus:

$$\frac{m\, q^2}{e} = \mathfrak{E}\, \frac{x^2}{2\, Y} = {}^1/_2\, m\, q^2 / {}^1/_2\, e \qquad (620\,\mathrm{a})$$

Messungen der elektrostatischen Ablenkung ergeben also das Verhältnis von kinetischer Energie zur elektrischen Ladung der Korpuskeln.

829. Magnetische Ablenkbarkeit der Kathodenstrahlen. Schon in § 689, S. 488 wurde darauf hingewiesen, daß ein mit der Geschwindigkeit q bewegtes elektrisches Teilchen mit der Ladung e sich wie ein Stromelement $i \cdot dl$ verhält, und ein Feld um sich herum ausbildet, welches durch (§ 474), S. 433 dargestellt wird; ebenda, Formel 486, hatten wir den in einem solchen Felde aufgespeicherten Betrag an elektromagnetischer Energie berechnet.

Da das bewegte Elektrizitätsteilchen also Träger eines magnetischen Kraftfeldes ist, muß es auch ponderomotorische Wirkungen von seiten eines herangebrachten anderen Feldes erfahren.

Es wirkt auch umgekehrt auf dieses zurück, doch kommt diese ponderomotorische Wirkung wegen der Kleinheit der in den Kathodenstrahlen transportierten Ströme im allgemeinen nicht zur Geltung.

Hieraus folgt (vgl. § 653, S. 433), daß die ponderomotorische Kraft, welche von einem homogenen Felde von der Intensität $\mathfrak{H}$ auf ein solches mit der Geschwindigkeit q senkrecht zu den Kraftlinien hindurchfliegendes Teilchen mit der Ladung e ausgeübt wird, durch $\mathfrak{H} \cdot e \cdot q$ gegeben ist. Diese Kraft steht senkrecht sowohl zur Feldrichtung wie zur Bewegungsrichtung des Teilchens und ist nach der L.H.R. zu diesen beiden Richtungselementen orientiert. Tritt also bei Fig. 646 von links her ein negatives Teilchen in das von vorn nach rückwärts gerichtete homogene Feld $\mathfrak{H}$ ein, so wird seine Bahn nach unten hin gebogen, da es einem positiven Teilchen entspricht, welches sich im entgegengesetzten Sinne durch das Feld bewegt. Immer steht aber die ablenkende Kraft wieder senkrecht zu dem letzten Bahn-

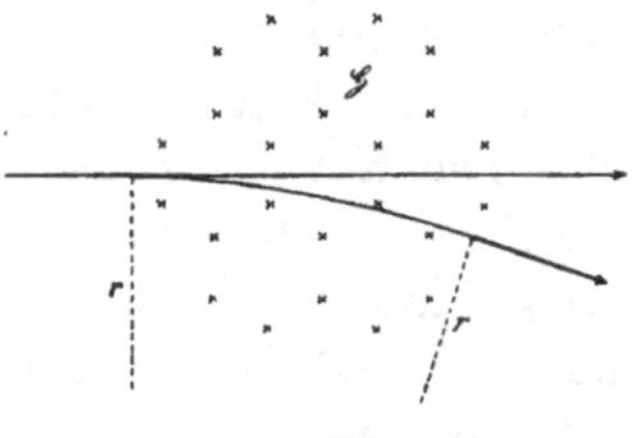

Fig. 646.

elemente; es fällt also keine Komponente derselben in die Bahnrichtung selbst. Demnach fällt auch keine Komponente der durch die Feldkraft dem Teilchen mitgeteilten Beschleunigung in die Bewegungsrichtung: diese Beschleunigung steht senkrecht zur gegenwärtigen Geschwindigkeit (wie die Zentralbeschleunigung einer Kreisbewegung (s. S. 249 [I], § 220), das Teilchen behält diese Geschwindigkeit q bei, indessen wird deren Richtung ständig geändert. Da alle Größen, die die Beschleunigung bestimmen, nämlich die Kraft (abhängig von $\mathfrak{H}$, e und q), sowie die Masse des Teilchens unverändert bleiben, muß auch die Richtungsänderung durch diese Beschleunigung von Bahnelement zu Bahnelement die gleiche bleiben, d. h. das Teilchen wird auf einem Kreisbogen geführt. Die Krümmung dieses Kreisbogens, oder die Größe des Kreisradius, ist offenbar dadurch bestimmt, daß die stets senkrecht zur Bewegungsrichtung wirkende Beschleunigung des Teilchens:

$$b = \frac{\mathfrak{H} e q}{m}$$

die „zentripetale Beschleunigung" (§ 220, S. 249) dieser Kreisbewegung bildet. Nach Formel (111) ist diese

$$b = \frac{q^2}{r} = \frac{\mathfrak{H} e q}{m},$$

so daß der Radius r der Kreisbahn, die das Teilchen einschlägt, durch

$$r = \frac{m \cdot q}{\mathfrak{H} e} \tag{621}$$

gegeben wird. Daraus folgt

$$\frac{m}{e} \cdot q = \mathfrak{H} r \tag{621a}$$

Bestimmt man also aus der Richtungsänderung, welche das Kathodenstrahlenbündel nach dem Passieren des Feldes (wonach es dann wieder geradlinig weitergeht) erfahren hat, und den Dimensionen der Anordnung den Radius r des gekrümmten Teiles der Bahn, so kann man aus $\mathfrak{H}$ und r die Größe $m q/e$ berechnen.

** Im Falle der magnetischen Ablenkung erfolgt die die Teilchenbewegung modifizierende Beschleunigung nach der zugrunde liegenden Gleichung notwendig quer zu der Bewegungsrichtung; wir haben hier einen „transversalen Effekt" vor uns. Im Falle der elektrostatischen Ablenkung wirkte zwar in der Anordnung, die wir im vorigen Paragraphen betrachteten, die Kraft ebenfalls senkrecht zur Bewegungsrichtung; es läßt sich aber leicht einsehen, daß diese elektrostatische Beschleunigung, da sie ihrer Entstehung nach mit der Bewegung des Teilchens nicht zusammenhängt, je nach der Richtung des Feldes in jeder beliebigen Richtung geschehen kann. Trifft man also etwa die Anordnung so, daß die Feldrichtung mit der Bewegungsrichtung zusammenfällt, so erfolgt gar keine „Ablenkung“, sondern nur eine Beschleunigung oder Verzögerung der vorhandenen Bewegung.

* **830. Kinetische Energie der Kathodenstrahlen.** Durch die Feststellung, daß die Kathodenstrahlteilchen elektrisch geladen sind und den Kräften elektrostatischer Felder unterliegen, können wir nun auch verstehen, wie und wo sie die hohe kinetische Energie gewinnen, die sie offenbar im Entladungsrohr, nach ihren Wärmewirkungen (§ 825, S. 225) geurteilt, besitzen. Sie gehen von der negativ geladenen Kathode aus, transportieren einen Teil von deren Ladung fort und bilden so einen sichtbaren Teil des durch das Entladungsrohr „fließenden Stromes“. Die Geschwindigkeit, mit der sie das Metall der Kathode verlassen (s. dazu weiter unten B.), ist uns unbekannt, sie heiße q_0. Außerhalb der Kathode treten sie in das elektrostatische Feld ein, hervorgerufen durch die Potentialdifferenz zwischen Anode und Kathode, die wir zur Einleitung der Entladung angeschaltet haben. Sie werden von der Kathode abgestoßen und durch die Feldkräfte stets weiter beschleunigt. Der Zuwachs ihrer kinetischen Energie läßt sich aus der Potentialdifferenz zwischen der Kathode und dem Punkt, wo sie beobachtet werden, berechnen. Treffen sie etwa auf ein Metallstück auf, das mit der Anode leitend verbunden ist, so haben sie, wenn sie dessen Oberfläche erreichen, die volle Potentialdifferenz V durchlaufen, die am Rohr liegt. Nun ist die Arbeit, die an einem Teilchen der Ladung $-e$ geleistet wird, wenn es von einer Niveaufläche $-V$ zu einer Niveaufläche ± 0 gebracht wird, nach § 499, 507 durch eV gegeben und diese Arbeit finden wir als kinetische Energie wieder:

$$eV = {}^1/_2\, m q^2 - {}^1/_2\, m q_0^2 \qquad (622)$$
$$= {}^1/_2\, m (q^2 - q_0^2)$$

wo q die Geschwindigkeit ist, die es nunmehr besitzt. Es fragt sich, wie groß demgegenüber q_0 ist. Dies läßt sich prüfen, indem man die kinetische Energie mißt, die der Strahl besitzt. Bildet man etwa den oben betrachteten metallenen Auffänger in geeigneter Weise als Kalorimeter aus (§ 339, (I), S. 427), so wird hier, (da materielle Schichten von einiger Dicke die Kathodenstrahlen nicht durchlassen (Vers. 723), die kinetische Energie der aufgehaltenen Teilchen als Wärmemenge gemessen. Hat die in der Sekunde auftretende Energiemenge die Größe W, so ist offenbar

$$W = n \cdot {}^1/_2\, m q^2 = n e V + n\, {}^1/_2\, m q_0^2,$$

wo n die Zahl der Teilchen ist, die während der Sekunde auffielen; $n \cdot e$ ist die in der Sekunde den Aufhänger treffende Elektrizitätsmenge, oder die Stromstärke i, die vom Strahl in den Auffänger übertritt; sie kann durch ein Galvanometer gemessen werden. So wird

$$W = i V + n\, {}^1/_2\, m q_0^2$$

Versuche dieser Art ergaben nun, daß mit großer Annäherung

$$W = i V$$

ist. Die Kathodenstrahlen verdanken also ihre kinetische Energie praktisch völlig der elektrischen Arbeit, die an ihnen geleistet wurde, die kinetische Energie ${}^1/_2\, m q_0^2$, die sie beim Austritt aus der Kathode besaßen, kann demgegenüber vernachlässigt werden.

Es ist zu beachten, daß unsere letzte Gleichung für die Wärmeentwicklung mit dem Ausdruck für die Joulesche Wärme (§ 583, S. 315) identisch ist.

* **831. Bestimmung der spezifischen Ladung und Geschwindigkeit der Kathodenstrahlteilchen.** Die im vorletzten Paragraphen gewonnene Gleichung

$$\frac{m q}{e} = \mathfrak{H} r \tag{621a}$$

und die in § 828 erhaltene

$$\frac{m q^2}{e} = \mathfrak{E} \cdot \frac{x^2}{2 y} \tag{620a}$$

enthalten beide auf der rechten Seite Größen, die der Beobachtung zugänglich sind, auf der linken Ausdrücke, die aus den unbekannten Größen e, m und q, die für die Mechanik der vorausgesetzten Kathodenstrahlteilchen maßgebend sind, sich zusammensetzen. Da wir nur diese beiden Gleichungen besitzen, ziehen wir zwei Unbekannte, die Ladung e und die Masse m des Elektrons, in einen Ausdruck $\frac{e}{m}$, die „spezifische Ladung" des Teilchens zusammen. Diese Größe, die angibt, welche Elektrizitätsmenge von der Masseneinheit des Teilchens transportiert wird (vgl. damit die in der Elektrolyse auftretende Ladung eines Grammäquivalents, § 563) und die Geschwindigkeit q der Teilchen bilden nun die beiden Unbekannten, die durch Gewinnen zahlenmäßiger Werte für die rechts stehenden Größen ermittelt werden können.

Dabei kann statt der Gleichung der elektrostatischen Ablenkung auch jede andere benutzt werden, die das Verhältnis der kinetischen

Energie der Teilchen zu ihrer Beschleunigung im elektrostatischen Feld ergibt. Beobachtet man etwa (§ 822) die kinetische Energie der Teilchen kalorimetrisch

$$n \cdot {}^1/_2\, m\, q^2 = W$$

und die von ihnen transportierte Stromstärke i mit dem Galvanometer

$$i = n\, e\,,$$

so kann man nach der letzten Gleichung $n = \frac{i}{e}$ in die erstere einsetzen und erhält nach Umstellen:

$$\frac{m\, q^2}{e} = \frac{2\, W}{i}$$

einen zweiten Ausdruck, der wie (620 a) $\frac{m\, q^2}{e}$ experimentell ermitteln läßt.

Einen dritten Weg bietet die im vorigen Paragraphen besprochene Tatsache, daß die Teilchen ihre kinetische Energie der angewandten Potentialdifferenz V verdanken, so daß

$$e\, V = {}^1/_2\, m\, q^2$$

woraus

$$\frac{m\, q^2}{e} = 2\, V \tag{622 a}$$

folgt. Hier ist experimentell nur die Messung von V, der am Rohr liegenden Spannung, notwendig.

Hat man nun nach einer der letzten Methoden einen Zahlenwert B für

$$\frac{m\, q^2}{e} = B, \tag{620 b}$$

gleichzeitig durch Messung der magnetischen Ablenkung einen Zahlenwert A für

$$\frac{m\, q}{e} = \mathfrak{H}\, r = A \tag{621 b}$$

ermittelt, so erhält man durch Kombination dieser Ausdrücke:

$$q = \frac{B}{A} \quad \text{und} \quad \frac{e}{m} = \frac{B}{A^2} \tag{623}$$

Jeder dieser drei Wege ist benutzt worden. Bei der dritten Methode nehmen z. B. die letzten Gleichungen die Form

$$q = \frac{2\, V}{\mathfrak{H}\, r} \quad \text{und} \quad \frac{e}{m} = \frac{2\, V}{(\mathfrak{H} \cdot r)^2} \tag{623 a}$$

an.

Die für alle so entstehenden Methoden notwendige Messung des Radius der Kreisbahn, die die Kathodenstrahlen in einem bekannten magnetischen Felde beschreiben, gestaltet sich dann am einfachsten, wenn man einen Strahl konstanter Geschwindigkeit in einem homogenen Magnetfeld beobachten kann. Dann ist der Krümmungsradius konstant und läßt sich entweder direkt am Strahlverlauf beobachten oder aus der Verschiebung eines Fluoreszenzflecks, den der Strahl auf einem in seinen Weg gestellten Schirm erzeugt, berechnen.

Wir betrachten hier eine Demonstrationsanordnung, die den Strahl selbst beobachten läßt. Hittorf entdeckte, daß man sehr intensive Kathodenstrahlen erhält, wenn man die Kathode auf Glühhitze bringt. Die Ergiebigkeit hängt von der Höhe der Temperatur und vom Material der Kathode ab, Wehnelt fand, daß die Oxyde der Erdalkalien (Ca, Sr, Ba) besonders ergiebig sind. Man erzeugt so leicht (schon mit einigen hundert Volt [Zentralenspannung]) Kathodenstrahlen, die dicht genug sind, daß ihre Bahn im verdünnten Gas der Entladungsröhre als bläulich leuchtender Streif sich abzeichnet.

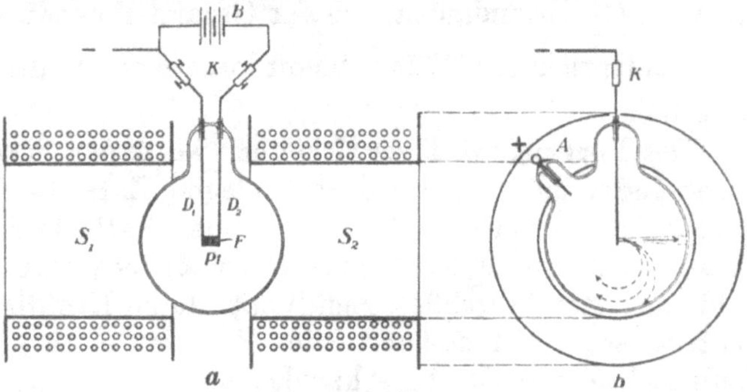

Fig. 647.

Versuch 731. Eine evakuierte Glaskugel (Fig. 647) besitzt zwei Elektroden A und K. Die eine, K, ist als „Glühkathode" ausgebildet und besteht aus einem Platinstreifen Pt, der von zwei voneinander isolierten Drähten $D_1 D_2$ getragen wird. Sie dienen als Zuleitungen für einen Strom von einigen Amp. (aus zwei Akkumulatoren B), der das Platinblech zum Glühen bringt. Wird nun A zur Anode, K zur Kathode gemacht, (indem man eine Spannung z. B. von 110 Volt anlegt), so geht von einem Calciumoxydfleckchen F, das auf der glühenden Platinfläche sitzt, ein kräftig bläulich leuchtender Strahl senkrecht zur Elektrodenfläche fort (ausgezogene Bahn). An die Kugeln können große Spulen $S_1 S_2$ sehr eng herangeschoben werden, die Kugel wird so gestellt, daß die Strahlen senkrecht zu den Kraftlinen (zur Spulenachse, in Fig. 647 auf den Betrachter zu) die Kathodenoberfläche verlassen. Werden die Spulen nun mit Strom beschickt, so herrscht im Kugelinneren ein magnetisches Feld, das nahezu so homogen ist wie das Feld in einer einzigen langen zusammenhängenden Spule (s. § 664, S. 447). Da $\mathfrak{H}$ also konstant, so beschreiben die Strahlen Kreise, deren Radius um so kleiner wird, je mehr man das Feld, hier also die Stromstärke in den Spulen, steigert (siehe die punktierten Kreise der Fig.). Ein durch die Spulen (längs ihrer Achse) blickender Beobachter mißt den Kreisradius in Abhängigkeit vom Feld und erhält so Werte $\mathfrak{H} \cdot r$ (s. d. Gl. 621 a). Gleichzeitig bestimmt er die zwischen A und K angelegte Spannung. Da fast das ganze Potentialgefälle in der Nähe der Kathode konzentriert ist, (diese Erscheinung des „Kathodenfalls" lernten wir schon bei den unselbständigen Entladungen § 820 kennen, und werden den hier vorliegenden Fall in § 840 näher betrachten) besitzen die Elektronen schon ganz in der Nähe praktisch die volle Geschwindigkeit, die der Gesamt-Potendifferenz V zwischen A und K entspricht (Gl. 622 a). Somit kann man aus den Gl. 623 a q und $\frac{e}{m}$ berechnen.

Der Vorgang wird verwickelter, wenn der Strahl nur einen Teil seiner Bahn im Magnetfeld zurücklegt. Z. B. trete in einer Braunschen Röhre ein Strahl, der an einer Kathode K (Fig. 420, S. 595) erzeugt und von einer Blende D scharf begrenzt wurde, durch das Feld einer stromdurchflossenen Spule, deren Kraftlinien auf der Strahlrichtung senkrecht stehen. Dies Feld ist da am stärksten, wo die Spulenachse den Strahl schneidet und fällt nach beiden Seiten ab. Dementsprechend ist auch die Beschleunigung, die die Teilchen quer zu ihrer Bahn erleiden, an verschiedenen Punkten verschieden und die Entfernung, um die sie schließlich aus ihrer Bahn abgelenkt werden, kann nur mit Hilfe der Kenntnis des Feld-Verlaufes ermittelt werden. Variiert man indes die Stromstärke der Spule, so ist die Feldstärke an jedem Punkt stets der gerade herrschenden Stromstärke proportional. Damit wird auch die Gesamtwirkung des Feldes der Stromstärke proportional, die Ablenkung des Strahls kann als Maß der Stromstärke dienen. Der Kathodenstrahl eines Braunschen Rohres kann in dieser Weise zum Vergleichen von Stromstärken gebraucht werden; sein Vorzug vor anderen Meßinstrumenten besteht darin, daß er raschen Änderungen praktisch ohne Trägheit folgt (s. Figuren 473 und 479, S. 612 und 619).

832. Ergebnisse der Messungen von q und e/m. Zahlreiche nach den im vorhergehenden auseinandergesetzten Methoden ausgeführte Messungsreihen haben durchgehend die folgenden beiden Grundtatsachen zutage gefördert:

1. Die Geschwindigkeit der in den Kathodenstrahlen fliegenden negativ geladenen Teilchen ist eine überraschend große und durchweg von der Größenordnung von 10^9 bis 10^{10} cm/sec, d. i. von 10000 bis 100000 km/sec, d. h. größer als

diejenige, wie sie bei irgendeiner bewegten materiellen Masse vorkommt.

Die raschesten Projektile verlassen das Geschützrohr noch nicht mit 2 km/sec, selbst die Moleküle des mit größter molekularer Geschwindigkeit begabten Wasserstoffgases erreichen im Mittel nur 1,6 km/sec (bei Zimmertemperatur). Angesichts dieses auffallenden Resultates ist es von Wichtigkeit, daß es Wiechert und Des Coudres durch eine ganz andere, von den oben angegebenen vollkommen abweichende Methode gelang, diese enorme Geschwindigkeit direkt zu verifizieren.

2. Das Verhältnis e/m erweist sich unabhängig, sowohl von der Natur der Gasfüllung in dem Rohre, in welchem die Kathodenstrahlen erzeugt werden, wie vom Gasdrucke und dem Metalle der verwendeten Elektroden.

Dieser Nachweis gelang zuerst W. Kaufmann (1898). Sonach erscheint es berechtigt, das Phänomen der Kathodenstrahlen als ein von der Materie im Entladungsraume unabhängiges, als ein elementares und, wie wir sehen werden, primäres Phänomen anzusehen. Es sei noch hinzugefügt, daß auch andere, durch andere Vorgänge ausgelöste negativ geladene Teilchen enthaltende Strahlgebilde, die man darum auch Kathodenstrahlen nennen kann, auf dasselbe e/m führen.

Wir wollen aus der Tatsache 2. sofort zwei weitere wichtige Schlüsse ziehen: Ist e/m in erster Annäherung als eine konstante Zahl anzusehen, so ergibt (622a) S. 234:

$$q = \sqrt{2 \frac{e}{m} V} \tag{622b}$$

Die Geschwindigkeit der Kathodenstrahlteilchen ist proportional der Wurzel aus dem Gefälle, welches sie beschleunigt hat.

Die Geschwindigkeit ist somit völlig durch die Potentialdifferenz gegeben, durch die die Strahlen beschleunigt werden. Man spricht in diesem Sinne oft von „Strahlen von so und so viel Volt", indem man dabei Teilchen meint, deren Wucht dieser Anzahl Volt Potential entspricht.

Das Zutreffen von (622b) wurde von W. Kaufmann und Aschkinaß, ferner von Lenard, W. Wien u. a. innerhalb weiter Grenzen nachgewiesen, so daß man nun auch umgekehrt jeden dieser Nachweise als Beleg für die (angenäherte) Konstanz von e/m ansehen kann.

Je größer q ist, um so kleiner ist aber nach (620) S. 229 und (621) S. 231 sowohl ihre elektrische wie ihre magnetische Ablenkbarkeit: die rasch bewegte Teilchen enthaltenden Strahlen sind steif „harte Kathodenstrahlen"), die langsam bewegte Korpuskeln enthaltenden dagegen biegsam („weiche Kathodenstrahlen"). Spezieller gibt (621) S. 231, daß bei konstanten e/m:

$$\mathfrak{H} r = \frac{m}{e} \cdot q = \text{Constans} \cdot q \tag{621a}$$

Das Produkt von magnetischer Feldstärke mal Krümmungsradius der Strahlbahn in diesem Felde ist ein Maß der Teilchengeschwindigkeit in dem korpuskularen Strahlgebilde, (damit auch ihrer Durchdringungsfähigkeit § 835).

Kathodenstrahlen, welche sehr kleinen Potentialen V entsprechen, also durch kleine Geschwindigkeiten q ausgezeichnet sind, erfahren daher schon in einem mäßig starken Magnetfelde außerordentlich starke Krümmungen (Krümmungsradius r klein), wie wir sie z. B. in Versuch 731 an „110-Volt"-Strahlen beobachten.

Erzeugt man Kathodenstrahlen bei verschieden hohen Spannungen, wie es z. B. bei den Entladungen durch ein Induktorium der Fall ist, dessen rasch aufeinanderfolgende Partialentladungen nach § 730, S. 622 zu immer geringeren Potentialwerten ansteigen, so muß nach (621 a) und (621 b) das Kathodenstrahlbündel aus Einzelbündeln verschiedener magnetischer Ablenkbarkeit zusammengesetzt sein; es wird daher beim Durchgange durch ein bestimmtes ablenkendes Magnetfeld auseinandergezogen, es tritt „Dispersion der Kathodenstrahlen" (E. Wiedemann und H. Ebert) ein.

Versuch 732. Magnetisches Spektrum. In den Entladungskreis eines großen Induktoriums sind eingeschaltet: Verschiedene (für hohe Spannungen geeignete) Leydener Flaschen, offen gewickelte Drahtspiralen, eine Funkenstrecke und eine Entladungsröhre nach Art der Braunschen Fig. 460, S. 595, nur mit einem längeren und ziemlich breiten (3 mm) Spalt an Stelle des Diaphragmas D. Die (oszillatorische) Entladung erzeugt auf dem Leuchtschirm einen helleuchtenden Streifen; läßt man aber ein Magnetfeld (Pole des Ruhmkorff-Elektromagneten § 683, S. 480) quer auf das Kathodenstrahlbündel wirken, so zieht sich dieser Streifen zu einem langen Bande aus, an dem man viele, an Helligkeit immer mehr abnehmende Querrippen erkennt, welche den einzelnen maximalen Schwingungsamplituden entsprechen.

833. Das freie Elektron. Noch ist uns die Trennung von e und m nicht gelungen, und in der Tat setzten hier neue große Schwierigkeiten ein. Bei Besprechung der sog. „elektrolytischen" Vorgänge sind wir schon einmal auf bewegte materielle Teilchen gestoßen, welche mit einer ganz bestimmten spezifischen Ladung begabt waren. Der größte Wert für e/m, der dort auftreten konnte, war $e/m = 96472 \frac{\text{Coulomb}}{gr}$, den wir in § 566, S. 261 auf elektromagnetisches Maß umrechneten und der daselbst zu einem Werte von der Größenordnung $e/m = 10^4$ führte. Es kam einem einwertigen Ion mit der kleinsten Masse zu, dem Wasserstoffion.

Alle anderen Atome würden wegen ihrer größeren Masse kleinere Werte von e/m geben; auch die multivalenten Atome geben nach § 563, S. 255 kleinere Werte.

Um so bedeutungsvoller muß es erscheinen, daß man bei den hier betrachteten korpuskularen Strahlungen auf Werte für e/m geführt wird, die 1000 bis 2000 mal größer als der bisher bekannte größte Wert sind; dies kann in zweierlei seine Ursachen haben.

a) es könnte e größer sein als der Einheitsladung entspricht, viele einzelne Elektronenladungen könnten auf einem Korpuskel vereinigt sein, dessen Masse dann unbestimmt bliebe, solange sich seine Ladung nicht anderweit ermitteln läßt;

b) es könnte zwar e die Elementarladung sein, wie sie aus der Elektrolyse bekannt ist, dagegen könnte die Masse m 1000 bis 2000 mal kleiner sein, als die bisher kleinste Masse, die des Wasserstoffatomes.

Ein Entscheid hierüber mußte von fundamentaler Wichtigkeit sein, denn mit Möglichkeit b) wird offenbar die viel behandelte Frage nach einem „Uratom" gestreift.

Das periodische Gesetz (§ 31, S. 40), die Regelmäßigkeiten in den Atomgewichten (§ 28, S. 39) hatten schon lange die Vermutung nahegelegt, daß wir in den Atomen kompliziertere Aufbauten von gesetzmäßiger Struktur aus einfacheren Bauelementen vor uns haben (vgl. auch die Gesetzmäßigkeit der Atomwärmen § 345, S. 434).

Da die negativ geladenen Teilchen, aus denen die Kathodenstrahlen bestehen, unter allen Umständen dasselbe Verhältnis von e/m aufweisen, so ist zunächst zu schließen, daß alle Kathodenstrahlpartikelchen einander gleich sind und daß es nur eine Art solcher Partikelchen gibt. Die einfachste Annahme, die man machen könnte, würde ferner die sein, daß die Ladung e jedes dieser Partikelchen übereinstimmt mit der Valenzladung, die wir ja schon bei der Wanderung der Ionen als eine Elementarladung betrachtet haben. Wir nannten diese „Quanten" elektrischer Ladung, auf deren Existenz zuerst Helmholtz hinwies, „Elektronen". Bei der elektrolytischen Abscheidung verlassen diese Ladungen die Ionen, da diese ja als ungeladene Körper an den Elektroden abgeschieden werden. Schon hieraus geht hervor, daß diese Ladung ihr Atom verlassen kann, d. h. aber, daß sie für sich existenzfähig ist.

Der universale Charakter der Kathodenstrahlkorpuskeln einerseits, der Valenzladung andererseits legte die Vermutung nahe, daß die Ladung e des Korpuskels eben die Valenzladung e der Ionenladung ist, daß also die Annahme b) die zutreffende ist. Durch direkte Messungen bestätigt wurde diese Vermutung zuerst von J. J. Thomson (1898, zweite Bestimmung 1901). Er wandte seine Methode zur Messung der Elektrizitätsmenge auf geladenen Teilchen (s. § 550, 551) auf Kathodenstrahlteilchen an. Um die Kathodenstrahlteilchen, die wir bisher nur in Vakuumröhren und im Zustand sehr rascher Bewegung kennen gelernt haben, in dem Luftraum seines Kondensationsapparates zu erhalten, machte er Gebrauch von der Fähigkeit des ultravioletten Lichtes, solche Teilchen auszulösen. Wir werden diese „lichtelektrische Wirkung“ und den Beweis dafür, daß die hier ausgelösten Teilchen mit denen der Kathodenstrahlen identisch sind, in dem nächsten Paragraphen betrachten.

Aus derartigen Untersuchungen hat sich die überaus wichtige Tatsache ergeben:

Die Ladung e der Kathodenstrahlteilchen ist gleich der Elementarladung.

$e = 4{,}774 \cdot 10^{-10}$ el. stat. Einh. $= 1{,}591 \cdot 10^{-10}$ el. magn. Einh.

also gleich der Elektronenladung

Die Kathodenstrahlpartikelchen sind frei bewegte Elektronen.

Welches ist dann aber die Masse m, an welche diese Ladung angeheftet zu sein scheint? Aus

$$\frac{e}{m} = 1{,}769 \cdot 10^{7} \text{ el. magn. Einh}/gr.$$

würde mit dem obigen Werte zunächst folgen

$$m = 0{,}899 \cdot 10^{-27} gr. \qquad (624)$$

d. h., daß sie sehr klein, etwa 1700 mal kleiner als das Wasserstoffatom ist. Wir werden aber alsbald sehen, daß wir hier überhaupt nicht mehr eines materiellen Trägers bedürfen, sondern, daß das frei fliegende Elektron allein die beobachtete Reaktion auf die elektrischen und magnetischen Felder, denen wir es unterworfen haben, auszuüben vermag (vermöge seiner Ladung), daß seine Masse nur eine „scheinbare“ ist.

** Es zeigt sich nämlich, daß das Verhältnis $\frac{e}{m}$ mit der Geschwindigkeit der Elektronen sich ändert. Kaufmann untersuchte 1901 das β-Strahlenbündel eines Radiumpräparates (s. § 841), in dem die verschiedensten Geschwindigkeiten vertreten sind, und bestimmte aus den Ablenkungen im elektrischen und magnetischen Feld für diese verschiedenen Bestandteile die Größen v und $\frac{e}{m}$. Dabei fand sich, daß $\frac{e}{m}$ für höhere Geschwindigkeiten ständig abnimmt (s. die Zahlenresultate Kaufmanns in § 689, S. 491). Diese Erscheinung fordert, daß die am Elektron auftretenden Trägheitswirkungen, die wir bei ihm, nach Analogie mit der gewohnten Mechanik einer „Masse“ m zuzuschreiben haben, von seiner Geschwindigkeit abhängig sind. Für eine solche Wirkung können aus verschiedenen Vorstellungen über die Natur dieser Trägheit Theorien aufgestellt werden, die zu prüfbaren Formeln für diese Geschwindigkeitsabhängigkeit führen. Unter ihnen befindet sich auch eine Aussage des Relativitätsprinzips (das weiter unten eine gesonderte Darstellung erfährt) und die genaue experimentelle Untersuchung dieses Punktes bildet, da die Formeln verschiedener Theorien sich unterscheiden, eine der wenigen Gelegenheiten, das Relativitätsprinzip direkt experimentell zu prüfen. Die Ergebnisse scheinen die Formel von Lorentz zu bestätigen, die sich auch aus dem Relativitätsprinzip ableiten läßt.

* **834. Die lichtelektrische Wirkung.** Im Jahre 1887 bemerkte Heinrich Hertz, daß die Entladung einer Funkenstrecke begünstigt wurde, wenn sie von Licht getroffen wurde. Sind etwa 2 Metallkugeln mit der Sekundärspule eines Induktoriums verbunden und so weit voneinander entfernt worden, daß die verfügbare Spannung zur Einleitung der Entladung gerade nicht mehr ausreicht, so setzt die Entladung ein, solange die Kugeln kräftig belichtet werden. Es zeigt sich, daß speziell ultraviolettes Licht diese Wirkung ausübt.

Einen anderen Versuch, in dem ultraviolettes Licht unter noch einfacheren Bedingungen eine elektrische Entladung zustande kommen läßt, gab Hallwachs 1888 an. Eine Zinkplatte P (Fig. 648), die isoliert aufgestellt und mit einem Elektroskop E verbunden ist, kann mit einer Bogenlampe L kräftig bestrahlt werden. Lädt man sie negativ auf, so verliert sie von ihrer Ladung, sobald sie bestrahlt wird, der Ausschlag der Elektroskopblättchen geht ständig zurück. Sorgfältige Versuche zeigten, daß andererseits eine positiv geladene Platte ihre Ladung völlig behält.

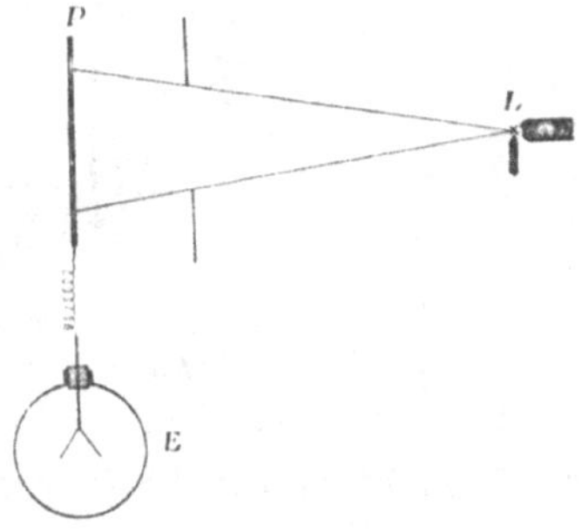

Fig. 648.

Die hiermit festgestellte Fähigkeit des Lichtes, negativ geladene Körper zu entladen, die „lichtelektrische Wirkung", erwies sich als abhängig von der Natur des bestrahlten Körpers und von der Wellenlänge des wirkenden Lichtes. Elster und Geitel, die diese Faktoren ausführlich untersuchten, fanden, daß die Empfindlichkeit der Metalle in Zusammenhang mit ihrem elektrochemischen Charakter (§ 536) steht; sie sind um so empfindlicher, je elektropositiver sie sind. Demnach sind besonders die Alkalimetalle sehr empfindlich und eine Reihe steigender Wirksamkeit ist nach Elster und Geitel die folgende:

Zn Tl Mg Li Na K Rb.

Während z. B. Zn, wie oben erwähnt, nur von ultraviolettem Licht entladen wird, reagieren z. B. die Alkalimetalle auf sichtbare Wellenlängen, ebenso verhält sich Zn, dessen Oberfläche durch Behandlung mit Quecksilber in Zinkamalgam verwandelt worden ist.

Die Alkalimetalle müssen in evakuierte Glaskugeln eingeschlossen werden, um ihre Oxydation hintanzuhalten. Wendet man empfindliche Elektrometer an, so vermag die Entladung in einer solchen „lichtelektrischen Zelle" als hochempfindliches Mittel zum Nachweis geringer Lichtintensitäten zu dienen. Elster und Geitel z. B. fanden, daß die Strahlung eines schwach glühenden Glasstabes genügte, eine Rubidiumfläche mit merklicher Geschwindigkeit zu entladen. Die Empfindlichkeit dieser Anordnung ist also von derselben Größe wie die des menschlichen Auges. Dazu kommt, daß die in der Sekunde entweichende Elektrizitätsmenge sich jeweils der Lichtstärke proportional erweist, so daß sie direkt als Maß der Lichtstärke dienen kann. Die lichtelektrische Zelle bietet also ein einfaches Mittel, Änderungen selbst einer schwachen Lichtstärke quantitativ zu verfolgen; etwa die Helligkeitsschwankungen eines periodischen Sterns zu verfolgen, inden man sie im Brennpunkt eines Fernrohrobjektivs anbringt.

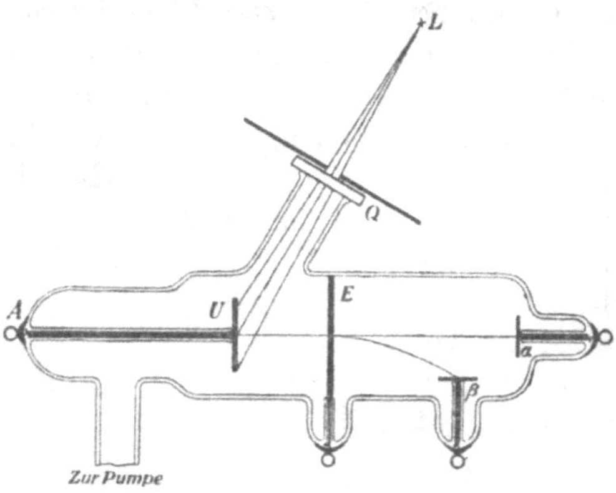

Fig. 649.

Es erhebt sich nun die Frage, auf welche Weise die negative Elektrizität die belichtete Platte verläßt, welches etwa die Träger sind, die sie von dort fortführen. Wir betrachten die von Lenard 1899 zur Lösung dieser Frage verwandte Anordnung. (Fig. 649).

Durch ein Quarzfenster Q (ultraviolett-durchlässiges Material) fällt ultraviolettes Licht einer Lichtquelle L auf eine Aluminiumscheibe U. Dieser gegenüber steht eine durchlochte Scheibe (Blende) E, dahinter eine kleine Platte α, seitlich eine weitere β. Alle diese Metallteile sind als Elektroden in die Wand eines Glasrohres eingeschmolzen, so daß sie elektrisch von außen zugänglich sind. Das Rohr wird so weit ausgepumpt, daß ein großes Induktorium nicht mehr imstande ist, zwischen U und E eine Entladung einzuleiten. Verbindet man nun U mit einem Elektroskop und lädt es negativ auf (während E, α und β geerdet sind), so verschwindet die Ladung augenblicklich, sobald ultraviolettes Licht durch Q auf U geworfen wird. Die negative Elektrizität entfernt sich also auch dann von der bestrahlten Platte, wenn das umgebende Gas zu verdünnt ist, um eine selbständige Ladung (die des Induktoriums) zu vermitteln. Ein weiterer Versuch zeigt, daß E während der Belichtung negative Mengen empfängt, die an U verschwundenen Mengen haben das Vakuum durchsetzt. Hält man weiter E geerdet, lädt U kräftig negativ auf und verbindet α mit dem Elektroskop, so zeigt dies eine negative Aufladung von α an, sobald U belichtet wird. Die seitwärts gelegene Elektrode β hingegen erhält jetzt kaum Ladung. Aus den von U kommenden negativen Mengen ist also durch E ein förmlicher Strahl bewegter negativer Elektrizität herausgeblendet worden. Es ist zu erwarten, daß ein solcher Strahl durch ein magnetisches Feld abgelenkt wird (s. § 826) und wir können nach der L.H.R. den Sinn der Ablenkung voraussehen. Man überlegt leicht, daß durch magnetische Kraftlinien, die die Ebene der Zeichnung vom Beschauer her durchsetzen, ein von links kommender negativer Strahl nach unten abgelenkt werden muß. In der Tat fand Lenard, daß beim Bestehen eines derartigen magnetischen Feldes passender Intensität die Ladungen an β auftreten, α aber nichts erhielt. Somit sind Teilchen als Träger der lichtelektrischen Erscheinung erkannt, die mit denen der Kathodenstrahlen wesentliche Züge gemeinsam haben. Ob sie mit ihnen identisch sind, kann nur eine Prüfung der spezifischen Ladung e/m erkennen lassen, von der wir oben sagten, daß sie für Kathodenstrahlen eine charakteristische Konstante ist. Da nun die Spannung, die an U angelegt wird, zwischen U und E ein elektrisches Feld hervorruft, das negative Teilchen beschleunigen muß, und besondere Versuche gezeigt hatten, daß die Geschwindigkeit, mit der sie U verlassen, sehr klein ist, mußte die gesamte Geschwindigkeit, die sie hinter E zeigen, der zwischen V und E an ihnen geleisteten Arbeit zugeschrieben werden; es galt Gl. (622a). Da ferner die magnetische Ablenkung, die das Bündel in bekanntem Feld erfährt, gemessen werden kann, sind die Bedingungen, e/m zu bestimmen, erfüllt, und Lenard fand dafür denselben Wert, wie für Kathodenstrahlen einer selbständigen Entladung. Somit war gezeigt, daß das Wesen der lichtelektrischen Wirkung darin besteht, daß Licht imstande ist, aus materiellen Körpern Kathodenstrahlen frei zu machen.

Demnach zeigt sich hier ein Weg, um an Kathodenstrahlteilchen, von denen bekannt ist, daß sie das charakteristische e/m besitzen, e allein zu messen: wir belichten eine Platte, die an ein mit Wasserdampf gesättigtes Gas grenzt, kondensieren durch Expansion Wassertröpfchen auf den geladenen Teilchen, die nun im Gas auftreten und messen so deren Ladung. J. J. Thomson fand so, daß sie dieselbe Ladung tragen, wie ein einwertiges Ion der Elektrolyse: das Helmholtzsche „Elementarquantum" der Elektrizität.

Da nun die in § 833 ausgesprochene Frage zugunsten der zweiten Möglichkeit entschieden und gezeigt ist, daß die Ladung mit der eines Wasserstoffions übereinstimmt, muß gefolgert werden, daß die damit verbundene Masse nur $^1/_{1800}$ von der des H-Atoms, des leichtesten aller Atome, ist. Demnach kann dies Teilchen, das Elektron, seiner Masse nach gut ein Baustein sein, aus dem das Atom aufgebaut ist, und die lichtelektrische Wirkung zeigt uns in der Tat, daß wir aus aller Materie diese Teilchen herausholen können, daß sie also notwendig zu ihrem Aufbau gehören. Das Auftreten ihrer charakteristischen Ladung bei den Erscheinungen ihrer Elektrolyse bestärkt diese Auffassung — wir haben dann den Grund der Ladung der elektrolytischen Ionen in einem Austausch einiger ihrer Bestandteile zu sehen, und wir werden späterhin noch mehr Erscheinungen kennen lernen, die für unsere Annahme sprechen.

* **835. Die Kathodenstrahlen durchsetzen Materie.** Um über die Natur der Kathodenstrahlen weiteres zu erfahren, ist es wichtig, zu wissen, ob sie fähig sind, Materie zu durchdringen. Die ersten Versuche dieser Art, die von Goldstein und Crookes herrührten, schienen zu zeigen, daß auch die dünnsten Schichten von Materie, dünne von Glimmer abgespaltene Blättchen oder feinste Collodiumhäutchen, undurchlässig seien. Das konnte als Beweis dafür angesehen werden, daß materielle Teilchen, die nicht imstande seien, ein materielles Hindernis zu durchsetzen, die Kathodenstrahlen bildeten. Indes zeigte H. Hertz, daß die Anwendung noch dünnerer Materialien ein anderes Ergebnis hatte. Stellte er in den Weg des Kathodenstrahlenbündels einen fluoreszenzfähigen Kristall, der auf der Seite, auf der er getroffen werden mußte, von einer dünnen Aluminiumfolie bedeckt war, so leuchtete der Kristall auf — die Strahlen vermochten die Dicke dieses Blättchens, einige $^1/_{1000}$ mm, zu durchsetzen. P. Lenard verfolgte diese Erscheinung weiter und schuf so zunächst ein wichtiges Mittel, die Kathodenstrahlen aus dem Entladungsrohr austreten zu lassen, und ihre Wirkungen rein und ungestört durch die verwickelten Vorgänge im Entladungsrohr für sich beobachten zu können.

Lenardsches Rohr. Ein Vakuumrohr (Fig. 650) enthält eine zylinderförmige Anode *A*, eine Kathode *K*, deren Stiel und Rückseite von Glas bedeckt ist, so daß nur an der Vorderfläche Kathodenstrahlen auftreten können. Ihr gegenüber ist eine metallene Kappe *C* über das offene Ende des Glasrohres gekittet, deren Endfläche in ihrer Mitte eine Bohrung von etwa 1 mm Durchmesser hat. Auf diese Fläche wird eine Aluminiumfolie luftdicht aufgeklebt. (Für die Demonstration empfiehlt sich die Anwendung von der von W. E. Pauli angegebenen Fensterform, in der ein eingeschliffener Messingkonus eine größere Anzahl von Löchern enthält, so daß höhere Intensitäten erreicht werden.) In so kleiner Fläche vermag selbst Folie von

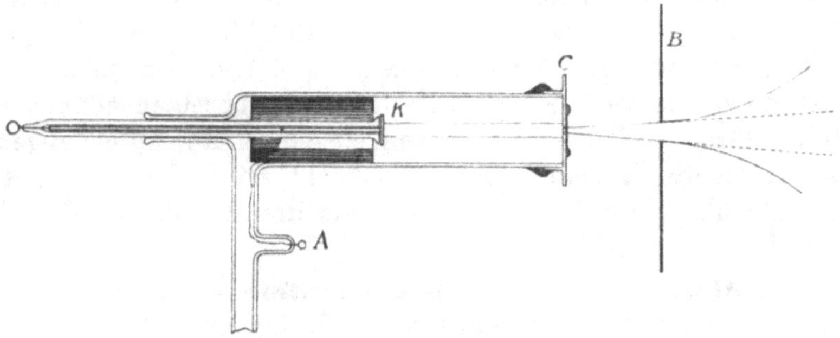

Fig. 650.

einigen $^1/_{1000}$ mm Dicke dem vollen Luftdruck standzuhalten. Evakuiert man das Rohr und setzt es in Betrieb, so leuchtet ein Fluoreszenzschirm, den man dem Fenster nähert, hell auf: die Kathodenstrahlen haben das Rohr verlassen und sind in die atmosphärische Luft eingetreten.

* **836. Streuung der Kathodenstrahlen.** Wir haben oben festgestellt, daß die Kathodenstrahlen in einem Entladungsrohr sich geradlinig fortpflanzten, solange sie nicht magnetischen oder elektrostatischen Feldern unterliegen. Eines der ersten Resultate, die Lenard mit dem eben beschriebenen Fensterrohr erhielt, war, daß sie in Luft von atmosphärischem Druck nicht mehr geradlinig sich ausbreiten. Begrenzt man das aus dem Fenster tretende Bündel durch eine Blende *B* Fig. 650, und stellt hinter ihr einen Phosphoreszenzschirm so auf, daß er mit der Strahlrichtung (der Ebene der Zeichnung), einen kleinen Winkel macht, so zeigt sich, daß der Strahl nicht die Grenzen innehält, die ihm bei geradliniger Fortpflanzung durch die geometrischen Bedingungen vorgeschrieben wären. Es verbreitet sich vielmehr über die Grenzen (punktiert) allmählich mehr und mehr aus (ausgezogen), wird zu einem breiten und verschwommenen Büschel, dessen Intensität in einiger Entfernung rasch abnimmt und dann, in etwa 8 cm Abstand vom Fenster, verschwindet. Die Kathodenstrahlen verlaufen also in Luft etwa so, wie Licht in einem trüben Medium, sie werden zerstreut.

Das Auftreten dieser Erscheinung beweist, daß die Luft, die für Licht praktisch klar ist, für Kathodenstrahlen ein trübes Medium darstellt, es müssen Teilchen in der Luft sein, die gegen die Kathodenstrahlenteilchen groß sind und sie aus ihren geradlinigen Bahnen abzulenken vermögen. Lenard zeigte, daß diese Teilchen nichts anderes sind als die Moleküle des Gases selbst: ließ er die Strahlen aus dem Fenster in ein Rohr treten, das, soweit es die besten Mittel erlaubten, ausgepumpt war, so zeigten die Strahlen eine völlig geradlinige Ausbreitung auf Strecken von Meterlänge. So müssen also die Elektronen, da sie materielle Schichten durchsetzen können ohne sie zu zerstören und andererseits von einzelnen Molekülen abgelenkt werden, gegen die Moleküle klein und leicht sein. Das bestätigt die Anschauung über ihre Masse, die wir aus den Messungen ihrer spezifischen Ladung zogen.

* **837. Absorption der Kathodenstrahlen.** Im vorigen Versuch zeigte sich, daß die Wirkungen der Kathodenstrahlen in einiger Entfernung vom Fenster schwächer werden und dann völlig verschwinden, und wir erwähnten schon oben, daß materielle Schichten von einiger Dicke für sie undurchlässig sind. Verfolgt man die Abnahme der Wirkung in festen Körpern, indem man etwa eine Treppe aus Aluminiumblättern auf einen Leuchtschirm aufschichtet und in das Bündel eines Lenardschen Rohres (Fig. 650) bringt, so sieht man, daß auch hier die Wirkung nicht plötzlich abschneidet, die Helligkeit des Schirms fällt vielmehr ständig mit der Zahl der Blätter, die wir dem Strahl in den Weg stellen, bis sie nicht mehr wahrzunehmen ist. Es fragt sich nun, welcher Vorgang dieser Erscheinung zugrunde liegt. Nahe liegt, sich zu denken, daß die rasch bewegten Elektronen, die den Strahl bilden, durch die Materie aufgehalten und allmählich abgebremst werden, bis sie schließlich still liegen. Ist das der Fall, so müssen sie, nachdem sie eine merklich absorbierende Schicht passiert haben, von einem magnetischen Feld stärker abgelenkt werden als vorher, da langsamere Strahlen biegsamer sind (s. § 832). Der Versuch zeigt (Lenard), daß im Gegenteil ihre Ablenkbarkeit nahezu völlig dieselbe geblieben ist. Ihre Geschwindigkeit ist also die gleiche geblieben, die Verminderung ihrer Wirkungen kann also nur daher rühren, daß ihre Anzahl kleiner wurde. Da wir oben feststellten, daß jedes Teilchen dieselbe Elementarladung trägt, so muß sich eine Verminderung der Teilchen als Verminderung der im Strahl transportierten Ladungen zahlenmäßig messen lassen. Dazu benützt man etwa einen Käfig, wie Perrin ihn anwandte (§ 827, S. 227) und findet so, daß in der Tat die Zahl der Teilchen merklich vermindert wird, wenn man vor die Öffnung des Käfigs eine Schicht wie die oben angenommene, einschaltet. Einzelne Elektronen sind also völlig aufgehalten worden, und es ist von be-

sonderer Wichtigkeit für später zu betrachtende Erscheinungen (Entstehung der Röntgenstrahlen), daß dies offenbar plötzlich eintrat, ohne daß ihre Geschwindigkeit vorher wesentlich verringert worden wäre. Wir beobachten demnach hier, daß Materie die bewegten Elektronen nicht nur aus ihrer Flugrichtung abzulenken (Streuung), sondern auch einzelne unvermittelt aufzuhalten vermag und nennen diese Wirkung Absorption der Kathodenstrahlen.

Um die Absorption messend verfolgen zu können, müssen wir uns das Gesetz klar machen, nach dem die Zahl der Teilchen abnimmt, die in einem mit unregelmäßig (wie die Gasmoleküle) verteilten Hindernissen angefüllten Raum eintreten. Man zeigt in der Gastheorie, daß hier der Bruchteil der Teilchen, die auf einer Teilstrecke dx des Weges durch einen solchen Raum aufgehalten werden, der Zahl der eintretenden, N, und der Länge des Wegelementes dx proportional ist. Nennen wir einen Zuwachs der Anzahl dN, so ist also

$$-dN = \alpha . N . dx .$$

α heißt Absorptionskoeffizient und ist das von uns gewünschte Maß der Absorbierbarkeit, die Abnahme $-dN$ ist um so größer, je größer α. Die Gleichung gibt integriert die Anzahl N der Teilchen, die nach Zurücklegung eines endlichen Weges x noch im Strahl sich bewegen, wenn N_0 eintreten:

$$N = N_0 . e^{-\alpha x}$$

so daß aus N, N_0 und x der Koeffizient α berechnet werden kann. Dies Gesetz ist sehr allgemein und spielt eine große Rolle bei der praktischen Erforschung der Eigenschaften nicht nur der Kathodenstrahlen, sondern auch der Röntgenstrahlen und radioaktiven Strahlungen, die man zuerst immer nach ihrer Absorbierbarkeit einteilte, ehe andere Eigenschaften bekannt oder zugänglich waren.

Der für den Absorptionsvorgang maßgebende „Absorptionskoeffizient" zeigt sich nun abhängig von zwei Faktoren: von der Geschwindigkeit der Kathodenstrahlen und der Art des absorbierenden Materials. Beim Vergleich der Absorptionsvermögen verschiedener Substanzen für Strahlen derselben Geschwindigkeit fand Lenard das sehr einfache „Massengesetz":

„Die Absorptionsvermögen verschiedener Substanzen verhalten sich wie ihre Dichten".

In der Gleichung $J = J_0 . e^{-\alpha x}$ ist also α der Dichte proportional, $\alpha = c . D$ wo c eine Konstante. Man sieht leicht, daß damit in

$$J = J_0 . e^{-cDx} \tag{625}$$

nur das Produkt $D . x$ (Dichte . Dicke) für die Intensitätsabnahme maßgebend ist. Vergleicht man etwa Aluminium ($D = 2{,}7$) und Gold ($D = 19$), so muß von dem leichteren Aluminium eine im Verhältnis $^{19}/_{2{,}7}$ mal dickere Schicht genommen werden, als von Gold, um dieselbe Absorption zu erzielen. Ein Goldblatt wirft auf einen Fluoreszenzschirm (s. § 826) einen ebenso dunklen Schatten wie ein siebenmal so starkes Aluminiumblatt.

Die Wichtigkeit dieses Gesetzes liegt darin, daß hier eine Eigenschaft der Materie aufgefunden wurde, die von ihrem speziellen Aufbau völlig unabhängig war. Ob der Körper fest oder gasförmig, ob er ein Metall oder ein Metalloid, ob er eine chemische Verbindung oder ein Element ist, — alles Punkte, von denen sonst das physikalische Verhalten der Körper aufs tiefste beeinflußt wird —, erweist sich hier als gleichgültig; nur die fundamentalste Eigenschaft, die Masse, bestimmt die Fähigkeit des Körpers, auf ihn fallende Elektronen zurückzuhalten. Die verschiedenen Arten der Materie, selbst die verschiedenen Elemente, besitzen also hier in einem Punkt gemeinsame Eigenschaften. Wir werden später bei den Erscheinungen der Radioaktivität und der Röntgenstrahlen noch mehr derartige Punkte kennen lernen.

Verwendet man einen und denselben Absorptionsschirm, ändert aber die Geschwindigkeit der Strahlen, die man auffallen läßt, so findet man sie um so durchdringender, je rascher sie sind. Für die langsamsten Elektronen, die man beobachtet hat, ist die Materie ebenso undurchdringlich wie für materielle Teilchen, solche von hoher Geschwindigkeit hingegen können, wie wir sahen, zusammenhängende Metallschichten durchfliegen. Die raschesten Elektronen, die wir beobachten können, sind einige der β-Strahlen radioaktiver Substanzen. Sie zeigen sich noch fast tausendmal so durchdringend als die von uns beobachteten Strahlen, durchsetzen also millimeterdicke Aluminiumschichten.

Da aber auch die Elektronen höherer Geschwindigkeit absorbiert oder nach und nach aufgehalten werden, scheint auch für sie die Materie nicht völlig durchlässig zu sein. Über die Kräfte, von denen sie im Inneren der Materie angegriffen werden, steht jedenfalls fest, daß sie, da sie ein elektrisch geladenes Teilchen ablenken und ganz festhalten können, elektromagnetischer Natur sein müssen. Indes ist der Anteil, der auch für die raschesten Elektronen undurchlässig ist, ein winziger Bruchteil des Volumens, das für andere Materie undurchdringlich ist. In einem Kubikmeter des dichtesten Materials das wir kennen, des Platins (21 t) ist der Raum, der für diese raschesten Elektronen undurchlässig ist, insgesamt nicht größer als 1 mm^3. Zu unserer früheren Anschauung, daß die Materie zum großen Teil aus Elektronen besteht, haben wir dann noch hinzuzufügen, daß nur ein winziger Teil im strengen Sinne des Wortes „undurchdringlich" ist.

* **838. Sekundäre Kathodenstrahlung.** Wird hinter dem Fenster eines Lenardschen Rohres ein zweites Rohr angebracht, das

möglichst weit ausgepumpt wird, so zeigt ein Perrinscher Käfig, der die Strahlen in seine Öffnung eintreten läßt, deren negative Ladung an. Da nun Materie in genügend starker Schicht die Kathodenstrahlen völlig aufzuhalten vermag, könnte man versuchen, statt des Käfigs im eben angeführten Versuch, einfach eine quergestellte starke Metallplatte zu nehmen und in einem mit ihr verbundenen Elektrometer die negative Ladung der Elektronen zu messen, die in ihr stecken blieben. Man findet, daß die gefundene Elektrizitätsmenge weit zurückbleibt hinter der, die man für denselben Strahl im Perrinschen Käfig findet. Zum Teil läßt sich das als Folge der Streuung (s. § 836) verstehen, die die Kathodenstrahlen im Metall erleiden, und die in der Tat für einzelne Elektronen so stark sein kann, daß sie in eine Richtung abgelenkt werden, die ihrer ursprünglichen zuwiderläuft. Sie treten dann wieder rücklings aus der Platte aus und eine scheinbare „Reflexion" der Kathodenstrahlen ist die Folge. Nach dem betrachteten Vorgang ist es klar, daß diese mit mit der Reflexion von Licht keinerlei Ähnlichkeit hat. Die Elektronen treten stets ganz diffus wieder aus. So geht ein Teil der vom Strahl gebrauchten Ladung hier wiederum verloren, indes ist dieser Vorgang nicht der einzige. Dreht man nämlich die Platte aus der zum Strahl senkrechten Lage heraus, sorgt aber dafür, daß noch immer der ganze Strahl sie trifft, so wird die negative Ladung, die sie anzeigt, geringer, nimmt für größere Winkel ständig ab, und schließlich zeigt die ganze Platte wachsende positive Ladung an, wenn der negativ geladene Kathodenstrahl sie trifft. Sie zeigt also keinen Gewinn, sondern einen Verlust an negativer Ladung an, nicht allein treten die Elektronen der Kathodenstrahlen wieder aus der Platte aus, sondern sie bringen auch andere, die im Metall vorhanden waren, durch ihren Anprall zum Austreten, wirken also ähnlich wie ultraviolettes Licht (s. § 834). Man vermag, etwa mittels geeignet angeordneter Fluoreszenzschirme, diese „sekundären" Elektronen oder sekundären Kathodenstrahlen direkt nachzuweisen und findet so, daß sie sehr langsam sind. Demnach sind sie sehr wenig durchdringend (s. den vorigen §) und wir verstehen, warum sie sich erst bei starken Neigungen der Platte dadurch bemerkbar machen, daß sie die Platte verließen. Die Möglichkeit, die Plattenoberfläche zu erreichen, und dann aus der Platte auszutreten, ist für sie offenbar dann viel höher, wenn der primäre Strahl unter der Oberfläche hinstreicht, und sie in deren Nähe entstehen, als dann, wenn er senkrecht eintrifft und sich tief einbohrt. Fig. 651 stellt die beiden extremen Fälle dar. *I* ist der primäre Strahl, *PP* die bestrahlte Platte. Im Fall *a* vermögen nur wenige der sekundären Strahlen, die in dem dichten Metall sehr kurze Bahnen haben (vgl. den vorigen Paragraphen), den Weg zur Oberfläche zurückzulegen. Im Fall *b* ist dies häufig möglich und die sekundären Elektronen (II) führen, da sie im umgebenden Vakuum kaum aufgehalten werden, ihre Ladung weit von *PP* fort. Man hat gefunden, daß die Fähigkeit, in dieser Weise Elektronen abzugeben, wiederum (s. § 834) aller Materie gemeinsam ist, ein weiterer Beweis, daß alle Materie zum Teil aus Elektronen besteht. Praktisch ist besonders wichtig, daß sie auch in Gasen entstehen. Da nämlich ein einzelnes rasches Elektron viele tausende solcher „sekundären Elek-

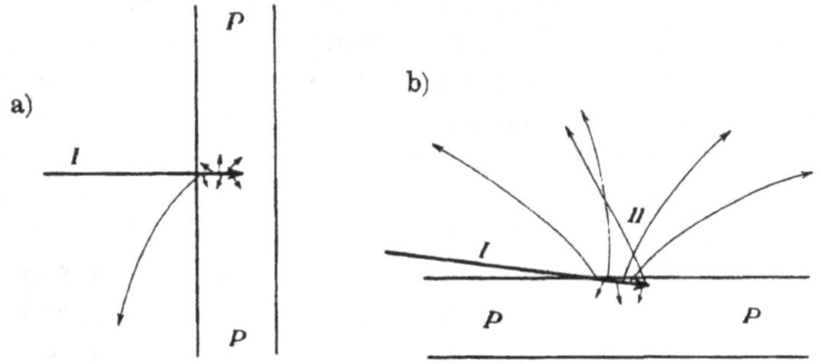

Fig. 651.

tronen“ frei zu machen vermag, bevor es einmal selbst absorbiert wird, so finden sich auf seiner Bahn nachher doppelt soviel aufgeladene Gasmoleküle. Die Moleküle, aus denen die Elektronen stammen, zeigen, da sie erst neutral waren und nun eine negative Ladung verloren haben, eine positive Ladung, die Elektronen selbst bleiben, da sie sehr langsam sind, bald in einem Molekül stecken, das dann negativ geladen ist. Das Gas wird leitend (vgl. III, 2 A).

Es ist klar, daß dieser Vorgang ein sehr empfindliches Mittel bildet, Kathodenstrahlen nachzuweisen. Lassen wir das Kathodenstrahlenbündel selbst in einen Perrinschen Käfig fallen, so bekommen wir für jedes Elektron die einfache, elementare Elektrizitätsmenge, die es trägt. Lassen wir es aber in einen gaserfüllten Raum fallen und stellen darin zwei aufgeladene Kondensatorplatten auf (s. z. B. Fig. 266 a, S. 216), so können wir, wenn das Feld stark genug und der Kondensator groß genug ist, den ganzen Strahlenverlauf aufzunehmen, alle die durch Sekundärstrahlen erzeugten Teilchen auf eine Platte treiben und ihre Ladung messen (Sättigungsstrom s. § 547). Da jedes dieselbe Elementarladung trägt wie das primäre Elektron, so erhalten wir auf der Platte leicht eine um Tausende von Malen größere Elektrizitätsmenge, als wenn wir nur die Elektronen des Kathodenstrahls selbst aufgefangen hätten.

Man pflegt das Resultat der Sekundärstrahlung, das Vorhandensein positiver und negativer Teilchen, auch als „Ionisation“ des Gases zu bezeichnen. Der Vorgang muß aber wohl unterschieden werden von der „Ionen“-Bildung in Elektrolyten. Dort trennen sich Moleküle, sie dissoziieren in materielle Bestandteile, Atome und Atomgruppen (Ionen), deren Ladung mit ihrem chemischen Charakter in notwendigem Zusammenhang steht. Hier hingegen sprengen wir einzelne Elektronen von der Materie ab und dieser Wirkung unterliegen alle materiellen Teilchen, einerlei ob es ein- oder mehratomige Moleküle sind.

Bei der Untersuchung von Strahlungen spielt dieser Vorgang eine sehr wichtige Rolle, da man so oft noch Strahlen nachweisen kann, deren eigene Ladung sich der Messung entzöge.

β-Strahlen radioaktiver Substanzen, die sehr rasche Kathodenstrahlen sind (s. § 838), werden fast nie mit Hilfe ihrer eigenen Ladungen entdeckt und in ihren Wirkungen verfolgt, sondern fast immer durch „Ionisierung“ von Gasen. Wir werden ferner später sehen, daß genau die betrachtete Wirkung die Ursache ist, warum Röntgenstrahlen ein Gas, das sie durchsetzen, leitend machen. Sie vermögen in den Gasmolekülen rasche Kathodenstrahlen auszulösen, die dann auf ihrer Bahn eine große Menge weiterer Elektronen frei machen. Die Wirkung der positiven Strahlungen (α-Strahlen z. B.) beruht auf einer direkten Auslösung von Elektronen aus den getroffenen Molekülen (s. § 842).

*** 839. Ablösespannung (Ionisierungsspannung), Anregespannung. Quantenvorgänge.** Sehr langsame Elektronen — wie etwa die sekundären — besitzen die Fähigkeit, andere sekundär auszulösen, nicht. Um ein sekundäres Elektron gegen die Kräfte, die es am Molekül festhalten, abzulösen, bedarf es einer bestimmten Arbeit. Die kinetische Energie des treffenden Elektrons muß dieser Arbeit mindestens gleich sein. Man kann also diese für die Beschreibung der Molekülart offenbar sehr wichtige Ablösearbeit ermitteln, indem man die Mindestgeschwindigkeit oder die zu ihrer Erzeugung nötige Mindestspannung feststellt.

Nach Lenard beobachtet man die Ablösespannung mit Hilfe einer in den zu ionisierenden Gasraum eingeführten Elektrode, die man so hoch negativ geladen hat, daß sie die Primärelektronen, die man in diesen Raum hineinschickt, völlig von sich fern hält. Solange diese Elektronen zu langsam sind, um sekundäre abzulösen, wird diese Elektrode überhaupt keine Elektrizität aus dem Gas aufnehmen. Sobald aber Sekundär-Elektronen von den Gasmolekülen abgesprengt werden, bleiben deren Reste positiv geladen zurück, werden von der negativ geladenen Elektrode angezogen und von einem mit ihr verbundenen Elektrometer angezeigt. Lenard fand so zuerst Ablösespannungen von der Größe 11 Volt.

Die Methode ist in dieser einfachsten Form nicht völlig eindeutig. Falls nämlich die primären Elektronen die Gasmoleküle zum

Leuchten anregen, wird dies Licht aus der Prüfelektrode lichtelektrisch (§ 834) Elektronen ablösen, d. h. einen Verlust negativer Elektrizität einleiten oder das Elektrometer ebenfalls positiv laden. Um unterscheiden zu können, ob man „Anregung“ (zum Leuchten) oder „Ablösung“ („Ionisierung“) vor sich hat, bringt man vor der Auffangelektrode ein Metallnetz an, welches noch um einige Volt höher negativ geladen ist, als diese selbst. Werden nun aus der Auffangelektrode lichtelektrisch Elektronen abgelöst, so müßten diese, um in den Gasraum entwischen zu können, durch das negative Netz schlüpfen, sie werden also auf die Elektrode zurückgetrieben: der Verlust an negativer Elektrizität bei Belichtung kommt nicht zustande. Es wird sogar negative von außen aufgenommen, denn die an den Netzfäden lichtelektrisch abgelösten Elektronen, werden z. T. auf die Auffangelektrode, die vom Netz aus positiv erscheint, zufliegen. Die Auffangelektrode lädt sich also negativ, wenn im Gas nur Licht entsteht, hingegen positiv, sobald positive Atomreste im Gas entstehen, die auf das negativ geladene Auffangsystem zueilen und durch die Netzmaschen die Auffangelektrode erreichen. Figur 652 gibt ein Schaubild dieser Vorgänge, *N* ist das Netz, *E* die Auffangelektrode.

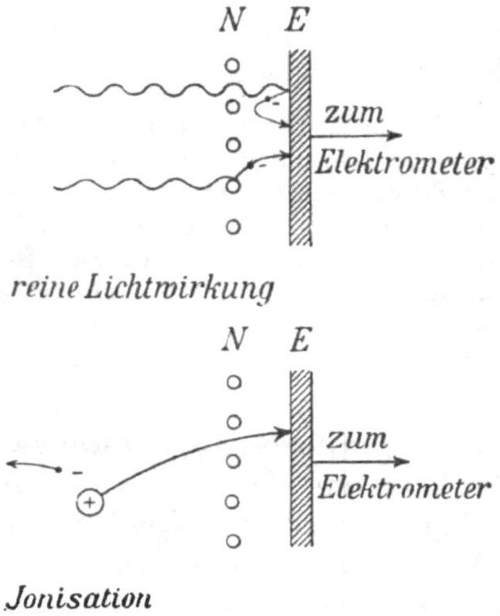

Fig. 652.

Man findet so, daß mit wachsender Energie der Primärelektronen in den getroffenen Gasmolekülen stets zuerst Leuchten angeregt wird, später Elektronen abgerissen werden. Z. B. findet sich für die Dampfatome von

	Natrium	Kalium	Quecksilber	Helium
erstes Leuchten bei	2,12 Volt	1,55 Volt	4,90 Volt	20,5 Volt
Abreißen	5,13 „	4,1 „	10,35 „	25,3 „

Man erkennt, daß die Alkalimetalle, die von Alters her als „elektropositiv“ bekannt sind, in der Tat der geringsten Arbeit bedürfen, um ein Elektron zu verlieren, d. h. am leichtesten positiv aufzuladen sind. Um aber von dem chemisch völlig trägen Helium eines seiner Elektronen abzureißen, muß man eine fast fünfmal so große Arbeit leisten, wie beim Natrium. Daß diese „Ablösearbeit“

nunmehr so sauber und genau am einzelnen Atom gemessen werden kann, ist von der größten Bedeutung für die Theorie aller Prozesse, bei denen Elektronen zwischen den Atomen ausgetauscht werden, z. B. chemischer Vorgänge.

Die „Anregungsarbeit", die zum Leuchten notwendig ist, ist mit der Schwingungszahl des erregten Lichts proportional. So beginnt der Na-Dampf bei 2,12 Volt mit der *D*-Linie ($\lambda = 589\,\mu\mu$) zu leuchten, der Hg-Dampf bei 4,9 Volt mit einer ultravioletten Linie von 254 $\mu\mu$ (Franck und Hertz 1914). Man überzeugt sich, daß das Produkt aus Voltzahl und Wellenlänge in beiden Fällen nahezu dasselbe ist und diese Regel gilt für alle beobachteten Fälle, — die Voltzahl oder Anregearbeit ist also der Wellenlänge umgekehrt, der Schwingungszahl direkt proportional. Das Gesetz gilt bis zu den Wellenlängen der Röntgenstrahlen herab (s. u. C) — man überzeugt sich ohne weiteres, daß es nach den eben angeführten Zahlen für eine Wellenlänge von 0,01 $\mu\mu$ ($= 10^{-9}$ cm) eine Anregespannung von 123000 Volt fordert, — es gibt also den Grund dafür an, warum zur Erzeugung von Röntgenstrahlen so hohe Spannungen an das Röntgenrohr angelegt werden müssen. Rechnet man auf absolute Einheiten um (die Anregearbeit in Erg, die angeregte Schwingungszahl in Schwingungen in der Sekunde) so findet sich für die Proportionalitätskonstante der Gleichung

$$\text{Energie} = h \cdot \text{Schwingungszahl}$$

der Wert $h = 6{,}554 \cdot 10^{-27}\,\text{erg} \cdot \text{sec}$.

Man nennt diese Größe h die „Plancksche Konstante" der Quantentheorie — wir haben in dem angeführten merkwürdigen Zusammenhang das einfachste Beispiel der für die Atomphysik bestimmenden Quantenerscheinungen vor uns. Das Auffällige daran ist, daß die Atomschwingungen auf schwache Stöße gar nicht ansprechen, vielmehr erst einsetzen, wenn durch das stoßende Teilchen die nach der obigen Regel zu ihrer Schwingungszahl proportionale Energie hereingesteckt wird. Dafür, daß diese Energiemenge des von einem Atom ausgegangenen Lichtwellenzuges von einem anderen absorbierenden Atom wieder als Ganzes aufgenommen wird, also als Lichtwellenzug eine unzerstörbare Einheit bildet (Gedanke der „Lichtquanten"), spricht die Erfahrung, daß die Energie, die das Licht bei lichtelektrischer Wirkung (Abreißen von Elektronen) zu entwickeln vermag, wiederum dieselbe ist, die zur Anregung des Lichts notwendig war, nämlich $h\nu$. So vermag sichtbares Licht nur Elektronen von wenigen Volt Geschwindigkeit, Röntgenlicht aber solche von zehntausenden Volt auszulösen.

Dieser Erfahrungszusammenhang zwischen Energie und Schwingungszahl bildet eine der Grundlagen des ganz nach Quantenrücksichten aufgebauten Bohrschen Atommodells (1913). Dort wird die Vorstellung benutzt, daß die Elektronen den positiven Atomrest („Kern“ vgl. unten „α-Strahlen“) als Planeten umkreisen. Sie dürfen dabei nur Bahnen dauernd einhalten, deren Flächenkonstante (vgl. das II. Keplersche Gesetz I. Bd.) einer bestimmten, ebenfalls aus der Quantentheorie herzuleitenden Bedingung genügt. Soll ihnen Energie zugeführt werden, so muß sie genügen, das erfaßte Elektron bis auf eine andre erlaubte Bahn zu bringen. So entsteht der ruckweise Charakter der Energieaufnahme des Atoms, den wir oben aus den Versuchen ableiteten. Alle Energiezufuhr ans Atom wird als Abhebung von Elektronen vom positiven Atomrest gedeutet, — kleinere Energiebeträge („Anregespannung“) heben das Elektron nur bis auf eine weiter außen verlaufende Bahn hinaus (von der es nachher wieder gegen den Kern zurückfällt, indem es die nun wieder freiwerdende Energie als Licht ausstrahlt), höhere Energiezufuhr führt folgerichtig zu völliger Ablösung des Elektrons. Die Existenz der Quantenvorgänge war zuerst von M. Planck 1900 aus den Gesetzen des Temperaturleuchtens (vgl. Abschnitt Quantentheorie) erkannt worden, bei dem die ungeordneten Stöße der Wärmebewegung die Atome zum Leuchten erregen. Mit Hilfe der hier geschilderten Anwendung willkürlich beschleunigter Elektronen als anregender Geschosse werden sie heute im einzelnen erforscht.

***840. Übergang zur selbständigen Entladung, Glimmentladung, Funke, Lichtbogen.** Durch das Feld, das in dem Kondensator herrscht, der zum Sammeln der sekundären Ladungen dient, werden die einzelnen Teilchen beschleunigt. Indes wird, wenn nicht sehr hohe Feldstärken angewandt werden, keines eine beträchtliche Geschwindigkeit erreichen, da es bald auf andere unbewegte Moleküle stößt, die ihm seine kinetische Energie abnehmen und als Wärmebewegung weiter verteilen. Ist aber das Feld sehr stark, oder der Gasdruck sehr niedrig, so daß er den einzelnen Teilchen große ungestörte Wege erlaubt, so können sie auf diesem Wege Geschwindigkeiten erreichen, die die betrachtete Grenzgeschwindigkeit überschreiten. Demnach kann dann einer der nächsten Zusammenstöße zur Befreiung eines weiteren Elektrons führen, das sofort in derselben Weise vom Feld bewegt wird und weitere befreit. So erhöht sich die Menge, der an den Kondensatorplatten anlangenden Ladungen über die, die von der primären Strahlung in der Zeiteinheit erzeugt werden, über den „Sättigungsstrom“, und sie erhöht sich um so mehr, je mehr das Feld wächst. Demnach haben wir an unserer Charakteristik (Fig. in 267, § 547) für höhere Felder noch eine Fortsetzung des Kurvenlaufs über die Phase des Sättigungsstromes hinaus anzubringen, die den neuen Vorgang darstellt (s. Fig. 653).

Mit dem eben betrachteten Vorgang, daß durch die Wirkung eines starken elektrischen Feldes allein die Menge der transportierten Ladungen anwuchs, haben wir einen Übergang von der früher betrachteten unselbständigen Gasentladung zur sogenannten „selbständigen Gasentladung“ gewonnen. Es ist klar, daß der eben betrachtete Vorgang ganz allein noch nicht hinreichen kann, eine Entladung aufrecht zu erhalten, wenn die Quelle der elektronenbefreienden Strahlung aussetzt. Denn in praktisch ganz kurzer Zeit werden alle negativen Ladungen die positive Platte erreicht haben, da ja auch die sekundären Elektronen sofort den Weg dorthin einschlagen. Dann ist mit ihrem Wanderungsvorgang auch die Erzeugung weiterer Ladungsträger eingestellt und die Entladung erlischt, — sie ist noch nicht selbständig.

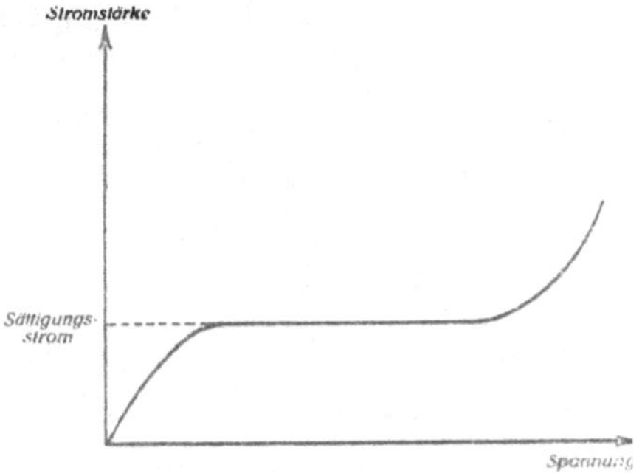

Fig. 653.

Wir erwähnten schon oben (s. S. 251) und werden später noch genauer ausführen (s. B.), daß auch rasch bewegte positive Moleküle, also hier die Restmoleküle, die ein sekundäres Elektron verloren haben, fähig sind, sekundäre Elektronen abzuspalten. Indes wird die hierzu nötige Geschwindigkeit von ihnen erst bei höheren Feldern erreicht; der Vorgang ist verwickelter als bei den Elektronen. Sobald das Feld in unserem Kondensator auch dazu ausreicht, bzw. der Druck niedrig genug ist, erzeugen auch diese in entgegengesetzter Richtung wandernden Teilchen ständig neue freie Elektronen und eine einfache Überlegung zeigt, daß der Vorgang nun nicht mehr erlöschen kann, es findet *selbständige Glimmentladung* statt.

Die einzelnen Vorgänge bei den selbständigen Entladungen sind sehr verwickelt und zum Teil erst jetzt in Aufklärung begriffen. Es scheint indes, daß man ihre Erklärung im wesentlichen aus den bisher betrachteten Grundvorstellungen von den beschleunigten Elektronen, ihrer Sekundärstrahlung und Absorption wird aufbauen können, so daß sie prinzipiell nichts neues bieten. Wir haben nur ihre charakteristischen Erscheinungsformen kurz zu erwähnen.

Die *Glimmentladung* im *Geißlerschen* Rohr, wie wir sie im Anfang dieses Kapitels kennen lernten, gehört hierher.

Wir haben soeben die Sekundärstrahlungsvorgänge als grundlegend für die selbständige Entladung kennen gelernt, wir wissen, daß ihr Eintreten von der Geschwindigkeit der Elektronen abhängig ist und wissen von dieser Geschwindigkeit, daß sie von der Potentialdifferenz abhängt, die die Elektronen durchlaufen haben (s. § 830). Dementsprechend ist die Art, wie sich die zwischen Anode und Kathode angelegte Potentialdifferenz innerhalb der von der Entladung durchsetzten Gasstrecke verteilt, von großer Wichtigkeit für den Mechanismus der Entladung. Wir können hier nur an einem einfachen Fall kurz zeigen, daß die Potentialverteilung mit den charakteristischen Lichterscheinungen im Gas der Röhre in Zusammenhang steht.

Fig. 654 zeigt im Schema, wie sich der Spannungsabfall von der Kathode, die auf dem Potential - V gehalten werden möge, zur Anode, die mit der Erde verbunden sei und also das Potential O besitze, im Gas verteilt, wenn die darüber schematisch gezeichnete Entladung stattfindet. In unmittelbarer Nähe der Kathode findet ein starker Sprung des Potentials statt, der „Kathodenfall“, der unter bestimmten Bedingungen den größten Teil des gesamten Potentialabfalls im Rohr darstellt (s. § 549 die Darlegung, wie schon bei unselbständiger Entladung ein Kathodenfall zustande kommt).

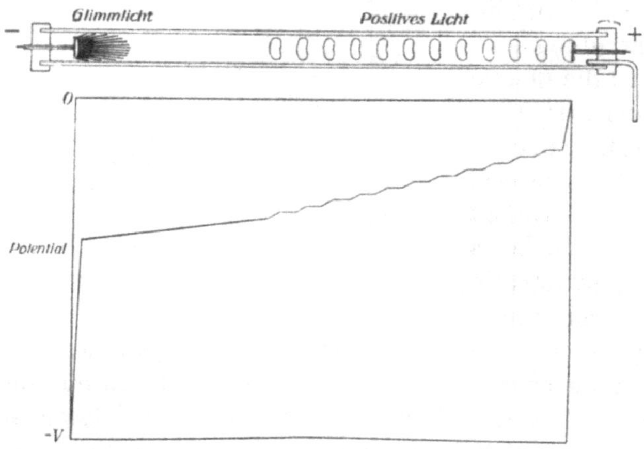

Fig. 654.

Vgl. ferner die Benutzung des zuletzt erwähnten Kathodenfalls in § 831). In diesem Fall erlangen die von der Kathode ausgehenden Elektronen den größeren Teil ihrer Geschwindigkeit im Kathodenfall, und der geringe übrige Teil des Potentialgefälles, dessen Verteilung sich nach der Lage der Anode richtet, hat nur noch geringen Einfluß auf den Verlauf der Kathodenstrahlen (s. S. 224 den Versuch Fig. 638). Den einzelnen „Schichten“ der positiven Säule entsprechen kleine regelmäßige Stufen im Ansteigen des Potentials, an der Anode findet sich ein „Anodenfall“, der bedeutend kleiner ist als der an der Kathode.

Auch bei **Atmosphärendruck** vermag eine Glimmentladung einzutreten, wenn die Potentialdifferenz zum Durchschlagen des Abstandes durch einen Funken noch zu niedrig ist. Ihr Entstehen ist daran gebunden, daß eine Elektrode so geformt ist, daß sie die Niveauflächen des Potentiales in ihrer Nähe konzentriert, das heißt eine Spitze oder scharfe Kante bildet (s. Fig. 200). In der Nähe der Spitze tritt dann eine so hohe Feldstärke auf, daß sie genügt, selbst bei Atmosphärendruck selbständige Entladung hervorzurufen (Spitzenentladung). Charakteristisch an dieser Form der Entladung ist die geringe Wichtigkeit, die die Lage der anderen Elektrode für die Einleitung des Vorganges hat.

Die Potentialdifferenz, die zur Einleitung einer Funkenentladung nötig ist, wie sie etwa zwischen zwei Kugeln bei gewöhnlichem Atmosphärendruck stattfindet, hängt mit dem Abstand der Elektrodenoberflächen aufs engste zusammen. In ganz roher erster Annäherung ist zum Durchschlagen der doppelten Luftstrecke die doppelte Spannung notwendig wie für die einfache (vgl. hierzu in § 729, S. 619, Bd. II, 1). Die Figuren 480 und 481 (ebenda) zeigen, wie sehr bald Abweichungen von dieser Proportionalität eintreten. Auch hier hat die Form der Elektrode noch einen Einfluß, für Kugeln verschiedener Radien gelten verschiedene Kurven.

Die Durchschlagsspannung hängt außer vom Abstand der Pole noch vom Druck des zu durchschlagenden Gases ab. Paschen konnte zeigen, daß sie lediglich von dem Produkt dieser beiden Faktoren abhängt. Eine Spannung, die bei Atmosphärendruck 1 cm Luft durchschlägt (etwa 40000 Volt) vermag also bei einem Druck von $^1/_3$ Atmosphäre 3 cm zu durchschlagen. Da nach dem Boyleschen Gesetz die Dichte des Gases im zweiten Fall nur $^1/_3$ der normalen Luftdichte ist, war auf dem Weg von 3 cm dieselbe Gasmasse zu durchschlagen, wie vorher auf dem einfachen Wege. Somit kann man das Paschensche Gesetz auch so formulieren: Die Durchschlagsspannung für ein bestimmtes Gas hängt nur von der Masse des zu durchschlagenden Gases ab.

Zu den Formen selbständiger Entladung gehört ferner der Lichtbogen, der schon im § 589, S. 331 (Bd. II, 1) besprochen wurde. Bei ihm spielt außer den schon betrachteten Vorgängen noch der Umstand eine große Rolle, daß die Elektroden glühend werden (die Entladung muß dadurch eingeleitet werden, daß bei der Zündung an der kleinen Berührungsstelle der Elektrode hohe Joulesche Wärme entwickelt wird) und dann selbst große Elektronenmengen ausgeben (§ 549), die den Transport der großen Stromstärke übernehmen, die man bei dieser Entladungsform durch das Gas schicken kann.

841. Die β-Strahlung radioaktiver Substanzen. Unter den vom Radium ausgesendeten Strahlen befinden sich solche, die sich wie Kathodenstrahlen verhalten, also aus negativ geladenen Korpuskeln bestehen: β-Strahlen. Darunter erreichen einige eine außerordentliche Geschwindigkeit, die also nach § 837, S. 246 sehr durchdringend sind

(z. B. durch Papier hindurchgehen) und nach § 829, S. 230 zu sehr steifen Strahlen von geringer Ablenkbarkeit Veranlassung geben.

Versuch 733. Am Boden einer starkwandigen Eisenröhre *EE* Fig. 655 befindet sich ein kräftiges Radiumpräparat *R*. Von den von ihm ausgehenden Strahlen wird durch einen, von eisernen Spaltbacken begrenzten Spalt *S* ein schmales Bündel ausgeblendet, welches, nachdem es die Pole des Magneten *M* (Ruhmkorffscher Elektromagnet § 683, S. 480) durchsetzt hat, auf einem mit Baryumplatincyanür bedeckten Leuchtschirme *L*, der unter 45° geneigt zu denken ist, eine helle Lichtlinie erzeugt. (Strahlverlauf gestrichelt). Erregt man den Magneten, so wird die Linie nach jener Seite zu einem breiten Bande ausgezogen, welche nach der L.H.R. einem Fortschreiten negativ geladener Teilchen in der Richtung *SL* entspricht (Strahlverlauf punktiert).

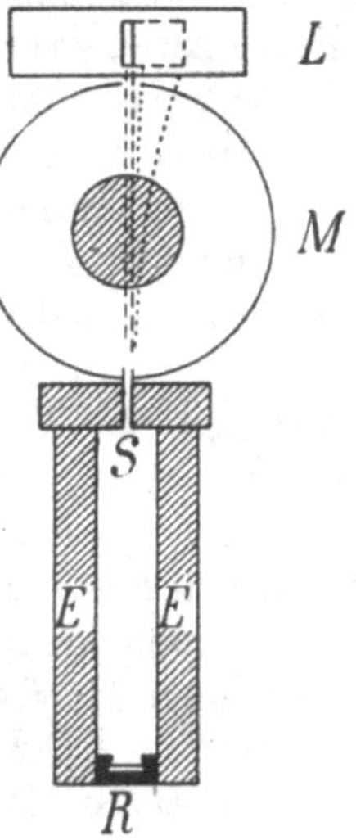

Fig. 655.

Dabei schützt die Eisenröhre die Strahlen auf dem Wege *RS* und verhütet so eine vorzeitige Ablenkung.

Das Auftreten eines Bandes bei der magnetischen Dispersion zeigt, daß die β-Strahlung des Ra eine inhomogene ist; unter diesen Strahlen finden sich auch sehr steife, die nur sehr wenig ablenkbar sind, daher nach §§ 825 u. 826 durch eine sehr hohe Geschwindigkeit ausgezeichnet sein müssen, die fast an die Lichtgeschwindigkeit *c* heranreicht. Die β-Strahlungen der einzelnen Zerfallsprodukte der radioaktiven Substanzen (s. III, D) besitzen stets ganz bestimmte, dem betreffenden Element eigentümliche Geschwindigkeiten. Bei magnetischer Zerlegung der β-Strahlung zeigt so jedes dieser Elemente sein charakteristisches „Geschwindigkeitsspektrum" (vgl. damit § 832, Vers. 732). So besitzt *Ur X* (§ 867) eine sehr rasche β-Strahlengruppe, deren Geschwindigkeit das 0,92fache der Lichtgeschwindigkeit ist, sowie eine bedeutend langsamere von 0,15 Lichtgeschwindigkeit, die den Kathodenstrahlen eines Entladungsrohres ähnlich ist.

Die Tatsache, daß die radioaktiven Körper Elektronen spontan aussenden, ist ein weiteres Beispiel dafür, daß im Inneren der Atome Elektronen vorhanden sind (s. §§ 831 u. 835).

B. Strahlen bewegter Materie.

Im Abschnitt A haben wir in den Korpuskeln der Kathodenstrahlen ganz neue, von den chemischen Atomen völlig verschiedene

Elemente der uns umgebenden Naturerscheinungen kennen gelernt, die freien Elektronen; sie gehen von der Kathode eines Entladungsrohres aus, in diesem die Glimmlichtphänomene erzeugend, waren selbst aber von der Natur der in der Röhre vorhandenen Gase, vom Material der Röhre und der Kathode vollkommen unabhängig. Bemerkenswert ist indessen, daß sie durchaus immer mit negativer Elektrizität begabt sind; trotz eifrigster Bemühungen ist es nicht gelungen, positiv geladene Teilchen von der Größenordnung der Elektronen aufzufinden. Nach dem Prinzip von der Erhaltung der Elektrizität (§ 479, S. 39) müssen wir aber erwarten, die entsprechende positive Ladung dort zu finden, wo wir freie negative Ladungen auftreten sehen. Es wird sich zeigen, daß die entsprechende positive Ladung immer an Atomen oder Atomkomplexen haftet, die ebenfalls mit großer Geschwindigkeit, aber im entgegengesetzten Sinne im Kathodengefälle bewegt werden.

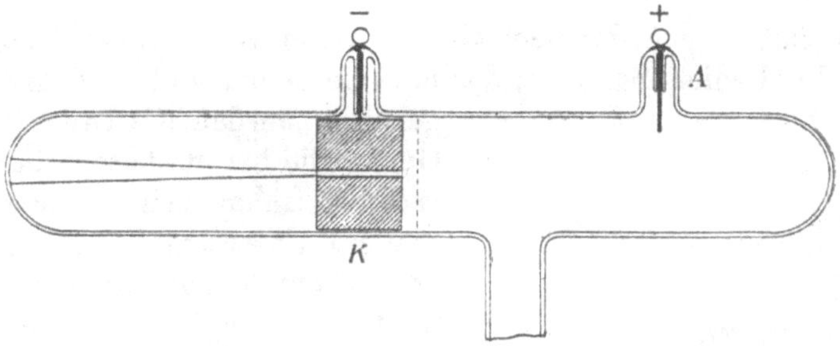

Fig. 656.

Es gewinnt danach den Anschein, daß ursprünglich elektrisch neutrale Atome dadurch positiv geladen zurückbleiben, daß von ihnen die leichtbeweglichen Elektronen abgespaltet werden, und nun beide Teilbestandteile Beschleunigungen in verschiedenem Sinne erfahren.

So werden wir hier auf eine neue Art korpuskularer Strahlungen geführt, die sich in jeder Beziehung entgegengesetzt wie die Kathodenstrahlen der verschiedenen Herkunft verhalten. Wir werden sie zunächst in den gasverdünnten Räumen von Entladungsröhren beobachten und später zeigen, daß auch von radioaktiven Körpern Strahlen solcher Art ausgehen.

* **842. Kanalstrahlen.** Versuch 734. Ein Vakuumrohr (Fig. 656) besitze eine Elektrode, die aus einem massiven Metallzylinder besteht, und eine einfache Drahtelektrode die in einem Ansatz befestigt ist. Ein Seitenrohr führe zur Luftpumpe. Macht man den Zylinder zur Kathode (*K*) den Draht zur Anode (*A*), indem man etwa eine Influenzmaschine anlegt, so besteht zwischen beiden

ein elektrisches Feld und beim Auspumpen spielen sich zwischen ihnen die bekannten in § 817 geschilderten Gasentladungsvorgänge ab. Hinter *K* (links in der Figur), enthält das Rohr noch einen freien Raum. In diesen reicht das elektrische Feld zwischen *K* und *A* nicht hinein und daran wird auch nichts geändert, wenn *K* in der Mitte eine enge, frei durchlässige Bohrung besitzt. In diesem Fall beobachtet man aber, daß in einem bestimmten Bereich des Luftdruckes, nämlich, wenn das negative Glimmlicht vor (rechts von) der Kathode gut ausgebildet ist, (seine Grenze ist punktiert angedeutet) auch links von *K* das Gas erhellt wird. Aus dem rückwärtigen Ende des Kathodenkanals tritt ein leuchtender Streif heraus, der bei höheren Drücken bald diffus auseinanderläuft und erstickt, bei Erniedrigung des Druckes immer schärfer wird, weiter reicht und, wenn er bis zur Glaswand gelangt, dort Fluoreszenz und eine goldgelbe Haut von Natriumlicht anregt.

Man hat diesen Streifen als die Bahn von Strahlen anzusehen, die nach der Bedingung, unter der man sie beobachtet, „Kanalstrahlen" genannt werden (Goldstein 1886). Gegen die bereits besprochenen Kathodenstrahlen zeigen sie ganz bestimmte Unterschiede. Sie stammen zwar ebenfalls aus der Nähe der Kathode, man zeigt leicht, daß ihr Entstehen ebenfalls von der Anodenlage unabhängig ist.

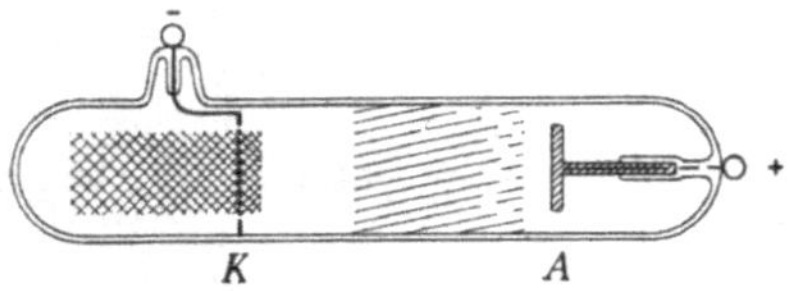

Fig. 657.

Sie fliegen aber nicht, wie die Kathodenstrahlen, von der Kathode fort, in den Entladungsraum hinein, sondern in entgegengesetzter Richtung, auf die Kathode selbst zu, und, wie wir sahen, weiter, wenn man ihnen einen Weg dazu frei macht. Man sieht, besonders bequem an einer netzförmigen Kathode (Fig. 657), daß sie bereits vor der Kathode zu leuchten beginnen — in Figur 657 ist das negative Glimmlicht, das etwa in Wasserstoff bläulich erscheint, gestrichelt, das Kanalstrahlenlicht, das dort rot erscheint, mit Kreuzstrichelung angegeben. Das Kanalstrahlenlicht erscheint etwa bei einem Drucke von einigen Zehnteln mm am hellsten und wird bei weiterem Auspumpen wieder schwächer. Schon hierdurch wird der Gedanke nahe gelegt, daß die Kanalstrahlen zu ihrer Entstehung den Gasinhalt des Rohrs nötig haben, — während wir die Kathodenstrahlen schließlich als Elektronen ansehen mußten, die aus der Kathodenoberfläche frei gemacht werden, und auch im höchsten Vakuum erzeugt werden können, wenn man die Kathode etwa durch Glühen zur Elektronenabgabe bringt.

* **843. Die Natur der Kanalstrahlen.** Wie die Kathodenstrahlen, werden auch die Kanalstrahlen von elektrischen und magnetischen Feldern abgelenkt, indes fällt sofort auf, daß die Wirkung viel schwächer ist. Wie dort (S. 227) ist zu schließen, daß hier geladene Teilchen sich bewegen, und wie dort kann aus kombinierten Versuchen die Geschwindigkeit v der Teilchen sowie ihre spezifische Ladung e/m ermittelt werden. Die Ergebnisse sind andere als dort und bei weitem nicht so einfach.

Zunächst zeigt sich, daß die Kanalstrahlteilchen — wenigstens zum großen Teil — positive Ladung mit sich führen. Hieraus wird verständlich, warum sie im Raum vor der Kathode, wo sie entstehen, die entgegengesetzte Richtung einschlagen, wie die negativen Kathodenstrahlen: das starke elektrische Feld des „Kathodenfalls" (§ 837), das die Elektronen von der der Kathode fortreißt, muß positive Teilchen auf die Kathode zu beschleunigen. Für die Geschwindigkeit findet man die Größenordnung 10^7-10^8 cm-sec^{-1}, während $\frac{e}{m}$ im elektromagnetischen Maß von der Größenordnung einiger Tausende ist. Wir stellen dem die Geschwindigkeit, die die Kathodenstrahlen derselben Entladungen zeigen, sowie das Verhältnis e/m für Kathodenstrahlen und für die H^+-Ionen der Elektrolyse gegenüber:

	v	e/m
Kathodenstrahlen	10^9—10^{10} cm-sec^{-1}	$1{,}77 \cdot 10^7 = 17\,700\,000$ emg CGS
Kanalstrahlen . .	10^7—10^8 „	50—$10^4 = 50$—10000 „
Spezif. Ladg. d. H^+-Ions:		$10^4 = 10000$ „

und sehen zunächst, daß die Kanalstrahlen weit langsamer sind als die Kathodenstrahlen, — ihre Geschwindigkeit liegt etwa um zwei Zehnerpotenzen niedriger. Die spezifische Ladung ist sogar um vier bis sechs Zehnerpotenzen geringer als bei Kathodenstrahlen. Sie entspricht der der Ionen in der Elektrolyse. Während e/m für Kathodenstrahlen einen einzigen ganz bestimmten Wert besitzt — einerlei, aus welchem Material die Kathode und das Füllgas des Entladungsrohres bestehen — zeigen die Versuche, daß es für Kanalstrahlen von der Art des Gases abhängt.

W. Wien hat in einer Reihe von Arbeiten seit 1898 gezeigt, daß die Kanalstrahlen aus Molekülen oder Atomen des Gases bestehen, in dem die Entladung vor sich geht. In Wasserstoffgas z. B. finden sich Teilchen, deren e/m dem des H^+-Ions in der Elektrolyse genau gleich ist. Man nimmt an, daß in den Ereignissen vor der Kathode gelegentlich die H_2-Moleküle des Gases zerschlagen und die H-Atome dabei noch eines Elektrons beraubt werden. Die so entstehenden H^+-Ionen werden im Kathodenfall auf die negativ geladene Kathode zu beschleunigt. Daneben findet man Teilchen, deren e/m halb so groß ist. Bestände die Strahlung notwendig aus Atomen, so käme man auf den Widerspruch, daß hier ein Atom ein „halbes Elektron“ verloren haben müßte. Die Molekularformel des Gases aber führt ohne weiteres auf die Deutung, daß hier ein ganzes Molekül, mit der doppelten Atommasse, ein Elektron verloren hat und als H_2^+ daherfliegt. Diese Art der Deutung bewährt sich durchaus, man findet bei jedem Gasinhalt solche Werte von e/m, wie sie Molekülen oder Molekülbruchstücken des betreffenden Gases zukommen müssen, betrachtet also z. B. in Quecksilberdampf u. a. Teilchen, die ein 200mal so kleines e/m zeigen als H^+, wie es der 200mal größeren Masse des Hg-Atoms bei gleicher Ladung zukommen muß. Dabei können Molekülbruchstücke auftreten, die chemisch keiner isolierbaren Verbindung entsprechen — in Fettdämpfen z. B. sind Teilchen vom Molekulargewicht 12, 13, 14, 15, 16 und 24, 25, 26 usw. beobachtet, d. h. Teilchen, die die Zusammensetzung C^+, CH^+, CH_2^+, CH_3^+, CH_4^+ und C_2^+, C_2H^+, $C_2H_2^+$ haben — man sieht leicht, daß diese Teilchen nur eine Lebensdauer von einigen Millionstel sec zu haben brauchen, um im Kanalstrahl Wege von Dezimetern zurücklegen zu können. Das Wiensche Verfahren ist mit der Zeit mehr und mehr verfeinert worden und hat in den letzten Jahren (Dempster, Aston) dazu gedient, die Einheitlichkeit der Atomgewichte chemischer Elemente nachzuprüfen. Man fand etwa in Strahlen, die von einer Magnesiumverbindung herrührten, Teilchen vom Atomgewicht 24,0—, 25,0—, 26,0— und hat zu schließen, daß Mg, dem der Chemiker das praktische Atomgewicht 24,31 zuschreibt, ein Gemisch aus 3 Atomarten ist. Soweit sich die Ergebnisse bisher überblicken lassen, stellen sich Elemente, deren Atomgewichte nicht genau ganzzahlig sind, stets als Gemische aus Bestandteilen ganzzahligen Gewichtes heraus, während andere, deren Ganzzahligkeit stets auffiel, wie C = 12,00, sich als einheitlich bewähren. Dies Ergebnis ist für die Atomphysik von größter Bedeutung.

Ihre Ladung erhalten die Kanalstrahlteilchen vermutlich in erster Linie durch die Kathodenstrahlen, die von den Gasmolekülen, die sie treffen, sekundäre Elektronen absprengen (§ 838), die Reste positiv zurücklassend. Die Vorgänge sind meist recht verwickelt: nicht nur werden Atome mitunter mehr als eines Elektrons beraubt, — man hat bis zu achtfach positiv geladene Atome beobachtet — sondern sie tauschen auch noch nach ihrer Beschleunigung mit den Gasmolekülen, auf die sie treffen, Elektronen aus, so daß ein Kanalstrahl da, wo er beobachtet wird, meist nicht mehr rein aus positiv geladenen Teilchen besteht, wie zur Zeit seiner Beschleunigung, sondern auch neutrale und sogar negative Bestandteile besitzt. Der viel gebrauchte Ausdruck „positive Strahlen“ trifft deshalb bei den Kanalstrahlen, streng genommen, nur auf den Zeitraum ihrer Entstehung zu. Die späteren Umladevorgänge, die ebenfalls von W. Wien entdeckt worden sind, haben vermutlich auch wesentliche Bedeutung für das Leuchten der Kanalstrahlen.

Im Jahre 1906 gelang es Gehrcke und Reichenheim, positive Strahlen unmittelbar an der Anode zu erzeugen. Die Anode muß dabei fähig sein, positive Ionen auszugeben und erhält zu diesem

Fig. 658a.

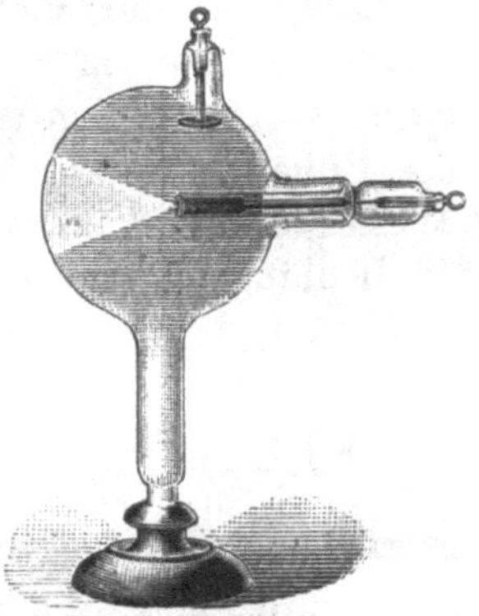

Fig. 658b

Zweck am besten eine Füllung aus dem Salz eines elektropositiven Metalls. Fig. 658a zeigt eine solche Salzanode, Fig. 658b soll einen Eindruck vom Aussehen der Entladung geben. Verwendet man etwa Natriumjodid, so erhält man, sobald die Anode sich durch den Stromdurchgang etwas erwärmt hat, einen hellen gelben Strahl, der im Sinne positiver Teilchen ablenkbar ist. Die Anwesenheit negativer Bestandteile (hier des Jods) läßt einen hohen Potentialabsturz vor der Anode entstehen und begünstigt damit — ganz ebenso wie der hohe Kathodenfall die Kathodenstrahlen entstehen läßt — die Ausbildung rascher und wohlbegrenzter „Anodenstrahlen“. Das oben angeführte Ergebnis über die Atomgewichtsverhältnisse des Magnesiums ist z. B. mit solchen an einer Mg-Salzanode erzeugten Anodenstrahlen gewonnen.

* **344. Das Leuchten der Kanalstrahlen.** Die Bahn der Kanalstrahlen wird unsichtbar, wenn man den „Beobachtungsraum“ *B* in den sie hinter der Kathode eintreten, so weit wie möglich auspumpt.

Da für die Entstehung der Strahlen zwischen *K* und *A* Gas notwendig ist, der Kathodenkanal aber offen bleiben muß, hilft man sich dadurch, daß man das hindurchfließende Gas ständig aus *B* abpumpt, und das durch *K* aus der Entladung abgeflossene ständig ersetzt, indem man etwa durch eine lange Kapillare neues Gas nachströmen läßt. So können stationäre Zustände erreicht werden. Entsprechende Mittel benutzt man, wenn in *B* dauernd ein anderes Gas anwesend sein soll als in der Entladung selbst.

Das Leuchten wird also vom Zusammenstoß der Kanalstrahlteilchen mit den Molekülen des in B vorhandenen Gases erzeugt. Um zu sehen, wer von beiden dabei leuchtet, hat man Kanalstrahlen aus einem bekannten Gas in ein anderes Gas eintreten lassen. Sorgt man z. B. dafür, daß die Entladung in Sauerstoff vor sich geht, der Beobachtungsraum B aber Stickstoff enthält, so schießt man offenbar Sauerstoff-Atome und Moleküle in eine Stickstoffatmosphäre hinein. Das Spektroskop zeigt dann die Spektren beider Elemente: sowohl die fliegenden wie die getroffenen Teilchen leuchten.

Die Kanalstrahlteilchen sind von allen leuchtenden Teilchen die, denen wir die größten Geschwindigkeiten erteilen können. $v = 3 \cdot 10^7$ cm-sec^{-1} ist nur mehr der tausendste Teil der Lichtgeschwindigkeit $c = 3 \cdot 10^{10}$ cm-sec^{-1}. In § 273 wurde das Dopplersche Prinzip besprochen, nach dem Wellenbewegungen aus bewegter Quelle eine gegen die Ruhe veränderte Wellenlänge zeigen. Ist die Geschwindigkeit der Wellenbewegung c, die der Quelle v, so ist die Änderung $\Delta\lambda$ der Wellenlänge λ gegeben durch:

$$\frac{\Delta\lambda}{\lambda} = \frac{v}{c}$$

Bei Kanalstrahlen kann, wie in § 840 erwähnt, $\frac{v}{c}$ leicht den Wert $^1/_{1000}$ erreichen. Für $\frac{\Delta\lambda}{\lambda}$ ist also dasselbe zu erwarten, und eine Änderung der Wellenlänge um $^1/_{1000}$ ist für die heutigen optischen Apparate mit Leichtigkeit festzustellen und zu messen. J. Stark zog 1905 diese Folgerung und fand sie experimentell völlig bestätigt. Nimmt man auf derselben Platte übereinander die Spektren desselben Gases im ruhenden Zustand und als Kanalstrahl auf, so findet man die Linien verschoben, und zwar nach kürzeren Wellenlängen, wenn man den Kanalstrahl auf den Spektralapparat zulaufen, nach längeren, wenn man ihn sich entfernen läßt.

Elektrische Aufspaltung von Spektrallinien. Zwischen eng zusammengerückten Elektroden lassen sich im Vakuum hohe elektrische Potentialdifferenzen aufrecht erhalten, ohne daß es zum Durchschlagen einer selbständigen Entladung kommt. J. Stark benutzte dies 1913, um auf die leuchtenden Atome im Kanalstrahl eine sehr hohe elektrische Feldstärke einwirken zu lassen, und fand, daß viele Spektrallinien dadurch — ähnlich wie im magnetischen Feld — in mehrere zerlegt werden können („Stark-Effekt" 1913). In seiner ersten einfachsten Anordnung (Fig. 659) stand der Kathode K, die durch viele Löcher die Kanalstrahlen (nach unten in der Figur) durchtreten ließ, in wenigen mm Abstand eine Scheibe P gegenüber, die bis 8000 Volt aufgeladen wurde. So konnten Felder von zehntausenden Volt pro cm, in späteren verbesserten Anordnungen bis über 100000 Volt/cm erreicht werden. Fig. 660 zeigt an, wie die rote Linie des Wasserstoffs (H-α), die von der Gegend zwischen K und B emittiert wird, im elektrischen Felde in 9 Glieder zerfällt, die teils parallel (p), teils senkrecht (s) zum angelegten elektrischen Felde schwingen. Die Höhe, die den einzelnen Gliedern gegeben ist, ist nach ihrer Helligkeit bemessen. Die folgenden Glieder der Wasserstoffserie (H-β, H-γ u.s.f.) zeigen noch verwickeltere Bilder. Für die Erkenntnis der Atomvorgänge bei der Lichtaussendung, die ja eine Aussendung elektromagnetischer Wellen ist, hat die Starksche Entdeckung sehr große Bedeutung und ihre theoretische Behandlung ist bereits weiter vorgeschritten als die der viel älteren magnetischen (Zeemanschen) Aufspaltung.

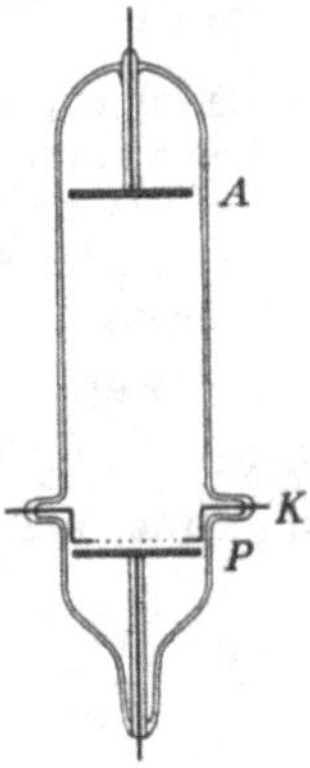

Fig. 659.

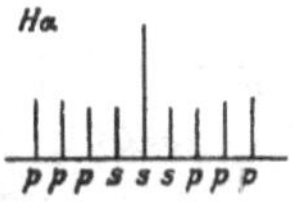

Fig. 660.

Abklingungsdauer leuchtender Atome. Ein weiterer Versuch von großer allgemeiner Wichtigkeit gelang W. Wien 1919. Er stellte im Beobachtungsraum ein so hohes Vakuum her, daß der Kanalstrahl aus Mangel an Zusammenstößen mit einem ruhenden Gas praktisch unsichtbar wurde. Nur der erste, unmittelbar am Kanal beginnende Teil des Strahls blieb erhalten, — auch bei noch so scharfem Auspumpen blieb hier ein etwa 1 cm langer leuchtender Streif bestehen, der von der Kathode fort allmählich schwächer wurde. Man mußte annehmen, daß die fliegenden Kanalstrahlteilchen ihren letzten Zusammenstoß und ihre letzte Anregung noch im Kanal erfahren und beim Weiterfliegen außerhalb des Kanals noch die Energie ausstrahlen, die sie von den letzten Zusammenstößen her in sich trugen. Man beobachtet also unmittelbar das „Abklingen" leuchtender Atome, eine sehr wichtige, früher aber der Beobachtung nicht zugängliche Erscheinung. Da die Kanalstrahlen mit etwa 10^8 cm sec^{-1} Geschwindigkeit das Leuchten noch 1 cm weit forttrugen, ergibt sich, daß das Leuchten angestoßener Atome etwa 10^{-8} sec anhält. In dieser Zeit muß der vom Atom ausgehende Wellenzug sich zu einer Länge von $3 \cdot 10^{10} \cdot 10^{-8}$ cm $=$ 300 cm entwickelt haben. Die Interferenzerscheinungen an scharfen Spektrallinien (S. 175) erlauben ebenfalls, die Länge der in sich zusammenhängenden Wellenzüge des Lichts zu ermitteln und führen ebenfalls bis auf Strecken von Meterlänge. Zwei ganz verschiedenartige

Methoden ergaben also dieselbe Größe für die mittlere Leuchtdauer eines Gasatoms.

Auf die Strecke von 3 m kommen, da die Wellenlänge einer roten Linie etwa $6 \cdot 10^{-5}$ cm ist, $\frac{300}{6 \cdot 10^{-5}} = 5 \cdot 10^{6}$ Wellen. Um 5 Millionen Wellen auszustrahlen, würde eine Stimmgabel von 1000 Schw./sec. eine Zeit von 5000 sec. d. i. 83 min fortklingen müssen. Zwei Stimmgabeln, die an Genauigkeit der Übereinstimmung mit zwei leuchtenden Gasatomen vergleichbar sein sollten, dürften im Verlauf dieser Zeit von etwa $1\,^1/_2$ Stunden nicht um eine einzige Schwingung auseinander kommen oder nicht eine einzige Schwebung zeigen.

* **845. α-Strahlen.** Von den Strahlungen radioaktiver Substanzen (§ 861 u. ff.) besitzt ein Teil, wie schon erwähnt (§ 841), die Eigenschaften sehr rascher Elektronen. Diese „β-Strahlen" machen sich zunächst dadurch bemerkbar, daß sie Luftstrecken von Dezimetern und Metern zu durchdringen vermögen. In unmittelbarer Nähe aktiver Substanzen aber pflegen meist die Wirkungen einer anderen, weniger durchdringenden Strahlenart zu überwiegen, die ebenfalls aus fliegenden Teilchen, indes von positiver Ladung, besteht. Sie führen den Namen „α-Strahlen".

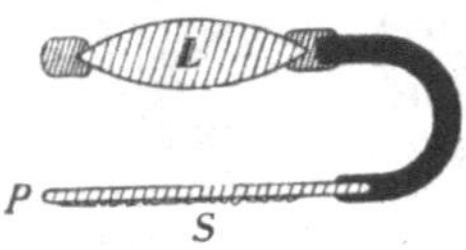

Fig. 661.

Die augenfälligste und eigentümlichste Erscheinung, die hier auf ein neues Agens hinweist, ist das „Scintillieren". Prüft man das Leuchten eines Fluoreszenzschirms aus Zinkblende, das in größerer Entfernung ganz ruhig und gleichförmig ist, in der Nähe der aktiven Substanz mit einer Lupe, so löst es sich in ein Gewimmel einzelner blitzartig auftauchender Lichtpunkte auf.

Auf ein Glasplättchen („Objektträger") (*P*, Fig. 661) wird eine dünne Schicht *S* von in Xylol gelöstem Kanadabalsam aufgetragen und, nachdem die Schicht bis zu einem kleinen Rest von Klebrigkeit eingetrocknet ist, kristallisiertes Zinksulfid („Sidot sche Blende") aufgestäubt. Über der anderen Glasseite wird eine Lupe *L* in solchem Abstand befestigt, daß die Schicht scharf gesehen wird. Wird die Schichtseite einer α-strahlenden Substanz (Glühstrumpfreste, die zum größten Teil aus Thoroxyd bestehen) genähert, so nimmt im Dunkeln das gut ausgeruhte Auge durch die Lupe das fortwährende Aufblitzen der Scintillationen wahr.

In einem Abstand von höchstens 9 cm in Luft verschwinden die Scintillationen vollständig, — ebenso werden sie durch Einschalten einer Aluminiumfolie von einigen hunderteln mm Dicke völlig vernichtet. Die Strahlen, von denen sie herrühren, sind also im Verhältnis zu den β-Strahlen sehr wenig durchdringend.

Untersucht man die Gasleitfähigkeit in unmittelbarer Nähe etwa eines Uranpräparats, so findet man, daß auch sie nur zum kleineren Teil von den uns schon bekannten durchdringenden β-Strahlen herrühren kann. Legt man auf das Präparat ein Aluminiumblatt von einigen hunderteln mm Dicke auf, das für Kathodenstrahlen eines Entladungsrohrs noch durchlässig ist (§ 832), für β-Strahlen also kaum ein merkliches Hindernis bietet, so wird gleichwohl die in der Nähe des Präparats beobachtbare Leitfähigkeit ganz beträchtlich herabgesetzt. Versuche dieser Art zeigten zuerst, daß vom Präparat Strahlen ausgehen, die sehr starke Wirkungen ausüben, aber bereits durch dünne Schichten von Materie aufgehalten werden.

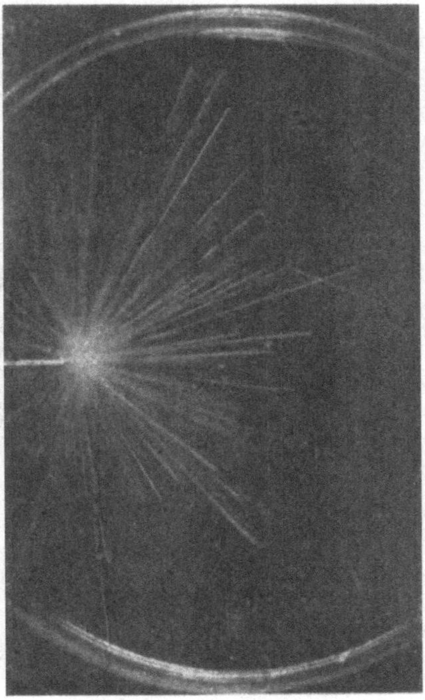

Fig. 662.

Die unmittelbarste Anschauung von ihrer Wirkung geben heute die Nebelspur-Bilder, die nach der Methode von C.T.R. Wilson (§ 550) durch Kondensation von Nebeltröpfchen an den längs der Strahlbahn erzeugten Ionen erhalten werden. Fig. 272 zeigte unten ein Stück einer β-Strahlenbahn, oben die eines α-Strahls. Fig. 662 zeigt, wie von einer aktivierten Nadelspitze aus nach allen Richtungen geradlinige Strahlbahnen ausgehen, die so dicht mit Ionen besetzt zu sein scheinen, daß sie sich wie ein zusammenhängender Strich ausnehmen. Sie enden nach einigen cm, meist mit einer kleinen Wendung. Fig. 663 zeigt Bahnen von β-Strahlen. Die Ionenerzeugung in Luft ist hier soviel schwächer, daß die Bahn von getrennten Nebelpünktchen angezeigt wird. Von der strengen Geradlinigkeit der α-Strahlenbahn, die nur selten durch einzelne Knicke unterbrochen wird, unterscheidet sie sich durch vielfache Krümmungen.

Das starke Ionisationsvermögen der α-Strahlen, das hier unmittelbar ins Auge fällt, erlaubt, sie einzeln nachzuweisen. Man läßt sie zu diesem Zweck etwa durch ein Glimmerfenster in eine kleine Kammer *K* (Fig. 664) eintreten, in deren Innerem sie in der Nähe einer

Spitze S vorbeigehen, die mit einer Batterie so hoch gegen K aufgeladen ist, daß nahezu Spitzenentladung eintritt. Sobald ein α-Teilchen in der Nähe der Spitze seine Ionen erzeugt, werden diese von dem hohen elektrischen Feld, das dort herrscht, so stark in Bewegung gebracht, daß eine kurze Spitzenentladung eintritt, die am Zucken eines mit der Spitze verbundenen Fadenelektrometers erkannt wird. Die Methoden dieser Art, deren erste von Rutherford und Geiger 1908 angegeben wurde — die eben beschriebene Form mit der

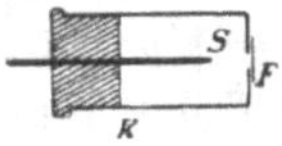

Fig. 664.

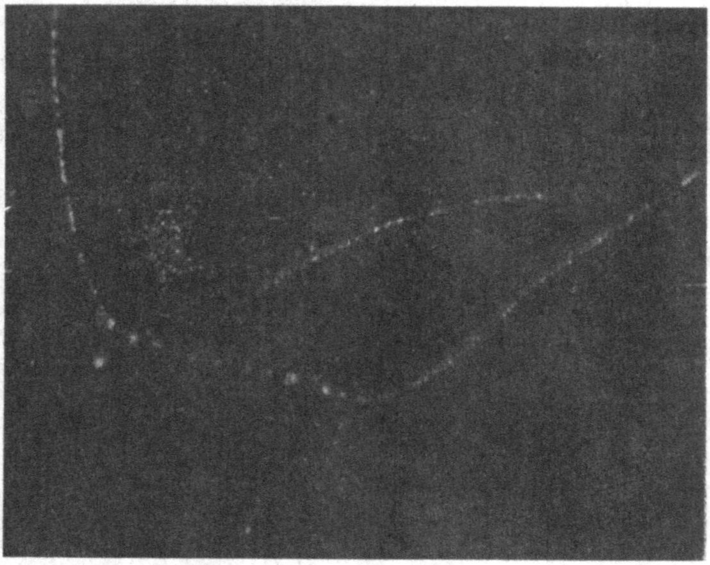

Fig. 663.

Spitze stammt von Geiger — sind deswegen von großer Bedeutung gewesen, weil sie zum erstenmal die Wirkungen eines einzelnen atomistischen Teilchens zu beobachten erlaubten.

Mit ihrer Hilfe ließ sich feststellen, daß an einem guten Zinksulfidschirm nahezu jedes α-Teilchen, das ihn trifft, einen sichtbaren Lichtblitz hervorruft. Dadurch erhielt diese einfache Beobachtungsart mit Hilfe der Scintillationen die Bedeutung eines verläßlichen Anzeigers für die Zahl der aufschlagenden Teilchen — eine Rolle, in der sie zu wichtigen weiteren Fortschritten dienen konnte. Ferner kann die Ionenzahl, die ein einziges α-Teilchen erzeugt, ermittelt werden, wenn man die Ionenzahl, die von einer bekannten Zahl von α-Teilchen erzeugt wurde, elektrometrisch mißt. Ein α-Teilchen von

RaC erzeugt danach in Wasserstoff auf seinem ganzen Wege 237000 Ionen (Geiger), womit der scheinbar stetige Zusammenhang der Ionenkette auf den Nebelbildern quantitativ verständlich wird. Die Zahl der Ionen fällt in dieselbe Größenordnung wie die Zahl der Moleküle, die das α-Teilchen durchqueren mußte, nach der Gastheorie 170000 — es reißt also etwa aus jedem Molekül, das es durchschlug, ein Elektron heraus. Schließlich kann die Zählung dazu dienen, die Ladung anzugeben, die auf einem einzelnen α-Teilchen sitzt.

846. Ladung und Masse der α-Teilchen. Durch sehr sorgfältiges Auffangen der α-Teilchen in hohem Vakuum gelingt es, die Ladung der α-Teilchen selbst — die im allgemeinen neben den ungeheuren von ihnen erzeugten Ionenmengen ganz zurücktritt — nachzuweisen und zu messen. Es zeigt sich, daß sie positiv ist, und eine Verbindung solcher Ladungsmessung mit einer Teilchenzählung ergibt als die Ladung des einzelnen α-Teilchens (nach den sehr sorgfältigen Beobachtungen von Regener 1909) $9{,}58 \cdot 10^{-10}$ est. E.

Für die (negative) Ladung des Elektrons fand sich bekanntlich $4{,}774 \cdot 10^{-10}$ est. E. — Die des α-Teilchens ist also das doppelte einer Elementarladung.

Nach den mehrfach besprochenen Methoden der elektrischen und magnetischen Ablenkung gelang Rutherford die Bestimmung von Geschwindigkeit v und spezifischer Ladung e/m der α-Teilchen. Während v je nach der Herkunft der α-Teilchen verschieden ausfiel — nach der heutigen Kenntnis liegen die Geschwindigkeiten zwischen $1{,}5 \cdot 10^9$ und $2{,}2 \cdot 10^9$ cm sec^{-1} — fand sich für e/m, unabhängig von der Herkunft, stets der Wert:

$$e/m = 5{,}07 \cdot 10^3 \text{ emg. E.}$$

Die Natur der α-Teilchen verschiedener Herkunft war danach augenscheinlich dieselbe. Nähere Untersuchung zeigte, daß jede einzelne α-strahlende Atomart nur α-Teilchen von einer einheitlichen Geschwindigkeit aussendet.

Trotzdem diese Geschwindigkeiten bei weitem höher sind als bei Kanalstrahlen, zeigt das e/m an, daß Teilchen vom Gewicht eines Atoms vorliegen. e/m ist halb so groß, wie für H^+, es könnte hiernach z. B. ein Molekülstrahl H_2^+ (vgl. § 840) vorliegen, der bei derselben Ladung wie H^+ die doppelte Masse trägt. Da die Ladung des α-Teils aber nach den oben angeführten Daten doppelt so groß wie die des H^+-Ions ist, muß seine Masse gleich dem Vierfachen der

Wasserstoffmasse sein. Das führt auf das Atomgewicht des Heliums: 4,00 (für O = 16,00).

Rutherford hat gezeigt, daß die α-Teilchen sich schließlich in normale Heliumatome verwandeln, indem er eine größere Menge Radium-Emanation in eine Kapillare einsperrte, deren Wände dünn genug waren, α-Teilchen durchtreten zu lassen. Die Kapillare ragte in einen gut ausgepumpten Raum hinein, und in diesem Raum stellte sich im Verlauf von Tagen ein ständig wachsender Gehalt von Heliumgas ein, das an seinem charakteristischen Spektrum zu erkennen war.

Die α-Teilchen sind also als Heliumatome anzusehen, denen während ihres Fluges zwei Elektronen fehlen, so daß sie eine doppelte positive Ladung zeigen.

* **847. Reichweite.** Während die Zahl von β-Teilchen, die gezwungen sind, Materie zu durchsetzen, ständig herabgeht, indem stets einzelne von ihnen völlig aufgehalten werden, ändert sich die Zahl von α-Teilchen, die Luft oder dünne feste Schichten durchsetzen müssen, auf den ersten cm ihres Weges in Luft garnicht. Verfolgt man die Zahl der Teilchen eines gegebenen Bündels, etwa indem man Scintillationen abzählt, durch wachsende Schichtdicken von Luft hindurch und trägt sie graphisch als Funktion der durchsetzten Dicke auf, so findet sich etwa der in Fig. 665 mit „Zahl“ bezeichnete Verlauf. Die Teilchenzahl geht, nachdem sie zuerst gleich blieb, schließlich im Verlauf weniger mm auf Null herab. Alle Teilchen eines Bündels zeigen also ein und dieselbe „Reichweite“ R, und da diese Größe mit der Anfangsgeschwindigkeit der Teilchen wächst und leicht festzustellen ist, wird sie viel benutzt, um eine α-Strahlenart zu kennzeichnen. R in Luft von 760 mm und 15° C ist für die viel benutzten α-Teilchen des RaC: $R = 6{,}94$ cm, für die langsamsten bekannten α-Strahlen (Uran I) 2,50 cm, für die raschesten (ThC) 8,6 cm. Geiger fand, daß die Reichweite eines α-Teils der dritten Potenz der Geschwindigkeit proportional ist. Trägt man die Zahl der vom α-Teilchen auf dem cm erzeugten Ionenpaare auf, so findet man (Fig. 665 „Ionisation“) [1]), daß sie gegen Ende der Reichweite zunimmt.

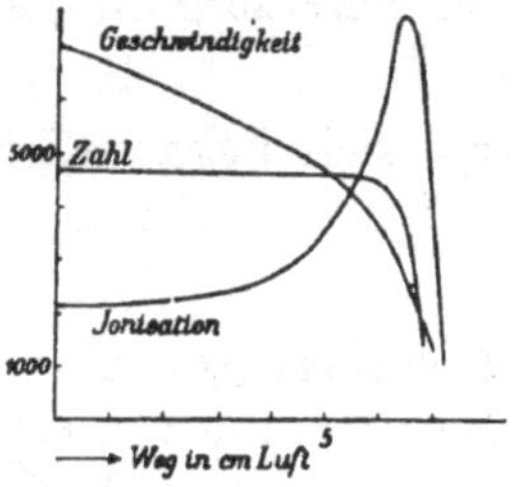

Fig. 665.

[1]) Der Ordinatenmaßstab der Fig. 665 zeigt die Zahl der jeweils auf einem Millimeter des Weges erzeugten Ionen an. Der Maßstab für Zahl und Geschwindigkeit ist willkürlich gewählt, um die gleichzeitige Änderung der Größen in einem Bilde zeigen zu können.

Da jedes Ionenpaar durch Abreißen eines Elektrons aus einem getroffenen Gasmolekül entsteht, bedeutet dies, daß das α-Teil auf jedem cm seines Wegs eine bestimmte Arbeit leistet und daß diese Arbeit gegen Ende seines Weges sogar zunimmt. Dementsprechend zeigt sich, daß die Geschwindigkeit der α-Teilchen (Fig. 655 „Geschw.") ständig herabgeht und zwar immer schneller, je mehr die Ionisationsfähigkeit zunimmt. Schließlich erschöpft sich dei Rest der Geschwindigkeit auf kurzem Wege und da dieser Energieverbrauch für alle Teilchen eines Bündels nahezu gleich verläuft, verlieren alle kurz nacheinander die Fähigkeit, das Gas weiter zu durchdringen, so daß das Bündel nach einem ganz bestimmten Wege durch die Materie plötzlich ganz verschwindet und so die charakteristische Erscheinung der „Reichweite" zeigt.

* **848. Streuung der α-Teilchen. Der Atomkern.** Elektronen, die Materie durchsetzen müssen, werden dabei abgelenkt und zerstreut:

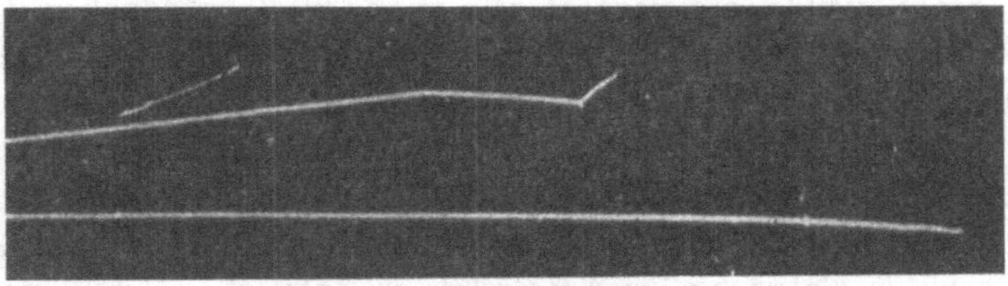

Fig. 666.

ein Kathodenstrahlenbündel etwa (§ 832) breitet sich in dichtem Gas weiter und weiter aus. Dies wurde darauf zurückgeführt, daß in den durchfahrenen Atomen elektrische Felder bestehen, die die Elektronen ablenken. α-Teilchen zeigen, trotzdem sie ebenfalls geladen sind, scharf geradlinige Bahnen (Fig. 662) — nur in einzelnen Fällen zeigen sich scharfe Knicke (Fig. 666). Während das leichte Elektron offenbar im Atominneren oft ausweichen muß, schlägt das 7200 mal so schwere α-Teilchen geradeaus durch. In einzelnen Fällen aber muß es selbst ausweichen, ist also in ein Feld geraten, das stark genug ist, es abzulenken und das mit einer trägen Masse verbunden ist, die mit der seinigen zu vergleichen ist. Man kommt so zur Vorstellung, daß im Atominneren ein sehr schwer zu treffender, also sehr kleiner Bestandteil sitzt, der eine Ladung und eine mit den Atomgewichten vergleichbare Masse trägt. Man nennt diesen Teil den K e r n des Atoms.

Für die messende Untersuchung der Erscheinung — man studiert dabei die Häufigkeit der verschiedenen Ablenkungswinkel an Atomen von verschiedenem Material — zeigt sich dieser Gedanke als sehr brauchbar. Kerne schwererer Atome lenken stärker ab. Die Ablenkungsbeobachtungen lassen sich quantitativ genau wiedergeben, wenn man annimmt, in jedem Atom sitze eine positive Punktladung, und diese stoße die ebenfalls als punktförmig angesehene doppelte positive Ladung des vorüberfliegenden α-Teils nach dem gewöhnlichen Coulombschen Gesetz der Elektrostatik ab. Wir bezeichnen die Ladung des ablenkenden Kerns, in Elementarquanten gerechnet, mit Z. Aus den neuesten Versuchen (Chadwick, 1921) ergibt sie sich für

Kupfer	(Ordnungszahl 29)	Ladung	$= 29{,}3 \pm 1{,}5\,\%$
Silber	(„ 47)	„	$= 46{,}3 \pm 1{,}5\,\%$
Platin	(„ 77)	„	$= 77{,}4 \pm 1\,\%$

Schon aus früheren, noch weniger genauen Beobachtungen war geschlossen worden, daß allgemein die „Ordnungszahl“ oder „Grundzahl“ Z eines Elements seine positive Kernladung angibt. Da das Atom als Ganzes neutral sein muß, muß es daneben Z negative Ladungen enthalten. So entsteht das Bild des Atoms als eines weitausgedehnten Systems von Punktladungen: einer positiven mit der Ladung Z und der ganzen Atommasse, Z negativer mit der winzigen Masse des Elektrons und je der Ladung 1. Da He als zweites Element $Z = 2$ hat, ist das α-Teilchen selbst mit seiner doppelten positiven Ladung als ein nackter elektronenloser Heliumkern anzusehen. Auf den Kern hat man die Atommasse und die radioaktiven Zerfallserscheinungen zurückzuführen, während die Elektronen sich in den lichtelektrischen, optischen und chemischen Eigenschaften des Atoms tätig zeigen. Es liegt nahe anzunehmen, daß der schwere positive Kern von den Elektronen als Planeten umkreist wird, und dies bewährt sich in der modernen von Bohr 1913 begründeten Theorie der Spektrallinien aufs beste.

Eine sehr wichtige Reihe von Erscheinungen ergibt sich beim Eindringen von α-Strahlen in leichte Atome. Wird ein H-Kern, der viermal so leicht ist als ein α-Teilchen, zentral von einem solchen getroffen, so muß er, wegen der Erhaltung der Bewegungsgröße sogar rascher davonfliegen als das α-Teilchen ankam. In der Tat entsteht beim Bombardieren von Wasserstoff eine kleine Anzahl von Teilchen, deren Reichweite viermal so groß ist, als die der α-Teilchen selbst. Aus ihrer Verteilung über die Richtungen läßt sich wiederum auf die Stoßvorgänge schließen, und es findet sich, daß die Kerne bei Stößen, bei denen sie einander näher kommen als $6 \cdot 10^{-13}$ cm ($=$ etwa $\frac{1}{100000}$ Atomdurchmesser), nicht mehr wie

Punkte aufeinander einwirken. Die Beobachtungen weichen von dem Ergebnis der Rechnung, die man für Punktladungen aufstellt, in dem Sinne ab, als wirke das α-Teilchen wie eine zu seiner Flugrichtung quergestellte flache Scheibe. In dieser Größenordnung ist also die „Größe des Heliumkerns" zu suchen.

Bei der Untersuchung von Stickstoff fand Rutherford 1919 eine ganz geringe Zahl von Teilchen ebensogroßer Reichweite wie in Wasserstoff. Er zog den Schluß, daß hier vom Stickstoffkern durch den α-Stoß ein H-Kern abgesprengt wird. Damit muß auch seine Ladung, also seine Ordnungszahl Z heruntergehen, d. h. das Restatom muß einem niedrigen Element angehören („künstliche Umwandlung chemischer Elemente"). Nach neueren Versuchen lassen sich ebenso wie aus N aus einer Reihe benachbarter Elemente ungerader Atomgewichts- und Ordnungszahl H-Kerne absprengen, während die geradzahligen (z. B. C, O) diese Bruchstücke nicht hergeben. Dabei geht die Energie (z. B. bei P, Al) vielfach weit über die hinaus, die das α-Teilchen beibrachte. Es ist also anzunehmen, daß die Wirkung des primären α-Teilchens hier einen Zerfall des Atomkerns auslöst, wie er im radioaktiven Zerfall (s. d.) selbsttätig in Erscheinung tritt. *

C. Röntgenstrahlen.

Erfährt ein Elektron eine Beschleunigung, so eilt ein Teil der dazu aufzuwendenden Arbeit in Form einer elektromagnetischen Strahlungswelle in den Raum hinaus. Ebenso muß bei jeder Verzögerung, Bremsung, also dann, wenn die Geschwindigkeit v des Elektrons verkleinert wird, ein Teil der von v abhängenden Feldenergie (vgl. § 689, Bd. II, 1, S. 488, Formel 486), zu einer Feldstörung Veranlassung geben, welche sich mit Lichtgeschwindigkeit wellenartig ausbreitet. Der Energieinhalt dieser von einem einzelnen Elektron ausgehenden Störung muß um so beträchtlicher ausfallen, je größer die ursprüngliche Geschwindigkeit des Elektrons war, und je rascher dieselbe auf den Wert 0 gebracht wird, je kürzer also die „Bremszeit" ist.

Solche wellenartig sich im Felde ausbreitenden „Impulse" sind es, deren Wirkungen W. C. Röntgen (1895) entdeckte, als er die Lenardschen Versuche (vgl. § 835, S. 244) weiter verfolgte.

Er fand, daß überall dort, wo Kathodenstrahlen auf einen festen Körper auffallen, also Elektronen in ihrem Laufe gebremst werden, eine neue, bis dahin unbekannte, von ihm daher zunächst X-Strahlen genannte Strahlungsart sich **geradlinig** ausbreitet, welche eine **große durchdringende Kraft** besitzt. Außerdem zeigen diese Strahlen die auch schon bei den

Kathodenstrahlen bemerkten drei Wirkungen: Fluoreszenzerregung, Affizierung der photographischen Platte und ionisierende Wirkung auf Gase. Von den Kathodenstrahlen unterscheiden sie sich aber (außer durch ihre viel größere Durchdringsfähigkeit) wesentlich dadurch, daß sie selbst durch elektrische oder magnetische Felder nicht ablenkbar, also offenbar **nicht korpuskularer Natur** sind.

Seine Aufmerksamkeit richtete sich dabei vornehmlich auf den auch schon von Lenard bemerkten Anteil der durch das Lenardfenster gegangenen Kathodenstrahlung, die sich nicht durch den Magneten ablenken ließ.

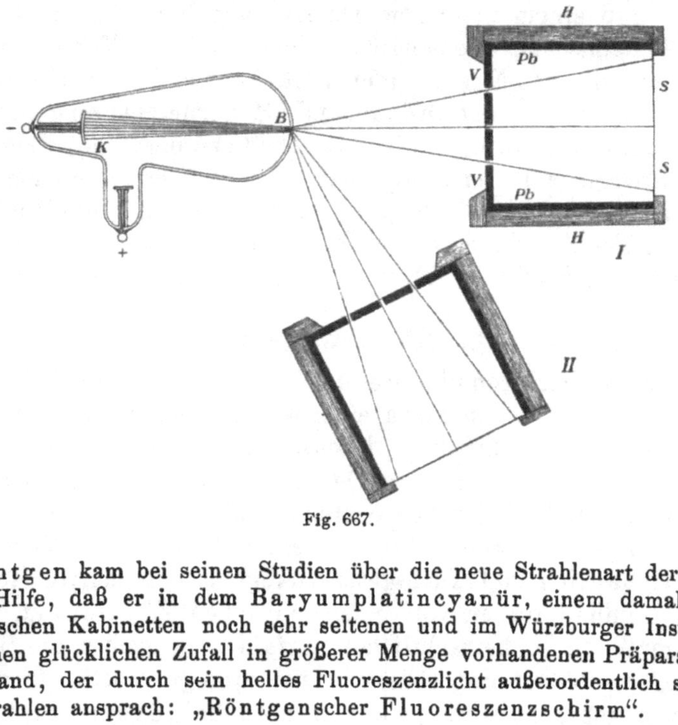

Fig. 667.

Röntgen kam bei seinen Studien über die neue Strahlenart der Umstand sehr zu Hilfe, daß er in dem Baryumplatincyanür, einem damals in den physikalischen Kabinetten noch sehr seltenen und im Würzburger Institute nur durch einen glücklichen Zufall in größerer Menge vorhandenen Präparate, einen Körper fand, der durch sein helles Fluoreszenzlicht außerordentlich scharf auf die X-Strahlen ansprach: „Röntgenscher Fluoreszenzschirm".

849. Grundversuche. Versuch 735. Eine birnenförmige Entladungsröhre, wie sie Fig. 667, zeigt, ist auf die Gaedesche Quecksilberpumpe (I, Fig. 34 und 35, S. 109 [bei *R*] aufgesteckt, die Kapselpumpe Fig. 32 und 33, S. 107 ist als Vorpumpe vor diese geschaltet). Während die Entladungen eines mittelgroßen Induktoriums hindurchgehen, wird die Röhre ausgepumpt und mit dem Fluoreszenzschirm abgesucht: Sowie die (grünliche) Glasfluoreszenz der Röhre lebhafter zu werden beginnt, fängt auch der Schirm an hellgrün aufzuleuchten. Aber er leuchtet nicht nur, wenn die Schicht mit dem

Bariumdoppelsalze der Röhre zugekehrt ist, sondern auch, wenn die Rück-(Papp-)seite der Röhre zugekehrt ist. Der Schirm leuchtet auch noch, wenn die Röhre vollkommen in ein schwarzes Tuch eingehüllt, wenn sie mit einem Pappkasten bedeckt, schließlich (bei sehr tiefen Drucken in der Röhre), wenn diese in einem Holzkasten eingeschlossen wird: Von der Röhre gehen also Strahlen aus, welche durch die Glaswand der Röhre selbst, durch Pappe und durch Holz hindurch zu dringen vermögen; es bedarf daher eines besonderen Fensterchens zum Herauslassen der Strahlen nicht.

Die Röntgenschen Strahlen nehmen von derjenigen Stelle der Röhre ihren Ausgang, an welcher die Kathodenstrahlen gebremst werden.

Versuch 736. Einer birnenförmigen Entladungsröhre, wie die soeben benutzte, die bereits auf sehr hohes Vakuum ausgepumpt und dann zugeschmolzen wurde (Fig. 667), wird ein Holzkasten *HH* gegenüber gestellt, der mit Bleiblech Pb Pb ausgekleidet ist. An der Vorderwand *VV* sind durch den Bleibeleg eine größere Anzahl sich um die Mittelachse des Kastens symmetrisch gruppierende Löcher gebohrt. Vor die (mit Pb nicht bedeckte) Rückwand ist ein großer Fluoreszenzschirm *SS* gestellt, mit der Schichtseite nach außen.

Wird die Röhre kräftig erregt, so zeigen sich auf dem Schirme helle Flecken, welche beim Nähern und Entfernen, Heben und Senken und Drehen des Kastens deutlich erkennen lassen, daß es sich um eine Zentralprojektion der Löcher auf den Schirm handelt, und daß der Ausgangspunkt der Strahlen nicht etwa die Kathode *K* der Röhre, sondern die Bremsstelle *B* der Röhre ist, was besonders deutlich wird, wenn man mit dem Kasten aus der Stellung I in die Stellung II übergeht. Wird das Kathodenstrahlbündel in der Röhre durch den Magneten abgelenkt, so wandert die Ausgangsstelle der Röntgenstrahlen *B* mit.

* Die Stelle *B* wird in kurzer Zeit sehr warm, so daß zu befürchten ist, daß bei längerem Betrieb das Glas hier weich wird und dem Luftdruck nicht mehr Stand zu halten vermag.

Röntgen fand bald, daß die Ausbeute an Strahlen bedeutend höher ausfällt, wenn man die Kathodenstrahlen, statt auf das Glas der Röhrenwand, auf ein Metall hohen Atomgewichts aufprallen läßt, dem von der Kathode kommenden Bündel also eine „Antikathode" aus derartigem Material in die Wege stellt. Man wählt dafür meist Platin, Platiniridium, Wolfram. Neben dem hohen Atomgewicht besitzen diese Metalle sehr hochliegende Schmelzpunkte. Man kann daher sehr intensive Kathodenstrahlen verwenden (siehe § 825, S. 225) und diese durch Anwendung einer hohlspiegelförmigen Kathode (siehe ebenda) in einem Brennpunkt („focus") auf der Antikathode konzentrieren, der dann der Ausgangspunkt der gesamten Röntgenstrahlen wird. Man kommt so zu der Form der „Fokusröhre" Fig. 668: die langgestielte Hohlspiegelkathode sitzt seitlich an einer Glaskugel, gegen deren Mitte eine Platte aus härtestem Materiale, die „Antikathode" (Anti K.), vorgeschoben ist, die zweckmäßig mit der Anode A leitend verbunden wird. Alsdann steht die gesamte, zwischen K und A angelegte Potentialdifferenz zur Beschleunigung der Elektronen zur Verfügung, deren Geschwindigkeit an der Antikathode plötzlich von ihrem vollen Werte bis auf den Wert 0 gebracht wird. Infolgedessen gehen Röntgenstrahlen nach allen Richtungen der Halbkugel aus, die sich vor der Ebene der Antikathode ausbreitet.

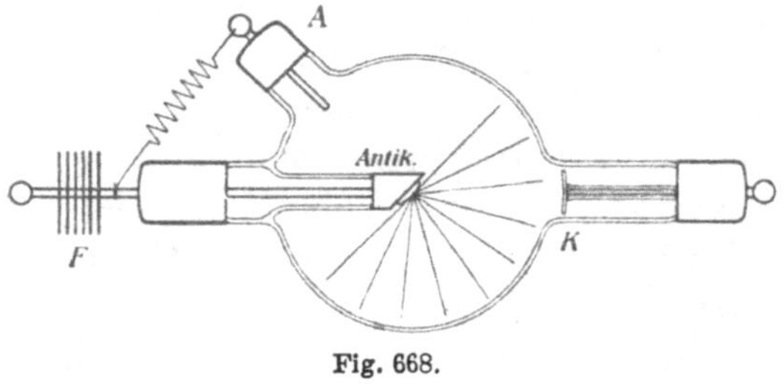

Fig. 668.

* In Röhren für medizinische Zwecke, die hoch belastet werden sollen, muß bei der Konstruktion der Antikathode für gute Wärmeableitung Sorge getragen werden. So wird z. B. etwa die Zuleitung durch einen starken Kupferstab (guter Wärmeleiter) gebildet, der außerhalb des Rohrs eine Reihe von Kühlflügeln (F Fig. 668) trägt, die die Wärme abstrahlen. Bei anderen Konstruktionen wird ein Luftstrom oder feiner Wasserstrahl von außen her gegen die Rückseite der Antikathodenplatte gerichtet. Da die Schärfe der Schattenbilder durch die Schärfe des Punktes bedingt ist, der den Ausgangspunkt der Zentralprojektion bildet, des Brennflecks der Kathodenstrahlen, kann auch eine rein lokale hohe Erhitzung am Ort des Brennflecks, die die Antikathodenoberfläche dort verändert, sehr schädlich werden. Fast die ganze in das Rohr hineingeschickte Energie (man wird z. B. 5 Milliampere bei 100000 Volt Klemmenspannung durch das Rohr schicken; berechne die aufgewandte Leistung) setzt sich an diesem Punkt in Joulesche Wärme um, nur etwa ein Tausendstel wird zu Röntgenstrahlung. Ein Teil der Kathodenstrahlen wird außerdem diffus zurückgeworfen (s. § 836), trifft die Glaswand der vor der Antikathodenfläche liegenden Kugelhälfte, erregt sie zu kräftiger Fluoreszenz und erzeugt weitere Röntgenstrahlen. Da diese nicht von der Antikathode kommenden Strahlen bei Durchleuchtungen und Aufnahmen (s. u.) das Bild verschleiern, müssen sie (durch passende „Blenden") in ihrer Wirkung möglichst beschränkt werden.

In den letzten Jahren sind Röhren technisch völlig durchgebildet worden und viel in Gebrauch gekommen, bei denen nicht eine „selbständige" Entladung im Gasrest stattfindet, sondern eine Glühkathode (vgl. § 831, S. 235) die auf die Antikathode geschleuderten Elektronen liefert. Hier läßt sich die Betriebsspannung und damit die „Härte" der erzeugten Röntgenstrahlen (s. u. S. 280) willkürlich stark verändern. *

Versuch 737. Eine Fokusröhre ist in einem kräftigen (mit Sammet ausgelegten) Holzstative auf einem mattschwarz angestrichenen Drehtischchen aufgestellt, so daß sie nicht nur weithin gesehen, sondern auch nach allen Seiten hin gedreht werden kann.

Die Zuleitungen gehen, in Hartgummi aufs beste isoliert, seitlich am Tischchen heraus; an sie sind Zuleitungsbänder angeschlossen, welche aus Büchsen herausgezogen werden, die an den Polen des Induktoriums befestigt sind. Federn ziehen die Metallbänder wie bei einem Bandmaße in die Büchsen zurück, so daß die Zuleitungen immer (mässig stark) gespannt sind und daher auch beim Drehen des Tischchens nirgends anliegen oder aneinander kommen können.

Damit das Eigenlicht der Röhre selbst nicht stört, ist sie mit einem geschwärzten Pappkasten überdeckt. Am Vorderrande des Tischchens ist eine federnde Nut, in welche der Holzrahmen des Fluoreszenzschirmes eingesteckt werden kann. Außerdem können zwischen ihm und dem Pappkasten mit der Röhre Holzbänkchen aufgestellt werden, welche die verschiedenen im folgenden zu durchleuchtenden Gegenstände tragen. Wenn die Erscheinungen auf dem Leuchtschirme weithin gesehen werden sollen, empfiehlt es sich, alle vorzunehmenden Versuche zunächst bei Saalbeleuchtung zu erläutern, dann dauernd dunkel zu lassen und zum Leuchten bei den einzelnen Manipulationen nur eine kleine elektrische Taschenlampe zu verwenden. In dem Maße, wie sich das Auge des Beschauers dem Dunkel adaptiert, wird es mehr und mehr Einzelheiten auf dem Schirme auch aus größerer Entfernung wahrnehmen.

a) Ausbreitungsgebiet der Röntgenstrahlen. Sucht man die Umgebung der Röhre mit dem Schirme ab, so erkennt man in der Tat, daß das Gebiet der Röntgenstrahlung, wie in Fig. 668 angedeutet, die Halbkugel vor der Antikathode ist.

b) Geradlinige Ausbreitung. In ein dickes Holzbrett sind in gleichen gegenseitigen Abständen dicke, lange Eisenschrauben senkrecht zum Brett, also untereinander parallel stehend, eingeschraubt. Legt man auf das Brett den Schirm und bewegt man beide zusammen vor der Röhre hin und her, auf und ab, so zeigen die schwarzen Schattenbilder der Schrauben immer von einer Stelle weg, dem Fußpunkte des Lotes von der Ant. K. auf das Brett; die perspektivischen Verkürzungen und Verlängerungen und Drehungen weisen wieder auf die geradlinige Ausbreitung der Strahlung hin.

c) Nichtablenkbarkeit durch Magnetfelder. Dicht an den Pappkasten und damit an die Röhre wird eine Bleiplatte mit Loch vor der Ant. K. vertikal aufgestellt, in einiger Entfernung davon eine größere dicke Eisenplatte, ebenfalls mit Öffnung, über die zwei dicke Bleidrähte in Form eines × ausgespannt sind. Senkrecht zu der durch beide Öffnungen gegebenen Richtung wird der große Elektromagnet § 683, S. 480 gestellt, so daß der durch beide Öffnungen ausgeblendete Strahl durch die einander nahe gerückten großen Polschuhe des Magneten hindurch gehen muß.

Die Eisenplatte fängt die nach der Röhre hingehenden Kraftlinien ab, so daß die Kathodenstrahlen in der Entladungsröhre selbst von dem Magnetfelde nicht beeinflußt werden.

Endlich wird der Leuchtschirm aufgestellt, hinter dem vier kurze Bleiblechstreifchen befestigt sind, welche mit Spitzen gegen die Mitte des sich auf dem Schirme abbildenden Schattenkreuzes inmitten des Lichtfleckes weisen: Selbst bei stärkster Magnetisierung bemerkt man keine Spur einer Ablenkung.

d) Absorption. Auf ein Brett, etwa von der Größe des zur Verfügung stehenden Fluoreszenzschirmes, sind gleich große und gleich dicke (etwa 3 bis 4 mm dick, je nach der „Härte" der verwendeten Röhre vgl. w. u.) viereckige Scheiben aus den verschiedensten Materialen: Pappe, Holz, Hartgummi, Glas, Aluminium, Zink, Eisen, Kupfer, Messing, Blei, aufgenagelt, aus denen die Nummern 1 bis 10 ausgeschnitten sind. Zwischen Röhre und Schirm gebracht, erweisen sich die erstgenannten Materialien, selbst Aluminium, fast völlig durchlässig, die Nummern bei ihnen sind schwer lesbar, weil die Schatten der abblendenden Teile fast gar nicht gegen diejenigen der nicht abgeblendeten (der ausgeschnittenen Nummern) kontrastieren, dagegen erweisen sich die folgenden Metalle als immer undurchsichtiger, augenscheinlich nach Ordnung ihrer Dichte.

e) Schirmwirkungen des Bleies. Das spezifisch so schwere Blei kann schon in relativ dünnen Schichten merklich abschirmend auf die Strahlen einwirken, selbst wenn es gar nicht als Element, sondern nur in einer Bleiverbindung wirkt: Ein (etwa 5 cm dicker) Holzstab von quadratischem Querschnitte ist an zwei gegenüberliegenden Seiten mit Bleiglätte weiß angestrichen, an dem anderen Seitenpaare roh; bringt man ihn mit diesen zwischen Röhre und Schirm, so erscheint nur ein schwaches Schattenbild auf diesem, das nur an den Rändern zwei dunkle Striche zeigt; dreht man ihn um seine Längsachse um 90°, so werfen die dünnen Bleiweißüberzüge kräftig Schatten.

f) Schattenbilder. Die verschiedenen Materialien haben eine Durchlässigkeit für Röntgenstrahlen, welche in erster Linie durch ihre Dichte bestimmt ist.

Die dichteren Substanzen werfen daher dunkle Schatten, während die wenig dichten die Strahlen mehr oder weniger vollkommen durchlassen.

Darauf beruht die Sichtbarmachung sonst unsichtbarer Gegenstände: Eine flache Spirale aus Bleirohr ist in einer Pappschachtel eingeschlossen. Zwischen Röhre und Schirm gehalten, zeichnet sich die Spirale als schwarzes Schattenbild ab.

Ähnliche Versuche sind in unendlich vielen Variationen, namentlich unmittelbar nach der Entdeckung der neuen Strahlen angestellt worden (Gewichtssatz, Geldstücke im Geldbeutel, Schlüssel im Schlüsselkästchen, Ketten und Schmucksachen im Etui. Praktisch verwendet wird der Versuch in dieser Form bei verschiedenen Zollstationen zur Durchleuchtung verdächtiger Pakete (Uhren in Wäsche und dergl.) Nachweis von Fehlern in größeren Gußstücken, Unterscheidung echter Perlen von imitierten, ebenso von Edelsteinen usw.

Die wichtigste Anwendung findet die Erscheinung beim Nachweise von Fremdkörpern im Organismus: Wird eine Bleikugel zwischen dem Dickfleisch von Ballen und Hand eingeklemmt, so erscheint sie im Schattenbilde weithin.

Für die Chirurgie, speziell die Kriegschirurgie von größter Bedeutung.

Der Versuch Röntgens, welcher am meisten geeignet war, seine großartige Entdeckung schnell populär zu machen, bestand in dem Sichtbarmachen der Knochen innerhalb der lebenden Hand, des Armes usw. im Schattenrisse. Auch bei der Demonstration sieht das gut ausgeruhte und an das Dunkel gewöhnte Auge die Hand- und Armknochen innerhalb des blaß angedeuteten Fleisches; dichtere Körper, wie Ringe, Manschetten- und Rockärmelknöpfe heben sich durch ihre viel dunkleren Schattenbilder deutlich ab.

g) Photographische Wirkung der Röntgenstrahlen, Radiogramme. Da den X-Strahlen eine so kräftige Fluoreszenz erregende Wirkung zukommt, war es zu erwarten und wurde von Röntgen selbst unmittelbar konstatiert, daß sie auch auf die Halogensalze des Silbers einer photographischen Platte ebenso den molekularen Verband erschütternd wirken wie das Licht, so daß durch den Entwicklungs- und Fixierungsprozeß wie bei diesem das Schattenbild als „Radiogramm“ oder „Röntgenphotographie“ festgehalten werden kann. Ein großer Vorteil ist dabei, daß die Platte in der Kassette eingeschlossen bleiben, daß also im Hellen exponiert werden kann. Die photographische Aufnahme der Schattenbilder bildet den eigentlichen Kern der „Röntgentechnik“.

Versuch 738. Wird auf die eine gewöhnliche Bromsilbergelatineplatte (Schichtseite nach oben) enthaltende Kassette die Hand (mit Ringen und womöglich irgendeiner Abnormität: Kugel, eingestoßener Nadel oder dergl.) gelegt, darüber die Röhre am Stativ befestigt, so genügen bei kräftigen Entladungen wenige Sekunden Expositionsdauer; die Platte, in der Dunkelkammer entwickelt, fixiert, gewaschen, in Alkohol gebadet und im Luftstrome eines Ventilators rasch getrocknet kann, noch in der gleichen Vorlesungsstunde wenigstens als Negativ zur Projektion gebracht werden.

Das Bild ist eine Zentralprojektion von Schattenrissen auf die Filmebene. Bei gleichzeitiger Anwendung zweier Röhren und zweier Platten erhält man bei geeigneter gegenseitiger Anordnung, die Möglichkeit stereoskopischer Aufnahmen. Die immer weiter gesteigerte durchdringende Kraft der modernen X-Strahlröhren gestattet den ganzen menschlichen Körper zu durchleuchten. Dabei hat man die Expositionszeiten immer mehr abzukürzen vermocht, so daß man geradezu „Momentaufnahmen" der inneren Organe vornehmen kann. Werden diese in kurzen regelmäßigen Intervallen rasch hintereinander aufgenommen, so kann man die Bilderserien dazu verwenden, die Bewegungen, etwa des Magens, Herzens, der Lunge usw. „kinematographisch" zur Anschauung zu bringen.

h) Röntgenstrahlen vermögen ein Gas zu ionisieren. Um dies nachzuweisen, bedienen wir uns der schon bei Versuch 480, S. 214 verwendeten Anordnung Fig. 265, nur daß es sich jetzt empfiehlt, den Plattenkondensator in einen Kasten zu stellen, der mit Blei ausgeschlagen ist und (oben) ein mit dünnem Aluminiumblech bedecktes Fenster besitzt; das Plattenpaar ist im Kasten so aufgestellt, daß seine Mittelebene durch das Fenster geht, über dem die Röhre befestigt wird.

Versuch 739. Ist das Fenster zunächst mit einer dicken Bleiplatte bedeckt, so zeigt das Elektrometer keine oder doch nur äußerst langsame Aufladung, zugleich ein Zeichen, daß die Anordnung weder durch die Entladungen in der Röhre an sich noch durch das Induktorium oder die Zuleitungen gestört wird. Zieht man aber die Platte vom Fenster weg, so zeigt sich rasches Spreizen der Blättchen, Anschlagen und Entladen derselben usf. und zwar gleichgültig, welcher Pol der Batterie B zur Ladung verwendet wird.

*** 850. Härte; Härtemaß.** Röntgen fand bald, daß das Durchdringungsvermögen der Strahlen von dem Zustand der erzeugenden Röhre abhängig sei. Die Strahlen sind um so durchdringender, je weiter das Rohr ausgepumpt wird oder (§ 820, S. 216) je höher die Spannung ist, die imstande ist, eine Entladung einzuleiten und zu unterhalten. Das Durchdringungsvermögen oder, wie der übliche Ausdruck lautet, die „Härte" der Strahlen ändert sich ganz kontinuierlich mit der Erzeugungsspannung.

Man kann die Spannung, die zwischen den Elektroden der Röhre sich einstellt, wenigstens roh beurteilen, wenn man parallel zu ihnen eine Funkenstrecke legt, die aus Kugeln von regulierbarem und meßbarem Abstande besteht. Solange dieser Abstand klein ist, zieht die Entladung den Weg durch die Funkenstrecke vor, zieht man die Kugeln auseinander, so wird eine Entfernung gefunden, bei der die Funken aufhören und die Entladung durch das Rohr geht. Die

Funkenspannung (§ 729, S. 619) ist dann schon etwas höher als die am Rohr sich einstellende, so daß man die letztere mit Hilfe der zwischen Funkenspannung und Kugelentfernung geltenden Beziehung (s. ebenda) roh beurteilen kann. So entspricht einer Funkenstrecke von 1 cm eine Spannung von etwa 30000 Volt. Pumpt man ein gewöhnliches Rohr mit Glaswand aus (wie das in Fig. 667 dargestellte), so wird die Erhellung eines Fluoreszenzschirmes etwa dann gut merklich werden, wenn man diese Spannung erreicht hat. Die Hand erscheint im Schattenbilde fast völlig schwarz, die Knochen sind kaum zu unterscheiden, da die Strahlen noch zu „weich" sind. Pumpt man weiter, so hellt sich zunächst der Schatten des Fleisches mehr und mehr auf, und man erreicht allmählich ein Stadium, wo die Knochen sich sehr dunkel dagegen abheben — so daß etwa das Aufsuchen einer gebrochenen Stelle jetzt leicht ist. Steigert man Vakuum und Spannung noch weiter, so hellen sich auch die Knochenschatten auf, so daß (speziell bei Aufnahmen) deren innere Struktur erkennbar wird, das Fleisch zeichnet sich nur noch ganz zart ab. Man hat dann Parallelfunkenstrecken von 10—15 cm.

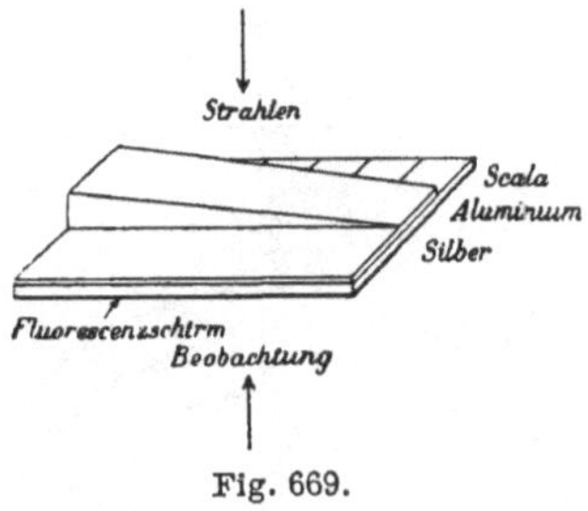

Fig. 669.

Offenbar besteht für medizinische Zwecke das Bedürfnis nach einem „*Härtemaß*", da, wie wir eben am Beispiel der Hand erläuterten, für verschiedene Objekte verschiedene „Härtegrade" die günstigsten Resultate geben. Die meist verwandte Methode, einen solchen Härtegrad festzulegen und ihn rasch praktisch messen zu können, beruht auf der von *Röntgen* gemachten Beobachtung, daß mit wachsender Härte die Durchlässigkeit von Platin viel langsamer ansteigt als die von Aluminium. Hat man sich etwa zwei Bleche von *Pt* und *Al* ausgesucht, die in der Strahlung eines weichen Rohrs gleich durchlässig sind, so zeigt sich, daß bei weiterem Auspumpen des Rohrs das Aluminium heller wird als das Platin. Zur Erzielung gleicher Helligkeit muß nunmehr stärkeres Aluminiumblech verwandt werden und man kann praktisch die Dicke der Aluminiumschicht, die einer gegebenen Platinschicht äquivalent ist, als Maß der Härte benutzen. (Vgl. unten § 857).

Der heute viel verwandte *Wehneltsche* Härtemesser (Fig. 669) besteht aus einem Al-Keil, der neben einem Blech aus Silber (das praktische Vorzüge vor *Pt* besitzt) auf einem Fluoreszenzschirm angebracht ist. Man beobachtet die Stelle, an der hinter beiden Streifen gleiche Helligkeit herrscht. Diese liegt bei um so höheren Dicken des Aluminiumkeils, je höher die Härte ist (§ 857). Das Resultat wird in willkürlichen Graden einer längs der Streifen angebrachten Skala („Wehnelt-Einheiten") angegeben.

Nach § 846 werden die Röntgenstrahlen an der Stelle erzeugt, wo die Kathodenstrahlen aufprallen. Da wir andererseits wissen, daß die Geschwindigkeit der Kathodenstrahlen mit der beschleunigenden Spannung wächst, können wir die zuletzt erwähnte Tatsache auch so aussprechen: Die Kathodenstrahlen erzeugen beim Aufprall um so härtere Röntgenstrahlen, je rascher sie sind.

* **851. Die Bremsstrahlen.** Wir berührten schon auf S. 273 die Annahme, daß die Röntgenstrahlen aus den „wellenartigen"

Störungen bestehen, die von dem Punkt ausgehen müssen, wo ein bewegtes Elektron gebremst wird. Führt man diese Annahme nach der Theorie des Elektromagnetismus durch, so gewinnt man gewisse Angaben über die Eigenschaften, die die so entstehenden Strahlungsvorgänge besitzen müssen und damit die Möglichkeit, die Annahme an der Erfahrung zu prüfen. Wir können hier nur die elementarsten Eigenschaften des Vorgangs betrachten und die Forderungen der Theorie angeben, ohne sie abzuleiten.

Wir betrachten den Zustand des elektromagnetischen Feldes zu einem Zeitpunkt, in dem seit dem Beginn der Bremsung des Elektrons t sec verflossen sind. Da alle elektromagnetischen Wirkungen sich mit der endlichen Geschwindigkeit des Lichtes c fortpflanzen, herrscht in Entfernungen von der Stelle A, in der die Bremsung begann (s. Fig. 670), die größer sind als $r_1 = ct$, noch das elektromagnetische Feld, das dem gleichförmig bewegten Elektron des Kathodenstrahls entspricht. Hat nun die Bremsung des Elektrons eine Zeit von τ sec in Anspruch genommen, so konnte sich während der Zeit $(t = \tau)$, in der es still liegt, schon das rein elektrostatische Feld, das es als ruhende Elektrizitätsmenge besitzt, bis zu einer Entfernung $r_2 = c\ (t - \tau)$ von dem Punkt B, wo es liegen blieb, ausbilden. Zwischen den beiden Kugelschalen, der um A mit dem Radius $r_1 = ct$ und der um B mit dem Radius $r_2 = c\ (t - \tau)$, finden sich diejenigen elektromagnetischen Felder, die auf den Bremsvorgang selbst zurückzuführen sind. Sie sollen die von der Bremsung herrührende Röntgenstrahlung, die demnach als „Bremsstrahlung" bezeichnet wird, ausmachen. Ihr Verlauf innerhalb des ihnen zugewiesenen Bezirks hängt völlig davon ab, wie die Bremsung des Elektrons im einzelnen vor sich ging. Da darüber nichts bekannt ist, kann auch über die tatsächliche Form der Bremswelle nichts ausgesagt werden. Am einfachsten würde das Bild, falls das Elektron eine gleichförmige Verzögerung erführe; die elektrische Feldstärke würde dann auf der Strecke λ zwischen den beiden Kugelschalen

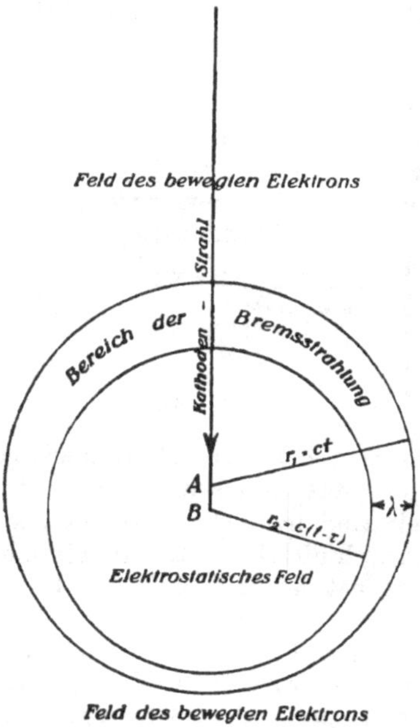

Fig. 670.

(s. Fig. 670) einen bestimmten konstanten Wert und bestimmte Richtung besitzen, etwa so, wie es Fig. 671, *a*) schematisch andeutet. Das Bild ist von einem Stück eines Zuges elektromagnetischer Wellen, die von einem periodischen Vorgang herrühren (Fig. 671, *b*) (etwa einer Lichtwelle), charakteristisch durch das Fehlen der Periodizität unterschieden. Man unterscheidet derartige unperiodische Vorgänge als „Impulse" von den von einem schwingungsfähigen Gebilde herrührenden eigentlichen „Wellen", — sie verhalten sich zu diesen, wie etwa ein Knall zu einem musikalischen Ton. λ heißt „Impulsbreite"; da die Bremsstrahlung, so wenig wir sonst von ihrer Entstehung wissen, doch aller Wahrscheinlichkeit nach derartigen unperiodischen Charakter trägt, wird sie auch als „Impulsstrahlung" bezeichnet.

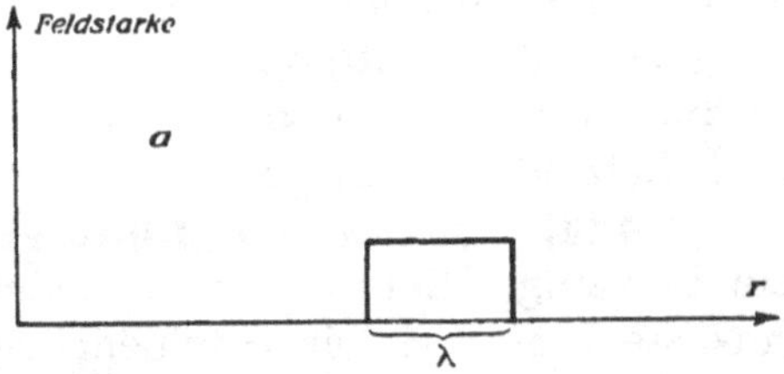

Fig. 671 a.

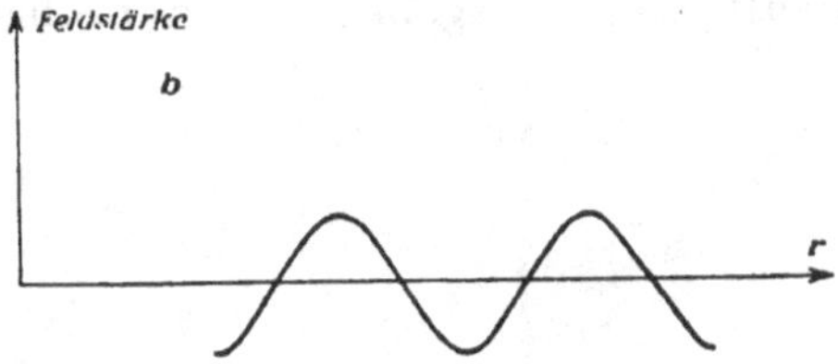

Fig. 671 b.

Von den Folgerungen dieser Hypothese über das Wesen der Röntgenstrahlen ist eine unmittelbar aus Fig. 670 abzulesen: die Impulsbreite λ ist für Strahlen, die nach verschiedenen Richtungen gehen, verschieden groß. Da, wie die Theorie zeigt, die Härte der Röntgenstrahlen mit wachsender Impulsbreite fällt, erhalten wir als erste Folgerung unserer Annahme: die Härte der Bremsstrahlung ist von der Emissionsrichtung abhängig. Bei weiterem Eingehen auf den Vorgang folgt zweitens, daß auch die Intensität der Bremsstrahlung von der Richtung abhängen muß. Schließlich folgt, daß die elektromagnetischen Felder, die von der Bremsung von Elektronen gleicher Bewegsrichtung herrühren, untereinander gleicher Richtung sind. In der Sprache der Optik heißt also diese dritte Forderung: die Strahlung ist polarisiert. Über den Nachweis der Polarisation bei Röntgenstrahlen s. u. §. 855.

Man hat in diesen Forderungen der Theorie eine Handhabe, um zu prüfen, ob die von der Antikathode ausgehende Strahlung wirklich aus solchen Impulsen, aus Bremsstrahlung oder, wie man sie auch nach den zuletzt geforderten Richtungseigenschaften nennt, „gerichteter Strahlung" besteht. Man fand, daß alle diese Erscheinungen tatsächlich auftreten, daß die geforderten Richtungseigenschaften aber um so weniger deutlich ausgesprochen sind, je höher das Atomgewicht der bremsenden Antikathode ist. Demnach ist zu schließen, daß nur ein Teil der Röntgenstrahlen ein unmittelbares Erzeugnis des Bremsvorganges ist und daß, je höher das Atomgewicht, desto mehr noch ein anderer Vorgang mit auftritt, von dem wir vor der Hand eben nur wissen, daß er die typischen Richtungseinflüsse nicht zeigt. Wir bezeichnen ihn deshalb zunächst als „ungerichtete" Strahlung.

* **852. Sekundäre Röntgenstrahlen.** Wird aus der von einem kräftigen Rohr *R* (Fig. 672) erzeugten Strahlung durch Blenden *BB'* (aus starkem Blei) ein Strahlenbündel abgegrenzt, so ist der Raum jenseits *B'*, den die Strahlen durchziehen, durch die geometrischen Bedingungen gegeben. Man beobachtet nun, daß ein Fluoreszenz-

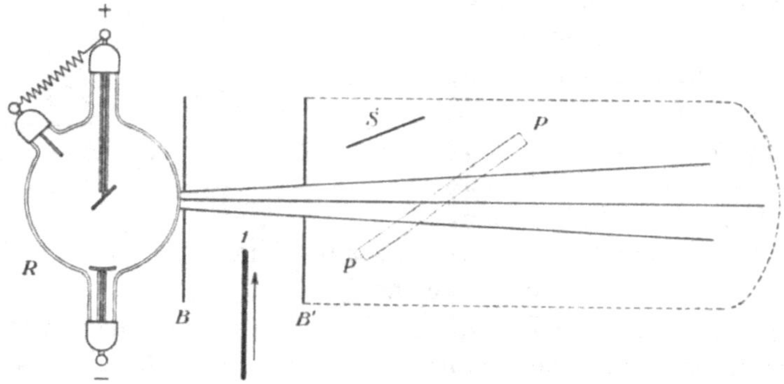

Fig. 672.

schirm auch in einer Lage *S* schwach aufleuchtet, in der die direkte Strahlung ihn nicht erreichen kann. Schiebt man einen Bleischirm 1 so zwischen *B* und *B'* ein, daß der Strahl gerade völlig abgeschnitten wird, so verschwindet auch das Leuchten von *S*. Es ist also dadurch hervorgerufen, daß die von *R* kommende „primäre" Strahlung den Luftraum hinter *B'* durchsetzt. Man nennt die hier entstandene Strahlung, die den Schirm *S* erregte, „Sekundäre Röntgenstrahlung". Verschließt man *B'* mit einem luftdichten, aber für Röntgenstrahlen durchlässigen Schirm und umgibt den Raum hinter *B'* mit einer weiten Glasglocke (gestrichelt), so findet man, daß die Erhellung von *S* um so geringer wird, je mehr man von der hinter *B'* anwesenden Luft wegpumpt, und, daß sie durch Zulassen von Luft wieder hergestellt wird. Die Sekundärstrahlung ist also an die Anwesenheit der Materie (hier des Gases) im bestrahlten Raum gebunden. Füllt man dichtere Gase ein als Luft, so ist die Erhellung stärker, bringt man eine Platte *P* aus festem Material in die gestrichelte Lage, so wächst sie noch mehr. Prüft man verschiedene Materialien, so ist die Wirkung im allgemeinen um so stärker, je höher ihre Dichte und die Atomgewichte der darin enthaltenen Elemente sind. Die Sekundärstrahlung entsteht also in der von der primären Strahlung getroffenen Materie und ist in ihrer Intensität von der Natur der sekundär strahlenden Körper abhängig.

Für die Erkenntnis der zugrunde liegenden Vorgänge ist zunächst wichtig, daß man es auch bei festen Körpern nicht etwa mit einer „Reflexion der Röntgenstrahlen" zu tun hat, die etwa der des Lichtes analog wäre; rauhe und geglättete Oberflächen verhalten sich völlig gleich und es besteht keine ausgezeichnete Reflexionsrichtung, die mit der der einfallenden Strahlung gesetzmäßig zusammenhinge. Ferner zeigt sich, daß die Wirkung einer materiellen Schicht mit ihrer Dicke zunimmt; es wirkt also nicht nur die Oberfläche mit, sondern auch tiefere Schichten, die von der Primärstrahlung erreicht werden; man hat nicht eine „Oberflächen-" sondern eine „Volum"-Wirkung.

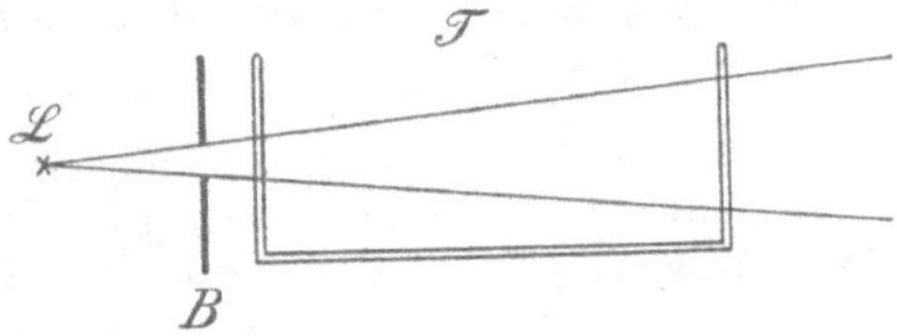

Fig. 673.

*** 853. Arten der Sekundärstrahlung. Streustrahlung und Fluoreszenzstrahlung.** Um weiter in das Wesen der Sekundärstrahlung einzudringen, lassen wir uns von der Analogie mit den am Licht bekannten Vorgängen leiten. Die Forschung ist diesen Weg gegangen und wir werden sehen, daß er sich bewährt hat.

Wir werden beim Licht dann einen Vorgang haben, der der zuletzt beobachteten Erscheinung analog ist, wenn Materie, die von einem Lichtbündel durchsetzt wird, dadurch selbst zur Quelle von Lichtstrahlung wird. Ein Beobachter, dessen Auge vor der „primären" Strahlung selbst geschützt ist, wird dann von all den Punkten, von denen solche „sekundären" Strahlen ausgehen, Licht empfangen: er wird die Bahn des primären Strahls in der Materie hell sich abzeichnen sehen. Dieses wird in zwei typischen, unter sich verschiedenen, Fällen beobachtet: wenn die Materie ein trübes Medium ist und, wenn sie fluoresziert.

Es trete von einer Quelle L (Fig. 673) ein durch eine Blende B abgegrenztes Lichtbündel in einen Glastrog T ein. Ist T von einem klaren Medium (staubfreie Luft, sehr reines Wasser) erfüllt, so ist die Bahn des Lichts von der Seite nicht sichtbar. Wird das Wasser, etwa durch Zusatz von Milch, getrübt oder mit einer fluoreszierenden Lösung (Fluoreszein, Eosin) versetzt, so zeichnet sie sich hell ab.

An der Wirkung nehmen hier, wie bei der sekundären Röntgenstrahlung, alle Volumteile der Materie teil, die von der primären Strahlung getroffen werden. Ebenso geht das Licht von den getroffenen Punkten diffus aus.

Diese beiden Vorgänge, die zum Vergleich herangezogen werden können, Streuung des Lichts und Fluoreszenz, unterscheiden sich indessen voneinander in einem wichtigen Punkt. Im Fall des trüben Mediums kann das austretende Licht lediglich als ein kleiner abgelenkter Teil des einfallenden angesehen werden und seine Zusammensetzung wird durch dieses bestimmt. Im Fall des fluoreszierenden Mediums wird sie hingegen durch die Natur des fluoreszierenden Körpers gegeben. Ihm ist eine bestimmte Fluoreszenzfarbe charakteristisch, deren Emission durch das einfache Licht angeregt wird.

Wird im oben angeführten Versuch in T eine trübe Flüssigkeit eingeführt, so erscheint die Strahlbahn blau, grün, gelb, wenn vor B ein blaues, grünes, gelbes Farbglas eingeschaltet wird. Enthält T hingegen Fluoreszeinlösung, so erscheint die Strahlbahn stets, wenn das einfallende Licht die Fluoreszenz überhaupt anzuregen vermag, in dem charakteristischen Grün der Fluoreszeinfluoreszenz.

Die Frage, welchem dieser beiden Fälle die sekundäre Röntgenstrahlung entspricht, läßt sich beantworten, indem man ihre Zusammensetzung prüft. Hängt diese im wesentlichen nur von der Zusammensetzung der primären Strahlung ab, so wirkt die Materie auf die Röntgenstrahlen wie ein trübes Medium auf das Licht, — wird sie im wesentlichen durch die Natur des sekundärstrahlenden Körpers bestimmt, so wirkt die Materie wie ein fluoreszierender Körper. Für die Zusammensetzung der Strahlung ist ihre Härte charakteristisch, sie wird also durch Absorptionsmessungen untersucht.

Die Versuche haben gezeigt, daß beide Fälle auftreten. An Elementen, deren Atomgewicht kleiner ist als etwa 27, ist in atmosphärischer Luft nur eine sekundäre Strahlung nachweisbar, die ebenso durchdringend ist wie die erregende und dementsprechend „gestreute Röntgenstrahlung“ genannt wird. Elemente hingegen, deren Atomgewicht höher ist, geben im allgemeinen eine Sekundärstrahlung, deren Härte von der der primären Strahlung unabhängig und lediglich durch die Natur des Elements gegeben ist. Diese Strahlung, deren Durchdringungsvermögen mit dem Atomgewicht des sekundärstrahlenden Elements regelmäßig ansteigt, heißt demnach „Fluoreszenzstrahlung“ auch „charakteristische Strahlung“ „Eigenstrahlung“ des Elements. In der Tat lagern sich stets beide Vorgänge übereinander, nur äußere Umstände lassen bei niedrigeren Atomgewichten die Streustrahlung, bei höheren die Fluoreszenz mehr hervortreten.

* **854. Die gestreute Röntgenstrahlung; elektromagnetische Auffassung des Vorgangs.** Die gestreute Röntgenstrahlung ist dadurch von großer Wichtigkeit geworden, daß auf ihr Vorgänge beruhen, deren Beobachtung über die Natur der Röntgenstrahlen überhaupt entschieden hat: die Polarisation und die Interferenzerscheinungen.

Nach § 835 haben wir anzunehmen, daß alle Materie Elektronen enthält. Macht man nun, zunächst versuchsweise, die Annahme, daß die Röntgenstrahlen wie das Licht aus elektromagnetischen Wellen bestehen, so ist damit auch anzunehmen, daß beim Auftreffen eines Röntgenstrahls auf Materie die darin enthaltenen Elektronen der Wirkung rasch wechselnder elektrischer Felder unterliegen. Die negative Ladung des einzelnen Elektrons erfährt rasch wechselnde Kräfte, die das Elektron hin und her zu bewegen suchen: es wird in erzwungene Schwingungen versetzt, deren Richtung, wie die elektrischen Felder, auf der Strahlrichtung senkrecht steht. Eine derartige regelmäßig hin und her bewetge Ladung entspricht aber in ihren Wirkungen nach außen hin völlig dem früher (§ 737) betrachteten Vorgang, daß in einem Leitersystem Elektrizitätsmengen regelmäßig hin und her fluten: unser bewegtes Elektron wirkt wie ein Hertzscher Oszillator, es strahlt elektromagnetische Wellen aus. Die Periode dieser „sekundären Wellen" ist gleich der Schwingungsdauer des Elektrons, diese stimmt wiederum mit der der erzeugenden „primären" Schwingungen überein: die sekundäre Strahlung, die die in der Materie vorhandenen Elektronen aussenden, ist von gleicher Wellenlänge, wie die primäre, ist eine Röntgenstrahlung gleicher Art. Die Streustrahlung ist aber eben dadurch charakterisiert, daß sie mit der primären gleichartig ist, sie kann also als Emission der in erzwungene Schwingungen versetzten Elektronen des sekundärstrahlenden Körpers angesehen werden.

* **855. Die Polarisation der Röntgenstrahlen.** Eine genauere Betrachtung des eben angenommenen Vorgangs zeigt, daß er über die Natur der sekundären Strahlen eine wichtige, experimentell greifbare Aussage macht.

Der primäre Strahl 1 1 (s. die schematische Fig. 674) treffe bei I einen Körper, der praktisch nur Sekundärstrahlung der gestreuten Art ausgibt, etwa Kohle. 1 1 enthalte alle möglichen Schwingungsrichtungen, die in der Nähe von I befindlichen Elektronen nehmen deshalb Schwingungen in allen Richtungen der Ebene senkrecht zu 1 1 an. Die Beschaffenheit der in einer Richtung 22, senkrecht zu 1 1, emittierten Streustrahlung soll betrachtet werden. Elektronen, die in der Richtung 22 selbst schwingen, tragen offenbar zum Strahl 22 nicht bei, da ja ein linearer Oszillator in Richtung seiner Achse keine Energie emittiert (§ 753). Nur diejenigen Elektronen, deren Bewegung eine Komponente in der zu 22 senkrechten Richtung 33 hat, strahlen in der Richtung 22 Energie aus. Die so entstehende Strahlung in der Richtung 22 ist also so beschaffen, als käme sie von einem in der Richtung 33 schwingenden elektrischen Oszillator, d. h. sie ist „polarisiert“ (s. § 751). Die auftretenden elektrischen Feldstärken sind sämtlich mit 33 parallel, wie in der Zeichnung durch den Pfeil 3′ 3′ angedeutet ist; die dazu senkrechte (punktierte) Schwingungsrichtung fehlt gänzlich, da der Strahl 1 1, wegen der transversalen Natur der elektromagnetischen Schwingungen (s. § 751) die Elektronen in I gar nicht in dieser Richtung (seiner Fortpflanzungsrichtung) in Bewegung setzen konnte. Die elektromagnetische Auffassung der Röntgenstrahlen fordert also, daß die in einer zur Fortpflanzungsrichtung des primären Strahls senkrechten Richtung emittierte Streustrahlung in dem Sinn polarisiert sein soll, daß ihre elektrischen Felder auf der dem primären und sekundären Strahl gemeinsamen Ebene senkrecht stehen.

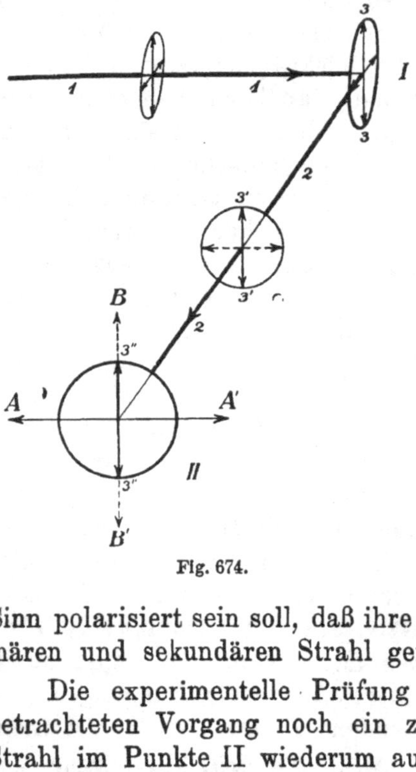

Fig. 674.

Die experimentelle Prüfung dieser Frage benutzt den soeben betrachteten Vorgang noch ein zweites Mal. Trifft der zu prüfende Strahl im Punkte II wiederum auf Materie, so werden hier die Elektronen nur in der Richtung 3″ 3″ in Bewegung versetzt, falls der auffallende Strahl in der erwarteten Weise polarisiert ist, und nur elektrische Felder dieser Richtung besitzt. Sie werden demnach eine „tertiäre“ Strahlung emittieren, deren Wellenlänge der der primären und sekundären gleich ist. Diese Strahlung wird von II aus senkrecht zu 3″ 3″ in maximaler Intensität, in der Richtung 3″ 3″ selbst aber, die der Achse der Oszillatoren parallel ist, gar nicht emittiert werden. Die tertiäre Strahlung muß also in den Punkten $A A'$ auftreten, in B und B' hingegen darf keine von II kommende tertiäre Strahlung nachweisbar sein. Damit ist eine experimentell greifbare Aussage gegeben und die Versuche von Barkla haben 1905 diese

Folgerung der elektromagnetischen Theorie bestätigt. Die Röntgenstrahlen sind polarisierbar, also als transversale Bewegung anzusehen.

* **856. Weitere Prüfung der elektromagnetischen Theorie; Brechung, Beugung.** Die Analogie zum Licht, die die Röntgenstrahlen mit ihrer Polarisation zeigten, hat sich lange Zeit nicht vervollständigen lassen. Man hat niemals eine merkliche Brechung der Röntgenstrahlen in irgendwelchem Material auffinden können und ebenso führten die seit ihrer Entdeckung öfters wiederholten Versuche, die für Wellenbewegungen charakteristischen Beugungs- und Interferenz-Erscheinungen an ihnen aufzufinden, zu keinem Resultat. Beide Punkte zwangen die Wellentheorie zur Annahme, daß die Wellenlänge eine äußerst kleine sein müsse. Für solche sagt die Dispersionstheorie (§ 778) ein Verschwinden der Brechung voraus. Ebenso läßt die Betrachtung des in § 796 besprochenen einfachsten Falls der Beugung an einem Spalt erkennen, daß für Wellenlängen, die selbst gegen die feinsten mechanisch herstellbaren Spaltbreiten sehr klein sind, die Beugungswinkel verschwindend klein werden müssen. Die durch den Spalt tretenden Strahlen können dann auf einem Schirm oder einer photographischen Platte keine Beugungsstreifen, sondern nur ein helles zentrales Bild entstehen lassen und das wird für Röntgenstrahlen tatsächlich beobachtet. Immerhin ließen solche Versuche die Aussage zu, daß die Wellenlänge der Röntgenstrahlen eines harten technischen Rohrs $\lambda \leqq 10^{-9}$ cm sein müsse (während für Na-Licht $\lambda = 6 \cdot 10^{-5}$ cm ist). Sie vermochten aber nicht zu entscheiden, ob die Röntgenstrahlen überhaupt eine Wellenbewegung seien.

* **857. Interferenz.** Die Eigenschaften der Kristalle (z. B. Spaltbarkeit, optisches Verhalten) haben zu der Annahme geführt, daß die regelmäßige äußere Gestalt, die sie bei ungestörter Bildung annehmen, die Folge eines regelmäßigen inneren Aufbaues ist. Das einfachste Bild ergibt sich, indem man annimmt, daß schon die Anordnung der kleinsten Teilchen, der Atome, in den Kristallen eine gesetzmäßige ist. Man hat dann für jede Klasse der Kristallsysteme eine besondere Gesetzmäßigkeit der Anordnung zu wählen, um ihre Eigenschaften wiederzugeben. So hat man sich etwa im Steinsalz die Atome auf den Eckpunkten aneinander stoßender Würfel sitzend vorzustellen (s. Fig. 675), usf. Charakteristisch ist, daß in einem solchen „Raumgitter" die Atome in jeder Richtung in regelmäßigen Abständen aufeinander folgen.

Laue wies nun 1912 darauf hin, daß diese Abstände, wie sich

aus der bekannten Anzahl der Atome im Kubikzentimeter eines festen Körpers berechnen läßt, von der Größenordnung 10^{-8} sein müssen, also nur um wenig größer sind, als die (im vorigen Paragraph erwähnte) obere Grenze für die Wellenlänge der Röntgenstrahlen, — daß demnach die in der Kristallographie angenommenen Raumgitter geeignete Beugungsgitter für Röntgenstrahlen bilden könnten. Die Prüfung dieses Gedankens (L a u e, F r i e d r i c h, K n i p p i n g 1912) hatte vollen Erfolg. Ein Röntgenstrahl 1 1 (Fig. 676), der durch Blenden *B B'* begrenzt war, rief beim Durchsetzen eines Kristalls *K* auf einer photographischen Platte *P* außer einem mittleren Maximum, das seinem geraden Durchgang entsprach, scharf begrenzte seitliche Maxima hervor (Fig. 676, gestrichelte Strahlen). In der Tat wirkte also der Kristall auf den Röntgenstrahl analog wie ein durchlässiges Beugungsgitter auf einen Lichtstrahl.

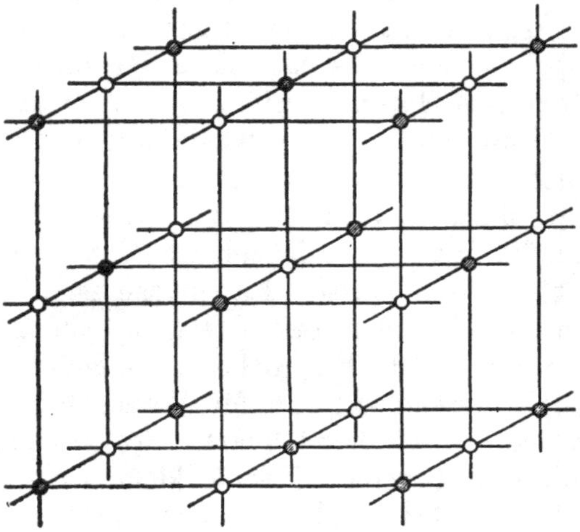
Fig. 675.

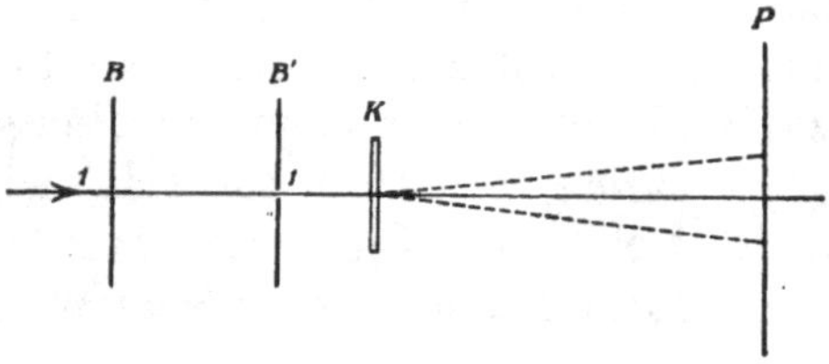

Fig. 676.

Der Umstand, daß hier statt der Beugungsstreifen des Gitters einzelne Flecke auftreten, rührt daher, daß die Bestandteile des Kristalls sich in d r e i senkrecht aufeinander stehenden Richtungen periodisch wiederholen, während das Strichgitter nur in e i n e r Richtung sich periodisch wiederholende Bestandteile besitzt. Eine wie ein „Raumgitter" wirkende Anordnung läßt natürlich beim Licht ebenfalls einzelne Flecke auftreten.

Damit ist zunächst gezeigt, daß die Raumgittertheorie der Kristalle richtig ist. Zweitens aber folgt, daß die Röntgenstrahlen, da sie der Interferenz fähig sind, in der Tat aufs engste mit dem Licht verglichen werden dürfen und als eine mit ihm wesensgleiche Strahlung viel kürzerer Wellenlänge angesehen werden müssen.

* **858. Spektroskopie der Röntgenstrahlen.** Die Interferenz der Röntgenstrahlen ist, nachdem sie zunächst die endgültige Entscheidung über die Natur der Röntgenstrahlen gegeben hatte, dadurch

weiterhin besonders wichtig geworden, daß sie erlaubt, die verschiedenen Wellenlängen, die ein gegebenes Röntgenstrahlenbündel enthält, räumlich voneinander zu trennen, also eine Spektroskopie der Röntgenstrahlen möglich macht. Wir betrachten darum den Interferenz-Vorgang weiterhin in der Anordnung, die meist für spektroskopische Zwecke angewendet wird.

Auf eine durch Spalten eines Kristalls erhaltene Grenzfläche aa' treffe unter einem Winkel ϑ ein Röntgenstrahlenbündel 1 1 auf. Solche natürlichen Spaltflächen bilden sich nach der Raumgittertheorie längs solcher Ebenen des Gitters aus, die besonders dicht mit Atomen besetzt sind, beispielsweise im kubischen System (s. Fig. 675) parallel zu den Würfelflächen des Gitters. Werden nun die Elektronen der

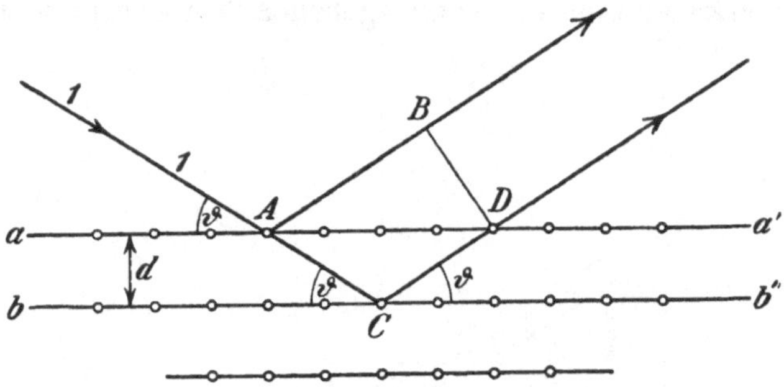

Fig. 677.

vom Strahl getroffenen Atome in erzwungene Schwingungen versetzt, so bestehen infolge ihrer regelmäßigen Anordnung zwischen den Schwingungen verschiedener Atome bestimmte Phasenbeziehungen, so daß die von ihnen dabei emittierten Streustrahlungen einander in gewissen Richtungen verstärken, in anderen vernichten. Betrachtet man zunächst, wie die von den Atomen einer einzelnen Netzebene aa' ausgehenden sekundären Wellenzüge aufeinander einwirken, so läßt sich zeigen, daß die Gesamtwirkung so ist, als bilde die Netzebene einen Spiegel für die Röntgenstrahlen: Die Richtung AB in der sie sich verstärken, bildet denselben Winkel mit der Ebene wie der erregende Strahl. Jede der übereinander liegenden Netzebenen wirkt in gleichem Sinn und zwar auf alle auffallenden Wellenlängen. Untersucht man indes weiter die Wechselwirkung dieser einzelnen an den vielen übereinanderliegenden Ebenen „reflektierten" Strahlen, so findet man, daß sie nur für ganz bestimmte Wellenlängen einander verstärken. Die von zwei aufeinanderfolgenden Ebenen aa' und bb' (Fig. 677) reflektierten Strahlen müssen nachher in den Punkten BD

einer zur Reflexionsrichtung senkrechten Ebene mit gleicher Phase eintreffen. Das geschieht nur für solche Wellenlängen, die in dem Unterschied der Wege gerade aufgehen, die die Strahlen, nachdem sie sich bei der Reflexion an der ersten Ebene im Punkt A mit derselben Phase trennten, zurückgelegt haben. Die Wegdifferenz soll ein ganzes Vielfaches (n-faches) der Wellenlänge sein:

$$\overline{ACD} - \overline{AB} = n\lambda \qquad n = 1, 2, 3, \ldots.$$

oder, nach trigonometrischer Umrechnung

$$2d \sin\vartheta = n\lambda \qquad n = 1, 2, 3, \ldots.$$

wo d der Abstand der benachbarten Gitterflächen ist. Die Folge ist, daß der „reflektierte" Strahl nur ganz bestimmte, mit dem Winkel und der Gitterkonstanten in der angegebenen Weise verbundene Wellen-

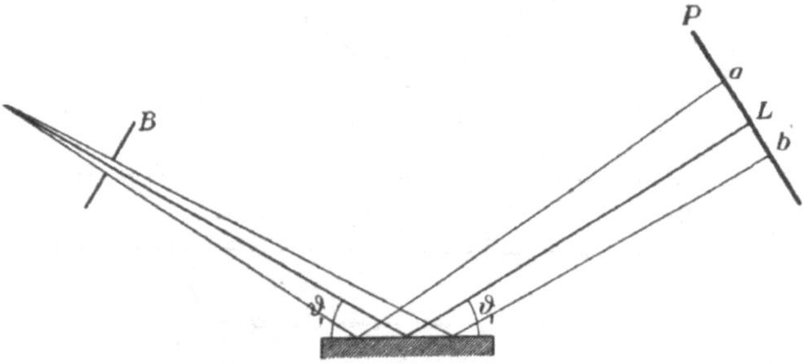

Fig. 678.

längen enthält, und daß umgekehrt nur bei solchen Winkeln eine merkliche „Reflexion" stattfindet, für die im auffallenden Strahl eine passende Wellenlänge da ist. Eine Vorrichtung, die den Gang der reflektierten Intensität mit dem Reflexionswinkel messen läßt, gibt damit auch die Verteilung der Intensität auf die Wellenlängen im primären Bündel, sie kann als regelrechter Spektralapparat dienen. Man erreicht dies z. B. mit einem Röntgenstrahlenbündel, das so divergent ist, daß seine einzelnen Strahlen unter merklich verschiedenen Winkeln die Kristalloberfläche (Fig. 678) treffen. Die reflektierten Strahlen treffen dann in einem breiten Band $a\,b$ eine photographische Platte P. Ist nun z. B. eine Wellenlänge besonders stark vertreten, die bei einem Winkel ϑ reflektiert wird, so wird der unter diesem Winkel reflektierte Strahl besonders hohe Intensität besitzen, P wird an der Stelle L, wo er auftrifft, besonders stark geschwärzt werden und, wie wir es von der Optik her gewohnt sind, die besonders stark vertretene Wellenlänge als „Spektrallinie" wiedergeben. (Herweg 1913).

Da aus physikalischen und kristallographischen Kenntnissen die Größe d aus den geometrischen Verhältnissen der Anordnung der Winkel ϑ sehr genau ermittelt werden kann, kann λ berechnet werden, sobald man die „Ordnungszahl" n kennt.

Die Zahl n, die angibt, in welcher „Ordnung" (s. zum Vergleich § 797) die Linie abgebildet wird, kann aus vergleichenden Versuchen leicht ermittelt werden.

Da in dieser Anordnung mit festem Kristall jede Wellenlänge von einem andern Teil der Kristalloberfläche zurückgeworfen wird, können erhebliche Täuschungen über den Bau des Spektrums ent-

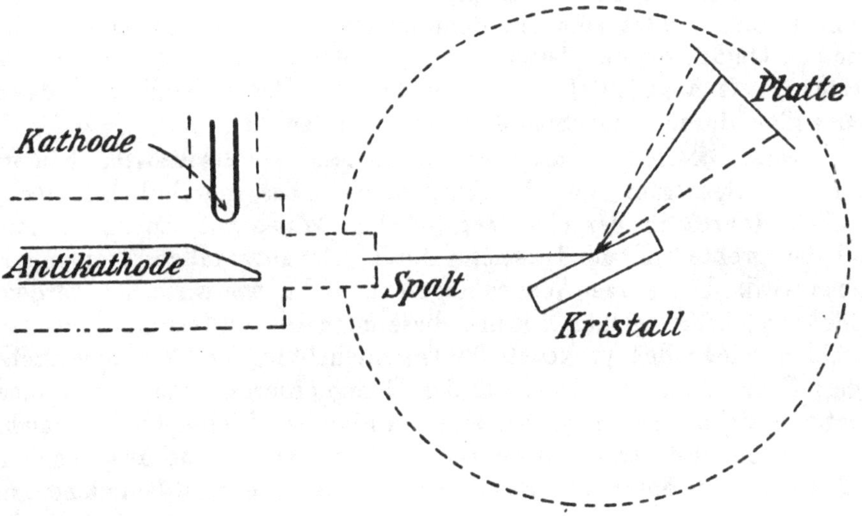

Fig. 679.

stehen, wenn der Kristall infolge von Wachstumsstörungen in seinem Bau Unregelmäßigkeiten aufweist. Man geht hierin sicherer und erreicht noch andere Einzelvorteile, indem man das Strahlenbündel durch einen Spalt ganz eng begrenzt und den Kristall um seinen Auftreffpunkt dreht („Drehkristallmethode"). Da die Netzebenen, wie oben erwähnt, wie Spiegel reflektieren, wandert der reflektierte Strahl beim Drehen des Kristalls, als werde er von einem sich drehenden Spiegel reflektiert. Bei jedem Neigungswinkel aber wird eine andere Wellenlänge des primären Bündels, nämlich die, deren $\lambda = \frac{1}{n} 2 d \sin \vartheta$ ist (s. o.), reflektiert werden. Der Drehkristall entwirft also ebenfalls ein Spektrum; nach solchen Winkeln, denen ein im Primärbündel besonders stark vertretenes λ zugeordnet ist, gibt er ein besonders intensives reflektiertes Bündel, zeichnet also auf einer photographischen Platte eine Spektrallinie auf.

Fig. 679 zeigt die Hauptteile eines „Röntgenstrahlspektrographen“ mit Drehkristall. Im Röntgenrohr, (das in den neueren Konstruktionen von M. Siegbahn auf die Größe einer Streichholzschachtel zusammengeschrumpft ist), steht das zu untersuchende Material als Antikathode der Kathode (hier ein Glühfaden) gegenüber. Der durch den Spalt ausgeblendete Röntgenstrahl wird von dem Drehkristall K in einen Fächer auf die photographische Platte P ausgebreitet. Um Strahlen, die so weich sind, daß sie in Luft schon merklich verschluckt werden, untersuchen zu können, kann der Spektograph zum Auspumpen eingerichtet sein, in dem er etwa in eine luftdichte starkwandige Metalltrommel (deren Umfang in der Figur durch einen punktierten Kreis angedeutet ist) eingebaut ist. Der Kristall muß dann von außen durch einen Schliff gedreht werden.

* **859. Die Röntgenstrahlenspektren der Elemente.** Nimmt man das Spektrum der Röntgenstrahlen eines gewöhnlichen technischen Rohres in der eben angegebenen Weise auf, so findet sich, daß der größte Teil der Intensität durch sehr kurzwellige Strahlen gegeben wird. Der kurzen Wellenlänge entspricht, wie wir sehen werden, hohe Durchdringungsfähigkeit und diese intensiven und durchdringenden Strahlen bilden den praktisch für Durchleuchtung und Therapie wichtigen Bestandteil der Emission des Röntgenrohres. Sie zeigen eine kontinuierliche Verteilung über einen bestimmten Wellenlängenbereich, entsprechen also etwa weißem Licht. Man hat Gründe anzunehmen, daß sie direkt durch die Bremsung der Kathodenstrahlenteilchen in der Antikathode erzeugt werden. Außerdem zeigt sich bei höheren Wellenlängen von der Größenordnung 10^{-8} cm ein aus mehreren scharfen Linien bestehendes Linienspektrum. Die Wellenlängen dieser Linien sind durch das Material der Antikathode gegeben, und zwar besitzt jedes einzelne der chemischen Elemente ein charakteristisches Linienspektrum, das ihm eigentümlich ist.

Dabei haben wir offenbar einen Vorgang vor uns, der von der bei der Bremsung erzeugten Strahlung verschieden, vielmehr den charakteristischen Linienspektren der Elemente im Gebiet der sichtbaren Wellenlängen (§ 803) analog ist. Während die Wellenlängen des Gebiets, in dem die kontinuierlich verteilte harte Bremsstrahlung auftritt, mit der Geschwindigkeit der Kathodenstrahlen sich ändern, sind die Wellenlängen im Linienspektrum davon unabhängig. Da es sich also offenbar um eine Eigenstrahlung des Antikathodenmaterials handelt, kann von ihr auch nicht erwartet werden, daß sie die Richtungseigenschaften der Strahlung zeigt, die von den gebremsten Elektronen selbst ausgesandt wird. Wir erwähnten in § 851, daß in der Tat ein Teil der von Antikathoden höheren Atomgewichts ausgehenden Strahlung ungerichtet ist, und fassen demnach jetzt die Röntgenstrahlung eines Rohrs als ein Gemisch gerichteter Bremsstrahlung, die von den Elektronen des Kathodenstrahls selbst herrührt, und ungerichteter Eigenstrahlung auf, die von den Elektronen, die den Atomen des Antikathodenmaterials angehören, ausgehen muß.

Man hat für jedes Element mehrere solcher Liniengruppen gefunden, die durch größere Abstände voneinander getrennt sind. Die

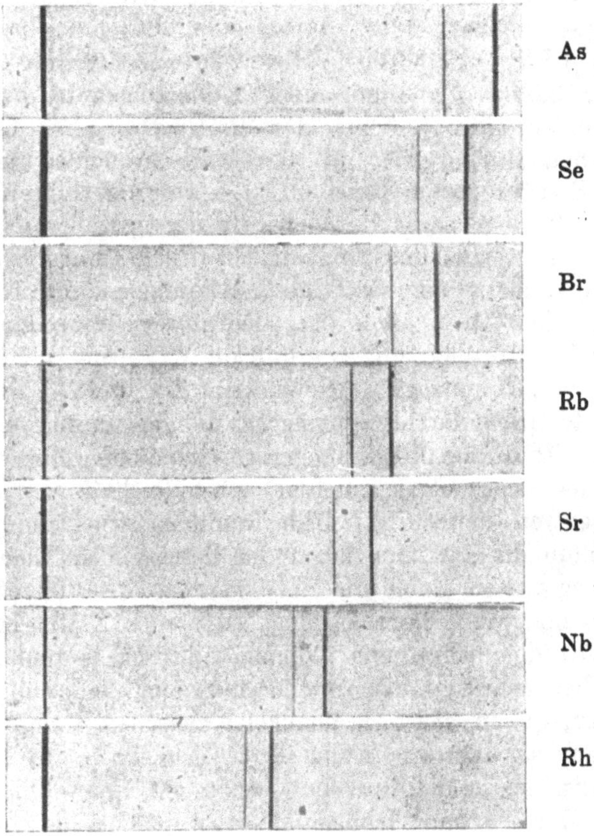

Fig. 680.

kurzwelligste Liniengruppe jedes Elements, die gleichzeitig den einfachsten Bau zeigt, bezeichnet man als seine „*K*-Strahlung", die weiteren als „*L*"- und „*M*"-Strahlung. Fig. 680 zeigt die *K*-Spektren einiger Elemente zwischen Arsen und Rhodium (nach Aufnahmen von M. Siegbahn). Der Bau der Liniengruppen ist in allen Spektren derselbe, indes wird die Wellenlänge der Linien in regelmäßiger Weise kleiner, wenn man von einem Elemente zu dem im periodischen

System (§ 27) darauf folgenden Elemente fortschreitet. Die *L*- und *M*-Spektren enthalten mehr Linien, aber auch hier entsprechen sich die Linien-Anordnungen der aufeinander folgenden Elemente genau, indem sie wiederum mit wachsender Atomnummer stetig zu kleineren Wellenlängen rücken.

Die genaue Durchforschung ergab, daß die Schwingungszahlen ν der stärksten Linie jeder Gruppe mit der Ordnungszahl Z des Elementes, das sie aussendet, durch eine Beziehung von der Form $\nu = \alpha(Z - \beta)^2 R$ verknüpft ist. Diese Form (α ist eine einfache Funktion ganzer Zahlen, R eine universelle Zahlenkonstante, β eine Konstante der Linie) entspricht aufs engste der, die Rydberg für die Frequenzen der optischen Linienserien als allgemein brauchbar gefunden hatte (R heißt „Rydbergsche Konstante"), — nur der Faktor $(Z - \beta)^2$, der eine sehr einfache Abhängigkeit der Schwingungszahl von der Ordnungsziffer Z des aussendenden Elements ausdrückt, war bei den Röntgenspektren neu. Setzt man statt dieser Klammer in die Formeln für die stärksten Linien von K und L das Quadrat der Atomnummer des ersten Elements (H), also eins, ein, so ergibt die K-Formel die erste Linie der ultravioletten „Hauptserie" des Wasserstoffs, die L-Formel das erste und stärkste Glied der „Balmerserie", die bekannte rote Wasserstofflinie. Man ist durch diesen engen gesetzmäßigen Zusammenhang zu der Annahme einer engen inneren Verwandtschaft von optischen und Röntgenspektren berechtigt. Alle Röntgen-L-Spektren etwa sind in gewissem Sinn die Balmerspektren der betreffenden Elemente, und da diese Analogie sich auch im einzelnen bewährt, dürfen die K- und L-Gruppen mit voller Berechtigung als K- und L-„Serien" bezeichnet werden. An den schwersten Atomen sind K-, L- und M-Serien unmittelbar beobachtet; außer ihnen sind noch langwelligere Gruppen anzunehmen, die in das Zwischengebiet zwischen Röntgenstrahlen und Licht fallen, so daß wir in den Röntgenspektren die kurzwelligsten, in den optischen (und ultraroten) Serien die langwelligsten Spektrallinien desselben Atoms beobachten. Da jede Linie von einem bestimmten Vorgang im Atom herrühren muß, bietet die Gesamtheit der Spektrallinien ein ungeheures Material zur Erforschung des Atombaus.

* **860. Absorption der Röntgenstrahlen.** Wir haben schon bei Gelegenheit der Grundversuche die Absorption der Röntgenstrahlen gestreift und sie dazu benutzt, verschiedene Arten von Röntgenstrahlen mittels ihrer Durchdringungsfähigkeit oder Härte zu unterscheiden. Die Absorptionskoeffizienten erwiesen sich als speziell vom Atomgewicht des absorbierenden Körpers abhängig. Besonders einfache

Verhältnisse wird man somit bei einheitlichem Atomgewicht des absorbierenden Körpers oder bei Elementen erhalten, und da wir nun die Wellenlänge der Röntgenstrahlen messen können, haben wir die Möglichkeit, den Absorptionskoeffizienten jedes Elementes als Funktion der Wellenlänge der absorbierten Strahlung darzustellen. Fig. 681 zeigt derartige Kurven für Aluminium, Eisen, Nickel, Zink und Silber. Den einfachsten Verlauf zeigt die Kurve des Aluminiums, der Absorptionskoeffizient steigt mit der Wellenlänge regelmäßig an. Die Kurve des Eisens zeigt zunächst ebenfalls einen regelmäßigen Anstieg der Absorption mit der Wellenlänge, bei einer bestimmten Wellenlänge einen scharfen Absturz, darauf erneutes regelmäßiges Ansteigen. Völlig analog verhalten sich Nickel und Zink, nur liegen die Abstürze hier jeweils bei geringeren Wellenlängen. Silber schließlich zeigt wieder völlig glatten Verlauf des Koeffizienten. Vergleicht man die Atomgewichte der Elemente, deren Kurven den Absturz zeigen, so sieht man, daß die Abstürze mit wachsendem Atomgewicht zu geringeren Wellenlängen rücken. Die Wellenlängen der Abstürze ändern sich also im gleichen Sinn mit dem Atomgewicht wie die Wellenlänge der Linienspektren, die diese Elemente als Antikathoden emittieren (s. § 856). Trägt man diese Emissionswellenlängen auf der Abscissenachse der Kurven ein, so findet sich, daß die beiden Erscheinungen aufs engste zusammenhängen: Der Sprung im Absorptionskoeffizienten eines Elementes liegt stets bei genau derselben Wellenlänge, wie die letzte, kurzwelligste, seiner Spektrallinien. Wir sehen, daß die Wellenlängen der Emission von Aluminium und Silber aus dem dargestellten Bereich herausfallen; der regelmäßige Verlauf der Aluminium- und Silberkurven ist also darauf zu schieben, daß demnach auch die sprungweisen Änderungen der Absorption außerhalb des hier gezeichneten Gebietes liegen. Wir werden die Bedeutung dieser Sprungstellen in dem nächsten Paragraphen besprechen und betrachten zunächst ihre Rolle bei der Wirksamkeit der technischen Härtemesser

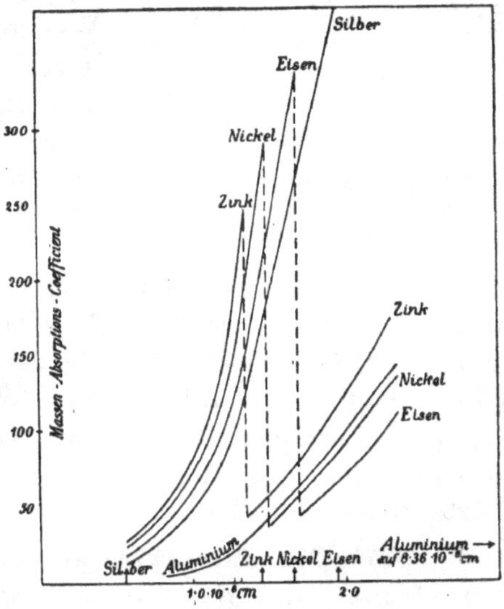

Fig. 681.

(§ 847). Wie wir im vorigen Paragraphen erwähnten, besteht der intensivste Teil der Strahlung eines technischen Rohrs aus einem Gemisch vieler Wellenlängen. Das Rohr möge zunächst „weich“ sein, so daß die emittierten Wellenlängen sämtlich größer sind als die, bei der der Sprung in der Absorption des Silbers stattfindet, und etwa im Gebiet zwischen *A* und *B* liegen (Fig. 682). Die Absorption des Silbers erweist sich hier als etwas stärker wie die des Aluminiums, der Härtemesser zeigt einen bestimmten niedrigen Grad. Das Rohr werde nun „härter“ gemacht, so daß die Wellenlängen etwa zwischen *C* und *D* liegen. Dann wird ein Teil der Strahlen in Silber unverhältnismäßig stark absorbiert, während die Absorption in Aluminium weiterhin regelmäßig abgenommen hat. Silber wird also relativ undurchlässiger erscheinen. Dies wird sich noch stärker zeigen, wenn das Rohr noch härter ist (*E F*) und ein noch größerer Teil seiner Strahlen der starken Absorption im Silber unterliegt. Da die Durchlässigkeit des Aluminiums währenddessen ständig zugenommen hat, muß es in größerer Dicke angewandt werden, um ebenso stark zu wirken wie die gegebene Silberschicht, d. h. der Punkt gleicher Helligkeit rückt mit größerer Härte zu einer dickeren Stelle des Aluminiumkeils fort (Fig. 669).

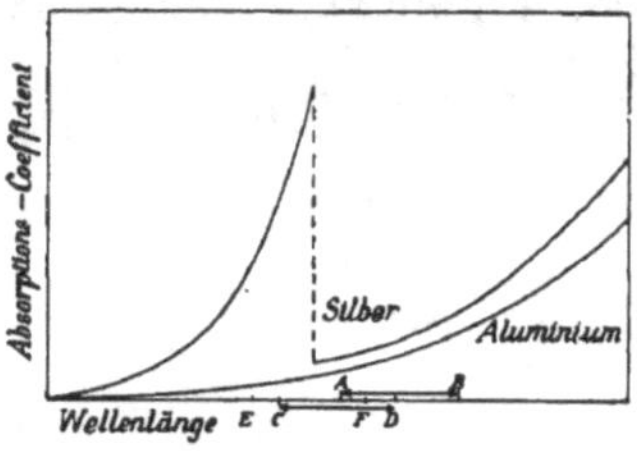

Fig. 682.

* **861. Die charakteristische oder Fluoreszenzstrahlung der Elemente.** Wie wir in § 853 erwähnten, besteht der größte Teil der Sekundärstrahlen, die bei der Bestrahlung von Elementen, deren Atomgewicht 25 übersteigt, erzeugt werden, aus einer homogenen Strahlung, deren Härte nur vom Atomgewicht des sekundären Strahlers abhängt, und die demnach die „charakteristische“ oder „Fluoreszenz-Strahlung“ des betreffenden Elementes genannt wird. Die spektroskopische Prüfung dieser Strahlen mit Hilfe der Krystall-Interferenz hat ergeben, daß sie mit der Strahlung identisch ist, die das betreffende Element, wenn es als Antikathode von Kathodenstrahlen getroffen wird, aussendet, und deren charakteristische Linienspektra wir in § 859 betrachteten. Da diese in dem betrachteten Fall fast ausschließlich aus einer starken Linie bestehen, sind diese chrakteristischen Sekundärstrahlungen der Elemente nahezu monochromatisch und haben deshalb eine wichtige Rolle in allen Fragen gespielt, für die die Anwendung einer einheitlichen Strahlung wichtig ist. Zu ihren charakteristischen Eigenschaften gehört außer dieser Einheitlichkeit besonders der Umstand, daß jede derartige Strah-

lung nur durch solche primäre Röntgenstrahlung erregt werden kann, deren Wellenlänge kleiner ist als ihre eigene. Diese Gesetzmäßigkeit entspricht völlig der bei der Fluoreszenz des Lichtes behandelten Stokesschen Regel, nach der das Leuchten eines fluoreszenzfähigen Körpers nur durch Licht angeregt werden kann, das kurzwelliger ist als das Fluoreszenzlicht. Diese Analogie läßt erkennen, daß wir in der „Fluoreszenzstrahlung" tatsächlich mit Vorgängen zu tun haben, die der Lichtfluoreszenz innerlich verwandt sind. Da Fluoreszenz andererseits auch durch Kathodenstrahlen angeregt werden kann (s. § 826), gewinnen wir ein gewisses Recht, die Entstehung der mit der Fluoreszenzstrahlung identischen „ungerichteten" Röntgenstrahlung an der Antikathode als derartige direkte Fluoreszenzerregung durch Kathodenstrahlen aufzufassen. Gegenüber den Verhältnissen beim Licht besteht der Unterschied, daß nicht etwa nur bestimmte, besonders präparierte, komplizierte Körper, sondern alle Atome (unabhängig davon, ob sie in chemischen Verbindungen stecken oder nicht) dieser Art von Fluoreszenz fähig sind. Trägt man die Menge der Fluoreszenzstrahlung, die in einem Element erregt wird, als Funktion der Wellenlänge der primären Strahlen auf, so erhält man eine Kurve, deren Form Fig. 683 wiedergibt.

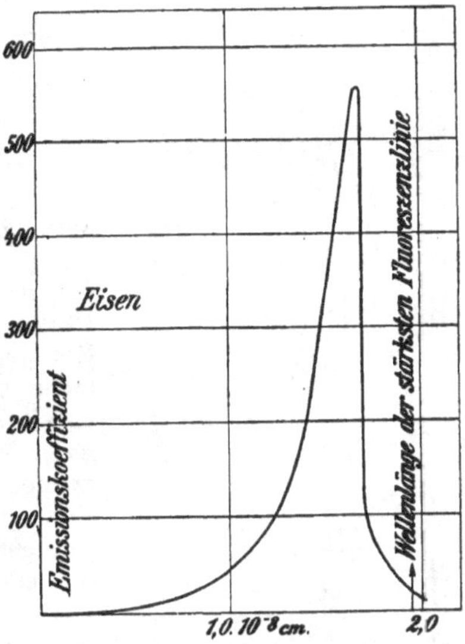

Fig. 683.

Ein Vergleich mit Fig. 681 läßt erkennen, daß die starke Absorption, die bei etwas kleinerer Wellenlänge als der der Fluoreszenzstrahlung beobachtet wird, mit der Erregung der Fluoreszenzstrahlung in dem absorbierenden Material völlig parallel läuft. Dies läßt darauf schließen, daß die hier absorbierte Energie der Primärstrahlen zu einem großen Teil zur Erregung der Fluoreszenzstrahlung verbraucht wird, daß also der Charakter der Absorptionskurven durch diese Erregungsvorgänge wesentlich mitbestimmt wird.

* **862. Die lichtelektrische Wirkung der Röntgenstrahlen.** Schon bald nach Entdeckung der Röntgenstrahlen wurde gefunden, daß sie in den getroffenen Materalien außer den bisher behandelten ihr wesensgleichen Sekundärstrahlungen noch eine sehr stark absor-

bierbare Sekundärstrahlung auslösen. Dorn zeigte (1900), daß diese Strahlung aus raschbewegten Elektronen besteht.

Nach unserer Auffassung der Röntgenstrahlen als elektromagnetischer Wellen haben wir damit einen Vorgang, der völlig der Auslösung bewegter Elektronen durch Bestrahlung mit Licht entspricht, eine „lichtelektrische" Wirkung. Die durch Röntgenstrahlen ausgelösten Elektronen besitzen indessen, wie die Messung der magnetischen und elektrischen Ablenkung (§ 831) zeigt, eine Geschwindigkeit, die um viele Größenordnungen höher ist, als die der durch Licht ausgelösten Elektronen und der Geschwindigkeit der Kathodenstrahlen im Röntgenrohr gleichkommt.

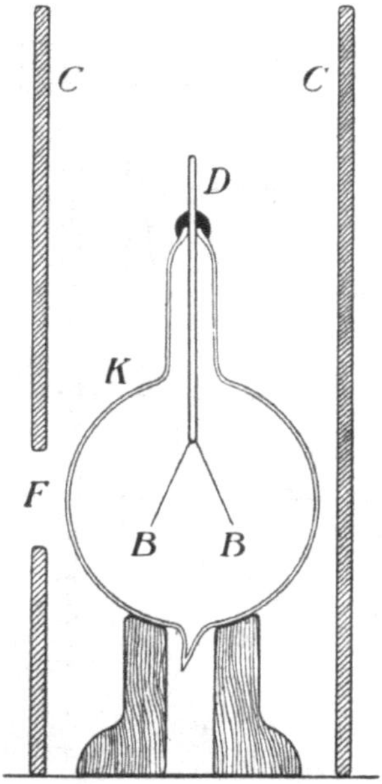

Fig. 684.

In einer evakuierten Glaskugel K (Fig. 684) ist oben ein starker Draht D eingeführt, an dessen unterem Ende zwei Aluminiumblättchen BB befestigt sind; das Ganze steht in einem Bleizylinder C der nur in der Höhe der Aluminiumblättchen ein Fenster F enthält. Treten durch dieses Fenster Röntgenstrahlen ein, so spreizen sich die Blättchen mehr und mehr und die Prüfung ihrer Ladung durch Annähern eines geriebenen Glas- oder Hartgummistabes an den herausgeführten Draht läßt erkennen (s. Vers. 404, S. 25), daß sie eine positive Ladung angenommen haben. Da die sekundären Röntgenstrahlungen, die in den getroffenen Aluminiumblättchen erzeugt werden, natürlich keinerlei Ladung mit sich führen können, müssen Elektronen das getroffene Metall verlassen haben.

Diese lichtelektrische Wirkung wird auch auf Gasmoleküle ausgeübt. In Luft z. B., die von Röntgenstrahlen durchsetzt wird, werden derartige Kathodenstrahlen hoher Geschwindigkeit frei gemacht. Wie wir in § 838 feststellten, besitzen diese die Fähigkeit, beim Durchfahren der Luft große Mengen sekundärer Elektronen frei zu machen. Untersucht man von Röntgenstrahlen durchsetzte Luft nach der Methode der Kondensation von Nebeltröpfchen (§ 550), so läßt deren Anordnung deutlich erkennen, daß sie ihre Entstehung der Wirkung einzelner rasch bewegter Elektronen zu verdanken haben: sie sind auf den charakteristischen häufig geknickten Bahnen angeordnet, wie wir sie schon bei den β-Teilchen beobachteten (Fig. 663).

Die Luft erhält durch diesen Vorgang demnach eine bedeutende Leitfähigkeit und diese kann dazu dienen, das Vorhandensein der

Röntgenstrahlen auch noch in Fällen nachzuweisen, wo ihre Intensität zur Erregung einer sichtbaren Fluoreszenz zu niedrig ist. Die eigentlichen Messungen über Röntgenstrahlen werden heutzutage fast ausschließlich mit Hilfe solcher „Ionisationsmessungen" ausgeführt (über die Meßmethoden siehe § 865).

* **863. Die γ-Strahlen.** Ein Teil der radioaktiven Elemente sendet eine Strahlung aus, die sich von den in §§ 841 u. 845 besprochenen α- und β-Strahlen, die korpuskularer Natur und deshalb magnetisch ablenkbar sind, dadurch unterscheidet, daß sie durch magnetische und elektrische Felder nicht beeinflußt wird. Diese „γ-Strahlen" zeichnen sich außerdem zum großen Teil durch ein abnorm hohes Durchdringungsvermögen aus, man kennt Arten, die noch 9 cm Blei in merklicher Menge (1%) zu durchsetzen vermögen. Dieser Umstand bildet zwar zunächst eine ihrer auffallendsten Eigenschaften und kann oft dazu dienen, sie in bequemer Weise von den viel weniger durchdringenden α- und β-Strahlen zu trennen, ist indes nicht mit ihrem Wesen verbunden. Man kennt heutzutage auch magnetisch nicht ablenkbare Strahlen, die ebenso rasch absorbiert werden, wie β-Strahlen und als sehr „weiche" γ-Strahlen zu gelten haben. Ihre nähere Untersuchung hat gezeigt, daß sie ihrem Wesen nach mit den Röntgenstrahlen völlig identisch zu sein scheinen. Sie zeigen dieselben Wirkungen, vermögen fluoreszierende Schirme zu erregen, auf photographische Platten einzuwirken, aus Körpern, die sie treffen, sekundäre γ-Strahlen und Elektronen auszulösen, demnach auch Gase leitend zu machen usw. Die Untersuchung ihrer Wellenlängen, mit Hilfe der an Kristallen hervorgerufenen Interferenzen (s. § 857), hat gezeigt, daß die weicheren Typen zum großen Teil mit der charakteristischen Fluoreszenz-Röntgenstrahlung der radioaktiven Elemente identisch sind, von denen sie ausgehen. Auch von den härteren Typen scheint dies zum Teil zu gelten, zum Teil scheinen sie wie der härteste Anteil der von einem Röntgenrohr ausgehenden Strahlung aus einem Gemisch mehrerer Wellenlängen zu bestehen. Da ferner das genauere Studium der radioaktiven Substanzen ergeben hat, daß nur diejenigen Körper, die intensive β-Strahlen aussenden, γ-Strahlung zeigen, liegt nahe, anzunehmen, daß die γ-Strahlen lediglich als die Röntgenstrahlen anzusehen sind, die durch die raschen Elektronen der β-Strahlen erregt werden. Die Durcharbeitung dieser Frage, die noch im Gange ist, scheint darauf hinzuführen, daß andrerseits auch ein wesentlicher Teil der β-Strahlen aus Elektronen besteht, die nicht vom Atomzerfall selbst, sondern von lichtelektrischer Wirkung der γ-Strahlen stammen.

D. Radioaktive Substanzen.

* **864. Die Entdeckung der Radioaktivität.** Angeregt durch die Röntgensche Entdeckung, untersuchte Becquerel 1896 die Frage, ob phosphoreszierende Körper, die bekanntlich imstande sind, sichtbares Licht aufzuspeichern, nach einer Belichtung etwa auch durchdringende Strahlen von der Art der Röntgenschen auszusenden vermögen. Er prüfte zu diesem Zweck, ob die belichteten fluoreszenzfähigen Präparate imstande seien, eine in starkes schwarzes Papier eingehüllte photographische Platte zu schwärzen. In der Tat zeigten die Uranylsalze, die er wegen der starken Fluoreszenz, die sie im Licht zeigen, gewählt hatte, Wirkungen dieser Art, während andere phosphoreszenzfähige Körper unwirksam sind. Es fand sich aber, daß ihre Wirksamkeit auf die eingehüllte photographische Platte gar nicht von der vorherigen Belichtung herrührte, sondern auch an Präparaten, die monatelang im Dunkeln gelegen hatten, vorhanden war. Weiterhin fand sich dann, daß sie auch gar nicht an die Fähigkeit der betreffenden Uranverbindungen, im Licht zu fluoreszieren, gebunden war; denn auch einfaches Uranoxyd, ja selbst metallisches Uran zeigen sie, sogar noch stärker als die Uranylsalze. Damit war eine völlig neue Erscheinung gefunden, die darin besteht, daß einem chemischen Grundstoff (hier Uran) als solchem die Fähigkeit zukommen kann, ohne Energiezufuhr von außen, ständig Strahlung auszugeben, und die Radioaktivität genannt wird. Schmidt entdeckte 1898, daß auch dem Thor diese Fähigkeit zukommt.

Da Schwärzungen photographischer Platten nur sehr grobe Abschätzungen der Strahlungswirkungen erlauben, war es von größter Wichtigkeit, daß Becquerel bald fand, daß die von Uran und seinen Verbindungen ausgehenden Strahlen imstande sind, wie Röntgenstrahlen und Kathodenstrahlen, Luft leitfähig zu machen.

P. und S. Curie stellten mit Hilfe dieser elektrischen Meßmethode zunächst allgemein fest, daß die Wirksamkeit von Uranverbindungen stets um so höher ist, je mehr Uran sie enthalten. Das gleiche fand sich an den Verbindungen des Thors. Von dieser Regel schienen indes gewisse natürlich vorkommende Uranverbindungen abzuweichen. Pechblenden (die im wesentlichen Uranoxyd enthalten) und Chalkolith (Kupfer-Uran-Phosphat) erwiesen sich als viermal bzw. doppelt so stark aktiv als reines Ur-Metall. Wurde reiner Chalkolith künstlich hergestellt, so folgte er der früher gefundenen Regel und zeigte, wie es seinem Gehalt an Uran entspricht, eine Aktivität, die etwa halb so hoch war, wie die des reinen Urans. Die Aktivität der natürlichen

Mineralien konnte demnach nur zum kleineren Teil von ihrem Urangehalt herrühren. Enthielten sie noch einen anderen strahlenden Körper, so mußte dieser von sehr starker Wirksamkeit sein, da er bei rein chemischer Analyse nicht aufzufinden, also nur in sehr kleiner Menge anwesend war. P. und S. Curie versuchten diesen hypothetischen Körper zu isolieren, indem sie Pechblende einer chemischen Trennung unterwarfen, und dabei untersuchten, welches der Trennungsprodukte sich als aktiv erwies. Ein großer Teil der Aktivität fand sich bei der Gruppe der Erdalkalien, ein anderer beim Wismut, während die anderen Trennungsprodukte inaktiv waren. Demnach enthielt die Pechblende in der Tat aktive Körper, die vom Uran chemisch verschieden waren. Die weitere Zerlegung der gefundenen Erdalkalien lieferte ein stark aktives Barium und die Verarbeitung großer Mengen ließ schließlich von diesem ein neues Erdalkalimetall abscheiden, das, auf gleiche Gewichtsmenge bezogen, etwa 100000 mal so aktiv war als Uran, und nach diesem starken Strahlungsvermögen Radium genannt wurde. Es ist ein völlig definiertes chemisches Element, das z. B. ein eignes Linienspektrum von dem bei den Erdalkalien bekannten Typus besitzt. Sein Atomgewicht wurde mit Hilfe der Überführung in Chlorid, zu 225 (heute genauer 225,9) bestimmt, es folgt also in der Reihe der Erdalkalien auf das Baryum (A. G. 137,4).

* **865. Die Anordnungen für die Messung von Strahlung durch Gasleitung** („Ionisationsmessung"). Die in der Radioaktivität und bei der Messung an Röntgenstrahlen gebräuchlichen Meßmethoden bestehen in ihrem Wesen, soweit sie nicht Zählmethoden (s. § 845) sind, auf der Messung von Sättigungsströmen (§ 547) in einem von der Strahlung durchsetzten Gasraum. Es lassen sich zwei Typen unterscheiden, die in vielen Abarten gebraucht werden.

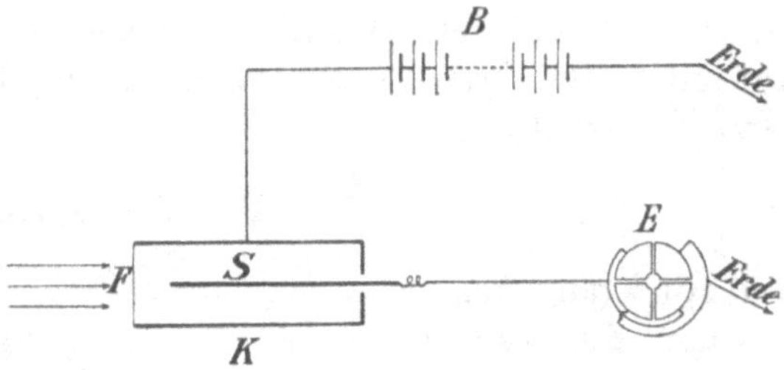

Fig. 685.

Entweder tritt die Strahlung in eine besondere Kammer ein und der dann entstehende Sättigungsstrom wird in einem besonderen Instrument gemessen. Es ist etwa (Fig. 685) K die Kammer, bestehend etwa aus einem Messingzylinder, der durch eine Batterie B so hoch (meist auf einige hundert Volt) aufgeladen wird, daß für die vorliegende Strahlungsintensität Sättigungsstrom zwischen ihm und der Zentralelektrode S besteht. Die Strahlung tritt durch ein Fenster F

aus dünnem Aluminiumblatt, Papier oder dergleichen ein. Die in S sich ansammelnden Elektrizitätsmengen fließen in ein besonderes Elektrometer E, in der Figur ein Quadrantelektrometer. Die in der Zeiteinheit aufgefangene Menge gilt als Maß des Sättigungsstroms und damit der Strahlungsintensität.

Beim zweiten Typ (Schema Fig. 686 — Elster und Geitels Apparat zur Messung der Aktivität von Bodenproben, Engler und Sievekings Fontaktoskop zur Prüfung von Quellwassern, Eberts „Radioskop" sind transportable Apparate nach diesem Prinzip —) wird die mit dem Elektrometer verbundene Elektrode S („Zerstreuungskörper") so hoch aufgeladen, daß zwischen ihr und den geerdeten Wänden der Kammer K Sättigungsstrom eintritt. Als Elektrometer E können mit großer Genauigkeit Blattelektroskope (§ 472) gebraucht werden, wenn die Blättchen B in einem von Metallwänden eingeschlossenen Raum angebracht sind, der ganz auf definierter Spannung gehalten wird (meist mit der Erde verbunden ist). Das Potential, zu dem SB aufgeladen ist, wie es an den Blättchen abgelesen wird, ist hier, wenn die Kapazität des Systems SB bekannt, ein Maß für die darauf befindliche Elektrizitätsmenge Q:

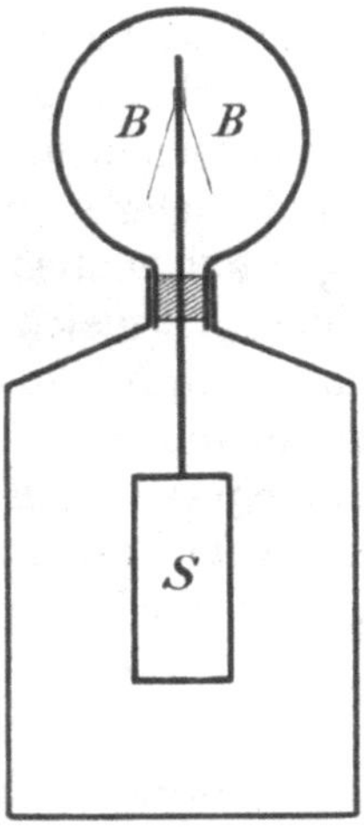

Fig. 686.

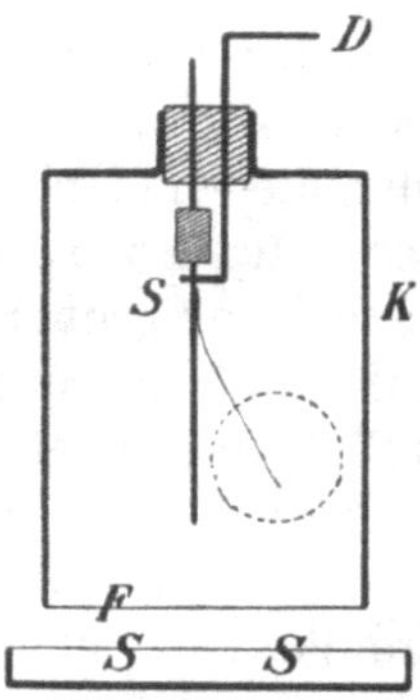

Fig. 687.

$$V = \frac{Q}{C}; \quad Q = CV \text{ (siehe § 511).}$$

Der Rückgang von V in gegebener Zeit läßt also den Rückgang von Q oder die von S durch den Sättigungsstrom fortgeführte Elektrizitätsmenge berechnen.

Da bei gegebenen Q das V um so höher ist, je kleiner C, wird ein Instrument gleicher „Spannungsempfindlichkeit" um so mehr „mengenempfindlich", je kleiner C gewählt wird. Die für sehr geringe Aktivitäten, niedere Sättigungsströme, bestimmten Instrumente benutzen daher das Elektrometer selbst als Ionisationskammer, so daß Blättchenträger und Blättchen selbst als Zerstreuungskörper dienen (Fig. 687).

Man läßt die zu untersuchende Strahlung etwa durch den mit Alumiumfolie geschlossenen Boden F eintreten, lädt das System durch einen Draht *D* auf, der nur während der Ladung durch Drehen mit *S* zur Berührung gebracht wird, und beobachtet den Rückgang des Blättchenausschlages durch ein Mikroskop mit Okularskala (dessen Querschnitt durch den punktierten Kreis angedeutet ist) Solche Elektroskope dienen zu allen Untersuchungen, in denen nur kleine Substanzmengen verfügbar sind. Absorptionsmessungen, die über die Natur der vorhandenen Strahlung entscheiden sollen, werden ausgeführt, indem über die Schicht *SS* des aktiven Körpers Metallfolien verschiedener bekannter Dicke gebracht werden und der Rückgang der Wirkung im Elektrometer mit wachsender Schichtdicke gemessen wird, die Abklingungsgesetze werden festgestellt, indem die Wirkung zu verschiedenen Zeitpunkten gemessen wird, usf. Mit höchster Sorgfalt kann die Empfindlichkeit eines solchen Instruments so weit gebracht werden, daß es noch Aktivitäten anzeigt, bei denen in jedem Kubikzentimeter des Gases nur ein Elektron pro Sekunde befreit wird, dem entspricht für 1 l Gas eine Stromstärke des Sättigungsstroms von 10^{-16} Amp. [Die empfindlichsten elektromagnetischen Instrumente (Panzergalvanometer) zeigen noch 10^{-12} Ampere an.]

§ 866. Die Tatsachen der radioaktiven Umwandlung. Löst man reines Uranylnitrat, von dem man sich vergewissert hat, daß es nur die Aktivität besitzt, die seinem Urangehalt zukommt, in Wasser auf, schüttelt die Lösung mehrmals mit fein verteilter Kohle, filtriert diese ab und dampft die Lösung ein, so findet sich, daß das Salz nunmehr nur noch einen ganz geringen Teil der photographischen Wirksamkeit besitzt, die es vorher hatte. Hingegen hat die vorher inaktive Kohle nunmehr diese Wirksamkeit erhalten. Prüft man Uransalz und Kohle nach der im vorigen Paragraphen besprochenen Methode auf die Art ihrer Strahlung, so findet sich, daß die raschen β-Strahlen (§ 841), wie sie vorher am Uranpräparat selbst beobachtet wurden, nunmehr nur von der Kohle, die α-Strahlen (§ 845) hingegen nach wie vor nur vom Uransalz ausgesandt werden. Werden Uranylsalz und Kohle nun weiterhin täglich auf ihre β-Aktivität geprüft, so findet sich, daß zeitliche Änderungen auftreten. Die Aktivität der Kohle nimmt ständig ab und ist nach 22 Tagen nur noch halb so groß wie unmittelbar nach der Behandlung. Hingegen sendet das Uranylsalz von Tag zu Tag kräftigere β-Strahlen aus. Nach etwa einem halben Jahr ist die Aktivität der Kohle praktisch völlig verschwunden, das Uranylsalz zeigt wieder, neben der ungestört gebliebenen α-Aktivität, dieselbe β-Aktivität wie vor der Behandlung. Fig. 688 zeigt graphisch das Resultat messender Versuche, die Aktivität vor dem Versuch ist = 1 gesetzt. Dabei ist von Wichtigkeit, daß die Aktivität A_k der Kohle mit voller Genauigkeit durch die Formel

$$A_k = A_0 \cdot e^{-\alpha t},$$

die des Uranylsalzes A_s durch

$$A_s = A_0 (1 - e^{-\alpha t})$$

dargestellt werden kann (die Aktivität vor dem Versuch allgemein mit A_0 bezeichnet). Das Salz hat in bestimmter Zeit stets so viel Aktivität gewonnen, als die Kohle verlor, beide ergänzen sich zu 1. Die Wirkung würde konstant gleich der des unbehandelten Uranylsalzes sein, wenn man Kohle und Salz stets gleichzeitig auf das Elektroskop wirken ließe. Fügt man zu einer Uranylnitrat-

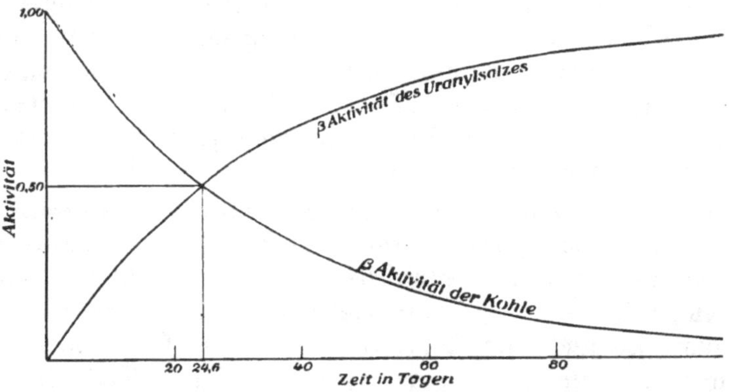

Fig. 688.

lösung etwas Bariumnitrat und fällt mit Schwefelsäure, so zeigt sich, daß nunmehr das so erhaltene Baryumsulfat die β-Aktivität des Urans an sich genommen hat und in genau demselben zeitlichen Verlauf verliert, wie vorher die Kohle. Dieser Verlauf ist in beiden Fällen völlig unabhängig von der Temperatur. Da noch andere Verfahren so erlauben, die β-Aktivität des Urans abzutrennen, während die α-Aktivität ihm stets verbleibt, so liegt nahe, die erstere einem besonderen Körper zuzuschreiben, der chemisch vom Uran verschieden, dennoch aber in seinem Auftreten an das Vorhandensein von Uran gebunden ist.

Wir betrachten zunächst ein weiteres Beispiel, die Erscheinungen der sogenannten „induzierten Aktivität“.

Inaktive Körper, die einige Zeit mit einem Radium- oder Thoriumpräparat in Berührung waren, zeigen danach selbst Radioaktivität. Ihre Oberfläche sendet α- β- und γ-Strahlen aus („induzierte Radioaktivität"). Mit der Zeit nimmt die Wirksamkeit ab, nach Aktivierung mit Radium z. B. ist sie nach einigen Stunden schon verschwunden. Zunächst läßt sich zeigen, daß die Übertragung der Aktivität durch einen materiellen Träger geschehen muß und nicht etwa eine Folge der β-Strahlung ist.

Versuch 740. Durch ein Glasrohr *R* (Fig. 689) werde von einer kräftigen Pumpe *P* (z. B. Gaedesche Kapselpumpe) ein kontinuierlicher Luftstrom gesaugt. Man führt von der linken offenen Seite ein: einen ersten losen Wattepfropfen *II*, ein Mesothor- oder Radiumpräparat *M*, einen zweiten gleichen Pfropfen *I*. *I* und *II* werden beide von den Strahlen von *M* getroffen. Indessen findet man, wenn man nach einigen Minuten *I* und *II* herausnimmt und am Szintillationsschirm oder im Elektroskop auf ihre Aktivität prüft, daß nur *II* aktiv ist, *I* hingegen inaktiv. Die Übertragung der „induzierten Aktivität" auf die Umgebung geschieht also nur in der Richtung mit dem Luftstrom: sie muß durch einen mit dem bewegten Gas fortführbaren materiellen Körper bewirkt werden.

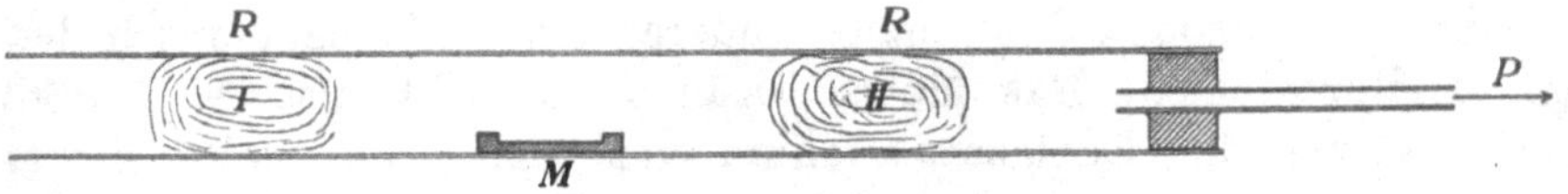

Fig. 689.

Die Natur dieses Körpers wurde durch Strömungsversuche nach demselben Prinzip aufgeklärt, bei denen zwischen *M* und den zu aktivierenden Körper *II* ein spiralförmiges Glasrohr eingeschaltet war. Die Aktivierung von *II* wird dann völlig unterbunden, sobald die Glasspirale in flüssige Luft eingetaucht wird, und ihre Untersuchung zeigt, daß der aktivierende Körper hier festgehalten wurde. Er ist also offenbar ein Gas, das bei der Temperatur der flüssigen Luft schon kondensiert ist. Dies Gas heiße Radium- (Thorium-, Aktinium-) „Emanation". Sobald die Temperatur der Spirale über etwa -150^0 gestiegen ist, wird die Emanation wieder vom Luftstrom mit fortgeführt. *II* wird aktiviert.

Die Emanation selbst erweist sich ebenfalls als radioaktiv, sie sendet α-Strahlen aus. Verfolgt man ihre Aktivität über einige Zeit, so findet sich, daß sie im Laufe von Tagen verschwindet. Das Gesetz der „Abklingung", der Änderung der Aktivität mit der Zeit ist, von den ersten Stunden abgesehen, wiederum, wie bei Uran, eine *e*-Funktion, indes hat die Konstante im Exponenten hier einen völlig anderen Wert.

Während bei Uran erst durch die chemische Trennung erkennbar wurde, daß es sich um zwei aktive Körper handelt, werden wir hier schon durch die Verschiedenheit des physikalischen Verhaltens dazu geführt, einen in seiner Entstehung vom Radium (Mesothorium) abhängigen, indes davon verschiedenen Körper, die Emanation, anzunehmen. Weiterhin zeigt sich aber, daß die induzierte Aktivität selbst, deren Auftreten von der Anwesenheit der Emanation abhängt, wiederum von einem nicht-gasförmigen Körper herrühren muß. Sie tritt stets an der Oberfläche fester Körper (gleichviel welchen Materials) auf, die mit dem emanationshaltigen Gas in Berührung standen. Sie läßt sich von dort durch Abwischen oder durch Erhitzen des Trägers über eine bestimmte Temperatur entfernen, ist also einem besonderen Körper zuzuschreiben, der bei dieser Temperatur verdampft. Hier haben wir also drei Glieder anzunehmen, das Radium selbst, die Emanation und den „aktiven Niederschlag."

* **867. Rutherfords Zerfallstheorie der radioaktiven Erscheinungen.** Zur Betrachtung der heute allgemein angenommenen Theorie der radioaktiven Vorgänge sei zunächst daran erinnert, daß die α-Strahlen nach § 846 nichts anderes sind, als sehr rasch bewegte Heliumatome. Das Metall Uran z. B. gibt also (s. § 866) ständig Atome des Edelgases Helium von sich. Es bleibt nichts übrig, als anzunehmen, daß das Atom des Urans zum Teil aus Heliumatomen besteht und diese auszuschleudern vermag. Es liegt sehr nahe, zu vermuten, daß das übriggebliebene Restatom, da es ja die Masse eines Heliumatoms verloren hat, sein Atomgewicht also um vier Einheiten niedriger ist als das des Urans, in seinem chemischen Charakter gründlich verändert worden ist, daß also als Folge der α-Strahlung mehr und mehr Atome eines neuen Elements auftreten, das vom Uran auf chemischem Wege getrennt werden kann. Es heiße Uran X. In chemisch nachweisbarer Menge läßt sich nun zwar kein solches Element vom Uran abscheiden, indes legten schon die in § 866 betrachteten Versuche nahe, daß ein β-strahlender, in seinem Auftreten vom Uran abhängiger, chemisch davon verschiedener Körper existiere, der sich durch seine Radioaktivität bemerkbar macht. Nehmen wir an, daß dieser mit dem Element Uran X, dessen Atome aus den Resten der Uranatome bestehen, die ein Heliumteilchen verloren haben, identisch ist, so ist zunächst zu verstehen, daß er sich in dem Uran, nachdem er entfernt wurde, aufs neue bildete. Die α-Strahlung, die mit der Bildung des Uran X verknüpft sein soll, wird in der Tat an dem Uransalz auch dann beobachtet, wenn der β-strahlende Körper entfernt worden ist, er muß

sich demnach aufs neue bilden und ansammeln. Da das wirklich geschieht, können wir nun einen Vorgang annehmen, der durch das nebenstehende Schema wiedergegeben ist.

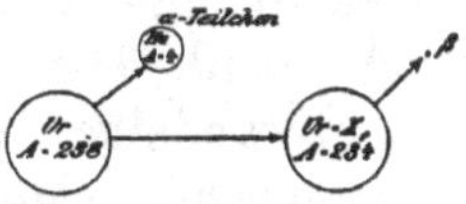

Ein solcher Zerfall chemischer Atome bildet nun nach **Rutherford** überhaupt das Wesen der radioaktiven Umwandlungen. Die aktiven Atome sind von allen bekannten die schwersten (Uran 238, Thorium 232, Radium 226 usw.). Das nächst niedrigere Wismut 208, ist schon inaktiv. Die materiellen Strahlen (α-Strahlen) bestehen stets aus Heliumatomen, die aktiven Atome verlieren also jeweils nur einen kleinen Bruchteil ihrer Masse, das Atomgewicht des Produkts ist nach einer „α-Umwandlung" stets um 4 Einheiten niedriger. Der oben schon erwähnte betrachtete Fall des Radiums und seiner Emanation ist ein weiteres Beispiel, indem gleichzeitig mit α-Strahlungen Produkte völlig neuen chemischen Charakters sich bilden. Wir erkannten diese Verschiedenheit im vorigen Paragraph an dem verschiedenen Aggregatzustand der auftretenden Körper, das Schema wird also hier so aussehen, wo Ra A das erste Glied des „aktiven Niederschlags"

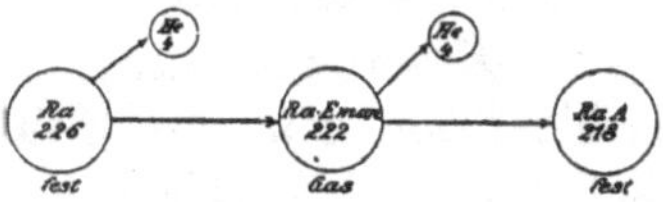

ist [der Niederschlag selbst ist (s. w. u.) nicht einheitlich.]

Weitere Versuche, auf die wir hier nicht eingehen können, haben gezeigt, daß auch aus Elementen, die β-Strahlen aussenden, neue chemisch davon verschiedene Elemente entstehen, obwohl hier nur ein verschwindender Massenverlust auftritt. Da die γ-Strahlung nur eine Begleiterscheinung der β-Strahlung zu sein scheint (s. § 863), ist also der wesentliche Grundvorgang der Radioaktivität der, daß aus dem Atom einer aktiven Substanz, je nach seiner Natur, entweder ein He-Atom (α-Strahl) oder ein Elektron (β-Strahl) abgespalten und mit großer Geschwindigkeit ausgeworfen wird. Das Restatom, das, wie besondere Versuche ergeben haben, bei dieser Explosion einen entsprechenden Rückstoß erfährt, zeigt geänderten chemischen Charakter. Jedes Atom eines bestimmten radioaktiven Elements kann nur einmal strahlen, seine Strahlung ist das Zeichen seines Zerfalls.

* **868. Der zeitliche Ablauf des Zerfalls.** Durch welche Ursachen der Zerfall der Atome eingeleitet wird, ist noch völlig unbekannt.

Es gibt kein Mittel, ihn irgendwie zu beeinflussen, zu beschleunigen oder zu verzögern. Weder hängt sein Ablauf von der Temperatur der Umgebung ab (geprüft zwischen -252^0 und $+1000^0$), noch vom Druck (bis zu 2000 Atm.), noch von der Art, in der die aktiven Atome in Molekülen chemisch gebunden sind. Der Verlauf seiner radioaktiven Umwandlung scheint ebenso unwandelbar mit dem innersten Wesen des betreffenden Atoms zusammenzuhängen, wie seine Masse, beide sind von äußeren Bedingungen, soweit bekannt, gänzlich unabhängig.

Der Zerfall geht so vor sich, daß in jeder Zeiteinheit ein bestimmter Bruchteil der überhaupt gegenwärtig im betreffenden Präparat vorhandenen Atome des zerfallenden Körpers sich umwandelt. Dann ändert sich deren Gesamtzahl N im Zeitteil dt um den Betrag

$$-dN = \alpha \cdot N \cdot dt.$$

Der Proportionalitätsfaktor α heiße „Zerfallskonstante". Die Integration der Gleichung ergibt, daß nach einer endlichen Zeit t noch die Zahl

$$N_t = N_0 \cdot e^{-\alpha t}$$

vorhanden ist, wenn im Anfang N_0 Atome da waren. Die Zahl der Atome nimmt also nach einer e-Funktion mit der Zeit ab. Da die Menge der zerfallenden Atome jeweils der Zahl der vorhandenen proportional ist, und für jeden Zerfall ein Strahlungsvorgang auftritt, nimmt auch die Häufigkeit dieser Vorgänge, oder die Intensität der Strahlung nach einer e-Funktion mit der Zeit ab. Wir erwähnten schon in § 866, daß die Aktivität des Uran X, wenn man es isoliert hat, nach diesem Gesetz abfällt; es stellt den einfachen Fall dar, wo nur ein zerfallendes Element im Spiele ist. Die Konstante α ist eine Zahl, die für das betreffende Element charakteristisch ist; wegen der Anschaulichkeit pflegt man statt ihrer oft die Zeit anzugeben, in der die Anzahl der Atome auf die Hälfte herunter gegangen ist. Diese „Halbwertzeit" T hängt mit α sehr einfach zusammen; wie leicht nachzuprüfen, ist

$$T = 0{,}693 \cdot \frac{1}{\alpha}$$

und kann also ebensogut als charakterisierende Zahl dienen.

Vielfach ist die Abklingung der abgetrennten aktiven Körper viel verwickelter. Ein durch ganz kurze Exposition gewonnener aktiver Niederschlag aus Radiumemanation z. B. zeigt sogar Anwachsen der Aktivität, nachdem er längst von der aktivierenden Quelle entfernt ist. Zudem hängt der Verlauf noch von der Beobachtungsweise ab. Beobachtet man die α-Strahlung, was nach § 847 so geschieht, daß man die Leitfähigkeit in einem eng dem Präparat benachbarten Luftraum mißt, wo die Wirkung der α-Strahlen weit überwiegt, so fällt (wie in der einen in Fig. 690 gegebenen Aktivitätskurve graphisch dargestellt) die Aktivität zuerst in wenigen Minuten steil ab, erreicht ein Minimum und beginnt darauf leise nochmals anzusteigen, um etwa 40 Minuten nach der Aktivierung ein Maximum zu zeigen und dann endgültig abzunehmen. Die β-Strahlung, in einem größeren Luftraum gemessen, von dem man die α-Strahlen durch Blätter genügender Dicke fernhält, ist zunächst gering, nimmt aber ständig zu (zweite Kurve in Fig. 690), erreicht ihren höchsten Wert vor dem zweiten Maximum der α-Strahlung und klingt dann stetig ab. Dieser ver-

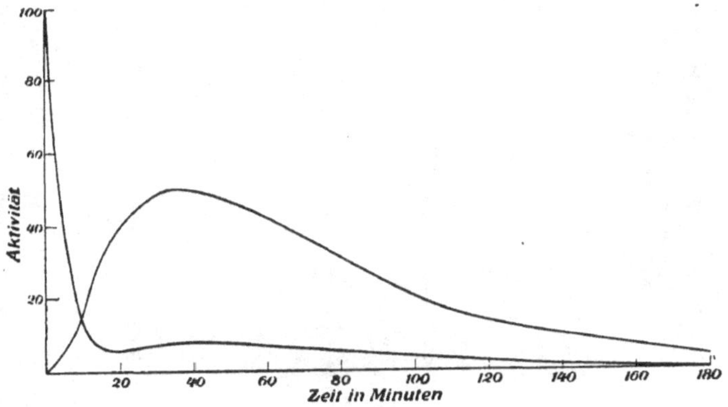

Fig. 690.

wickelte Verlauf läßt sich nun in aller Genauigkeit durch die Annahme wiedergeben, daß das aus der Emanation niedergeschlagene Element Ra A sofort weiter zerfällt. Bei diesem Zerfall sendet es α-Strahlen aus — daher der erste steile Abfall der α-Kurve. Obwohl das Tochterprodukt (Ra B) sich nicht durch Strahlung bemerkbar macht, scheint es doch zu zerfallen, denn es taucht einige Zeit nach dem Zerfall des Ra A ein weiterer, sowohl α- wie β-strahlender Körper auf, der Ra C genannt wird. Daß er nicht unmittelbar aus Ra A selbst entsteht, ist schon daran zu sehen, daß die α-Aktivitätskurve ein Minimum besitzt. Der gesamte Verlauf ist darzustellen, wenn man den drei „Radioelementen", die angenommen wurden, einen Zerfall nach der oben angegebenen Gleichung mit den Halbwertszeiten

für Ra A	3,0	min
„ Ra B	26,7	„
„ Ra C	19,5	„

zuschreibt. Bei geeigneter Anordnung läßt sich eine schwache β-Strahlung nachweisen, die den Zerfall von Ra B begleitet und deren zeit-

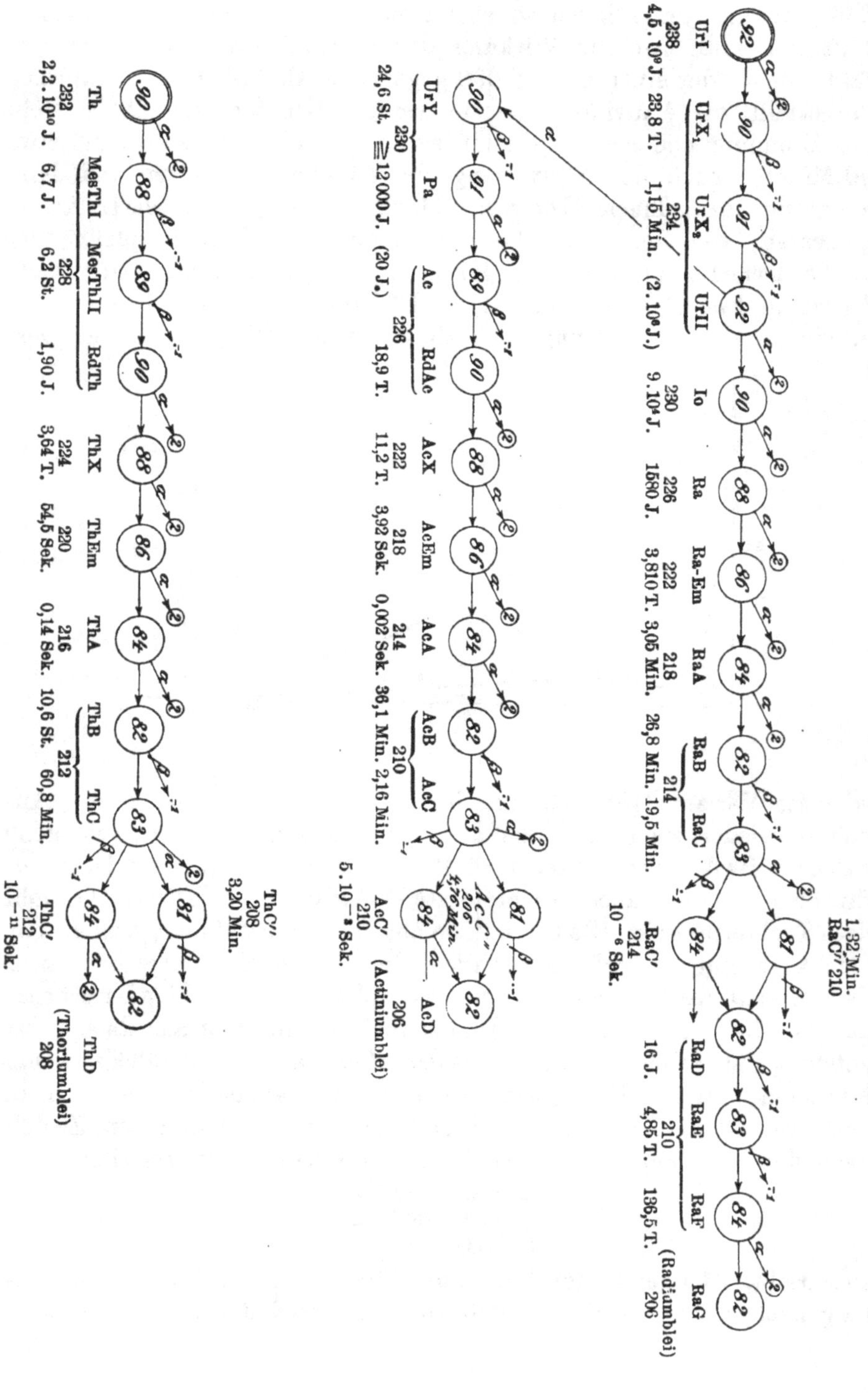
UrI 238 $4,5 \cdot 10^9$ J.
UrX₁ 23,8 T.
UrX₂ 234 1,15 Min.
UrII (2.10⁶ J.)
Io 230 $9 \cdot 10^4$ J.
Ra 226 1580 J.
Ra-Em 222 3,810 T.
RaA 218 3,05 Min.
RaB 214 26,8 Min.
RaC 19,5 Min.
RaC' 214 10^{-6} Sek.
RaC'' 210 1,32 Min.
RaD 16 J.
RaE 210 4,85 T.
RaF 136,5 T.
RaG (Radiumblei) 206
UrY 230 24,6 St.
Pa ≧12000 J.
Ac 226 (20 J.)
RdAc 18,9 T.
AcX 222 11,2 T.
AcEm 218 3,92 Sek.
AcA 214 0,002 Sek.
AcB 210 36,1 Min.
AcC 2,16 Min.
AcC' 210 $5 \cdot 10^{-3}$ Sek.
AcC'' 206 4,76 Min.
AcD 206 (Actiniumblei)
Th 232 $2,2 \cdot 10^{10}$ J.
MesThI 6,7 J.
MesThII 228 6,2 St.
RdTh 1,90 J.
ThX 224 3,64 T.
ThEm 220 54,5 Sek.
ThA 216 0,14 Sek.
ThB 212 10,6 St.
ThC 60,8 Min.
ThC' 212 10^{-11} Sek.
ThC'' 208 3,20 Min.
ThD (Thoriumblei) 208

licher Ablauf die oben gegebenen Schlüsse bestätigt. So wird hier das Zerfallsschema

$$\mathrm{Ra\,Em} \xrightarrow{\alpha} \mathrm{Ra\,A} \xrightarrow{\alpha} \mathrm{Ra\,B} \xrightarrow{\beta} \mathrm{Ra\,C} \overset{\alpha}{\nearrow} \overset{\beta}{\nearrow}$$

angenommen, das sich später noch in höchst interessanter Weise (RaC kann auf zwei Wegen zerfallen) weiterbilden ließ. Die hier skizzierte Auflösung von Abklingungskurven in lauter Zerfallsvorgänge nach der e-Funktion hat sich überall durchführen lassen. Jede reine aktive Substanz, jedes „Radioelement", befolgt also dieses Gesetz. Umgekehrt kann jede Abweichung davon als Zeichen genommen werden, daß mehrere Vorgänge durcheinander spielen. Man hat durch diese Methode ganze Reihen aus einander entstehender einfacher aktiver Körper oder „Familien von Radioelementen" kennen gelernt.

* **869. Die bekannten Familien radioaktiver Elemente.** Die in der Tafel vereinigten radioaktiven Elemente gehören, wie man sieht, alle zu drei großen Stammbäumen, der Uran-Radiumreihe, der Thoriumreihe und der Aktiniuumreihe, von denen die letzte heute zudem vielfach als Abzweigung aus der Uranreihe gilt. Die Atomgewichte aller Angehörigen dieser Gruppen liegen — das ist auch für die Ac-Reihe mit Sicherheit anzunehmen — über 206. Unmittelbar beobachtet sind die Atomgewichte von Ur, Th, Ra, Uranblei und Thorblei, alle anderen sind berechnet, indem für jede α-Strahlung das Gewicht eines He-Atoms (4) abgezogen wird. Man sieht z. B. in der Uranreihe leicht, daß dies Verfahren, vom Uran abwärts ausgeführt, an den beobachtbaren Punkten (Ra und Uranblei) auf die unmittelbar beobachteten Atomgewichte führt.

Ganz außerhalb dieser Reihen stehen die wohlbekannten Alkalimetalle K und Rb, die schwache β-Strahler sind. Von den sonst bekannten Elementen hat noch keines Aktivität gezeigt, und da die Nachweise heute sehr verfeinert sind, kann gesagt werden, daß die Radioaktivität anderer Elemente, wenn sie vorhanden ist, um viele Größenordnungen niedriger sein muß, als die der angeführten Elemente.

Der durch Beschießen mit α-Strahlen angeregte Zerfall, den z. B. N, P, Al zeigen (§ 848), unterscheidet sich von dem selbsttätigen radioaktiven Zerfall erstens darin, daß er äußeren Anstoß braucht, zweitens darin, daß er nicht Helium-α-Strahlen oder Elektronen (β-Strahlen) liefert, sondern augenscheinlich Wasserstoffkerne. Er deutet aber ebenfalls auf die Möglichkeit explosiver Auftrennung des Kerns.

* **870. Der chemische Charakter der Radioelemente.** Wie schon angeführt, erwies sich das mit Hilfe seiner Aktivität entdeckte und isolierte Radium als regelrechtes chemisches Ele-

ment, dessen Atomgewicht sich durch die für die anderen chemischen Erdalkalien entwickelten Methoden bestimmen ließ. Sein Zerfallsprodukt, die Emanation, erweist sich als Edelgas, besitzt also ebenfalls elementaren, aber völlig von dem des Radiums verschiedenen Charakter. Es hat sich allgemein gefunden, daß bei einem Zerfall der chemische Charakter des Produkts so entschieden von dem der Muttersubstanz verschieden ist, wie zwischen zwei verschiedenen chemischen Elementen. Man sieht demnach die einzelnen Glieder der Zerfallsreihen als Elemente an, indem man die beim Uran besprochene Erfahrung verallgemeinert, daß, unabhängig von der Verbindung, der Charakter des Elementaratoms die Aktivität bestimmt. Damit gerät man aber zunächst scheinbar in eine große Verlegenheit, denn alle die Elemente der radioaktiven Familien müssen doch offenbar leichter sein, wie Uran oder Thor, aus deren Zerfall sie abstammen, das periodische System enthält hier zwar wohl einige freie Stellen, in die z. B. Ra als Erdalkali und seine Emanation als Edelgas sofort einrücken können — indes bei weitem nicht genug, um die 30 neuen Elemente der Radiofamilien einzeln unterzubringen!

Es hat sich herausgestellt, daß viele unter den Atomarten, die in den Zerfallsreihen als selbständig auftreten, chemisch nicht zu unterscheiden sind. So lassen sich die Glieder Uran X_1 und Ionium ans der Radiumreihe, Thor und Radiothor aus der Thoriumreihe mit keinem chemischen Mittel wieder trennen, wenn man sie einmal vermischt hat. Sie würden also vom Chemiker als „dasselbe Element" angesehen werden — es ist also richtig, sie im periodischen System, das nur für chemisch unterscheidbare Elemente eigene Plätze vorsieht, alle miteinander an den Platz des Thoriums zu stellen. Sie heißen danach wegen ihres gleichen Platzes „isotope" Elemente, die ganze Gruppe wird „Plejade" genannt. Eine andere solche Plejade wird von Ra, AcX, ThX, MesTh I gebildet, die für den Chemiker sämtlich dasselbe Erdalkalimetall sind. Alle Zerfallsprodukte der Radiofamilien lassen sich so in Plejaden einordnen, die in vorgesehene Plätze des Systems passen. In der Tafel ist jedes Element mit der „Ordnungszahl" Z (§ 848) seines Platzes im System versehen.

Die Deutung dieser Zusammenhänge gibt die Kerntheorie des Atoms. Von den Bestandteilen des Atoms, Kern und Elektronen, kann nur der Kern der Ausgangspunkt von α-Teilchen, nämlich He-Kernen sein, da die um ihn versammelten Elektronen weder Ladung noch Masse dafür haben. Verliert er aber einen He-Kern, so muß nicht nur seine Masse um 4 Einheiten, sondern auch seine Ladung um 2 fallen und damit wird er zu einem anderen Element, denn seine Kernladung bestimmt ja (§ 848) seine Ordnungszahl. Das α-strahlende Element muß also um zwei Plätze im System abwärts rücken, und diese Regel, für die etwa die Umwandlung des Erdalkalimetalls Radium zum Edelgas Emanation ein Beispiel ist, wird von der Erfahrung allgemein bestätigt („Verschiebungssätze" von Fajans und Soddy). Ferner findet sich nach einer β-Strahlung die Ordnungsziffer stets um eine Einheit erhöht. Das heißt aber, daß die positive Kernladung um Eins wuchs. Nimmt man an, daß das β-Elektron mit seiner negativen Einheitsladung aus dem Kern stammt, so ist auch diese Regel erklärt. Wir haben also die radioaktiven Zerfallsvorgänge innerhalb des Atoms speziell in den Kern zu verlegen.

In der Elemententafel sind diese Zusammenhänge durch Angabe der Zerfallsart und der Ladungen der abfliegenden Teilchen (+ 2 für α-, − 1 für β-Teilchen) verdeutlicht. Man verfolge daran die Verschiebungssätze.

Da sich dieselbe Kernladung (s. z. B. 82 in der Ur-Ra-Reihe) mehrfach in derselben Reihe wieder einstellt, nachdem α-Verluste stattfanden, können isotope Elemente sehr verschiedene Atomgewichte haben. Diese Folgerung hat sich nicht nur unter den radioaktiven Zerfallsprodukten bestätigen lassen — man hat zeigen können, daß Uranblei das Atomgewicht 206, Thorblei 208 hat, wie es der Erwartung entspricht —, sondern auch in der Welt der vorher ganz unverdächtigen Elemente leichteren Gewichts hat sich, wie in § 843 geschildert, gezeigt, daß dasselbe chemische „Element" Komponenten sehr verschiedenen Atomgewichts enthalten kann.

Viertes Kapitel.

Strahlungsgesetze, Quantenlehre, Relativitätstheorie.

A. Wärmestrahlung und Quantentheorie.

*** 871. Die Intensität und Messung der strahlenden Energie.** Die Intensität (Energie) eines Strahlenbündels an einer bestimmten Stelle wird bestimmt durch die Anzahl Energieeinheiten, die in der Zeiteinheit durch die Flächeneinheit hindurchgestrahlt werden. Im C. G. S.-System sind diese Einheiten Erg, cm^2, sec oder auch Watt und cm^2; vielfach sind, namentlich auf dem Gebiete der kosmischen Physik, cal, cm^2 und min. im Gebrauch. Da 1 cal = $4{,}189 \cdot 10^7$ Erg, besteht die Beziehung

$$\frac{1\ \text{Erg}}{\text{cm}^2\ \text{sec}} = \frac{10^{-7}\ \text{Watt}}{\text{cm}^2} = \frac{1{,}433\ 10^{-6}\ \text{cal}}{\text{cm}^2\ \text{min}} = \frac{1}{6{,}980 \cdot 10^5}\ \frac{\text{cal}}{\text{cm}^2\ \text{min}}.$$

Jede Strahlung von endlicher Intensität, selbst scheinbar monochromatische Strahlung, besitzt eine gewisse spektrale Energieverteilung. Unter Strahlung von der Wellenlänge λ, bzw. der zugehörigen Schwingungszahl ν, verstehen wir die Strahlung, die in dem kleinen Spektralbereich λ bis $\lambda \pm d\lambda$, bzw. ν bis $\nu \mp d\nu$ geliefert wird und bezeichnen sie mit

$$\mathfrak{S}_\lambda\, d\lambda = \mathfrak{S}_\nu\, d\nu\,, \tag{626}$$

Die endliche Energiemenge, die in dem Spektralbereich λ_1 bis λ_2, bzw. ν_1 bis ν_2 enthalten ist, wird

$$\mathfrak{S} = \int_{\lambda_1}^{\lambda_2} \mathfrak{S}_\lambda\, d\lambda = \int_{\nu_1}^{\nu_2} \mathfrak{S}_\nu\, d\nu. \tag{627}$$

$\mathfrak{S}_\lambda$ und $\mathfrak{S}_\nu$ sind in bezug auf Zahlenwert und Dimension verschiedene Größen. Da die Fortpflanzungsgeschwindigkeit $c = \nu \cdot \lambda$, ergiebt sich die Beziehung

$$\lambda \cdot \mathfrak{S}_\lambda = -\nu\, \mathfrak{S}_\nu\,. \tag{628}$$

Die Energie der Strahlung wird gemessen, indem man sie durch Absorption in Körperwärme überführt. Der Oberfläche des für Strahlung undurchlässigen Meßkörpers wird das Reflexionsvermögen durch Bedecken mit Ruß oder Platinschwarz genommen, doch ist bei exakten Messungen zu berücksichtigen, daß beide Substanzen für Strahlen von kleiner Wellenlänge in dünnen Schichten nicht genügend undurchlässig sind. Die gebräuchlichsten Meßapparate sind:

1. Das Bolometer. (Svanberg 1851, Langley 1880). Man benützt Linearbolometer oder Flächenbolometer, je nachdem man die Intensität eines schmalen oder eines Strahlenbündels von größerem Querschnitt bestimmen will. Bei dem Linearbolometer wird mit Hilfe der Wheatstoneschen Brückenanordnung die Wiederstandszunahme gemessen, die ein äußerst feiner Draht oder schmaler Streifen dünnsten Bleches bei Erwärmung durch Bestrahlung erleidet. Bei dem Flächenbolometer sind solche Drähte oder Streifen dicht nebeneinander angeordnet und hintereinander geschaltet. Um Messungen in absolutem Maße durchzuführen, kann das Bolometer von bekanntem Widerstande W durch einen regulierbaren Strom J zur selben Temperatur erhitzt werden, wobei eine Wärmemenge von $0{,}239\,WJ^2$ cal/sec erzeugt wird, gleich der vorher durch Bestrahlung zugeführten Energie.

2. Statt des Bolometers kann für manche Zwecke mit Vorteil eine Thermosäule benützt werden, wobei die unpaarigen Lötstellen linear oder flächenförmig angeordnet sind.

3. Das Radiomikrometer (Boys 1888, Nichols 1901). Ein äußerst empfindliches Meßinstrument erhält man, indem man ein leichtes Thermoelement in Form einer kleinen Drahtschlinge in einem starken Magnetfeld aufhängt und die Ablenkung infolge des bei Bestrahlung auftretenden Thermostromes beobachtet. Das Instrumentchen reagiert noch auf den 150000. Teil der Strahlung des Mondes.

4. Zur Messung großer Energiemengen, wie sie z. B. durch die Sonnenstrahlung transportiert werden, dienen die Pyrheliometer (Aktinometer). Fig. 691 zeigt das viel benutzte Pyrheliometer von Violle in der Form, wie es in den klassischen Untersuchungen von Abbot und Fowle (1902—1915) angewandt wurde. Ein System von Blenden f sondert ein Strahlenbündel von bekanntem Querschnitt aus, das von einer flachen, geschwärzten, mit Quecksilber gefüllten Silberkapsel b absorbiert wird. Diese Kapsel ist von einer kupfernen Hohlkugel umschlossen, die gegen äußere Strahlungseinflüsse durch einen Holzmantel geschützt ist. Während der 2 min. dauernden Bestrahlung, welche durch die Blenden l unterbrochen werden kann, mißt ein Thermometer a von 20 zu 20 Sekunden die Erwärmung der Kapsel. Um die während der Bestrahlung von der Kapsel abgegebene Wärmemenge

zu bestimmen, wird bei geschlossenen Blenden der Rückgang des Thermometers 2 Minuten lang verfolgt. Bei bekanntem Wasserwerte der Kapsel nebst Inhalt kann dann die Intensität der Bestrahlung berechnet werden, und in 2 Minutentempo zwischen Bestrahlung und Beschattung abwechselnd, lassen sich ihre zeitlichen Veränderungen verfolgen.

Das Kompensations-Pyrheliometer von Ångström (1893) besteht aus 2 gleichen Platinstreifen, von denen der eine durch Zufuhr elektrischer Energie in gemessenem Betrage auf dieselbe Temperatur erhitzt wird, wie der andere durch Bestrahlung. Die Gleichheit der Temperaturen wird durch ein Thermoelement festgestellt. Ein registrierendes Pyrheliometer erhält man, wenn man die durch ein Thermoelement gemessene Temperaturdifferenz zweier gleicher Platinstreifen galvanometrisch registriert, von denen abwechselnd der eine bestrahlt, der andere beschattet ist. In genügend großen, gleichen Zeitintervallen vertauscht ein Uhrwerk Bestrahlung und Beschattung. Aus der dem Registrierstreifen zu entnehmenden Zeit, die verstreicht, bis die beiden Streifen ihre Temperaturen vertauschen, kann die Intensität der Bestrahlung berechnet werden.

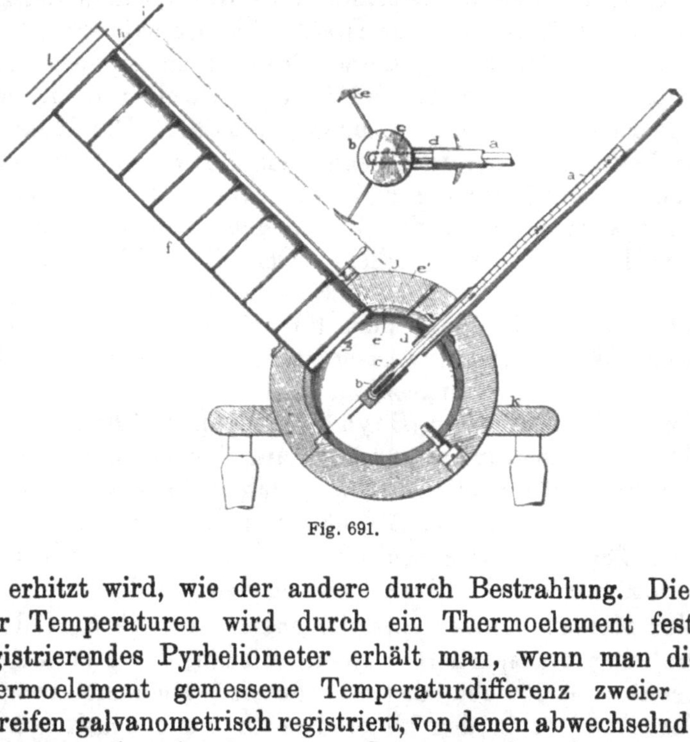

Fig. 691.

Ergebnisse einiger wichtiger Strahlungsmessungen. a) Als Einheit der Beleuchtung dient das Lux, d. i. die Beleuchtung, welche die Hefnerkerze in 1 met. horizontalem Abstande erzeugt. Die Intensität der Strahlung dieser Kerze in 1 met. horizontalem

Abstande beträgt nach Ångström 0,0000215 cal/cm² sec = 900 Erg./cm² sec, von welcher Energiemenge 0,9 % im sichtbaren Teile des Spektrums liegen. Wir erhalten deshalb als mechanisches Äquivalent der Beleuchtungseinheit

$$1 \text{ Lux} = 8{,}1 \frac{\text{Erg}}{\text{cm}^2 \text{ sec}} = \frac{1{,}16\ 10^{-5} \text{ cal}}{\text{cm}^2 \text{ min}}.$$

In diesem Abstande empfängt die Netzhaut des Auges bei einem Puppillendurchmesser von 3 mm, 0,6 Erg/sec = $8 \cdot 10^{-7}$ cal/min. Die Helligkeit eines Sternes 6. Größe kann zu 10^{-8} Meterkerzen angesetzt werden. Ein Auge, das ihn wahrnimmt, reagiert noch auf einen Energiezufluß, der erst in 200 Millionen Jahren 1 Gramm Wasser um 1° erwärmen würde.

b) Die Energie der Sonnenstrahlung in Erdentfernung wird Solarkonstante genannt und in der Regel in cal/cm² min angegeben. Die erste Messung (Pouillet 1817) ergab den Wert 1,87; der größte Wert 4 ist von Ångström angegeben. Die Hauptschwierigkeit der Messung besteht in der Elimination des für die verschiedenen Wellenlängen verschiedenen Einflusses der geschichteten Atmosphäre aus den in den tieferen Schichten angestellten Messungen. Aus den Messungen von Abbot und Fowle ergibt sich mit außerordentlicher Sicherheit der Wert

$$\text{Solarkonstante} = \frac{1{,}92 \text{ cal}}{\text{cm}^2 \text{ min}} = \frac{1{,}34 \cdot 10^6 \text{ Erg}}{\text{cm}^2 \text{ sec}} = \frac{0{,}134 \text{ Watt}}{\text{cm}^2}.$$

Doch ist zu beachten, daß aus noch unbekannten Ursachen, die aber auf der Sonne ihren Sitz haben müssen, dieser Wert im Laufe weniger Tage Schwankungen bis zu etwa 10 % erleiden kann, so daß für die meisten Anwendungen mit genügender Genauigkeit der Wert 2 angesetzt werden kann. Betrachten wir, für vorliegenden Zweck mit genügender Genauigkeit, die Sonnenstrahlung in Erdentfernung als parallele Strahlung, so wird, da die Energie derselben mit der Lichtgeschwindigkeit c transportiert wird, wie eine leichte Überlegung zeigt, im cm³ eine Energiemenge = Solarkonstante/c Einheiten enthalten sein. Wir erhalten also

$$\text{Dichte der Sonnenstrahlung in Erdentfernung} = \frac{1{,}34 \cdot 10^6}{3 \cdot 10^{10}} = \frac{4{,}47 \cdot 10^{-5} \text{ Erg}}{\text{cm}^3}.$$

Da die Sonnenkugel nach allen Richtungen gleichmäßig strahlt, und durch konzentrische Kugelflächen in gleichen Zeiten gleiche Energiemengen hindurchgehen, verhalten sich in verschiedenen Entfernungen von der Sonne die Strahlungen, welche die Flächeneinheit passieren, umgekehrt wie diese Kugelflächen. Da der Erdabstand gleich 214,6 Sonnenradien ist, erhalten wir, daß jeder Quadratzentimeter Sonnenoberfläche in der Sekunde eine Energiemenge abgibt, gleich

$$\text{Solarkonstante} \cdot (214{,}6)^2 = \frac{6{,}17 \cdot 10^{10}\ \text{Erg}}{\text{cm}^2\ \text{sec}} = \frac{8{,}84 \cdot 10^4\ \text{cal}}{\text{cm}^2\ \text{min}}.$$

Die Energieabgabe eines Quadratmeters Sonnenoberfläche entspricht einer dauernden Leistung von 84000 PS.

Für die Strahlungsdichte an der Sonnenoberfläche wird sich unten (§ 881) der Wert 8,23 Erg/cm² ergeben. Zwischen dieser und der Energiedichte in Erdentfernung besteht abgesehen vom Zahlenwert ein prinzipieller Unterschied. In Erdentfernung wird jeder cm^3 von parallelen Strahlen durchsetzt, unmittelbar an der Sonnenoberfläche von Strahlen, die aus allen Richtungen innerhalb des räumlichen Winkels 2π sich kreuzen.

* **872. Die gleichmäßig diffuse Strahlung und ihre Dichte.** Ein Raum, offen oder geschlossen, werde auf beliebige Weise von Strahlen durchzogen; doch sei stationärer Zustand eingetreten. Wir betrachten die Strahlen einer bestimmten Wellenlänge λ und einer bestimmten Polarisationsrichtung. Gegeben sei (Fig. 692) der Ort und die Orientierung eines kleinen Flächenelementes ds; die Flächennormale sei N, ihr Fußpunkt O. Die Richtung der Strahlung, die ds trifft, sei gegeben durch ein Azimuth φ und den $\sphericalangle\,\vartheta$, den sie mit N bildet. Durch den Umfang von ds legen wir einen Strahlenkegel vom Öffnungswinkel $d\,\Omega = \sin\vartheta\, d\,\vartheta\, d\,\varphi$; die Erzeugenden machen mit der Richtung ϑ seiner Achse Winkel $d\,\vartheta$ so klein, daß wir $\cos(\vartheta + d\,\vartheta) = \cos\vartheta$ setzen können.

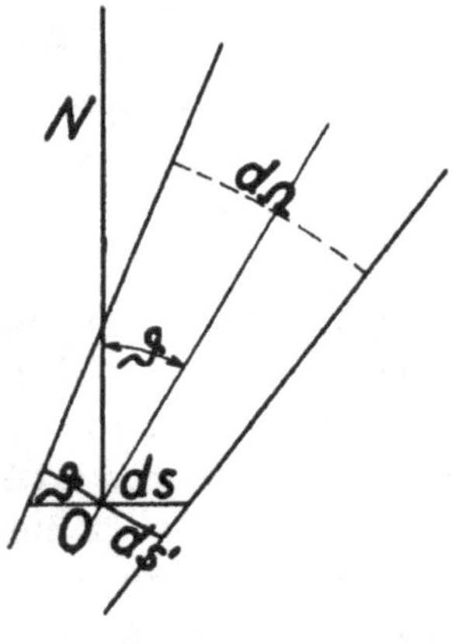

Fig. 692.

Das in O senkrecht zur Kegelachse gelegene Flächenstück $d\,s'$ hat die Größe $d\,s' = d\,s \cos\vartheta$. (Aus endlicher Entfernung betrachtet erscheint statt des abgestumpften Kegels ein Kegel mit der Spitze in O.) Dann ist die Energiemenge $d\,l$ die innerhalb dieses Kegels in der Zeiteinheit durch $d\,s$ hindurchgestrahlt wird, proportional dem Öffnungswinkel $d\,\Omega$, dem Flächenstück $d\,s' = d\,s \cos\vartheta$, sowie einem Faktor i_λ, den wir nach Planck (Abb'e) „spezifische Intensität" oder auch „Helligkeit", nach Helmholtz „Leuchtintensität" nennen. Wir erhalten so

$$d\,l_\lambda\, d\,\lambda = i_\lambda\, d\,\lambda\, d\,s \cos\vartheta\, d\,\Omega = i_\lambda\, d\,\lambda\, d\,s \cos\vartheta \sin\vartheta\, d\,\vartheta\, d\,\varphi$$

und für die ganze Menge $d L_\lambda$, welche ds von der durch N bestimmten Seite her durchstrahlt,

$$d L_\lambda d\lambda = d\lambda\, d s \int_0^{\frac{\pi}{2}}\int_0^{2\pi} i_\lambda \cos\vartheta \sin\vartheta\, d\vartheta\, d\varphi.$$

Dabei ist i_λ abhängig von der Lage des Punktes O, von der Richtung der Normalen N sowie von den Richtungswinkeln ϑ und φ. Wir nennen eine Strahlung gleichmäßig diffus, wenn in bezug auf diese Strahlung keine Stelle des Raumes vor einer anderen Stelle des Raumes und keine Richtung vor einer anderen Richtung ausgezeichnet ist. Die Energiemenge, welche dann das Element ds durchsetzt, ist unabhängig von seiner Lage und Orientierung. Dazu ist notwendige und hinreichende Bedingung $i_\lambda = \text{const} = I_\lambda$. Wir erhalten so den Satz: Innerhalb eines mit gleichmäßiger Strahlung erfüllten Raumes ist die Leuchtintensität I_λ konstant. Daraus folgt, da das Doppelintegral abgesehen von i_λ gleich π ist,

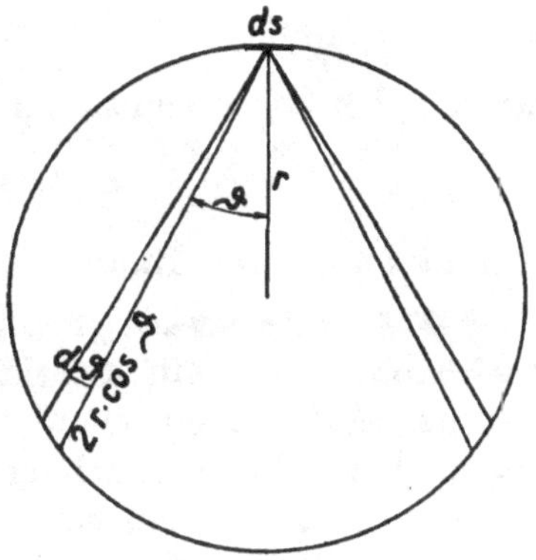

Fig. 693.

$$d L_\lambda d\lambda = \pi I_\lambda d s\, d\lambda \tag{629}$$

und für die durch die endliche Fläche F in der Zeiteinheit hindurch gestrahlte Energiemenge dieser Wellenlänge und Polarisationsrichtung

$$L_\lambda d\lambda = \pi I_\lambda F d\lambda. \tag{630}$$

Richten wir unsere Aufmerksamkeit auf die von N abgewandte Seite von ds, so können wir auch sagen, daß die hindurchgehenden Strahlungen $d l_\lambda$, $d L_\lambda$ bzw. L_λ von ds ausgehen.

Um die Dichte der gleichmäßig diffusen Strahlung zu bestimmen, schlagen wir (Fig. 693) in dem durchstrahlten Raume eine Kugel mit dem Radius r. Ein Element ds der Kugelfläche läßt in den Innenraum in dem Kegel, dessen Erzeugende mit der Flächennormalen, die mit dem Kugelradius zusammenfällt, die Winkel ϑ und $\vartheta + d\vartheta$ bilden, in der Zeiteinheit die Strahlungsmenge

$$d l_\lambda d\lambda = 2\pi I_\lambda d\lambda\, d s \cos\vartheta \sin\vartheta\, d\vartheta$$

einströmen, die zum Durchlaufen der Sehne die Zeit $2r\cos\vartheta/c$ braucht. Innerhalb dieses Kegels ist also, von ds gespendet, die Strahlungsmenge $dl_\lambda d\lambda = 2\pi I_\lambda d\lambda ds 2r \cos^2\vartheta \sin\vartheta d\vartheta/c$ enthalten und die ganze Kugel enthält, von ds herrührend, die Menge $dL_\lambda d\lambda = 4\pi r I_\lambda ds d\lambda/3c$. Die ganze in der Kugel enthaltene Strahlungsmenge ist deshalb $L_\lambda d\lambda = 4\pi r I_\lambda d\lambda 4\pi r^2/3c$. Dividieren wir noch durch das Volumen der Kugel, so erhalten wir die Dichte der gleichmäßig diffusen Strahlung von der Wellenlänge λ bis $\lambda + d\lambda$

$$u_\lambda d\lambda = \frac{4\pi I_\lambda d\lambda}{c} \frac{\text{Erg}}{\text{cm}^3} \tag{631}$$

und von der Schwingungszahl ν bis $\nu + d\nu$

$$u_\nu d\nu = \frac{4\pi I_\nu d\nu}{c} \frac{\text{Erg}}{\text{cm}^3}$$

konstant im ganzen Raume.

* **873. Das Absorptionsvermögen für gleichmäßig diffuse Strahlung.** Legt ein hinreichend paralleles Strahlenbündel von der Intensität $I_\lambda d\lambda$ in einem absorbierenden Medium die Strecke dx zurück, so kann die Schwächung der Strahlungseinheit gleich $\alpha_\lambda dx$ angesetzt werden, so daß sich $dI_\lambda = -\alpha_\lambda I_\lambda dx$ ergibt und daraus die Intensität I_λ im durchlaufenen Abstande x von der Oberfläche zu

$$I_\lambda = I_{o\lambda} e^{-\alpha_\lambda x}. \tag{632}$$

$I_{o\lambda}$ bezeichnet die in den Körper eindringende und nicht die auffallende Strahlungsenergie; α_λ ist der Absorptionskoeffizient des Mediums für die Wellenlänge λ. Von diesem scharf zu unterscheiden ist das Absorptionsvermögen a_λ, definiert als der Bruchteil der auffallenden Strahlung, der absorbiert wird. Während α_λ von der Dimension cm^{-1} und eine Materialkonstante ist, ist a_λ ein Zahlenwert < 1, sowohl abhängig von der Form des aus dem betreffenden Medium aufgebauten Körpers, als auch von der Natur des angrenzenden Mediums. Denn wird von der auffallenden Strahlung der Bruchteil d_λ durchgelassen und der Bruchteil r_λ reflektiert, so ist nach Definition

$$a_\lambda = 1 - d_\lambda - r_\lambda. \tag{633}$$

d_λ ist abhängig von der Körperform, r_λ von der Beschaffenheit der Oberfläche, und von den Brechungsexponenten der aneinander grenzenden Medien. Die Werte von α_λ und a_λ sind deshalb gänzlich unabhängig voneinander; zu sehr großen Werten von α_λ können kleine Werte von a_λ gehören und umgekehrt. Eine Silberplatte kann schon bei sehr geringer Dicke praktisch undurchlässig sein, $(d_\lambda = O)$, α_λ also sehr groß; da sie bei polierter Oberfläche aber 97% auffallender Strahlung reflektiert, erhalten wir für a_λ den kleinen Wert

$$a_\lambda = 1 - 0 - 0{,}97 = 0{,}03.$$

Das Absorptionsvermögen ist ferner abhängig von der Lage des Oberflächenelementes, das von der Strahlung getroffen wird; denn ein längliches Glasprisma z. B. hat für Strahlen, die auf die Basis- und Seitenflächen auffallen, verschiedene Durchlässigkeit. Und schließlich wird, wenn ein und dasselbe Oberflächenelement getroffen wird, das Absorptionsvermögen noch bestimmt durch die Richtung der auffallenden Strahlung, bei diffuser Strahlung von der Mischung der Richtungen. Demnach können selbst bei ein und demselben Körper a_λ, d_λ und r_λ alle Werte von 0 bis 1 annehmen, je nach der Lage des getroffenen Oberflächenelementes, der Natur des angrenzenden Mediums und der Natur der ankommenden Strahlung. Jeder dieser Werte a_λ, d_λ, r_λ kann von 0 bis 1 variieren, ist einer derselben gleich 1, so sind die beiden andern gleich Null. Von allen diesen möglichen Werten sind für die folgenden Betrachtungen diejenigen ausgezeichnet, die sich ergeben, wenn ein Oberflächenelement von gleichmäßig diffuser Strahlung getroffen wird. Sprechen wir weiterhin vom Absorptionsvermögen, Reflexionsvermögen und der Durchlässigkeit eines Elementes der Oberfläche, so verstehen wir darunter stets diese ausgezeichneten Werte, die sich ergeben, wenn das betreffende Element von gleichmäßig diffuser Strahlung getroffen wird.

* **874. Der Lichtdruck.** Das Auftreten eines die Strahlung begleitenden Druckes ist schon von Maxwell als Folge seiner Theorie der Spannungen im elektromagnetischen Felde geschlossen worden. (Lehrbuch art. 783). Der einwandfreie, experimentelle Nachweis dieses Druckes gelang P. Lebedew. 1900 führte er die Abkehrung der Kometenschweife von der Sonne auf den Druck der Sonnenstrahlung gegen die wegen ihrer geringen Dichte sehr empfindliche Materie des Kometen zurück. Mit der Verbesserung und Erweiterung der Methoden zur Messung des Lichtdruckes ist Lebedew bis zu seinem Tode beschäftigt gewesen (vgl. die Sammlung in Ostwalds Klassikern Nr. 88). Bei der Ableitung des Lichtdruckes geht man von der (aus der Elektrodynamik beweisbaren) Vorstellung aus, daß der in der Strahlung transportierten Energie Bewegungsgröße zukommt, gleichsam als ob die elektromagnetische Energie etwas Materiell-Bewegtes wäre. (Die Relativitätstheorie begründet und erweitert diese Vorstellung dahin, daß jede Art Energie träge und schwere Masse, jede

bewegte Energie also Bewegungsgröße habe). Ist $\mathfrak{S}$ die in der Zeiteinheit durch die Flächeneinheit des Strahls geförderte Energie, so ist die einem parallelen Strahlenbündel vom Querschnitte F entsprechende Bewegungsgröße $F \cdot \mathfrak{S}/c$. Beim Auftreffen auf die Platte (Fig. 694), die zunächst selbst nicht strahlen möge, wird nun diese Bewegungsgröße umgelenkt: $\mathfrak{S}$ wird durch Reflexion (ev. wiederholte an der Vorder- und Rückseite) in $\mathfrak{S}_r$, durch Brechung und späteren Austritt aus der Platte in $\mathfrak{S}_d$ verwandelt. Es sei, unter r das Reflexionsvermögen, unter d die Durchlässigkeit der Platte verstanden (vgl. § 670).

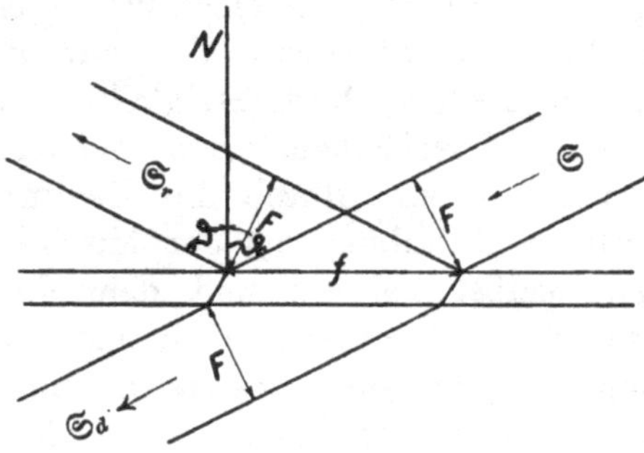

Fig. 694.

$$\mathfrak{S}_r = r \cdot \mathfrak{S}; \qquad \mathfrak{S}_d = d \cdot \mathfrak{S}.$$

Indem wir die Komponenten der Bewegungsgrößen nach der Richtung N der Plattennormale bilden, finden wir als Differenz der letzteren nach und vor der Ablenkung:

$$\frac{F}{c}\left(\mathfrak{S}_r \cos\vartheta + \mathfrak{S}_d \cos(\pi - \vartheta) - \mathfrak{S}\cos(\pi - \vartheta)\right) = \frac{F \cdot \mathfrak{S}}{c}(1 + r - d)\cos\vartheta.$$

Nach den Grundsätzen der Mechanik verlangt jede Abänderung der Bewegungsgröße eine Kraft, die hier durch die Befestigung der Platte hergegeben wird. Gleich und entgegengesetzt ist die Kraft, die die Strahlung auf die Platte überträgt. Wir setzen sie gleich $p \cdot f$ (p = Lichtdruck, f = bestrahlten Teil der Fläche $= F/\cos\vartheta$). Mithin gilt die Gleichung für den Lichtdruck

$$p \cdot f = \frac{F \cdot \mathfrak{S}}{c}(1 + r - d)\cos\vartheta.$$

$$p = \frac{\mathfrak{S}}{c}(1 + r - d)\cos^2\vartheta = u_e(1 + r - d)\cos^2\vartheta,$$

wo u_e die Dichte der Energie im einfallenden Strahl ist. Von dieser allgemeinen Gleichung machen wir eine Reihe von speziellen Anwendungen.

1. Die Platte ist sehr dick oder so stark absorbierend, daß keine merkliche Energie auf ihrer Hinterseite hindurchtritt. Dann ist $d = o$ und

$$p = u_e(1 + r)\cos^2\vartheta.$$

2. Die Platte ist ein vollkommener Spiegel, also $r = 1$ und

$$p = 2\,u_e \cos^2\vartheta.$$

3. Die Platte ist auf ihrer Vorderseite geschwärzt; damit meint man $r = o$, $d = o$, also

$$p = u_e \cos^2 \vartheta.$$

4. Statt des parallelen Strahlbündels falle gleichmäßig diffuse Strahlung auf. Der Spielraum ϑ bis $\vartheta + d\vartheta$ des Einfallswinkels grenzt um die Plattennormale den Kegelraum $d\Omega = 2\pi \sin\vartheta\, d\vartheta$ ab. Auf diesen Kegelraum entfalle als einfallende Energiedichte

$$u_e \frac{d\Omega}{2\pi} = u_e \sin\vartheta\, d\vartheta.$$

Die Bezeichnung ist so gewählt, daß die gesamte einfallende Energiedichte, die der Halbkugel $\Omega = 2\pi$ entspricht, wieder u_e ist. Der Lichtdruck der gleichmäßig diffusen Strahlung auf eine geschwärzte Fläche ist dann nach 3

$$p = u_e \int\limits_0^{\pi} \cos^2\vartheta \sin\vartheta\, d\vartheta = \tfrac{1}{3} u_e. \tag{634}$$

Ebenso ergibt sich aus 2 und 1 als Lichtdruck auf eine vollkommen oder teilweise reflektierende Platte

$$p = \tfrac{2}{3} u_e \text{ bzw. } p = \tfrac{1}{3} u_e (1 + r). \tag{635}$$

Bisher war vorausgesetzt, daß die Platte ihrerseits nicht strahle. Dies trifft in Wirklichkeit nur für den Grenzfall der vollkommen reflektierenden Platte zu. In diesem befindet sich ebensoviel reflektierte wie einfallende Strahlung vor der Platte. Die ganze Energiedichte wird daher $u = 2 u_e$ und also

$$p] = \tfrac{1}{3} u. \tag{636}$$

Diese Formel gilt aber auch für die geschwärzte Platte. Diese strahlt (vgl. das Kirchhoffsche Gesetz in 874) im Temperaturgleichgewicht nach jeder Richtung genau soviel Energie aus, als auf sie einfällt. Diese Ausstrahlung bedeutet eine Erzeugung von Bewegungsgröße, der dieselbe Reaktionskraft, sozusagen als Rückstoß gegen die aussendende Oberfläche entspricht, wie der auffallenden Strahlung. Der unter 4 gegebene Wert von p ist daher für die geschwärzte Platte zu verdoppeln und $p = \frac{2}{3} u_e$. Da aber wegen der Eigenstrahlung der Platte die gesamte Energiedichte wieder gleich $2 u_e$ ist, so folgt hieraus Gl. 636, wie behauptet. Und schließlich gilt diese Gleichung auch für den Fall partieller Reflexion. Denn nach dem Kirchhoffschen Gesetze geht von einer teilweise reflektierenden Fläche durch Reflexion und Emission Strahlung zurück gleich der einfallenden Strahlung, so daß sich auch hier eine Energiedichte $u = 2u_e$ einstellt.

* **875. Temperaturstrahlung und Lumineszenz.** Jeder Strahlungsvorgang ist ein Energieumsatz und unterliegt deshalb Gesetzen, die in den beiden Hauptsätzen der mechanischen Wärmetheorie ihren allgemeinsten Ausdruck finden. Ihr Inhalt läßt sich unter gewissen einschränkenden Voraussetzungen zu einigen einfachen, übersichtlichen Gesetzen verdichten, die nach Kirchhoff (1859), Stefan 1879) und Wien (1893) benannt sind. Dieser wichtigste Spezialfall liegt vor, wenn der ganze Strahlungsvorgang durch eine einzige, unabhängige Variable, die Temperatur, eindeutig bestimmt ist. Wir sprechen in diesem Falle von Temperaturstrahlung und fassen alle andern Leuchtvorgänge als Lumineszenzerscheinungen zusammen. Eine typische Temperaturstrahlung liegt vor, wenn eine erhitzte Metallmasse sich durch Ausstrahlung abkühlt; die ausgesandte Strahlung ist dann nach Menge und Zusammensetzung durch die Temperatur derselben eindeutig bestimmt und ändert sich nicht, solange durch Zufuhr von Wärme diese konstant gehalten wird. Anderseits sind die Leuchterscheinungen der Fluoreszenz, der Phosphoreszenz, der Geißlerschen Röhren und mancher sehr stark abgekühlter Körper, das Leuchten der Glühwürmer Lumineszenzerscheinungen, da die Temperatur nicht der einzige maßgebende Faktor ist. Liegt nur die Strahlung selbst vor, während sich der strahlende Körper der Untersuchung entzieht, wie beim Leuchten der Nebelflecke, so kann unmöglich entschieden werden, welcher der beiden Fälle statt hat.

* **876. Herstellung der gleichmäßig diffusen Strahlung.** Ein mit Strahlung erfüllter Raum sei durch außen spiegelnde Wände abgeschlossen. Dadurch ist, wie sich zeigen wird, jeder Energieaustausch durch Strahlung mit der Umgebung ausgeschlossen. Die Temperaturverteilung der Wände sei willkürlich, ihre Innenfläche ganz oder teilweise mit irgendwelchen lumineszierenden Gebilden bedeckt. Die diesen Raum erfüllende Strahlung wird auf die Wände Strahlungsdruck ausüben. Trotz mannigfacher Regellosigkeit ist die Verteilung der Druckkräfte so geregelt, daß sie als innere Kräfte dem System nach keiner Richtung hin Bewegungsimpuls erteilen können. Öffnen wir die Wand an einer Stelle, so ist ihr Gleichgewicht gestört und das System wird sich durch Reaktion des austretenden Strahles in Bewegung setzen. Die Temperaturen der Wandung können sich ändern, wobei auch vorübergehend Isothermie eintreten kann; und auch bei geschlossener Wandung ist Gewinn

von Arbeit möglich, da eine eingesetzte Platte bei festliegendem Systemschwerpunkt sich relativ zur Wandung verschieben kann.

Dieser ungemein verwickelte und gänzlich unübersichtliche Strahlungsvorgang gewinnt auf überraschende Weise an Einfachheit und Durchsichtigkeit, wenn wir Lumineszenzvorgänge ausschließen und lediglich Temperaturstrahlung zulassen. Denn: Ein mit Temperaturstrahlung erfülltes System geht nach den Gesetzen der Thermodynamik in einen Zustand thermodynamischen Gleichgewichtes über der Art, daß die Temperatur durch das ganze System hindurch den gleichen, die Entropie des Systems den größten möglichen Wert annimmt, wobei die fehlenden Temperaturdifferenzen jeden Gewinn von mechanischer Arbeit ausschließen. Dieser Zustand des thermodynamischen Gleichgewichtes regelt die Strahlung nach Gesetzen, die nun dargelegt werden sollen.

Wir nehmen erst an, daß innerhalb des durch die Wände abgeschlossenen Raumes die Strahlung jeder Wellenlänge ihre Fortpflanzungsgeschwindigkeit nicht ändert. (Konstanz der Brechungsexponenten). Setzen wir trotzdem andere Körper ein, so haben wir ihre Oberfläche als Teil der Wand zu betrachten. Die Abhängigkeit der Strahlung vom Brechungsexponenten wird sich später einfach feststellen lassen.

Die Bedingung, daß Gewinn von Arbeit ausgeschlossen sein muß, regelt die Verteilung der Druckkräfte auf einfache Weise. Im Anschluß an die Gesetze der Hydrostatik folgt: Sie sind auf gleiche Weise verteilt wie die Druckkräfte in einer gewichtslosen, (und wie sich zeigen wird, inkompressibeln) Flüssigkeit, die den Raum anfüllen würde. Bei thermodynamischem Gleichgewicht herrscht im ganzen Raume konstanter Druck gleich dem Drucke an der Oberfläche. Dieser Druck ist durch die Temperatur eindeutig bestimmt, unabhängig von dem Material der Oberfläche. Denn würden wir 2 Räume von verschiedenem Material, aber gleicher Temperatur umschlossen miteinander in Verbindung setzen und an der Verbindungsstelle eine bewegliche Platte anbringen, so würde ungleicher Druck Arbeitsgewinn ermöglichen. Da ferner der Strahlungsdruck auf beiden Seiten einer dünnen Platte gleich und unbhängig von ihrer Lage und Orientierung ist, ist die Strahlungsintensität unabhängig von Ort und Richtung. Mit Rücksicht auf § 869 haben wir somit den Satz: Bei thermodynamischem Gleichgewichte ist die den Raum erfüllende Strahlung gleichmäßig diffus. Da die Raumdichte dieser Strahlung mit dem Drucke durch

Gl. 636 verbunden ist, folgt weiter: Bei thermodynamischem Gleichgewicht ist die Raumdichte der Strahlung im ganzen Raume konstant und durch die Temperatur eindeutig bestimmt. Nun läge noch die Möglichkeit vor, daß die durch Temperatur eindeutig bestimmte Strahlungsintensität sich willkürlich auf die einzelnen Wellenlängen verteilt. Angenommen in 2 gleich temperierten Räumen seien die Intensitäten der einzelnen Wellenlängen verschieden gemischt. Bringen wir sie in Verbindung, nur getrennt durch ein dünnes Plättchen von geeigneter Dicke, das z. B. durch Interferenzen als Farbenfilter wirkt, so würden die Energiedichten in beiden Räumen verschiedene Werte annehmen. Daraus folgt: Bei thermodynamischem Gleichgewicht ist die vorgeschriebene Strahlungsintensität eindeutig auf die verschiedenen Wellenlängen verteilt und auch die Strahlung in jeder einzelnen Wellenlänge ist gleichmäßig diffus. Durch Zuhilfenahme von „Richtungsfilter" statt Wellenlängenfilter läßt sich dieser Satz für jede Polarisationsrichtung erweitern. (Dies Verteilungsgesetz ist vorgeschrieben durch die Bedingung, daß der Entropiegehalt des von der Strahlung erfüllten Raumes den größten möglichen Wert annimmt.)

Zusammenfassend können wir sagen: Die Temperaturstrahlung innerhalb eines abgeschlossenen Raumes ist durch die Temperatur T der Wandung eindeutig bestimmt der Art, daß die Strahlung in jeder Wellenlänge gleichmäßig diffus ist und in jeder Wellenlänge einen nur von T abhängigen Wert hat. Liegt in einer Wellenlänge eine gleichmäßig diffuse Strahlung von bestimmter Intensität vor, so können wir dieser eine eindeutig bestimmte Temperatur beilegen, nämlich die Temperatur der Wandung, mit der sie in thermodynamischem Gleichgewichte stehen würde. Da aber gleichmäßig diffuse Strahlung nur innerhalb eines abgeschlossenen Raumes existieren kann, ist gleichmäßig diffuse Strahlung eines bestimmten Wellenlängenbereiches nie allein anzutreffen, sondern ist stets von Strahlung derselben Temperatur aller anderen Wellenlängen begleitet. Wie die Temperatur irgendwie geordneter Strahlung bestimmt wird, soll später gezeigt werden.

*** 877. Die Gesetze von Kirchhoff und Lambert.** I. Die Strahlung innerhalb eines umschlossenen Raumes ist unabhängig vom Material der Wandung und durch deren Temperatur vollkommen bestimmt. Grenzen wir einen beliebig geformten Teilraum ab und füllen denselben mit beliebiger Substanz von derselben Temperatur, so wird dadurch die Strahlung in dem andern Teilraume nicht beeinflußt.

Setzen wir in den umschlossenen Raum einen beliebigen Körper ein, so verliert er seine Materialeigenschaften insoferne, als seine Oberfläche ein Teil der Wandung von der Temperatur T wird, an welcher die durch T vorgeschriebenen Werte von Dichte und Druck der Strahlung auftreten. Die Einheit Wandfläche strahle in der Zeiteinheit die Energiemenge E_T in den Winkelraum 2π aus. Bringen wir in den durchstrahlten Raum einen beliebig geformten Körper, dessen Oberflächeneinheit die (im allgemeinen von Stelle zu Stelle wechselnde) Energiemenge e_T entweichen läßt, so nehmen längs seiner ganzen Oberfläche Strahlungsdruck und Strahlungsdichte bald ihre konstanten, vorgeschriebenen Werte an und durch den Gesamtstrahlungsprozeß wird das variable e_T auf den konstanten Wert E_T gebracht. Die Strahlung e_T enthält also den Teil von E_T, der an dieser Stelle von dem Körper weder reflektiert noch durchgelassen, sondern absorbiert wird. Dieser Satz ist das Gesetz von Kirchhoff, das wir leicht analytisch formulieren können. Diese Menge E_T, welche die Oberflächeneinheit verläßt, besteht aus 3 Teilen: der Eigenstrahlung e_T des Körpers, der reflektierten Menge $r_T\, E_T$ und einem Bruchteil der Strahlung, der auf alle andern Stellen seiner Oberfläche auffiel und nach Passieren des Körpers an der in Betracht kommenden Stelle austritt; nach dem Prinzip der Umkehrbarkeit der Lichtwege gleich dem durchgelassenen Teil $d_T\, E_T$ der an dieser Stelle auffallenden Menge E_T. Wir haben somit (vgl. § 870):

$$E_T = e_T + r_T \cdot E_T + d_T \cdot E_T .$$

und daraus

$$\frac{e_T}{1 - r_T - d_T} = \frac{e_T}{a_T} = E_T. \tag{637}$$

Da aber durch die Temperatur nicht nur die Gesamtstrahlung E_T, sondern auch der Energiebestandteil $E_{\lambda, T}$ jeder Wellenlänge λ gegeben ist, folgt auch

$$\frac{e_{\lambda T}}{1 - r_{\lambda, T} - d_{\lambda, T}} = \frac{e_{\lambda, T}}{a_{\lambda, T}} = E_{\lambda, T}. \tag{638}$$

Und da die Strahlung gleichmäßig diffus bleiben muß, so folgt für jede Strahlungsrichtung, die mit der Flächennormalen den Winkel ϑ bildet, mit leicht verständlicher Bezeichnung

$$\frac{e_{\lambda\, T, \vartheta}}{1 - r_{\lambda, T, \vartheta} - d_{\lambda, T, \vartheta}} = \frac{e_{\lambda, T\, \vartheta}}{a_{\lambda, T, \vartheta}} = E_{\lambda, T, \vartheta}\,; \tag{639}$$

Eingehender wie oben formuliert, lautet somit der Satz von Kirchhoff: Für einen beliebig geformten Körper ist an jeder

Stelle der Oberfläche in jeder Wellenlänge und nach jeder Richtung für den Fall reiner Temperaturstrahlung das Verhältnis der ausgestrahlten Energiemenge $e_{\lambda, T, \vartheta}$ zu dem Absorptionsvermögen $a_{\lambda, T, \vartheta}$ nur Funktion der Temperatur und gleich der Energiemenge $E_{\lambda, T, \vartheta}$ der gleichmäßig diffusen Strahlung gleicher Temperatur.

Wir ziehen einige wichtige Folgerungen.

a) Ein Körper, der eine Wellenlänge vollständig spiegelt, $r_\lambda = 1$, oder vollständig durchläßt, $d_\lambda = 1$, kann in dieser Wellenlänge nicht strahlen. (Dasselbe ist der Fall, wenn $r_\lambda + d_\lambda = 1$.)

b) Das Absorptionsvermögen $a_{\lambda T}$ kann im Maximum den Wert 1 annehmen, $e_{\lambda, T}$ kann deshalb höchstens gleich $E_{\lambda, T}$ werden. Kein Körper kann deshalb in einer Wellenlänge mehr Energie ausstrahlen wie die Innenfläche der einen Raum abschließenden Wand von gleicher Temperatur.

c) Einen undurchsichtigen Körper ($d_\lambda = O$), der nicht reflektiert ($r_\lambda = O$), also vollkommen absorbiert ($a_\lambda = 1$), nennen wir schwarz für diese Wellenlänge λ. (Streng genommen müßten wir noch beifügen für eine Richtung ϑ). Von seiner Oberfläche geht die Strahlung $e_{\lambda T} = E_{\lambda T}$ aus. Man pflegt deshalb die Strahlung innerhalb eines Hohlraumes auch als „schwarze Strahlung“ zu bezeichnen. Dabei ist aber zu beachten, daß sich Schwarz auf Reflexion, Schwarzstrahlen aber auf Emission bezieht, daß infolgedessen die schwärzeste Strahlung die hellste Strahlung und der im reflektierten Licht dunkelste Körper selbststrahlend der Hellste ist. Die Ungenauigkeit der Ausdrucksweise wird noch erhöht durch den Umstand, daß schwarzstrahlen sich auf die Eigentemperatur des Körpers bezieht, schwarz hingegen meistens auf das Reflexionsvermögen gegenüber der Strahlung unserer gewöhnlichen Lichtquellen, insbesondere der Sonne, deren Temperatur ungleich höher liegt. Sind $r_{\lambda T}$ und $d_{\lambda T}$ nicht zu sehr mit der Temperatur variabel, so leuchtet, was bei Zimmertemperatur schwarz auf weiß erscheint, bei genügend hoher Temperatur hell auf dunkel.

Für viele Zwecke kann mit hinreichender Genauigkeit eine nicht zu dünne Rußschicht auf undurchsichtiger Unterlage als schwarzer Körper dienen.

d) Übertrifft die Strahlung eines Körpers diejenige eines schwarzen Körpers bei gleicher Temperatur, so kann man sicher sein, daß nicht Temperaturstrahlung, sondern Lumineszenz vorliegt. Das Leuchten des Glühwurms ist somit sicher nicht Temperaturstrahlung.

e) Gesetz von Draper. Draper (1847) erwärmte gleichzeitig verschiedene Körper, Metalle, Kalk, Marmor, Flußspat, Kohle, in einem einseitig verschlossenen Rohre und beobachtete, daß alle bei derselben Temperatur zu glühen begannen. Daraus schloß er das nach ihm benannte Gesetz, das in die Literatur überging, daß alle Körper bei derselben Temperatur (rund 525°) rote Strahlen auszusenden beginnen. Tatsächlich beweist dieser berühmte Versuch gar nichts. Denn bei dieser Versuchsanordnung wurde lediglich die Hohlraumstrahlung innerhalb des Rohres beobachtet, bei welcher der Materialunterschied der Wände, die auch aus den Oberflächen der eingesetzten Körper gebildet wurden, wegfällt. In Wirklichkeit strahlen schon bei wesentlich tieferen Temperaturen die untersuchten Körper in Intensitäten, die den Schwellenwert der Lichtempfindung des Auges überschreiten.

f) Die berühmteste Anwendung seines Satzes gab Kirchhoff durch die Erklärung der dunkeln (Fraunhoferschen) Linien des Sonnenspektrums, die ihrer Lage nach zusammenfallen mit hellen Emissionslinien leuchtender Dämpfe. Ein Dampf von der Temperatur T und dem Absorptionsvermögen $a_{T\lambda}$ strahlt in dieser Wellenlänge die Energiemenge $e_{T\lambda} = a_{T\lambda} \cdot E_{T\lambda}$ aus. Steht er vor einem schwarzen Strahler von der Temperatur T', und ist sein Reflexionsvermögen hinreichend klein, so läßt er von dessen Strahlung $E_{T'\lambda}$ den Betrag $(1 - a_{T\lambda}) E_{T'\lambda}$ passieren, so daß von ihm die Strahlung

$$E_{T'\lambda} + a_{T\lambda}(E_{T\lambda} - E_{T'\lambda})$$

ausgeht. Die Helligkeitsdifferenz Dampf-Hintergrund ist daher $a_{T\lambda}(E_{T\lambda} - E_{T'\lambda})$. Da, wie sich zeigen wird, $E_{T\lambda}$ mit steigender Temperatur stets zunimmt, erscheint der Dampf gegenüber dem Hintergrunde hell oder dunkel, je nachdem er heißer oder kälter ist. Heiße Dämpfe vor der heißeren Photosphäre schwebend veranlassen deshalb im Sonnenspektrum dunkle Linien, während ganz am Sonnenrande, wo wir an der Photosphäre vorbei durch die heißen Dämpfe allein hindurch blicken, ihre Emissionslinien hell erscheinen (Flash-Spektrum). Derselbe Vorgang kann bei Laboratoriumsversuchen an kleinen, hinreichend dichten Dämpfen, z. B. Natriumdampf in Flammenbogen beobachtet werden. Man spricht dann von „Selbstumkehr“ der Linien.

II. Wie das Kirchhoffsche Gesetz bei thermodynamischem Gleichgewicht die Unabhängigkeit der Strahlung vom Material der Wandung klar stellt, so erläutert das Gesetz von Lambert deren Unabhängigkeit von der geometrischen Gestalt der Wandung. Nach § 869 empfängt jedes Flächenelement ds, welches im umschlossenen

Raume oder an der Wandung gelegt werden kann, in Richtung ϑ mit der Flächennormalen die Strahlungsmenge $I_\lambda \cos\vartheta\, d s\, d\Omega$, muß also nach demselben Verteilungsgesetze diese Menge wieder hergeben. Wir haben so das Gesetz von Lambert:

Ein vollkommen schwarzes Flächenelement strahlt nach dem Gesetze

$$I_\lambda \cos\vartheta\, d s\, d\Omega.$$

I_λ wird durch die Temperatur eindeutig bestimmt.

Wir ziehen einige Folgerungen:

a) Entfernen wir ein Stück der Wandung, so daß eine ebene Öffnung ds gebildet wird, so klein, daß trotz der austretenden Strahlung sich die Strahlung im Innenraume nur unmerklich ändert, so tritt die Strahlung hindurch nach dem Gesetze $I_\lambda \cos\vartheta\, d s\, d\Omega$, ϑ der Winkel mit der Normalen von ds. Die Öffnung ds strahlt deshalb wie ein vollkommen schwarzer Körper. Wir erhalten auf diese Weise ein überaus wertvolles, experimentelles Hilfsmittel, einen vollkommen schwarzen Körper zu realisieren und seine Strahlung zu untersuchen. (Vgl. unten § 881).

b) Die Strahlung $I_\lambda \cos\vartheta\, d s\, d\Omega$, die von einem vollkommen schwarzen Flächenelement ausgeht, können wir auch schreiben in der Form $I_\lambda\, d s'\, d\Omega$, $d s' = d s \cos\vartheta$, gleich der Projektion von ds auf eine Ebene senkrecht auf die Blickrichtung. Jedes Flächenelement kann deshalb durch diese Projektion ersetzt werden. Eine beliebig geformte, vollkommen schwarze Fläche von genügend hoher Temperatur erscheint deshalb als gleichmäßig helle Scheibe. Die Sonnenkugel vollkommen schwarz strahlend, müßte am Rande ebenso hell erscheinen, wie in der Mitte. Die photographische Aufnahme eines mit beliebigen Gegenständen besetzten, abgeschlossenen Raumes auf durchwegs gleicher Temperatur leuchtend, würde nur eine gleichmäßig beleuchtete Platte ergeben. Der oben erwähnte Versuch von Draper würde bei sorgfältiger Ausführung die eingesetzten Körper nicht in Erscheinung treten lassen. Die Möglichkeit zu sehen, d. h. Gegenstände zu erkennen, ist nur vorhanden, wenn wir sie mit Strahlung von anderer Temperatur beleuchten können.

c) Nach dem Gesetze von Kirchhoff ist in Richtung ϑ das Emisionsvermögen eines nicht schwarzen Körpers $e_{\lambda\vartheta} = a_{\lambda\vartheta}\ E_{\lambda\vartheta}$, $a_{\lambda\vartheta} = 1 - r_{\lambda\vartheta} - d_{\lambda\vartheta}$. Nach den Reflexionsgesetzen nimmt $r_{\lambda\vartheta}$ mit wachsendem ϑ zu und infolgedessen z. B. für einen undurchsichtigen Körper $a_{\lambda\vartheta}$ ab. Ein unvollkommen schwarzer Körper folgt deshalb nicht mehr dem Lambertschen Gesetze, sein Strahlungsvermögen nimmt mit wachsendem ϑ ab. Eine glühende Metallkugel erscheint nach dem Rande zu dunkler.

Das Gesetz von Kirchhoff zeigt, daß das Emissionsvermögen des vollkommen schwarzen Körpers nicht nur für diesen Grenzfall in Betracht kommt, sondern in den Strahlungsprozeß eines jeden Körpers eingreift und somit für alle Strahlungsvorgänge von fundamentaler Bedeutung ist. Dadurch stellt sich die Aufgabe, diese Funktion der Temperatur theoretisch und experimentell so eingehend wie möglich zu erforschen. Die theoretische Behandlung wird 2 wichtige Gesetze ergeben; wir erhalten diese, indem wir einen mit Strahlung erfüllten Raum erst mit konstanter Raumdichte der Strahlung, dann mit konstantem Entropiegehalt vergrößern. Ehe wir dazu übergehen, untersuchen wir, auf welche Weise die Intensität der Strahlung durch die sog. optische Dichte des Raumes, den sie durchsetzt, beeinflußt wird.

* **878. Abhängigkeit der Strahlungsintensität von der optischen Dichte.** Der schon mehrfach betrachtete Raum innerhalb einer isothermen Wandung sei mit zwei verschiedenen Medien angefüllt, die in einer glatten Fläche aneinander stoßen, d. h. einer Fläche, die nach den bekannten Fresnelschen Gesetzen reflektiert und durchläßt. Die innerhalb eines jeden Mediums geradlinig verlaufenden Strahlen werden an der Trennungsfläche gebrochen, und bei thermodynamischem Gleichgewichte stellt sich die Energieströmung auch hier der Art ein, daß an jedem Flächenelement, das innerhalb des Raumes gelegt werden kann, ebensoviel Energie zu, wie abströmt. Wir betrachten ein Flächenelement der Trennungsfläche ds mit der Normalen N. Dem Strahlenkegel (Fig. 695), dessen Erzeugende mit der Normalen die Winkel ϑ_1 und $\vartheta_1 + d\vartheta_1$ bilden, entspricht im Medium 2 der Strahlenkegel ϑ_2 bis $\vartheta_2 + d\vartheta_2$. Innerhalb dieses Kegels fließt in 1 Energie von der Schwingungszahl ν in der Zeiteinheit auf ds zu im Betrage $2\pi I_{1\nu}\, d\nu \sin\vartheta_1 \cos\vartheta_1\, d\vartheta_1$. Von ds rückwärts strömt in diesen Kegel der reflektierte Bruchteil $r_{1\nu}$ dieser einfallenden Menge, sowie der Bruchteil $(1 - r_{2\nu})$ der Menge, die aus 2 auf ds zuströmt. Wir haben somit die Beziehung

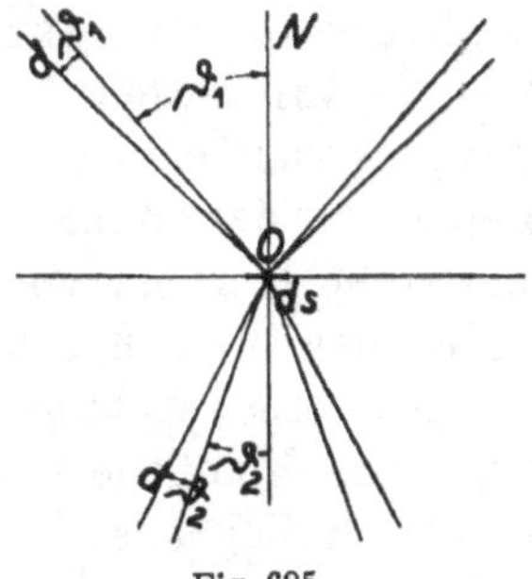

Fig. 695.

$$2\pi I_{1\nu} \sin\vartheta_1 \cos\vartheta_1\, d\vartheta_1$$
$$= r_{1\nu}\, 2\pi I_{1\nu} \sin\vartheta_1 \cos\vartheta_1\, d\vartheta_1 + (1 - r_{2\nu})\, 2\pi I_{2\nu} \sin\vartheta_2 \cos\vartheta_2\, d\vartheta_2.$$

Bezeichnen wir mit $c_{1\nu}$ und $c_{2\nu}$ die Lichtgeschwindigkeiten dieser Wellenlängen, mit $n_{1\nu}$ und $n_{2\nu}$ die Brechungsexponenten gegen Vakuum, so ist

$$\frac{\sin\vartheta_1}{\sin\vartheta_2} = \frac{c_{1\nu}}{c_{2\nu}} = \frac{n_{2\nu}}{n_{1\nu}}\,; \quad \frac{\cos\vartheta_1\,d\vartheta_1}{\cos\vartheta_2\,d\vartheta_2} = \frac{c_{1\nu}}{c_{2\nu}} = \frac{n_{2\nu}}{n_{1\nu}}$$

und infolgedessen

$$(1 - r_{1\nu}) I_{1\nu} c_{1\nu}^2 = (1 - r_{2\nu}) I_{2\nu} c_{2\nu}^2.$$

Da aber die Fresnelschen Reflexionsformeln $r_{1\nu} = r_{2\nu}$ ergeben, folgt schließlich

$$\left.\begin{aligned} c_{1\nu}^2 I_{1\nu} &= c_{2\nu}^2 \cdot I_{2\nu} = \text{const} = c^2 I_\nu \\ \frac{I_{1\nu}}{n_{1\nu}^2} &= \frac{I_{2\nu}}{n_{2\nu}^2} = \text{const} = I_\nu, \end{aligned}\right\} \qquad (640)$$

wobei I_ν die Intensität der gleichmäßig diffusen Strahlung, c die Lichtgeschwindigkeit im Vakuum bedeutet.

Wir haben somit den Satz: Die spezifischen Strahlungsintensitäten einer bestimmten Schwingungszahl in zwei verschiedenen Medien verhalten sich wie die Quadrate der Brechungsquotienten und umgekehrt wie die Quadrate der Lichtgeschwindigkeiten.

Da wir hatten $E_\nu = \pi I_\nu$, gelten diese Sätze auch für die Energiemenge e_ν der Schwingungszahl ν, welche die Wandung in verschiedenen Medien in den Winkelraum 2π abgibt. (Wir vermeiden den Ausdruck schwarzer Körper, da ein Körper unmöglich in Berührung mit verschiedenen Medien schwarz sein kann.)

Auf eine wichtige Anwendung dieser Sätze sei hingewiesen. Ein schwarzes Flächenelement ds sendet in monochromatischer Strahlung in das anliegende Medium vom Brechungsexponenten n_ν in einem Kegel vom Öffnungswinkel ψ die Strahlung

$$S = 2\pi I_\nu\, d\nu\, n_\nu^2\, ds \int_0^\psi \sin\vartheta \cos\vartheta\, d\vartheta = \pi I_\nu\, d\nu\, n_\nu^2\, ds \sin^2\psi.$$

Diese Strahlung werde, nachdem sie eine beliebige Anzahl Brechungen und Reflexionen erlitten hat, in einem konvergenten Kegel vom Öffnungswinkel ψ' in einem Medium vom Brechungsexponenten n_ν' einem schwarzen Flächenelement ds' zugeführt. ds' strahlt seinerseits in diesen Kegel den Betrag $\pi J_\nu'\, d\nu\, n_\nu'^2\, ds' \sin^2\psi' = S'$. Bei dem thermodynamischen Gleichgewichte, das sich einstellt, muß jedes der beiden Flächenelemente vom andern dieselbe Menge Strahlung empfangen, ds den Betrag $R'S'$, ds' den Betrag RS, wobei R und R' angeben, auf welchen Betrag die Strahlungseinheit beim Durchlaufen des Systems in der einen und anderen Richtung durch Reflexion und Brechung herabgesetzt wird. Nun lehrt ein allgemeines Reziprozitätsgesetz, daß $R = R'$ sein muß. Wir erhalten so $S = S'$ und daraus

$$ds \cdot n^2 \cdot \sin^2 \psi = ds' \cdot n'^2 \sin^2 \psi'. \tag{641}$$

Dies Gesetz ist in der geometrischen Optik als Sinussatz bekannt.

879. Isotherme Veränderung der Strahlung. Gesetz von Stefan. Die Strahlung erfülle einen Zylinder vom Volumen V mit schwarzem Boden, spiegelnden Seitenwänden, abgeschlossen durch einen spiegelnden, beweglichem Kolben, dessen Belastung den Druck der Strahlung stets äquilibriert. Temperatur, Dichte und Druck der Strahlung seien T, u und p; der Energiegehalt des Zylinders ist $Q = Vu$ Erg. Steigern wir die Temperatur um dT und vergrößern wir das Volumen gegen den Druck p um dV, so haben wir eine Wärmemenge zuzuführen

$$dQ = d(Vu) + p\,dV = V\,du + u\,dV + p\,dV,$$

der Volumeinheit v also die Menge

$$dq = du + u\,dv + p\,dv.$$

Die physikalische Bedeutung jedes der Glieder rechts ist leicht einzusehen. Bei der entsprechenden Gleichung, die sich bei der Behandlung der vollkommenen Gase ergibt, fehlt das 2. Glied rechts. Denn dort, wie auf den übrigen Gebieten der Thermodynamik, legen wir der Betrachtnng die Masseneinheit zugrunde; so bedeutet v das Volumen der Masseneinheit, hier aber bei Behandlung der gewichtslosen Strahlung die Volumeinheit selbst. Wir spezialisieren auf Konstanz der Temperatur, wodurch $du = 0$ wird. Die Wärmemenge, die nötig ist, um unter diesen Umständen die Volumeinheit mit Strahlung zu erfüllen, nennen wir die Entwicklungswärme der Strahlung und bezeichnen sie mit r. (Sie hat ihr Seitenstück in der Verdampfungswärme r einer Flüssigkeit). Dann ist $dq = r\,dv$ und wir erhalten

$$r = u + p = u + \tfrac{1}{3}u = \tfrac{4}{3}u = 4p\,[\text{gramm, cm}^{-1}, \text{sec}^{-2}]. \tag{642}$$

Von der zugeführten Entwicklungswärme der Strahlung ist somit 75 % in Form von Strahlung vorhanden, 25 % werden zu Leistung äußerer Arbeit verwandt.

Wir gewinnen einen 2. Ausdruck für r, indem wir die Strahlung einen kleinen Kreisprozeß durchlaufen lassen und hierfür eine „Clapeyronsche“ Gleichung bilden. Wir gehen aus (Fig. 696) vom

Punkte A, Temperatur gleich T und Volumen $v = 1$. Wir vergrößern v isotherm, also bei konstantem Drucke, um dv, wobei wir die Wärmemenge $r\,dv$ zuführen müssen. (Weg AB). Wir vergrößern $v + dv$ weiter adiabatisch und belegen gleichzeitig den Boden des Zylinders mit einem Spiegel, um weitere Entwicklung von Strahlung zu verhindern. Die Temperatur sinkt durch Leistung von Arbeit dabei um dT, der Druck um $\frac{dp}{dT}\,dT$. So gelangen wir zum Punkte C. Bei dieser Temperatur $T - dT$ komprimieren wir isotherm um dv, wobei Wärme und Strahlung vom schwarzen Boden des Zylinders aufgenommen werden, gelangen so nach D, und eine weitere adiabatische Kompression bei konstanter Strahlungsmenge führt nach A zurück. Die während dieses kleinen Kreisprozesses geleistete Arbeit, gleich der Fläche $ABCD$, ist $\frac{dp}{dT}\,dT \cdot dv$, die ins Spiel getretene Wärmemenge ist $r\,dv$ und der Nutzeffekt dieses umkehrbaren Kreisprozesses $\frac{dT}{T}$. Wir haben somit $\frac{\frac{dp}{dT}\,dT.dv}{r\,dv} = \frac{dT}{T}$ und daraus die Clapeyronsche Gleichung

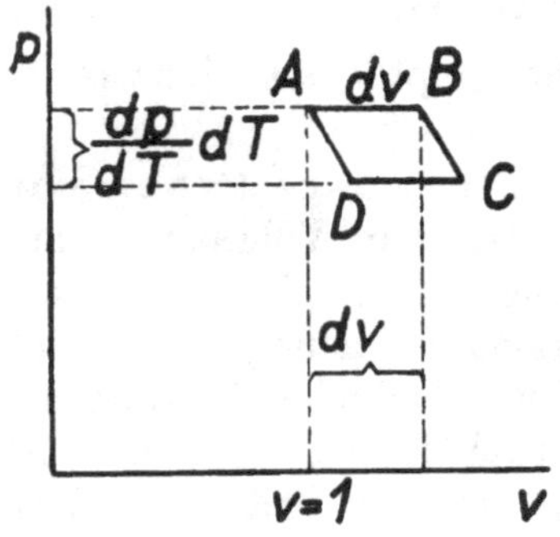

Fig. 696.

$$r = T\frac{dp}{dT}\,. \tag{643}$$

Mit Gleichung (642) kombiniert ergibt sich

$$4p = T\frac{dp}{dT}$$

und weiter durch einfache Integration

$$p = \frac{a}{3}\,T^4 \tag{644}$$

mit der Folge

$$u = a\,T^4 \tag{645}$$

$$r = \frac{4a}{3}\,T^4 \tag{646}$$

$$I = \frac{ac}{4\pi}\,T^4 \tag{647}$$

$$E = \frac{ac}{4}\,T^4 = \sigma\,T^4 \tag{648}$$

$$s = \frac{r}{T} = \frac{4a}{3}\,T^3\,. \tag{649}$$

(Die Integration ist so bestimmt, daß die Temperaturstrahlung für $T = 0$ erlischt).

Wir haben somit den Satz: Druck, Dichte, Entwicklungswärme und Intensität der gleichmäßig diffusen Strahlung und das Emissionsvermögen einer vollkommen schwarzen Fläche steigen proportional der 4. Potenz der absoluten Temperatur. Speziell der Inhalt der Gleichung (648) ist als das Gesetz von Stefan bekannt. Es wurde 1879 von Stefan empirisch gefunden und von Boltzmann 1884 auf anderem Wege, wie hier geschehen, thermodynamisch begründet.

Wenn wir die monochromatische Strahlung von der Schwingungszahl ν der gleichen Behandlung unterziehen, mit $r_\nu\, d\nu$ ihre Entwicklungswärme bezeichnen, mit $p\, d\, \nu$ ihren Druck, so finden wir leicht

$$u_\nu\, d\, \nu = \text{prop.}\, T^4 = a_\nu\, T^4;\; r_\nu\, d\, \nu = \tfrac{4}{3}\, a_\nu\, T^4;\; s_\nu\, d\, \nu = \tfrac{4}{3}\, a_\nu\, T^3 \qquad (650)$$

und notieren für später die Beziehung $\frac{\text{Energiedichte}}{\text{Entropiedichte}} = \frac{u_\nu\, d\nu}{s_\nu\, d\nu} = \frac{3}{4}\, T.$

Also auch die Energiemenge der monochromatischen Strahlung, die anfangs $u_\nu\, d\, \nu$ war, steigt mit T^4. Wir haben uns aber vor dem Trugschluß zu hüten, daß auch die Ordinate u_ν der Energiedichtekurve $v_\nu = f(T)$, mit T^4 ansteigt. Denn diese Energiemenge $u_\nu\, d\, \nu$, die bei der Anfangstemperatur T in dem Intervall ν bis $\nu + d\, \nu$ vorhanden war, ist nach Veränderung der Temperatur auf T' in ein anderes Intervall ν bis $\nu' + d\nu'$ verschoben. Die Gesetzmäßigkeit dieser Verschiebung haben wir nun zu untersuchen.

880. Isentropische Veränderung der Strahlung. Verschiebungsgesetz von Wien. Ist ein adiabatischer Vorgang umkehrbar, so nennen wir ihn isentropisch; die Entropie hat nicht nur im Anfangs- und Endzustande, sondern auch in jedem Zwischenstadium denselben angebbaren Wert. Die Energiedichte u der Strahlung ist durch Gleichung (645) gegeben; um die Entropie zu finden brauchen wir offenbar nur durch T zu dividieren und erhalten die Entropie der Volumeinheit gleichmäßig diffuser Strahlung

$$s = \frac{4\, a}{3}\, T^3 \qquad (651)$$

und die Entropie des Volumens V

$$S = V s = \tfrac{4}{3}\, a\, V T^3. \qquad (652)$$

(Die Integrationskonstanten sind so bestimmt, daß der Strahlungsprozeß mit $T = o$ erlischt.)

Verändern wir die das Volumen V füllende Strahlung isentropisch, etwa indem wir sie in den im vorigen Paragraphen verwandten Zylinder einschließen, den Boden desselben mit einem Spiegel bedecken und bei abgeschlossener Wärmezufuhr den Kolben bewegen, so muß S konstant bleiben und wir erhalten als Weggleichung der isentropischen Veränderung

$$V T^3 = \text{const} \tag{653}$$

oder, wenn wir mit Hilfe der Gleichung (644) andere Variable einführen,

$$p V^{\frac{4}{3}} = \text{const}; \qquad (u V^{\frac{4}{3}} = \text{const}). \tag{654}$$

$$\frac{p}{T^4} = \text{const}; \qquad \left(\frac{u}{T^4} = \text{const}\right). \tag{655}$$

p, V, T ändern sich also auf dieselbe Weise, wie bei der isentropischen Behandlung eines vollkommenen Gases mit $\varkappa = \frac{c_p}{c_v} = \frac{4}{3}$.

Wir haben somit zwei Möglichkeiten, gleichmäßig diffuse Strahlung von der Temperatur T herzustellen:

a) Wir entwickeln, wie im vorigen Paragraphen, die Strahlung bei der Temperatur T.

b) Wir entwickeln die Strahlung bei einer tieferen Temperatur T_0 und komprimieren sie isentropisch, bis die Temperatur T erreicht ist.

Da aber die Strahlung durch die Temperatur eindeutig bestimmt ist, muß das Endprodukt dieser beiden Prozesse identisch sein. Der Überführungsprozeß b) ist, wie wir jetzt zeigen werden, einer weiteren Analyse zugänglich, die das gesuchte Verschiebungsgesetz liefern wird.

Zwischenbetrachtung über eine Anwendung des Dopplerschen Prinzips. In den Grundzügen der Wellenlehre wird gezeigt: Bewegt sich eine Erregerstelle von Wellen der Länge λ, der Schwingungszahl ν und der Fortpflanzungsgeschwindigkeit c_ν mit einer Geschwindigkeit v, die klein ist gegen c_ν, auf einen Beobachter zu, so empfängt dieser Wellen von der Wellenlänge $\lambda' = \lambda\left(1 - \frac{v}{c_\nu}\right)$ und der Schwingungszahl $\nu' = \nu\left(1 + \frac{v}{c_\lambda}\right)$. (Dopplersches Prinzip).

Fallen Wellen aus einer Lichtquelle L senkrecht auf einen Spiegel, so gehen die reflektierten Wellen von deren Spiegelbild aus. Bewegt sich der Spiegel mit der Geschwindigkeit v in Richtung der Normalen, so bewegt sich das Spiegelbild in dieser Richtung mit der Geschwindigkeit $2v$ und durch einmalige Reflexion wird deshalb die

Wellenlänge λ der senkrecht einfallenden Welle in $\lambda' = \lambda\left(1 - \frac{2v}{c_\lambda}\right)$ umgewandelt. Fallen die Wellen unter dem Winkel ϑ zur Spiegelnormalen auf, so bewegt sich in der normalen Richtung das Spiegelbild der Lichtquelle immer noch mit der Geschwindigkeit $2v$, aber ihre Geschwindigkeit in Richtung der reflektierten Wellen ist nur $2v\cos\vartheta$, und der Beobachter der reflektierten Wellen beobachtet die Wellenlänge $\lambda' = \lambda\left(1 - \frac{2v\cos\vartheta}{c_\lambda}\right)$. Wir haben also den Satz:

Durch einmalige Reflexion unter dem Winkel ϑ an einem mit der kleinen Geschwindigkeit v bewegten Spiegel werden die Wellenlänge λ und die Schwingungszahl ν in

$$\lambda' = \lambda\left(1 - \frac{2v\cos\vartheta}{c_\lambda}\right)$$

$$\nu' = \nu\left(1 + \frac{2v\cos\vartheta}{c_\nu}\right)$$

umgewandelt, und bei m maliger Reflexion, falls v/c_λ genügend klein ist in

$$\lambda' = \lambda\left(1 - \frac{2v\cos\vartheta}{c_\lambda}\right)^m = \lambda\left(1 - m\frac{2v\cos\vartheta}{c_\lambda}\right)$$

$$\nu' = \nu\left(1 + \frac{2v\cos\vartheta}{c_\nu}\right)^m = \nu\left(1 + m\frac{2v\cos\vartheta}{c_\nu}\right).$$

Der spiegelnde Kolben des oben eingeführten Zylinders befinde sich zur Zeit t im Abstande z vom Boden entfernt und werde mit der Geschwindigkeit $v = -\frac{dz}{dt}$ auf denselben zu bewegt. Wir betrachten die in diesem Zeitmoment durch λ und ν ausgezeichneten Wellen, also Wellen mit dem Energiegehalt $u_\lambda\, d\lambda = u_\nu\, d\nu$. Durch den Reflexionsprozeß an dem langsam bewegten Spiegel werden λ, ν in λ', ν' und die Intervalle $d\lambda, d\nu$ in $d\lambda', d\nu'$ verwandelt. Würden diese Wellen nur in Richtung der Zylinderachse hin und herlaufen, also mit $\vartheta = o$ gespiegelt werden, so würde sich die Rechnung sehr einfach gestalten, denn wir hätten nach m maliger Reflexion

$$\frac{\lambda' - \lambda}{\lambda} = \frac{\Delta\lambda}{\lambda} = -m\frac{2v}{c_\lambda} = m\frac{2\frac{\Delta_z}{\Delta t}}{c_\lambda},$$

wobei Δz die Strecke bezeichnet, die der spiegelnde Kolben in der Zeit Δt zurücklegt. Für m malige Reflexion, also m maligen Hin- und Hergang ist aber die Zeit $\Delta t = \frac{m\,2\,z}{c_\lambda}$ erforderlich, so daß wir haben: $\frac{\Delta\lambda}{\lambda} = \frac{\Delta z}{z} = \frac{\Delta V}{V}$, da das Volumen des Zylinders proportional z ist. Da aber die Strahlung gleichmäßig diffus ist, sind in Wirklichkeit die ϑ in jedem Moment gemäß dem Lambertschen Gesetze verteilt und wir müssen etwas umständliche Mittelwerte bilden. Dies zu umgehen, wollen wir annehmen, daß sich von der in der Wellenlänge λ beförderten Energiemenge in jedem Momente in Richtung senkrecht $^1/_3$ und $^2/_3$ parallel zum Spiegel bewegen. Infolge der diffusen Reflexion kommt auch so die ganze Energiemenge zur Reflexion, allerdings in einer dreimal längeren Zeit. Wir nehmen dementsprechend Δt dreimal größer an und erhalten $\frac{\Delta\lambda}{\lambda} = \frac{1}{3}\frac{\Delta V}{V}$ und daraus

$$V/\lambda^3 = \text{const} = N \tag{656}$$

$$V^3/v^3 = \text{const}. \tag{657}$$

Nennen wir den Würfel mit der Kantenlänge λ einen Wellenkubus, so gibt Gl. 656 den Satz: Die zu der Energiemenge $u_\lambda d\lambda = u_\lambda d\lambda$ gehörige Anzahl Wellenkuben N bleibt bei Veränderung des Volumens ungeändert.

Fortsetzung der Ableitung des Verschiebungsgesetzes. Nach a) bestimmte sich der zur Wellenlänge λ gehörige Entropiegehalt $S_\lambda d\lambda$ zu $V\frac{4}{3}a_\lambda T^3$ und diese Entropiemenge bleibt bei dem Prozesse b) konstant. Da hierbei gleichzeitig die Anzahl $N = V/\lambda^3$ der Wellenkuben konstant bleibt, so bleibt auch der Entropiegehalt eines Wellenkubus

$$\frac{S_\lambda d\lambda}{N} = \frac{4}{3} a_\lambda T^3 \lambda^3$$

konstant mit der Folge

$$T \cdot \lambda = \text{const}.$$

Da der Zustand durch die Temperatur aber eindeutig bestimmt ist, folgt das Verschiebungsgesetz von Wien:

Bei gleichmäßig diffuser Strahlung verschiebt sich mit steigender Temperatur jede Wellenlänge so, daß das Produkt aus Wellenlänge und Temperatur konstant bleibt.

Folgerungen aus dem Wienschen Gesetze. Sind bei der Temperatur T die Werte λ und v nebst den Intervallen $d\lambda$ u. dv gegeben, so folgen aus dem Wienschen Gesetze $T \cdot \lambda = \text{const}$, bzw. $\frac{T}{v} = \text{const}$, für die Temperatur T' die Werte λ', v', $d\lambda'$, dv' gemäß den Beziehungen:

$$\left.\begin{aligned} \lambda' : \lambda &= T : T' \\ d\lambda' : d\lambda &= T : T' \\ v' : v &= T' : T \\ dv' : dv &= T' : T \end{aligned}\right\} \tag{658}$$

Wir fanden (Gl. 650), daß die Energiemengen der Volumeinheit $u_\lambda d\lambda = u_\nu d\nu$ mit T^4 steigen, was wir in der Form schreiben:

$$(u_\lambda d\lambda)' : (u_\lambda d\lambda) = T'^4 : T^4 \tag{659}$$

$$(u_\nu d\nu)' : (u_\nu d\nu) = T'^4 : T^4 . \tag{660}$$

Daraus folgt mit Rücksicht auf Gl. (658)

$$u'_\lambda : u_\lambda = T'^5 : T^5 \tag{661}$$

$$u'_\nu : u_\nu = T'^3 : T^3 \tag{662}$$

und wir kommen zu folgendem wichtigen Ergebnisse: Die Funktionen u_λ, bzw. u_ν, genauer $u_{\lambda T}$ bzw. $u_{\nu T}$ geschrieben, sind ursprünglich Funktionen der beiden Argumente λ, T bzw. ν, T; ihre experimentielle Bestimmung würde deshalb scheinbar die Messung der spektralen Dichteverteilung bei genügend vielen verschiedenen Temperaturen erfordern. Die ermittelten Gesetzmäßigkeiten zeigen indessen, daß ihre Messung bei einer einzigen Temperatur ausreicht. Denn sind λ bzw. ν für eine Temperatur T gegeben, so finden wir ihre Werte für die neue Temperatur T', indem wir nach dem Verschiebungsgesetze $\lambda' T' = \lambda T$, bzw. $\frac{T'}{\nu'} = \frac{T}{\nu}$ die neuen Werte λ' bzw. ν' bestimmen und u_λ bzw. u_ν in die neuen Ordinaten u'_λ bzw. u'_ν umwandeln, indem wir sie im Verhältnis $\left(\frac{T'}{T}\right)^5$ bzw. $\left(\frac{T'}{T}\right)^3$ vergrößern. Da wir die neuen Werte λ' bzw. ν' aus den Beziehungen $T\lambda = \text{const}$, bzw. $\frac{T}{\nu} = \text{const}$ erhalten, sehen wir, daß diese Konstruktion, analytisch ausgedrückt, die Beziehungen ergibt

$$u_{\lambda T} = T^5 f(\lambda . T) = \frac{1}{\lambda^5} F(\lambda . T) \tag{663}$$

$$u_{\nu T} = T^3 f_1\left(\frac{T}{\nu}\right) = \nu^3 F_1 \left(\frac{T}{\nu}\right) \tag{664}$$

$$u_{\nu T} = \frac{\nu^3}{c^3} \varphi \left(\frac{T}{\nu}\right) . \tag{665}$$

Dieselben Beziehungen gelten offenbar auch für die Strahlungsintensität $I_{\lambda T}$ bzw. $I_{\nu T}$ und das Emissionsvermögen $E_{\lambda T}$ bzw. $E_{\nu T}$, da diese Größen $u_{\lambda T}$ bzw. $u_{\nu T}$ direkt proportional sind.

(Bilden wir die Gesamtdichte oder die Gesamtemission, indem wir die Ausdrücke (663 u. 664) mit $d\lambda$ bzw. $d\nu$ multiplizieren und über das ganze Intervallintegrieren, so werden wir selbstverständlich wieder zum Stefanschen Gesetze, das der Ableitung als Unterlage diente, zurückgeführt.)

Die oben gegebene Konstruktion, die spektrale Energieverteilung für beliebige Temperaturen zu finden, falls sie für eine Temperatur gegeben ist, zeigt, daß etwa vorhandene Extreme zu Abszissen gehören, die gemäß dem Verschiebungsgesetz auseinander hervorgehen. Die experimentelle Untersuchung zeigt, daß die Kurve nur ein Maximum besitzt. Bezeichnen wir diese Stellen mit $\lambda_{max.}$ bzw. $\nu_{max.}$, so folgt

$$T\lambda_{\max.} = \text{const} = b \tag{666}$$

$$\frac{T}{\nu_{\max.}} = \text{const} = b' \tag{667}$$

und für die zugehörigen Ordinaten:

$E_{\lambda \max.}$ wächst proportional T^5
$E_{\nu \max.}$ " " T^3.

In dieser Konstruktion oder in ihrer analytischen Darstellung durch die Gl. (663 u. 664) ist alles enthalten, was für die gleichmäßig diffuse Strahlung aus den beiden Grundsätzen der Thermodynamik geschlossen werden kann. Sollen die auftretenden Funktionen des Argumentes $\lambda \cdot T$ bzw. $\frac{T}{\nu}$ näher bestimmt werden, so kann dies nur auf Grund spezieller, außerhalb des Gebiets der Thermodynamik liegender Annahmen geschehen. (Vgl. unten Seite 353.)

881. Experimentelle Untersuchung der Strahlungsgesetze. Eine erfolgreiche experimentelle Untersuchung der Strahlungsvorgänge konnte erst eintreten, nachdem die Gesetze von Kirchhof, Stefan und Wien eine scharfe Fragestellung ermöglicht hatten. Frühere Untersuchungen, die mit Melloni (1837) einsetzten, können trotz geschickter, experimenteller Anordnungen kaum mehr als historisches Interesse beanspruchen. In erster Linie war die sogenannte schwarze Strahlung quantitativ festzustellen; die Strahlung eines beliebigen Körpers war dann durch die einfachere Messung seines Absorptions- und Reflexionsvermögens vollständig bestimmt. Gleichzeitig war für jede Wellenlänge und jede Temperatur eine obere Grenze gegeben, die von keinem Körper durch Temperaturstrahlung überschritten werden konnte; eine große Zahl von Strahlungsvorgängen konnten dadurch als Luminiszenzerscheinung erkannt werden. Die Schwierigkeit, eine vollkommen schwarz strahlende Fläche zu schaffen, wurde gelöst durch den Vorschlag Boltzmanns, die gleichmäßig diffuse Hohlraumstrahlung durch eine kleine Öffnung austreten zu lassen (vgl. oben Seite 332). Dieser Vorschlag kam zuerst zur Ausführung durch Lummer und Pringsheim (1897). Einen „Hohlraumstrahler“

neuester Konstruktion, wie er in der physikalisch-technischen Reichsanstalt verwendet wird, zeigt Fig. 697. Die Wand des strahlenden Raumes wird gebildet durch ein 2 mm starkes Porzellanrohr (innerster Zylinder der Figur). Zwischen den Ringen *R* befindet sich (in der Figur nicht eingezeichnet) ein Zylinder aus 0,01 mm dickem Platinblech, welches durch elektrischen Strom zum Glühen gebracht, die Temperatur des Strahlungsraumes, die durch das Thermoelement *E* gemessen wird, steigert. Der äußere Zylinder dient als Wärmeschutz. Die genannten Verfasser untersuchten die Gültigkeit des Stefanschen Gesetzes zwischen $T = 290$ und $T = 1535^0$; spätere Untersuchungen haben dies Intervall auf -180^0 und 2000^0 C erweitert. Die Strahlung wurde durch ein Flächenbolometer bestimmt. Die Messungen wurden nicht in absoluten Einheiten ausgeführt, sondern die Strahlung wurde stets mit der Strahlung eines zweiten, durch siedendes Wasser auf bekannte Temperatur erhitzten Hohlraumstrahlers verglichen. Die

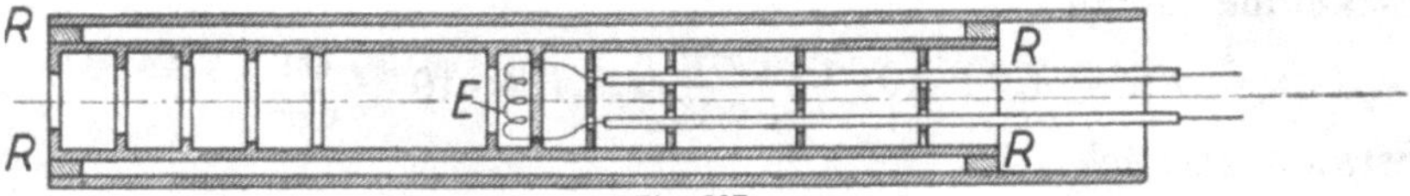

Fig. 697.

Proportionalität der Strahlung mit T^4 wurde durch das gemessene Intervall hindurch bestätigt

Die Konstante σ des Stefanschen Gesetzes $E_T = \sigma T^4$ wurde in absoluten Einheiten von Kurlbaum (1898) bestimmt. Der Hohlraumstrahler wurde stets auf 100^0 gehalten. Seite 317 wurde erläutert, wie mit Hilfe eines Bolometers die aufgenommene Wärme absolut gemessen werden kann. Sind die strahlende Fläche, die Fläche des Bolometers und ihr gegenseitiger Abstand gemessen, so kann aus der zugestrahlten Menge S_{100} das Emissionsvermögen E_{100} der Einheit strahlender Fläche berechnet werden. Das durch diese Zustrahlung zur Temperatur T' erwärmte Bolometer strahlt selbst eine Wärmemenge $S_{T'}$ aus, so daß in Wirklichkeit die Differenzen $S_{100} - S_{T'}$ gemessen werden. Um $S_{T'}$ zu eliminieren, wird das Bolometer nun dem auf 0^0 *C* abgekühlten Hohlraumstrahler gegenüber gestellt und so die Differenz $S_{T'} - S_0$ gemessen. Aus beiden Messungen ergibt sich $S_{100} - S_0$ und daraus $E_{100} - E_0 = \sigma(373^4 - 273^4)$. So wurde bestimmt

$$E_{100} - E_0 = \sigma(373^4 - 273^4) = 0{,}0731 \frac{\text{Watt}}{\text{cm}^2} = 0{,}01763 \frac{\text{g-cal}}{\text{cm}^2\,\text{sec}}$$

und daraus berechnet sich

$$\sigma = 5{,}297 \cdot 10^{-12} \frac{\text{Watt}}{\text{cm}^2}.$$

Nach den neuesten[1] Messungen des Physik. Instituts der Universität Berlin ist

$$\sigma = 5{,}46 \cdot 10^{-5} \frac{\text{Erg}}{\text{cm}^2\,\text{sec}} = 5{,}46 \cdot 10^{-12} \frac{\text{Watt}}{\text{cm}^2} = 7{,}82 \cdot 10^{-11} \frac{\text{g-cal}}{\text{cm}^2\,\text{min}}$$

und die Konstante $a = \frac{4\sigma}{c}$ wird

$$a = 7{,}28 \cdot 10^{-15} \frac{\text{Erg}}{\text{cm}^3} = 1{,}738 \cdot 10^{-22} \frac{\text{cal}}{\text{cm}^3}.$$

Wir haben somit:

Emissionsvermögen

$$E = \sigma T^4 = 5{,}46 \cdot 10^{-5}\, T^4 \frac{\text{Erg}}{\text{cm}^2\text{sec}} = 7{,}82 \cdot 10^{-11} \frac{\text{cal}}{\text{cm}^2\,\text{min}},$$

Strahlungsintinsität

$$I = \frac{a\,c}{4\pi} T^4 = 1{,}74 \cdot 10^{-5}\, T^4 \frac{\text{Erg}}{\text{cm}^2\,\text{sec}} = 2{,}49 \cdot 10^{-11} \frac{\text{cal}}{\text{cm}^2\,\text{min}},$$

Strahlungsdichte

$$u = a T^4 = 7{,}28 \cdot 10^{-15}\, T^4 \frac{\text{Erg}}{\text{cm}^3} = 1{,}738 \cdot 10^{-22} \frac{\text{cal}}{\text{cm}^3}$$

Strahlungsdruck

$$p = \frac{a}{3} T^4 = 2{,}43 \cdot 10^{-15}\, T^4 \frac{\text{Dynen.}}{\text{cm}^2}$$

Entwicklungswärme

$$r = \frac{4\,a}{3} T^4 = 9{,}72 \cdot 10^{-15}\, T^4 \frac{\text{Erg}}{\text{cm}^3} = 2{,}317 \cdot 10^{-22}\, T^4 \frac{\text{cal}}{\text{cm}^3},$$

Entropie

$$s = \frac{4\,a}{3} T^3 = 9{,}72 \cdot 10^{-14}\, T^3 \frac{\text{Erg}}{\text{cm}^3} = 2{,}317 \cdot 10^{-22}\, T^3 \frac{\text{cal}}{\text{cm}^3}.$$

Es sei nochmals betont, daß das Stefansche Gesetz nur für vollkommen schwarze Strahlung gilt. Die Strahlung des blanken Platins steigt nach Versuchen von Lummer und Pringsheim mit T^5.

Das Wiensche Verschiebungsgesetz wurde durch die Messung der Verschiebung des Maximums der Energie mehrfach geprüft und die Beziehung $\lambda_{\text{max.}} T = b$, $\frac{T}{\nu_{\text{max.}}} = b'$ in weitem Intervalle bestätigt. Der Wert der Konstanten b wird angegeben

$$b = 2940 \text{ (Lummer und Pringsheim)}$$
$$= 2890 \text{ (Rubens und Kurlbaum)}.$$

Auch die Folgerung $E_{\text{max.}} = \text{prop.}\, T^5$ wurde mit großer Genauigkeit bestätigt. Ähnliche Gesetze scheinen auch für nicht vollkommen

[1] Nach neuesten Messungen durch W. Westphal $a = 7{,}39 \cdot 10^{-15}$.

schwarze Strahler zu gelten; für blankes Platin gilt die Beziehung $\lambda_{max.} T = 2630$, während $E_{max.} = \text{prop.}\, T^6$ und $E = \text{prop.}\, T^5$ ansteigend.

Mit Hilfe eines Linearbolometers wurde für eine Reihe von Temperaturen die spektrale Energieverteilung $E_{\lambda \cdot T}$ gemessen und dadurch ein Ausdruck bestätigt, den Planck auf Grund unten zu erläuternder Voraussetzungen für die Funktion $F(\lambda . T)$ aufstellte (vgl. unten Seite 353).

Anwendungen. Effektive Sonnentemperatur wird die Temperatur genannt, welche die Sonne als vollkommen schwarzer Körper besitzen müßte, um durch Temperaturstrahlung die in Wirklichkeit vorhandene Strahlung zu liefern. Wir fanden oben (Seite 320), daß die Sonnenoberfläche $6{,}17 \cdot 10^{10} \frac{\text{Erg}}{\text{cm}^2 \text{sec}}$ abgibt. (Daraus folgt nach Gl. (645) u. (648) die Strahlungsdichte $8{,}23 \frac{\text{Erg.}}{\text{cm}^3}$) Dann folgt aus Gl. (666) Teff. $= 5800^0$. Wir können aber auch die Gl. $\lambda_{max.} \cdot T = b$ des Wienschen Verschiebungsgesetzes benutzen. Abbot & Fowle (a. a. O.) ermittelten für die durch die Erdatmosphäre noch nicht beeinflußte Sonnenstrahlung $\lambda_{max.} = 0{,}47\ \mu$. Daraus folgt Teff. $= 6260$ bzw. 6160^0, je nachdem wir die Konstante $b = 2940$ bzw. 2890 annehmen.[1] Wären die Bestimmungen der Solarkonstanten und des Energiemaximums genau, und wäre die Sonnenstrahlung vollkommen schwarz, so müßten selbstverständlich das Stefansche und das Wiensche Gesetz dieselbe effektive Temperatur ergeben. Das Absorptionsvermögen $a = 1 - d - r$ der Sonnenkugel kann, da diese für Strahlung vollkommen undurchlässig, $d = o$, und hinreichend nicht reflektierend, $r = o$, anzunehmen ist, gleich 1 gesetzt werden, so daß diese Bedingung für schwarz wohl streng genug erfüllt ist. Da aber für schwarze Strahlung thermodynamisches Gleichgewicht des Strahlers, also Isothermie, Bedingung ist, längs des Sonnenradius aber außerordentlich große Temperaturgradienten erwartet werden müssen, ist vollkommen schwarze Sonnenstrahlung ausgeschlossen. Temperaturen von rund 6000^0 werden längs des Sonnenradius auch auftreten, ihrem Wesen nach ist die effektive Sonnentemperatur aber als eine Eigenschaft der Strahlung, nicht der Sonne zu betrachten (vgl. unter § 882).

Die Beobachtung des Energiemaximums gibt ferner ein Mittel, die Temperatur von Lichtquellen, Temperaturstrahlung vorausgesetzt, zu bestimmen. Da die Konstante b für Hohlraumstrahlung und blankes

---

[1] Für blankes Platin ergab sich $\lambda_{max.} T = 2630$. Wie Platin strahlend ergibt sich für die Sonne die effektive Temperatur:

$$T = \frac{2630}{0{,}47} = 5600^0 .$$

Platin Werte von gleicher Größenordnung besitzt, kommt bei dieser Art zu messen vollkommene Schwärze nicht zu sehr in Betracht. So wurden ermittelt:

	$\lambda_{max.}$	T
Bogenlampe	0,7 μ	4200°
Acetylenflamme	1	2940°
Nernstlampe	1,2	2450°
Auerlampe	1,2	2450°
Glühlampe	1,4	2100°
Kerze	1,5	1960°
Argandlampe	1,55	1900°.

Während die schwarze Strahlung, in absoluten Einheiten gemessen, mit T^4 ansteigt, folgt die vom Auge empfundene Helligkeit ganz andern Gesetzen. Lummer und Pringsheim fanden:

Die Gesamthelligkeit schreitet bei Platin in der Nähe der Rotglut proportional der 30. Potenz und bei hoher Weißglut immer noch mit der 12. Potenz der absoluten Temperatur fort.

Steigt die Temperatur von 2000° auf 4000°, so steigt die Helligkeit der Platinstrahlung um das $2^{12} = 4000$fache. Ähnliche Verhältnisse gelten auch für schwarze Strahlung. Die Flächeneinheit, Kohle der Bogenlampe, ($T = 4000°$) erscheint etwa 4000mal heller als in der Glühlampe ($T = 2000°$). Es ergaben sich die Helligkeiten von 1 mm² schwarzen Körpers

bei 1500° C etwa = 0,1 H. K.
„ 1700° „ „ = 0,5 „ „
„ 1800° „ „ = 1,0 „ „.

882. Die Temperatur der geordneten Strahlung. Die gleichmäßig diffuse Hohlraumstrahlung ist in allen ihren Eigenschaften durch ihre Temperatur bestimmt, und der Begriff ihrer Temperatur ist leicht zu fassen als die Temperatur der Wandung, mit der sie in thermodynamischem Gleichgewichte steht. Diese vollkommen schwarze Strahlung kann aber nur innerhalb eines abgeschlossenen Raumes auftreten und ist der Beobachtung unzugänglich, da alle Orte und Richtungen gleichwertig sind. Keines unserer optischen Instrumente, ebenfalls mit eingeschlossen, würde irgendwie reagieren; nur eine „strahlungsleere", innen spiegelnde Aneroidkapsel würde die Beobachtung des Strahlungsdruckes ermöglichen. Die Strahlung, die wir in Wirklichkeit beobachten, ist nie vollkommen schwarz, selbst nicht die Strahlung, die von einer schwarzen Fläche, etwa der Öffnung eines Hohlraumstrahlers ausgeht; in der geringsten, endlichen Entfernung ist sie, trotz gleicher spektraler Energieverteilung, nicht mehr gleichmäßig diffus, sondern geordnet. Die Strahlung, die an der schwarzen Sonnenoberfläche gleichmäßig diffus ist, ist in Erdentfernung beinahe parallel geworden. Wir haben deshalb zu untersuchen, ob für geordnete, insbesondere für monochromatische Strahlung, der Begriff einer Temperatur beibehalten werden kann.

Aus dem Vorgange der Emission folgt, daß nicht nur der ganzen Strahlung, sondern jedem einzelnen Strahlenbündel in jeder Farbe eine bestimmte Entropiemenge mitgegeben wird, eben gleich der zur Erzeugung notwendigen Wärmemenge, dividiert durch die Temperatur der strahlenden Fläche. Wie von einer Energiestrahlung kann auch von einer Entropiestrahlung gesprochen werden, deren Gesetzmäßigkeiten quantitativ formuliert werden können. (Auch für diese gilt z. B. das Lambertsche Gesetz.) Der Volumeinheit entwickelter Strahlung gehört eine bestimmte Energie und Entropie an, und bleibt (von den Vorgängen an der Wellenfront selbst sei hier abgesehen) das Verhältnis von Energiedichte und Entropiedichte bei deren Ausbreitung unverändert. Diesen Quotienten haben wir (Seite 337) zu $\frac{3}{4}\, T$ bestimmt. Daraus folgt, daß jedem monochromatischen Strahlenbündel eine bestimmte Temperatur zukommt, gleich der Temperatur der emitierenden schwarzen Fläche. Strahlung, die von einer nicht schwarzen Fläche stammt, besitzt im allgemeinen in jeder Wellenlänge eine andere Temperatur, um so kleiner, je kleiner das Absorptionsvermögen a_λ der emitierenden Fläche ist. (Denn um so niedriger ist die Temperatur einer schwarzen Fläche, welche dieselbe Strahlenart liefert.) Kreuzen sich an einer Stelle eine Anzahl Strahlen, so kann an dieser Stelle jedem Strahlenbündel in jeder Wellenlänge eine andere Temperatur zukommen, und dazu kommt noch die Temperatur des durchstrahlten Mediums. Herrscht thermodynamisches Gleichgewicht, so fallen alle diese Temperaturen zusammen.

Es stellt sich nun die Frage: Wie kann die Temperatur eines ankommenden, monochromatischen Strahlenbündels ermittelt werden? Ein solches Strahlenbündel vom halben Öffnungswinkel β falle auf eine kleine Fläche f (Fig. 698), die so pro Flächen- und Zeiteinheit die Energiemenge $e_\nu\, d\nu$ zugeführt erhält. In beliebigem Abstande D legen wir senkrecht zur Achse des Bündels eine schwarze Fläche F und bestimmen ihre Temperatur der Art, daß ihre Strahlung der Fläche f eben jene Energiemenge zuführt. Bei dieser Temperatur sei ihr Emisionsvermögen $E_\nu = \pi\, I_\nu$. Ein Flächenelement dF sendet nach f die Menge $I_\nu\, d\nu\, d\, F \cos \vartheta\, d\, \Omega$. Da wir haben $d\, \Omega = \frac{f \cos \vartheta}{r^2}$,

$dF = 2\pi\varrho\, d\varrho$, $\varrho = D\,\mathrm{tg}\,\vartheta$, $r = D/\cos\vartheta$, läßt sich die Integration über F leicht ausführen und ergibt

$$\pi I_\nu\, d\nu f \sin^2\beta = E_\nu\, d\nu f \sin^2\beta.$$

Da dies $= e_\nu\, d\nu f$ sein muß, erhalten wir schließlich

$$E_\nu\, d\nu = \frac{e_\nu\, d\nu}{\sin^2\beta}. \tag{668}$$

Das erforderliche Emissionsvermögen E_ν, also auch die Temperatur von F sind unabhängig von ihrer Lage. Alle schwarzen Flächen,

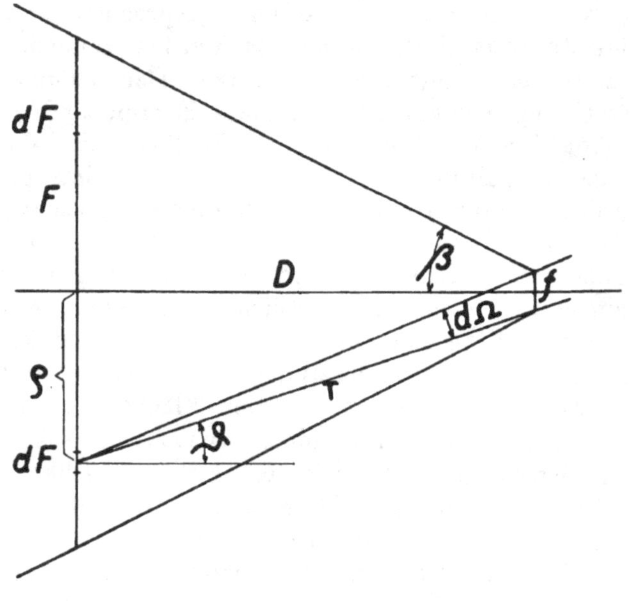

Fig. 698.

die von f aus unter demselben Öffnungswinkel erscheinen, liefern bei derselben Temperatur T dieselbe Strahlungsmenge. Die Temperatur eines Strahlenbündels kann also stets eindeutig auf die Temperatur einer schwarzen Fläche zurückgeführt werden. Für parallele Strahlung, $\beta = o$, wird die Temperatur $T = \infty$, wirklich parallele Strahlung kann deshalb nirgends auftreten. Ist die von f empfangene Strahlung $e_\nu d_\nu$ nicht monochromatisch, sondern spektral zusammengesetzt wie schwarze Strahlung, so ist ihre Temperatur bestimmt durch die Beziehung

$$E = \sigma T^4 = \frac{e}{\sin^2\beta}.$$

Beispiel. Die Sonnenstrahlung liefert die Solarkonstante $= 1{,}92 \frac{\text{g-cal}}{\text{min cm}^2}$. Die Sonne erscheint unter einem so kleinen Winkel β, daß wir setzen können $\sin^2\beta = \beta^2 = \left(\frac{\text{Sonnenradius}}{\text{Erdentfernung}}\right)^2$. Die effektive Sonnentemperatur bestimmt sich also wie oben aus der Beziehung

$$\sigma T_{\text{eff.}}^{\,4} = \text{Solarkonstante} \left(\frac{\text{Erdentfernung}}{\text{Sonnenradius}}\right)^2$$

zu 5800°. Alle schwarzen Körper von beliebiger Körperform in beliebiger Entfernung, die von der Erde aus unter dem gleichen Gesichtswinkel erscheinen, liefern dieselbe effektive „Sonnentemperatur", in Wirklichkeit die Temperatur der Strahlung.

Wir haben noch zu untersuchen, wie die Temperatur der Strahlung durch den Brechungsquotienten n_ν des durchstrahlten Mediums

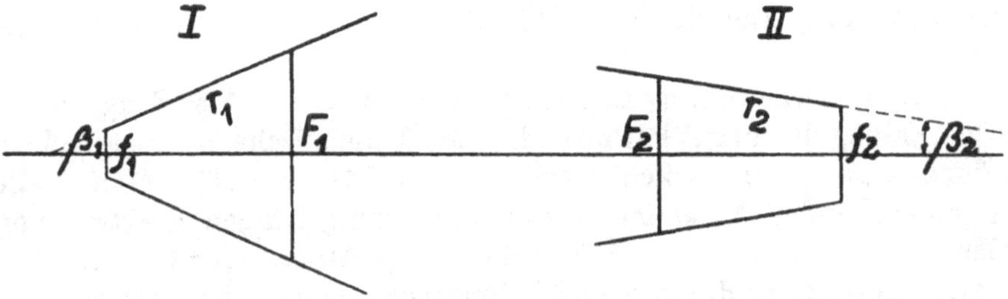

Fig. 699.

beeinflußt wird. Wir behandeln dazu den Spezialfall der optischen Abbildung (Fig. 699). Eine strahlende Fläche f_1 in einem Medium I vom Brechungsexponenten $n_{1\nu}$ liefert ein Strahlenbündel, vom Öffnungswinkel β, das durch eine beliebige Anzahl von Brechungen und Reflexionen einer Fläche f_2 in einem Medium II vom Brechungsexponenten $n_{2\nu}$ durch ein Strahlenbündel vom Öffnungswinkel β_2 zugeführt wird. Auf f_1 bzw. f_2 treffen pro Flächen- und Zeiteinheit die Strahlungsmengen $e_{1\nu}$ bzw. $e_{2\nu}$. Die Temperaturen der Bündel I und II bestimmen sich wie oben, indem wir die schwarzen Flächen F_1 und F_2 legen, deren Emissionsvermögen $E_{1\nu}$ und $E_{2\nu}$ im Vakuum in den Medien I und II die Werte $E_{1n}\, n_{1\nu}^{\,2}$ und $E_{2\nu}\, n_{2\nu}^{\,2}$ annehmen (§ 878). Wir finden so

$$E_{1\nu}\, n_{1\nu}^{\,2} f_1 \sin^2\beta_1 = e_1\,; \quad E_{2\nu}\, n_{2\nu}^{\,2} f_2 \sin^2\beta_2 = e_2\,.$$

Bei thermodynamischem Gleichgewicht muß sein $e_1 = e_2$ und der Sinussatz der optischen Abbildung (641) liefert $n_{1\nu}^{\,2} f_1 \sin^2\beta_1 = n_{2\nu}^{\,2} f_2 \sin^2\beta_2$, so daß wir haben $E_{1\nu} = E_{2\nu}$ mit der Folge

$$T_1 = T_2\,.$$

Daraus folgt: Der Sinussatz der optischen Abbildung ist gleichbedeutend mit dem Satze: Die Temperaturen der Strahlenbündel von Gegenstand und Bild sind sich gleich. Da das emitierte Strahlenbündel bei jeder Brechung durch Reflexion eine Schwächung erleidet, so wird dadurch, wie sich zeigen läßt, seine Temperatur herabgesetzt. Handelt es sich aber nur um die geometrischen Verhältnisse der Abbildung, so kann von dieser Schwächung abgesehen und an Stelle des Sinussatzes die gleichwertige Bedingung benutzt werden, daß die Temperatur eines emitierten Strahlenbündels in jedem Medium konstant bleibt.

*** 883. Das Plancksche Strahlungsgesetz.** Um die Funktionen f oder F zu bestimmen, die im Verschiebungsgesetz (Gl. 663) vorkamen und dort unbestimmt blieben, bedarf es, wie S. 342 bemerkt, spezieller Annahmen. Max Planck hat, in dieser Weise vorgehend, die Theorie der Wärmestrahlung zum Abschluß gebracht.

a) Der lineare harmonische Oszillator. Als Reagens auf die Strahlung benutzte Planck die ins Atomistische übersetzte Vorstellung eines Hertzschen Oszillators (§ 737, S. 646). Man stelle sich ein ruhendes Atom mit einem schwingungsfähigen Elektron vor, welches quasielastisch (§ 525, S. 156) an das Atom gebunden ist. Das Elektron besitzt eine durch seine Bindung wohldefinierte Eigenfrequenz ν; seine Eigenschwingungen sind harmonische, d. h. Sinus-Schwingungen. Der Oszillator heißt daher harmonisch und, wenn er nur in einer Richtung ausschlagen kann, linear.

In ein Strahlungsfeld gebracht, reagiert er nur auf diejenige Komponente der elektrischen Kraft, die mit seiner Bewegungsrichtung übereinstimmt, und zwar um so stärker, je genauer die Schwingungszahl der elektrischen Kraft mit seiner Eigenschwingung zusammenfällt. Aber auch bei völliger „Resonanz" beider ist die Ausschwingung des Oszillators nicht unendlich, da er selbst ausstrahlt und daher gedämpft ist (§ 727, § 613). Unter dem Einfluß schwarzer Strahlung, die aus allen möglichen Schwingungsfrequenzen zusammengesetzt ist, führt der Oszillator Schwingungen von solcher Amplitude aus, daß die von ihm ausgestrahlte Energie der von ihm aus der auffallenden Strahlung absorbierten Energie gleich wird. Die mittlere Energie U des Oszillators wird auf diese Weise der Energiedichte u_ν der auffallenden Strahlung proportional. Es gilt nämlich, wie hier nicht näher nachgerechnet werden soll,

$$U = \frac{c^3}{8\pi\nu^2} \cdot u_\nu \quad (c = \text{Lichtgeschwindigkeit}). \qquad (669)$$

Sobald man also die Oszillatorenergie U für jede Frequenz berechnen kann, hat man zugleich die Energieverteilung u_ν im Spektrum der schwarzen Strahlung gefunden.

Wir bestimmen U zunächst im Sinne der klassischen Statistik.

b) Die Maxwell-Boltzmannsche Geschwindigkeitsverteilung. Die Anwendung der Wahrscheinlichkeitsrechnung auf die Frage der Geschwindigkeitsverteilung in der kinetischen Gastheorie (§ 135, S. 158) führt auf das Maxwell-Boltzmann'sche Verteilungsgesetz, welches ebenso lautet, wie das Gaußsche Fehlergesetz. Wir schreiben es für eine Koordinate (die x-Koordinate) hin, nennen ξ die Geschwindigkeitskomponente in der x-Richtung, n bzw. dn die Gesamtzahl bzw. diejenige Zahl von Gasmolekeln in der betrachteten Gasmenge, deren x-Geschwindigkeit zwischen ξ und $\xi + d\xi$ liegt. Dann gilt

$$dn = A \cdot n e^{-\frac{m}{2}\frac{\xi^2}{kT}} d\xi . \tag{670}$$

Hier ist m die Masse der Molekel; k heißt die Boltzmannsche Konstante. Wir definieren sie durch

$$k = \frac{R}{N}, \tag{671}$$

wo R die Gaskonstante pro Mol, N die Zahl der Gasmolekeln pro Mol (nicht wie II, § 581, S. 310 versehentlich angegeben wurde, die Zahl der Gasmolekeln pro cm³) bedeutet. Im Gegensatz zu R kann man hiernach k als „Gaskonstante pro Molekel" bezeichnen. Die Konstante A bestimmt sich aus der Bedingung, daß $\int dn = n$ sein muß. Daraus folgt

$$\frac{1}{A} = \int_{-\infty}^{+\infty} e^{-\frac{m}{2}\frac{\xi^2}{kT}} d\xi = \sqrt{\frac{2\pi kT}{m}} . \tag{672}$$

Die mittlere Energie der x-Bewegung wird dann nach (670) und (672)

$$\overline{E}_x = \int \frac{m}{2}\xi^2 \frac{dn}{n} = \frac{kT}{2} \tag{673}$$

und die mittlere Energie der ganzen Translationsbewegung

$$\overline{E} = \tfrac{3}{2} k T. \tag{434a}$$

Dies stimmt vermöge der angegebenen Bedeutung von k überein mit Gl. (434), II § 581.

Man kommt von der Erfahrung aus zu Gl. 168 auf Grund der Gesetze von Gay-Lussac und Avogadro (§ 315 und § 35). Nach Gay-Lussac muß die Größe $p\,v$ oder, was dasselbe ist, die mittlere Energie der Translationsbewegung proportional zu T sein, und nach

Avogadro muß der Proportionalitätsfaktor universell, d. h. von der besonderen Natur des Gases unabhängig sein. Letzteres zeigt sich bei unserer Rechnung darin, daß die Masse m der Gasmolekel aus dem Schlußresultat (434a) verschwunden ist.

c) Die Gleichverteilung (Äquipartition) der Energie und das Rayleighsche Strahlungsgesetz. Die statistischen Betrachtungen der kinetischen Gastheorie verallgemeinern sich auf beliebige Bewegungsmechanismen und beliebige Systeme. Jeder Freiheitsgrad erhält im statistischen Gleichgewicht als mittlere Energie denselben universellen Betrag. Z. B. ist jeder im Aufbau der Gasmolekel etwa vorhandene Rotations- oder Oszillationsfreiheitsgrad ebenso zu behandeln, wie ein Translationsfreiheitsgrad; potentielle Energie zählt bei der Energieverteilung ebenso wie kinetische.

Der lineare harmonische Oszillator hat einen Freiheitsgrad, in dem er zugleich potentielle und kinetische Energie besitzt. Die mittlere Energie U dieses Oszillators wird daher bei Gleichverteilung der Energie, d. h. nach den Gesetzen der klassischen Statistik berechnet, gleich dem Doppelten von $kT/2$:

$$U = kT. \tag{674}$$

Daß dieser Wert unabhängig von der Schwingungszahl ν des Oscillators wird, entspricht vollkommen dem Umstande, daß die mittlere Energie der Gasmolekel in (434) oder (434a) unabhängig von m wurde.

Nach Gl. (669) schließt man hieraus auf die Strahlungsdichte

$$u_\nu = \frac{8\pi\nu^2}{c^3} kT. \tag{675}$$

Dieses Gesetz ist von Lord Rayleigh aufgestellt worden; es ist aber im stärksten Widerspruch mit der Erfahrung. Weder zeigen die Isothermen des Gesetzes (675) das charakteristische Maximum, um dessen Verschiebung es sich im Wienschen Gesetze handelt, noch liefert das Rayleighsche Gesetz für die Gesamtstrahlung

$$u = \int_0^\infty u_\nu \, d\nu \tag{676}$$

einen endlichen Wert. Die klassische Statistik, bei der die Energie als kontinuierlich veränderliche Größe gerechnet wird, muß also aufgegeben werden.

d) Die Hypothese der Energiequanten und das Plancksche Strahlungsgesetz. Planck erkannte im Jahre 1900, daß man zu einem der Erfahrung entsprechenden Strahlungsgesetze kommt, wenn man so rechnet, als ob die Energie des Oszillators sprungweise veränderlich, nämlich nur der Werte

$$0,\ \varepsilon,\ 2\varepsilon,\ \ldots,\ \tau\,\varepsilon,\ \ldots$$

fähig sei. Die Anzahl n_τ der Oszillatoren, deren Energie $\tau \cdot \varepsilon$ beträgt, ist dann in Analogie zu Gl. (670)

$$n_\tau = A\, n\, e^{-\frac{\tau\,\varepsilon}{k\,T}}. \tag{677}$$

Da gelten muß

$$\sum n_\tau = n$$

berechnet man aus (677) — in Analogie zu Gl. (672) —

$$\frac{1}{A} = \sum_{\tau=0}^{\tau=\infty} e^{-\frac{\tau\,\varepsilon}{k\,T}} = \frac{1}{1 - e^{-\frac{\varepsilon}{k\,T}}} \tag{678}$$

und als mittlere Oszillatorenergie — in Analogie zu Gl. (673) —

$$U = \sum_{\tau=0}^{\tau=\infty} \tau\,\varepsilon\,\frac{n_\tau}{n} = A \sum \tau\,\varepsilon\, e^{-\frac{\tau\,\varepsilon}{k\,T}} = A \cdot \varepsilon\, \frac{e^{-\frac{\varepsilon}{k\,T}}}{\left(1 - e^{-\frac{\varepsilon}{k\,T}}\right)^2}\,.$$

Indem man aus (678) einsetzt, folgt

$$U = \frac{\varepsilon\, e^{-\frac{\varepsilon}{k\,T}}}{1 - e^{-\frac{\varepsilon}{k\,T}}} = \frac{\varepsilon}{e^{\frac{\varepsilon}{k\,T}} - 1}\,. \tag{679}$$

Der entsprechende Wert der Strahlungsenergie ist nach (669)

$$u_\nu = \frac{8\,\pi\,\nu^2}{c^3}\,\frac{\varepsilon}{e^{\frac{\varepsilon}{k\,T}} - 1}\,. \tag{680}$$

Damit er unter die von **Wien** geforderte allgemeine Form (665) fällt, ist notwendig und hinreichend, daß ε proportional mit ν sei. **Planck** setzt daher

$$\varepsilon = h \cdot \nu\,. \tag{681}$$

Die in (664) vorkommenden Funktionen f_1, F_1 erhalten dann folgende Bedeutung

$$f_1 = \frac{8\,\pi\,h}{c^3}\left(\frac{\nu}{T}\right)^3 \frac{1}{e^{\frac{h\,\nu}{k\,T}} - 1}\,; \qquad F_1 = \frac{8\,\pi\,h}{c^3}\,\frac{1}{e^{\frac{h\,\nu}{k\,T}} - 1}\,;$$

und es entsteht die endgültige Form des Planckschen Strahlungsgesetzes:

$$u_\nu = \frac{8\,\pi\,h\,\nu^3}{c^3}\,\frac{1}{e^{\frac{h\,\nu}{k\,T}} - 1}\,. \tag{682}$$

Durch den Grenzübergang zu $h = 0$, d. h. zu einem unendlich kleinen Energieelement ε, entsteht, wie es sein muß, aus (682) das Rayleighsche Strahlungsgesetz (675). Dieses kann als hinreichende Näherung für das Plancksche Gesetz dann gelten, wenn

$$\frac{h\nu}{kT} \ll 1,$$

wenn also die Temperatur hinreichend hoch oder die Frequenz des betrachteten Spektralbereiches hinreichend klein ist. Als entgegengesetzte Näherung, nämlich in dem Gebiet

$$\frac{h\nu}{kT} \gg 1$$

gilt ein zuerst von W. Wien aufgestelltes Gesetz

$$u_\nu = \frac{8\pi h \nu^3}{c^3} e^{-\frac{h\nu}{kT}}.$$

Die „Strahlungsisotherme" $T = \text{const}$ verläuft also für kleine ν nach Rayleigh als Parabel und schmiegt sich für große ν nach Wien als Exponentialkurve an die ν-Achse an. Dazwischen liegt das Maximum, von dem im Verschiebungsgesetz die Rede ist; für die Konstante b aus Gl. (666) folgt der Wert

$$b = \frac{c \cdot h}{4{,}965 \cdot k}.$$

Für die Konstante a im Stefanschen Gesetz, Gl. (648), berechnet man

$$a = \frac{8\pi k^4}{c^3 h^3} \int_0^\infty \frac{x^3\,dx}{e^x - 1} = \frac{48\pi k^4}{c^3 h^3} \cdot 1{,}082.$$

Das Plancksche Gesetz hat sich in der Erfahrung glänzend bewährt, zuletzt in den Versuchen[1] von Rubens und Michel vom Jahre 1921.

e) Das Plancksche Wirkungsquantum. Wichtiger als das Strahlungsgesetz selbst ist die Methode geworden, durch die Planck zu diesem Gesetz gekommen ist. Sie bedeutet den Beginn der Quantentheorie, die seit dem Jahre 1900 die Physik in zunehmendem Maße beherrscht.

Die Größe $\varepsilon = h\nu$ heißt Energiequantum oder Energieelement; die zunächst als Proportionalitätsfaktor eingeführte Plancksche Konstante h heißt Wirkungsquantum. Sie hat die Dimension Energie $\times$ Zeit, welche in der allgemeinen Mechanik, im Prinzip der kleinsten Wirkung, als Dimension der Wirkungsgröße vorkommt. Ihr Zahlenwert ist

$$h = 6{,}55 \cdot 10^{-27}.$$

Während das Energieelement $h\nu$ zunächst nur für den harmonischen Oszillator Bedeutung hat, kommt dem Wirkungsquantum h allgemeinste

[1] Berliner Akademie, Sitzungsberichte S. 590.

Bedeutung für alle Elementarprozesse und alle mechanischen Systeme zu. Wir werden dies in § 885 näher ausführen.

* **884. Die spezifische Wärme fester Körper.** Bezieht man die spezifische Wärme der festen Elemente (z. B. Metalle) statt auf die Masseneinheit auf das Grammatom (auf die durch das Atomgewicht gegebene Anzahl Gramme), so erhält man die sogenannte Atomwärme (§ 345). Für diese gilt das Gesetz von Dulong und Petit (vgl. ebenda): Sie hat den universellen Wert von ungefähr 6 Kalorien, gleich ungefähr $3\,R$ (R = Gaskonstante pro Mol = 1,985 kal, vgl. I. S. 487, Aufgabe 205). Dieses Erfahrungsergebnis läßt sich theoretisch, im Sinne der klassischen Statistik, nach Richarz folgendermaßen deuten:

Das Atom eines festen Körpers ist ein Oszillator, aber nicht ein linearer Oszillator, sondern ein solcher von drei Freiheitsgraden. Die Wärmebewegung besteht darin, daß das Atom Schwingungen um seine Ruhelage ausführt mit einer Schwingungsdauer ν, die durch das elastische Verhalten des Körpers gegeben ist. Die mittlere Energie des einzelnen Atoms wird dann nach Gl. (674) und (671)

$$U = 3\,k\,T = 3 \cdot \frac{R}{N} \cdot T. \tag{683}$$

Gehen wir von dem einzelnen Atom zum Grammatom über, welches aus genau N Atomen besteht, so wird dessen mittlere Energie bzw. spezifische Wärme

$$N \cdot U = 3\,R\,T, \quad c_{\mathrm{At}} = \frac{d}{d\,T}\left(3\,R\,T\right) = 3\,R. \tag{684}$$

Es wurde aber bereits I. S. 435 betont, daß das Dulong-Petitsche Gesetz für einzelne Elemente (Diamant, Silicium) und allgemein für tiefe Temperaturen versagt in dem Sinne, daß die Atomwärme kleiner als $3\,R$ wird und bei der Annäherung an den absoluten Nullpunkt mehr und mehr verschwindet. Um uns hiervon theoretische Rechenschaft zu geben, müssen wir die Annahme der Gleichverteilung der Energie fallen lassen, die wir in Gl. (683) benutzt haben. Nach der Statistik der Energiequanten tritt an deren Stelle nach (679) und (681)

$$U = \frac{3\,h\,\nu}{e^{\frac{h\,\nu}{k\,T}} - 1}$$

und dementsprechend an Stelle von (684):

$$N\,U = \frac{3\,N\,h\,\nu}{e^{\frac{h\,\nu}{k\,T}} - 1} = \frac{3\,R\,h\,\nu/k}{e^{\frac{h\,\nu}{k\,T}} - 1}$$

$$c_{\mathrm{At}} = 3\,R\,\frac{h\nu}{k}\,\frac{d}{d\,T}\,\frac{1}{e^{\frac{h\nu}{kT}} - 1} < 3\,R\,. \tag{685}$$

Führt man die „charakteristische Temperatur“

$$\Theta = \frac{h\nu}{k}$$

ein, die durch die elastische Eigenschwingung ν definiert ist und das elastisch-thermische Verhalten des Körpers schematisieren soll, so schreibt sich Gl. (685) um in

$$c_{\mathrm{At}} = 3\,R\,\frac{\Theta^2}{T^2}\,\frac{e^{\frac{\Theta}{T}}}{\left(e^{\frac{\Theta}{T}} - 1\right)^2}\,. \tag{686}$$

Dieses Gesetz ist von Einstein vorgeschlagen. Als Grenzfälle hat man

für $T \gg \Theta$ $c_{\mathrm{At}} = 3\,R$ (Dulong-Petitsche Asymptote),

für $T \ll \Theta$ $c_{\mathrm{At}} = 3\,R\left(\frac{\Theta}{T}\right)^2 e^{-\frac{\Theta}{T}}$ (exponentielles Verschwinden).

Ein hoher Wert von Θ (besonders großes ν infolge besonders steifer Bindung der Atome, z. B. Diamant) bedeutet, daß Abweichungen vom Dulong-Petitschen Gesetz schon bei gewöhnlichen Temperaturen auftreten. Bei den meisten Stoffen (Metallen) hat Θ eine Größenordnung von nur etwa 20° absolut, treten also stärkere Abweichungen vom Dulong-Petitschen Gesetz erst in unmittelbarer Nähe des absoluten Nullpunktes (Wasserstofftemperaturen) auf. Der Umstand, daß in solcher Weise die Energieverteilung, zumindest bei tiefen Temperaturen, nicht mehr universell ist, sondern von den individuellen Körpereigenschaften abhängig wird, zeigt das Versagen des Gleichverteilungsprinzips und die Wirklichkeit der Quantenstatistik. Die Temperaturabhängigkeit der spezifischen Wärme spiegelt dabei direkt das Plancksche Gesetz der Oszillatorenergie wieder.

Es muß angemerkt werden, daß die angegebene Näherungsformel für tiefe Temperaturen weder theoretisch noch empirisch ganz exakt ist. Eine genauere Untersuchung von Debye, bei der die gegenseitige Beeinflussung der oszillierenden Körperatome berücksichtigt wird, zeigt, daß die Atomwärme für $T = 0$ nicht exponentiell, sondern nur wie T^3 verschwindet; die Energie U verhält sich dann wie T^4 in Analogie zu dem Stefanschen Gesetz. Die experimentelle Klärung des ganzen Problems verdankt man Nernst; in seinem Buch[1] „Grundlagen des neuen Wärmesatzes“ findet man nähere experimentelle und theoretische Ausführungen.

[1] Halle bei Knapp 1918.

* **885. Atommodelle und Spektrallinien.** a) Allgemeine Formulierung der Quantentheorie. Plancks ursprüngliche Einführung der Energiequanten ist nach unserer heutigen Auffassung nur der spezielle Ausfluß eines viel allgemeineren Gesetzes. Nur beim harmonischen Oszillator ist die Energie „gequantelt", d. h. in ganzzahlige Vielfache eines Elementarquantums eingeteilt. Im allgemeinen tritt an die Stelle der Energie die für jede Koordinate berechnete „Wirkungsgröße"; diese ist als ganzes Vielfaches von h anzusetzen. Ist q eine Koordinate des betreffenden mechanischen Systems, $\dot{q}$ die Geschwindigkeit und $E_{\text{kin.}}$, als Funktion der q und $\dot{q}$ geschrieben, die kinetische Energie, so setze man

$$p = \frac{\partial E_{\text{kin.}}}{\partial \dot{q}}, \qquad I = \int p\, d q. \tag{687}$$

Dann heißt p „Impulskoordinate" oder „Moment", I „Phasenintegral", sofern die Integration in I über alle im Bewegungsverlauf auftretenden Wertepaare q, p (die sogenannten „Phasen" des Systems) erstreckt wird.

Die allgemeine Formulierung der Quantentheorie besagt nun, daß für jede Koordinate sein soll:

$$I = n h \ (n \text{ ganzzahlig}). \tag{688}$$

Nicht alle mechanisch möglichen Bahnen sind wirklich, sondern nur eine Schar ganzzahlig ausgezeichneter gequantelter Bahnen. Die Mannigfaltigkeit des Geschehens bildet nicht ein Kontinuum, sondern ein diskontinuierliches Netzwerk. Die Maschengröße des Netzes bestimmt sich durch das Plancksche h.

Man rechnet leicht nach, daß in diesem allgemeinen Gesetz die Plancksche Energiequantelung des linearen Oszillators enthalten ist. Sei q der momentane Ausschlag desselben, dann ist die kinetische bzw. die Gesamtenergie, die wir mit W bezeichnen wollen:

$$E_{\text{kin.}} = \frac{m}{2} \dot{q}^2; \qquad W = \frac{m}{2}\left(\dot{q}^2 + \left[2 \pi \nu\right]^2 q^2\right),$$

also nach (687)

$$p = m \dot{q} = m \sqrt{\frac{2 W}{m} - \left(2 \pi \nu q\right)^2}$$

$$I = \int p\, d q = 2 \pi \nu \cdot m \int \sqrt{a^2 - q^2}\, d q \tag{689}$$

mit der Abkürzung

$$a^2 = \frac{W}{2 \pi^2 \nu^2 m}. \tag{690}$$

Macht man nun die Substitution

$$q = a \sin \varphi,$$

so variiert bei einer vollen Schwingung des Oszillators die Substitutionsvariable φ von 0 bis 2π. Das Phasenintegral I wird daher

$$I = 2\pi\nu m a^2 \int_0^{2\pi} \cos^2\varphi \, d\varphi = 2\pi^2 \nu m \cdot a^2 .$$

Daraus folgt wegen (688) und (690)

$$\frac{W}{\nu} = n \cdot h, \qquad W = n \cdot h \cdot \nu .$$

Beim Oszillator ist also in der Tat, auch nach der allgemeinen Quantenregel (688), die **Energie** ein ganzes Vielfaches des Energieelementes.

b) **Die Quantelung des Rotators.** Ein Massenpunkt m, welcher mit der gleichförmigen Winkelgeschwindigkeit ω um ein festes Zentrum im Abstande a rotiert, heiße ein Rotator. Als Koordinate q wählt man hier den Umlaufswinkel, wobei $\dot{q} = \omega = \text{const}$ ist; dann gilt

$$E_{\text{kin.}} = W = \frac{m}{2} a^2 \dot{q}^2, \quad p = m a^2 \dot{q} = m a^2 \omega = \text{const}$$

$$I = \int_0^{2\pi} p \, dq = p \int_0^{2\pi} dq = 2\pi p .$$

Die allgemeine Quantenregel (688) verlangt also hier

$$p = \frac{n h}{2\pi} .$$

$p = m a^2 \omega$ bedeutet das Moment der Bewegungsgröße um das feste Zentrum. **Beim Rotator ist dieses Moment ein ganzes Vielfaches von** $\frac{h}{2\pi}$.

Dagegen ist beim Rotator die Energie

$$W = \frac{m}{2} a^2 \omega^2 = \frac{p}{2} \cdot \omega .$$

Setzt man hier für p den Wert $n h/2\pi$ ein und berücksichtigt, daß $\omega/2\pi$ als Umlaufszahl oder „Schwingungszahl" des Rotators mit ν bezeichnet werden kann, so entsteht

$$W = \frac{n}{2} \cdot h\nu .$$

Beim Rotator ist also die Energie kein ganzes, sondern ein halbes Vielfaches von $h \cdot \nu$.

c) **Das Bohrsche Modell des Wasserstoffatoms.** Das Wasserstoffatom besteht (vgl. S. 272) als erstes Element im periodischen System aus einem Kern von der einfachen Ladung $+e$ und **einem** Elektron von der Ladung $-e$ ($e = 4{,}77 \cdot 10^{-10}$ elektrostat. Einh., vgl. S. 240). Nehmen wir an, daß das Elektron den Kern in einem Kreise vom Radius a mit der Winkelgeschwindigkeit ω umläuft, so wird die Zentrifugalkraft des Umlaufes $m a \omega^2$; diese muß mit der Coulombschen Anziehung e^2/a^2, die vom Kern ausgeht, im Gleichgewicht stehen. Man hat daher die Bedingung

$$\text{(I)} \qquad m a \omega^2 = \frac{e^2}{a^2} \cdot$$

Das Wasserstoffatom ist aber zugleich ein Rotator. Nach b) muß daher auch gelten

$$\text{(II)} \qquad m a^2 \omega = \frac{n h}{2 \pi} \cdot$$

Aus (I) und (II) berechnet man a und ω einzeln:

$$a = \frac{n^2 h^2}{4 \pi^2 m e^4}; \qquad \omega = \frac{8 \pi^3 m e^4}{n^3 h^3} \cdot$$

Die quantentheoretisch möglichen Kreisbahnen des Elektrons im Wasserstoffatom bilden hiernach eine unendliche diskrete Schar. Bezeichnet man die Radien derselben der Reihe nach mit a_1, a_2 . . ., so wird

$$a_1 = \frac{h^2}{4 \pi^2 m e^4}; \qquad a_2 = 4 a_1; \qquad a_3 = 9 a_1; \qquad a_4 = 16 a_1, \ldots$$

Aus den Zahlenwerten von m, e und h berechnet man für den Durchmesser der ersten oder „Grundbahn" $2 a_1 \cong 10^{-8}$ cm, d. h. gleich der bekannten Größenordnung der atomaren Ausdehnung. Für die äußeren Kreisbahnen vom Radius a_2, a_3 . . . wird die Winkelgeschwindigkeit ω immer kleiner und kleiner.

Die Energie einer beliebigen dieser Kreisbahnen wird als Summe von kinetischer und potentieller Energie berechnet:

$$W = \frac{m}{2} a^2 \omega^2 - \frac{e^2}{a} = - \frac{2 \pi^2 m e^4}{n^2 h^2} \cdot \tag{691}$$

Die Energie nimmt also algebraisch genommen ab, absolut genommen zu, wenn das Elektron von einer äußeren Bahn der Schar in eine mehr nach innen gelegene übergeht. Aus diesem Grunde ist die Grundbahn die stabilste. Es bedarf einer äußeren Anregung, thermischer oder elektrischer Energiezufuhr, um das Elektron aus seiner Grundbahn in eine äußere Bahn zu heben. Dagegen kann der Übergang aus einer äußeren Bahn in eine mehr nach innen gelegene spontan erfolgen, unter Energieabgabe.

Um das Modell des Wasserstoffatoms zu vervollständigen, wäre es nötig, außer den Kreisbahnen auch die nach der Quantentheorie möglichen elliptischen Bahnen zu untersuchen. Auch diese bilden eine diskrete Schar. Entsprechend den zwei Freiheitsgraden der elliptischen Bewegung treten dabei zwei Quantenzahlen (n und n') auf. Es ist bemerkenswert, daß die Energie der Ellipsenbewegung wieder die einfache Form (691) annimmt, wobei nur die Quantensumme $n + n'$ an die Stelle von n tritt.

d) Die Balmersche Serie. Bohr nimmt an, daß die Energie, welche frei wird, wenn das Elektron im Wasserstoffatom aus einer äußeren in eine innere Bahn übergeht, in monochromatische Strahlung umgesetzt wird und zwar von derjenigen Frequenz, deren Energiequantum gleich der frei gewordenen Energie ist. Das Grundaxiom der Bohrschen Theorie der Spektren lautet nämlich

$$h\nu = \varDelta W, \tag{692}$$

in Worten: der Energieunterschied zwischen Anfangsbahn und Endbahn $\varDelta W$ bestimmt die Größe des Energieelementes $h\nu$ und daher auch die Frequenz ν der emittierten Strahlung.

Ist n_1 die Quantenzahl der Anfangsbahn (wir denken hier insbesondere an Kreisbahnen), n_2 die der Endbahn, so wird nach Gl. (691)

$$\varDelta W = -\frac{2\pi^2 m e^4}{h^2}\left(\frac{1}{n_1^2} - \frac{1}{n_2^2}\right)$$

und nach Gl. (692)

$$\nu = N\left(\frac{1}{n_2^2} - \frac{1}{n_1^2}\right), \quad N = \frac{2\pi^2 m e^4}{h^3}. \tag{693}$$

Nimmt man hier $n_2 = 2$, so entsteht die Formel der Balmer-Serie, welche bereits S. 198 mitgeteilt wurde, mit den Linien H_α, H_β, H_γ für $n_1 = 3, 4, 5, \ldots$ Nimmt man $n_2 = 1$, also $n_1 = 2, 3, 4, \ldots$ so entsteht eine Linienfolge im Ultravioletten, welche von Lyman ausgemessen ist; nimmt man $n_2 = 3$, $n_1 = 4, 5, \ldots$ so entsteht eine Serie im Ultraroten, die von Paschen entdeckt wurde. Sämtliche Linien, die das Wasserstoffatom emittieren kann, werden durch Gl. (693) mit größter Genauigkeit wiedergegeben. Die Konstante N dieser Gleichung heißt Rydberg-Konstante; ihr theoretischer Wert (693) stimmt mit dem Erfahrungswerte 109678 von S. 198 genau überein.

Bei der numerischen Prüfung dieser Übereinstimmung hat man nur zu beachten, daß auf S. 198 ν als „Wellenzahl" definiert und gleich $1/\lambda$ gesetzt wurde, während im Energiequantum $h\nu$, also auch in Gl. (693) unter ν die „Schwingungszahl" verstanden wurde, die gleich c/λ ist. Man hat also den theoretischen Wert von N in Gl. (693) noch mit der Lichtgeschwindigkeit $c = 3 \cdot 10^{10}$ zu dividieren, um den Erfahrungswert von S. 198 zu erhalten.

e) Die Serienspektren im allgemeinen. Dieselben einfachen Prinzipien vermitteln auch ein allgemeines Verständnis für die Spektren der übrigen Elemente. Die erfahrungsmäßige Darstellung, die in diesem Grade der Annäherung von Rydberg herrührt, lautet hier an Stelle von (693):

$$\nu = N\left(\frac{1}{[n_2 + a_2]^2} - \frac{1}{[n_1 + a_1]^2}\right). \tag{694}$$

N ist dieselbe Rydberg-Konstante wie vorher, a_1 und a_2 sind Parameter, die durch den Aufbau des fraglichen Atoms bestimmt werden. Dieser Aufbau ist im Gegensatz zum Wasserstoffatom sehr kompliziert. Handelt es sich doch bei einem Atom, welches an der Stelle Z des periodischen Systems steht, um Z Elektronen, welche einen Kern von der Ladung Ze umkreisen in Bahnen, die sich gegenseitig verschlingen und stören. Die Berechnung dieser Bahnen und ihrer Energie gelingt daher nicht vollständig. Immerhin läßt sich folgendes übersehen:

Da das Grundaxiom (692) der Bohrschen Theorie festgehalten wird, erscheint auch jetzt jede Frequenz ν als Differenz zweier „Terme" deren erster der Endbahn, deren zweiter der Anfangsbahn entspricht. Dies stimmt überein mit dem Aufbau der Erfahrungsformel (694). Indem man Anfangsbahnen und Endbahnen in verschiedener Weise kombiniert, leitet man neue Linien aus den Termen schon bekannter Linien ab. Dies Verfahren heißt das „Ritzsche Kombinationsprinzip". Während aber beim Wasserstoffspektrum die elliptischen Bahnen (vgl. unter c) gewissermaßen zufällig denselben Ausdruck der Energie haben wie die Kreisbahnen (bei Vertauschung der Quantenzahl n mit der Quantensumme $n + n'$), hört diese Übereinstimmung bei den gestörten und nur angenähert elliptischen Bahnen der schwereren Atome auf. Die Energie ist daher nicht mehr lediglich eine Funktion der Quantensumme $n + n'$, sondern eine Funktion $f\ (n, n')$ von n und n' einzeln. Daraus folgt: Der einheitliche Serientypus (693) des Wasserstoffspektrums zerfällt in eine Reihe verschiedener Serien, die als Hauptserie, scharfe und diffuse Nebenserien usw. bezeichnet werden. Dies ist einer der Gründe, weshalb die Spektren der schweren Elemente zum Teil äußerst kompliziert und linienreich werden (Fe-Spektrum!). Andere Gründe liegen darin, daß auch die magnetischen Eigenschaften des Atoms die Struktur seines Spektrums beeinflussen und daß zum Bogenspektrum (Spektrum des neutralen Atoms) die Funkenspektren (Spektren des einfach oder mehrfach ionisierten Atoms) hinzutreten.

B. Relativitätstheorie und Optik bewegter Medien.

886. * 1. Historisches. Die Relativitätstheorie ist entstanden aus den Schwierigkeiten, welche die Elektrodynamik und namentlich die Optik der bewegten Medien der physikalischen Theorie boten.

Besonders H. A. Lorentz hatte frühzeitig erkannt, daß von diesem Gebiete aus die Maxwellsche Elektrodynamik weiter zu entwickeln sei. In seinem Werke „Versuch einer Theorie der elektrischen und optischen Erscheinungen in bewegten Körpern", Leiden 1895, Leipzig 1906, operierte er mit der aus der elastischen Optik entlehnten Vorstellung eines universellen Äthers und zeigte, daß bei Einführung der sog. „Ortszeit" die Erscheinungen in einem gegen den Äther bewegten System (Erde) in erster Annäherung ebenso verlaufen würden, wie in einem gegen den Äther ruhenden System. Die Beobachtungen, insbesondere die von Michelson, verlangten aber nicht angenäherte, sondern volle Unabhängigkeit der Erscheinungen von der Eigenbewegung der Erde. Dieser Forderung genügte Lorentz 1904 durch seine Hypothese des deformierbaren Elektrons und durch die anschließende Annahme, daß alle am Aufbau der Körper beteiligten Molekularkräfte infolge der Bewegung durch den Äther eine Änderung erfahren, derart, daß hierdurch der Einfluß der Bewegung auf die optischen Erscheinungen gerade kompensiert wird. Unabhängig hiervon gelang es Einstein 1905 durch eine schärfere Fassung des Raum- und Zeitbegriffes ein allgemeines System der Elektrodynamik und Optik aufzustellen, welches ganz von selbst zu den von Lorentz angestrebten und durch die Erfahrung geforderten Resultaten führt. Er stellte das Relativitätsprinzip, d. h. die volle Unabhängigkeit der elektrodynamischen Erscheinungen von der Eigenbewegung des Beobachtungsraumes, an die Spitze und verband es mit dem aus der Lorentzschen Forschung fließenden Prinzip von der Konstanz der Lichtgeschwindigkeit im Vakuum. Ihre mathematisch vollkommenste Form erhielt die Einsteinsche Theorie 1908 durch Minkowski, welcher die Zeit in gewisser Weise den Raumabmessungen koordinierte und seiner Darstellung der Relativtheorie die vierdimensionale „Welt", d. i. die Mannigfaltigkeit der Raum- und Zeitabmessungen zugrunde legte. Hierauf wurde bereits in Bd. I § 165 hingewiesen.

Die hier genannten grundlegenden Abhandlungen sind zusammengestellt in dem Bändchen: H. A. Lorentz, A. Einstein, H. Minkowski, das Relativitätsprinzip, Leipzig 1913.

Um zu zeigen, wie naturgemäß sich die neue Auffassung der Dinge an die einfachsten Gedankengänge der Mechanik anschließt, beginnen wir mit dieser. *

2. Das Relativitätsprinzip der klassischen Mechanik. Denken wir uns, daß wir bei Dunkelheit im Speisewagen des Schnellzuges sitzen; der Zug möge gerade mit völlig gleichmäßiger Geschwindigkeit v eine geradlinige und ebene Geleisstrecke durchfahren. Wir gießen aus einer Flasche in unser

Glas ein; die Flüssigkeit bildet die uns wohl vertraute Strahlparabel mit der uns gewohnten Krümmung. Wir werfen einen Kork vertikal in die Höhe und fangen ihn wieder auf. Wir lassen die Uhr an der Uhrkette hin- und herpendeln und beobachten die bekannte Schwingungsdauer und die Erhaltung der Pendelebene. Sollten wir zufällig einen kleinen Kreiselapparat, wie er als Kinderspielzeug auf allen Ausstellungen und Jahrmärkten feil geboten wird, erstanden haben, so würde der Kreisel alle seine Kunststücke in dem dahinsausenden Beobachtungsraume genau so ausführen, wie wir es an ihm gewohnt sind, wenn wir in dem relativ zur Erdoberfläche ruhenden Zimmer mit ihm experimentieren. Ja, wir würden gar nicht merken, daß wir in voller Fahrt sind, wenn uns nicht das Getöse der Räder und die Erzitterungen des Wagens fortwährend daran gemahnten. Und doch wissen wir, wie wesentlich anders einem neben dem Zuge stehenden „ruhenden" Beobachter unsere Wurfparabeln usw. erscheinen würden, als uns „mitbewegten" Beobachtern. Wir messen den Ort eines Punktes, etwa vom Beginn unseres Wagens an rechnend, durch eine Länge x', jener dagegen etwa vom letzten Wärterhause an zählend, durch eine viel größere und immer wachsende Länge x, so daß für den ruhenden Beobachter (System S):

$$x = vt + x'$$

für den mitbewegten Beobachter (System S') aber

$$x' = x - vt$$

ist. Und doch erscheinen dem bewegten Beobachter in seinem „gestrichenen Bewegungssystem" S' alle mechanischen (!) Erscheinungen genau so abzulaufen, wie er es gewohnt ist, wenn er dieselben Erscheinungen außerhalb des Zuges, an der Erdoberfläche, im „ungestrichenen System", vor sich ablaufen läßt. Dies dauert aber bekanntlich nur so lange an, als der Zug geradlinig und mit gleichförmiger Geschwindigkeit dahinfährt; durcheilt er eine Kurve, wird angefahren oder gebremst, so treten sofort Trägheitswirkungen hinzu, welche das friedliche Bild im Speisewagen total ändern können.

Die mechanischen Erscheinungen spielen sich in Systemen, welche sich mit gleichförmiger (d. h. nach Richtung und Größe gleichbleibender) Geschwindigkeit relativ gegeneinander bewegen, in völlig gleicher Weise ab; die sie darstellenden Gleichungen müssen ungeändert bleiben, wenn wir in ihnen die Abmessungen x, y, z und die Zeit t ersetzen durch die Abmessungen x', y', z' und die Zeit t', wenn nur

$$\left\{\begin{aligned} x' &= x - vt, \quad \text{daher} & x &= x' + vt \\ y' &= y & y &= y' \\ z' &= z & z &= z' \\ t' &= t & t &= t' \end{aligned}\right. \tag{695}$$

ist; man sagt, die Gleichungen der Mechanik sind invariant in bezug auf die durch die Gleichungen (695) angedeuteten Transformationen („Relativitätsprinzip der klassischen Mechanik"; „Galilei-Transformationen").

Wir haben dabei die Richtung, in welcher die gleichförmige Translation stattfindet, zur x-Richtung gewählt. Dadurch tritt keine Beschränkung der folgenden allgemeinen Betrachtungen ein. Bemerkt sei noch, daß wir von einem

Gleichungssystem zum andern gelangen, indem wir die gestrichenen Buchstaben durch die ungestrichenen, und umgekehrt, und gleichzeitig v durch $(-v)$ ersetzen. Dies bringt die Gleichberechtigung zum Ausdruck, welche wir den beiden Bezugssystemen S und S', Fig. 700, zuerkennen wollen. Denn sind wirklich beide gleich berechtigt, so läuft es auf dasselbe hinaus, ob wir sagen: „das System S ruht und das System S' bewegt sich gegen S mit der Geschwindigkeit v nach rechts hin" oder „das System S' ruht und das System S bewegt sich gegen S' mit der Geschwindigkeit $(-v)$ nach links hin". (In dem obigen Beispiele des fahrenden Eisenbahnzuges werden wir freilich immer diesen als das bewegte System, das auf der Erde fest verlegte Geleis mit dieser selbst als das ruhende System ansehen; für die allgemeinen Betrachtungen müssen wir aber streng an der Gleichberechtigung der miteinander verglichenen Bezugssysteme festhalten.

Alle Vorgänge der Mechanik sind von den durch die Gleichungen (695) angedeuteten Umformungen unabhängig, weil in den Grundgleichungen der Mechanik nur die zweiten Ableitungen der Ortskoordinaten nach der Zeit vorkommen, bei einer zweimaligen Differentiation von x nach t der Ausdruck aber unabhängig von v wird.

Wir werfen nun die prinzipiell wichtige Frage auf: Sind nicht nur die mechanischen, sondern auch alle übrigen physikalischen Erscheinungen in bezug auf die Gleichungen (695) invariant?

Erscheinungsgebiete, bei denen uns da zuerst Verdachtsmomente auftreten könnten, sind jene, in denen es sich um ganz außerordentlich große Geschwindigkeiten handelt, also die Erscheinungen der Ausbreitung strahlender Energie in Form elektromagnetischer Wellenzüge. Bei diesen handelt es sich gar nicht mehr um die Geschwindigkeit bewegter materieller Teilchen, wie in der Mechanik, sondern um die mit „Lichtgeschwindigkeit" sich vollziehende Ausbreitung elektrischer und magnetischer Kräfte (im Vakuum) oder durch solche hervorgerufener Polarisationen (wenn im Strahlungsraume Materie vorhanden ist). Es könnte sein, daß bei den geringen Geschwindigkeiten, mit denen es die Mechanik (und auch die Astronomie) zu tun hat, Unstimmigkeiten noch nicht auftreten, die sich geltend machen bei den enormen Geschwindigkeiten der Elektronen in den Kathoden- und β-Strahlen und bei den elektromagnetischen Wellenstrahlungen.

Wir betrachten zunächst ein ganz einfaches, völlig konkretes Beispiel:

Im vollkommensten Vakuum, etwa im intrastellaren Weltraume mögen sich drei materielle Punkte A, B und C in der durch die Fig. 700a dargestellten festen gegenseitigen Konfiguration befinden; dabei möge die Entfernung BA gleich CA sein. Wir verlegen nach A den Ursprung eines Koordinaten- und Zeitsystems S, dargestellt durch x, y, z und t, wobei wir die x-Achse parallel zu BC orientieren. Dieses System S sei mit den Körpern A, B und C fest verbunden. Zur Zeit $t = 0$ möge auf A ein kurzdauerndes Lichtsignal ausgelöst werden. Dieses erzeugt in der Umgebung periodisch sich ändernde Zustände der elektrischen und magnetischen Kraft, welche mit der Geschwindigkeit $c = 300\,000$ km/sek allseitig gleichmäßig fortschreiten. Nach der Zeit t ist der Lichtweg $c\,t$ zurückgelegt, die (kugelförmig sich ausbreitende) Lichtwelle trifft zu dieser Zeit t alle Punkte, für welche

$$K \equiv x^2 + y^2 + z^2 - c^2 t^2 = 0 \tag{696}$$

ist, also immer jeweilig Punkte, die auf derselben zu A konzentrischen Kugel liegen. Da B und C gleichweit von A entfernt sind, so werden sie von dem Lichtsignale bei dem gleichen Werte von t, also gleichzeitig erreicht.

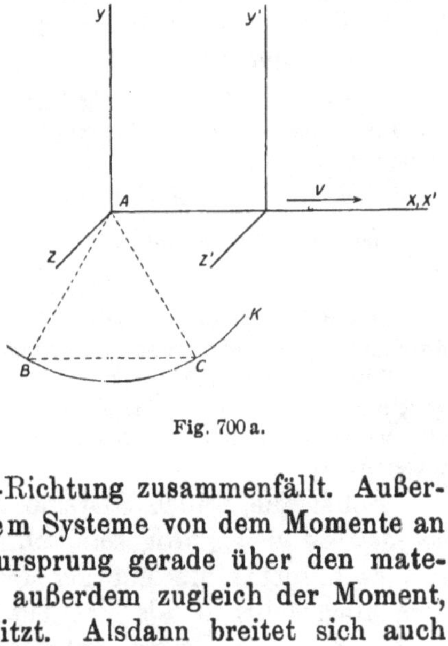

Fig. 700 a.

Genau denselben physikalischen Vorgang der Lichtausbreitung im Vakuum wollen wir uns nun von einem System S' aus ansehen, das mit der konstanten Geschwindigkeit v gegen das erste System S nach rechts hin fortschreitet. Ohne die Allgemeinheit irgendwie einzuschränken, können wir annehmen, daß die Richtung dieser Bewegung diejenige von $\overrightarrow{B\,C}$ ist und daß die x'-Richtung mit der x-Richtung zusammenfällt. Außerdem können wir die Zeit t' in diesem Systeme von dem Momente an zählen, in welchem sein Koordinatenursprung gerade über den materiellen Punkt A hinweggeht; dies sei außerdem zugleich der Moment, in dem das Lichtsignal bei A aufblitzt. Alsdann breitet sich auch in dem System S' ein Wellensystem mit derselben Geschwindigkeit c kugelförmig aus.

* Dies fordern wir nach dem Prinzip von der Konstanz der Lichtgeschwindigkeit (vgl. S. 362) und verstehen hierunter die erfahrungsmäßig gesicherte Tatsache, daß die Lichtausbreitung unabhängig davon erfolgt, ob die Lichtquelle selbst gegen den Beobachter ruht oder bewegt ist. A sollte in S ruhen, bewegt sich also gegen S' mit $-v$. Trotzdem ist nach dem genannten Prinzip zu fordern, daß das von A ausgesandte Lichtsignal in S' sich ebenso ausbreitet wie in S, nämlich mit der Geschwindigkeit c. *

Da wir für die Übertragung der elektromagnetischen Kräfte (ebenso wie zur Übertragung der Gravitation) keinen vermittelnden „Äther“ heranziehen, so braucht uns die Frage gar nicht zu bedrücken, ob dieser Äther etwa in bezug auf S oder aber in bezug auf S' ruhe. Vielmehr soll der rein physikalische Vorgang der Wellenausbreitung ganz unabhängig davon verlaufen, ob wir uns ihn vom System S oder vom System S' aus ansehen.

In dem System S' werden zur selben Zeit t' Punkte von der Welle erreicht, für welche der Lichtweg $c.t'$ denselben Wert hat, also immer jeweilig Punkte (x', y', z'), für welche der Ausdruck

$$K' \equiv x'^2 + y'^2 + z'^2 - c^2 t'^2 = 0 \qquad (697)$$

ist. Es fragt sich, welche Beziehungen zwischen den gestrichenen und den ungestrichenen Buchstaben bestehen müssen, wenn die Gleichungen (696) und (697) wirklich denselben physikalischen Vorgang beschreiben sollen (Forderung der Gleichberechtigung der beiden Systeme S und S').

Versuchen wir es zunächst mit den Transformationsgleichungen (695) S. 363 der klassischen Mechanik, indem wir in K' die Werte für die gestrichenen Buchstaben einsetzen; man erhält:

$$x^2 - 2xvt + v^2t^2 + y^2 + z^2 - c^2t^2.$$

Dies ist aber bei weitem nicht identisch mit

$$K \equiv x^2 + y^2 + z^2 - c^2 t^2$$

und darum im System S auch nicht dauernd 0; der Ausdruck stellt hier also durchaus nicht mehr einen sich kugelförmig ausbreitenden Wellenvorgang dar; er würde dies nur tun, wenn $v = 0$ wäre, d. h. wenn beide Systeme S' und S gegeneinander ruhten. Das Relativitätsprinzip der alten Mechanik versagt hier also gänzlich. Sehen wir zu, nach welcher Seite hin die Gleichungen (695) zu erweitern sind.

Sollen die beiden Systeme S und S' „gleichberechtigt“ sein, so muß es gleichgültig sein, ob man S als das ruhende, S' aber als das nach rechts hin mit der Geschwindigkeit $+v$ bewegte ansieht, oder umgekehrt S' als das ruhende, dagegen S als das gegen das System S' nach links hin, mit der Geschwindigkeit $-v$ bewegte System. Tun wir das letztere, so haben wir folgenden physikalischen Vorgang vor uns: zur Zeit $t' = 0$ zuckt in dem Punkte $x' = 0$, $y' = 0$, $z' = 0$ ein Lichtblitz auf, ringsum ist Vakuum; in diesem schreitet das Signal mit der Geschwindigkeit c (ohne Strich!) auf Kugelwellen gleichförmig allseitig weiter. Zu irgendeiner Zeit $t' > 0$ erreicht es im S'-System diejenigen Punkte, für die

$$x'^2 + y'^2 + z'^2 - c^2 t'^2 = 0$$

ist. Zu diesen gleichzeitig getroffenen Punkten gehören in dem gestrichenen System aber die beiden materiellen

Punkte B und C nicht mehr. Diese Punkte sind ja mit dem S'-System ebenso wie A selbst zur Zeit t' um die Strecke vt' nach links hin abgewandert (vgl. Fig. 700 b); die sich konzentrisch ausbreitenden Kugelwellen sind also (nach der t'-Uhr gemessen) bereits über C hinweggegangen, ehe sie B erreicht haben. Wir sehen, daß der Begriff der Gleichzeitigkeit in den beiden Systemen aufhört seine Gültigkeit zu behaupten: Zwei Ereignisse, welche im System S als gleichzeitig beurteilt werden, sind dies im System S' im allgemeinen nicht mehr.

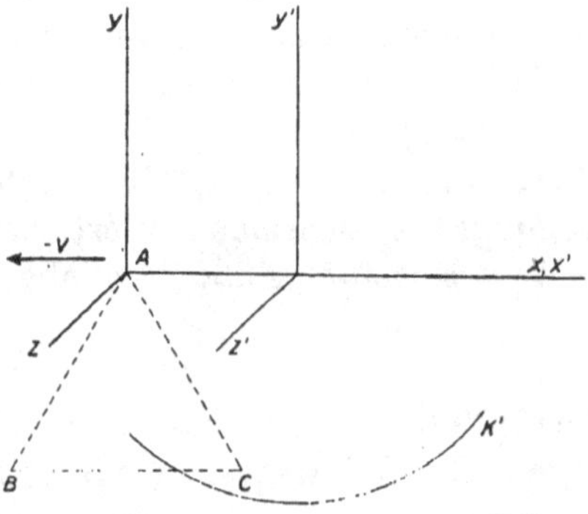

Fig. 700 b.

Würden wir ein irgendwie beschaffenes Medium, einen „Äther", welches gegen das eine der beiden Systeme ruht, in die Betrachtung hineinziehen, so würden wir von vornherein dieses System bevorzugen, die Systeme S und S' wären dann nicht mehr „gleichberechtigt".

* 3. Die Lorentz-Transformation. Der vorige Paragraph hat gezeigt, daß es mit der Galilei-Transformation (695) unmöglich ist, den Ausdruck der Lichtkugel K' in den für die Lichtkugel K zu transformieren, daß man also namentlich die Annahme einer absoluten, vom Bewegungszustande unabhängigen Zeit ($t' = t$) aufgeben muß. Wir verallgemeinern nun jene Transformationsgleichungen, und zwar am zwanglosesten in der Weise, daß wir die beiden ersten Gleichungen des Schemas (695) abändern in:

$$x' = k(x - vt), \quad x = k'(x' + vt'). \tag{698}$$

Sie sagen dann immer noch wie die Gl. (695) und entsprechend unseren Fig. 700 a, b aus, daß die Ebene $x' = 0$ des Systems S' zusammenfällt mit der Ebene $x = vt$ des Systems S sowie die Ebene $x = 0$ des Systems S mit der Ebene $x' = -vt'$ des Systems S'.

Die Größen k und k' sind von den Koordinaten unabhängig, da wir an der Linearität der Transformationsgleichungen festhalten müssen, können aber noch von v abhängen, wobei dann, entsprechend dem umgekehrten Sinn der Relativbewegungen SS' und $S'S$ sein wird:

$$k'(v) = k(-v).$$

Was die zweite Gleichung unseres Schemas (695) betrifft, so könnten wir diese zunächst entsprechend verallgemeinern in

$$y' = hy, \tag{699}$$

unter $h = h(v)$ eine neue von v abhängige Größe verstanden. Von dieser zeigt man leicht, daß

$$h(v) = h(-v) \tag{700}$$

sein muß, weil die Umkehrung der Bewegungsrichtung von v gegenüber der dazu senkrechten y-Achse nichts ändern kann. Man kann sich diese Umkehrung z. B. bewirkt denken durch stetige Überführung der Bewegungsrichtung aus der positiven x-Achse über die z-Achse in die negative x-Achse, und sieht dann, daß für diese ganze Schar von Bewegungen die y-Achse allemal dieselbe Rolle gegenüber der Bewegungsrichtung spielt; deshalb muß auch für alle diese Bewegungen h denselben Wert haben und daher insbesondere $h(-v) = h(+v)$ sein. Außerdem aber muß sein

$$h(-v) = \frac{1}{h(+v)}\cdot \tag{701}$$

Aus (699) ersieht man nämlich, daß für die Bewegung von S gegen S' (Relativgeschwindigkeit $-v$) gelten würde $y = h(-v)\,y'$, während sich durch direkte Umkehrung von (699) ergibt $y = y'/h(v)$. Der Vergleich dieser beiden Formeln führt in der Tat auf (701), und der Vergleich von (700) und (701) auf $h^2(v) = 1$ und weiterhin aus Stetigkeitsgründen auf $h(v) = +1$. Indem wir dieselben Betrachtungen auf die z-Richtung ausdehnen, schreiben wir nunmehr statt (699)

$$y' = y, \quad z' = z. \tag{702}$$

Aus (698) folgt noch

$$t' = \frac{1}{v}\left(\frac{x}{k'} - x'\right) = \frac{k}{v}\left(\left(\frac{1}{k\,k'} - 1\right)x + v\,t\right)\cdot \tag{703}$$

Wir gehen nun mit den Werten von x', y', z', t' aus (698), (702) und (703) in den Ausdruck von $K' = 0$ ein und erhalten

$$K' = k^2(x - v\,t)^2 + y^2 + z^2 - \frac{c^2 k^2}{v^2}\left(\left(\frac{1}{k\,k'} - 1\right)x + vt\right)^2 = 0\,.$$

Soll dies mit

$$K = x^2 + y^2 + z^2 - c^2 t^2 = 0$$

identisch sein, so muß zunächst der Faktor von $2\,x\,t$ in K' verschwinden. Dies gibt

$$-k^2 v - \frac{c^2 k^2}{v}\left(\frac{1}{k\,k'} - 1\right) = 0 \quad \text{oder} \quad \frac{1}{k\,k'} = 1 - \frac{v^2}{c^2}\cdot \tag{704}$$

Andererseits muß der Faktor von x^2 sowie der von $-c^2 t^2$ in K' gleich 1 werden. Dies führt mit Rücksicht auf (704) in beiden Fällen zu

$$\frac{1}{k^2} = 1 - \frac{v^2}{c^2}\cdot \tag{705}$$

Aus (704) und (705) schließt man

$$k = k' = \frac{1}{\sqrt{1 - \frac{v^2}{c^2}}} \tag{706}$$

Bei dieser Wahl der Konstanten, welche, wie man bemerkt, der obigen Forderung $k'(v) = k(-v)$ entspricht, führen unsere Transformationsgleichungen (698), (702) und (703) wirklich die „Lichtkugel" $K' = 0$ in $K = 0$ über.

Man nennt diese Gleichungen die „Lorentz-Transformation". Indem wir (703) mit Rücksicht auf (704) noch etwas zusammenziehen, schreiben wir sie in der endgültigen Form: *

$$\left.\begin{aligned} x' &= k(x - v\,t) \\ y' &= y \\ z' &= z \\ t' &= k\left(t - \frac{v}{c^2}x\right). \end{aligned}\right\} \tag{707}$$

Vergleichen wir die gewonnenen Transformationen (707) mit denen der gewöhnlichen Mechanik (695). Da fällt zunächst als Unterscheidungsmerkmal auf, daß die x-Koordinate, nach welcher die Relativbewegung hin erfolgt, hier noch mit dem Faktor k multipliziert ist. Dieses k ist eine Größe, die sich für gewöhnlich von 1 nur sehr wenig unterscheidet; nach dem oben gegebenen Ausdrucke kann sie in eine Reihe von der Form

$$k = \frac{1}{\sqrt{1 - \frac{v^2}{c^2}}} = 1 + \tfrac{1}{2}\frac{v^2}{c^2} + \dots \tag{708}$$

entwickelt werden. Solange also, als v nicht merklich gegenüber c wird, d. h. für die relativ kleinen Geschwindigkeiten, mit denen es die Mechanik, selbst die Astronomie zu tun hat, kann man $k = 1$ setzen, wodurch für die drei ersten Gleichungen die Lorentz-Transformationen in die der gewöhnlichen Mechanik (in die Galilei-Transformationen) übergehen würden.

Aufgabe 411. Man berechne k für die Erdtranslation und für die Wassergeschwindigkeit der „Mitführungsexperimente" nach Fizeau und Michelson.

Für erstere ist nach § 764 S. 85 v rund 30 km/sec, also

$$v/c = {}^1/_{10\,000}, \quad k = 1 + \tfrac{1}{2} \cdot 10^{-8}.$$

Viel bedeutungsvoller ist hingegen die vierte Gleichung (707), welche eine Zeittransformation enthält, wie sie der gewöhnlichen Mechanik vollkommen fremd ist; hier setzen in der Tat die tiefgreifenden Untersuchungen von A. Einstein ein, der zuerst darauf hinwies, daß der

Zeitbegriff in relativ zueinander bewegten Systemen einer genaueren Präzision bedürfe, als man es seither für nötig gehalten hatte.

Bemerkt sei nur noch folgendes: Wir haben die Richtigkeit der Transformationsgleichungen an der Invarianz des Ausdruckes für K (696) S. 365 erprobt. Wir hätten irgendeine andere Gleichung dazu benutzen können, z. B. direkt die Differentialgleichung für die Wellenerregung im Vakuum, und würden zu genau denselben Gleichungen gelangt sein. Ihre eigentliche Feuerprobe bestehen sie naturgemäß erst dadurch, daß die Folgerungen, die sich aus ihnen ziehen lassen, mit der Erfahrung aufs beste übereinstimmen, ja, daß sie die Widersprüche, in die die alten Theorien allmählich gekommen waren (vgl. S. 361), mit einem Schlage und auf das glänzendste entwirrten.

Ehe wir hierauf näher eingehen, mögen noch einige einfache Rechenaufgaben folgen.

Aufgabe 412. Man drücke x, y, z, t durch x', y', z', t' aus.

Man erhält aus (707):

$$x - v\,t = \frac{x'}{k}, \qquad y = y', \qquad z = z', \qquad t - \frac{v}{c^2}\,x = \frac{t'}{k}.$$

Aus der ersten und letzten Gleichung wird erhalten:

$$x - v\left(\frac{t'}{k} + \frac{v}{c^2}\,x\right) = \frac{x'}{k}, \qquad x\left(1 - \frac{v^2}{c^2}\right) = \frac{1}{k}\,(x' + v\,t')$$

$$x = k\,(x' + v\,t')$$

$$t = \frac{t'}{k} + \frac{v}{c^2}\,k\,(x' + v\,t') = k\left(t'\left(\frac{1}{k^2} + \frac{v^2}{c^2}\right) + \frac{v}{c^2}\,x'\right)$$

Da aber $\frac{1}{k^2} + \frac{v^2}{c^2} = 1$ ist, so erhält man $t = k\left(t' + \frac{v}{c^2}\,x'\right)$.

Für den Übergang aus dem gestrichenen System in das ungestrichene System erhält man also die Transformationsgleichungen:

$$\left.\begin{aligned} x &= k\,(x' + v\,t') \\ y &= y' \\ z &= z' \\ t &= k\left(t' + \frac{v}{c^2}\,x'\right). \end{aligned}\right\} \qquad (709)$$

Man bemerkt, daß man diese Gleichungen aus den Gleichungen (707) direkt dadurch erhält, daß man die gestrichenen Buchstaben links durch die ungestrichenen und umgekehrt die ungestrichenen rechts durch die gestrichenen ersetzt, wenn man nur zugleich $-v$ durch $+v$ ersetzt. Dies muß in der Tat nach dem „Relativitätsprinzip“ so sein; denn, wenn beide Systeme S' und S vollkommen gleichberechtig sein sollen, kommt es auf dasselbe hinaus, wenn man sich das S'-System mit der Geschwindigkeit $+v$ in bezug auf das S-System bewegt denkt, wie wenn man dieses mit der entgegengesetzten gleichen Geschwindigkeit $-v$ gegen das gestrichene System S' sich bewegt denkt.

Bemerkung. Wenn irgend eine Raumzeitfunktion einmal durch die Variablen (x, y, z, t), ein anderes mal durch die Variablen (x', y', z', t') ausgedrückt ist, soll dies ebenfalls durch Fortlassen oder Setzen eines Striches über dem Funktionszeichen angedeutet werden; die Funktion $\varphi\,(x, y, z, t)$ z. B. geht also in die Funktion φ' über, wenn die in den Gleichungen (707) angegebenen Werte x', y', z', t' in sie eingesetzt werden, so daß dann

$$\varphi\,(x, y, z, t) = \varphi'\,(x', y', z', t') = \varphi'\left[k\left(x - v\,t\right),\; y, z, k\left(t - \frac{v}{c^2}\,x\right)\right]$$

wird; φ' enthält also sowohl x wie t im ersten und letzten Argument. Dies ist bei der Differentiation zu beachten; dadurch wird

$$\left.\begin{aligned} \frac{\partial \varphi}{\partial x} &= k\left(\frac{\partial \varphi'}{\partial x'} - \frac{v}{c^2}\cdot\frac{\partial \varphi'}{\partial t'}\right)\\ \frac{\partial \varphi}{\partial t} &= k\left(\frac{\partial \varphi'}{\partial t'} - v\,\frac{\partial \varphi'}{\partial x'}\right)\\ &\text{während direkt:}\\ \frac{\partial \varphi}{\partial y} &= \frac{\partial \varphi'}{\partial y'} \quad\text{und}\quad \frac{\partial \varphi}{\partial z} = \frac{\partial \varphi'}{\partial z'} \end{aligned}\right\} \tag{710}$$

gesetzt werden kann.

* 4. **Einige unmittelbare Folgerungen. Längenkontraktion und Zeitdilation.** Aus den Gleichungen (707) leiten wir unmittelbar die überraschenden Folgerungen ab, die Einstein für die Kinematik bewegter Systeme gezogen hat. Wir wollen willkürlich das gestrichene System als das „bewegte", das ungestrichene als das „ruhende" System bezeichnen. Wir denken uns selbst als ruhende Beobachter im ungestrichenen System und wollen unsere Längen- und Zeitmessungen mit denen eines mitbewegten gestrichenen Beobachters vergleichen.

1) Längenmessung. Im gestrichenen System befindet sich ein Stab von der Länge l', der von $x' = 0$ bis $x' = l'$ reiche. Wir messen seine Länge im ruhenden System, in welchem er sich mit der Geschwindigkeit v vorbeibewegt, und finden ihn verkürzt im Verhältnis $k:1$. Die so gemessene Länge beträgt nämlich

$$l = \sqrt{1 - \frac{v^2}{c^2}}\cdot l' \;. \tag{711}$$

Der Grund hiervon liegt darin, daß wir als ruhende Beobachter die Länge des Stabes nach dem Abstande seiner Endpunkte beurteilen und zwar in solchen Lagen, die von unserem Standpunkte aus als gleichzeitig erscheinen. Diese Gleichzeitigkeit ist eine andere als diejenige des gestrichenen Beobachters. Die gleichzeitigen Lagen der Endpunkte des bewegten Stabes im ruhenden System haben einen etwas kleineren Abstand als die gleichzeitigen Lagen derselben Punkte im bewegten System.

Beweis. Der Anfangspunkt des Stabes möge im gestrichenen System die Raumzeitkoordinaten haben $x' = 0$, $t' = 0$. Ihm entsprechen nach (709) im ungestrichenen System die Raumzeitkoordinaten $x = 0$, $t = 0$. Der Endpunkt des Stabes habe in seiner vom ruhenden (ungestrichenen) System aus beurteilten gleichzeitigen Lage die gestrichenen Koordinaten $x' = l'$, $t' = t'$; seine ungestrichenen Koordinaten sind $x = l$ (nach der vorangestellten Definition von l) und $t = 0$ (wegen der Forderung der Gleichzeitigkeit im ungestrichenen System). Zwischen diesen Größen bestehen nach der ersten Gl. (709) und der letzten Gl. (707) die Beziehungen:

$$l = k(l' + v\,t'), \quad t' = -\frac{k\,v}{c^2}\,l',$$

also

$$l = k\left(l' - k\,\frac{v^2}{c^2}\,l\right), \quad l\left(\frac{1}{k^2} + \frac{v^2}{c^2}\right) = \frac{1}{k}\,l'.$$

Nach der Bedeutung von k ist aber der Faktor vor l auf der linken Seite der letzten Gleichung 1. Daher

$$l = \frac{1}{k}\,l' = \sqrt{1 - \frac{v^2}{c^2}}\;l'.$$

w. z. b. w.

Ebenso wie unser Stab verhält sich jeder Körper, z. B. ein im gestrichenen System kugelförmiges Elektron. Sein Durchmesser in der Bewegungsrichtung erscheint im ruhenden System verkürzt im Verhältnis $k:1$; seine Durchmesser senkrecht zur Bewegungsrichtung dagegen bleiben unverändert (wegen der Beziehungen $y = y'$, $z = z'$). Die Kugel des gestrichenen Systems erscheint daher im ruhenden System als ein abgeplattetes Umdrehungsellipsoid vom Achsenverhältnis $k:1$. Mit $v = c$ würde das Elektron vom ruhenden System aus als Kreisscheibe erscheinen. Für $v > c$ würde die kleine Achse des Ellipsoids gar imaginär werden. Wir dürfen hierin bereits einen Hinweis darauf sehen, daß die Geschwindigkeit bewegter Materie niemals größer als c werden kann, daß also c die Rolle einer Grenzgeschwindigkeit spielt, die von bewegter Materie oder Elektrizität niemals überschritten werden kann.

Die hier entwickelte Vorstellung des in der Bewegungsrichtung abgeplatteten Elektrons deckt sich mit der Lorentzschen Hypothese des „deformierbaren Elektrons“ (vgl. § 892). Das Schöne ist, daß sie von unserem (d. h. dem Einsteinschen) Standpunkte aus sich von selbst als notwendige Folge allgemeiner Prinzipien ergibt. Mit Bezug auf die Abmessungen der Michelsonschen Versuchsanordnung (vgl. § 892) wurde die Hypothese einer durch die Bewegung hervorgerufenen Längenkontraktion schon 1895 von Lorentz und Fitzgerald gemacht. Man nennt sie die Lorentz-Kontraktion.

Die Frage, ob die Lorentz-Kontraktion wirklich oder scheinbar sei, ist müßig: der ruhende Beobachter mißt sie als wirklich, der mitbewegte Beobachter merkt nichts davon und würde sie daher als scheinbar bezeichnen.

2) Zeitmessung. Im gestrichenen System befinde sich etwa an der Stelle $x' = 0$ ein Metronom, welches die Zeitpunkte $t' = 0$, τ', $2\tau'$, $3\tau'$, ... schlägt. Der ruhende Beobachter mißt im ungestrichenen System die Zeitdifferenz τ der Metronomschläge und findet dafür nach der vierten Gleichung von (709)

$$\tau = \frac{\tau'}{\sqrt{1 - \frac{v^2}{c^2}}}. \tag{712}$$

Die Zeit erscheint ihm also länger wie dem mitbewegten Beobachter, wir haben — als Gegenstück zu der Lorentzschen Raumkontraktion — die Einsteinsche Zeitdilatation.

Denken wir uns im ruhenden System ein mit dem vorigen genau identisches Metronom aufgestellt. An diesem mißt der ruhende Beobachter als Zeitdifferenz der Schläge natürlich genau dieselbe Zeit τ', wie der mitbewegte Beobachter an unserem ersten Metronom. Wegen $\tau' < \tau$ geht also für den ruhenden Beobachter sein ruhendes Metronom schneller wie das identische bewegte.

Ein leuchtendes Molekül z. B. von Wasserstoff, welches Licht einer bestimmten Spektrallinie aussendet, kann durchaus mit unserem Metronom verglichen werden. Wir schließen daraus: Beobachten wir die Wasserstofflinie H_α einmal am ruhenden Dampf, das andere Mal an schnell bewegten Wasserstoff-Kanalstrahlen, so zeigt ersteres eine etwas kleinere Schwingungsdauer wie letzteres. Die bewegte Wasserstofflinie erscheint also gegen die ruhende etwas nach Rot verschoben. Die Verschiebung ist von der zweiten Ordnung in dem Verhältnis v/c, also sehr klein. Die Beobachtung müßte streng senkrecht gegen die Richtung des Kanalstrahles ausgeführt werden, weil in jeder anderen Richtung durch den Doppler-Effekt (vgl. § 888) eine Linienverschiebung bewirkt wird, die von der ersten Ordnung ist und den gesuchten Effekt verdecken würde. Hieraus erklärt sich, daß die fragliche Rotverschiebung der Spektrallinien bisher nicht konstatiert werden konnte.

Ebenso wie unsere beiden Metronome verhalten sich zwei Uhren, von denen die eine im ruhenden System, die andere, genau identische, im bewegten System aufgestellt ist. Die ruhende Uhr läuft für den ruhenden Beobachter schneller als die bewegte Uhr. Letztere geht für diesen Beobachter hinter seiner eigenen Uhr nach. Für einen im bewegten System postierten Beobachter läuft andererseits natürlich seine mitbewegte Uhr schneller und geht die gegen ihn sich bewegende Uhr des ruhenden Systems nach (Einstein 1905). *

5. Transformationsgleichungen für die Geschwindigkeiten. Ein materieller Punkt bewege sich in dem System S mit

einer Geschwindigkeit, die durch den Vektor $\mathfrak{q}$ nach Größe und Richtung dargestellt sei; die Komponenten dieser Geschwindigkeiten seien

$$\mathfrak{q}_x = \frac{dx}{dt}, \quad \mathfrak{q}_y = \frac{dy}{dt}, \quad \mathfrak{q}_z = \frac{dz}{dt};$$

die cos der Winkel, welche $\mathfrak{q}$ mit den Achsen der x, y, z bildet, (die „Richtungscosinus") sind dann:

$$\cos(\mathfrak{q}, x) = \frac{\mathfrak{q}_x}{\mathfrak{q}}, \ \cos(\mathfrak{q}, y) = \frac{\mathfrak{q}_y}{\mathfrak{q}}, \ \cos(\mathfrak{q}, z) = \frac{\mathfrak{q}_z}{\mathfrak{q}} \ \text{und} \ \mathfrak{q}^2 = \mathfrak{q}_x^2 + \mathfrak{q}_y^2 + \mathfrak{q}_z^2.$$

In dem System S' wird dieselbe Bewegung durch einen Vektor $\mathfrak{q}'$ von anderer Richtung und Größe dargestellt, für den im gestrichenen System die Gleichungen

$$\mathfrak{q}_x' = \frac{dx'}{dt'}, \quad \mathfrak{q}_y' = \frac{dy'}{dt'}, \quad \mathfrak{q}_z' = \frac{dz'}{dt'}$$

$$\cos(\mathfrak{q}' x') = \frac{\mathfrak{q}_x'}{\mathfrak{q}'}, \quad \cos(\mathfrak{q}' y') = \frac{\mathfrak{q}_y'}{\mathfrak{q}'}, \quad \cos(\mathfrak{q}' z') = \frac{\mathfrak{q}_z'}{\mathfrak{q}'}$$

und

$$\mathfrak{q}'^2 = \mathfrak{q}'^2_x + \mathfrak{q}'^2_y + \mathfrak{q}'^2_z$$

gelten. Welche Beziehungen führen nun die ungestrichenen Geschwindigkeitskomponenten in die gestrichenen und umgekehrt über?

Um dies zu ermitteln, führen wir an den Gleichungen (707) S. 369 zunächst die Differentiation nach t durch, haben dann aber zu berücksichtigen, daß t' nicht mit t identisch ist, so daß eine Umrechnung des dt nach dem dt' noch zu folgen hat. Man findet:

$$\frac{dx'}{dt} = k\left(\frac{dx}{dt} - v\right)$$

$$\frac{dy'}{dt} = \frac{dy}{dt}$$

$$\frac{dz'}{dt} = \frac{dz}{dt}$$

$$\frac{dt'}{dt} = k\left(1 - \frac{v}{c^2} \cdot \frac{dx}{dt}\right).$$

Durch Division der ersten drei Gleichungen mit der vierten erhält man unmittelbar:

$$\left.\begin{aligned} \mathfrak{q}'_x &= \frac{\mathfrak{q}_x - v}{1 - \frac{v}{c^2} \cdot \mathfrak{q}_x} \\ \mathfrak{q}'_y &= \frac{\mathfrak{q}_y}{k\left(1 - \frac{v}{c^2} \cdot \mathfrak{q}_x\right)} \\ \mathfrak{q}'_z &= \frac{\mathfrak{q}_z}{k\left(1 - \frac{v}{c^2} \cdot \mathfrak{q}_x\right)}. \end{aligned}\right\} \tag{713}$$

Die inverse Transformation muß nach der Bemerkung S. 370 unten durch Vertauschung der gestrichenen mit den nicht gestrichenen entsprechenden Buchstaben und von $-v$ mit $+v$ erhalten werden:

$$\left.\begin{aligned} \mathfrak{q}_x &= \frac{\mathfrak{q}_x' + v}{1 + \frac{v}{c^2} \cdot \mathfrak{q}_x'} \\ \mathfrak{q}_y &= \frac{\mathfrak{q}'_y}{k\left(1 + \frac{v}{c^2} \cdot \mathfrak{q}_x'\right)} \\ \mathfrak{q}_z &= \frac{\mathfrak{q}_z'}{k\left(1 + \frac{v}{c^2} \cdot \mathfrak{q}_x'\right)}, \end{aligned}\right\} \tag{714}$$

wie übrigens auch eine einfache Umrechnung ergibt.

Nach obigem ist immer

$$\frac{dt}{dt'} = \frac{1}{k\left(1 - \frac{v}{c^2} \cdot \frac{dx}{dt}\right)} \quad \text{und} \quad k^2 = \frac{1}{1 - \frac{v^2}{c^2}}.$$

Aufgabe 413. Man berechne (um späterer Anwendungen willen) weiter noch die Beschleunigungen, also die zweiten Differentialquotienten der Ortskoordinaten x', y', z' nach der im gestrichenen System geltenden Zeit t', speziell für den besonderen Fall, daß im ungestrichenen System $\frac{dx}{dt} = v$, $\frac{dy}{dt} = 0$, $\frac{dz}{dt} = 0$ gesetzt wird.

Es ist

$$\frac{d^2 x'}{dt'^2} = \frac{d\left(\frac{dx'}{dt'}\right)}{dt'} = \frac{d\left(\frac{\frac{dx}{dt} - v}{1 - \frac{v}{c^2} \cdot \frac{dx}{dt}}\right)}{dt} \cdot \frac{dt}{dt'}$$

$$= \frac{\left(1 - \frac{v}{c^2} \cdot \frac{dx}{dt}\right)\frac{d^2 x}{dt^2} - \left(\frac{dx}{dt} - v\right)\left(-\frac{v}{c^2}\right)\frac{d^2 x}{dt^2}}{\left(1 - \frac{v}{c^2}\frac{dx}{dt}\right)^2 \cdot k\left(1 - \frac{v}{c^2} \cdot \frac{dx}{dt}\right)} = \frac{d^2 x}{dt^2} \cdot \frac{1 - \frac{v^2}{c^2}}{k\left(1 - \frac{v}{c^2} \cdot \frac{dx}{dt}\right)^3}.$$

Wenn nun $dx/dt = v$ gesetzt wird, so wird

$$\frac{d^2 x'}{dt'^2} = \frac{d^2 x}{dt^2} \cdot \frac{1}{k\left(1 - \frac{v^2}{c^2}\right)^2} = \frac{d^2 x}{dt^2} \cdot \frac{k^4}{k} = k^3 \frac{d^2 x}{dt^2}. \tag{715}$$

Ferner wird:

$$\frac{d^2 y'}{d t'^2} = \frac{d\left(\frac{d y'}{d t'}\right)}{d t'} = \frac{d\left(\frac{\frac{d y}{d t}}{k\left(1 - \frac{v}{c^2} \cdot \frac{d x}{d t}\right)}\right)}{d t} \cdot \frac{d t}{d t'}$$

$$= \frac{k\left(1 - \frac{v}{c^2} \cdot \frac{d x}{d t}\right) \frac{d^2 y}{d t^2} - \frac{d y}{d t}\left(-k \frac{v}{c^2} \cdot \frac{d^2 x}{d t^2}\right)}{k^2\left(1 - \frac{v}{c^2} \cdot \frac{d x}{d t}\right)^2 \cdot k\left(1 - \frac{v}{c^2} \cdot \frac{d x}{d t}\right)}.$$

Wird hiermit $d y/d t = 0$ und $d x/d t = v$ gesetzt, so erhält man:

$$\frac{d^2 y'}{d t'^2} = \frac{d^2 y}{d t^2} \cdot \frac{k\left(1 - \frac{v^2}{c^2}\right)}{k^3\left(1 - \frac{v^2}{c^2}\right)^3} = \frac{d^2 y}{d t^2} \cdot \frac{k^4}{k^2} = k^2 \frac{d^2 y}{d t^2}. \tag{716}$$

Ganz analog ergibt sich:

$$\frac{d^2 z'}{d t'^2} = \qquad = k^2 \frac{d^2 z}{d t^2}. \tag{717}$$

6. Das Additionstheorem der Geschwindigkeiten. Eine der merkwürdigsten Folgerungen der Einsteinschen Kinematik ist die, daß das Verfahren, wie in der gewöhnlichen Mechanik Geschwindigkeiten zu einer resultierenden Geschwindigkeit zusammengesetzt werden, nicht mehr zu Recht besteht, also der Satz vom Parallelogramm der Geschwindigkeiten (Bd. I, § 192, S. 215) nicht mehr in der ursprünglichen Form gilt.

Bewegt sich relativ zu dem System S' ein Punkt mit der Geschwindigkeit $\mathfrak{q}'$ parallel zur x-Achse, und bewegt sich dieses ganze Bezugssystem relativ zu dem System S mit der Geschwindigkeit v in der gleichen Richtung, so erfolgt die Gesamtbewegung für einen im System S ruhenden Beobachter nach der gewöhnlichen Kinematik mit der Geschwindigkeit

$$\mathfrak{q} = \mathfrak{q}' + v,$$

so daß $\mathfrak{q}^2 = \mathfrak{q}'^2 + 2\,\mathfrak{q}' v + v^2$ ist.

Würde eine der beiden Geschwindigkeiten die umgekehrte, so würde nur die Differenz beider für den S-Beobachter in die Erscheinung treten und

$$\mathfrak{q}^2 = \mathfrak{q}'^2 - 2\,\mathfrak{q}' v + v^2$$

sein.

Lassen wir allgemeiner die geradlinige Bewegung in S' mit der Geschwindigkeit $\mathfrak{q}'$ erfolgen, in einer Richtung, die mit der x'-Achse den Winkel ϑ' bildet (Fig. 701), so ergibt sich als resultierende Bewegung nach der alten Mechanik zufolge des Parallelogrammsatzes

$$\mathfrak{q}^2 = \mathfrak{q}'^2 + 2\,\mathfrak{q}' \cdot v \cos\vartheta' + v^2 . \qquad (718)$$

Wenn $\cos\vartheta' = \cos(\mathfrak{q}', x') = \mathfrak{q}_x'/\mathfrak{q}'$ ist, so ergänzt der Winkel, welchen die Richtung von $\mathfrak{q}'$ gegen die y-z-Ebene bildet, ϑ' zu 90^0, es ist also

$$\sin^2\vartheta' = \frac{\mathfrak{q}'^2_y + \mathfrak{q}'^2_z}{\mathfrak{q}'^2} .$$

Wie setzen sich nun aber die Geschwindigkeiten in der neuen Mechanik zusammen? Um dies zu erfahren, brauchen wir nur die

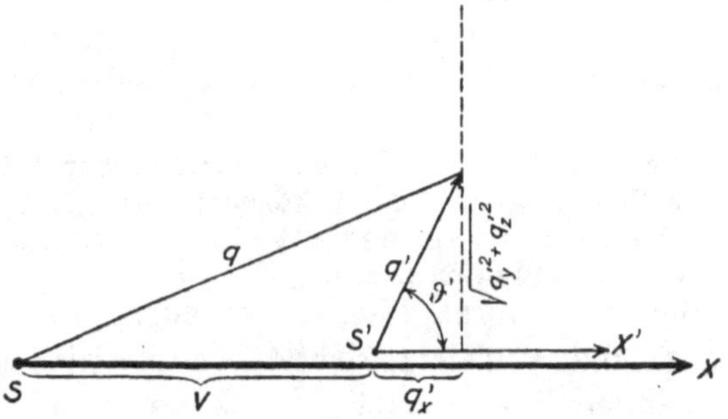

Fig. 701.

Gleichungen (714) S. 375 zu quadrieren und zu addieren. Es ist:

$$\mathfrak{q}_x^2 + \mathfrak{q}_y^2 + \mathfrak{q}_z^2 = \mathfrak{q}^2 = \frac{k^2(\mathfrak{q}_x' + v)^2}{k^2\left(1 + \frac{v}{c^2}\mathfrak{q}'_x\right)^2} + \frac{\mathfrak{q}'^2_y}{k^2\left(1 + \frac{v}{c^2}\mathfrak{q}'_x\right)^2} + \frac{\mathfrak{q}'^2_z}{k^2\left(1 + \frac{v}{c_2}\mathfrak{q}'_x\right)^2} .$$

Der zweite Term des überall gleichen Nenners gibt durch $\mathfrak{q}'$ erweitert $\frac{v}{c^2}\mathfrak{q}' \cdot \frac{\mathfrak{q}_x'}{\mathfrak{q}'} = \frac{\mathfrak{q}' \cdot v}{c^2} \cos\vartheta'$.

Im Zähler liefert das erste Glied: $\frac{c^2}{c^2 - v^2}(\mathfrak{q}'^2_x + 2\,\mathfrak{q}'_x \cdot v + v^2)$, die anderen, weil sie mit auf den Nenner $(c^2 - v^2)$ gebracht werden, dazu

$$c^2(\mathfrak{q}'^2_x + \mathfrak{q}'^2_y + \mathfrak{q}'^2_z) + c^2 \cdot 2\,\mathfrak{q}' \cdot v \cdot \frac{\mathfrak{q}_x'}{\mathfrak{q}'} + c^2 v^2 - \mathfrak{q}'^2 v^2 \cdot \frac{\mathfrak{q}'^2_y + \mathfrak{q}'^2_z}{\mathfrak{q}'^2} .$$

so daß (beim Herausziehen von c^2):

$$\mathfrak{q}^2 = \frac{\left(\frac{c^2}{c^2 - v^2}\right)\left(\mathfrak{q}'^2 + 2\,\mathfrak{q}'\,v \cdot \cos\vartheta' + v^2 - \frac{\mathfrak{q}'^2 v^2}{c^2}\sin^2\vartheta'\right)}{k^2\left(1 + \frac{\mathfrak{q}'\,v}{c^2}\cos\vartheta'\right)^2}$$

oder wegen

$$\frac{c^2}{c^2 - v^2} = k^2$$

$$q^2 = \frac{q'^2 + 2\,q' v \cdot \cos\vartheta' + v^2 - \left(\frac{q' v}{c} \sin\vartheta'\right)^2}{\left(1 + \frac{q' v}{c^2} \cdot \cos\vartheta'\right)^2} \tag{719}$$

erhalten wird: das berühmte Einsteinsche Additionstheorem der Geschwindigkeiten in allgemeinster Form.

Wir sehen beim Vergleiche mit (718), daß hier zwei Glieder, eines im Zähler, eines im Nenner, zu dem Additionstheorem der alten Mechanik hinzutreten, welche allerdings erst dann merklich werden, wenn das Produkt der beiden zu addierenden Geschwindigkeiten q', die auf das System S' bezogen ist, und v, die gegen das System S festgelegt ist, gegen die Lichtgeschwindigkeit c selbst und ihr Quadrat merklich werden.

Sind die Geschwindigkeiten q' und v oder nur eine von beiden klein gegen c, so gilt die gewöhnliche Regel für die Vektorsummierung.

Für Geschwindigkeiten, die auf dasselbe System bezogen sind, gilt natürlich die gewöhnliche Vektoraddition (Bd. I, § 65 S. 75).

* Der in diesem § vorangestellte besondere Fall, daß die Geschwindigkeiten q' und v gleichgerichtet sind, ergibt sich natürlich aus (719), wenn man $\vartheta = 0$ setzt. Da kann man beiderseits die Wurzel ziehen und fällt auf die erste der Gleichungen (714), von denen wir ausgegangen sind, zurück, nämlich

$$q = \frac{q' + v}{1 + \frac{q' v}{c^2}}, \tag{714a}$$

wobei nur jetzt der Index x bei den gleichgerichteten Geschwindigkeiten in Fortfall gekommen ist.

Diese spezielle Form des Einsteinschen Additionstheorems führt uns zu folgenden charakteristischen Schlüssen:

1) Die resultierende Geschwindigkeit ist immer kleiner als die Summe der Teilgeschwindigkeiten: $q < q' + v$, da der Nenner in (714a) stets > 1 ist.

2) Setzt man zwei Unterlichtsgeschwindigkeiten zusammen, so erhält man als Resultierende stets wieder eine Unterlichtsgeschwindigkeit. In der Tat ist

$$1 - \frac{q}{c} = \frac{1 + \frac{q' v}{c^2} - \frac{q'}{c} - \frac{v}{c}}{1 + \frac{q' v}{c^2}} = \frac{\left(1 - \frac{q'}{c}\right)\left(1 - \frac{v}{c}\right)}{1 + \frac{q' v}{c^2}} > 0,$$

wenn $q' < c$ und $v < c$ ist. Auch durch beliebig häufige Aneinanderfügung von Unterlichtgeschwindigkeiten kann man c niemals überschreiten. c ist für alle kinematischen Vorgänge eine unübersteigbare Grenze (vgl. auch S. 372).

3) Geht man von der Lichtgeschwindigkeit c selbst aus und fügt eine beliebige Geschwindigkeit v hinzu, so erhält man immer wieder c. Nach (714a) ergibt sich nämlich mit $q' = c$

$$q = \frac{c + v}{1 + \frac{v}{c}} = c\,. \; *$$

887. Die Aberration in elementarer Behandlung. Versuch 740. Zwei mit Seidenpapier überzogene längliche Holzrahmen werden in horizontaler Lage durch Stützen in ca. 1 m gegenseitiger Entfernung gehalten; der untere läuft auf Rollen; das ganze Gestell kann an einem Faden über den Experimentiertisch hin (seiner Längsrichtung parallel) gezogen werden. An der Zimmerdecke ist ein Klapphebel befestigt, der vorn eine flache Schale trägt, in der eine kleine berußte Bleikugel liegt; von dem Hebel führt eine Schnur herab, die an dem Tische so befestigt ist, daß ein am Gestell seitlich befestigter federnder Stift an der Schnur zieht und dadurch den Hebel umlegt, etwas bevor die Mitte des Gestelles sich gerade vertikal unter der Schale befindet. Würde die Kugel herabfallen, während das Gestell ruht, so würde sie die beiden Papierflächen an Stellen durchschlagen, die vertikal übereinander liegen. Das Gestell wird aber mit erheblicher Geschwindigkeit bewegt: Die dabei ausgelöste, frei vertikal herabfallende Kugel liefert zwei Durchbohrungen, deren Verbindungslinie schräg steht. Ist v die Geschwindigkeit, mit der das Gestell fortgezogen wird während der Zeit des Durchschlages, c die (als konstant anzusehende) Geschwindigkeit, mit der der Zwischenraum zwischen den beiden Flächen passiert wird, so ist die Neigung α des Schußkanals offenbar gegeben durch

$$\operatorname{tg} \alpha = \frac{v}{c} \qquad (720)$$

und zwar ist die scheinbare Richtung des Einfallens um diesen Winkel α vorwärts gedreht im Sinne der translatorischen Bewegung, an welcher der aufnehmende Apparat teilnimmt.

Denn von dem Momente an, in welchem die obere (vordere) Fläche passiert wird, bis zu jenem, wo das Signal (die fallende Kugel) die untere erreicht, ist der ganze Apparat um ein bestimmtes Stück fortgeschritten; der zweite Treffpunkt liegt also hinter der Vertikalprojektion des ersteren (immer im Sinne der Bewegung betrachtet). Einem mit dem Apparate selbst mitbewegten Beobachter erscheint es so, als ob das Projektil nicht in der Richtung der Vertikalen eingeschlagen sei, sondern als ob es aus einer Richtung eingetroffen wäre, die gegen diese Richtung (im Sinne der eigenen Bewegung) um den Winkel α gedreht erscheint. Wir haben hier ein bemerkenswertes Beispiel dafür, daß sich die Eigenbewegung eines Systems (des rollenden Gestelles) relativ zu einem anderen (den Wänden und Gegenständen des Zimmers) durch eine Richtungsänderung eines von dem einen System aus gesehenen bewegten Etwas (hier eines Korpuskels kund gibt. (Für einen im Zimmer feststehenden Beobachter erscheint die Fallbewegung der Kugel nach wie vor vertikal.)

Der Astronom Bradley wollte die lang gesuchte Parallaxe der Fixsterne auffinden. Bewegte sich nach dem Kopernikanischen System die Erde um die Sonne, so mußte sich diese Bewegung in jährlichen, wenn auch nur kleinen parallaktischen Verschiebungen der näheren (im allgemeinen helleren) Fixsterne gegen die ferneren (im allgemeinen kleiner erscheinenden) widerspiegeln: daß diese notwendige Konsequenz völlig auszubleiben schien, galt lange als Beweis gegen die kopernikanische Lehre. Um nicht durch die Refraktion der Erdatmosphäre gestört zu werden, beobachtete Bradley die Lage eines durch den Zenith von Greenwich gehenden Sternes (γ-Draconis), wobei ihm der vom Uhrmacher George Graham gebaute „Zenithsektor", ein Wunderwerk der damaligen Präzisionsmechanik, die vorzüglichsten Dienste leistete. Bradley fand im Jahre 1728 tatsächlich eine kleine Verschiebung des anvisierten Fixsternes mit jährlicher Periode, aber von total anderem Charakter als die gesuchte.

* Die Verschiebung eines z. B. in der Ekliptik stehenden Sternes müßte, wenn sie von der Parallaxe herrührt, dann ein Maximum sein, wenn die Erde auf den Stern zu oder von ihm fortläuft. Die von Bradley beobachtete Verschiebung war aber gerade dann Null. Was andererseits die Größe der Verschiebung betrifft, so variierte diese nicht, wie Bradley erwartet hatte, mit der Helligkeit der Sterne, sondern hing lediglich von ihrer Lage gegen die Ekliptik ab.

Wir verstehen heute sehr gut, daß Bradley eine Parallaxe mit seinen Hilfsmitteln nicht finden konnte. Diese beträgt nämlich bei den näheren Sternen ca. $^1/_4''$ (Sirius); dagegen ist die von Bradley entdeckte Aberration nach heutigen Messungen

$$\alpha = 20'', 5.$$

Die erste Parallaxe wurde erst 1837 von Bessel beobachtet.

Beobachtungen ähnlich den am Anfange dieses § geschilderten (bei der Fahrt auf der Themse wurde die scheinbare Richtung des Windes, wie sie durch die Bootsfahne gegeben war, durch die Fahrgeschwindigkeit des Schiffes beeinflußt), sollen Bradley den Schlüssel zu dem von ihm entdeckten Phänomen gegeben haben. Die Erklärung ist folgende:

Das Licht eines Sternes falle senkrecht gegen die Bewegungsrichtung der Erde ein. Ein Fernrohr ist auf den Stern gerichtet. Das Licht des Sternes vergleichen wir der Bleikugel, das Fernrohr mit dem unteren bewegten Rahmen des vorangestellten Versuchs. Der Schußkanal entspricht der Visierrichtung, in die wir das Fernrohr stellen müssen, um den Stern zu sehen. Diese ist im Sinne der Bewegung (hier der Erdbewegung) nach vorn geneigt um den Winkel

$$\operatorname{tg} \alpha = \frac{v}{c} \cdot \tag{720}$$

Fällt das Licht des Sternes nicht senkrecht gegen die Bewegung der Erde ein, sondern bildet es in der Ebene durch Erdbewegung und Stern den Winkel β gegen die Senkrechte, so kommt die auf den Stern hin gerichtete Komponente $v \sin \beta$ der Erdbewegung nicht in Betracht und ist v zu ersetzen durch $v \cos \beta$. Dann ergibt sich statt (720):

$$\operatorname{tg} \alpha = \frac{v \cos \beta}{c} \,. \tag{721}$$

Man zeige, daß 20″, 5, in Bogenmaß umgerechnet, gleich $\frac{v}{c} = 10^{-4}$ sind.

Wir haben bei dieser Erklärung, wie in unserem Versuche, sozusagen mit einer korpuskularen Vorstellung vom Lichte operiert. Die Erklärung läßt sich aber auch aufrecht halten, wenn wir die Wellennatur des Lichtes berücksichtigen, vorausgesetzt, daß die Ausbreitung des Lichtes durch die Bewegung der Erde nicht gestört wird; sie gilt daher insbesondere unter der Vorstellung eines absolut ruhenden Äthers, durch den sich die Erde hindurchbewegt. In der Tat wurde diese Vorstellung gerade in erster Linie durch die Aberrationstheorie begründet. Dagegen mußte eine Theorie von H. Hertz, nach welcher in der Umgebung bewegter Materie der Äther von dieser mitgeführt werden sollte, gegenüber der Tatsache der Aberration alsbald aufgegeben werden. Die Relativtheorie, welche in dem Prinzip von der Konstanz der Lichtgeschwindigkeit gewissermaßen an den ruhenden Äther anknüpft, erklärt die Aberration leicht aus ihren grundlegenden Transformationen oder aus dem Additionstheorem der Geschwindigkeiten. *

Eine wichtige Ergänzung zu den Bradleyschen Untersuchungen lieferte Airy dadurch, daß er (1871—1873) die Aberration durch Fernrohre bestimmte, die mit Wasser gefüllt waren. Da in diesen das Licht längere Zeit brauchte, um den Weg vom Objektive bis zum

Okulare zurückzulegen, so sollte man zunächst erwarten, daß bei der gleichgroßen Translationsgeschwindigkeit der Aberrationswinkel größer ausfalle als in den mit Luft erfüllten. Die Beobachtungen gaben indessen den gleichen Wert; auch dies erklärt die Relativitätstheorie.

888. Ableitung des Dopplerschen Prinzipes aus dem Relativitätsprinzipe. Zur Behandlung der Aberration und verwandter Probleme wollen wir zunächst die Ausdrücke für eine nach irgend einer Richtung mit der Geschwindigkeit c fortschreitenden ebenen Welle gemäß den Gleichungen (707) und (709) transformieren. Für eine in der x-Richtung fortschreitende ebene Welle hatten wir in I, § 274, S. 335 einen Ausdruck von der Form

$$\xi = A \cdot \sin 2\pi \left(\frac{t}{\tau} - \frac{x}{\lambda}\right)$$

gefunden, allerdings zunächst nur für elastische Schwingungen; aber auch alle elektromagnetischen Wellen werden durch einen ganz gleichen Ausdruck, oder wenn wir für die Wellenlänge $\lambda = \tau c$ die Schwingungsdauer τ einführen, durch einen Ausdruck von der Form

$$\sin \omega \left(t - \frac{x}{c}\right) \tag{722}$$

dargestellt, wo $\omega = \frac{2\pi}{\tau}$ gesetzt, also proportional der Schwingungszahl ν ist; diesem Ausdrucke ist der Strahlvektor jeweils proportional. Schreitet die Welle nicht in der x-Richtung fort, sondern bildet die Normale zu der Wellenebene mit den Koordinatenachsen Winkel, deren cos bzw. l, m und n sind, so wird der periodisch mit der Zeit und dem Orte sich abspielende Wellenvorgang durch den Ausdruck:

$$\sin \omega \left(t - \frac{l x + m y + n z}{c}\right) \tag{723}$$

dargestellt und zwar im ungestrichenen, im S-System. Betrachten wir jetzt denselben Vorgang von einem anderen gleichberechtigten, dem gestrichenen S'-System aus, so muß der Vorgang durch

$$\sin \omega' \left(t' - \frac{l' x' + m' y' + n' z'}{c}\right) \tag{723a}$$

dargestellt sein. Setzen wir in (723) für die ungestrichenen Buchstaben t, x, y, z die gestrichenen Werte nach (709), S. 370 ein und vergleichen wir das Ergebnis mit (723a), so ergibt sich, da die mit t', mit x', y', z' multiplizierten Größen einzeln einander gleich sein müssen, aus:

$$\sin \omega \left(k \left[1 - \frac{l}{c} v\right] t' + k \left[\frac{v}{c^2} - \frac{l}{c}\right] x' - \frac{m}{c} y' - \frac{n}{c} z'\right)$$

$$\omega' = \omega k \left(1 - l \frac{v}{c}\right), \tag{724}$$

daher:

$$\frac{\omega}{\omega'} = \frac{1}{k} \cdot \frac{1}{1 - l \frac{v}{c}}$$

Ferner:

$$\left.\begin{aligned} -\omega' \frac{l'}{c} &= -\omega k \left(\frac{l}{c} - \frac{v}{c^2}\right), & \text{daher: } l' &= \frac{l - \frac{v}{c}}{1 - l \frac{v}{c}}, \\ -\omega' \frac{m'}{c} &= -\omega \frac{m}{c}, & \text{daher: } m' &= \frac{m}{k\left(1 - l \frac{v}{c}\right)}, \\ -\omega' \frac{n'}{c} &= -\omega \frac{n}{c}, & \text{daher: } n' &= \frac{n}{k\left(1 - l \frac{v}{c}\right)}, \end{aligned}\right\} \tag{725}$$

Dies sind die Transformationen, welche die Gleichungen irgendwelcher Wellenvorgänge in dem einen System S in die entsprechenden für das andere System S' überführen.

* Die Gleichungen (724) und (725) lassen sich sofort umkehren, wenn man die gestrichenen Größen ω', l', m', n' durch die ungestrichenen ω, l, m, n und gleichzeitig $+v$ durch $-v$ ersetzt. Dies entspricht einer Bemerkung, die wir bereits in S. 370 bei Gelegenheit der Lorentz-Transformationen gemacht haben und kann nötigenfalls durch direkte Ausrechnung bestätigt werden. Die solchergestalt umgekehrten Gleichungen lauten:

$$\omega = \omega' k \left(1 + l' \frac{v}{c}\right). \tag{724a}$$

$$\left.\begin{aligned} l &= \frac{l' + \frac{v}{c}}{1 + l' \frac{v}{c}}, \\ m &= \frac{m'}{k\left(1 + l' \frac{v}{c}\right)}, \\ n &= \frac{n'}{k\left(1 + l' \frac{v}{c}\right)}. \end{aligned}\right\} \tag{725a}$$

Eine Strahlungsquelle Q von der Schwingungszahl ν ruhe in großer Ferne, so daß die von ihr ausgegangenen Wellen am Beobachtungsorte als eben angesehen werden können. Mit Q denken wir uns das

das System S darstellende Koordinatensystem fest verbunden. Relativ gegen dieses bewege sich ein Beobachter B mit der Geschwindigkeit v und zwar in einer solchen Richtung, daß die Verbindungslinie $Q \longrightarrow B$ mit der Richtung von v den (spitzen) Winkel φ bilde; dann besteht zwischen diesen beiden Richtungen dieselbe Beziehung wie zwischen Strahlrichtung s und x-Richtung im S-System; es kann daher in (724) $l = \cos\varphi$ gesetzt werden und der (sich von Q mit der Geschwindigkeit $v \cdot \cos\varphi$ entfernende) Beobachter nimmt Q nicht mit deren wahrer Frequenz ν, sondern mit der verminderten Frequenz ν' wahr, wo nach (724)

$$\nu' = \nu k \left(1 - \cos\varphi \frac{v}{c}\right) = \nu \frac{1 - \cos\varphi \frac{v}{c}}{\sqrt{1 - \frac{v^2}{c^2}}} \tag{726}$$

ist.

Wäre φ ein stumpfer Winkel, würde sich der Beobachter der Quelle nähern, so wäre $\cos\varphi$ negativ, die Frequenz würde also gesteigert erscheinen; die Formel ist also für beide Fälle richtig.

Entfernt sich speziell der Beobachter in der Richtung $Q \longrightarrow B$ ($\varphi = 0$), so wird

$$\frac{\nu'}{\nu} = \frac{1 - \frac{v}{c}}{\sqrt{1 - \frac{v^2}{c^2}}} = \frac{\sqrt{1 - \frac{v}{c}} \cdot \sqrt{1 - \frac{v}{c}}}{\sqrt{1 - \frac{v}{c}} \cdot \sqrt{1 + \frac{v}{c}}} = \sqrt{\frac{1 - \frac{v}{c}}{1 + \frac{v}{c}}} \tag{727}$$

oder entwickelt: $\nu' = \nu\left(1 - \frac{v}{c} + \frac{1}{2}\frac{v^2}{c^2} \mp \ldots\right)$.

Dies ist Formel (136b) in I, § 273, S. 333, wobei diese im Sinne der Relativtheorie, wie jetzt klar wird, nur den Anfang einer Reihenentwicklung darstellt.

Bewegt sich B direkt gegen die Quelle Q ($\varphi = \pi$, $\cos\varphi = -1$), so wird

$$\frac{\nu'}{\nu} = \frac{1 + \frac{v}{c}}{\sqrt{1 - \frac{v^2}{c^2}}} = \frac{\sqrt{1 + \frac{v}{c}} \cdot \sqrt{1 + \frac{v}{c}}}{\sqrt{1 - \frac{v}{c}} \cdot \sqrt{1 + \frac{v}{c}}} = \sqrt{\frac{1 + \frac{v}{c}}{1 - \frac{v}{c}}} \tag{728}$$

oder entwickelt: $\nu' = \nu\left(1 + \frac{v}{c} + \frac{1}{2}\frac{v^2}{c^2} + \ldots\right)$.

Hierin erkennt man Formel (136a) wieder. Bei Einführung der Schwingungsdauern τ' bzw. τ würde man aus (727) erhalten:

$$\tau' = \tau \sqrt{\frac{1 + \frac{v}{c}}{1 - \frac{v}{c}}} \quad \text{oder } \tau' = \tau\left(1 + \frac{v}{c} + \frac{1}{2}\frac{v^2}{c^2} + \ldots\right), \tag{729}$$

daher:

$$\tau' - \tau = \tau\left(\frac{v}{c} + \frac{1}{2}\frac{v^2}{c^2} \pm \ldots\right)$$

oder bei Einführung der Wellenlänge $\lambda = \tau c$:

$$\lambda' - \lambda = \lambda\left(\frac{v}{c} + \frac{1}{2}\frac{v^2}{c^2} \pm \ldots\right). \tag{730}$$

* Wenn wir im vorhergehenden die Lichtquelle als ruhend, den Beobachter als bewegt bezeichneten, so ist das natürlich nur eine von zwei gleichberechtigten Redeweisen. Wir werden die umgekehrte Redeweise wählen, wenn wir es z. B. mit einem leuchtenden Kanalstrahlteilchen zu tun haben. Dieses trete jetzt an die Stelle der Lichtquelle Q der vorangehenden Betrachtung. Ebenso wie diese bewege es sich mit der Geschwindigkeit $-v$ gegen das „ruhende System" S' des Beobachters in einer Richtung, welche mit der $+x'$-Richtung des S'-Systems den Winkel φ' bilde. Dann ist in (724a), S. 383 zu setzen: $l' = \cos\varphi'$; ω ist proportional der Schwingungszahl ν_0, welche das leuchtende Teilchen in einem mit ihm selbst mitbewegten System S zeigen würde; der ruhende Beobachter nimmt an ihm die Frequenz

$$\nu' = \nu_0 \frac{\sqrt{1 - \frac{v^2}{c^2}}}{1 + \cos\varphi' \cdot \frac{v}{c}}$$

wahr. Bezeichnet man die Geschwindigkeit des Kanalstrahlteilchens gegen das ruhende System statt mit $-v$ mit $+v$ und läßt überdies nachträglich in den auf das ruhende System sich beziehenden Größen die Striche fort, so ergibt sich natürlich entsprechend:

$$\nu = \nu_0 \frac{\sqrt{1 - \frac{v^2}{c^2}}}{1 - \cos\varphi \cdot \frac{v}{c}}. \tag{731}$$

Insbesondere folgt bei genau senkrechter Beobachtung $\left(\varphi = \frac{\pi}{2}\right)$ die Rotverschiebung der Spektrallinie des Kanalstrahls $\nu = \nu_0 \sqrt{1 - \frac{v^2}{c^2}} < \nu_0$, von der bereits in § 886 die Rede war. Gl. (731) wird dann mit Gl. (712) identisch. *

Die Formeln (730) und (731) stellen das Dopplersche Prinzip in seiner allgemeinsten Fassung dar.

* **889. Das Aberrationsphänomen nach der Relativitätstheorie.** Die Entwickelungen des vorigen Paragraphen enthalten zugleich die vollständige Theorie der Aberration im Sinne des Rela-

tivitätsprinzipes, da sie uns die Richtung eines Lichtsrahles im gestrichenen System aus der Richtung desselben im ungestrichenen System zu berechnen gestatten. Das gestrichene System sei die mit der Geschwindigkeit v bewegte Erde; in dem ungestrichenen System ruhe der beobachtete Fixstern.

Machen wir noch die Ebene durch den Fixstern und die Erdbewegung (x-Achse) zur Ebene $z = z' = 0$ und bezeichnen wir mit ϑ bzw. ϑ' den Winkel, den die Visierrichtung nach dem Stern gegen die y- bzw. die y'-Achse bildet (vgl. Figg. 702 a und b), so wird ersichtlich in den Formeln des vorigen Paragraphen zu setzen sein:

$$n = n' = 0\,,\quad m = -\cos\vartheta\,,\quad m' = -\cos\vartheta'\,,\quad l = -\sin\vartheta\,,\quad l' = -\sin\vartheta'\,,$$

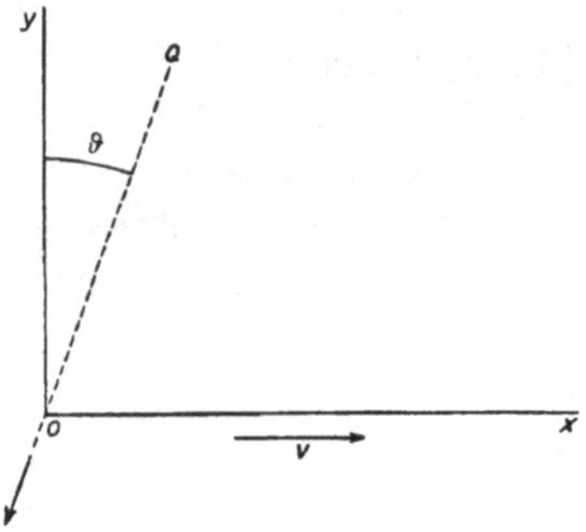

Fig. 702 a.

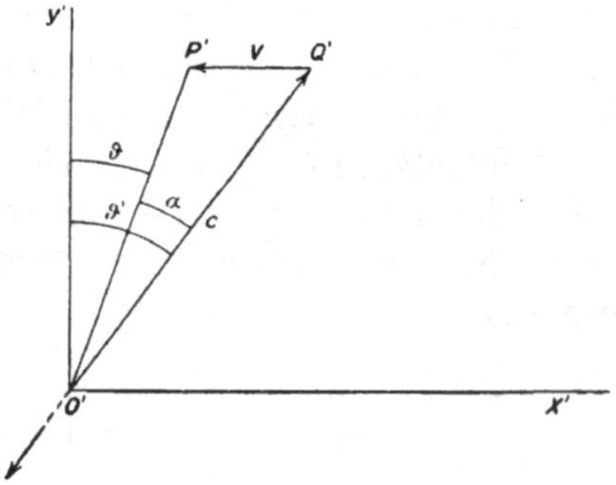

Fig. 702 b.

also nach den Gl. (725):

$$\sin\vartheta' = \frac{\sin\vartheta + \frac{v}{c}}{1 + \sin\vartheta\frac{v}{c}}\,,\qquad \cos\vartheta' = \frac{\cos\vartheta}{k\left(1 + \sin\vartheta\,\frac{v}{c}\right)}\,. \tag{732}$$

Ein im ungestrichenen System senkrecht einfallender Lichtstrahl ($\vartheta = 0$) erscheint hiernach von der Erde aus unter einem Winkel ϑ', für den gilt:

$$\sin\vartheta' = \frac{v}{c}\,,\qquad \cos\vartheta' = \frac{1}{k} = \sqrt{1 - \frac{v^2}{c^2}}\,.$$

Die Visierrichtung des Fernrohrs ist daher um den kleinen Winkel

$$\vartheta' = \operatorname{tg}\vartheta' = \frac{\frac{v}{c}}{\sqrt{1 - \frac{v^2}{c^2}}}$$

im Sinne der Erdbewegung vorwärts zu neigen.

Beachtet man, daß die astronomische Bestimmung des Aberrationswinkels vorläufig 1 ‰ nicht erheblich übersteigt und daß für die Erde v/c den Wert 10^{-4} hat, so sieht man, daß diese Formel mit der bei der elementaren Behandlung in § 887 erhaltenen Gl. (720) merklich übereinstimmt (wobei α an Stelle von ϑ' geschrieben war).

Im allgemeinen Falle schiefen Einfalles folgt aus (732), wenn man mit Rücksicht auf den besprochenen Genauigkeitsgrad der Aberrationsmessungen k durch 1 ersetzt:

$$\operatorname{tg}\vartheta' = \operatorname{tg}\vartheta + \frac{v}{c\cos\vartheta}\,.$$

Setzt man $\vartheta' = \vartheta + \alpha$ und entwickelt nach dem kleinen Winkel α:

$$\operatorname{tg}\vartheta' = \operatorname{tg}\vartheta + \frac{\alpha}{\cos^2\vartheta}\,,$$

so folgt aus den beiden letzten Gleichungen

$$\alpha = \operatorname{tg}\alpha = \frac{v\cos\vartheta}{c}\,.$$

Diese Gleichung ist identisch mit der bei der elementaren Behandlung gewonnenen (721) (wobei nur β an Stelle von ϑ geschrieben war).

Man kann den Aberrationswinkel α durch eine einfache Konstruktion gewinnen, aus der man ersieht, daß es sich um die Zusammensetzung von Geschwindigkeiten handelt: Man trage (vgl. Fig. 702b) in der beobachteten Visierrichtung nach dem Stern $O'Q'$ die Lichtgeschwindigkeit c und in der der Erdgeschwindigkeit entgegengesetzten Richtung die Geschwindigkeit v ab; dann gibt $O'P'$ die wahre Stellung des Sternes, also $P'O'Q'$ den Aberrationswinkel α. Diese Konstruktion bleibt auch für die Relativtheorie bestehen und gibt die strengen Formeln (732) wieder, wenn man nur die Zusammensetzung der Geschwindigkeiten c und v im Sinne des Einsteinschen Additionstheorems der Geschwindigkeiten vornimmt.

890. Die Mitführungserscheinungen. Wenn sich eine Schallwelle in irgendeinem elastischen Medium mit der Geschwindigkeit c fortpflanzt und sich dieses selbst mit der Geschwindigkeit v in der Schallfortschreitungsrichtung bewegt, so scheint die Wellenbewegung für einen in dieser Bewegung nicht teilnehmenden, „ruhenden" Beobachter mit der Geschwindigkeit $(v + c)$ fortzuschreiten.

Darum wurden ja bei den Bestimmungen der Schallgeschwindigkeit (vgl. I, § 259, S. 303) zwei Stationen verwendet und c aus der Übertragungsgeschwindigkeit mit dem Winde $(c + v)$ und gegen den Wind $(c - v)$ als Mittel aus beiden berechnet.

Es entsteht die wichtige Frage: Ist es bei den Wellenbewegungen elektromagnetischer Natur, etwa bei den Lichtwellen, ebenso, könnten wir also mit anderen Worten auch beim Lichte auf die Eigenbewegung des übertragenden Mediums aus ähnlichen Differenzbeobachtungen einen Schluß ziehen?

Man sieht ohne weiteres ein, daß eine Beantwortung dieser Frage von prinzipieller Bedeutung für die ganze Auffassung der hier vorliegenden Übertragungsart sein muß. Fresnel kam auf Grund von Schlüssen, deren bindende Kraft uns heute freilich als durchaus anfechtbar erscheinen muß (indem er die Lichtbewegung in gewissem Sinne mit elastischen Erscheinungen in Parallele stellte), zu dem Schlusse, daß die Bewegung eines Lichtwellenzuges nur zum Teil von der Bewegung des übertragenden Mediums affiziert wird. Bedeutet m einen echten Bruch, so sollte das Licht nur in dem Betrage $m \cdot v$ von dem Medium im obigen Sinne mitgenommen werden, wo

$$m = \frac{n^2 - 1}{n^2} = \left(1 - \frac{1}{n^2}\right) \tag{733}$$

sein sollte, wenn n das Brechungsverhältnis des betreffenden Mediums gegen das Vakuum bedeutet. Man nennt daher m den „Mitführungskoeffizienten“.

Der Gedankengang Fresnels ist in einem Briefe an Arago (Annales de chemie et de physique Bd. 9, S. 57, 1818) mitgeteilt; er hat heute nur noch historisches Interesse. Hier hat erst die Relativitätstheorie völlige Klarheit geschaffen. Wir werden alsbald sehen, daß Fresnel mit glücklicher Intuition zwar den Hauptbetrag dieser scheinbaren Mitführung erkannt hat, daß der Ausdruck (733) aber nur das erste Glied einer Reihenentwicklung darstellt. Außerdem muß bei allen „dispergierenden“ Medien noch ein der Dispersion Rechnung tragendes Zusatzglied hinzukommen.

Der erste, welcher den Fresnelschen Ansatz einer direkten experimentellen Prüfung unterwarf, war Fizeau (1851 und 1859). Er teilte das von einem durch Sonnenlicht beleuchteten Spalte kommende, durch ein Fernrohrobjektiv parallel gemachte Lichtbündel durch einen (ersterem parallelen) Doppelspalt in zwei Beträge, von denen jeder eine längere Röhre passieren mußte, in welchen Wasser in entgegengesetzter Richtung zirkulierte. Die Teilbündel, von denen das eine mit, das andere gegen die Strömung gewandert war, wurden sodann in einem „Reflexionskollimator“, einem Fernrohrobjektive, in dessen Brennebene ein ebener Spiegel senkrecht zur Fernrohrachse montiert war, wieder zusammengefaßt; sie tauschten hier nach der Reflexion ihre Rollen und nahmen ihren Weg abermals durch die Strömungsröhren, das eine wiederum mit, das andere gegen den Wasserstrom, so daß der Gesamteffekt der Mitführung verdoppelt werden mußte. Schließlich wurden beide Bündel zur Interferenz gebracht. War eine Mitführung vorhanden, so mußten sich hierbei Gangunterschiede, d. h. Streifenverschiebungen zeigen.

Auch die Fizeausche Anordnung kann heute nur noch historisches Interesse beanspruchen, so bedeutsam sie auch für ihre Zeit war, und wiewohl damit Werte erzielt wurden, welche die Fresnelsche Theorie zu bestätigen schienen. Die Anordnung ist nicht frei von bedenklichen Beeinflussungen durch Deformation der gläsernen Verschlußplatten der Röhren, durch Dichteverschiedenheiten in dem strömenden Medium usw., worauf A. A. Michelson (1886) aufmerksam machte. Derselbe stellte (in Gemeinschaft mit E. W. Morley) neue Versuche

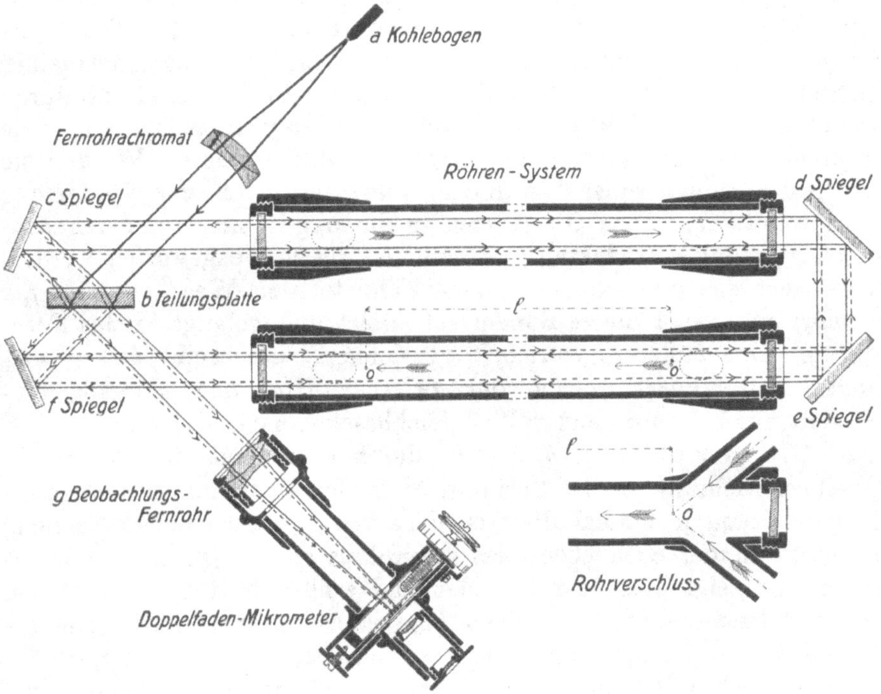

Fizeauversuch nach Michelson-Morley.
Fig. 703.

mit einer sowohl nach der optischen wie nach der hydraulischen Seite verbesserten Anordnung Fig. 703 an.

Der wesentliche Fortschritt, den Michelson in der Meßtechnik mit Interferenzen einführte, besteht darin, daß es ihm gelang, (planparallele) Spiegelglasplatten auf der einen Seite so zu versilbern, daß ein hier auffallendes, beliebig geneigtes Bündel paralleler Strahlen in zwei Bündel mit völlig gleicher Intensität gespalten wird, also die Einführung der „Trennungsplatte“ *b*, in der Fig. 703 (Silberschicht *s* in der Zeichnung auf der unteren Fläche).

Versuch 741. Vorführung eines Modells des Michelsonschen Mitführungsapparates. Von einer Lichtquelle *a*, die nicht punkt- oder spaltförmig zu sein braucht, z. B. einer Gasflamme (bei den definitiven Messungen wurde der positive Krater einer Bogenlampe verwendet), fällt ein Lichtbündel, das durch eine Linse parallel gemacht ist, nach Passieren der Glasschicht von *b* auf die Silberschicht *s*, dann wird ein Bündel nach oben, gegen den Spiegel *c* hin reflektiert (dieses hat die Glasschicht von *b* zu durchlaufen), ein zweites, gleich intensives, geht durch *s* hindurch, gegen den Spiegel *f* hin (dieses hat hier also von der Silberschicht an kein Glas passiert). Durch die Spiegel *c* und *f* können die beiden Lichtbündel nach irgendeiner Richtung hin dirigiert, z. B. auch einander parallel gemacht und durch irgendwelche Anordnungen hindurch gesendet werden, in denen sie eventuell einen Gangunterschied gegeneinander erfahren. Werden sie durch die beiden Spiegel *d* und *e* (wie *e* und *f* an der Vorderseite dicht versilberte ebene Glasplatten in Fassungen mit geeigneten Einstellvorrichtungen) reflektiert, so können sie zurückgeworfen werden. Dabei legt das eine (ausgezogen gezeichnete) den Weg: *s, c, d, e, f, s* zurück; an *s* wird dieses Bündel reflektiert und gelangt in das Fernrohr *g*. Das andere (gestrichelt gezeichnete) beschreibt den gleichlangen und (abgesehen von der zwischen Hin- und Hergang einzuschaltenden Anordnung) völlig gleichbeschaffenen Lichtweg: *s, f, e, d, c*, Glasschicht von *b, s*, tritt durch *s* hindurch und gelangt in derselben Richtung in das Fernrohr *g*; beide Bündel haben dabei nach ihrer Spaltung je einmal die Glasdicke von *b* (unter gleicher Neigung) passiert. In der Brennebene des Fernrohres *g* gelangen sie zur Interferenz; es zeigt sich hier ein blendend weißer Mittelstreif, auf den zunächst beiderseitig zwei scharf begrenzte, völlig schwarze schmale Streifen folgen (Fraunhofersche Beugungsminima II. Ordnung); daran schließen sich allmählich verwaschener werdende farbige Interferenzstreifen; die dunklen Streifen werden zwischen die Fäden eines Doppelfadenmikrometers im Okulare (mit Meßtrommel) genommen.

Das gleiche Prinzip liegt auch dem großen im folgenden Paragraph zu beschreibenden „Interferometer" zugrunde. Der Vorteil, den dasselbe gegenüber den älteren Anordnungen aufweist, liegt nicht nur in der viel größeren Helligkeit und der Möglichkeit zwischen *e d* und *e f* beliebig ausgedehnte Apparate bringen zu können, sondern namentlich darin, daß nicht spitz zulaufende Bündel wie bei dem Fizeauschen Apparate zur Interferenz gebracht werden, sondern ausgedehnte, ebene einander nahe parallele Stücke der Wellenflächen selbst. Dadurch wird das System der Interferenzstreifen weit weniger empfindlich gegen zufällige Einseitigkeiten. (Es ist so, als ob man mit den Interferenzstreifen gleicher Neigung zwischen zwei benachbarten, gegeneinander nur äußerst wenig geneigten ebenen Platten, z. B. an einer dünnen Luftplatte, vgl. Versuch 711 S. 172, arbeitete.) Um die Unempfindlichkeit ihrer Anordnung gegen zufällige einseitige Störungen zu erproben, brachten Michelson und Morley bei den Vorversuchen eine dünne Glasplatte in den Strahlengang; selbst beim Drehen und Neigen dieser Platte änderten sich wohl Abstand und Neigung der Streifen, nicht aber die Lage der Mitte des weißen Zentralstreifens. Da nun bei den Messungen immer die „Verschiebung" Δ durch eine Doppeleinstellung auf die beiden dunklen Linien zur Rechten und Linken des hellen Mittelstreifens (durch Mittelbildung) gewonnen wurde, so ist Δ von allen diesen Störungen frei. (Bei den eigentlichen Versuchen blieb diese Platte natürlich weg; da beide Bündel vollkommen gleiche Lichtwege zurücklegen, insbesondere beide die Glasplatte *b* je nur einmal passieren, ist die Einfügung einer „Kompensationsplatte", wie sie etwa bei dem Apparate Fig. 615 S. 179 benötigt wird, hier überflüssig, ja sie würde nur störend wirken; leider ist sie aber in der Originalabhandlung mitgezeichnet worden und von hier aus in fast alle Darstellungen dieses Versuches in der Literatur übergegangen.)

Bei den Versuchen der Genannten ist zwischen den Spiegeln *c d* und *e f* ein System einander paralleler Messingröhren eingeschaltet (von 28 mm lichter Weite mit Säulen bewegten Wassers von 3 bzw. bei späteren Versuchen von 6 m Gesamtlänge).

Die Enden der Röhren sind durch Spiegelglasplatten geschlossen, deren Normalen etwas nach unten geneigt sind (vgl. die Nebenfigur rechts unten, den Schnitt eines Rohrendes in der Vertikalebene darstellend), damit nicht störende Lichtreflexe von ihnen in das Fernrohr *g* mit hineingelangen.

Das Wasser wird an dem einen Ende je einer Röhre gleichzeitig von zwei Seiten her zu-, an dem anderen Ende ebenso abgeleitet und zwar in dem einem Rohre (etwa dem in der Figur oberen) so, daß die Strömung von links nach rechts, im anderen so, daß sie umgekehrt gerichtet ist. Dadurch verläuft das in der Figur ausgezeichnete Strahlenbündel in beiden Röhren mit der Strömung, das strichlierte aber in beiden gegen dieselbe. Wird die Stromrichtung gleichzeitig in beiden Röhren umgekehrt, so muß sich der Effekt einer eventuellen Mitnahme verdoppeln.

Alle Teile der optischen Anordnung, des „Interferenz-Refraktometers", waren auf Steinpfeilern montiert, das Röhrensystem auf einem ganz davon getrennten, gesonderten Holzgestelle.

Die Wasserströmung wurde von einem in 23 m Höhe aufgestellten größeren Wassertroge aus unterhalten, von dem ein weites, unten sich gabelndes Fallrohr herabführte. Jede Seite desselben diente zur Speisung je einer der Röhren. Damit aber in diesen das Wasser in dem einen oder anderen Sinne bewegt werden konnte, gabelten sich die beiden Seiten nochmals unter Zwischenschaltung weiter Umstellhähne. Den Röhren selbst endlich wurde das Wasser in der Nähe des einen Endes gleichzeitig von oben und unten her durch schräg angesetzte Rohre (vgl. die Nebenfigur) zugeleitet; als Beginn der Strömung kann man dann den Punkt *o* ansehen, in dem die Achsen der Zuleitungsrohre sich treffen würden. Am anderen Ende floß das Wasser in ein großes Eichgefäß ab (von dem aus es wieder hochgepumpt wurde). Aus durchgeflossener Wassermenge und Rohrquerschnitt ergab sich die mittlere Strömungsgeschwindigkeit. Diese ist aber verschieden von der für die Mitführung allein in Betracht kommenden maximalen Geschwindigkeit v in der Umgebung der Rohrachse, welche von den Lichtbündeln passiert wird. Durch besondere Versuchsreihen fanden die Genannten für ihre Röhren und Geschwindigkeiten (5,67 bis 8,72 m/sek) diese maximale Geschwindigkeit der zentralen Wasserfäden 1,165 mal größer als die jedesmal gemessene mittlere Geschwindigkeit.

Aufgabe 414. Man untersuche, ob bei diesen Messungen die Turbulenzgrenze in dem strömenden Wasser überschritten war.

Nach I, § 286 S. 352 ist die kritische Geschwindigkeit, von der ab Turbulenz bei einer Strömung durch Röhren zu erwarten ist, durch die Formel (146) gegeben; dabei ist für Wasser (im C.G.S.-System) $\delta = 1$ und $\eta = 0{,}0108$ (bei 17° C vgl. I, S. 347). Die geringste von Michelson und Morley verwendete Geschwindigkeit betrug 567 cm/sec; dieser Maximalgeschwindigkeit v in der Rohrachse entsprach die mittlere Geschwindigkeit $c_m = 567/1{,}165 = 487$ cm/sec, dieser (bei der Rohrweite $d = 2{,}8$ cm) nach (146)

$$\frac{\delta \cdot d \cdot c_m}{\eta} = \frac{1 \cdot 2{,}8 \cdot 487}{0{,}0108} = 126\,000,$$

ein Zeichen, daß die Turbulenzgrenze bei allen Versuchen weit überschritten war; die Geschwindigkeit hätte in so weiten Röhren 7,8 cm/sec nicht überschreiten dürfen, wenn noch Poiseuillesche Strömung hätte aufrecht erhalten werden sollen. Für die Zwecke der Mitführungsversuche ist das Auftreten der Turbulenz nur erwünscht; denn diese gewährleistet eine im Zeitmittel fast gleichmäßige Verteilung der Strömungsgeschwindigkeit über den Querschnitt der Röhre.

891. Theorie der Michelson-Morleyschen Mitführungsversuche. Ist

l: die Länge desjenigen Teiles der gesamten Flüssigkeitssäule, die an der Bewegung teilnimmt (also die Summe der Entfernungen der Punkte o in jeder Röhre voneinander [l etwas geringer als die doppelte Rohrlänge]);

m: der durch Gl. (733) definierte Mitführungskoeffizient;

c_0: die Lichtgeschwindigkeit im Vakuum (oder genauer in Luft, in der sich der Beobachter befindet, vgl. unten);

c_{Med}: die Lichtgeschwindigkeit in der ruhenden Flüssigkeit ($= c_0/n$);

v: die Geschwindigkeit der Flüssigkeit in und in der Nachbarschaft der Rohrachse, so ist die Zeit τ_1, welche das Lichtbündel, das sich gegen die Richtung der Bewegung des Mediums fortpflanzt, braucht, um die Länge l zu durchlaufen:

$$\tau_1 = \frac{l}{c_{\text{Med}} - m v};$$

die (bei einer tatsächlichen Mitführung kürzere) Zeit τ_2 dagegen, welche das mit der Strömung laufende Bündel dazu gebraucht,

$$\tau_2 = \frac{l}{c_{\text{Med}} + m v},$$

die Zeitdifferenz also:

$$\Delta\tau = \frac{l}{c_{\mathrm{Med}} - m v} - \frac{l}{c_{\mathrm{Med}} + m v},$$

was wir mit Rücksicht darauf, daß v immer nur sehr klein gegen c_{Med} ist, schreiben können:

$$\Delta\tau = \frac{2 l m v}{c^2_{\mathrm{Med}}} = \frac{2 l m v n^2}{c_0^2}.$$

Diese Zeitdifferenz, mit der die beiden Lichtbündel in den Interferenzraum eintreten, wollen wir nun in Wellenlängen umrechnen.

Würde die Zeitdifferenz gerade eine volle Schwingungsperiode des angewandten Lichtes betragen, so wäre der Gangunterschied eine Wellenlänge λ_0 des Lichtes in Luft, in der wir beobachten; die Interferenzstreifen würden sich um einen Betrag verschieben, der gerade einem ganzen Abstande benachbarter Streifen entspricht. Messen wir also die Verschiebung in Bruchteilen δ eines solchen Streifenabstandes, so haben wir

$$\delta = \frac{\Delta\tau}{\tau},$$

oder da $\tau = \lambda_0/c_0$ ist,

$$\delta = \frac{2 l m v n^2}{\lambda_0 c_0}.$$

Tatsächlich wird die Streifenverschiebung Δ bei Umkehr der Strömung gemessen, also der Betrag $\Delta = 2\delta$, so daß

$$\Delta = \frac{4 l m v n^2}{\lambda_0 c_0} \quad \text{und} \quad m = \frac{\lambda_0 c_0}{4 l v n^2} \cdot \Delta \tag{734}$$

ist.

Aus zahlreichen Messungen mit verschiedenen Rohrlängen und Geschwindigkeiten finden Michelson und Morley, daß bei bewegten Wassersäulen von 10 m Länge und Wassergeschwindigkeiten von 1 m/sec die Doppelverschiebung Δ der Streifen im Mittel

$$\Delta = 0{,}1840$$

betragen würde. Schreibt man dem Lichte, für welches die ersten dunklen Interferenzstreifen (bei Anwendung weißen Lichtes) zustande kommen, die Wellenlänge $\lambda = 0{,}570\,\mu$ zu (dem Gelb, dem hellsten Teile des Spektrums entsprechend), so ist $\lambda_0 c_0 = 0{,}570 \cdot 10^{-6} \cdot 3 \cdot 10^8 = 1{,}71 \cdot 10^2 (m^2/\mathrm{sec})$. Für diese Lichtart ist das B. V. des Wassers (für Zimmertemperatur) rund 1,334 und $n^2 = 1{,}78$. Daraus berechnet sich

$$m = \frac{1{,}71 \cdot 10^2}{40 \cdot 1 \cdot 1{,}78} \cdot 0{,}1840 = 0{,}442.$$

Nicht 0,434, wie die Autoren angeben.

Aufgabe 415. Wie groß wäre m im vorliegenden Falle zu erwarten, wenn die Fresnelsche Annahme (733) zuträfe?

$$\frac{n^2 - 1}{n^2} = \frac{0{,}78}{1{,}78} = 0{,}438,$$

also überraschend nahe dem gefundenen Werte.

Michelson und Morley stellten auch Versuche mit bewegter Luft an, die sie mit Geschwindigkeiten von 25 m/sec durch die Röhren jagten. Die beobachtete Streifenverschiebung war geringer als der wahrscheinliche Fehler der Beobachtung. Hieraus mußte der Schluß gezogen werden, daß das Licht in bewegter Luft keine merkliche Mitführung erfährt.

* Soweit haben wir uns bei der Theorie auf den Fresnelschen Standpunkt gestellt und die Mitführungszahl m als gegeben hingenommen. Es bleibt uns jetzt übrig, diese Größe selbst theoretisch zu verstehen. Wir begeben uns sogleich auf den Boden der Relativitätstheorie. Nach dieser handelt es sich um eine bloße Anwendung des Additionstheorems der Geschwindigkeiten, wie zuerst Laue erkannt hat.

Wir knüpfen an die Formel (714a), S. 378, für dieses Theorem an. Das gestrichene System sei das strömende Wasser; relativ zu diesem findet die Ausbreitung des Lichtes mit der Geschwindigkeit c_{Med} statt, d. h. unabhängig von der Eigenbewegung desselben. Wir ersetzen daher $\mathfrak{q}'$ in (714a) durch c_{Med}. Die Geschwindigkeit des Wassers gegen das ruhende System S des Beobachters bezeichnen wir mit $\pm v$, um die beiden Fälle (Strömung mit oder gegen die Lichtbewegung) zusammenzufassen. Schreiben wir noch, dem Vorhergehenden entsprechend, c_0 statt c, so ergibt Gl. (713a) für die resultierende Geschwindigkeit des Lichtes gegen den Beobachter, auf die es bei der Beobachtung ankommt:

$$\mathfrak{q} = \frac{c_{\text{Med}} \pm v}{1 \pm \frac{v\, c_{\text{Med}}}{c_0^2}}.$$

Die Kleinheit von v gegen c_0 und c_{Med} gestattet eine Entwicklung

$$\mathfrak{q} = (c_{\text{Med}} \pm v)\left(1 \mp \frac{v\, c_{\text{Med}}}{c_0^2} + \ldots\right) = c_{\text{Med}} \pm v\left(1 - \frac{c_{\text{Med}}^2}{c_0^2}\right) + \ldots$$

Indem wir das Brechungsverhältnis $n = c_0/c_{\text{Med}}$ einführen, erhalten wir

$$\mathfrak{q} = c_{\text{Med}} \pm v\left(1 - \frac{1}{n^2}\right) + \ldots \qquad (735)$$

Andererseits war der Mitführungskoeffizient dadurch eingeführt, daß man die Lichtgeschwindigkeit in bewegten Medien ansetzte zu

$$\mathfrak{q} = c_{\text{Med}} \pm m v . \qquad (735\text{a})$$

Aus dem Vergleich der Formeln (735) und (735a) ergibt sich für m

$$m = 1 - \frac{1}{n^2},$$

also gerade der Fresnelsche Wert, der durch die Beobachtung bestätigt wird.

Gleichzeitig erkennt man aus dieser Ableitung, daß der Fresnelsche Ausdruck im Sinne der Relativitätstheorie nur der Anfang einer Reihenentwicklung ist, wie bereits S. 388 hervorgehoben. Dort wurde auch bemerkt, daß für dispergierende Medien ein weiteres Korrektionsglied hinzutritt, auf das wir hier nicht eingehen können.

Die Relativitätstheorie bewährt sich also auch hier aufs beste. Indessen muß man wünschen, über die Formel hinaus zu einem unmittelbaren Verständnis des Mitführungsvorganges zu gelangen. Dieses verschafft uns die Elektronentheorie. Die Abweichung der Lichtgeschwindigkeit c_{Med} von der universellen Vacuumgeschwindigkeit c_0 beruht ja nach der Elektronentheorie darauf, daß in dem Medium mitschwingende Elektronen eingelagert sind, die (wenigstens bei normaler Dispersion) den Gang des Lichtes verzögern. Von dem strömenden Wasser wurden die eingelagerten Elektronen natürlich mitgeführt. Soweit die Lichtgeschwindigkeit von solchen Elektronen herrührt, wird sie daher durch die Geschwindigkeit v beeinflußt. Sind keine Elektronen vorhanden bzw. sind etwa vorhandene für die Brechungs- und Fortpflanzungsverhältnisse unwirksam, so wird $n = 1$; dann verschwindet auch der Mitführungskoeffizient. Man versteht daher, daß die Mitführungserscheinungen bereits auf Grund der Lorentzschen Elektronentheorie und der Vorstellung eines universellen Lichtäthers richtig erklärt werden konnten. Die Relativitätstheorie hat hier nur vereinfachend und systematisierend gewirkt. *

892. Der Michelsonsche Versuch. Wir haben schon bei verschiedenen Gelegenheiten von Versuchen gesprochen, die zuerst von Michelson angestellt wurden (vgl. § 795 S. 178 und den vorhergehenden Paragraphen). Wenn man aber von dem Michelsonschen Versuche an sich spricht, meint man gewöhnlich den im folgenden zu beschreibenden Versuch, der für die ganze weitere Entwicklung der Lehre von der Ausbreitung elektromagnetischer Wellen, speziell der Lichtwellen in bewegten Medien, von fundamentaler Bedeutung wurde und sich vor vielen anderen in gleicher Richtung unternommenen

Versuchen vor allem dadurch ausgezeichnet, daß er mit einer Genauigkeit ausgeführt werden konnte, welche die bei anderen Anordnungen erreichte bei weitem übertrifft. Der Gedanke des Versuches rührt schon von Maxwell her.

* Wir begnügen uns mit einer schematischen Beschreibung des Versuches.

Von einer Lichtquelle L (Fig. 704) werde ein Lichtbündel ausgesondert, welches auf eine halbversilberte planparallele Platte (vgl. S. 389) P fällt. Ein Teil desselben geht geradlinig weiter und wird von dem Spiegel S_1 zurückgeworfen, der andere Teil wird reflektiert nach dem Spiegel S_2 und dort ebenfalls zurückgeworfen. Die zurückgeworfenen Lichtbündel gelangen beide zu der Platte P zurück und von da in das Beobachtungsfernrohr B, und zwar beide mit gleicher Stärke, da jeder von beiden Teilen an der Platte P je eine Reflexion und einen Durchgang erfahren hat. Wir werden der Einfachheit halber zunächst annehmen, daß beide Arme PS_1 und PS_2 genau gleichlang sind (gleich bis auf Bruchteile einer Wellenlänge!); dann sind auch die Lichtwege beider Teile gleich und es treten in B keine Interferenzen auf.

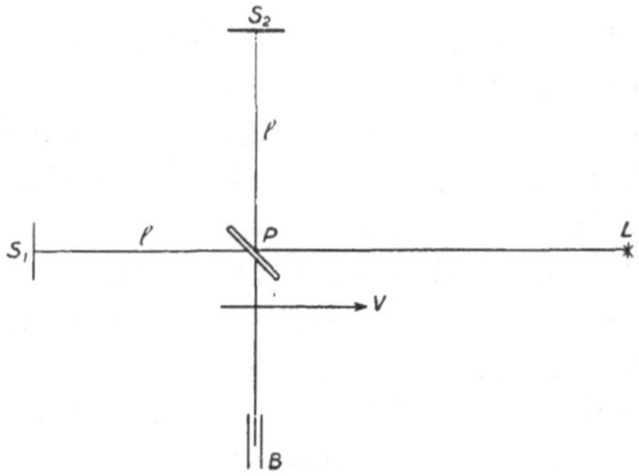

Fig. 704.

Wie nun, wenn sich das ganze System mit der Erde bewegt, sagen wir in der Richtung $S_1 L$? Nach der Relativtheorie kann kein Zweifel über das Ergebnis bestehen: die Eigenbewegung der Erde darf sich nicht bemerklich machen; der Beobachter B darf keine Interferenzen wahrnehmen. Tatsächlich haben wiederholte Versuche von Michelson 1881 und von Michelson und Morley 1887 zu einem negativen Ergebnis geführt. Die Beobachtung wurde so angeordnet, daß einmal der Arm $S_1 P$, das andere Mal der Arm $S_2 P$ in die Richtung der Erdbewegung eingestellt wurde und daß die Verschiebung der Interferenzstreifen (im einen Fall gegen ihre Lage im anderen Fall) gesucht wurde. Auf die genaue Gleichheit der Arme PS_1, PS_2 kommt es bei dieser Anordnung offenbar nicht mehr an. Durch wiederholte Spiegelung der Lichtbündel auf ihrem Wege PS_1 bzw. PS_2 wurde außerdem die wirksame Länge der Arme PS_1, PS_2 vervielfacht (bis auf 11 m gebracht). Die Schärfe des negativen Ergebnisses von Michelson und Morley ergibt sich daraus, daß sie die Verschiebung kleiner als 0,02 Interferenzstreifen fanden, während sie sie nach der Theorie des ruhenden Äthers zu 0,4 Streifenabstand erwarten mußten.

In der Tat müßte nach dieser letzteren Theorie der Michelsonsche Versuch ein positives Ergebnis haben. Ist der Lichtäther der Träger der optischen Erscheinungen, so käme es auf die Lichtwege im Äther, nicht auf die relativ zur bewegten Erde gerechneten Lichtwege an. Der Lichtweg PS_1 wäre verkürzt, weil die Erde samt S_1 dem Licht entgegenkommt, der Lichtweg PS_2 verlängert, weil die Erde samt P von dem Licht zurückweicht. Die entsprechenden Lichtzeiten sind (l = Länge der beiden Arme $PS_1 = PS_2$):

$$\left.\begin{array}{l} \text{für } PS_1\text{: } \dfrac{l}{c+v} \\ \text{für } S_1P\text{: } \dfrac{l}{c-v} \end{array}\right\} \text{ zusammen } \frac{2cl}{c^2-v^2}\,. \tag{736a}$$

Andererseits werden die Lichtwege PS_2 und S_2P beide in gleicher Weise verlängert, weil das Licht, um an dem mit der Geschwindigkeit v seitlich ausweichenden Spiegel reflektiert werden zu können, die Hypotenuse eines rechtwinkligen Dreiecks beschreiben muß, dessen eine Kathete l, dessen andere vt ist, unter t die Zeit verstanden, die das Licht zum Durchlaufen der Hypotenuse braucht. Man hat daher nach dem Pythagoras als Lichtzeit

$$c^2t^2 = l^2 + v^2t^2,\quad t = \frac{l}{\sqrt{c^2-v^2}},$$

mithin für den ganzen Weg $PS_2 + S_2P$:

$$2t = \frac{2l}{\sqrt{c^2-v^2}} \tag{736b}$$

und als Differenz der Lichtzeiten $(PS_1 + S_1P) - (PS_2 + S_2P)$

$$\frac{2l}{c}\left(\frac{1}{1-v^2/c^2} - \frac{1}{\sqrt{1-v^2/c^2}}\right) = \frac{l}{c}\,\frac{v^2}{c^2}\,.$$

Dividiert man durch die Schwingungsdauer τ des Lichtes, so erhält man den Gangunterschied, in Teilen des Abstandes der Interferenzstreifen gemessen, nämlich wegen $c\tau = \lambda$ = Wellenlänge:

$$\frac{l}{\lambda}\,\frac{v^2}{c^2}\,.$$

Hier sieht man, daß die Größe des ersten Faktors l/λ ($l = 11\,\text{m} = 1{,}1 \cdot 10^3\,\text{cm}$, $\lambda = 0{,}57\,\mu = 0{,}57 \cdot 10^{-4}\,\text{cm}$, $l/\lambda = 0{,}2 \cdot 10^8$) die Kleinheit des zweiten Faktors $v^2/c^2 = 10^{-8}$ wettmacht, so daß das Ergebnis beobachtbar sein würde (0,2 Streifenabstand oder eigentlich, in der Differenz für die zwei oben erwähnten verschiedenen Lagen, 0,4 Streifenabstand, wie bereits angegeben). Es ist diese Anordnung vielleicht die einzige, bei der es gelingt, die Wirkung von Gliedern zweiter Ordnung in dem Verhältnis v/c mit Sicherheit festzustellen. Da sich nur in diesen Gliedern (vgl. die historischen Angaben aus § 886) die Relativtheorie und die „Absoluttheorie" voneinander unterscheiden, so bildet der Michelsonsche Versuch den Grundpfeiler der Relativtheorie.

Freilich wußte auch die Absoluttheorie sich dem negativen Ergebnis von Michelson anzupassen. Lorentz und Fitzgerald bildeten, wie schon S. 362 erwähnt, die kühne Hypothese, daß bei der Bewegung durch den Äther sich die longitudinalen Abmessungen der Körper im Verhältnis $\sqrt{1 - v^2/c^2} : 1$ verkürzen, die zur Bewegung transversalen Abmessungen aber ungeändert bleiben sollen. Wir sehen sofort, daß diese Hypothese geeignet ist, den nach der Absoluttheorie vorhandenen Einfluß der Eigenbewegung des Systems zu kompensieren. Während nämlich l in dem Ausdruck (b) für die transversale Bewegung seinen ursprünglichen Wert behält, ist l in dem Ausdruck (a) zu ersetzen durch $l \sqrt{1 - v^2/c^2}$; dadurch geht derselbe über in

$$\frac{2\,l}{\sqrt{c^2 - v^2}},$$

wird also mit (b) identisch.

Es ist bezeichnend für die systematisierende Kraft der Relativitätstheorie, daß sie diese „Lorentz-Kontraktion", die in der Absoluttheorie die Rolle einer fremdartigen Hilfshypothese spielte, als notwendige und einfachste Konsequenz ihrer Grundannahmen aufwies, und zwar, was besonders befriedigend ist, nur für dasjenige Bezugssystem geltend, für welches die Lorentz-Kontraktion benötigt wird, nämlich für das Bezugssystem der Sonne, in dem sich die Erde mit der Geschwindigkeit v bewegt. *

893. Transformation der elektrodynamischen Grundgleichungen. Wir wollen endlich noch untersuchen, wie die Grundgleichungen der Elektrodynamik für bewegte Systeme aus dem Relativitätsprinzipe folgen. Wir stellen uns dabei auf den Standpunkt der Elektronentheorie von H. A. Lorentz, welche bei Betrachtung von Vorgängen in atomaren Dimensionen die Maxwellschen Gleichungen für den reinen Äther ($\varepsilon = 1$, $\mu = 1$) zugrunde legt und überdies den elektrischen Strom durch Bewegung der mit Materie verbundenen elektrischen Ladungen (Elektronen) entstanden denkt. Wir haben demnach in den Gleichungen (507 A), Bd. II, 1, S. 550 (vgl. auch S. 437) die Komponenten der Stromdichte λX, λY, λZ zu ersetzen durch $\frac{\varrho}{4\pi}\mathfrak{q}_x$, $\frac{\varrho}{4\pi}\mathfrak{q}_y$, $\frac{\varrho}{4\pi}\mathfrak{q}_z$, wenn wir (vgl. Bd. II, 1, S. 65, 66) die Raumdichte der elektrischen Ladung mit $\frac{\varrho}{4\pi}$ bezeichnen. Die Gleichungen (507 A, D) für die elektromagnetischen Wechselwirkungen bzw. für die Induktionsvorgänge gehen dann (für $\varepsilon = \mu = 1$, nach Einfügung eines Dimensionsfaktors $1/c$) über in:

$$\left.\begin{aligned}\frac{1}{c}\left(\mathfrak{q}_x\varrho + \frac{dX}{dt}\right) &= \frac{\partial N}{\partial y} - \frac{\partial M}{\partial z}\\ \frac{1}{c}\left(\mathfrak{q}_y\varrho + \frac{dY}{dt}\right) &= \frac{\partial L}{\partial z} - \frac{\partial N}{\partial x}\\ \frac{1}{c}\left(\mathfrak{q}_z\varrho + \frac{dZ}{dt}\right) &= \frac{\partial M}{\partial x} - \frac{\partial L}{\partial y}\end{aligned}\right\} \tag{737}$$

$$\left.\begin{aligned}\frac{1}{c}\frac{dL}{dt} &= \frac{\partial Y}{\partial z} - \frac{\partial Z}{\partial y}\\ \frac{1}{c}\frac{dM}{dt} &= \frac{\partial Z}{\partial x} - \frac{\partial X}{\partial z}\\ \frac{1}{c}\frac{dN}{dt} &= \frac{\partial X}{\partial y} - \frac{\partial Y}{\partial x}\end{aligned}\right\} \tag{738}$$

Dazu kommt noch die Gleichung [vgl. (319) bzw. (321 a), Bd. II, 1, S. 80]:

$$\varrho = \frac{\partial X}{\partial x} + \frac{\partial Y}{\partial y} + \frac{\partial Z}{\partial z}. \tag{739}$$

Sollen die Transformationsgleichungen (707) S. 369 nicht nur für den früheren betrachteten besonderen Fall von Lichtsignalen, sondern für das gesamte elektrodynamische Geschehen gleichberechtigte Bezugssysteme liefern, so müssen die Gleichungen (737), (738), (739) vollkommen die gleiche Form bewahren, wenn wir von einem ruhenden (ungestrichenen) Bezugssystem, auf das sich die angezogenen Gleichungen beziehen, jetzt zu einem bewegten (gestrichenen) übergehen, sie müssen bei dieser Transformation also gleichfalls invariant bleiben, d. h. im bewegten System müssen die Gleichungen die Form annehmen:

$$\left.\begin{aligned}\frac{1}{c}\left(\mathfrak{q}_x'\varrho' + \frac{dX'}{dt'}\right) &= \frac{\partial N'}{\partial y'} - \frac{\partial M'}{\partial z'},\\ \frac{1}{c}\left(\mathfrak{q}_y'\varrho' + \frac{dY'}{dt'}\right) &= \frac{\partial L'}{\partial z'} - \frac{\partial N'}{\partial x'},\\ \frac{1}{c}\left(\mathfrak{q}_z'\varrho' + \frac{dZ'}{dt'}\right) &= \frac{\partial M'}{\partial x'} - \frac{\partial L'}{\partial y'}\end{aligned}\right\} \tag{737 a}$$

für die elektromagnetischen Wechselwirkungen, und

$$\left.\begin{aligned}\frac{1}{c}\frac{dL'}{dt'} &= \frac{\partial Y'}{\partial z'} - \frac{\partial Z'}{\partial y'},\\ \frac{1}{c}\frac{dM'}{dt'} &= \frac{\partial Z'}{\partial x'} - \frac{\partial X'}{\partial z'},\\ \frac{1}{c}\frac{dN'}{dt'} &= \frac{\partial X'}{\partial y'} - \frac{\partial Y'}{\partial x'}\end{aligned}\right\} \tag{738a}$$

für alle Induktionsvorgänge, wobei in Analogie mit (739):

$$\varrho' = \frac{\partial X'}{\partial x'} + \frac{\partial Y'}{\partial y'} + \frac{\partial Z'}{\partial z'} \tag{739a}$$

zu setzen ist und die gestrichenen Geschwindigkeitskomponenten $\mathfrak{q}_x'$, $\mathfrak{q}_y'$, $\mathfrak{q}_z'$ mit den ungestrichenen durch die Gleichungen (713) S. 374 zusammenhängen.

Dies ist nun in der Tat so.

Aufgabe 416. Man weise dieses nach.

Anleitung. Es sei

$$\left.\begin{aligned} X &= X', & L &= L',\\ Y &= k\left(Y' + \frac{v}{c}N'\right), & M &= k\left(M' - \frac{v}{c}Z'\right),\\ Z &= k\left(Z' - \frac{v}{c}M'\right), & N &= k\left(N' + \frac{v}{c}Y'\right).\end{aligned}\right\} \tag{740}$$

Wenden wir auf diese Ausdrücke die auf S. 371 unter „Bemerkung" angegebenen einfachen Differentiationsregeln an und bilden wir zunächst den Ausdruck $\varrho = \frac{\partial X}{\partial x} + \frac{\partial Y}{\partial y} + \frac{\partial Z}{\partial z}$, so erhalten wir:

$$\varrho = \frac{\partial X}{\partial x} + \frac{\partial Y}{\partial y} + \frac{\partial Z}{\partial z} = k\left[\frac{\partial X'}{\partial x'} + \frac{\partial Y'}{\partial y'} + \frac{\partial Z'}{\partial z'} + \frac{v}{c}\left(\frac{\partial N'}{\partial y'} - \frac{\partial M'}{\partial z'} - \frac{1}{c}\frac{\partial X'}{\partial t'}\right)\right]. \tag{741}$$

Multiplizieren wir dies mit $\mathfrak{q}_x$ und addieren wir:

$$\frac{dX}{dt} = k\left(\frac{\partial X'}{\partial t'} - v\frac{\partial X'}{\partial x'}\right),$$

(vgl. zweite Gleichung in (710) S. 371), so entsteht:

$$\mathfrak{q}_x \cdot \varrho + \frac{dX}{dt} = k\left[\mathfrak{q}_x \cdot \varrho' + \mathfrak{q}_x \frac{v}{c}\left(\frac{\partial N'}{\partial y'} - \frac{\partial M'}{\partial z'}\right) + \frac{\partial X'}{\partial t'}\left(1 - \mathfrak{q}_x\frac{v}{c^2}\right) - v\frac{\partial X'}{\partial x'}\right], \tag{742}$$

wobei wir zunächst lediglich zur Abkürzung $\left(\frac{\partial X'}{\partial x'} + \frac{\partial Y'}{\partial y'} + \frac{\partial Z'}{\partial z'}\right)$ mit ϱ' bezeichnet haben. (Daß dies tatsächlich als die 4π-fache Dichte der Elektrizität im gestrichenen System (analog mit ϱ für das ruhende) anzusehen ist, muß sich erst noch herausstellen.) Wenden wir jetzt die durch (710) S. 371 festgesetzten Differentiationsregeln auf die beiden letzten Ausdrücke von (740) rechts an, so ergibt sich

$$\frac{\partial N}{\partial y} - \frac{\partial M}{\partial z} = k\left[\frac{\partial N'}{\partial y'} - \frac{\partial M'}{\partial z'} + \frac{v}{c}\left(\frac{\partial Y'}{\partial y'} + \frac{\partial Z'}{\partial z'}\right)\right]. \tag{743}$$

Nun ist aber im ruhenden System nach der ersten der Gleichungen (737)

$$\mathfrak{q}_x \cdot \varrho + \frac{dX}{dt} = c\left(\frac{\partial N}{\partial y} - \frac{\partial M}{\partial z}\right).$$

Die Ausdrücke in den eckigen Klammern in den Gleichungen (742) und (743) sind also einander gleich, wenn wir die Terme des zweiten Ausdruckes noch mit c multiplizieren; wir erhalten also:

$$\mathfrak{q}_x \cdot \varrho' - v \cdot \varrho' + \left(1 - \mathfrak{q}_x \cdot \frac{v}{c^2}\right)\frac{\partial X'}{dt'} = c\left(\frac{\partial N'}{\partial y'} - \frac{\partial M'}{\partial z'}\right)\left(1 - \mathfrak{q}_x \cdot \frac{v}{c^2}\right)$$

oder

$$\frac{\mathfrak{q}_x - v}{1 - \mathfrak{q}_x \cdot \frac{v}{c^2}} \cdot \varrho' + \frac{\partial X'}{\partial t'} = c\left(\frac{\partial N'}{\partial y'} - \frac{\partial M'}{\partial z'}\right).$$

Der Faktor von ϱ' ist aber nach der ersten Gleichung (713) S. 374 nichts anderes als $\mathfrak{q}_x'$, so daß diese Gleichung in

$$\frac{1}{c}\left(\mathfrak{q}_x' \cdot \varrho' + \frac{\partial X'}{\partial t'}\right) = \frac{\partial N'}{\partial y'} - \frac{\partial M'}{\partial z'} \tag{744}$$

übergeht; somit ist also schon die erste der Gleichungen (737a) S. 399 verifiziert.

Setzen wir hieraus den Ausdruck für $\left(\frac{\partial N'}{\partial y'} - \frac{\partial M'}{\partial z'}\right)$ in die Gleichung (741) ein, so wird:

$$\varrho = k\varrho' + k\frac{v}{c}\left[\frac{1}{c}\mathfrak{q}_x' \cdot \varrho' + \frac{1}{c}\frac{\partial X'}{\partial t'} - \frac{1}{c}\frac{\partial X'}{\partial t'}\right] \quad \text{oder} \quad \varrho = k\varrho'\left(1 + \frac{v}{c^2}\mathfrak{q}_x'\right). \tag{745}$$

Multiplizieren wir dies mit $\mathfrak{q}_y = \frac{\mathfrak{q}_y'}{k\left(1 + \frac{v}{c^2} \cdot \mathfrak{q}_x'\right)}$ oder mit $\mathfrak{q}_z = \frac{\mathfrak{q}_z'}{k\left(1 + \frac{v}{c^2} \cdot \mathfrak{q}_x'\right)}$ (nach der zweiten bzw. dritten Gleichung (714) S. 375), so erhält man:

$$\left\{\begin{aligned} \mathfrak{q}_y \cdot \varrho &= \mathfrak{q}_y' \cdot \varrho', \\ \mathfrak{q}_z \cdot \varrho &= \mathfrak{q}_z' \cdot \varrho'. \end{aligned}\right. \tag{746}$$

(In dieser Weise transformieren sich also die Komponenten des Konvektionsstromes).

Ganz entsprechend erhält man aus (740) mit Rücksicht auf (710):

$$\frac{\partial Y}{\partial t} = k^2\left[\frac{\partial Y'}{\partial t'} - v\frac{\partial Y'}{\partial x'} + \frac{v}{c}\frac{\partial N'}{\partial t'} - \frac{v^2}{c}\frac{\partial N'}{\partial x'}\right],$$

$$c\left(\frac{\partial L}{\partial z} - \frac{\partial N}{\partial x}\right) = c\left[\frac{\partial L'}{\partial z'} - k^2\left(\frac{\partial N'}{\partial x'} - \frac{v}{c^2}\frac{\partial N'}{\partial t'} + \frac{v}{c}\frac{\partial Y'}{\partial x'} - \frac{v^2}{c^3} \cdot \frac{\partial Y'}{\partial t'}\right)\right].$$

Daher geht die Gleichung $\mathfrak{q}_y \cdot \varrho + \frac{\partial Y}{\partial t} = c\left(\frac{\partial L}{\partial z} - \frac{\partial N}{\partial x}\right)$ nach (746) mit Rücksicht darauf, daß $k^2 = \frac{1}{1 - \frac{v^2}{c^2}}$ ist, über in:

$$\mathfrak{q}_y' \cdot \varrho' + \frac{\partial Y'}{\partial t'} = c\left(\frac{\partial L'}{\partial z'} - \frac{\partial N'}{\partial x'}\right),$$

das andere hebt sich weg. Ebenso wie diese zweite Gleichung (737) transformiert sich auch die dritte Gleichung (737) sowie sämtliche Gleichungen (738) S. 399.

Durch die Gleichungen (740) wird also der Übergang vom ungestrichenen zum gestrichenen System bewerkstelligt. Die Gleichungen (737), (738), (739) erweisen sich also als invariant gegenüber der Lorentz-Transformation.

Den Übergang vom bewegten zum ruhenden System erhält man nach S. 370 einfach dadurch, daß man die gestrichenen Buchstaben mit den ungestrichenen vertauscht und $(-v)$ an die Stelle von $(+v)$ setzt. So gewinnt man die mit (740) gleichbedeutenden Gleichungen:

$$\left.\begin{aligned} X' &= X, & L' &= L, \\ Y' &= k\left(Y - \frac{v}{c}N\right), & M' &= k\left(M + \frac{v}{c}Z\right), \\ Z' &= k\left(Z + \frac{v}{c}M\right), & N' &= k\left(N - \frac{v}{c}Y\right). \end{aligned}\right\} \quad (747)$$

Von diesen Gleichungen wollen wir sofort jene Anwendung auf die Elektronentheorie machen, welche in einer sehr großen Anzahl von Untersuchungen der Neuzeit das eigentliche Ziel der experimentellen Forschung bildet.

894. Longitudinale und transversale Masse des Elektrons. Wir knüpfen unmittelbar an die im 3. Kapitel beschriebenen Versuche mit Kathoden- und Kanalstrahlen an. Das bewegte System S' sei jetzt ein mit dem Elektron dahineilendes Koordinatensystem, das ruhende System S dasjenige, welches den Apparat und den Beobachter enthält, von dem die Beschleunigungen, welche das Elektron in dem elektrischen bzw. magnetischen Felde erfährt, beurteilt werden. Sind dann $\varepsilon X'$, $\varepsilon Y'$, $\varepsilon Z'$ die Komponenten der Kräfte, welche im bewegten System S' auf das mit der Ladung ε begabte Elektron ausgeübt werden, m_0 seine „Ruhmasse", so ist in diesem System nach den dynamischen Grundgleichungen (94) I. § 191, S. 214:

$$\left.\begin{aligned} m_0 \frac{d^2 x'}{dt'^2} &= \varepsilon X', \\ m_0 \frac{d^2 y'}{dt'^2} &= \varepsilon Y', \\ m_0 \frac{d^2 z'}{dt'^2} &= \varepsilon Z'. \end{aligned}\right\} \quad (748)$$

Zu einer bestimmten Zeit besitze das Elektron in bezug auf das ruhende System S die Geschwindigkeit v. Dann können wir, ohne die Allgemeinheit der Betrachtungen zu beeinträchtigen, annehmen, daß das Koordinatensystem der x, y, z so gelegt werde, daß die x-Achse desselben in die Richtung der x' falle und daß das Elektron in dieser Richtung mit der Geschwindigkeit v fortschreite, so daß $\frac{dx}{dt} = v$, dagegen $\frac{dy}{dt} = 0$ und $\frac{dz}{dt} = 0$ wird.

* Wir transformieren diese Gleichungen auf das ruhende System, und zwar die rechten Seiten nach den Gl. (747), die linken nach Aufgabe 413 S. 375, 376; es entsteht:

$$\left.\begin{aligned} m_0 k^3 \frac{d^2 x}{dt^2} &= \varepsilon X \\ m_0 k^2 \frac{d^2 y}{dt^2} &= \varepsilon k \left(Y - \frac{v}{c} N\right) \\ m_0 k^2 \frac{d^2 z}{dt^2} &= \varepsilon k \left(Z + \frac{v}{c} M\right) \end{aligned}\right\} \tag{749}$$

mit Rücksicht darauf, daß die Ladung von jedem System aus gesehen denselben Wert hat ($\varepsilon = \varepsilon'$).

In den beiden letzten Gleichungen kann man k beiderseits fortheben. Es stehen dann auf der rechten Seite dieser, ebenso wie der ersten Gleichung, die elektrodynamischen Kräfte im gewöhnlichen Sinne, welche im ruhenden System auf das Elektron wirken, die Coulombsche Kraft des elektrischen Feldes XYZ und die Biot-Savartsche Kraft $0, -\frac{v}{c} N, +\frac{v}{c} M$, beide multipliziert mit der Elektronenladung ε. Da die rechten Seiten die Kräfte sind, kann man auf den linken Seiten nach den Newtonschen Prinzipien der Mechanik die Faktoren der Beschleunigungskomponenten als Masse ansprechen. Man sieht dann, daß die für die x-Richtung (Bewegungsrichtung) in Betracht kommende Masse einen anderen Wert hat, wie die für die y- und z-Richtung (die zur Bewegung senkrechten Richtungen). Man nennt die erstere longitudinale Masse, die letztere transversale Masse. Nach (749) haben wir

$$\left.\begin{aligned} m_{\text{long}} &= m_0 k^3 = \frac{m_0}{\sqrt{\left(1 - \frac{v^2}{c^2}\right)^3}}, \\ m_{\text{trans}} &= m_0 k = \frac{m_0}{\sqrt{1 - \frac{v^2}{c^2}}}. \end{aligned}\right\} \tag{750}$$

Die Masse des Elektrons ist also von der Geschwindigkeit abhängig; sie wächst mit der Annäherung an die Lichtgeschwindigkeit, und zwar in verschiedener Weise, je nachdem es sich um longitudinale

26*

oder transversale Beschleunigung handelt. Dasselbe gilt nach der Relativitätstheorie für die ponderable Masse jedes Körpers, nur daß wir bei dieser nie über so hohe Geschwindigkeiten verfügen, daß wir ihre Veränderlichkeit durch die Erfahrung nachweisen könnten. Bei den Elektronenstrahlen (β-Strahlen, Kathodenstrahlen) ist dieser Nachweis schon vor der Relativitätstheorie erbracht worden (Kaufmann, Bucherer, Hupka usw.); die neuesten Versuche (G. Neumann, Guye) bestätigen auch quantitativ die Formel (750). Übrigens geben die bisherigen Versuche nur Aufschluß über die transversale Masse, da es sich bei ihnen stets um die transversale Ablenkung des Elektrons durch ein magnetisches oder elektrisches Feld handelt.

Man kann bemerken, daß der Begriff der longitudinalen Masse entbehrlich ist; man kann neben der Ruhmasse m_0 schlechtweg von der bewegten Masse

$$m = \frac{m_0}{\sqrt{1 - \frac{v^2}{c^2}}}$$

sprechen, die dann also mit der transversalen Masse zusammenfällt. Zu dem Ende muß man das Bewegungsgesetz des Massenpunktes aussprechen nicht in der Form

Masse × Beschleunigung = Kraft,

sondern der ursprünglichen Newtonschen Formulierung entsprechend:

zeitliche Änderung der Bewegungsgröße = Kraft.

Man überzeugt sich nämlich leicht, daß man die Gl. (749) auch so schreiben kann (wobei noch die besonderen elektrodynamischen Kräfte auf der rechten Seite von (749) durch die eine beliebige Kraft vorstellende Größe K ersetzt worden sind):

$$\left.\begin{aligned}
\frac{d}{dt}\left(\frac{m_0}{\sqrt{1-\frac{v^2}{c^2}}}\frac{dx}{dt}\right) &= K_x\,,\\
\frac{d}{dt}\left(\frac{m_0}{\sqrt{1-\frac{v^2}{c^2}}}\frac{dy}{dt}\right) &= K_y\,,\\
\frac{d}{dt}\left(\frac{m_0}{\sqrt{1-\frac{v^2}{c^2}}}\frac{dz}{dt}\right) &= K_z\,.
\end{aligned}\right\} \qquad (751)$$

Um die Identität dieser und der Gl. (749) zu erkennen, hat man zu beachten, daß in der ersten Gleichung links sowohl v im Nenner wie $\frac{dx}{dt} = v$ im

Zähler nach t zu differentiieren ist, daß dagegen in der zweiten und dritten Gleichung der durch Differentiation des Nenners entstehende Term verschwindet, da er mit $\frac{dy}{dt} = 0$ bzw. $\frac{dz}{dt} = 0$ multipliziert ist. Auf diese Weise tritt als Faktor von $d^2 x/dt^2$ in der ersten Gleichung wieder gerade die frühere longitudinale Masse, in der zweiten und dritten Gleichung dagegen als Faktor von $d^2 y/dt^2$ und $d^2 z/dt^2$ die transversale Masse auf.

In der Mechanik der Relativitätstheorie ist, wie aus (751) hervorgeht, als Bewegungsgröße (oder Impuls) zu bezeichnen der Vektor $\mathfrak{G}$ mit den Komponenten:

$$m\frac{dx}{dt}, \quad m\frac{dy}{dt}, \quad m\frac{dz}{dt}, \quad m = \frac{m_0}{\sqrt{1-\frac{v^2}{c^2}}}.$$

Dieser hängt mit dem Kraftvektor $\mathfrak{K}$ zusammen nach dem Wortlaut von Newtons zweitem Bewegungsgesetz: $d\mathfrak{G}/dt = \mathfrak{K}$.

Nicht nur der Begriff der Masse, auch der der kinetischen Energie, der Kraft, des Gleichgewichtes der Kräfte usw. sind in der Relativitätstheorie zu modifizieren, der Begriff des starren Körpers ist überhaupt fallen zu lassen, da sich alle Wirkungen nur mit der Höchstgeschwindigkeit c fortpflanzen können. *

*** 895. Schlußbemerkungen über die allgemeine Relativitätstheorie.** Die hier dargestellte „spezielle Relativitätstheorie" hat im Jahre 1915 durch Einstein eine gewaltige Ausdehnung erfahren in der sogen. „allgemeinen Relativitätstheorie". Während in der speziellen Relativitätstheorie nur solche Bezugssysteme betrachtet werden, die aus einem derselben durch eine gleichförmig geradlinige Geschwindigkeit hervorgehen, werden in der allgemeinen Relativitätstheorie beliebig bewegte Bezugssysteme zugelassen, z. B. beschleunigte oder rotierende. Das allgemeine Relativitätsprinzip besagt dann: die Naturgesetze behalten ihre Form bei für alle Bezugssysteme, sie sind invariant gegenüber beliebigen Koordinatentransformationen von Raum und Zeit.

Hier erhebt sich gleich zu Anfang die Frage: Was meinen wir wenn wir von einem beschleunigten oder rotierenden Bezugssystem sprechen, ohne anzugeben, gegen welche Körper oder Systeme die Beschleunigung oder die Rotation erfolgt? Steckt nicht dahinter wieder die Vorstellung eines absoluten Raumes, den die Relativitätstheorie als unbeobachtbar und metaphysisch ausschalten will? Hätte es einen Sinn, von der rotierenden Erde zu sprechen, wenn Sonne und Fixsterne fehlten? Das Foucaultsche Pendel und der Kreiselkompaß zeigen doch, daß die Erdumdrehung nachgewiesen werden kann, auch ohne daß wir den Fixsternhimmel zu beobachten brauchten.

Mach war der erste, der auf Grund seines allgemeinen Phänomenalismus die Bündigkeit dieses Schlusses anzweifelte. Die Zentrifugalkräfte auf der rotierenden Erde sind nach Mach eine Wechselwirkung zwischen der Erde und den Himmelskörpern, dadurch hervorgerufen, daß letztere nicht an der Erdrotation teilnehmen. Mach empfand es als widersinnig zu sagen, daß eine Erde, die ganz allein im Raume vorhanden wäre, rotiere, da es nichts geben würde, wogegen sie rotieren könnte; er mußte daher auch die Folgeerscheinung einer solchen vermeintlichen Rotation, die Zentrifugalkräfte, leugnen. Wir können sagen: Wer ebenso wie Mach empfindet, hat bereits den ersten Schritt zur allgemeinen Relativitätstheorie getan. Allerdings hat er, um zum vollen Verständnis zu gelangen, mit Einstein noch einen weiten und mühsamen Weg zurückzulegen.

Einstein verglich zunächst die Verhältnisse in einem an der Erdoberfläche ruhenden und dem Schwerfelde der Erde unterworfenen abgeschlossenen Raum mit den Verhältnissen, wie sie in demselben Raum beobachtet werden würden, wenn er der Erdschwere entzogen wäre und mit der gleichmäßigen Beschleunigung g nach Art eines Fahrstuhls in die Höhe gezogen würde. In beiden Fällen spielen sich die physikalischen Vorgänge in identischer Weise ab: ein freigelassener Probekörper fällt mit der Beschleunigung g zu Boden, ein Beobachter von der Masse m wird mit der Kraft mg auf den Boden gedrückt; ein Pendel von der Länge l schwingt in der Periode $2\pi\sqrt{l/g}$. Die Gravitation in dem ruhenden Beobachtungsraum ist also den Trägheitskräften in dem beschleunigten Beobachtungsraum genau äquivalent.

Diese „Äquivalenz des Gravitationsfeldes mit einem Beschleunigungsfelde“ diente Einstein als Leitfaden, um einerseits eine neue Theorie der Gravitation aufzustellen und um andererseits die Relativitätstheorie auf beliebige (beliebig beschleunigte) Bezugssysteme auszudehnen. Legt man das Bezugssystem in der rotierenden Erde fest, so fallen die Zentrifugalkräfte der Umdrehung fort; aber es treten äquivalente Gravitationsfelder auf, die von dem relativ zur Erde bewegten Fixsternhimmel herrühren; in dem gedachten Falle des fehlenden Fixsternsystems fehlen auch die Zentrifugalkräfte.

Die Vertauschbarkeit von Trägheitswirkungen und Gravitationswirkungen beleuchtet eine grundlegende physikalische Tatsache, die gewöhnlich viel zu wenig beachtet wird: die Gleichheit von schwerer und träger Masse (von Bessel ausdrücklich durch seine Pendelbeobachtungen bewiesen). Ferner zeigt der Vergleich zwischen Gravitations- und Beschleunigungsfeld einen Einfluß der Gravitation auf das Licht an: ein Lichtstrahl, der in dem oben geschilderten beschleunigten Beobachtungsraum parallel dem Boden ausgesandt wird, beschreibt eine (sehr flache, gegen den Boden hohle) Wurfparabel, da sich der Boden während der Ausbreitung des Lichtstrahls diesem entgegen bewegt. Die hierdurch gekennzeichnete Krümmung der Lichtstrahlen im Schwerfelde sollte zum Prüfstein der allgemeinen Theorie werden. Die Sonnenfinsternis vom 29. Mai 1919 bestätigte an den Ablenkungen von sieben Sternen, deren Licht hart am Sonnenrande vorbeiging, in bestimmtester Weise das von Einstein vorhergesagte Gesetz dieser Ablenkung. (Der Zahlenwert dieser Ablenkung wird übrigens aus der hier vorangeschickten Äquivalenzbetrachtung nur zur Hälfte erklärt; er folgt zur anderen Hälfte aus der tieferen Verknüpfung der Raum-Zeitstruktur mit der Gravitation.)

Es gibt noch zwei weitere astronomische Tatsachen, das Merkurperihel und die Rotverschiebung von Spektrallinien an der Sonnenoberfläche gegenüber ihren irdischen Wellenlängen, welche die allgemeine Relativitätstheorie jedenfalls qualitativ bestätigen, während ihre quantitative Seite zurzeit (Juni 1922) noch nicht eindeutig gesichert ist.

Als allgemeine, der direkten Prüfung unzugängliche Folgerungen der Theorie heben wir hervor: Raum und Zeit sind an sich nichts; sie erhalten ihre Form und Struktur nur durch wirkliche, in ihnen sich abspielende physikalische Ereignisse. Raum und Zeit werden so im vollkommensten Sinne relativiert und zugleich objektiviert. Die Anwesenheit von Materie und Energie in einem Raum-Zeitgebiet bewirkt daselbst eine strukturelle Abweichung, die man als Krümmung bezeichnen kann. In solchen Gebieten gilt für den Raum (und analog für die Zeit) nicht die uns geläufige Euklidische, sondern die allgemeinste Nicht-Euklidische (Riemannsche) Geometrie. Auch die kosmologischen Fragen werden von der neuen Theorie betroffen. Künftighin ist es nicht mehr verboten, zu sagen: die Erde steht still und der Fixsternhimmel dreht sich um die Erde. Freilich wird es immer bequemer und für praktische Zwecke vernünftiger sein, mit Kopernikus den heliozentrischen Standpunkt einzunehmen. Aber es ist auch nicht widersinnig, sich mit Ptolemäus auf den geozentrischen Standpunkt zu stellen. Gerade der suveräne Wechsel des Standpunktes ist es, den die Relativitätstheorie uns freigemacht hat und der sie zu ihren Erfolgen in der Gravitationstheorie befähigt hat.

Sach- und Namenregister.

FSC
www.fsc.org
MIX
Papier | Fördert gute Waldnutzung
FSC® C083411

Kolibri 360 GmbH
Ferdinand-Jühlke-Straße 7
99095 Erfurt, Deutschland
produktsicherheit@kolibri360.de